建筑电气标准化设计模板

罗　武　王　林　胡松涛　著

中国建筑工业出版社

图书在版编目（CIP）数据

建筑电气标准化设计模板 / 罗武，王林，胡松涛著
. —北京：中国建筑工业出版社，2023. 4
ISBN 978-7-112-28455-9

Ⅰ. ①建… Ⅱ. ①罗… ②王… ③胡… Ⅲ. ①房屋建筑设备—电气设备—建筑设计 Ⅳ. ①TU85

中国国家版本馆 CIP 数据核字 (2023) 第 039083 号

本书通过一个实际的项目案例，简单介绍建筑电气专业在设计全过程中的质量控制文件，包括项目前期征询、提资标准、专业定案、模板作图和标准样图等资料，重点阐述标准化作图模板的来龙去脉和使用说明，并结合实际项目，把电气图纸分为8个部分：施工图说明、变电所系统、机房详图、竖向干线、配电系统和平面、照明系统和平面、消防系统和平面、防雷接地，并逐一详细分析每个部分在标准模板作图过程中需要注意的事项和相关说明，使读者充分领会标准模板的制作初衷，合理应用模板，以达到提升电气专业设计质量的目的。

本书适用于电气专业设计人员以及高等院校电气专业相关师生教学参考学习。

本书电子版作图模板获取途径：QQ群号258326543。

责任编辑：徐仲莉 张 磊
责任校对：王 烨

建筑电气标准化设计模板

罗 武 王 林 胡松涛 著

*

中国建筑工业出版社出版、发行（北京海淀三里河路9号）
各地新华书店、建筑书店经销
北京光大印艺文化发展有限公司制版
建工社（河北）印刷有限公司印刷

*

开本：880毫米×1230毫米 1/16 印张：21¼ 字数：513千字
2023年4月第一版 2023年4月第一次印刷
定价：88.00元
ISBN 978-7-112-28455-9
（40933）

作者简介

罗武

男，中国建筑上海设计研究院有限公司第九设计院电气总工程师，硕士研究生，高级工程师，注册电气工程师，中国建筑电气行业百名杰出青年，担任中国勘察设计协会电气工程设计分会杰出青年工作组委员、上海市智能建筑专家委员会青年专家委员等社会职务。1979 年 1 月生，成长于人杰地灵的江西三清山脚下，2002 年 7 月本科毕业于重庆大学电气工程及其自动化专业，2015 年 6 月获得兰州大学工商管理硕士学位，长期从事建筑电气设计与研究，提倡模块化和标准化的设计理念，并将其应用于具体的工作实践中。

在国内权威期刊上发表了 10 余篇专业学术论文，其中《医院改扩建项目中电气专业的舍与得》获得中国勘察设计协会电气工程设计分会第二届青年专家论文竞赛二等奖、《250m 以下超高层建筑电气设计中的问与答》获得中国建筑学会建筑电气分会 2012 年年会优秀论文三等奖；参撰《智慧医院建筑电气设计手册》和《迈向世界一流大学》等多部学术专著；上海市科学技术委员会课题《500 米以上超高层建筑设计关键技术研究》课题组成员、上海市《公共建筑绿色及节能工程智能化技术标准》的审查人以及上海市《农村村民住房通用图统一图集号》的电气专业负责人。

参与和负责的项目获得国家、省、协会、市级的优秀勘察设计奖项 20 余项，其中上海中心大厦项目荣获 2019 年度行业优秀勘察设计奖优秀建筑电气一等奖，绍兴金沙东方山水商务休闲中心项目荣获 2019 年度上海市优秀工程设计建筑电气工程专业一等奖，国棉二厂地块旧区改造项目荣获 2013 年度全国优秀勘察设计行业评选的建筑工程公建二等奖和 2013 年度上海市优秀工程设计一等奖，上海世博会城市最佳实践区北部模拟街区阿尔萨斯和罗阿案例项目荣获 2011 年度全国优秀勘察设计行业评选的建筑工程二等奖。主要设计作品包括：上海中心大厦、世博村 B 地块、上海 2010 世博会城市最佳实践区、芜湖市金融服务区、石家庄苏宁电器广场、温州市瓯贸国际、绍兴金沙东方山水商务休闲中心、南京龙之谷游乐园、复旦大学附属妇产科医院青浦院区、滁州奥体中心、长春市工人体育馆、中国科学技术大学高新园区、中海红旗村商业综合体、中粮南昌大悦城等。

编委会

序

随着新一轮科技革命和产业变革的深入发展，以及碳达峰、碳中和纳入生态文明建设的整体布置，建筑电气行业正处于飞速发展和变革的阶段。与此同时，对工程设计行业的质量和效率也提出了更高要求，以满足日益增长的客户需求和市场竞争。在这样的背景下，由中国建筑上海设计研究院有限公司第九设计院电气总工程师罗武任主编的《建筑电气标准化设计模板》一书应运而生，旨在提升电气专业设计质量，减少工作量，提高设计效率。本书不仅为电气设计师提供了一套标准化的作图模板，更是以实际项目案例为基础，详细阐述了建筑电气专业在设计全过程中的质量控制文件，包括项目前期征询、提资标准、专业定案、施工图说明、模板作图和标准样图等资料。

对于刚入行的年轻设计师来说，本书的意义更是不言而喻，标准化作图模板的来龙去脉和使用说明，可以让读者在实际项目中更加灵活应用，从而提高设计效率和减少错误。同时，书中将电气图纸分系统做了详细解析，让读者可以逐一掌握每个系统在标准模板作图过程中需要注意的事项和相关说明，使读者充分领会标准模板的制作初衷，并能在实际工作中合理应用，从而达到提升电气专业设计质量的目标。

建筑电气人历来都有传、帮、带的优良传统，从 2018 年开始，中国建筑学会建筑电气分会已经成功举办了三期“中国建筑电气青年设计师公益培训”，总共有近 150 位全国青年设计师参加了相关学习和培训，这部分精英们已成为全国各大设计院的骨干技术力量。本书编委会的各位专家也是设计院一线的青年翘楚们，能将各自在工作中的技术总结整理成书，分享给更年轻的设计师，其实也是一种技术传承，与中国建筑学会建筑电气分会培训青年设计师的出发点是不谋而合的。

作为建筑电气领域的一名“老兵”，殷切希望青年设计师能不断更新自己的知识，追求更高的技能和水平，相信本书能够为广大电气青年设计师提供极有裨益的专业参考。同时，也期望本书的出版，能为我国建筑电气专业的设计实践和技术创新，作出积极贡献。

沈育祥

中国建筑学会建筑电气分会　理事长

华东建筑集团有限公司 电气专业总师

华东建筑设计研究总院 电气总工程师

2023 年 3 月于上海

前言

前段时间朋友来沪，带他们到繁华的浦东陆家嘴游玩，走到观光环道时，一位友人指着上海中心大厦对我说：“华夏第一高楼，你能参与其中，真的十分骄傲”，明知是朋友间善意的吹捧，自己还是乐开了花，开心地和大家分享上海中心项目设计过程中的轶事。细细想来，这应该就是用心做完一件事情后心底由衷的喜悦。本次著书，亦是如此，去年7月份，机缘巧合下，认识了中国建筑五局建筑设计院的王林总工和中国建筑工业出版社的徐仲莉编辑，他们都鼓励我，把我们部门的标准化设计模板整理成书，惠及更多同行。起初，自己还是有些犹豫，行业大咖才能著书立传，但在编委会各位老师的鼎力支持下，经过近半年的努力，书稿终于成型，目前看来，基本能达到预期效果。

此刻，正值春暖花开，万物复苏之时，《建筑电气标准化设计模板》书稿已摆上案头，翻阅书页，思绪万千，以往工作中的点滴印象就像放电影一样，在自己的脑海中徐徐展开。

2002年盛夏，带着从同学处借钱买的火车票和空空的行囊，我从重庆沙坪坝沙正街174号来到了上海杨浦四平路1239号。入职后才知道，同济大学建筑设计院虽处于校园内，但并不提供宿舍，为了避免流落街头，只能找单位领导帮忙，赵颖所长起先一脸惊讶地看着我，随后转身走进财务室，预支了三个月工资给我，解了燃眉之急。在住宅所工作的两年，是最无忧无虑的日子，满满的回忆：一群年龄相仿的好友、天池餐厅的羊肉串、机电厂蜿蜒的室外楼梯、加班时吱吱作响的老鼠声、永远都是冰冷的盒饭，以及午夜还人声鼎沸的乒乓球室。同时，感谢蒋跃智和张舜卿两位老师带我入行，让自己对建筑电气有了初步了解。

2005年，第一次参加建筑设计四院的骨干会议，会上江立敏院长特意对大家说：“部门要持续发展，像罗武这样的年轻人就应该承担起更多的责任”，谆谆教诲，犹在耳边。不久之后，职称还是助理工程师的我，破格升为专业负责人，独立负责的第一个项目是安徽科技学院图书馆新馆，项目不大，总建筑面积只有1.8万㎡，却也是当时凤阳县城唯一的高层建筑。现在回想起这个项目，有两个瞬间印象深刻，一是专家评审会上自己颤动的发言，二是校领导对我们这支年轻设计团队的些许担忧。事后看来，大家还是圆满完成了设计任务，学校新校区建设仍由我们持续设计就是最好的佐证。感谢江立敏院长的指引和提携，感谢夏林总工的指导和帮助。多少个夜晚，在设计院老楼三楼办公室内，灯光通明，一边画图，一边听夏总讲行业故事，甚是开心。

2009年，我被委派到上海中心项目组工作，在同济大学综合楼集中办公的那段日子里，不仅自己的专业技术能力得到进一步提升，同时，也被夏林和钱大勋两位老师对项目的把控能力深深折服。面对如此复杂的项目，夏总还是能抽丝剥茧，化繁为简，合理安排电气组每位设计师的工作，让大家都能发挥出最佳效率。而钱老师对每个技术细节都了然于胸，我脑海里至今还保留着这样一幕影像：在设计院一楼门厅的沙发上，讨论到配电间的桥架布置，钱老师当即手绘了一张桥架预埋件的布置详图给我，充分体现了老一辈工程师扎实的基本功。从设计到施工配合，我为上海中心项目服务了两年时间，期间自己尽心尽责，得到了各方认可，并被上海中心大厦建设立功竞赛领导小组评为“先进个人”，算是给这次难忘的经历一份最好的褒奖。

时间来到 2019 年，我有幸加入中国建筑上海设计研究院第九设计院大家庭，遇到了本书的指导老师何锋总工，一位让人敬佩的行业前辈，何总不仅技术能力首屈一指，而且非常擅长业务建设和标准化设计，在何总的倾囊相授和悉心指导下，自己第一次系统地学习了建筑电气专业的标准化设计模板，并在已有模板的基础上，结合国家新规范体系的实施，进行了一次全面的梳理、总结和提升，形成了一套较为完整、模块化、标准化的作图模板，此模板现已成为我们部门日常技术管理的重要保障措施。

时光荏苒，今年是我从事建筑电气设计的第 22 个年头，作为一直身处设计一线的工程师，自己很乐于分享工作中的总结。去年 7 月份，通过公众号“老王和你聊电气”，我发表了一篇“快速制图利器——配电箱系统图模板”的文章，详细介绍了配电箱系统图模板的设置初衷和使用说明，引起同行共鸣，阅读量超 2 万，大家纷纷索要模板，也让自己第一次体会到了模板的实用性和推广价值。为了能更详细地解析建筑电气一整套标准化设计模板，经过与编委会各位老师协商，决定编著《建筑电气标准化设计模板》一书，以惠及更多同仁。

本书共分为 13 章：第 1 章为总体概述，阐述了本书的研究背景、研究方法和研究意义；第 2 章为前期征询，罗列了公共建筑和住宅项目在设计前期阶段，需要向政府职能部门和业主征询的相关内容；第 3 章为提资标准，介绍了电气和智能化设备用房的提资要求和注意事项；第 4 章为专业定案，以具体案例为分析对象，详细描述了本项目电气专业的具体要求和做法；第 5 章 ~ 第 12 章为标准化设计模板，分别从施工图说明、变电所系统、机房详图、竖向干线、配电系统和平面、照明系统和平面、消防系统和平面、防雷接地共 8 个方面详细解析了电气专业各系统标准化模板的设置初衷和使用说明；第 13 章为新产品和新技术，分享了现阶段电气专业的最新产品和先进技术。

本书主编为罗武、王林、胡松涛，承担了全书的主要框架制定、统筹、排版、编写和审核工作；副主编为何鑫、袁雄兵、杨毕生、韦建成、张英、徐建栋，负责了全书部分章节的编写和校对工作，其中第 3 章由湖南省建筑设计院集团股份有限公司的何鑫编写，第 4 章由长沙有色冶金设计研究院有限公司的袁雄兵编写，第 2 章由湘潭市建筑设计院集团有限公司的杨毕生编写；其他编委分别参与了本书第 5 章 ~ 第 13 章的编写工作，其中第 13 章由施耐德电气（中国）有限公司上海分公司的王飞、悠信（上海）电气设备有限公司的张敏、上海科砥智能科技有限公司的陈洪营、黎德（上海）电气有限公司的陈列芳、勒乐（上海）智能科技有限公司的演琨、上海双鼎电业有限公司的诸葛龙妹、上海鑫马母线桥架有限公司的专业技术人员共同编写。各位编者都是单位的技术骨干，平时工作繁忙，很多编写工作都是利用节假日来完成，感谢编委会各位老师对本书的编写和出版付出的辛勤劳动和汗水。

中国建筑上海设计研究院的张凤新和周海燕两位总院副总工程师，以及王斌、沈冬冬、陈杰甫、钱梓楠、孔令兵，五位行业青年翘楚和两位教授，对本书进行了认真的审阅，提出了非常宝贵的意见，在此表示感谢！

特别感谢以何锋总为代表的中国建筑上海设计研究院第九设计院历年电气设计师的辛勤付出，标准化模板中的很多内容都是大家集体智慧的成果，感谢单斌、陆肖、雷成安、刘春平、言东、王晓曼、黄锋泉、印海华、季孝敏等九院电气人对本书做出的贡献。

特别感谢中国建筑学会建筑电气分会沈育祥理事长的指导并作序，中国建筑上海设计研究院和第九设计院的各级领导也对本书给予了充分的关注和帮忙，高昕、孔凡波两位院长的大力支持，齐旭东、陈丹阳、赵建国三位设备总工的鼎力协助，在此一并感谢！

最后感恩家人最无私的贡献，父母的养育之恩、爱人的相爱相守、儿子的默默关注，都是自己前进的动力，不管外面的风浪有多大，家永远是最温暖的港湾，愿岁月静好，相伴一生。

由于编者水平有限，加之时间仓促，书中难免存在疏漏或不妥之处，敬请读者给予批评指正，我们会在合适的时候通过修订版进行补充和完善。

罗武
2023 年 3 月于上海

目录

第 1 章

总体概述

1.1 研究背景

电气专业是建筑工程设计中非常重要的组成部分，作为“电气人”，有时会骄傲地认为电气是建筑的能量之源和控制中心，但有时又会自嘲“电气、电气”就是“垫底、受气”。近年来，随着国家节能减排和“双碳”政策的逐步推进，越来越多的“电气人”把目光和重心投向了新技术和新能源，可笔者认为，展望未来固然重要，但不忘初心才是根本。那么电气专业的初心是什么呢？其实就是在学校里上第一节专业课《工厂供电》时，老师讲的“安全、可靠、经济、合理”，只有符合这八字方针的电气图纸才是合格的设计，现如今设计院的电气图纸能达到这个要求吗？来看看现阶段电气专业所面临的问题。

1. 缺乏有效的质量管理体系

作为一名设计一线的“老兵”，毫不客气地说，现在部分设计院的质量管理水平还不及业主和施工单位，没有一套完整的质量管理体系，图纸质量主要依靠设计师的个人专业能力和职业素养。作为图纸的第一责任方，设计人的道路任重道远。

2. 规范多，更新快

据不完全统计，电气专业的规范数量是建筑专业的 1.5 倍，是给水排水专业的 4 倍。随着国家规范体系的改革，一大批强制性规范、强制性条款正在奔来的路上，接下来的几年，正是新老规范交替期，电气设计人肯定会遇到很多问题，希望大家摆正心态，共同迎接新规范体系下的学习和挑战。

3. 图纸量大

电气是工程项目中图纸量最多的专业，建筑的一张标准层平面图，电气至少需要出配电、照明、消防和弱电共 4 张平面图。若为复杂的建筑平面，照明和消防可能需要分别拆分成 2 张平面图，并且还需要增加 1 张防雷接地平面图，也就是说，1 张建筑专业的标准层平面图，电气专业最多有可能要出 7 张不同类型的电气标准层平面图。

4. 业主需求多

如今业主对设计的要求是全方位、全天候、立体式的，从设计任务书、进度安排、建造标准、专题汇报及成本控制等方面都有详细的要求和规定，还有各类顾问和精审公司在提各式各样的优化意见。

5. 从业人员流动性大和素质参差不齐

这是目前电气专业面临的最棘手的问题，人才梯队不能良性衔接，导致团队业务建设和技术总结无法持续进行。

综上所述，现在电气专业面临的挑战就是需要用更短的时间完成更高标准的设计，面对如此“苛刻”的要求，就必须有一套完整的标准化设计模板，在模板的指引下，高效、准确地完成各阶段的电气设计。

1.2 研究方法

经过近 15 年的积累，笔者所在部门整理了一套完整的电气专业标准化设计模板，从前期征询、提资标准、专业定案，到设计过程中的模块图纸和样图，都有详细的管控文件和标准图纸，标准化设计模板秉承的原则就是模块化和标准化，模块化是指将电气专业中的一些固定搭配做成模块，设计时直接应用；标准化是指将电气专业中的一些做法明确下来，并将部分参数做成标准化。接下来，笔者将采用举例法，通过在新规范体系下对设计实际案例的分析，说明和展示各设计阶段的管控文件和标准化设计模板。

案例基本概况：项目位于上海市内环内，总建筑面积约为 43 万 m^2，包含 2 栋超高层办公楼、裙房购物中心以及地下室，是集购物中心、文化、商务办公、地铁接驳口为一体的大型综合体项目。案例详细资料见本书第 4.2.1 条的描述，下文中所提及的案例，均指此项目。

1.3 研究意义

通过对建筑电气标准化设计模板的分享和运用，笔者希望达到以下目的：

（1）给电气专业的业务建设提供新的思路和启发，不要求每位设计师必须采用这份模板，而是希望大家能领会此模板的设置初衷，也能创造出符合自己作图习惯的设计模板。

（2）模板中将一些固定的电气搭配做成模块，直接应用即可，减少设计师的工作量，且避免错误，提升图纸质量。

（3）本书将系统性地分析电气各系统在新规范体系下的标准化模板图纸和样图，可以加强设计人员对电气系统的理解和掌握，并对新规范体系有更深一步的了解。

（4）本书的新产品和新技术章节中，将集中介绍电气专业最新的热点和难点，为电气设计师提供新的方向和目标。

最后，希望通过对标准化设计模板的运用，可以让电气设计师多留一些时间给自己和家人，多做一些自己喜欢的事情。

需要特别申明，由于电气系统复杂多变、电气规范日新月异、业主要求花样百出，所以仅靠一套模板“打天下”是不可能的，此模板旨在涵盖设计过程中的大部分内容，且需要对模板进行持续的升级和维护，接下来笔者就对模板的运用做详细的叙述和说明。

第2章 前期征询

2.1 征询意义

项目立项后，设计人员根据设计任务书的要求，并结合建筑方案、建筑功能、项目地点等，向建设方询问当地政府、相关职能部门和市政企业的技术要求、基地周边情况等，设计文件将在建设方提供的征询文件基础上完成。比如，供电负荷等级为一级负荷的建筑物，若周边市政电源无法满足双重电源的要求，则需要设置应急发电机组作为备用电源，此类问题，对整个项目的影响是巨大的，需在前期征询阶段落实好。另外，前期征询表中必须包含政府各职能部门或业主的正式回复意见，以此作为依据开展相关设计工作。这个正式回复意见，也是避免以后相互“扯皮”的最强有力的证据。

2.2 公共建筑项目前期征询表

案例前期征询问题汇总见表 2.2-1。

表 2.2-1 公共建筑项目电气专业前期征询表

×× 项目电气专业前期征询表			
征询内容	补充说明	相关部门意见	业主答复
1. 电力线引入条件			
（1）引入位置 （进入本工程的方位）		由项目东侧 ×× 路引入，靠近 ×× 路	
（2）引入方式 ①电缆；②架空；③其他		①电缆	
（3）电压等级 ① 35kV；② 10kV；③其他		① 35kV	
（4）回路数量 ①单回；②双回；③其他	要求双回路满足双重电源的要求	②双回	

续表

××项目电气专业前期征询表			
征询内容	补充说明	相关部门意见	业主答复
(5)高压主接线方式 ①一用一备; ②两路常用; ③互为备用		②两路常用	
(6)高压侧功率因数 ① 0.9; ② 0.95; ③其他		① 0.9,为 35kV 侧功率因数要求	
(7)高压系统接地方式 ①小电阻接地; ②消弧线圈接地; ③不接地		①小电阻接地	
(8)低压系统接地方式 ① TN-S; ② TN-C-S; ③其他		① TN-S	
(9)是否设置电业开关站 ①设置; ②不设置; ③其他	如设置,须落实具体要求: 尺寸:长 × 宽 × 高; 位置:地上或地下; 其他:电缆沟(电缆夹层)的高度要求等	本项目不设置电业开关站,由相邻 04 地块的电业开关站引入 35kV 电源	
(10)供电电源的短路容量(MVA)或短路电流(kA)	或提供上级变电所的变压器容量及与本工程的大致距离	暂无相关数据	短路容量可以按300MVA考虑
(11)各电压等级允许用户所接变压器总容量要求 ① 35kV 允许用户变总容量; ② 10kV 允许用户变总容量; ③ 0.4kV 允许直接供电容量		35kV 为 20000kVA; 10kV 为 8000kVA; 0.4kV:本项目不涉及	
(12)征询落实计量方式 ①高供高计容量范围; ②高供低计容量范围; ③低供低计容量范围		在 35kV 进线侧设置电业计量	
(13)供电电源要求	是否允许两路以上的多路高压电源向一个用户供电	可以	

续表

×× 项目电气专业前期征询表			
征询内容	补充说明	相关部门意见	业主答复
2. 用户变电所设置			
（1）变电所设置位置 ①必须地上； ②地下地上均可； ③其他要求	需要落实当时供电部门对用户变电所设置位置的限制要求	②地下地上均可	
（2）单台变压器最大容量 ① 1600kVA； ② 2000kVA； ③其他	需要落实当时供电部门对用户变电所单台变压器最大容量的限制要求	② 2000kVA	
（3）高压系统母联设置 ①允许；②不许；③其他		②不许	
（4）土建要求 ①变电所净高； ②变电所地面抬高； ③设备搬运通道尺寸； ④设备吊装孔尺寸	落实当地供电部门对用户变电所土建尺寸及水平搬运通道和垂直通道有无限制要求	① 35kV 主变室净高 6m，电缆夹层 2.2m，10/0.4kV 变电所净高 4m。 ②抬高 0.15m	③④满足设备运输需求即可
3. 弱电系统引入条件			
（1）电话通信引入位置 （进入本工程的方位）		×× 路引入	
（2）电话线引入方式 ①光缆；②铜缆；③其他		①光缆	
（3）电话系统设计分界点 ①本工程基地入口； ②各建筑物入口； ③各单元用户入口； ④其他	分界点前电话通信系统及管线一般均由当地电信设计部门设计，包括楼内公共区域电信设备及管线，设计院仅预留路由	①本工程基地入口	
（4）数据系统引入位置 （进入本工程的方位）		×× 路引入	
（5）引入方式 ①光缆；②铜缆；③其他		①光缆	
（6）数据系统设计分界点 ①本工程基地入口； ②各建筑物入口； ③各单元用户入口； ④其他	分界点前数据通信系统及管线一般均由当地电信设计部门设计，包括楼内公共区域电信设备及管线，设计院仅预留路由	①本工程基地入口	

续表

××项目电气专业前期征询表			
征询内容	补充说明	相关部门意见	业主答复
（7）有线电视引入位置（进入本工程的方位）		××路引入	
（8）引入方式 ①光缆；②同轴；③其他		①光缆	
（9）有线电视系统设计分界点 ①本工程基地入口； ②各建筑物入口； ③各单元用户入口； ④其他	分界点前有线电视系统及管线一般均由当地有线电视设计部门设计，包括楼内公共区域有线电视放大及分配分支设备和管线，设计院仅预留路由	①本工程基地入口	
4. 弱电机房设置			
（1）运营商接入机房 ①面积； ②设置位置（地上、地下）； ③电源供电方式及容量； ④接地要求	征询各通信部门落实：各运营商（电信、移动、联通、网通等）预留接入机房的具体要求		①约 50m²； ②可设置于 B1F； ③双电源，30kW； ④共用接地系统，1Ω
（2）通信设备总机房 ①面积； ②设置位置（地上、地下）； ③电源供电方式及容量； ④接地要求	征询各通信部门落实：各运营商（电信、移动、联通、网通等）预留总机房的具体要求		①约 100m²； ②可设置于 B1F； ③双电源，100kW； ④共用接地系统，1Ω
（3）各单栋建筑通信机房 ①面积； ②设置位置（地上、地下）； ③电源供电方式及容量； ④接地要求	征询各通信部门落实：各运营商（电信、移动、联通、网通等）各单栋建筑（除总机房外）需要预留通信机房的具体要求		①约 20m²； ②可设置于 B1F； ③双电源，20kW； ④共用接地系统，1Ω
（4）有线电视总机房 ①面积； ②设置位置（地上、地下）； ③电源供电方式及容量； ④接地要求	征询运营商落实机房的具体要求		①约 30m²； ②可设置于 B1F； ③双电源，30kW； ④共用接地系统，1Ω

续表

×× 项目电气专业前期征询表			
征询内容	补充说明	相关部门意见	业主答复
(5)无线覆盖机房 ①面积; ②设置位置(地上、地下); ③电源供电方式及容量; ④接地要求	征询运营商落实机房的具体要求		①约 30m²; ②可设置于 B1F; ③双电源,30kW; ④共用接地系统,1Ω
(6)5G 通信机房 ①面积; ②设置位置(地上、地下); ③电源供电方式及容量; ④接地要求	征询运营商落实机房的具体要求		①约 30m²; ②设置于屋顶; ③双电源,50kW; ④共用接地系统,1Ω
(7)消防及安保机房设置 ①最小面积限制; ②设置位置(地上、地下); ③消防及安防可否合用	征询落实消防控制室能否设置在地下一层		①满足使用需求; ②设置于 1F 或 B1F; ③可以合用
5. 其他需要征询的内容			
(1)航空障碍灯设置 ①设置; ②不设置; ③其他	征询当地有关部门,确认本工程是否在航线上或机场起降区域以及对航空障碍灯设置的要求		①设置
(2)计量方式 ①设物业分表计量的业态; ②电业抄表到户的业态; ③其他需单独计量的业态	需要建设单位根据管理、销售等要求,落实确认整个项目的计量收费方案		2 号楼考虑整体销售的可能性,需预留电业 10kV 计量条件
6. 设计范围			
(1)强电(变配电、照明、防雷、接地)	强电(除电业变电所)全部设计		除电业变电所外,其他强电系统全部由设计院完成
(2)弱电(消防报警、安全防范、通信、有线电视等)	弱电:消防相关系统全部完成,其他系统预留机房并规划管线路由,具体由各专业公司设计		与消防相关的系统由设计院完成,其他系统均由智能化专项设计完成
(3)精装电气设计	精装部分由精装公司设计,设计院根据精装要求调整原设计		由专项设计完成

续表

××项目电气专业前期征询表

征询内容	补充说明	相关部门意见	业主答复
（4）室外景观及建筑物夜景照明设计	室外景观及建筑物夜景照明均由专业公司设计，设计院预留用电条件		由专项设计完成
（5）地下人防区电气设计 ①人防院（平时、战时）； ②人防院（战时）部分；设计院（平时）部分			②人防院（战时）部分；设计院（平时）部分
（6）室外电力工程（供电部门的高、低压电力管线） ①电业设计； ②设计院设计； ③其他	一般由供电公司设计，设计院规划路由		①电业设计
（7）室外通信工程（电信、有线电视、网络） ①专业公司设计； ②设计院设计； ③其他	一般由专业公司设计，设计院规划路由		①专业公司设计
（8）室外弱电线路工程（消防、安防、楼宇等） ①专业公司设计； ②设计院设计； ③其他	一般由专业公司设计，设计院规划路由		①专业公司设计
7. 业主建造标准			
（1）物业计量的各业态用电量配置标准 ①业态 1 ____W/m²； ②业态 2 ____W/m²； ③业态 3 ____W/m²	需要业主提供建造标准，根据不同业态（包括公共区域等），提出各业态负荷指标和最低预留用电量		按《××集团集中商业设计指引及配置标准》实施
（2）电业计量并抄表到户的各业态用电量配置标准 ①业态 1 ____W/m²； ②业态 2 ____W/m²； ③业态 3 ____W/m²	需要征询当地供电部门，根据不同业态类型所需的最低配置标准		按《××集团集中商业设计指引及配置标准》实施
（3）物业计量并抄表到户的计量表设置标准 ①三相表（>____）kW； ②单相表（≤____）kW			根据集团设计指引要求，商铺至少按三相10kW设置

续表

××项目电气专业前期征询表			
征询内容	补充说明	相关部门意见	业主答复
（4）电业计量并抄表到户的计量表设置标准 ①三相表（>____）kW； ②单相表（≤____）kW			大于12kW采用三相电业表计量
（5）各业态交房标准（强电） ①配电箱（包括箱内开关）； ②照明灯具及开关； ③电源插座； ④通风（包括事故通风）设备配电； ⑤空调（包括空调机组，风机盘管等）设备配电； ⑥其他	需要业主提供建造标准，以确定设计图纸的内容。 需要分不同业态（包括公共区域）分别提出具体要求		按《××集团集中商业设计指引及配置标准》实施
（6）各业态交房标准（弱电） ①信息箱； ②通信插座； ③网络插座； ④电视插座； ⑤防盗报警； ⑥电视监视； ⑦其他	需要业主提供建造标准，以确定设计图纸的内容。 需要分不同业态（包括公共区域）分别提出具体要求		按《××集团集中商业设计指引及配置标准》实施

2.3 住宅项目前期征询表

住宅项目有很多地域性要求，需要征询的问题可能更多，某住宅项目前期征询问题汇总见表2.3-1。

表2.3-1 住宅项目电气专业前期征询表

××住宅项目电气专业征询表			
征询内容	补充说明	相关部门意见	业主答复
1. 电力线引入条件			
（1）引入位置 （进入本工程的方位）			

续表

×× 住宅项目电气专业征询表			
征询内容	补充说明	相关部门意见	业主答复
（2）引入方式 ①电缆；②架空；③其他			
（3）电压等级 ① 35kV；② 10kV；③其他			
（4）回路数量 ①单回；②双回；③其他	要求双回路满足双重电源的要求		
（5）高压主接线方式 ①一用一备；②两路常用；③互为备用			
（6）高压侧功率因数 ① 0.9；② 0.95；③其他			
（7）高压系统接地方式 ①小电阻接地； ②消弧线圈接地； ③不接地			
（8）低压系统接地方式 ① TN-S；② TN-C-S；③其他			
（9）是否设置电业开关站 ①设置；②不设置；③其他	如设置，须落实具体要求： 尺寸：长 × 宽 × 高； 位置：地上或地下； 其他：电缆沟（电缆夹层）高度要求等		
（10）供电电源的短路容量（MVA）或短路电流（kA）	或提供上级变电所的变压器容量及与本工程的大致距离		
（11）各电压等级允许用户所接变压器总容量要求 ① 35kV 允许用户变总容量； ② 10kV 允许用户变总容量； ③ 0.4kV 允许直接供电容量			
（12）征询落实计量方式 ①高供高计容量范围； ②高供低计容量范围； ③低供低计容量范围			
（13）柴油发电机设置 ①只有一路电源，需要用户自备发电机； ②具备双重电源供电条件，不需要用户自备发电机； ③具备双重电源，仍需要用户自备发电机			

续表

××住宅项目电气专业征询表			
征询内容	补充说明	相关部门意见	业主答复
2. 电业变电所设置（或称公变、局管变、局维变等）			
（1）电业变电所形式和土建要求 ①箱变（欧、美、组合式）; ②独立建设土建变电所; ③附设式土建变电所; ④只能设置在地上; ⑤地上、地下均可; ⑥变电所与其他建筑距离; ⑦其他	须征询落实电业变电所土建预留条件: ①长×宽×高（净高）; ②室内地面抬高高度; ③设备搬运门（高×宽）; ④排水要求; ⑤通风要求; ⑥设备搬运通道: 水平通道（长×宽）; 垂直通道（宽×高）; ⑦其他要求		
（2）电业变电所供电并单独设置电业计量的范围 ①住宅; ②住宅单元公灯、电梯等; ③配套商业; ④地下车库; ⑤生活水泵; ⑥消防水泵; ⑦热交换站; ⑧会所; ⑨小区配套用房; ⑩其他	须征询落实当地供电部门对电业供电并装表到户直接计量收费的对象（不能与物业站供电范围重复）		
（3）电业变电所容量确定 ①每个站变压器台数; ②单台变压器最大容量; ③供电部门确定容量; ④设计院确定容量; ⑤其他	须征询落实当地供电部门对电业变电所变压器容量有无特殊的计算方式		
（4）土建要求 ①变电所净高; ②变电所地面抬高; ③电缆沟或电缆夹层尺寸; ④设备搬运通道尺寸; ⑤设备吊装孔尺寸	落实当地供电部门对用户变电所土建尺寸及水平搬运通道及垂直通道有无限制要求		

续表

××住宅项目电气专业征询表			
征询内容	补充说明	相关部门意见	业主答复
3. 物业变电所设置（或称物业变、小区变、自管站、自维变等）			
（1）变电所设置位置 ①必须地上； ②地下、地上均可； ③其他要求	需要落实当地供电部门对用户变电所设置位置和土建条件有无限制要求： ①长×宽×高（净高）； ②室内地面抬高高度； ③设备搬运门（高×宽）； ④排水要求； ⑤通风要求； ⑥设备搬运通道：水平通道（长×宽）；垂直通道（宽×高）； ⑦其他要求		
（2）物业变电所供电范围 ①住宅单元公灯、电梯等； ②配套商业； ③地下车库； ④生活水泵； ⑤消防水泵； ⑥热交换站； ⑦会所； ⑧小区配套用房； ⑨其他	须征询落实当地供电部门对物业站供电范围（不能与电业站供电范围重复）		
（3）物业变电所单台变压器最大容量（kVA） ①800；②1000；③其他	需要落实当地供电部门对用户变电所单台变压器最大容量的限制要求		
（4）土建要求 ①变电所净高； ②变电所地面抬高； ③设备搬运通道尺寸； ④设备吊装孔尺寸	落实当地供电部门对用户变电所土建尺寸及水平搬运通道及垂直通道有无限制要求		
4. 电业计量用户容量配置标准及计量方式			
（1）住宅用户配置标准 ①面积范围（　　）m^2； 配置功率（　　）kW/户； ②面积范围（　　）m^2； 配置功率（　　）kW/户； ③面积范围（　　）m^2； 配置功率（　　）kW/户； ④面积范围（　　）m^2； 配置功率（　　）kW/户	须征询落实当地供电部门住宅用户配置负荷标准		

续表

××住宅项目电气专业征询表			
征询内容	补充说明	相关部门意见	业主答复
（2）配套用房及配套商业或沿街商业负荷标准 ①餐饮商铺（　　）W/m^2； ②普通商铺（　　）W/m^2； ③配套用房（　　）W/m^2； ④其他	须征询落实当地供电部门配套用房配置负荷标准的最低标准，业主可提出高于最低标准的其他要求		
（3）高层住宅电业计量表设置方式 ①每层集中设置电表； ②3～6层集中设置电表； ③集中在一层设置电表； ④其他	须征询落实当地供电部门对电表箱的设置要求		
（4）多层住宅电业计量表设置方式 ①每层集中设置电表； ②3～6层集中设置电表； ③集中在一层设置电表； ④其他	须征询落实当地供电部门对电表箱的设置要求		
（5）别墅电业表设置方式 ①分户门前设置电表； ②绿化带集中设置电表； ③其他	须征询落实当地供电部门对电表箱的设置要求		
（6）配套商业等用房电表设置方式 ①商铺外分别设置电表； ②商铺内分别设置电表； ③分区集中设置电表； ④其他	须征询落实当地供电部门对电表箱的设置要求		
（7）住宅公共区域用电（分项：公灯、电梯、风机、水泵）计量电表设置方式 ①每单元集中设置总表； ②每单元分项设置分表； ③公灯采用均分器供电； ④其他			
（8）住宅单元地下室储藏室计量表设置要求 ①地下室集中设置电业分户表； ②地下室集中设置物业分户表； ③由楼上住户箱分回路供电； ④其他			

续表

×× 住宅项目电气专业征询表			
征询内容	补充说明	相关部门意见	业主答复
（9）地下车库用电计量（分项：照明、风机、水泵） ①地下室集中设置电业计量总表； ②地下室集中设置分项（照明、风机、水泵）电业分表； ③地下室集中设置（照明、动力）电业分表； ④由物业站供电计量； ⑤其他			
（10）电表要求 ① 8kW 以上三相表； ② 10kW 以上三相表； ③ 12kW 以上三相表； ④其他			
（11）各类电表箱寸 2 户单相表 3 户单相表 6 户单相表 9 户单相表 12 户单相表 2 户三相表 3 户三相表 6 户三相表 9 户三相表			
5. 弱电系统引入条件			
（1）电话通信引入位置 （进入本工程的方位）			
（2）电话线引入方式 ①光缆；②铜缆；③其他			
（3）电话系统设计分界点 ①本工程基地入口； ②各建筑物入口； ③各单元用户入口； ④其他	分界点前电话通信系统及管线一般均由当地电信设计部门设计，包括楼内公共区域电信设备及管线，设计院仅预留路由		

续表

×× 住宅项目电气专业征询表			
征询内容	补充说明	相关部门意见	业主答复
（4）数据系统引入位置 （进入本工程的方位）			
（5）引入方式 ①光缆；②铜缆；③其他			
（6）数据系统设计分界点 ①本工程基地入口； ②各建筑物入口； ③各单元用户入口； ④其他	分界点前数据通信系统及管线一般均由当地电信设计部门设计，包括楼内公共区域电信设备及管线，设计院仅预留路由		
（7）有线电视引入位置 （进入本工程的方位）			
（8）引入方式 ①光缆；② 同轴；③其他			
（9）有线电视系统设计分界点 ①本工程基地入口； ②各建筑物入口； ③各单元用户入口； ④其他	分界点前有线电视系统及管线一般均由当地有线电视设计部门设计，包括楼内公共区域有线电视放大及分配分支设备和管线，设计院仅预留路由		
6. 弱电机房设置			
（1）小区通信设备总机房 ①面积； ②设置位置（地上、地下）； ③电源供电方式及容量； ④接地要求	征询各通信部门落实： 各运营商（电信、移动、联通、网通等）需要预留小区通信设备总机房的具体要求		
（2）各单元电信间房 ①面积； ②设置位置（地上、地下）； ③电源供电方式及容量； ④接地要求	征询各通信部门落实： 各运营商（电信、移动、联通、网通等）各单栋建筑需要预留电信间的具体要求		
（3）小区有线电视总机房 ①面积； ②设置位置（地上、地下）； ③电源供电方式及容量； ④接地要求	征询运营商落实机房的具体要求		

续表

××住宅项目电气专业征询表			
征询内容	补充说明	相关部门意见	业主答复
(4)小区无线覆盖机房 ①面积; ②设置位置(地上、地下); ③电源供电方式及容量; ④接地要求	征询运营商落实机房的具体要求		
(5)小区5G通信机房 ①面积; ②设置位置(地上、地下); ③电源供电方式及容量; ④接地要求	征询运营商落实机房的具体要求		
(6)消防及安保机房设置 ①最小面积限制; ②设置位置(地上、地下); ③消防及安防可否合用	须征询落实消防控制室能否设置在地下一层,需要建设单位对机房面积提出要求		
7. 其他需要征询的内容			
(1)航空障碍灯设置 ①设置; ②不设置; ③其他	征询当地有关部门,确认本工程是否在航线上或机场起降区域以及对航空障碍灯设置的要求。如果无相关部门,可根据附近同类建筑是否设置来确定		
(2)户内报警探头设置 ①设置火灾探测器; ②设置燃气泄漏探测器; ③其他	须征询当地消防部门,落实户内报警探头的设置要求,如无特殊要求,则按现行国家标准确定		
8. 安全防范系统设置			
(1)多层及高层住宅户内 ①首层设置防入侵探测器; ②二层设置防入侵探测器; ③顶层设置防入侵探测器; ④各层设置防入侵探测器; ⑤不设置; ⑥其他	须征询当地公安部门,落实户内报警探头的设置要求		
(2)别墅户内 ①各层设置防入侵探测器; ②不设置; ③其他	须征询当地公安部门,落实户内报警探头的设置要求		

续表

××住宅项目电气专业征询表			
征询内容	补充说明	相关部门意见	业主答复
(3)商铺内 ①设置防入侵探测器； ②不设置； ③其他	须征询当地公安部门，落实户内报警探头的设置要求		
(4)住宅小区公共区域 ①重要房间(配电间、电信机房、水箱间等)设置入侵探测器； ②不设置； ③其他	须征询当地公安部门，落实户内报警探头的设置要求		
9. 设计范围			
(1)室内强电(配电、照明、防雷、接地) ①电业用房供配电系统设备及管线； ②物业供配电系统设备及管线； ③住宅住户电表前配电设备及管线； ④住宅户内； ⑤住宅单元公共区域； ⑥其他用房； ⑦会所	需明确设计院的设计范围		
(2)室内弱电(包括消防报警、安全防范、智能化、通信、有线电视等) ①所有场所消防报警； ②电信用房设备、管线； ③有线电视用房设备、管线； ④消防兼安防控制室； ⑤住宅楼安防(电视监控、防盗报警，可视对讲)； ⑥商铺安防(电视监控、防盗报警，可视对讲)； ⑦住宅单元公共区域	通常①由设计院设计，其他均由专业公司或智能化设计公司深化设计。 设计院负责所有系统机房预留和主要管线路由的预留		
(3)室外景观及建筑物夜景照明设计	室外景观及建筑物夜景照明均由专业公司设计，设计院配合预留供电条件		
(4)地下人防区电气设计 ①人防院(平时、战时)； ②人防院(战时)部分；设计院(平时)部分			

续表

××住宅项目电气专业征询表			
征询内容	补充说明	相关部门意见	业主答复
（5）室外电力工程（供电部门的高、低压电力管线） ①电业设计； ②设计院设计； ③其他	一般由供电公司设计，设计院规划路由		
（6）室外通信工程（电信、有线电视、网络） ①专业公司设计； ②设计院设计； ③其他	一般由专业公司设计，设计院规划路由		
（7）室外弱电线路工程（消防、安防、楼宇等） ①专业公司设计； ②设计院设计； ③其他	一般由专业公司设计，设计院规划路由		
10. 建造标准			
（1）住宅户内 ①毛坯验收； ②精装验收； ③信息箱（电视电话网络）； ④终端（电视电话网络）； ⑤可视对讲； ⑥非可视对讲； ⑦燃气探头； ⑧燃气探头＋切断阀； ⑨防盗（红外）报警	需要业主提供建造标准，并且不能违反国家标准和当地验收标准		
（2）住宅公共区域 ①毛坯验收； ②精装验收； ③其他	需要业主提供建造标准		
（3）地库储藏室 ①照明灯和开关数量； ②插座数量； ③通风机及开关； ④其他	需要业主提供建造标准		

续表

××住宅项目电气专业征询表			
征询内容	补充说明	相关部门意见	业主答复
（4）会所 ①毛坯设计，精装二次设计； ②一次精装设计完成； ③智能化系统； ④防盗报警及红外探头； ⑤其他	需要业主提供建造标准。如果设置智能化和防盗报警系统，由专业公司深化设计，设计院仅预留路由		
（5）商铺 ①电源箱； ②信息箱； ③照明灯和开关； ④插座； ⑤信息插座； ⑥空调预留开关； ⑦空调预留管线； ⑧防盗报警及红外探头； ⑨其他	需要业主提供建造标准，包括数量要求		
（6）各业态交房标准（弱电） ①信息箱； ②通信插座； ③网络插座； ④电视插座； ⑤防盗报警； ⑥电视监视	需要业主提供建造标准，以确定设计图纸的内容。 需要分不同业态（包括公共区域）分别提出具体要求		

第3章 提资标准

3.1 基本规定

项目经过前期征询后，当地的要求和习惯做法就比较清晰了，再结合项目实际情况，就可以向建筑专业正式提资电气设备和智能化设备用房，一般包括变电所、柴油发电机房、智能化系统机房、电气及智能化竖井等，建筑物电气设备用房和智能化设备用房应符合下列规定：

（1）不应设置在卫生间、浴室等经常积水场所的直接下一层，当与其毗邻时，应采取防水措施。

（2）地面或门槛应高出本层楼地面，其标高差值不应小于0.10m，设在地下层时不应小于0.15m。

（3）无关的管道和线路不得穿越。

（4）电气设备的正上方不应设置水管道。

（5）变电所、柴油发电机房、智能化系统机房不应有变形缝穿越。

（6）楼地面应满足电气设备和智能化设备荷载的要求。

（7）设备用房的面积及设备布置，应满足布线间距及工作人员操作维护电气设备所必需的安全距离。

根据上述规定，详细介绍主要电气设备用房和智能化设备用房的提资标准，包括变电所、柴油发电机房、智能化系统机房、电气及智能化竖井。

3.2 变电所

变电所是电气专业最重要的设备用房，向建筑专业提资时，一定要据理力争，且考虑一定的余量。根据功能类别，变电所通常包括电业开关站、总变电所、分变电所和住宅变电所。

3.2.1 选址要求

变电所的选址应根据下列要求，经技术、经济等因素综合分析和比较后确定：

（1）深入或靠近负荷中心。

（2）接近电源侧。

（3）方便进出线。

（4）方便设备运输。

（5）变压器室、高压配电室、电容器室，不应在教室、居室的直接上、下层及毗邻处设置；当变电所的直接上、下层及毗邻处设置病房、客房、办公室时，应采取屏蔽、降噪等措施。

（6）不应设置在有剧烈振动或高温的场所。

（7）不应与有爆炸或火灾危险的场所毗邻。

（8）不应设置在智能化系统机房的正上方、正下方或与其毗邻的场所，当需要设置在上述场所时，应采取防电磁干扰的措施。

（9）变电所为独立建筑时，不应设置在地势低洼和可能积水的场所。

（10）变电所可设置在建筑的地下层，但不应设置在最底层。

（11）民用建筑宜按不同业态和功能分区设置变电所，当供电负荷较大、供电半径较长时，宜分散设置；超高层建筑的变电所宜分设在地下室、裙房、避难层及屋顶层等处。

3.2.2　净高和柱距

（1）上进上出的变电所最小净高要求：地面抬高 150 + 设备槽钢 100 + 高压柜 2300 + 桥架底距柜顶 1000 + 二三层桥架 650 = 4200（mm）。上进上出变电所剖面示意图见图 3.2-1。

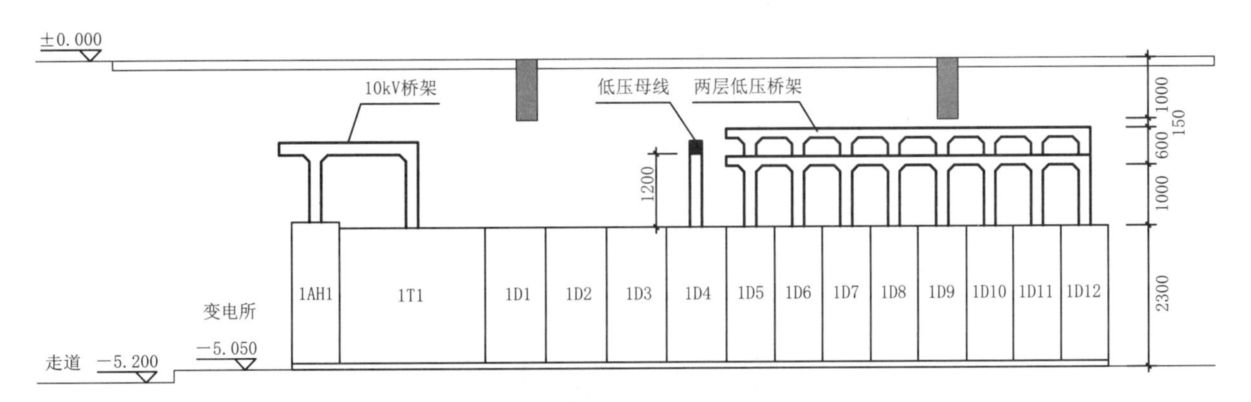

图 3.2-1　上进上出变电所剖面示意图

（2）下进下出的变电所最小净高要求：地面抬高 150 + 设备槽钢 100 + 高压柜 2300 + 母线距柜顶 800 + 母线高度 250 = 3600（mm）（不含电缆沟深度），1000mm 深的电缆沟需要降板，变电所若在建筑最底层，要注意防水；在非最底层，可能会影响下一层的净高。下进下出变电所剖面示意图见图 3.2-2。

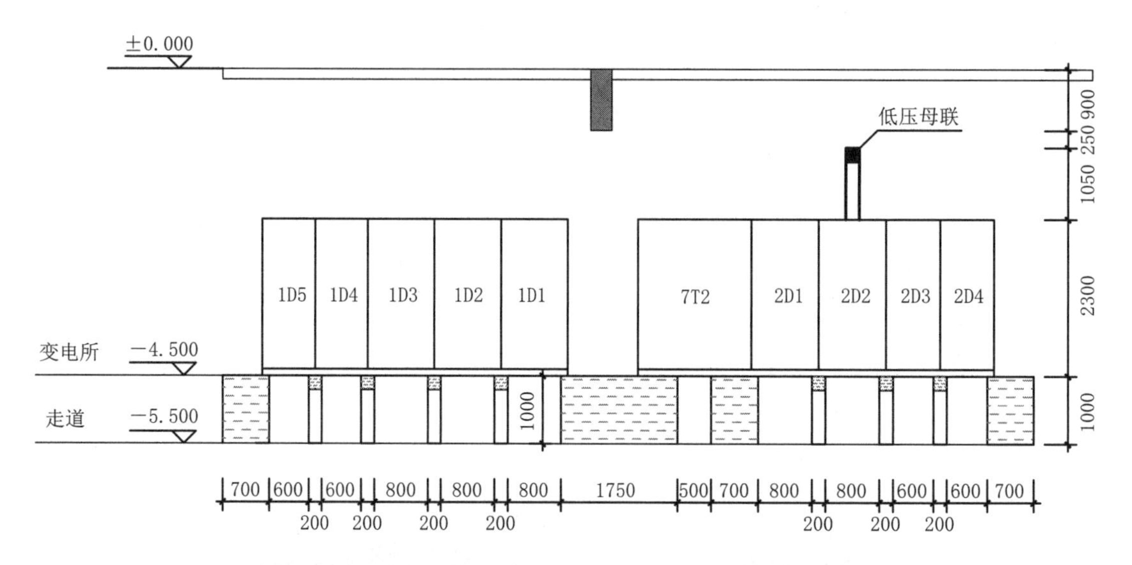

图 3.2-2 下进下出变电所剖面示意图

（3）设备面对面布置时，变电所的面积最经济合理，此布置所需的柱跨宜为：2×（柜深 1650 + 柜后 1000）+ 柜前 2500 + 柱子突 200 = 8000（mm）。

3.2.3 其他要求

（1）当变电所内设置值班室时，值班室应设置直接通向室外或疏散通道的疏散门。

（2）当变电所设置 2 个及以上疏散门时，疏散门之间的距离不应小于 5m，且不应大于 40m。

（3）变电所直接通向疏散通道的疏散门，以及变电所直接通向非变电所区域的门，应为甲级防火门；变电所直接通向室外的疏散门，应为不低于丙级的防火门。

（4）各地供电部门以及当地的特殊要求，也必须严格执行，比如浙江省规定：新开发地块的配电站房、包括开关站、环网室、环网箱、配电室、箱式变电所、计量室、柴油发电机房等应设置于地面一层或以上，并高于当地防涝用地高程。

3.2.4 电业开关站

系统功能：电业 35kV 或 10kV 进线界面和路由走向。

设置原则：是否设置由电业部门确定，项目前期需落实到位。

电气要求：接地系统由设计院完成，其他以电业要求为准。

管理形式：产权和管理均归电业部门。

专业关联：与其他专业关联技术见表 3.2–1。

案例情况：经过前期征询，本项目不设置电业 35kV 开关站，由隔壁地块内已有的电业 35kV 开关站提供两路 35kV 双重电源供电。

表 3.2–1 电业开关站与其他专业关联要求

名称	建筑						结构	暖通		水
	区域	面积（m^2）	净高（m）	柱网（m×m）	电缆沟（m）	其他	荷载（kN/m^2）	发热量（kW）	温度（℃）	
35kV 独立式	总体	250	6.0	>8×8	2.2	与其他建筑物间距满足标准要求	10	5	45	远离
10kV 独立式	总体	150	4.2	>8×8	1.0		10	5	45	
35kV 附建式	1F	120	6.0	>8×8	2.2		10	5	45	
10kV 附建式	1F	100	4.2	>8×8	1.0		10	5	45	

注：仅供参考，电业开关站的技术需求均由电业部门最终确定。

3.2.5 总变电所

系统功能：35kV 降压为 10kV，或者为 10kV 分配。

设置原则：一般情况下，总建筑超过 10 万 m^2 的上海市公共建筑项目，需要设置 35kV 总变电所；其他类型项目基本是 10kV 总变电所。

电气要求：需关注 35kV 变压器的运输通道、吊装孔尺寸、开门尺寸等；10kV 总变电所可以与分变电所合建。

管理形式：用户物业管理。

专业关联：与其他专业关联技术见表 3.2–2。

案例情况：本项目在 B1F 设置一座 35kV 总变电所，面积约 800m^2，层高 7.2m，主变室净高大于 6m。

表 3.2-2 总变电所与其他专业关联要求

名称	建筑						结构	暖通		水
	区域	面积（m^2）	净高（m）	柱网（m×m）	电缆沟（m）	其他	荷载（kN/m^2）	发热量（kW）	温度（℃）	
35kV 总变电所	B1F	800	6.0	>8×8	2.2	关注运输通道	10	180	45	远离
10kV 总变电所	B1F	120	4.2/3.6	>8×8	1.0	可上进上出	10	5	45	

注：35kV 总变电所 6m 净高是指主变室，其他房间可按 4.5m。

3.2.6 分变电所

系统功能：10kV 降压为 0.4kV，区域供电。

设置原则：按建筑功能、业态需求、集中动力负荷和变压器容量，成组设置（2 台、4 台和 6 台）。

电气要求：紧靠负荷中心，供电距离尽量控制在 200m 以内。

管理形式：用户物业管理。

专业关联：与其他专业关联技术见表 3.2-3。

案例情况：本项目在 B1F、B2F 和避难层共设置 7 座分变电所，变电所面积 150～300m^2，净高不小于 4.2m。

表 3.2-3 分变电所与其他专业关联要求

名称	建筑						结构	暖通		水
	区域	面积（m^2）	净高（m）	柱网（m×m）	电缆沟（m）	其他	荷载（kN/m^2）	发热量（kW）	温度（℃）	
分变电所（2 台变压器）	B1F/B2F	160	4.2/3.6	>8×8	1.0	可按上进上出	10	30	45	远离
分变电所（4 台变压器）	B1F/B2F	350	4.2/3.6	>8×8	1.0		10	60	45	
分变电所（6 台变压器）	B1F/B2F	500	4.2/3.6	>8×8	1.0		10	90	45	

注：有多层地下室时，分变电所不能设置于最底层，分变电所的进出线方式建议优先考虑上进上出。

3.2.7 住宅变电所

系统功能：10kV 降压为 0.4kV，住宅用电。

设置原则：上海市项目按 K 站和 P 站供电（约 2～2.5 万 m^2 一座 P 站，约 10 万 m^2 一座 K

站）；外地项目按公变（住户用电）和专变（公区用电）供电。

电气要求：紧靠负荷中心，供电距离控制在 150m 以内。

管理形式：K 站、P 站和公变为电业部门产权，专变由用户物业管理。

专业关联：与其他专业关联技术见表 3.2-4。

案例情况：不涉及。

表 3.2-4　住宅变电所与其他专业关联要求

<table>
<tr><th rowspan="2">名称</th><th colspan="6">建筑</th><th>结构</th><th colspan="2">暖通</th><th rowspan="2">水</th></tr>
<tr><th>区域</th><th>面积（m^2）</th><th>净高（m）</th><th>柱网（m×m）</th><th>电缆沟（m）</th><th>其他</th><th>荷载（kN/m^2）</th><th>发热量（kW）</th><th>温度（℃）</th></tr>
<tr><td>上海市 K 站</td><td>1F</td><td>180</td><td>4.0</td><td>>8×8</td><td>2.2</td><td rowspan="3">关注运输通道</td><td>10</td><td>25</td><td>45</td><td rowspan="4">远离</td></tr>
<tr><td>上海市 P 站</td><td>1F/B1F</td><td>120</td><td>4.0</td><td>>8×8</td><td>2.2</td><td>10</td><td>20</td><td>45</td></tr>
<tr><td>外地公变</td><td>1F</td><td>150</td><td>4.0</td><td>>8×8</td><td>1.0</td><td>10</td><td>20</td><td>45</td></tr>
<tr><td>外地专变</td><td>1F/B1F</td><td>150</td><td>4.0</td><td>>8×8</td><td>1.0</td><td>可上进上出</td><td>10</td><td>30</td><td>45</td></tr>
</table>

注：上海市 P 站必须有多层地下室，才有可能设置于 B1F，电业产权的变电所的技术需求由电业部门最终确定。

3.3　柴油发电机房

3.3.1　一般规定

柴油发电机房的设置应符合以下规定：

（1）机房宜布置于建筑的首层、地下室、裙房屋面，不应布置在人员密集场所的上一层、下一层或贴邻。当地下室为三层及以上时，不宜设置在最底层，并靠近变电所设置。机房宜靠外墙布置，应有通风、防潮、机组的排烟、消声和减震等措施，应满足环境保护要求。

（2）机组宜有发电机间、控制室及配电室、储油间、备品备件储藏间等。当发电机组单机容量不大于 1000kW 或总容量不大于 1200kW 时，发电机间、控制室和配电室可合并在同一房间内。

（3）当发电机间、控制室和配电室长度大于 7m 时，应至少设置 2 个出入口门，其中一个门及通道的大小应满足运输机组的需要，否则应预留运输条件。

（4）每个机房内设置 1 个储油间，存储量不大于 $1m^3$。

（5）柴油发电机房应设置火灾自动报警系统和自动喷水灭火系统。

3.3.2　功能要求

系统功能：提供第二路或第三路应急电源。

设置原则：根据用电负荷等级、供电要求，以及项目周边市政电源条件等确定。

电气要求：紧靠负荷中心，供电距离宜控制在 250m 以内。

管理形式：用户物业管理。

专业关联：与其他专业关联技术见表 3.3–1。

案例情况：根据国家标准和业主要求，本项目所有消防负荷（消防控制室、消防水泵、消防电梯、消防风机、消防应急照明和疏散指示系统、防火卷帘门、电动排烟窗等）和部分重要负荷[包括通信、弱电及 IT 系统、生活水泵、污水泵、客梯（每组一部）和货梯、航空障碍灯、重要区域的公共照明、超市冷冻 / 冷藏设备等]均需要接入柴油发电机组，经计算，本项目共设置 4 座柴油发电机房，每座柴油发电机房的面积约为 150 ~ 250m^2，净高不小于 4.5m。

表 3.3–1　柴油发电机房与其他专业关联要求

名称	建筑				结构	暖通（1 台常用 1200kW）			水
	区域	面积（m^2）	净高（m）	柱网（m×m）	荷载（kN/m^2）	进风井（m^2）	排风井（m^2）	烟囱（mm）	
柴油发电机房（1 台）	1F/B1F/B2F	120	4.2~5.5	>8×8	10	6	4.5	300	设置喷淋
柴油发电机房（2 台）	1F/B1F/B2F	240	4.2~5.5	>8×8	10	12	9.0	2×300	

注：由于烟囱路由和进排风井道约束因素较多，建议优先考虑柴油发电机的选址。

3.4　智能化系统机房

3.4.1　一般规定

智能化系统机房的设置应符合以下规定：

（1）机房宜设置在建筑物首层及以上各层。当有多层地下室时，也可以设置在地下一层。

（2）机房应远离强振动源和强噪声源的场所。当不能避免时，应采用有效的隔振、消声和隔声措施。

（3）机房应远离强电磁场干扰场所。当不能避免时，应采用有效的电磁屏蔽措施。

（4）消防控制室内严禁穿越与消防设施无关的电气线路及管路。

（5）机房可单独设置，也可合用设置。当消防控制室与其他控制室合用时，消防设备在室内应有独立的区域，且相互间不会产生干扰。

3.4.2　功能要求

系统功能：大楼消防、安保、通信、运维中心。

设置原则：消防控制室宜集中设置，其他智能化系统机房根据物业管理形式确定。

电气要求：消防安保控制中心的面积不能局促。

管理形式：用户物业管理，消防控制室需专业人员值班。

专业关联：与其他专业关联技术见表3.4–1。

案例情况：在本项目地下一层设置1个消防总控室、2个消防分控室，消防总控室负责T1塔楼、商业和地下车库；消防分控室1负责T2塔楼；消防分控室2负责市政通道区域；消防总控室和分控室均设置300mm架空地板，并按要求设置防水门槛。

表3.4–1 智能化系统机房与其他专业关联要求

名称	建筑					结构	暖通		水
	区域	面积（m^2）	净高（m）	门宽（m）	其他	荷载（kN/m^2）	发热量（kW）	温度（℃）	
消防安保中心	1F/B1F	60～150	2.8	1.5	部分机房可合并设置	5	18～28	30～80	远离
运营商接入机房	1F/B1F	50	2.8	1.5		5	18～28	30～75	
通信机房	1F/B1F	100	2.8	1.5		5	18～28	40～70	
无线覆盖机房	1F/B1F	30	2.8	1.5		5	18～28	40～70	
有线电视机房	1F/B1F	30	2.8	1.5		5	18～28	30～75	

注：机房面积会根据项目体量做相应调整，UPS机房的电力电池室的荷载按10kN/m^2。

3.5 电气及智能化竖井

3.5.1 一般规定

电气及智能化竖井的面积、位置和数量应根据建筑物规模、使用性质、供电半径和防火分区等因素确定，并应符合以下规定：

（1）不应与电梯井、其他专业管道井共用同一竖井。

（2）不应贴邻热烟道、热力管道及其他散热量大的场所。

（3）不宜与卫生间等潮湿场所相贴邻，每层设置的检修门应开向公共通道。

（4）竖井井壁、楼板及封堵材料的耐火极限应根据建筑本体耐火极限设置，检修门应采用不低于丙级的防火门。

（5）设有综合布线机柜的弱电竖井宜大于5m^2；采用对绞电缆布线时，其距最远端信息点的布线距离不宜大于90m。

3.5.2 功能要求

系统功能：大楼区域配电和布置智能化楼层设备。

设置原则：1个防火分区设置1组强电间和弱电间；面积小于500m^{2}的防火分区可设置壁龛式竖井；标准层约1.2万m^{2}的大商业，需要8组强电间和弱电间；大型厨房、宴会厅、多功能厅等需要设置专用的强电间或控制室；出屋面的竖井做成风帽形式。

电气要求：上下对齐为佳；大商业的强电间，仅留洞区域对齐亦可；建议只转换一次，且须在公共区域转换管线。

管理形式：用户物业管理。

专业关联：与其他专业关联技术见表3.5-1。

案例情况：每个防火分区设置1组强电间和弱电间，面积约为5～10m^2。

表3.5-1 电气及智能化竖井与其他专业关联要求

名称		建筑			结构	暖通	水
		1个防火分区	面积（m^2）	要求	荷载（kN/m^2）		
塔楼	强电间	1	6	上下对齐	4.5	不与有烟和热的管井贴邻	不贴邻
	弱电间	1	5	上下对齐	4.5		
裙房商业	强电间	1	8	上下对齐	4.5		
	弱电间	1	6	上下对齐	4.5		
地下室	强电间	1	12（6）	主干对齐	4.5		
	弱电间	1	5	上下对齐	4.5		
18F住宅	强电间	每层	1500×600	上下对齐	4.5		
	弱电间	每层	1000×600	上下对齐	4.5		

注：商业裙房强电间的供电半径控制在50m以内，弱电间的服务半径控制在60m以内。

3.6 综合数据

综上所述，案例和其他典型项目的电气及智能化设备用房的综合数据见表3.6-1，电气及智能化设备用房的面积约占整个项目总建筑面积的1%～2%。

表 3.6-1 电气及智能化设备用房综合数据

名称	变电所（m²）				柴油发电机房（m²）	智能化机房（m²）		电气竖井（m²）		合计（m²）	占比
	电业开关站	总变电所	分变电所	住宅变电所		消防安保	弱电机房	强电间	弱电间		
案例	—	800	2300	—	950	150	530	1200	950	6880	1.60%
外地 12 万 m² 商业	80	120	700	—	120	150	210	320	180	1880	1.57%
5 万 m² 办公	80	120	160	—	—	100	180	170	120	930	1.86%
上海市 15 万 m² 高层住宅	—	—	—	900	—	80	120	520	320	1970	1.31%
外地 15 万 m² 高层住宅	—	—	—	850	—	80	120	330	210	1620	1.08%

注：仅供参考，机房面积会根据当地要求、业主管理形式和项目特点做相应调整。

第4章 专业定案

4.1 定案意义

提资完成后，项目就正式进入施工图设计阶段。根据项目质量管理流程的要求，在施工图设计开始前，需要完成两个定案文件：综合定案和专业定案。

综合定案是指各专业（建筑、结构、水、暖、电、PC、BIM、绿色建筑等）在施工图开始前，集中在一起开会，明确本项目的主要技术参数：如设备主机房位置、层高、净高控制、项目PC率、建筑降板区域、主要的梁高等。综合定案是项目推进过程中非常重要的环节，由建筑专业牵头，各专业总工程师必须一起参会，并签字确认。

专业定案是指明确本项目中本专业的具体要求和做法，比如电气专业的出图范围、与专项设计的界面、变配电系统方案、变电所进出线方式、线缆选型、配电箱编号原则等问题，都需要通过专业定案来确定，专业定案一般由专业负责人牵头，设计人、校审人和专业总工程师一并参会。接下来简单介绍一下案例的专业定案文件。

4.2 案例专业定案单

4.2.1 工程概况

（1）建筑规模：为大型商业、办公综合体项目，包括T1办公塔楼、T2办公塔楼和裙房商业，塔楼和裙房均为一类高层公共建筑，为大型商店建筑（商业面积大于2万m^2）。

（2）地库：Ⅰ类地下车库。

（3）项目地点：上海市。

（4）建筑总面积：43万m^2，其中地上30.5万m^2，地下12.5万m^2。

（5）建筑高度：T1塔楼230m、T2塔楼200m、裙房41m，地下3层，局部4层。

（6）结构抗震设防烈度：≥6度。

（7）子项：本项目施工图阶段分5个子项（总图、通用图、地下室、裙房商业、T1塔楼和T2塔楼）。

（8）其他：T1塔楼自持，T2塔楼销售。

4.2.2 设计范围

（1）高低压配电系统：用户 35kV 变电所和 10kV 变电所。

（2）电力配电系统。

（3）照明配电系统。

（4）防雷接地系统。

（5）火灾自动报警系统。

（6）智能化：专项设计由业主另行委托。施工图阶段，土建设计院仅预留智能化机房、管井和弱电进出线预埋套管，若审图要求提供施工图阶段的智能化图纸，可由智能化专项设计提供各系统及其子系统的系统框图、干线桥架走向平面图和竖井布置图。

（7）人防：平时由土建设计院完成，战时由人防设计院完成。

4.2.3 高低压系统

（1）负荷等级：特级负荷。

（2）电气防火分级：一级。

（3）供电电源：市电双重电源。

（4）供电电压等级：35kV。

（5）工作方式：市电互为备用。

（6）应急电源：自备柴油发电机组。

（7）自备发电机组供电范围：消防负荷和重要负荷。

（8）发电机组持续工作时间：3h。

（9）35kV 变电所进出线方式：下进下出。

（10）10kV 变电所进出线方式：上进上出。

（11）35kV 主接线方式：单母线分段。

（12）10kV 主接线方式：单母线分段设置联络开关。

（13）35kV 变电所至各分变电所方式：放射式供电。

（14）高压开关额定短路开断电流：35kV 开关为 31.5kA；10kV 进线 / 母联开关为 31.5kA；10kV 出线开关为 25kA。

（15）变压器型号：35kV 变压器型号为 SCZB10；10kV 变压器型号为 SCB18（NX1）。

（16）低压进线 / 母联开关极数：3P。

（17）变压器低压侧开关额定短路分断能力：800kVA 及以下变压器低压侧，I 额定≥25kA；1000kVA 变压器低压侧，I 额定≥35kA；1250kVA 变压器低压侧，I 额定≥40kA；1600kVA 变压器低压侧，I 额定≥50kA；2000kVA 变压器低压侧，I 额定≥65kA。

（18）功率因数：低压侧 0.95，10kV 侧 0.9，35kV 侧 0.9。

（19）无功补偿：三相补偿。

（20）补偿容量：低压补偿为 30% 变压器容量；10kV 补偿为 30% 高压冷冻机容量。

（21）电抗百分比：7%。

（22）高压计量：本工程高供高计，设置一处电业收费计量点，在 35kV 变电所的 35kV 电源进线处设置计量柜。

（23）低压计量：商业多功能电表选型要求：80A 及以下直接接入式远程费控智能电能表；广告照明、景观照明、夜景照明、中庭用电、多种经营点位、垃圾房等各种零星用电回路应设置计量装置；办公租户用电计入能耗监控系统。

4.2.4 变电所设计

1. 各变电所和发电机房编号及供电范围（表 4.2–1）

表 4.2–1　各变电所和发电机房编号及供电范围

<table>
<tr><th>变电所名称</th><th>设置位置</th><th>变压器 / 高压设备配置（kVA）</th><th>总容量（kVA）</th><th>应急发电机容量（kW）</th><th>供电范围及面积</th></tr>
<tr><td>1 号变电所</td><td>B2F</td><td>2×2000+2×1600</td><td>7200</td><td rowspan="2">1200（1 号）</td><td>商业 + 地下车库 1</td></tr>
<tr><td>3 号变电所</td><td>B2F</td><td>4×2000</td><td>8000</td><td>商业 + 地下车库 3</td></tr>
<tr><td>2 号变电所</td><td>B2JF</td><td>2×2000+2×1600</td><td>7200</td><td>600kW（2 号）</td><td>商业 + 地下车库 2</td></tr>
<tr><td>4 号变电所</td><td>B2F</td><td>2×1250+2×1000</td><td>4500</td><td rowspan="2">800kW（3 号）</td><td>T1 塔楼低区</td></tr>
<tr><td>6 号变电所</td><td>40F</td><td>4×800</td><td>3200</td><td>T1 塔楼高区</td></tr>
<tr><td>5 号变电所</td><td>B2F</td><td>2×1600</td><td>3200</td><td rowspan="2">500kW（4 号）</td><td>T2 塔楼低区</td></tr>
<tr><td>7 号变电所</td><td>29F</td><td>2×1000</td><td>2000</td><td>T2 塔楼高区</td></tr>
<tr><td>商业高压冷机</td><td>B3F</td><td>4×775</td><td>3100</td><td></td><td>商业</td></tr>
<tr><td>T1 高压冷机</td><td>B3F</td><td>2×875</td><td>1750</td><td></td><td>T1 塔楼</td></tr>
<tr><td>T2 高压冷机</td><td>B3F</td><td>2×750</td><td>1500</td><td></td><td>T2 塔楼</td></tr>
<tr><td colspan="3">合计</td><td>41650</td><td>3100</td><td></td></tr>
<tr><td>35/10kV 变电所</td><td>B1F</td><td>2×20000</td><td>40000</td><td>3100</td><td>整个项目</td></tr>
</table>

2. 变电所内设备编号说明

（1）35kV 配电柜编号：H1 ~ H8。

（2）35/10kV 变压器编号：T1 ~ T2。

（3）10kV 总配电柜编号：AH01 ~ AH42。

（4）10kV 无功补偿柜编号：B1 ~ B6。

（5）10kV 负荷开关柜编号：① – A H ②（其中①表示变电所编号，②为同类序号）。

（6）10/0.4kV 变压器编号：① – T ②（其中①表示变电所编号，②为同类序号）。

（7）变电所低压配电柜编号：①－②D③（其中①表示变电所编号，②为变压器编号，③为同类序号）。

（8）应急低压配电柜编号：①－E②（其中①表示发电机房编号，②为同类序号）。

3. 主要配电箱（非车库区域）编号说明

SY－B1 APE　1　a－XF　1

①　②　③　④⑤　⑥　⑦

① 表示业态归属：SY为商业、CS为超市、YC为影城等，单体为独立子项时，可不用标识业态归属。

②表示楼层编号：B3～B1（地下三层～地下一层）、1～50、WD为屋顶。

③表示电箱类别：AL为一般照明箱、APL为一般照明总箱、ALE为应急照明箱、APLE为应急照明总箱、AW为电表箱、AP为一般配电箱、AC为控制箱、APE为消防总箱、ATS为非消防双电源自动切换箱。

④表示同类序号：1～10。

⑤表示常备用序号：a为常用、b为备用。

⑥表示负荷类别：XF为消防风机、XB为消防水泵、KT为空调、SB为生活泵、PS为排水泵、XPS为消防排水泵、BD为变电所、FD为发电机房、DT为一般电梯、FT为扶梯、XDT为消防电梯、RD为弱电、XK为消防控制室、AF为安防控制室、JL为防火卷帘、RF为人防配电箱、CF为厨房、CD为充电桩配电、ZL为制冷机房、GL为锅炉房、HR为换热站、LS为室外活动配电等。

⑦表示同类序号：1～10。

4. 主要配电箱（车库区域）编号说明

B1－6　APE　1　a－XF　1

①　②　③　④⑤　⑥　⑦

①表示楼层编号：B3～B1（地下三层～地下一层）。

②表示防火分区编号。

③～⑦同上条说明。

4.2.5　电力配电系统

（1）地下和地上的配电系统需严格分开，竖向系统和配电箱均绘制于本子项中。

（2）消防设备均按防火分区配电，支线不允许跨越防火分区。

（3）地下车库的普通照明、应急照明、消防和非消防动力均采用在总配电间内设置总配电箱分配后，再放射式引至各个防火分区的配电形式；各类设备的主机房、充电桩、电梯机房等大容量用电设备由变电所单放回路供电。

（4）商业区域的设计要求及各类用电指标详见业主提供的“集中商业设计指引及配置标准”；办公区域的设计要求及各类用电指标详见业主提供的“办公楼设计指引及配置标准”，办公区租户用电量按 100W/m^2 考虑，租户配电干线采用母线奇偶楼层交错供电，并在每层预留一个母线插接口。

（5）地下商业公共区域的一般照明、应急照明、消防动力和非消防动力等采用设置总配电箱分配后，再放射式引至各个防火分区的配电形式；地下商业的商铺电表箱由变电所单放回路供电；地下超市独立配电，各类电源均由变电所直放。

（6）地上商业公共区域的一般照明、应急照明、消防动力和非消防动力等根据容量大小采用树干式与放射式相结合的供电形式；除影院、主力店、健身房、KTV 等用电大户外，其余商铺采用高强密集型铜母线槽树干式供电；每个强电竖井建议只设置一个母线槽，额定电流不超过 2000A，且每隔一层预留一个 250A 的备用母线插接箱。

（7）各商户计量表应集中设置在楼层配电间内；商业区域多经点位的电源预留由商铺计量表箱提供；商铺计量表箱中预留一个该计量箱最大负荷的断路器。

（8）租户区域内预留简易隔离开关箱，隔离开关箱应设置在商铺后区承重墙或柱上，禁止安装在分隔墙上，箱底标高应高出公共吊顶标高 100mm，并预留 10m 长电缆。

（9）夜景泛光照明、景观照明、广告照明、LED 显示屏等大功率用电回馈由变电所单放回路供电。

（10）各主入口、下沉广场入口，预留电加热风幕机电源；3000m^2 以下的广场、内街、中庭设置 200A 活动电源接口；3000m^2 以上的设置 315A 活动电源接口；中庭活动电源配电箱宜设置在对应位置地下一层的梁柱上，一层地面预留孔洞穿线；遮阳帘、吊钩电源由顶层吊顶引来，避免做在屋面上影响美观。

（11）10kV 电缆桥架的高度选用 200mm；水平主干桥架规格高度选用 150mm；分支桥架高度选用 100mm；桥架宽度不宜超过 800mm。

（12）地库桥架避免走车道上方，当分支桥架横跨车道至风机房或末端设置且桥架内仅有 4～5 根电缆且穿管规格≤ JDG40 时，可采用 JDG 管紧贴顶板底和结构梁底整齐有序成排敷设，避免分支桥架横跨穿越车道。

（13）桥架敷设应避免与人防门冲突，密闭门开启范围内，桥架标高不应低于门高。

（14）桥架穿越防火卷帘上方时，应考虑 0.6m 的卷帘盒高度，桥架路由平行卷帘两侧时，应考虑避开 1m 的卷帘盒水平宽度。

（15）导管和电缆槽盒内配电电线的总截面面积不应超过导管或电缆槽盒内截面面积的 40%；电缆槽盒内控制线缆的总截面面积不应超过电缆槽盒内截面面积的 50%。

（16）屋顶桥架应避免设置在屋顶平台的中间区域，应尽量选择靠近屋顶女儿墙、屋顶机房等相对隐蔽的区域设置桥架，尽量减少屋顶人员活动区域的地面桥架数量。

（17）屋顶机房层或顶层分多个不同区域时，可在屋顶强电间或新风机房或普通电梯机房内就近设置设备配电总箱，以减少桥架覆盖的区域和数量。屋顶末端配电设备数量≤ 4～5 台时，分支线缆应采用穿管敷设，并应尽量采用暗敷形式，避免大量管线穿越虹吸雨水明沟。

（18）电动机启动方式：电动机容量≥ 45kW 时，采用星三角降压启动方式。

（19）制冷机房、锅炉房和消防水泵房均应分别设置控制室，相应的配电箱、控制箱设置于控制室内；高压制冷机组应注明设备配套自带降压启动柜，并配套就地无功补偿装置。

（20）电气配电箱防护等级：一般场所 IP3X；潮湿场所 IP54；室外场所 IP65；地下室消防配电箱 IP4X；锅炉房、储油间、燃气表间等区域采用相应的隔爆型产品。

（21）采用变频控制的设备（以水暖提资为例）：冷却塔、空调箱、新风机组、冷却 / 冻水泵、冷却塔补水泵、热水循环泵、生活水泵。

（22）设备配套控制箱：电梯自带配套控制箱、扶梯自带配套控制箱、防火卷帘自带配套控制箱、排水泵自带配套控制箱、生活变频水泵自带配套控制箱。

（23）塔楼主要电梯参数见表 4.2–2、表 4.2–3。

表 4.2–2　T1 塔楼电梯参数表

设计指标	1 区	2 区	3 区	4 区
电梯配置	6 × 1600kg	5 × 1600kg	6 × 1600kg	5 × 1600kg
电梯速度（m/s）	3.0	4.0	5.0	6.0
服务楼层	1F、6 ~ 16F	1F、17 ~ 27F	1F、28 ~ 38F	1F、39 ~ 47F
容量 / 开关整定值 / 电缆截面（mm^2）	33kW/125A/70	43kW/160A/95	74kW/225A/120	101kW/315A/240

注：本容量为预留设备功率，电梯实际功率待订货后确定，开关和线缆需做相应修改。

表 4.2–3　T2 塔楼电梯参数表

设计指标	低区	中区	高区
电梯配置	5 × 1600kg	5 × 1600kg	6 × 1600kg
电梯速度（m/s）	2.5	3.5	5.0
服务楼层	1F、6 ~ 16F	1F、17 ~ 27F	1F、28 ~ 39F
容量 / 开关整定值 / 电缆截面（mm^2）	33kW/125A/70	39kW/125A/70	74kW/225A/120

注：本容量为预留设备功率，电梯实际功率待订货后确定，开关和线缆需做相应修改。

（24）本项目充电桩数量和快慢车比例：充电桩数量为总机动车位的 15%；快慢车比例为 1 : 4，本项目机动车总停车数量为 1708 辆，则充电桩为 256 个，其中 7.5kW 的慢充有 205 个，30kW 的快充有 51 个。

（25）系统图内是否标注断路器等开关型号：标注。

（26）电动机配电回路：采用断路器 + 接触器 + 热继电器的传统方式。

（27）风机盘管画法：配电到位。

（28）户箱平面画法：配电到位。

（29）户箱安装位置：明装靠后墙。

4.2.6 照明配电

（1）所有灯具均采用 I 类灯具，采用 LED 光源；消防应急照明采用集中电源集中控制型。

（2）各区域一般照明的设计要求、光源类型和控制方式见表 4.2–4。

表 4.2–4 一般照明设计参数表

区域	照明设计要求	光源	控制方式	备注
地下车库	车道采用线槽灯具 MR–150×75，灯具中心间距为 4200mm；车位采用管吊灯；普通照明回路在线槽内敷设；坡道入口考虑过渡照明，增加灯具	LED	BA 控制，分区域、分回路间隔控制	
冷冻机房、水泵房、锅炉房等设备房及通道	管吊灯或壁灯；垃圾房，水泵房等采用防水密闭型灯具；锅炉房、储油间、燃气表间采用防爆灯具	LED	现场控制	
变电所	柜前线槽灯，柜后壁装	LED	现场控制	
商业区域	楼梯间、设备用房等设计到位，其他二次装修设计区域应注明照度值和 LPD 值要求；楼梯间采用红外感应灯，竖向供电；商户通道、后勤区和大商业前室的照明设计应分开	LED	公共区域采用 BA 控制，后勤通道采用时控器控制	
塔楼办公区	楼梯间、设备用房等设计到位，其他二次装修设计区域应注明照度值和 LPD 值要求；楼梯间采用红外感应灯，竖向供电	LED	公共区域采用 BA 控制	
塔楼避难区	按要求设计到位	LED	现场控制	

（3）主要区域消防应急照明和疏散指示系统的设计要求、光源类型和照度要求见表 4.2–5。

表 4.2–5 主要区域消防应急照明和疏散指示系统设计参数表

区域	设计要求	光源	最低照度	备注
地下车库	1 车道应急照明采用壁灯，间距不小于 10m，基本是每个柱子一个灯，H=2.5m。 2 变电所、消防控制室、发电机房、大型机房（冷冻机房、锅炉房、水泵房）等设置应急照明和疏散指示灯	10W LED 间距≤ 10m	1 为 3lx； 2 为 1lx	

续表

区域	设计要求	光源	最低照度	备注
商业区域	商场属于人员密集场所： 1 楼梯间、前室或合用前室、避难通道。 2 大于 200m^2 的营业厅、餐厅、演播室等人员密集场所。 3 大于 100m^2 的地下或半地下公共活动场所。 4 步行街等人员密集场所疏散通道	10W LED 间距≤ 10m （大空间，安装高度大于 6m，采用 12W LED）	1 为 10lx； 2 为 3lx； 3 为 3lx； 4 为 3lx	
塔楼	1 封闭楼梯间、防烟楼梯间及其前室、消防电梯间的前室或合用前室、避难通道。 2 疏散通道。 3 避难层（间）	10W LED 间距≤ 10m	1 为 5lx； 2 为 1lx； 3 为 3lx	

（4）备用照明：

超市、主力店：一般照明采用双电源（回路）交叉供电，兼作备用照明。

普通营业厅：由灯具自带蓄电池，在施工图说明中标注。

商场公共区域：采用双电源 ATS 切换。

变电所、发电机房、消防水泵房、避难间等：采用双电源 ATS 切换。

（5）消防应急照明灯和疏散指示系统持续供电时间：90min。

（6）A 型应急照明集中电源配电箱采用 DCV36，功率为：灯具总功率 ×1.1，向上取整，基本为 0.5kW 和 1kW 两个模数。

（7）地面设置的灯具防护等级不应低于 IP67。

（8）疏散通道处的应急照明，在火灾发生并确认后，应能通过消防联动模块自动控制强制点亮，疏散指示采用常明灯，机房备用照明采用现场手动控制。

（9）楼梯间及其前室采用竖向配电：一层应急照明配电箱供电。

（10）航空障碍灯：设置。

（11）施工图设计：毛坯设计。

4.2.7　线缆选型

（1）高压电缆选型：WDZAN-YJY-8.7/10kV。

（2）消防类电缆选型：

干线：YTTW-0.6/1kV。

分支干线：YTTW-0.6/1kV。

末端：WDZAN-YJY-0.6/1kV。

（3）非消防类电缆选型：WDZAN-YJY-0.6/1kV。

（4）电线选型：

消防类：WDZCN-BYJ-0.45/0.75kV。

非消防类：WDZC-BYJ-0.45/0.75kV。

（5）电缆桥架选型：

矿物绝缘电缆：防火梯架 TT2。

阻燃耐火电缆：防火电缆槽盒 CT2（非竖井区域）；防火梯架 TT2（竖井）。

阻燃电缆：有孔托盘桥架 CT（非吊顶区域）；电缆槽盒 CT1（吊顶内）；梯架 TT1（竖井）。

（6）一般设备与消防设备的配电电缆应分桥架敷设；消防常用和备用电源电缆之间加装防火隔板；大电流干线采用密集型母线槽供电，地下室敷设的母线槽防护等级不低于 IP54。

（7）公共建筑的电气管线均采用金属导管。明敷于潮湿场所，±0.000m 及以下建筑楼板内暗敷，或埋于素土内的金属导管采用镀锌焊接钢管 SC（管壁厚度不小于 2.0mm）；明敷或暗敷于干燥场所的金属导管采用套接紧定式钢管 JDG（管壁厚度不小于 1.5mm）；屋面层采用 SC 镀锌焊接钢管。

4.2.8 防雷接地系统

（1）本项目建筑高度超过 120m，需提供防雷评估报告和地闪密度报告（上海市地方标准要求）。

（2）本项目建筑防雷等级：二类。

（3）本项目建筑物电子信息系统雷电防护等级为 B 级，SPD 参数见表 4.2-6。

表 4.2-6 SPD 主要参数表

SPD	安装位置	波形	I_n/I_{imp}	U_p	U_c
SPD-Ⅰ	电源进线	10/350μs	≥ 15kA	≤ 2.5kV	385V
SPD-Ⅰ'	室外设备配电箱	8/20μs	≥ 60kA	≤ 2.5kV	385V
SPD-Ⅱ	楼层第二级配电箱	8/20μs	≥ 30kA	≤ 2.0kV	383V
SPD-Ⅱ'	电梯、弱电机房等配电箱	8/20μs	≥ 20kA	< 1.5kV	325V
SPD-Ⅱ	机房内配电箱	8/20μs	≥ 10kA	≤ 1.2kV	275V

（4）SPD 采用专用保护器 SCB。

（5）屋面接闪带规格：热镀锌扁钢 25×4。

（6）建筑物采取总等电位措施和局部等电位联接措施，利用建筑物基础钢筋作为接地装置，共用接地系统电阻小于 1Ω。

（7）低压配电系统接地形式：TN-S。

（8）低压配电系统接地做法：一点接地。

（9）出图方式：地下室、避难层和屋顶出图。

4.2.9 电气消防系统

（1）包含以下系统：火灾自动报警系统、消防专用电话系统、消防应急广播系统、防火门监控系统、消防电源监控系统、电气火灾监控系统、可燃气体报警系统、气体灭火系统、大空间消防水炮系统、消防应急照明和疏散指示系统、余压监控系统等。

（2）报警系统形式：控制中心报警系统。

（3）消防控制中心设置：

消防控制总中心：设置于B1F，与安防系统合用，为全区域服务。

消防分控室1：设置于B1F，与安防系统合用，为T2塔楼服务。

消防分控室2：设置于B1F，与安防系统合用，为市政通道服务。

（4）吊顶区域划分：

考虑吊顶的区域：内街公共区域、影城观影层、次主力店、商管用房、消控中心、大堂、门厅、办公区通道、办公室、会议室等。

不考虑吊顶区域：楼梯间及前室、后勤通道、地库、超市、影城放映层、商铺、其他设备机房等。

（5）探测器设置：

感温探测器：污水间、隔油间、厨房、锅炉房、柴油发电机房、气体灭火区域。

感烟探测器：其他区域。

红外光束感烟探测器：室内步行街中庭（2层、4层、6层）设置2~3层、影厅。

红外双波段图像探测器：大于26m的中庭。

可燃气体探测器：燃气厨房、燃气表间、燃气管井、燃气锅炉房。

（6）消防应急广播是否与背景音乐合用：不合用。

（7）消防应急广播：地库内采用号筒扬声器（5W），其他区域采用扬声器（3W）。

（8）室内步行街公共区域、内街中庭、商铺的消防应急广播分别回路设置。

（9）电气火灾监控系统设置：所有回路设置（上海市地方标准要求）；变电所放射式供电设置于变电所出线侧；母线供电则在楼层进线侧设置监控模块。

（10）气体灭火设置区域：变电所。

（11）气体灭火系统形式：七氟丙烷。

（12）大空间消防水炮系统设置区域：内街中庭。

（13）可燃气体报警系统设置：各报警区域分别自成独立系统，各末端厨房、燃气锅炉房、燃气表间等，均设置独立的可燃气体报警控制器，总线连接，接入消防控制中心可燃气体报警主机。

（14）公共区域的火灾自动报警桥架以弱电竖井为单元，消防端子箱设置于弱电井内。

（15）屋面的消防联动模块集中设置在屋面的强电间或弱电间内，不允许设置在室外场所。

（16）消防电源监控模块的设置位置：变电所和发电机为消防设备供电的配电回路；消防配

电（控制）箱的电源进线侧。

4.2.10 电气节能

1. 供电系统节能措施

（1）合理选择变电所位置。

（2）变压器选用节能型产品。

（3）采用低压并联电容器集中自动补偿方式提高功率因数，补偿后高压侧的功率因数满足当地供电部门要求，以减少配电系统的电能损耗。

（4）为抑制谐波，本工程采用电容补偿回路串接调谐电抗器的无源滤波方式。

（5）各变电所预留安装有源滤波器的位置。

2. 照明系统节能措施

（1）照明光源选用 LED 光源。

（2）照明灯具尽量采用灯具效率 >75% 的开启式。

（3）道路及室外景观照明采用多种模式自动控制。

（4）按照国家有关标准规定的功率密度值要求设计布置灯具，照明功率密度应符合《建筑照明设计标准》GB 50034—2013 和《建筑节能与可再生能源利用通用规范》GB 55015—2021 中的规定。

3. 建筑设备节能措施

（1）给水排水系统：设置建筑设备监控系统，对给水排水系统的水泵、水池水位及系统压力进行监测，根据水位及压力状态自动控制相应水泵的启停及主备用泵的切换等操作。

（2）电动机：功率在 50kW 以上的电动机，单独设置电压表、电流表、有功电能表，以监测与计量电动机运行中的参数。

4. 绿色建筑评级要求：三星。

电气专业除了常规的技术外，需要注意以下问题：

（1）自然采光区域的照明控制独立于其他区域的照明控制，并采取日光感应控制。

（2）设置空气质量监测系统，对主要功能空间监测 PM10、PM2.5、CO_2 浓度，同时与空调系统进行联动控制。

（3）备份措施：太阳能光伏发电，按照 1% 的电量由太阳能光伏发电系统提供，总装机容量约为 485kW（需要与建筑专业落实太阳能板位置）。

5. 能耗监测系统

本工程设置建筑能耗监测系统，包括电量、水耗量、燃气量（天然气量或者煤气量）、集中供热耗热量、集中供冷耗冷量和其他能源应用量（如集中热水供应量、煤、油、可再生能源等）。其中电气分项包括空调用电、照明用电、特殊用电、动力用电等。电能计量在变电所低压配电柜出线回路设置计量表，采用电子式、精度等级为 1.0 级及以上（0.2、0.5、1.0 级）的有功电能表，并能显示、储存和输出数据，具有标准通信接口。在变压器低压侧（AC230／400V）

总进线处，设置多功能电能表，并具有监测和计量三相电流、电压、有功功率、功率因数、有功电能、最大需量、总谐波含量和2～21次各次谐波分量的功能。区域总箱设置测量仪表。

6. 可再生能源

太阳能热水。

第5章 施工图说明

5.1 一般概述

施工图说明是一套图纸的“门面”，需要特别重视，可是很多设计师习惯把施工图说明放在项目最后阶段来写，用模板随便改一下就出图，结果错漏百出，给看图人一个很不好的初始印象，笔者建议在施工图开始阶段就应该把施工图说明写起来，设计过程中将与本项目相关的内容逐步添加至施工图说明中，最后出图阶段只需完善补充一些内容即可。施工图说明应包括以下内容：工程概况（初步设计审批定案的主要指标）、设计依据、设计范围、设计内容（包括建筑电气各系统的主要参数）、各系统的施工要求和注意事项（包括线路选型、敷设方式及设备安装等）、设备主要技术要求、防雷接地及安全措施、电气节能及环保措施、绿色建筑电气设计、与其他专项深化设计的分工界面及接口要求等。

接下来介绍案例的电气总说明、电气节能专篇和电气绿色建筑专篇，并在电气总说明的每一小节中增加关注重点，提醒读者特别注意。

5.2 电气总说明

5.2.1 工程概况

（1）工程名称：××××。

（2）建设地点：位于上海市内环内，东至××路，西至××路，南至××路，北至××路。

（3）建设单位：××××。

（4）建筑类别：使用年限为50年，抗震设防烈度为7度。

（5）项目整体概况：本工程为当地标杆性项目，总建筑面积约43万m^2，其中地上建筑面积30.5万m^2，地下建筑面积12.5万m^2。项目西侧毗邻地铁11号线，地下有地铁14号线通过，为集购物中心、文化、商务办公楼、地铁接驳口为一体的大型商业综合体，项目整体包含2栋超高层办公楼（T1塔楼和T2塔楼）、裙房购物中心以及地下室。其中T1塔楼的建筑面积10.8万m^2，地上共47层，建筑高度230m，为超高层公共建筑，功能为自持办公楼；T2塔楼的建筑面积7.7万m^2，地上共39层，建筑高度200m，为超高层公共建筑，功能为销售办公楼；裙房购物中心的建筑面积8.8万 m^2，地上共5层，建筑高度41.5m，为一类高层公共建筑，功能为大型商店建筑；地下室总建筑面积12.5万 m^2，其中商业建筑面积2.8万 m^2，地下车库和设备用房建筑面积9.7万 m^2，地下室共3层（局部4层），埋深16.5m，主要功能为商业、超市、设备用房和机动车车库，地下车库的机动车停车数量为1693辆，为I类汽车库。项目配建民防工程建于地下二、三层汽车库内，战时功能为附建式甲类防空地下室，为二等人员掩蔽所，防护等级核6级、常6级，防化等级为丙级。

（6）建筑耐火等级：一级。

（7）建筑结构形式：T1塔楼和T2塔楼采用混凝土核心筒及钢组合框架结构，商业裙房采用装配整体式钢筋混凝土框架结构，地下室采用现浇钢筋混凝土框架结构；基础为筏板+桩基础。

（8）电气防火等级：一级。

【关注重点】工程概况中与负荷分级相关的建筑指标一定要描述清晰，如建筑高度、地下车库机动车停车数量、商业建筑的面积、医疗建筑的床位数、文体建筑的座位数、图书馆建筑的藏书量等。

5.2.2 设计依据

（1）国家及地方现行的有关规程、标准及行业标准：

《建筑工程设计文件编制深度规定》（2016年版）

《建筑设计防火规范》GB 50016—2014（2018版）

《民用建筑电气设计标准》GB 51348—2019

《汽车库、修车库、停车场设计防火规范》GB 50067—2014

《建筑节能与可再生能源利用通用规范》GB 55015—2021

《建筑电气与智能化通用规范》GB 55024—2022

《无障碍设计规范》GB 50763—2012

《35kV～110kV变电所设计规范》GB 50059—2011

《3～110kV高压配电装置设计规范》GB 50060—2008

《20kV及以下变电所设计规范》GB 50053—2013

《供配电系统设计规范》GB 50052—2009

《低压配电设计规范》GB 50054—2011

《建筑照明设计标准》GB 50034—2013

《消防应急照明和疏散指示系统技术标准》GB 51309—2018

《建筑物防雷设计规范》GB 50057—2010

《建筑物防雷工程施工与质量验收规范》GB 50601—2010

《建筑物电子信息系统防雷技术规范》GB 50343—2012

《电力工程电缆设计标准》GB 50217—2018

《爆炸危险环境电力装置设计规范》GB 50058—2014

《火灾自动报警系统设计规范》GB 50116—2013

《通用用电设备配电设计规范》GB 50055—2011

《民用建筑设计统一标准》GB 50352—2019

《智能建筑设计标准》GB 50314—2015

《公共建筑节能设计标准》GB 50189—2015

《建筑电气工程施工质量验收规范》GB 50303—2015

《安全防范工程通用规范》GB 55029—2022

《建筑机电工程抗震设计规范》GB 50981—2014

《商店建筑设计规范》JGJ 48—2014

《商店建筑电气设计规范》JGJ 392—2016

《办公建筑设计标准》JGJ/T 67—2019

《车库建筑设计规范》JGJ 100—2015

《民用建筑电气防火设计规程》DGJ/T 08—2048—2008

《公共建筑节能设计标准》DGJ 08—107—2015

《公共建筑用能监测系统工程技术标准》DGJ 08—2068—2012

《用户高压电气装置规范》DG/TJ 08—2024—2007

（2）建设单位提供的设计任务书、《××公司集中商业设计指引及配置标准》、《××公司写字楼分级配置标准》、设计联络纪要、施工图设计批文等。

（3）当地各职能部门，如供电公司、节能部门、防雷办公室、人民防空办公室、通信文广部门等对本工程初步设计审查的批准文号或审查答复意见等。

（4）相关专业提供的工程设计资料，如建筑专业提供的作业图；建筑专业、给水排水专业、暖通空调专业的技术资料和要求。

（5）其他国家及地方相关的现行规程、规范及标准。

【关注重点】近些年电气规范更新很快，一定要关注规范名称和版本号的变更，很多由“规范”改为“标准”。另外，业主的设计指引和配置标准也是很重要的设计依据，电气总说明中应有所体现。

5.2.3 设计范围

1. 本设计包括红线内的以下电气系统

（1）高、低压配电系统。

（2）电力配电及控制系统。

（3）照明配电及控制系统。

（4）防雷保护、安全措施及接地系统。

（5）火灾自动报警及消防联动控制系统。

2. 与其他设计分界界面

（1）电源设计分界点：35kV 进线柜开关上端口。

（2）地下车库的战时设计由人防设计院完成，详见人防设计院相关图纸。

（3）室内精装修部分（如超市、商铺、门厅、公共走道、卫生间等）的一般照明详见专项设计，本设计按室内精装修设计要求预留电源。

（4）室外建筑夜景照明详见专项设计，本设计按照室外建筑夜景照明设计要求预留电源。

（5）室外景观环境照明详见专项设计，本设计按照室外景观环境照明设计要求预留电源。

（6）智能化由业主另行委托设计院进行专项设计，本次设计负责提供智能化各系统框图、预留相应的智能化主机房、弱电间（竖井）等，以及弱电的进出线预埋管。

【关注重点】与专项设计的界面一定要描述清晰。

5.2.4　变配电系统

1. 负荷等级

负荷分级：本工程的 T1 塔楼和 T2 塔楼为超高层公共建筑，裙房为一类高层公共建筑，大型商店建筑，地下车库为 I 类汽车库，故本工程的负荷等级为特级。

特级负荷：消防用电设备（消防控制室、消防水泵、消防电梯、消防风机、消防应急照明和疏散指示系统、防火卷帘门、电动排烟窗等）、商场经营管理用计算机系统电源等。

一级负荷：商场收银系统、客梯、公共安全系统、信息网络系统、主要业务和计算机系统用电、电子信息机房用电、公共走道照明、营业厅备用照明、值班照明、障碍照明、排水泵、生活给水泵、机械停车设备、事故通风机、消防管道电伴热等。

二级负荷：商场和超市的自动扶梯、货梯、经营用冷冻及冷藏系统、空调和锅炉房用电等；甲等电影院的照明及放映用电。

三级负荷：其他照明及电力负荷。

2. 负荷计算

业主提供的各业态的主要负荷指标见表 5.2–1，经计算，本工程总用电量约为 56065kW，其中特级负荷和一级负荷约为 5820kW，二级负荷约为 5633kW，三级负荷约为 44612kW，变压器的总装机容量为 40000kVA。根据负荷分布以及结合建筑功能布局，本工程共设置 1 座 35/10kV 用户变电所和 7 座 10/0.4kV 变配电站，具体编号及供电范围见表 5.2–2。

表 5.2–1　主要负荷指标

业态类型	负荷指标（W/m^2）（不含空调）	备注
大型超市	150	
电影院	150	
KTV	150	

续表

业态类型	负荷指标（W/m²）（不含空调）	备注
餐饮	300（$S \leqslant 250$）	有燃气
	250（$S > 250$）	
	400	无燃气
零售	130	
儿童娱乐	150	
T1 塔楼、T2 塔楼办公	100	办公室内

注：最终用电标准以业主的提资资料为准。

表 5.2-2　变电所安装容量及供电范围

变电所名称	设置位置	变压器装机容量（kVA）	供电范围（建筑面积）
1 号变电所	B2F	2×1600+2×1250	商业及地下车库 1（约 7.9 万 m²）
2 号变电所	B2JF	2×2000+2×1250	商业及地下车库 2（约 8.4 万 m²）
3 号变电所	B2F	4×1600	商业及地下车库 3（约 8.2 万 m²）
4 号变电所	B2F	2×1600+2×1250	T1 塔楼（约 10.8 万 m²）
6 号变电所	T1 楼 40F	4×1000	
5 号变电所	B1F	2×2000	T2 塔楼（约 7.7 万 m²）
7 号变电所	T2 楼 29F	2×1000	
商业高压冷机	B3F	4×990	商业
T1 塔楼高压冷机	B3F	2×990	T1 塔楼
T2 塔楼高压冷机	B3F	2×700	T2 塔楼
合计		41640	
35/10kV 总变电所	B2F～B1F	2×20000	整个项目（约 43 万 m²）

注：变压器的正常负载率约 75%～85%，各设备容量、需要系数、功率因数、计算电流、补偿容量等参数详见计算书。

3. 供电电源

本工程为特级负荷用户，经过与供电部门和业主协商，明确本工程的供电电压等级为 35kV，由周边市政电网两个不同区域的 110kV 或 35kV 变电所引来两路独立的 35kV 双重电源供电（已与供电部门确认，本项目不设置电业 35kV 开关站），采用电缆室外穿管埋地引入项目红线内，双重电源同时工作，互为备用，当一路电源故障时，另一路电源不至于同时受到损坏，任意一路电源都能承担全部特、一、二级以上负荷供电。最终供电方案以当地供电部门批复的方案为准。

对于以下重要负荷还需考虑第三电源，采用以下方式解决：

（1）消防用电按特级负荷供电，设置自备发电机组作为消防用电设备的应急电源。

（2）火灾自动报警系统、安全防范系统、商场经营管理用计算机系统电源、收银系统、主要业务和计算机系统、电子信息机房等采用设备自带UPS，UPS电源柜由厂家自理。

（3）本项目采用集中电源集中控制型消防应急照明和疏散指示系统。

4. 变电所

本工程共设置8座变电所（35/10kV总变电所、1号变电所～7号变电所），各变电所均设置在地下一层或地下二层，不设置在最底层；配合建筑专业统一考虑防水防潮措施，高压配电装置考虑加热器防潮，变电所内为加装除湿装置预留电源及设备位置；变电所采取防排结合措施，进线管采取防水措施，进线管尽量避免直接由室外进入配电装置室，站内地面抬高0.15m。

5. 应急发电机房

（1）根据《建筑电气与智能化通用规范》GB 55024—2022第3.1.3条的规定：特级用电负荷应由3个电源供电。3个电源应由满足一级负荷要求的2个电源和1个应急电源组成；应急电源的容量应满足同时工作最大特级用电负荷的供电要求；应急电源的切换时间，应满足特级用电负荷允许最短中断供电时间的要求；应急电源的供电时间，应满足特级用电负荷最长持续运行时间的要求。

（2）根据国家标准和业主要求，本项目所有消防负荷（消防控制室、消防水泵、消防电梯、消防风机、消防应急照明和疏散指示系统、防火卷帘门、电动排烟窗等）和部分重要负荷（包括通信、弱电及IT系统、生活水泵、污水泵、客梯和货梯、航空障碍灯、重要区域的公共照明、超市冷冻/冷藏设备等设备）均需要接入柴油发电机组，经计算，本项目共设置4座应急发电机房（1号发电机房～4号发电机房），发电机容量及供电范围见表5.2-3。

（3）应急柴油发电机组始终处于准备启动状态，当两路市电同时失电时，应急发电机即自行启动，并在15s内自动投入接至应急供电系统，机组应与电力系统连锁，不得与其并列运行，在市电供电恢复时，所有备用电负荷自动转接回市电系统，发电机自动停止运转。

（4）发电机房内的储油间须配置满足发电机组3h全负载运行所需燃油量，每一个发电机房内设置$1m^3$的日用油箱间。储油间应采用耐火极限不低于3h的防火隔墙与发电机间分隔，确需在防火隔墙上开门时，应设置甲级防火门。储油间的油箱密闭且设置通向室外的通气管，通气管设置带阻火器的呼吸阀，油箱的下部设置防止油品流散的设施。发电机组的排烟至屋顶排放。

（5）本项目的消防负荷和非消防负荷共用柴油发电机组，符合以下规定：消防负荷设置专用的回路；具备火灾时切除非消防负荷的功能；具备储油量低位报警或显示的功能。

（6）发电机房站内地面抬高0.15m；柴油发电机组选用振动小、噪声低的产品，绝缘等级为H级，额定电压为230/400V，额定频率为50Hz。

（7）机组配套控制箱，应预留与BA系统的联网接口，并可传送发电机组运行信号；发电机的废气应高空排放。

表 5.2–3　发电机容量及供电范围

发电机房名称	设置位置	发电机容量（常载）（kW）	供电范围
1 号发电机房	B1F	1000	商业 1（1 号、3 号变电所应急母线段）
2 号发电机房	B2JF	1100	商业 2（2 号变电所应急母线段）
3 号发电机房	B1F	800	T1 塔楼（4 号、6 号变电所应急母线段）
4 号发电机房	B1F	1000	T2 塔楼（5 号、7 号变电所应急母线段）
合计		3900	

注：T1 塔楼和商业合用消防泵房，由 2 号发电机房供电；T2 塔楼独立设置消防水泵房，由 4 号发电机房供电。

6. 高压供电系统

（1）35/10kV 总变电所：

①从市政引入两路 35kV 双重电源，采用下进下出（设置 2.2m 电缆夹层），35kV 侧不设置母联，10kV 侧设置联络开关。平时两段母线同时分列运行，当一路电源故障时，通过手动 / 自动操作母联开关，另一路电源负担全部特、一、二级负荷。两个 10kV 主进开关与母联开关之间设置电气连锁（连锁方式须与当地供电部门要求一致），任何情况下最多只能合其中的两个开关。

②本项目采用 2 台 20MVA 的 35/10kV 变压器降压至 10kV，经 10kV 分配后引至各分变电所（1 号变电所 ~ 7 号变电所）和高压冷冻机组。

③ 35kV 开关柜采用中压空气绝缘开关柜（应满足当地供电局要求），配备综合继保装置，高压断路器采用真空断路器，选用弹簧储能操作机构，断路器的开断电流为 31.5kA。

④ 10kV 开关柜采用中置式高压开关柜，配备综合继保装置，断路器采用真空断路器，选用弹簧储能操作机构，断路器的开断电流为 25kA，10kV 出线开关柜内装设氧化锌避雷器作为过电压保护。

⑤操作电源：采用 DC110V/100AH 镍镉电池柜作为直流操作、继电保护及信号的电源。

（2）10/0.4kV 变电所（1 号变电所 ~ 7 号变电所）：

①考虑 T2 塔楼整体销售的可能性，经与业主协商，在 5 号变电所内设置 T2 塔楼的 10kV 总配，由 35/10kV 总变电所引入两路 10kV 双重电源，经分配后放射式引至 7 号变电所和 T2 塔楼高压冷冻机组，10kV 侧采用单母线方式运行，上进上出的进出线形式。

②其余持有业态变电所（1 号 ~ 4 号、6 号变电所）、商业和 T1 塔楼高压冷冻机组由 35kV 用户变电所放射式引来两路 10kV 双重电源，采用上进上出的进出线形式，并采用变压器组分列运行方式。

③ 1 号变电所 ~ 7 号变电所内的 10kV 开关柜采用金属铠装式高压开关柜，配备综合继保装置，断路器采用真空断路器，选用弹簧储能操作机构，开断电流为 25kA，采用 DC110V/20AH 镍

镉电池柜（其中5号变电所为DC110V/40AH）作为直流操作、继电保护及信号的电源。放射式供电的分变电所的变压器高压侧设置断路器柜，此断路器仅做检修隔离使用，线路及变压器的各类保护均由35kV变电所和5号变电所的相应出线断路器保护。

（3）高压冷机组由设备配套成套高压降压启动及无功补偿柜，自带保护装置。

7. 继电保护

（1）35kV变压器设置带时限的过流保护、纵连差动保护、高压侧单相接地保护、变压器超温保护。

（2）35/10kV总变电所内的10kV进线开关处装设过电流保护、延时速断保护；出线开关处装设过电流保护、速断保护、零序过流保护。

（3）各业态10kV变电所进线采用过流、延时速断保护，出线采用过流、速断、零序保护，变压器设置过流、速断及温度保护（高温报警、超高温跳闸）。

（4）继电保护装置采用变电所综合自动化系统，并预留通信接口，满足继电保护功能并将系统数据传送至变电所监控系统和能源管理平台。35/10kV总变电所内设置一套中央信号屏及配电系统模拟显示屏。开关柜在现场就地控制，后台监控系统只监视不控制。

（5）高压配电系统电表精度要求：高压计量互感器不低于0.2级，计量电表有功电能为0.5S级。

8. 低压配电系统

（1）各业态变压器低压侧采用单母线分段方式运行，变压器采用2台一组的方式，每组设置联络开关，主进开关与联络开关之间设置电气连锁（连锁方式须与当地供电部门要求一致），任何情况下最多只能合其中的两个开关。变压器低压断路器的额定运行短路分断能力要求：800kVA及以下不小于25kA；1000kVA变压器不小于35kA；1250kVA变压器不小于40kA；1600kVA变压器不小于50kA；2000kVA变压器不小于65kA。

（2）低压主进断路器设置过载长延时、短路短延时和接地故障保护，采用电动操作。

（3）联络断路器设置过载长延时、短路短延时保护，采用电动操作。

（4）消防水泵、消防电梯和消防风机等的馈电回路断路器的过负荷保护应作用于信号报警，不应切断电源；其他的馈电回路断路器≥400A的采用三段式过电流保护，＜400A的采用两段式过电流保护（过载长延时、短路瞬时），或根据预期短路电流及计算和选择性配合要求选择三段式保护。

（5）非消防出线回路设置分励脱扣器，用于非消防负荷切除和减载操作。

（6）低压配电装置采用抽屉式开关柜。

9. 电力监控系统

（1）监控功能包括：

①监测和显示高压进出线的电流、电压、有功功率、无功功率、视在功率、功率因数、开关状态。

②监测和显示直流屏的控制母线电压、动力母线电压、充电电压、蓄电池电压、充电浮充电

装置输出电流。

③监测和显示高压功率补偿装置的无功补偿电流、无功功率。

④显示变配电站的室内环境温度。

⑤显示变压器的负载率、三相绕组温度和风机启停状态。

⑥监测并显示变电所低压柜主进线、母联的电流、电压、有功功率、无功功率、功率因数、谐波率（母联不需要）、电度、开关状态。

⑦监测并显示变电所低压柜出线的电流、电压、设计安装功率、实时有功功率、无功补偿功率（电容补偿柜）、功率因数、电度、长延时电流保护整定值、开关状态。

⑧监测并显示变压器的负载率、三相绕组温度和散热风机启停状态。

⑨监测并显示数据机房内主 UPS 电源的输出电压、故障状态。

（2）报警功能包括：

①高压柜：高压进出线过电流（过负荷）、过电压、低电压、短路、接地。

②直流屏：交流电压异常、充电浮充电装置故障、母线电压异常、蓄电池电压异常、母线接地。

③变压器：变压器超高温报警。

④低压柜进出线：电压异常、过载报警。

⑤数据采集网关设备运行状态异常报警。

（3）记录功能包括：记录上述需要监测的运行参数和高压断路器的开关状态；记录上述各项故障报警发生的内容和时刻。

（4）低压电表精度要求：低压计量互感器不低于 0.2 级，计量电表有功电能为 0.5S 级。

10. 功率因数补偿及谐波治理

（1）10kV 分变电所低压母线设置集中无功功率自动补偿装置；35kV 变电所 10kV 母线设置 10kV 并联电容器补偿柜；补偿后 35kV 侧功率因数不小于 0.9。

（2）低压补偿柜电容器回路串接 7% 电抗器。

（3）采用 10kV 供电的制冷机组，由厂家配套设置 10kV 补偿电容器柜补偿。

（4）变电所预留安装有源滤波器的位置，项目开业后由用户根据运行情况确定是否安装。

11. 电能计量

（1）高压计量（电业收费计量）：35/10kV 总变电所的 35kV 电源进线处设置电业计量柜计量，计量表具及精度由供电部门确定。

（2）高压计量（物业收费计量）：5 号变电所（T2 塔楼总配）的 10kV 电源进线处设置计量柜计量，计量表具及精度应按供电部门要求选取。

（3）低压计量（物业收费计量）：

①经过与业主协商，本工程商业选用远程费控电表，具体技术要求由业主招标确定。

②物业、娱乐、影城、零售、室内外步行街、商铺、主力店、次主力店实行低压计量。实行低压计量的各类业态，除在变压器出线处设置总计量表外，变配电所各低压馈线回路也设置计量表。

③公共用电负荷实行分路计量。变电所低压馈电回路照明、动力应按系统分别设置计量表。动力配电中空调系统（制冷站内制冷机组、冷冻水泵、水蓄冷循环泵、冷却水泵分台计量；冷却塔风扇、供暖循环泵、补水泵分组计量）、给水系统及其他动力系统分组计量。

④计量表及互感器精度要求：高压互感器0.2级，计量表0.5级；低压互感器、计量表0.5级。电表须通过3C认证，电表外壳为阻燃材质。

【关注重点】特级负荷为新规范中首次提出的概念，以后建筑物的负荷等级划分为特级、一级、二级和三级，原规范中一级负荷中特别重要的负荷基本上就是现在的特级负荷。

5.2.5　电力配电系统

（1）低压配电系统电压为220/380V，50HZ，TN–S接地系统，中性线N与保护线PE在低压配电系统中应严格分开，N线绝缘。

（2）低压配电系统采用放射式与树干式相结合的方式，对于单台容量较大的负荷或重要负荷采用放射式供电，对于照明及一般负荷采用树干式与放射式相结合的供电方式。

（3）对于特级负荷，除双重电源供电外，尚应增设应急电源供电，并在最末端箱采用自动互投切换；对于一级负荷，应由双重电源的两个低压回路在末端配电箱处切换供电；对于二级负荷，由于本工程由双重电源供电，且两台变压器低压侧设有母联开关，故二级负荷可由任意一段低压母线单回路供电。

（4）配电间、控制室、电气竖井、消防和生活泵房、空调机房、锅炉房等设置配电柜和配电间的动力机房，均设置0.15m防水门槛。

（5）制冷机组、地上商铺和出租办公等用电负荷采用密集型母线槽供电，在地下室及制冷机房内敷设的母线槽应选用防护等级不低于IP54。

（6）消防水泵、喷淋泵、消防水炮泵、消防泵转输泵、消防风机等消防动力设备采用直接启动方式，当容量≥45kW时采用Y-△启动方式；消防水泵、防烟风机和排烟风机不采用变频调速器控制；设备控制方式以设备专业图纸要求为准。

（7）应急电源与非应急电源之间，应采取防止并列运行的措施。

（8）对于因过负荷引起断电而造成更大损失的供电回路，过负荷保护应作用于信号报警，不应切断电源。

（9）避难区域的用电设备应采用专用的供电回路。

（10）空调新风机、空气处理机、排风机、送风机等采用手动、自动转换控制并预留BA控制接口；污水泵由设备自带控制箱，采用浮球控制器就地控制，低位停泵，高位起泵，超高水位报警；并预留水位显示及泵故障的BA接口。消防专用设备如消火栓泵、喷淋泵、消防稳压泵、排烟风机、加压送风机等不纳入BA系统；有关消防专用设备的过载保护应只报警、不跳闸。消防水泵第一台投入运行时，过载保护是动作跳闸，备用泵投入只报警、不跳闸。

（11）排风兼排烟风机，进风兼补风机：平时，由BA系统控制，火灾时，由消防控制室控制，消防控制室具有控制优先权。

（12）污水间、隔油间的排风机启停需连锁控制其外墙送风风管上电动阀门的开、关；污水处理间内控制箱需安装在房间门口外附近，箱体配置门锁。

（13）地上燃气餐饮商铺事故排风风机：电源引自商场就近的强电竖井内独立双电源配电箱，放射式供电；各商铺的事故排风风机旁设置就地控制箱，在室内外便于操作的地方设置启停按钮。当餐饮商铺内有燃气报警时，燃气报警系统应与其对应的事故排风风机联动，并反馈信号（风机的启停信号）至消防控制中心的燃气报警系统主机。

（14）影院放映设备设置专用集中双电源切换箱，采用电缆由变电所引入两路专用回路，配电箱设在放映夹层；各影厅放映设备分配电箱电源引自放映设备专用电源切换箱。

（15）屋面设备配电装置应安装在强电竖井、配电间或设备间内；远地控制电动机应在现场设置就地控制和解除远方控制的措施；室外电气设备应满足不低于 IP54 的防护要求。

（16）消防水泵控制柜平时应使消防水泵处于自动启泵状态；消防水泵不应设置自动停泵的控制功能，停泵应由具有管理权限的工作人员根据火灾扑救情况确定；消防水泵应能手动启停和自动启动；消防水泵控制柜设置在独立的控制室时，其防护等级不应低于 IP30，与消防水泵设置在同一空间时，其防护等级不应低于 IP55；消防水泵控制柜应设置机械应急启泵功能，并应保证在控制柜内的控制线路发生故障时由有管理权限的人员在紧急时启动消防水泵，手动时应在报警 5min 内正常工作。

（17）正常运行情况下，用电设备端子处电压偏差满足以下要求：照明一般为 ±5% 额定电压；应急照明、道路照明、警卫照明或远离变电所的小面积一般工作场所为 +5%、−10% 额定电压；电动机及其他无特殊要求用电设备为 ±5% 额定电压。

（18）交流电动机装设短路保护和接地故障保护；重要电动机负荷的接触器、启动器的触点可熔化，且应能继续使用，但不应危及操作人员的安全和不应损坏其他器件（2 类配合）。

（19）当交流电动机反转会引起危险时，应有防止反转的安全措施；当被控用电设备需要设置急停按钮时，急停按钮应设置在被控用电设备附近便于操作和观察处，且不得自动复位。

（20）本项目采用的双电源转换开关均为 PC 型，极数为 4P。

（21）放射式供电的非消防动力回路，变电所出线开关设置分励脱扣附件；采用母线供电的回路，在母线插接箱内设置分励脱扣附件；普通照明的供电回路按防火分区设置分励脱扣附件；设置分励脱扣附件的断路器均设置辅助触点，以便反馈消防信号。

（22）光伏发电系统应满足以下要求：与电网并网的光伏发电系统应具有相应的并网保护及隔离功能；光伏发电系统在并网处应设置并网控制装置，并应设置专用标识和提示性文字符号；人员可触及的可导电的光伏组件部位应采取电击安全防护措施并设置警示标识。

（23）加热电缆辐射供暖设备、公共厨房设备、电辅助加热的太阳能热水器、升降停车设备、人员可触及的室外金属电动门等用电设备的电击防护应设置附加防护，并满足以下规定：采用额定剩余电流动作值不大于 30mA 的剩余电流动作保护器，并设置辅助等电位联结。

【关注重点】消防水泵、消防电梯和消防风机在变电所和楼层配电箱内的断路器采用过负荷保护，作用于信号报警，不切断电源。新规范中增加了很多对光伏发电系统的技术要求，建议将此类新条文都增加至设计说明中。

5.2.6　照明系统

（1）光源及灯具：

①本项目光源均为 LED。

②地下车库：车道照明灯具采用线槽灯，停车位采用吊杆灯。

③地下设备机房：潮湿场所选用三防灯或防潮灯等密闭灯具，爆炸危险场所选用防爆或隔爆型灯具，其他采用一般灯具。

④变配电室照明灯具采用线槽灯，沿柜体排列方向布置。

⑤商业区域：购物中心照度均匀度不小于 0.7，光源显色指数不小于 80。

⑥人员长期停留的场所应采用符合现行国家标准《灯和灯系统的光生物安全性》GB/T 20145 规定的无危险类照明产品。

⑦选用的 LED 照明产品的光输出波形的波动深度应满足现行国家标准《 LED 室内照明应用技术要求》GB/T 31831 的规定。

⑧本工程采用的 LED 应满足《建筑照明设计标准》GB 50034—2013 第 4.4.4 条的要求。当选用发光二极管灯光源时，其色度应满足下列要求：办公室、工作间等长期工作或停留的房间或场所，色温不应高于 4000K，特殊显色指数 R9 应大于零；在寿命期内发光二极管灯的色品坐标与初始值的偏差在《均匀色空间和色差公式》GB/T 7921—2008 规定的 CIE1976 均匀色度标尺图中，不应超过 0.007；发光二极管灯具在不同方向上的色品坐标与其加权平均值偏差在《均匀色空间和色差公式》GB/T 7921—2008 规定的 CIE1976 均匀色度标尺图中，不应超过 0.004。

⑨装饰用灯具需与装修设计及业主商定，功能性灯具如出口标志灯、疏散指示灯需有国家主管部门的检测报告，达到设计要求后方可投入使用。

（2）灯具效率：在满足眩光限制的条件下，优先选用效率高的灯具以及开启式直接照明灯具；室内灯具效率不低于 70%，要求灯具的反射罩具有较高的反射比。

（3）照度标准：本工程各功能区域的照明照度标准及功率密度值应满足《建筑照明设计标准》GB 50034—2013 和《建筑节能与可再生能源利用通用规范》GB 55015—2021 中的要求，具体内容详见电气节能设计专篇。

（4）照明配电终端回路应设置短路保护、过负荷保护和接地故障保护，室外照明配电终端回路还应设置剩余电流动作保护器作为附加防护。当正常照明灯具安装高度在 2.5m 及以下，且灯具采用交流低压供电时，应设置剩余电流动作保护器作为附加防护。

（5）室外灯具防护等级不应低于 IP54，埋地灯具防护等级不应低于 IP67，水下灯具防护等级不应低于 IP68。

（6）控制方式：根据照明部位的灯光布置形式和环境条件选择合适的照明控制方式：

①房间或场所设有两列或多列灯具时，所控灯列与窗平行；每个房间灯的开关数不少于 2 个（只设置 1 只光源的除外），每个照明开关所控光源数尽可能少。

②门厅、公共走道、地下车库、商业公共区域采用智能照明控制，分回路、分时间、分区域控制。

③地下机动车库沿车道车行方向应设置两路线槽灯，每路线由交叉供电的两个配电箱的2个回路供电，采用隔盏控制方式，可实现25%、50%、75%和100%照度控制；车位照明采用雷达双功率感应灯控制。

④楼梯间采用移动感应控制，设备机房采用就地控制。

⑤二次装饰区域的照明控制方式待装饰设计时再确定。

⑥具有天然采光条件或天然采光设施的区域（如室内街中庭区域），照明设计应结合天然采光条件进行人工照明布置，自然采光区域的人工照明随天然光照度及人员活动需求设置自动调节装置。

（7）商店建筑的照明设计应符合下列规定：

①照明设计应满足工艺设计要求，并与装饰设计协调一致。

②营业区应根据商品对特定光色、气氛、色彩、立体感和质感的要求，选择光色比例、色温和照度。

③在需要提高亮度对比或增加阴影的位置宜装设重点照明。

④高照度处宜采用高色温光源，低照度处宜采用低色温光源。

⑤主要光源的显色性应满足反映商品颜色的真实性要求，营业厅的显色指数 Ra 不小于80，反映商品本色的区域显色指数 Ra 大于85。

⑥当一种光源不能满足光色要求时，可采用两种及两种以上光源的混光复合色。

⑦丝绸、字画等变、褪色要求较高的商品，应采用截阻红外线和紫外线的光源点。

（8）备用照明

①本项目为大型商店建筑，其营业区应设置备用照明，照度不低于正常照明的1/10。

②主力店、次主力店和超市采用双电源交叉供电，其正常照明兼做备用照明；商场公共区域的营业区则利用公共照明配电箱（双电源）供电，可满足备用照明的供电要求；一般商铺的营业区要求二次装修时，部分灯具自带蓄电池，以满足其备用照明要求。

③一般经营场所备用照明的启动时间不应大于5s，贵重物品区域及柜台、收银台的备用照明应单独设置，启动时间不应大于1.5s。

（9）电梯井道设置永久性220V检修灯及220V检修插座，供电回路须设置30mA剩余电流动作保护开关。在距电梯井道最高和最低点0.50m以内各设置一盏18W节能灯，中间每隔7m设置一盏灯，电梯井道照度应不小于50lx，灯具采用防护罩保护（IP54），并在电梯机房和井道底距地1.30m处各设置一个单联双控开关。在距井道底1.5m处设置一只防水15A单相三眼检修插座（IP54），灯具和插座的安装位置需由电梯安装单位确定并应避开电梯轨道及线缆通道，本工程中每一部电梯的井道照明和插座安装要求均相同，平面图中不再表示。

（10）开关、插座和照明器靠近可燃物时，应采取隔热、散热等防火保护措施，重型灯具严禁安装在吊顶龙骨上。

（11）无障碍卫生间的照明灯开关应采用宽板型，高度为 1m，设置紧急报警按钮和声光报警器（参见智能化专项设计的相关图纸）。

（12）航空障碍标志灯的设置应符合下列规定：

①航空障碍标志灯应装设在建筑物的最高部位，当制高点平面面积较大或为建筑群时，除在最高端装设障碍标志灯外，还应在其外侧转角的顶端分别设置航空障碍标志灯。

②航空障碍标志灯的水平安装间距不大于 52m；垂直安装自地面以上 45m 起，以不大于 52m 的等间距布置。

③航空障碍标志灯采用自动通断电源的控制装置，并采取变化光强的措施。

（13）室外景观照明、建筑泛光照明需结合总体环境景观设计布置，本次设计暂预留电源。室外夜景照明光污染控制的具体要求如下：室外夜景照明上射光通比的最大允许值为 15%，建筑立面产生的平均亮度最大允许值为 $10cd/m^2$，且避免对行人或非机动车人造成眩光，在保障照明效果的同时，防止夜景照明产生光污染，符合现行行业标准《城市夜景照明设计规范》JGJ/T 163 的相关规定。室外照明光源一般显色指数不低于 60，室外公共活动区域的眩光限值满足标准要求［角度范围≥ 70°　≥ 80°　≥ 90°　＞ 95°；最大光强 Imax（cd/1000lm）500 100 10 ＜ 1］。

（14）室内人员长时间停留场所，其光源色温不应高于 4000K，墙面平均照度不应低于 50lx、顶棚平均照度不应低于 30lx，一般照明光源的特殊显色指数 $R9$ 应大于 0，光源色容差不应大于 5SDCM，照明频闪比不应大于 6%，照明产品光生物安全组别不应超过 RG0；室外公共活动区域，其光源色温不应高于 5000K，人行道、非机动车道最小水平照度及最小半柱面照度均不应低于 2lx。

（15）残疾人坡道照明可结合总体道路照明统一考虑，照度不低于 150lx。

（16）高度大于 12m 的大空间照明线路上设置具有探测故障电弧功能的电气火灾监控探测器。

（17）安装在人员密集场所的吊装灯具玻璃罩，应采用防止玻璃破碎向下溅落的措施。

（18）泛光照明和航空障碍照明等专项设计布置的灯具不应影响建筑外立面，灯具的外观形式须由建筑师最终确认。

5.2.7　消防应急照明和疏散指示系统

（1）本工程采用集中电源集中控制型消防应急照明和疏散指示系统，系统中的应急照明控制器、应急照明集中电源（以下简称集中电源）、应急照明配电箱和灯具应选择符合现行国家标准《消防应急照明和疏散指示系统》GB 17945 规定和有关市场准入制度的产品。

（2）集中控制型消防应急照明和疏散指示系统的控制要求如下：

①应急照明控制器应通过集中电源或应急照明配电箱连接灯具，并控制灯具的应急启动、蓄电池电源的转换。

②集中电源或应急照明配电箱与灯具的通信中断时，非持续型灯具的光源应急点亮、持续型灯具的光源由节电点亮模式转入应急点亮模式。

③应急照明控制器与集中电源或应急照明配电箱的通信中断时，集中电源或应急照明配电箱连锁控制其配接的非持续型照明灯的光源应急点亮、持续型灯具的光源由节电点亮模式转入应急点亮模式。

④非火灾状态下工作模式：

A. 由主电源为灯具供电；非持续型照明灯为熄灭状态，持续型照明灯为节电点亮状态。

B. 具有一种疏散指示方案的区域标志灯保持节电点亮模式。

C. 需借用相邻防火分区疏散的防火分区，该区域标志灯按可借用相邻防火分区疏散工况条件对应的疏散指示方案保持节电点亮模式。

D. 需要采用不同疏散预案的场所，区域内相关标志灯按该区域默认疏散指示方案保持节电点亮模式。

E. 主电源断电后，集中电源或应急照明配电箱连锁控制其配接的非持续型照明灯应急点亮、持续型灯具光源由节电点亮转入应急点亮模式；灯具持续应急点亮时间应符合设计文件的规定，且不应超过 0.5h；主电源恢复后，恢复原工作状态；灯具持续点亮达到设计文件规定的时间而主电源仍未恢复供电时，集中电源或应急照明配电箱应连锁熄灭其配接灯具的光源。

F. 任一防火分区、楼层的正常照明电源断电后，为该区域内设置灯具供配电的集中电源或应急照明配电箱应在主电源供电状态下，连锁控制其配接的非持续型照明灯的光源应急点亮、持续型灯具的光源由节电点亮模式转入应急点亮模式；该区域正常照明电源恢复供电后，集中电源或应急照明配电箱应连锁控制其配接灯具的光源恢复原工作状态。

⑤火灾状态下工作模式：

A. 火灾确认后，应急照明控制器按预设逻辑手动、自动控制系统的应急启动。

B. 控制系统所有非持续型照明灯的光源应急点亮，持续型灯具的光源由节电点亮模式转入应急点亮模式。

C. 借用其他防火分区疏散的区域在接收到火灾报警系统改变疏散方案信号时，自动按对应的疏散指示方案，控制该区域内需要变换指示方向的方向标志灯改变箭头指示方向；控制被借用防火分区入口处设置的出口标志灯的“出口指示标志”的光源熄灭、“禁止入内”指示标志的光源应急点亮；该区域内其他标志灯的工作状态不应被改变。

D. 采用其他不同疏散预案的场所在接收到火灾报警系统改变疏散方案信号时，自动按对应的疏散指示方案，控制该区域内需要变换指示方向的方向标志灯改变箭头指示方向；控制所有需要关闭疏散出口处设置的出口标志灯的“出口指示标志”的光源熄灭、“禁止入内”指示标志的光源应急点亮；该区域内其他标志灯的工作状态不应被改变。

（3）消防应急灯具选型及安装：

①消防应急照明光源色温大于 2700K。

②消防应急灯具（安装高度≤ 8m）及消防应急标志灯具选用主电源和蓄电池电源额定工作电压为 DC36V 的 A 型灯具。

③地面上设置的标志灯选择集中电源 A 型连续型灯具。

④标志灯面板材料要求：地面设置采用≥ 4mm 的钢化玻璃，1m 及以下墙上设置采用非易碎材料。安装在顶棚及疏散路径上方的灯具面板不应采用玻璃材质。

⑤室内高度大于 4.5m 的场所，选用特大型或大型标志灯；高度 3.5 ~ 4.5m 的场所选用大型或中型标志灯；小于 3.5m 的场所选用中型或小型标志灯。

⑥灯具安装高度：

A．5m 的场所，特大型、大型、中型标志灯底边距地面高度不宜小于 3m，且不宜大于 6m。采用吸顶或吊装式安装时，距安全出口或疏散门所在墙面的距离＜ 50mm。

B．方向标志灯箭头指示方向与疏散指示方案一致；安装在疏散走道、通道两侧的墙面或柱面上时，底边距地面的高度应小于 0.8m；安装在疏散走道、通道上方时：室内高度≤ 3.5m 的场所底边距地面高度为 2.2 ~ 2.5m；室内高度＞ 3.5m 的场所，特大型、大型、中型标志灯底边距地面高度不宜小于 3m，且不宜大于 6m。

C．在疏散走道、通道的地面上安装的标志灯应布置在疏散走道、通道的中心位置；灯具金属构件应采用耐腐蚀构件或做防腐处理，标志灯配电、通信线路的连接应采用密封胶密封；标志灯表面应与地面平行且高出地面≤ 3mm，其边缘高出地面≤ 1mm。

D．楼层标志灯安装在楼梯间内朝向楼梯的正面墙上，标志灯底边距地面高度为 2.2 ~ 2.5m。

E．多信息复合标志灯安装在安全出口、疏散出口附近疏散走道、疏散通道的顶部；且标志面应与疏散方向垂直、指示疏散方向的箭头指向安全出口、疏散出口。

⑦灯具及其连接附件防护等级：室外或地面安装时，不低于 IP67；隧道及潮湿场所内安装，不低于 IP65；B 型灯具不低于 IP34。

⑧应急照明点亮响应时间：高危场所≤ 0.25s；其他场所≤ 5s；两种及以上疏散方案场所点亮、熄灭响应时间≤ 5s。

⑨应急照明蓄电池达到使用周期后标称的剩余容量应保证放电时间满足国家标准规定的持续工作时间。

（4）本工程为建筑高度大于 100m 的民用建筑，消防应急照明和疏散指示系统应急启动后，在蓄电池电源供电时的持续工作时间应不小于 1.5h，而在非火灾状态下，系统主电源断电后，集中电源应能连锁控制其配接的非持续型照明灯应急点亮，持续型灯具光源由节电点亮转入应急点亮模式，灯具持续应急点亮时间为 0.5h；主电源恢复后，恢复原工作状态；灯具持续点亮达到 0.5h 而主电源仍未恢复供电时，集中电源应连锁熄灭其配接灯具的光源。所以，本工程的消防应急照明和疏散指示系统应急启动后，在蓄电池电源供电时的持续工作时间应不小于 2h（1.5h+0.5h）。集中电源的蓄电池组达到使用寿命周期后标称的剩余容量应能保证放电时间仍为 2h。

（5）建筑内各区域应急照明的地面最低水平照度应符合下列规定：

①人员密集场所的楼梯间、前室或合用前室、避难通道、逃生辅助装置存放处等特殊区域，不应低于 10lx。

②除①规定场所之外的敞开楼梯间、封闭楼梯间、防烟楼梯间及其前室、室外楼梯、消防电

梯间的前室或合用前室，以及需要救援人员协助疏散的区域，不应低于5lx。

③避难层（间）；观众厅，展览厅，电影院，多功能厅，建筑面积大于200m^{2}的营业厅、餐厅、演播厅，建筑面积超过400m^{2}的办公大厅、会议室等人员密集场所；室内步行街两侧的商铺；建筑面积大于100m^{2}的地下或半地下公共活动场所，不应低于3lx。

④除①②③规定场所之外的疏散走道及疏散通道、室内步行街、自动扶梯上方或侧上方、安全出口外面及附近区域、连廊的连接处两端、变电所、消防控制室、消防水泵房、自备发电机房等发生火灾时仍需工作、值守的区域，不应低于1lx。

（6）备用照明设计：避难间（层）及配电室、消防控制室、自备发电机房等发生火灾时仍需工作、值守的区域应同时设置备用照明、疏散照明和疏散指示标志。备用照明灯具可采用正常照明灯具，在火灾时应保持正常照度；备用照明灯具应由正常照明电源和消防电源专用应急回路互投后供电。

（7）应急照明系统控制要求、设备及灯具采购、安装、管线敷设施工、系统调试、检测、验收等除应符合本设计要求外，尚应符合现行国家标准《建筑电气工程施工质量验收规范》GB 50303、《消防应急照明和疏散指示系统》GB 17945及《消防应急照明和疏散指示系统技术标准》GB 51309的相关规定。

（8）设置在电气竖井内的A型集中电源的防护等级为IP33，若设置于潮湿场所（如水泵房、水箱间等），防护等级应为IP65。

（9）消防应急照明和疏散指示系统的灯具外观形式须由室内装饰装修最终确认。

【关注重点】当地下车库、部分公共照明的灯具安装高度在2.5m及以下时，需设置剩余电流动作保护器作为附加防护；二次精装区域，暂无法确定灯具的安装高度时，应在说明中增加此条要求。

5.2.8 低压设备选型及安装

（1）各电气配电箱箱体高度600mm以下，底边距地1.5m；600～800mm高，底边距地1.2m；800～1000mm高，底边距地1.0m；1000～1200mm高，底边距地0.8m；1200mm以上，为落地安装，下设300mm基础。配电柜设备供应商在制造前，必须对加工设备在现场的平面安装位置进行测绘，确保制作后的成品满足现场安装要求，保证各功能的正常工作，还应完成设备的二次接线原理图，以及柜内外进出线的接线端子图和标准的二次仪表设备，提供柜面排列图，并提交有关方面确认后方可制造，并需要负责设备现场的开通调试和使用后整定值的设置，以满足实际使用。

（2）消防用电设备采用专用供电回路，消防配电设备应有明显标志。消防和非消防电源的配电箱应分开按防火分区设置，并安装在符合防火要求的配电间、控制室及设备机房内，消防设备配电箱及控制箱、应急照明配电箱箱体应有明显红色标志，箱内元件外壳应采用耐高温材料。普通配电（控制）箱内各元器件之间的连接导线，应采用不低于阻燃C类的电线；消防配电（控制）箱内各元器件之间的连接导线应采用不低于阻燃C类耐火电线，箱内的断路器应采用短路保护，过载保护仅用于报警而不能切断电路。双电源进线的消防设备电源箱进线处应设置耐火极限不小于 2h 的耐火隔板。安装于地下室的消防配电或控制箱防护等级不低于 IP4X。水泵房安装的电气设备（配电箱、控制箱、按钮箱、按钮盒、开关箱等）的防护等级不应低于 IP54，消防水泵房安装的电气设备的防护等级不应低于 IP55。

（3）本工程要求所有水管不得从配电柜、配电箱及控制柜（箱）上方穿过。

（4）本工程要求所有低压断路器均具有隔离功能，低压断路器的壳体应采用阻燃材料；其金属外壳或底座，均应可靠接地。

（5）消防模块严禁设置在配电（控制）柜（箱）内；且本报警区域内的模块不应控制其他报警区域的设备。

（6）采用 PC 级 ATSE 时，其触头的额定容量不应小于回路负荷电流的 125%；消防供配电用的 ATSE 应具有进线电源状态、欠压信号等参数输出功能，用于实现消防设备的电源监控。

（7）SPD 应选用具有 CQC 认证的 SPD 产品；应具有当出现危险的工频续流或工频漏电电流大于 5A 时能迅速脱扣的专用外部 SPD 脱扣器；其专用外部 SPD 脱扣器应满足《型式试验报告》中的相关规定。

（8）所有消防配电设备均应满足 CCCF 认证。

（9）商铺风机盘管和吊式空调箱与温控制器之间预留 JDG20，控制线规格由产品定。

（10）照明开关均为暗装，除注明者外，均为 250V，10A，应急照明开关应带电源指示灯。除注明者外，插座均为单相两孔 + 三孔插座。烘手器电源插座底边距地 1.3m；儿童娱乐场所插座底边距地 1.8m；潮湿场所插座底边距地 1.5m；其他插座均为底边距地 0.3m。开关、按钮盒底边距地 1.3m，距门框 0.2m。有淋浴、浴缸的卫生间内开关，插座选用防潮防溅型面板，有淋浴、浴缸的卫生间内开关、插座及其他电器，设备及管线应设在Ⅱ区以外。

（11）开关、插座和照明灯具靠近可燃物时，应采取隔热、散热等防火措施。若有容量较高或发热量较大灯具，不应直接安装于可燃材料上与其接触。容量较高的灯具嵌入安装时，应采用隔热、散热措施，其电源线截面面积应不低于 $4mm^2$，且应设有金属保护管。

（12）水泵、空调机、新风机等各类设备的电源出线口位置，以设备专业图纸为准。

（13）换热站和水泵房的配电箱防护等级为 IP54，安装在室外的设备控制箱及检修开关箱（盒）的防护等级为 IP54。

（14）通道上的防火卷帘门两侧安装手动按钮，安装高度 1.3m，由卷帘门控制箱预埋 JDG20 至按钮盒。

（15）爆炸和火灾危险环境场所的灯具、开关、配电箱 / 柜等电气设备应采用防爆型，配线要求、防爆分级分组等级应符合现行国家标准《爆炸危险环境电力装置设计规范》GB 50058 的要求。

（16）本工程所有控制箱均为非标产品，控制要求详见设备控制要求和配电箱预留接点表。风机、水泵控制原理图参考图集，见表 5.2-4。

表 5.2-4　风机、水泵二次控制原理图参考图集

设备名称	二次控制原理图号
消火栓泵，一用一备，星三角启动	图集 16D303-3（常用水泵控制电路图）P37~40
消火栓泵，一用一备，直接启动	图集 16D303-3（常用水泵控制电路图）P21~24
喷淋水泵 / 加密喷淋泵，一用一备，星三角启动	图集 16D303-3（常用水泵控制电路图）P37~40
消防稳压泵，一用一备，直接启动	图集 16D303-3（常用水泵控制电路图）P100~102
消防排水泵，一用一备，直接启动	图集 16D303-3（常用水泵控制电路图）P240~242
单台排水泵，一用，直接启动	图集 16D303-3（常用水泵控制电路图）P230~231
排水泵，一用一备，直接启动	图集 16D303-3（常用水泵控制电路图）P240~242
冷冻（冷却）水泵，一用一备，变频器控制	图集 16D303-3（常用水泵控制电路图）P212~214
热水循环泵，两用一备，变频器控制	图集 16D303-3（常用水泵控制电路图）P207~208
生活水泵，三用一备，变频器控制	图集 16D303-3（常用水泵控制电路图）P181~184
空调机组，直接启动	图集 16D303-2（常用风机控制电路图）P77~78
空调机组、冷却塔风机，变频器控制	图集 16D303-2（常用风机控制电路图）P81~82
排烟风机、消防补风机、加压风机	图集 16D303-2（常用风机控制电路图）P13~16
两用（消防、平时）单速风机（排风兼排烟、送风兼补风机）	图集 16D303-2（常用风机控制电路图）P21~24
消防兼平时两用双速风机	图集 16D303-2（常用风机控制电路图）P29~32
排风机、送风机、排油烟风机	图集 16D303-2（常用风机控制电路图）P77~78

注：图中消防类风机的保护断路器仅有电磁脱扣功能。图中消防类风机的热继电器仅作故障报警，不切断电源。

（17）提供租户电源进线至每一间商铺内的隔离开关箱，隔离开关箱内设进线负荷隔离开关，设置在店铺靠后勤通道的墙体高位（吊顶天花内），但须满足店铺交付要求净高。隔离开关箱（需配锁避免租户误操作）由业主提供，隔离开关箱之后的线缆及租户配电箱均由租户自行负责。

【关注重点】商铺租户隔离箱具体要求和安装位置，应符合业主建造标准的规定。

5.2.9　电缆电线、母线的选型及敷设（本工程室内电力电缆环境设计温度为 35℃）

（1）高压电缆采用 WDZAN-YJY-10kV 交联聚乙烯绝缘聚烯烃护套低烟无卤 A 类阻燃耐火电缆。

（2）低压消防负荷线缆选择：

①消防电源的主干线和支干线，消防水泵、消防控制室及消防电梯的电源线路采用耐火温度

950℃、持续供电时间 180min 的耐火电缆（本设计考虑采用 YTTW-0.6/1kV）。

②消防分支线路、消防应急照明和疏散指示系统、防火卷帘门等其他消防设备的电源线路采用耐火温度不低于 750℃、持续供电时间不低于 90min 的耐火电缆 WDZAN-YJY-0.6/1kV。

③末端电线采用 WDZCN-BYJ-450/750V 型。

④消防设备控制线采用 WDZAN-KYJY-0.6/1kV 型或 WDZCN-BYJ-450/750V 型。

⑤耐火电缆和耐火电线满足现行国家标准《电缆及光缆燃烧性能分级》GB 31247 中燃烧性能 B1 级、产烟毒性为 t0 级、燃烧滴落物 / 微粒等级为 d0 级的要求。

（3）低压非消防负荷线缆选择：

①干线和支线均采用 WDZA-YJY-0.6/1kV 型。

②末端电线采用 WDZC-BYJ-450/750V 型。

③非消防设备控制线采用 WDZA-KYJY-0.6/1kV 型或 WDZCN-BYJ 型。

④电缆和电线满足现行国家标准《电缆及光缆燃烧性能分级》GB 31247 中燃烧性能 B1 级、产烟毒性为 t0 级、燃烧滴落物 / 微粒等级为 d0 级的要求。

（4）母线槽应满足下列要求：

①插接母线选用五芯密集型铜制母线（4+1 型），在竖井内明敷，插接箱内开关均设置分励脱扣和辅助干接点，利用分励脱扣器，由消防控制室控制切断相关区域非消防电源。地下层的母线应满足 IP54 防护等级。插接母线终端头应封闭，并根据厂家产品要求在适当位置加膨胀节。

②母线槽的金属外壳、支架等外露可导电部分，应可靠接地。

③母线槽的外壳表面应覆盖阻燃、无炫目反光的涂层；母线槽内导体支撑件应选用阻燃的绝缘材料，同时应具有足够的机械性能，绝缘材料的表面温度升值不应超过 55K。

④用于消防设备配电的耐火母线槽应满足持续供电时间 180min 的要求，并通过国家及行业现行标准的相关实验。

（5）电缆桥架要求：非消防电缆桥架为托盘桥架（无吊顶）和电缆槽盒（吊顶内），材质为静电喷塑（或热镀锌）钢制（材质要求需与成本复核后确定）。消防电缆桥架为经防火处理的封闭金属槽盒（耐火电缆敷设用）及经防火处理的梯架（矿物绝缘电缆敷设及在电缆竖井内电缆敷设用）。

（6）电力线缆、控制线缆和智能化线缆敷设应满足下列规定：不同电压等级的电力线缆不应共用同一导管或电缆桥架布线；电缆线缆和智能化线缆不应共用同一导管或电缆桥架布线；在有可燃物闷顶和吊顶内敷设的电力线缆时，应采用不燃材料的导管或电缆槽盒保护。导管和电缆槽盒内配电电线的总截面面积不应超过导管或电缆槽盒内截面面积的 40%；电缆槽盒内控制线缆的总截面面积不应超过电缆槽盒内截面面积的 50%。

（7）室内高、低压耐火电缆沿经防火处理的封闭金属槽盒敷设；引至终端设备处支线沿线槽或穿保护钢管敷设，连接终端用电设备处采用金属软管；矿物绝缘电缆敷设在经防火处理的梯形电缆桥架内。消防线缆穿钢管或穿金属软管明敷处须采取防火保护措施（涂防火涂料等措施）。消防配电线路应满足火灾时连续供电的需求，其敷设应满足《建筑设计防火规范》

GB 50016—2014（2018 年版）第 10.1.10 条的相关规定。

（8）敷设在桥架或线槽内电缆首末端、转弯处及每隔 50m 处设有电缆编号、型号、起点及终点、用途、敷设日期等标记。所有电缆及管线在竖井内沿电缆桥架或电缆支架明敷时，必须将电缆和管线进行加固绑扎，以防因自重下垂将电缆或管线损坏。垂直敷设时，电缆的上端及每隔 1.5 ~ 2m 加以固定，水平敷设时在电缆的首尾两端及每隔 5 ~ 20m 加以固定。

（9）在电缆桥架上敷设的电缆在进入和引出桥架时，需穿钢管、挠性金属套管或配线槽等保护。

（10）母线槽、电缆桥架安装要求：

①母线槽、电缆桥架水平安装时，支架间距不大于 2m，顶部距楼板 0.3m，距梁下 0.1 ~ 0.2m；多层桥架安装间距应不小于 300mm；桥架转弯应满足电缆弯曲半径的要求；垂直安装时，支架间距≤ 2m，除专用房间外，1.8m 以下安装的桥架均应需加盖板保护；母线槽、电缆桥架和导管穿越建筑变形缝处时，应设置补偿装置。

②桥架施工时，应注意与其他专业的配合，局部区域可根据现场情况适当调整桥架的高度及走向。电缆桥架安装时应按国家标准与其他管道保持间距，与一般管道平行＞ 400mm（交叉＞ 300mm），与燃气管道平行＞ 500mm（交叉＞ 500mm），与有保温的热力管道平行＞ 500mm（交叉＞ 300mm）。室外（如屋面）安装的电缆桥架（线槽）底边距地 0.4m，并采取防水遮阳措施，底部应留有泄水口，上部采用坡型盖板。

③建筑内的电缆井、管道井应在每层楼板处采用不低于楼板耐火极限的不燃材料或防火封堵材料封堵（建筑内的电缆井、管道井与房间、走道等相连通的空隙应采用防火封堵材料封堵）。

④如槽盒、母线槽上方有排管交叉时应采取防水措施（母线连接处上方应避开水管、喷淋头等漏水点），间距不小于 200mm，并在交叉处的槽盒、母线槽上设置防水遮挡板。母线及电缆桥架的正上方不允许与水管平行敷设；正下方不允许与热力管道平行敷设。确保所有水管不得从配电柜上方穿过。

⑤消防泵房、制冷机房等设备用房的电缆桥架应在梁下 0.3m 处安装，并安装在所有水管的上方。

⑥母线槽外壳及支架，应做全长不少于 2 处与保护联结导体相连，水平为 30m 连接一次，垂直每 3 层连接一次。

⑦梯架、托盘和槽盒全长不大于 30m 时，不应少于 2 处与保护导体可靠连接；全长大于 30m 时，每隔 20 ~ 30m 应增加一个连接点；直线长度超过 30m 时，应设置伸缩节；起始端和终点端均应可靠接地。

⑧配电箱与水平桥架贯通的垂直桥架的规格尺寸除图中注明外，原则上均与水平桥架的规格一致。

⑨桥架和母线的安装高度均为梁下 0.15m 安装，最终的安装位置和高度可根据 BIM 深化设计图与现场情况进行调整。

（11）电缆采用 T 接箱分支方式连接至配电箱，当分支电缆型号及截面未作标注时，表示与主干电缆相同，若改变截面时，长度应小于3m。

（12）电缆穿管时保护管管径应大于电缆外径的1.6倍。

（13）除系统图与平面图特殊注明外，明敷于潮湿场所，±0.000m及以下建筑楼板内暗敷，或埋于素土内的金属导管采用镀锌焊接钢管SC（管壁厚度不小于2mm）；明敷或暗敷于干燥场所的金属导管采用套接紧定式钢管JDG（管壁厚度不小于1.5mm）；非消防回路采用塑料导管暗敷布线时，±0.000m及以下建筑楼板内暗敷应选用重型导管，室内干燥场所暗敷应选用不低于中型的导管，暗敷的塑料管的燃烧性能等级为B2级；电气安装用导管壁厚必须符合国家现行标准的相关技术要求。

（14）线缆采用导管暗敷布线时，应符合下列规定：不穿过设备基础；当穿过建筑物外墙时，应采取止水措施。

（15）电力线缆、控制线缆和智能化线缆敷设应符合下列规定：不应采用裸露带电导体布线；除塑料护套电线外，其他电线不应采用直敷布线方式；明敷的导管、电缆桥架，应选择燃烧性能不低于B1级的难燃材料制品或不燃材料制品。

（16）敷设在钢筋混凝土现浇楼板内的电线导管的最大外径不应大于楼板的1/3。当电线导管暗敷设在楼板、墙体内时，其与楼板、墙体表面的外保护层厚度不应小于15mm（消防管线不应小于30mm）。

（17）在有可燃物的闷顶和封闭吊顶内明敷的配电线路，应采用金属导管或金属槽盒布线。

（18）消防用电的配电线路暗敷时，应穿管并敷设在不燃体结构内且保护层厚度不应小于30mm；明敷时（包括敷设在吊顶内），应穿金属管并涂防火涂料，或采用耐火金属桥架敷设。

（19）消防电梯动力与控制电缆、电线应采取防水措施。潜水泵为厂家自带控制箱，自带防水电缆。

（20）所有暗敷直线线管长度超过30m时，中间应加过路盒（箱），过路盒（箱）规格由施工单位自行确定，但应可以检修。

（21）所有穿过建筑物伸缩缝、沉降缝、后浇带的管线应按国家和地方现行标准图集中的有关做法施工。

（22）所有配电回路均按回路单独穿管，不同支路不应共管敷设。各配电回路的N线和PE线均从配电箱箱内引出。

（23）照明管线敷设：

①应急照明支线穿钢管暗敷在楼板或墙内时，由顶板接线盒至吊顶灯具一段线路穿钢质（耐火）波纹管（或普利卡管），明敷时保护管须涂防火涂料。普通照明支线穿钢管暗敷在楼板或吊顶内；机房内管线在不影响使用及安全的前提下，可采用钢管明敷。

②照明平面图中导线根数标注“/*n*”表示*n*根导线，未标注的除单极开关接线为2根外，其余为3根。照明平面图中电线支线穿管管径为：普通电线2～4根为JDG20/SC20，5～7根为JDG25/SC25；消防耐火电线2～3根为JDG20/SC20，4～6根为JDG25/SC25。

③地下车库车道上部的普通照明灯具在线槽底部吸顶安装，导线敷设在线槽内，线槽规格为

150×75；车道上的应急照明灯具采用壁装，管线单独穿管暗敷；容量较高灯具（如卤钨灯、超过100W灯具）嵌入安装时，应采用隔热、散热措施，其电源线截面应不低于4mm²，且应设有金属保护管。

④沿墙垂直敷设管线、楼梯间、无吊顶的办公室、会议室等有美观要求的场所采用穿管暗敷；有吊顶的场所沿吊顶内穿管暗敷；爆炸危险场所须穿管明敷；应急照明线穿管暗敷时，难燃材料保护层厚度≥30mm，穿管明敷时须采取涂防火涂料等防火保护措施。

⑤变电所照明管线沿照明线槽（100×50）敷设或直接采用线槽灯，单根线槽内带电导体数量不大于30根；地下停车库，非人防区吊杆安装，人防区采用链吊安装。

⑥室外、潮湿场所、地下室等场所的电线管及照明线槽均采用热镀锌，其他场所是否采用热镀锌由业主确定。

（24）设计中未严格按照近路径表示的暗敷管线，施工时均应沿最近的路径敷设，预算统计管线时亦如此。

（25）土建施工时，电气人员应密切配合，预埋管线或预留孔洞，如预留孔洞位置有梁柱，应适当调整孔洞位置，未经设计许可禁止在梁柱上开预留洞。

（26）电缆穿越不同防火分区处；电缆沿竖井垂直敷设穿越楼板处；电缆隧道、电缆沟、电缆件的隔墙处；沟道中每相隔200m或通风段处；电缆穿越耐火极限不小于1h的隔墙处；电缆穿越建筑物的外墙处；电缆敷设至建筑物入口处，或至配电间、控制室的沟道入口处均应采取防火封堵措施。

（27）屋顶敷设的桥架的安装高度不低于屋面完成面400mm，桥架需做防水处理，并设混凝土墩子固定，间距为1m或满足施工验收标准要求。

【关注重点】电缆和电线的燃烧性能、产烟毒性、燃烧滴落物/微粒、腐蚀性等相关技术要求需要在说明中有所描述。

5.2.10 电气综合监控系统

（1）本工程的电气防火等级为一级，采用一套电气综合监控系统，监控主机设置于消防安保控制室。

（2）电气综合监控系统应由现场信息采集装置、通信网络和监控主机组成，并具有电气火灾监测、消防设备电源监测、电力系统监控、能耗监测功能。

（3）电气综合监控系统应能完成相关系统的数据采集、综合分析及报警控制功能；根据采集的信息综合评估供配电系统的安全性。

【关注重点】上海市地方标准要求，其他省市的项目可不设电气综合监控系统。

5.2.11 防雷、安全及接地系统

本工程按照二类防雷建筑物设置防雷保护措施，电子信息系统雷电防护等级为B级；详细说明见本书第12章的相关内容。

5.2.12 火灾自动报警系统

本工程采用控制中心报警系统，详细说明见本书第11章的相关内容。

5.2.13 智能化系统配合

本工程的智能化系统应满足现行国家标准《智能建筑设计标准》GB 50314的基础配置要求，并根据业主的具体需求，设置合理的智能化系统。主要弱电智能化系统包括网络通信、电话、信号覆盖、安全防范、设备监控、能耗计量、空气质量监测、客流统计、POS机管理、停车管理等系统，本次设计仅负责预留机房、竖井、主干线槽路由及进出建筑预埋管。

（1）机房布置：在本项目地下一层设置各智能化系统机房，包括消防安防控制室、运营商接入机房、通信网络机房、有线电视机房、移动信号覆盖等。

（2）弱电间（竖井）分布：按防火分区设置弱电间（竖井），面积约6m^2。

（3）弱电干线路由：在地下一层及各弱电竖井内均预留弱电水平和垂直线槽，水平及垂直线槽按不同管理部门分开敷设。

（4）弱电进出预埋管：在本项目地下一层外墙合适的位置预留防水套管（SC100），供通信、监控、消防和室外广播等线路的进出。

（5）本次残疾人卫生间设计了呼叫求救按钮及报警，应接入安全技术防范系统，由后期智能化专项设计深化完成。

【关注重点】智能化系统的主机房位置和桥架路由应在说明中有所体现。

5.2.14 电气抗震设计

抗震设防烈度6度及以上地区的各类新建、扩建、改建建筑与市政工程必须进行抗震设防，其主要设计标准如下：

（1）地震时应能保证人流疏散应急照明及相关设备供电；地震时需要坚持工作场所应设置应急电源装置；地震时应能保证火灾自动报警及联动控制系统正常工作；地震时应保证通信设备电源的供给、通信设备正常工作。

（2）变压器安装就位后应焊接牢固，内部线圈应牢固固定在变压器外壳内的支承结构上；变压器的支承面宜适当加宽，并设置防止移动和倾倒的限位器。

（3）配电箱（柜）、通信设备的安装螺栓或焊接强度应满足抗震要求；靠墙安装的配电柜、通信设备机柜底部安装应牢固，当底部安装螺栓或焊接强度不够时，应将顶部与墙壁进行连接。当配电柜、通信设备柜等非靠墙落地安装时，根部应采用金属膨胀螺栓或焊接的固定方式；壁式安装的配电箱与隔墙之间应采用金属膨胀螺栓连接。

（4）设在水平操作面上的消防、安防设备应采取防止滑动措施。

（5）安装在吊顶上的灯具，应考虑地震时吊顶与楼板的相对位移。

（6）当采用硬母线敷设且直线段长度大于80m时，应每50m设置伸缩节；在电缆槽盒、电缆槽盒内敷设的线缆在引进、引出和转弯处，应在长度上留有余量；接地线应采取防止地震时被切断的措施。

（7）线缆穿管敷设时宜采用弹性和延性较好的管材。

（8）电气管路不宜穿越抗震缝。

（9）当线路采用金属导管、刚性塑料导管、电缆梯架或电缆槽盒敷设时，应使用刚性托架或支架固定，不宜使用吊架。当必须使用吊架时，应安装横向防晃吊架。

（10）当金属导管、电缆梯架或电缆槽盒穿越防火分区时，其缝隙应采用柔性防火封堵材料封堵，并应在贯穿部位附近设置抗震支撑。金属导管的直线段部分每隔 30m 应设置伸缩节。

（11）配电装置至用电设备间连线宜采用软导体。当采用穿金属导管、刚性塑料导管敷设时，进口处应转为挠性线管过渡。当采用电缆梯架或电缆槽盒敷设时，进口处应转为挠性线管过渡。

（12）金属材质桥架抗震支吊架最大间距：侧向 12m，纵向 24m。

（13）建筑附属机电设备不应设置在可能致使其功能障碍等二次灾害的部位；设防地震下需要连续工作的附属设备，应设置在建筑结构地震反应较小的部位。

（14）建筑附属机电设备的基座或支架，以及相关连接件和锚固件应具有足够的刚度和强度，应能将设备承受的地震作用全部传递到建筑结构上。建筑结构中，用以固定建筑附属机电设备预埋件、锚固件的部位，应采取加强措施，以承受附属机电设备传给主体结构的地震作用。

（15）建筑机电抗震设计需另行委托具备抗震设计资质的厂家进行二次深化设计。

5.2.15 装配式建筑电气设计

（1）本工程采用装配整体式框架－现浇剪力墙结构。预制构件种类包括预制外挂墙板、预制柱、预制梁、预制板、预制楼梯。本项目采用装配式建筑，装配式建筑单体预制率不低于40%。

（2）电气管线和预留孔洞（管道井）设计应做到构配件标准化和模数化，符合装配整体式混凝土公共建筑的整体要求。敷设在预制构件上的预留孔洞、坑槽、预埋套管应选择在对构件受力影响较小的部位。竖井内及公共区域的电气设备、管线明装（包括敷设在吊顶内）；其他区域预制构件中电气设备管线暗装。

（3）电气专业预留预埋原则：预制墙体内预埋相应底盒及穿线管；预制梁内预留穿线管套管；预制楼板内预留相应底盒，管线敷设于现浇层内，设计时应尽量避免管线交叉。线管接管处均预留相应操作空间。在预制构件中的预留预埋要求布置合理，定位准确，预留位置不影响结构安全。

（4）防雷引下线设置方式说明：防雷引下线利用现浇立柱或剪力墙内的钢筋或采取其他可靠措施，避免利用预制竖向受力构件内的钢筋。防侧击雷：建筑外露金属门窗预埋金属埋件在预制构件中，采用 -25×4mm 热镀锌扁钢一端连接金属埋件，另一端伸出预制构件，与建筑每层圈梁及构造梁内主钢筋可靠连接，并与引下线联通。

（5）消防线路预埋管暗敷在预制墙体上时应采用穿管保护，应预埋在不燃烧体结构内，其保护层厚度不应小于30mm。

5.2.16　电气专业告知书

1. 总则

（1）施工单位应严格按照本工程设计图纸和施工技术标准施工，不得擅自修改工程设计。

（2）电气施工和安装除满足施工图设计要求外，尚应满足国家现行的施工验收标准、规范及强制性条文和标准。

（3）施工前应及时与设计、监理等单位进行全面的施工设计技术交底，并做好交底纪要和必要的风险防范。

（4）施工单位在施工过程中发现设计文件和图纸有差错的，应及时通知本设计院，提出的意见和建议应征得本设计院电气设计师同意，由业主、设计、施工、监理等单位签署的技术核定单或以设计院的修改变更图纸为准；涉及安全、节能和环保的修改变更应按照当地管理部门要求重新上报施工图审查机构审查，审查合格后方可施工。

（5）承包商、产品供应商应在原施工图设计的基础上，可根据业主要求进行必要的深化设计，深化设计内容不得改变原施工图设计的要求。

（6）电气装置的安装施工与验收，应严格按现行国家标准《建筑电气工程施工质量验收规范》GB 50303和国家系列电气装置安装工程施工及验收规范的有关规定执行，并满足当地质检部门的验收要求。

2. 供配电系统

供电电源进线路数、供电电压等级、供电负荷等级、系统主接线及保护和控制、应急电源的设置等应严格按照施工图设计要求，不得随意降低供电要求，并应满足现行国家标准《电气装置安装工程　高压电器施工及验收规范》GB 50147和《电气装置安装工程　低压电器施工及验收规范》GB 50254的规定。施工单位施工时不得擅自改变系统的主接线方式。

3. 线缆敷设

选用的电线电缆、母线、电缆桥架等应符合施工图设计要求。施工单位施工时不得随意减小电线电缆、母线的截面；不得随意改变电线电缆的规格型号；不得随意改变电线电缆的敷设方式；电线电缆的敷设除满足设计要求外，还应满足现行国家标准《电气装置安装工程　电缆线路施工及验收标准》GB 50168的规定。

4. 电气防火

（1）给消防设备供电的电线电缆应采用耐火型，其耐火级别应满足设计要求。

（2）成束敷设的电线电缆应采用阻燃型，其阻燃级别应满足设计要求。

（3）消防设备配电管线应按照设计要求采取相应的防火措施，穿过不同防火分区的布线孔洞应采取防火封堵措施，并满足当地消防部门的验收要求。

（4）消防应急照明系统和灯具应满足设计要求，灯具的防护及材料应满足国家现行相关消防标准的规定。

（5）施工单位不得降低原设计院火灾自动报警和消防广播系统施工图的技术要求，不得擅自改变探测器的种类和联动控制要求。

（6）有爆炸和火灾危险的电缆线路的设计、电缆、电缆附件的选择，必须按现行国家标准《爆炸危险环境电力装置设计规范》GB 50058 的规定执行。

5. 电气设备及元器件

（1）电气设备及元器件不得选用国家和地方已颁布劣质和淘汰的产品。

（2）选用的电气设备和材料必须具备国家权威机构的产品试验报告、生产许可证、各类质量认证和产品合格证，并满足产品相关的国家标准；需经强制性认证的产品，必须具备 3C 认证；供电产品、消防产品应具有入网许可证。

（3）不得随意改变或降低设计对元器件的功能和技术参数的要求。

（4）电气设备的防护外壳应满足设计要求，并满足该产品的国家制造标准的要求。

（5）照明装置施工应满足现行国家标准《建筑电气照明装置施工与验收规范》GB 50617 的规定。

6. 电气节能

电气设备的选型应符合或高于设计院施工图对产品能效的要求，并满足国家相关产品的能效标准。照明装置及控制系统的选用和照明场所的功率密度限值应按照施工图的设计要求，不得擅自降低要求。

7. 防雷与接地

（1）施工单位应严格按照设计院的防雷设计进行施工，不得降低雷电防护等级，防雷工程应满足现行国家标准《建筑物防雷工程施工与质量验收规范》GB 50601 的规定。

（2）施工单位应严格按照设计院的电气装置接地要求和施工图进行施工，电气装置接地应满足现行国家标准《电气装置安装工程　接地装置施工及验收规范》GB 50169 的规定。

（3）严禁用易燃易爆气体、液体、蒸气的金属管道做接地线；不得用蛇皮管、管道保温用的金属网或外皮做接地线。

（4）每台电气设备的接地线应与接地干线可靠连接，不得在一根接地线中串接几个需要接地的部分。

（5）保护用接地、接零线上不能装设开关、熔断器及其他断开点。

8. 其他

（1）凡与施工有关而又未说明之处，详见系统图、平面图，或参见国家、地方标准图集施工，或与设计院协商解决。

（2）本工程所选设备、材料必须具有国家级检测中心的检测合格证书（3C 认证及 3CF 认证），必须满足与产品相关的国家标准，供电产品、消防产品应具有入网许可证。

（3）为设计方便，所选设备型号仅供参考，招标所确定的设备规格、性能等技术指标，不应低于设计图纸的要求。所有设备确定厂家后均需业主、施工、设计、监理四方进行技术交底。

（4）根据国务院颁布的《建设工程质量管理条例》规定，本设计文件需报县级以上人民政府建设行政主管部门或其他有关部门、施工图送审部门审查批准后，方可使用；建设方应提供电源等市政原始资料，原始资料必须真实、准确、齐全；由各单位采购的设备、材料，应保证符合设计文件及合同的要求；施工单位必须按照工程设计图纸和施工技术标准施工，不得擅自修改工程设计。施工单位在施工过程中发现设计文件和图纸有差错的，应当及时提出意见和建议；建设工程竣工验收时，必须具备设计单位签署的质量合格文件。

（5）本工程为钢筋混凝土框架结构，电气设备的安装应与土建施工密切配合，特别是各种暗装箱、盒的预留孔洞及母线、桥架穿剪力墙的孔洞。大于 300mm 的孔洞，结构专业已预留；小于 300mm 的孔洞，现场电工配合预留。电气设备安装定位时，如与水、暖设备相碰，现场视情况应及时调整。

（6）所有与变电所、发电机房、配电间、控制室、电梯机房等房间无关的管道不应穿越。

（7）设置在公共区域内的配电箱（柜）须加锁，电梯配电箱（柜）须加锁。

（8）本工程所有电气设备应根据设备专业订货电气技术参数进行调整后方可订货。

5.2.17　附表

1. SPD 参数（表 5.2–5）

表 5.2–5　SPD 主要参数

接地制式：TN-S							
雷电防护等级	名称	符号标注	安装位置	Up	Uc	In/limp	连接线（相线 / 接地线）
B	第一级	SPD– Ⅰ	电源进线处	≤ 2.5kV	385V	≥ 15kA（10/350us）	≥ 6/ ≥ 10
		SPD– Ⅰ’	LPZ0 与 LPZ1 交界处，屋顶配电箱	≤ 2.5kV	385V	≥ 60kA（8/20us）	≥ 4/ ≥ 6
	第二级	SPD– Ⅱ	楼层或区域配电箱处	≤ 2.0kV	385V	≥ 30kA（8/20us）	≥ 4/ ≥ 6
		SPD– Ⅱ’	电梯、弱电机房等电子设备配电箱	< 1.5kV	320V	≥ 30kA（8/20us）	≥ 4/ ≥ 6
	第三级	SPD– Ⅲ	机房配电箱，UPS 配电箱	≤ 1.2kV	275V	≥ 5kA（8/20us）	≥ 2.5/ ≥ 4

注：Up–电压保护水平，Uc–持续工作电压，In–标称放电电流，limp–冲击电流。

2. 风机、水泵二次控制原理图参考图集（表 5.2–4）

3. 配电箱内预留 BAS 和 FAS 点位要求（表 5.2–6）

表 5.2-6　配电箱内预留 BAS 和 FAS 点位要求

序号	设备名称	配电箱内预留 BAS 点位	设备自带控制箱预留 BAS 点位	配电箱内预留 FAS 点位	备注
	空调系统				
1	平时排风 / 排烟风机（单速，双速）	√		√	
2	平时送风 / 补风风机（单速，双速）	√		√	
3	平时 / 事故排风风机（单速，双速）	√			
4	送、排风风机（单速，双速）	√			
5	排烟风机			√	
6	正压风机			√	
7	变频新风处理机组	√			
8	变频全空气处理机组	√			
9	吊顶式空气处理机组		√		设备自带控制箱
10	公共区域风机盘管配电线路开关	√			
11	公共区域风机盘管		√		设备旁高位处设温控器
12	厨房排油烟风机（单速）	√			
13	厨房排油烟风机（双速）	√			
14	厨房油烟净化器		√		
15	厨房 UV 除味装置		√		
16	风幕机	√			
17	除臭装置		√		
	给水排水				
1	工频给水泵	√			
2	变频给水 / 冷却塔补水泵	√			
3	水箱自洁消毒器 / 紫外线消毒器		√		
4	潜污泵 / 潜水泵		√		
5	成品隔油器		√		
6	污水提升装置		√		
7	室外雨水收集池排泥泵		√		通过开放式通信协议接口、转换设备、软件接至楼宇设备自控系统
8	雨水回用系统增压泵		√		
9	雨水回用系统变频供水泵		√		
10	混凝加药装置		√		
11	消毒加药装置		√		
	电气				
1	公共照明	√			
2	LED 大屏	√			
3	店顶招牌灯箱	√			
	电梯				
1	垂直电梯		√		通过开放式通信协议接口、转换设备、软件接至楼宇设备自控系统
2	自动扶梯		√		
3	消防梯兼服务梯		√		

说明：1. 中央冷、热源群控系统通过开放式通信协议接口、转换设备 / 软件接至楼宇设备自控系统（BAS）和能耗能效平台。

2. 变电所监控系统通过开放式通信协议接口、转换设备 / 软件接至楼宇设备自控系统（BAS）。

3. 智能照明系统通过开放式通信协议接口、转换设备 / 软件接至楼宇设备自控系统（BAS）。

4. 标注文字说明（图 5.2-1）

管线标注代号及敷设方式

密集型铜母线槽	CM
托盘桥架（有孔，带盖）	CT
电缆槽盒	CT1
具有防火保护的电缆槽盒	CT2
梯式桥架	TT1
具有防火保护的梯式桥架	TT2
封闭式线槽	MR
具有防火保护的封闭式线槽	MRH
热镀锌钢管焊接钢管	SC
套接紧定式钢管	JDG
聚氯乙烯硬质电线管	PC
顶板内敷设	CC
暗敷在墙内	WC
敷设在吊顶内	SCE
地板或地面下敷设	FC
沿楼板底明敷	CE
沿墙明敷	WE
管后未标注亦表示沿楼板底或墙明敷	

脱扣器代号说明

LSIG	L 长延时脱扣器 S 短延时脱扣器 I 瞬时脱扣器 G 接地故障
TM	热磁脱扣器
MA	电磁脱扣器
B、C	微断配电型脱扣器
D	微断电机型脱扣器
+MX	分励脱扣单元
+OF	辅助触头单元
+MNV	过欠压脱扣单元
In	脱扣器额定电流
Ir1	长延时整定电流
Ir2	短延时整定电流
Ir3	瞬时动作电流
Ir4	接地故障整定值
t	延时时间

开关代号说明

ACB	框架断路器
MCCB	塑壳断路器
MCCB RCD	塑壳漏电断路器
MCB	微型断路器
RCB	剩余电流动作微型断路器
LS	负荷隔离开关

集水坑排水泵的文字代号说明

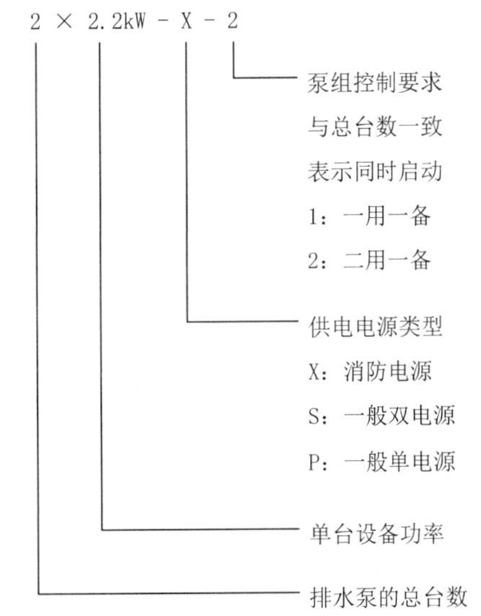

电气相关系统代号

FAS	火灾自动报警系统
GES	气体灭火系统
GAS	可燃气体报警系统
FES	电气火灾监控系统
FPS	消防电源监控系统
FDS	防火门监控系统
BAS	楼宇控制系统
EIB	智能照明控制系统
ECS	能耗监测系统
YFK	商场费控系统

图 5.2-1 标注文字说明

5. 配电箱和回路编号说明（表 5.2–7）

表 5.2–7 配电箱和回路编号说明

配电箱编号说明								变电所出线回路编号说明
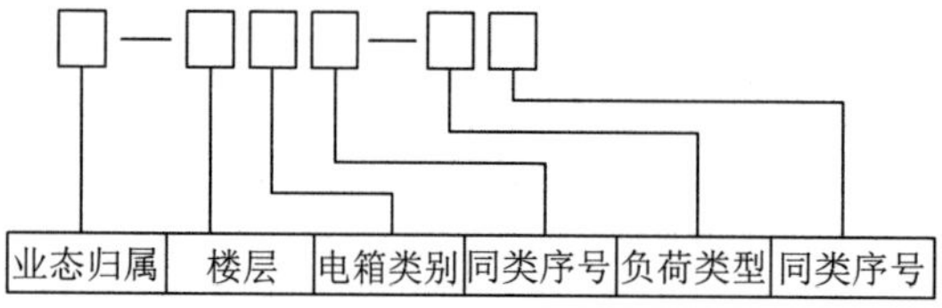 □—□□□—□□ 业态归属 | 楼层 | 电箱类别 | 同类序号 | 负荷类型 | 同类序号								变电所出线回路编号：(1PE1) (1pel) 第一个数字“1”为变电所编号； 第二、三个字母“PE”“pe”为回路功能代码
业态归属	SY	商业	ZL	主力店	楼层	WD	屋顶	第四个数字“1”为序号。
	YC	影城	CZ	次主力店		……	……	主要的回路功能代码如下（可扩展）：
	CS	超市	WH	文化		1	一层	L 一般照明 BD 变电所
	WY	物业				B1	地下一层	E 应急照明 XF 消防控制室
	T1	T1 塔楼				B2	地下二层	P 一般电力 ZL 制冷机房
	BX	室内步行街				B3	地下三层	X 消防 ab 箱 GL 锅炉房
电箱类别	AP	配电箱	APE	消防配电总箱				K 空调电力 ……
	AC	控制箱	ATS	双切箱				
	AL	一般照明箱	ALE	应急照明箱				

负荷类型	代码	名称	代码	名称	代码	名称	代码	名称	
负荷类型	DT	客梯	BD	变电所	ZL	制冷机房	CD	充电桩	
	FT	扶梯	FD	发电机房	HR	换热站	KC	洋快餐	
	HT	货梯	XK	消防控制室	GL	锅炉房	JG	景观	
	KT	空调	AF	安防控制室			LS	室外活动	
	SB	生活泵	WL	网络机房			GG	广告 logo	
	PS	排水泵	RD	弱电					

6. 图例及安装方式（表5.2–8）

表5.2–8 图例及安装方式

图例	名称	型号及规格	安装方式（图中注明除外）
设备－箱柜			
★	控制屏，台，箱，柜（一般图例）	见系统图	见施工说明
	动力配电箱，柜	见系统图	见施工说明
	照明配电箱，柜	见系统图	见施工说明
	消防双电源切换箱，柜	见系统图	见施工说明
	一般双电源切换箱，柜	见系统图	见施工说明
	电表箱，柜	见系统图	见施工说明
	应急照明电源箱	见系统图	见施工说明
A	A型应急照明集中电源	见系统图	见施工说明
B	B型应急照明集中电源	见系统图	见施工说明
RS	防火卷帘门控制箱	设备自带	明装，距卷帘门顶300mm；有吊顶，则吊顶内安装
JLM	一般卷帘门控制箱	设备自带	明装，距卷帘门顶300mm；有吊顶，则吊顶内安装
MEB	总等电位箱		明装 H=0.3m
LEB	局部等电位箱		明装 H=0.3m
	防火卷帘门按钮盒		明装 H=1.5m
	现场启停按钮盒（防爆型）		明装 H=1.5m
	现场启停按钮盒（带锁）	IP54	明装 H=1.5m
	室外现场启停按钮盒（带锁）	IP65	支架安装，H=1.0m；或风机就地检修箱箱面上设置
	隔离开关箱	见系统图	见施工说明
	设备就地检修箱	IP54，含启停按钮及隔离开关，平面图表示	见施工说明
	事故风机按钮		明装 H=1.5m
	残疾人卫生间呼救按钮	采用24V电压	暗装 H=0.5m

续表

图例	名称	型号及规格	安装方式（图中注明除外）
	呼叫求助声光信号装置	带 AC220/DC24V 电源	暗装 H=2.5m
	电铃		明装，门框上 0.2m
M	交流电动机	详水、暖通专业图纸	详水、暖通专业图纸
G	柴油发电机	详低压配电系统图	详低压配电系统图
	电动风阀	详暖通专业图纸	详暖通专业图纸
M	热风幕	详暖通专业图纸	详暖通专业图纸
	排风扇	详暖通专业图纸	详暖通专业图纸
MXKZQ	门吸控制器	业主招标定	
M	电动阀	详水专业图纸	详水专业图纸
L	液位传感器	详水专业图纸	详水专业图纸
设备－灯具、开关			
	单管 LED 灯	LED 1×18W	管吊 H=2.6m
	双管 LED 灯	LED 2×18W	管吊 H=2.6m
	壁装单管 LED 灯	LED 1×18W	壁装 H=2.6m
	壁装双管 LED 灯	LED 2×18W	壁装 H=2.6m
A	车位雷达双功率感应灯	LED 2/18W（双功率）	管吊 H=2.6m
	筒灯	LED 1×18W	吊顶内嵌装
	吸顶灯	LED 1×18W	吸顶安装
	防水防尘灯	LED 1×11W	吸顶安装
	壁灯	LED 1×11W	壁装 H=2.6m
S	声光控节能吸顶灯	LED 1×11W	吸顶安装
	设备管井壁灯	LED 1×8W	壁装 H=2.6m
	电梯井道壁灯	LED 1×18W IP54	电梯井道内安装

续表

图例	名称	型号及规格	安装方式（图中注明除外）
	垃圾房紫外线消毒灯	1×18W	壁装 *H*=2.6m
	大功率 LED 灯	50W	吸顶安装
	A 型应急照明灯	LED 10W/36V　J-ZFJC-E10W	吸顶安装；有吊顶处为吊顶内嵌装
	壁装 A 型应急照明灯	LED 10W/36V	壁装 *H*=2.5m
EXIT	安全出口标志灯	LED 2W/36V	疏散门上方 200mm 墙壁明装
E	疏散出口标志灯	LED 2W/36V	疏散门上方 200mm 墙壁明装
E/N	"出口指示"/"禁止入内"标志灯	LED 2W/36V	被借用防火分区疏散门上方 200mm 墙壁明装
RI	避难层（间）入口标志灯	LED 2W/36V	疏散门上方 200mm 墙壁明装
RO	避难层（间）出口标志灯	LED 2W/36V	疏散门上方 200mm 墙壁明装
XK	消防控制室标志灯	LED 2W/36V	疏散门上方 200mm 墙壁明装
	单向方向标志灯	LED 2W/36V	壁装 *H*=0.5m 吊装 *H*=3.2m（商业）
	双向方向标志灯	LED 2W/36V	壁装 *H*=0.5m 吊装 *H*=3.2m（商业）
	双面单向方向标志灯	LED 2W/36V	壁装 *H*=0.5m 吊装 *H*=3.2m（商业）
F	楼层标志灯	LED 2W/36V	壁装 *H*=2.5m
F→　←F	多信息复合指示标志灯	LED 2W/36V	壁装 *H*=0.5m 吊装 *H*=3.2m（商业）
F⇉　⇇F	双面多信息复合指示标志灯	LED 2W/36V	壁装 *H*=0.5m 吊装 *H*=3.2m（商业）
	地面单向方向标志灯	LED 1W/36V	地面嵌装
	地面双向方向标志灯	LED 1W/36V	地面嵌装
★	单控（单/双/三联）翘板式开关	250V，10A	暗装 *H*=1.3m
设备-插座			
★	单相二三眼组合插座	250V，10A 安全防护型	暗装 *H*=0.3m

续表

图例	名称	型号及规格	安装方式（图中注明除外）
	单相三眼带开关插座	250V，10A 安全防护型	暗装 H=0.3m
	防溅单相二三眼组合插座	250V，10A，IP54，安全防护型	暗装 H=1.5m
	防溅单相三眼带开关插座	250V，10A，IP54，安全防护型	暗装 H=1.5m
	单相二极带隔离变压器插座	250V，10A 安全防护型	暗装 H=1.5m
	单相二三眼组合地插	250V，10A 安全防护型	地面安装
	三相四眼插座	380V，16A 安全防护型	暗装 H=0.3m
	茶水间插座箱（防水）	16A 10A IP54，安全防护型	暗装 H=1.5m
	烘手器	按产品	暗装 H=1.5m

注：需要指出灯具、开关的种类时，则在“★”位置标出下列文字：

1. 标注“EX”，为隔爆型产品，保护级别（EPL）为 Gb 的产品，防爆形式为“d”。
2. 标注“EN”，为密闭型产品，防护等级 IP54，安装在室外时防护等级 IP65。

5.3 电气节能设计专篇

5.3.1 节能设计原则

（1）充分满足、完善建筑物功能要求的前提下，减少能源消耗，提高能源利用率。

（2）综合考虑建筑物供配电系统、电气照明、建筑设备的电气节能、计量与管理措施及可再生能源的利用。

（3）合理选择负荷计算参数，选用节能设备，采用合理的照度标准，减少设备及线路损耗，提高供配电系统的功率因数，抑制谐波电流。

（4）电力变压器、电动机、交流接触器和照明产品的能效水平应高于能效限定值或能效等级 3 级的要求。

5.3.2 供配电系统节能措施

（1）本工程变压器总装机容量为 40000kVA，单位建筑面积用电安装指标为 93VA/m²，变压器正常的负载率均在 75%～80%。

（2）变电所靠近负荷中心，配电间、配电管井设置在负荷中心，以减少低压侧线路长度，降低线路损耗。

（3）变电所采用调谐滤波型无功补偿设备以降低系统谐波含量，提高功率因数，减少线路损耗，补偿后高压侧功率因数不低于 0.9，变电所设备布置时预留滤波器安装空间。

（4）单相用电设备接入低压（AC220 / 380V）三相系统时做到三相负荷的平衡，照明系统三相配电干线的各相负荷分配平衡，最大相负荷不宜超过三相负荷平均值的 115%，最小相负荷不宜小于三相负荷平均值的 85%。

（5）变压器低压侧的电力干线最大工作压降应当小于 2%，分支线路的最大工作压降小于 3%。

（6）采用矿物绝缘电缆和无卤低烟电缆电线，火灾时避免释放含氯的有毒烟雾，保证人员的安全疏散，并减少对环境的污染。

5.3.3 电气照明节能设计

（1）本工程照明设计符合《建筑照明设计标准》GB 50034—2013 和《建筑节能与可再生能源利用通用规范》GB 55015—2021 中规定的照度标准、照明功率密度（以下简称 LPD）、统一眩光值、照明均匀度、显色指数、色温、能效指标等相关要求。本工程主要区域的照度标准、LPD、UGR、Uo、Ra 等参数见表 5.3-1。

表 5.3-1 主要房间或场所照度和 LPD 值表

主要房间或场所		照度值（lx）		LPD 值（W/m^2）		LED 光源（UGR、Uo、Ra）	镇流器型式	灯具效率	功率因数补偿情况	照明控制方式
		标准值	实际值	标准值	实际值					
一般商店营业厅		300	270~330	9	<9	19，0.60，80	—	>70%	Cosϕ>0.9	集中控制
高档商店营业厅		500	450~550	14.5	<14.5	19，0.60，80	—	>70%	Cosϕ>0.9	智能控制
一般超市营业厅		300	270~330	10	<10	19，0.60，80	—	>70%	Cosϕ>0.9	集中控制
高档超市营业厅		500	450~550	15.5	<15.5	19，0.60，80	—	>70%	Cosϕ>0.9	智能控制
专卖店营业厅		300	270~330	10	<10	19，0.60，80	—	>70%	Cosϕ>0.9	智能控制
仓储超市		300	270~330	10	<10	19，0.60，80	—	>70%	Cosϕ>0.9	集中控制
门厅		200	180~220	6	<6	—，0.60，80	—	>70%	Cosϕ>0.9	BAS 控制
普通办公室、会议室		300	270~330	8	<8	19，0.60，80	—	>70%	Cosϕ>0.9	就地控制
走廊	一般	50	45~55	2	<2	—，0.40，60	—	>70%	Cosϕ>0.9	BAS 控制
	高档	100	90~110	3.5	<3.5	—，0.60，80	—	>70%	Cosϕ>0.9	BAS 控制
厕所	一般	75	68~72	3	<3	—，0.40，60	—	>70%	Cosϕ>0.9	BAS 控制
	高档	150	135~165	5	<5	—，0.60，80	—	>70%	Cosϕ>0.9	BAS 控制

续表

主要房间或场所		照度值（lx）		LPD 值（W/m²）		LED 光源（UGR、Uo、Ra）	镇流器型式	灯具效率	功率因数补偿情况	照明控制方式
		标准值	实际值	标准值	实际值					
控制室	一般控制室	300	305	8	7.2	22，0.60，80	—	>70%	Cosϕ >0.9	就地控制
	主控制室	500	510	13.5	12.3	19，0.60，80	—	>70%	Cosϕ >0.9	就地控制
电话站、网络中心、计算机站		500	508	13.5	12.2	19，0.60，80	—	>70%	Cosϕ >0.9	就地控制
动力站	风机房，空调机房	100	102	3.5	3.1	—，0.60，60	—	>70%	Cosϕ >0.9	就地控制
	泵房	100	105	3.5	3	—，0.60，60	—	>70%	Cosϕ >0.9	就地控制
	冷冻站	150	153	5	4.3	—，0.60，60	—	>70%	Cosϕ >0.9	就地控制
	压缩空气站	150	156	5	4.3	—，0.60，60	—	>70%	Cosϕ >0.9	就地控制
	锅炉房	100	102	4.5	4	—，0.60，60	—	>70%	Cosϕ >0.9	就地控制
地下车库		50	53	1.9	1.7	—，0.60，60	—	>70%	Cosϕ >0.9	BAS 控制

注：当房间或场所的室形指数等于或小于 1 时，其照明功率密度限值应增加，但增加值不应超过限值的 20%；当房间或场所的照度标准值提高或降低一级时，其照明功率密度限值应按比例提高或折减；设装饰性灯具场所，可将实际采用的装饰性灯具总功率的 50% 计入照明功率密度值的计算。

（2）本工程采用高光效光源 LED；在满足眩光限制的条件下，优先选用效率高的灯具以及开启式直接照明灯具；室内灯具效率不低于 70%，要求灯具的反射罩具有较高的反射比；办公室、工作间等场所光源的色温宜在 3300～5300K。

（3）设计在满足灯具最低允许安装高度及美观要求的前提下，应尽可能降低灯具的安装高度，以节约电能。

（4）根据建筑物的建筑特点、建筑功能、建筑标准、使用要求等具体情况，对照明系统进行经济实用、合理有效的控制设计。

（5）根据照明部位的灯光布置形式和环境条件选择合适的照明控制方式：

①房间或场所设有两列或多列灯具时，设计所控灯列与侧窗平行；每个房间灯的开关数不少于 2 个（只设置 1 只光源的除外），每个照明开关所控光源数尽可能少。

②门厅、公共走道、地下车库、商业公共区域采用 BA 控制系统，分回路、分时间、分区域控制。

③楼梯间采用移动感应控制，设备机房采用就地控制。

④二次装饰区域的照明控制待装饰设计时再确定具体控制方式。

⑤具有天然采光条件或天然采光设施的区域（如室内街中庭区域），照明设计应结合天然采光条件进行人工照明布置，自然采光区域的人工照明随天然光照度及人员活动需求设置自动调节

装置。

（6）道路照明采用集中控制系统，除采用光控、声控、时间控制等智能控制方式外，还具有手动控制功能，同一照明系统的照明设施设有分区或分组集中控制。

景观照明采用集中控制方式，并根据使用情况设置平时、一般节日、重大庆典等不同的开灯方案。除采用光控、声控、时间控制等智能控制方式外，还具有手动控制功能，同时设有深夜减光控制及分区或分组节能控制。

（7）疏散指示灯采用低功耗的 LED 光源。

（8）本工程在投入使用后，要求建立照明运行维护和管理制度，并符合下列规定：

①应有专业人员负责公共场所照明维修和安全检查并做好维护记录，专职或兼职人员负责公共场所照明运行。

②应建立定期清洁灯具的制度，办公室、会议室、卫生间、门厅、走廊灯具每年至少擦拭 2 次，厨房灯具每年至少擦拭 3 次，使得公共场所灯的照明输出功率达到额定输出功率的 95% 以上。

③宜根据光源的寿命、点亮时间、照度的衰减情况，定期更换光源。

④更换照明设备前应对每个空间的照度等级和照明要求进行调查。更换光源时，应采用与原设计或实际安装功率相同的光源，不得随意改变光源的主要性能参数。

⑤除应急出口或有安保需求的场合，房间无人时应关灯。昼光充足的区域应关闭照明灯。

5.3.4　电气设备节能

（1）采用的电气设备满足国家现行标准的节能评价要求。变压器选用节能环保型、低损耗、低噪声，接线组别为 D，yn11 的干式变压器，变压器自带温控器和强迫通风装置，其能效应达到现行国家标准《电力变压器能效限定值及能效等级》GB 20052 中规定的目标能效限定值（一级能效）及节能评价值的要求。

（2）电动机采用高效节能产品，并具有节能拖动及节能控制装置，其能效应符合现行国家标准《电动机能效限定值及能效等级》GB 18613 中节能评价值的规定。水泵、空调、送排风机等非消防设备按需采用变频控制。

（3）采用变频调速拖动方式或能量再生回馈技术的节能型电梯和扶梯，当 2 台及以上的客梯集中布置时，其控制系统应具备按程序集中调控和群控的功能。

（4）自动扶梯选用节能高效电机，具有节能拖动及节能控制装置，设置感应传感器以控制自动扶梯的启停，在全线各段均空载时，能处在暂停或低速运行状态。

5.3.5　能耗监测系统

（1）本工程设置一套公共建筑能耗监测系统，通过在建筑物内安装分类和分项计量装置，采用远程传输等手段及时采集能耗资料，实现建筑能耗的在线监测和动态分析。

（2）公共建筑能耗监测系统应采集水、电、燃气、燃油、外供热源、外供冷源和可再生能源共七类能耗数据，实现对建筑能耗的监测、数据分析和管理，且符合《公共建筑用能监测系统工程技术规范》DGJ 08—2068—2012 的规定，并能向上级平台发送建筑能耗数据。计量器具应满足现行国家标准《用能单位能源计量器具配备和管理通则》GB 17167 中的要求。系统要求保存 36 个月的数据；能够远程访问数据；仪表能够每小时、每天、每月进行报告。能源管理系统能够远程访问数据。

（3）公共建筑能耗监测系统采集的数据不应作为计量收费的依据。

（4）电子式电能计量装置精度等级不应低于 1.0 级；并具有计量数据输出功能；电流互感器精度等级不应低于 0.5 级。

（5）本工程以下供电回路及场所应配置电子式电能计量装置：

①变压器出线侧进线柜首端处应配置三相电力分析仪表进行测量。

②照明插座、应急照明、室外景观照明等在变电所配电干线配置多功能电力仪表进行计量。

③制冷机组、单独供电的冷热源系统附属泵类、电锅炉及空调末端等供电回路配置多功能电力仪表进行计量。

④电梯、水泵、通风机、电热设备的供电干线配置多功能电力仪表进行计量。

⑤信息中心、厨房餐厅、健身房等其他特殊用电的供电干线配置多功能电力仪表进行计量。

⑥数字水表精度等级不应低于 2.5 级，并具有累计流量和计量数据输出功能；数字水表及其接口管径应不影响原系统供水流速。在总管、饮用水、集中供热水、生活用水以及不同用途的供水管上安装数字水表。

⑦数字燃气表精度等级不应低于 2.0 级，并具有累计流量和计量数据输出功能。在供气管网引入管、厨房用气供气管、燃气锅炉供气管、燃气机组供气管等处安装数字燃气表。

⑧热（冷）量表应根据公称流量选型；热（冷）量表的流量传感器宜安装在回水管上；锅炉房、换热机房和制冷机房的能量计量应计量燃料的消耗量、集中供热的供热量、补水量、集中空调系统冷源的供冷量。

⑨用能监测系统所采用的多功能电表和测量用互感器应为具备国家制造计量器具许可证资质的企业所制造，准确度等级满足国家相关强制性标准。应选用具有 CMC（中华人民共和国制造计量器具许可证）或 CMA（中国计量认证）标志的产品。

5.3.6 建筑设备监控管理系统

（1）设置建筑设备监控管理系统，监控供暖、通风、空调、照明、动力、给水排水、电梯等建筑设备。所有非设备自带的控制箱、电源箱均预留 DDC 电源，用于节能的楼宇自控系统使用。

（2）设置低压联络及电力运行监控系统以提高系统经济运行能力，并纳入电力运行监控系统。

（3）地下车库采用 CO 监控与排风系统联动措施。

5.4 电气绿色建筑设计专篇

5.4.1 设计依据

（1）选址意见书（土地出让合同）。

（2）建设用地规划许可证及其附带的规划设计条件。

（3）用地红线图。

（4）政府有关主管部门对绿色建筑要求的批文。

（5）《公共建筑节能设计标准》GB 50189—2015。

（6）《建筑照明设计标准》GB 50034—2013。

（7）《智能建筑设计标准》GB 50314—2015。

（8）《用能单位能源计量器具配备和管理通则》GB 17167—2006。

（9）《绿色建筑评价标准》GB/T 50378—2019。

（10）上海市《绿色建筑评价标准》DG/TJ 08—2090—2020。

（11）上海市《公共建筑绿色设计标准》DGJ 08—2143—2021。

（12）上海市《公共建筑节能设计标准》DGJ 08—107—2015。

5.4.2 各单体指标

单体指标见表 5.4–1。

表 5.4–1　单体指标表

单体序号	单体名称	建筑面积（m^2）	建筑层数	建筑高度（m）	结构类型	主要功能
1	地下室	118021.7	地下 4 层	–24.831	框架	商业、车库、设备房
2	商业裙房	108423.36	地上 5 层	34.70	框架剪力墙	商业
3	T1 塔楼	108037	地上 47 层	179.40	框筒	办公
4	T2 塔楼	76801	地上 39 层	215.35	框筒	办公
5	变电所	2134.6	地上 2 层	16.50	框架	变电所

5.4.3 绿色建筑等级

（1）项目绿色建筑等级为绿色建筑三星级。

（2）绿色建筑自评得分：控制项全部达标；各类指标评分项得分不小于其评分项满分值的 30%；建筑均进行全装修，且全装修质量、选用材料及产品质量均符合国家现行有关标准的规定。项目总得分为 86.4 分，不低于 85 分，满足上海市《绿色建筑评价标准》DG/TJ 08—2090—2020 三星级标准要求。绿色建筑自评得分见表 5.4–2。

表 5.4-2　绿色建筑自评得分表

	控制项基础分值	评价项					加分项	合计	绿色建筑评价等级
		安全耐久	健康舒适	生活便利	资源节约	环境宜居	提高与创新		
评价总分	400	100	100	70	200	100	100	86.4	三星级
评价总分	400	100	100	100	200	100	100		
自评分值	400	81	86	142	78	57	20		
30% 满分	—	30	30	21	60	30	—		

5.4.4　绿色建筑技术——电气专业

（1）控制项技术选项表见表 5.4-3。

表 5.4-3　控制项技术选项表

指标体系	序号	技术内容	自评	备注
健康舒适	5.1.5	照明数量和质量	满足	照明数量和质量符合标准要求
	5.1.9	地下车库与排风设备联动的 CO 浓度监测装置	满足	每 300～500m^2 设置一个 CO 浓度监测点
生活便利	6.1.3	电动汽车充电、电动车和无障碍汽车停车位	满足	—
	6.1.5	建筑设备管理系统具有自动监控管理功能	满足	—
资源节约	7.1.3	照明功率密度值及照明控制	满足	公区节能控制、自然采光区域独立控制
	7.1.4	能源分项与分类计量	满足	能源分项与分类计量深度符合标准要求
	7.1.5	电梯扶梯的节能控制	满足	垂直电梯采取变频调速、能量反馈或群控等节能措施；自动扶梯采用变频感应启动等节能措施

（2）评分项技术选项表见表 5.4-4。

表 5.4-4　评分项技术选项表

分类	序号	技术内容	分数（分）	自评（分）	备注
安全耐久	4.2.5	安全照明	8	8	步行和非机动车交通道路有充足照明
	4.2.6-2	建筑结构与设备管线分离	7	0	不满足
	4.2.7-1	性能好的管材、管线、管件	5	5	采用低烟低毒阻燃型电缆

续表

分类	序号	技术内容	分数（分）	自评（分）	备注
生活便利	6.2.5	用能自动远传计量系统、能源管理系统	8	8	设置自动远传计量系统与建筑能耗监测系统
	6.2.6	空气质量监测系统	8	8	设置空气质量监测系统
	6.2.8	智能化服务系统	6	6	提供不少于3种智能服务且可接入智慧城市
资源节约	7.2.9	节能型电气设备及节能控制措施	8	8	变压器一级能效
	7.2.11	可再生能源利用	10	0	不满足
环境宜居	8.2.9-2	夜景照明污染控制	5	5	夜景照明符合标准要求

5.4.5 控制项技术措施

1.【5.1.5】照明数量和质量

技术措施：

（1）本项目照明设计中选用高效节能、低耗、安全的照明光源、照明灯具及相关附件，照明数量和质量符合现行国家标准《建筑照明设计标准》GB 50034的规定，提供舒适的光环境，且不造成任何光生物危害。

（2）照明光源及灯具：充分利用自然光，光源采用LED，不同功能的房间将选择不同色温，LED灯色温不高于4000K，特殊显色指数应不大于0，色容差不应大于5SDCM。

（3）照明设计中室内照度、照度均匀度、统一眩光值、一般显色指数等照明数量和质量符合现行国家标准《建筑照明设计标准》GB 50034的有关规定。主要功能房间或场所照明设计参数见表5.4-5。

表5.4-5 主要功能房间或场所照明设计参数表

房间或场所	参考平面及其高度	照明标准值（lx）	统一眩光值 *UGR*	照度均匀度 U_0	一般显色指数 *Ra*
办公区域					
普通办公室	0.75m水平面	300	19	0.6	80
会议室	0.75m水平面	300	19	0.6	80
文件整理、复印等	0.75m水平面	300	—	0.4	80
配套用房	0.75m水平面	300	19	0.6	80
物业用房	0.75m水平面	300	19	0.6	80

续表

房间或场所	参考平面及其高度	照明标准值（lx）	统一眩光值 UGR	照度均匀度 U_0	一般显色指数 Ra
商业					
一般商店营业厅	0.75m 水平面	300	22	0.6	80
高档商店营业厅	0.75m 水平面	500	22	0.6	80
公用场所					
门厅	地面	200	—	0.4	80
走廊	地面	100	25	0.6	80
楼梯间	地面	50	25	0.4	60
厕所	地面	150	—	0.6	80
电梯前厅	地面	150	—	0.6	80
车库	地面	50	—	0.6	60
通用房间					
网络机房、消控中心等弱电主机房	0.75m 水平面	500	19	0.6	80
风机和空调房	地面	100	—	0.6	60
水泵房	地面	100	—	0.6	60
强电室和弱电室	0.75m 水平面	200	—	0.6	80
变电所	0.75m 水平面	200	—	0.6	80

（4）人员长期停留的场所均采用符合现行国家标准《灯和灯系统的光生物安全性》GB/T 20145 中规定的无危险类照明产品。

（5）选用的 LED 照明产品的光输出波形的波动深度满足现行国家标准《LED 室内照明应用技术要求》GB/T 31831 的规定。

2.【5.1.9】地下车库与排风设备联动的 CO 浓度监测装置

技术措施：地下车库设置 CO 浓度监控装置，每 300 ~ 500m^2 设置一个监测装置，并接入 BAS。CO 浓度监测装置与车库排风系统联动，当 CO 浓度超过一定限值（如 30mg/m^3）时，发出报警信号，并联动控制车库排风机开启。

3.【6.1.3】电动汽车充电、电动车和无障碍汽车停车位

技术措施：本项目机动车位 1708 个，其中充电桩泊位 257 个，电动汽车充电桩的车位数占总车位数的比例为 15%，并合理设置无障碍车位（详见建筑专业）。

4.【6.1.5】建筑设备管理系统具有自动监控管理功能

技术措施：项目设置建筑设备监控管理系统。

（1）设置建筑设备监控管理系统，监控供暖、通风、空调、照明、动力、给水排水、电梯等建筑设备。所有非设备自带的控制箱、电源箱均预留 DDC 电源，用于节能的楼宇自控系统使用。

（2）设置低压联络线及电力运行监控系统以提高系统经济运行能力，并纳入电力运行监控系统。

（3）地下车库采用 CO 监控与排风系统联动措施。

5.【7.1.3】照明功率密度值及照明控制

技术措施：

（1）地下车库：车道照明灯具采用线槽灯，停车位采用吊杆灯；配置 LED 光源。

（2）地下设备机房：潮湿场所选用三防灯或防潮灯等密闭灯具，爆炸危险场所选用防爆或隔爆型灯具，其他采用一般灯具；配置 LED 光源。

（3）变配电室照明灯具采用线槽灯，沿柜体排列方向布置；配置 LED 节能光源。

（4）楼梯间：LED 节能光源。

（5）商业区域：采用 LED 光源；购物中心照度均匀度不小于 0.7，光源显色指数不小于 80。

（6）主要功能房间的照明功率密度值满足《建筑照明设计标准》GB 50034—2013 和《建筑节能与可再生能源利用通用规范》GB 55015—2021 的规定，主要功能房间或场所照明 LPD 值见表 5.4-6。

表 5.4-6　主要功能房间或场所照明 LPD 值

房间或场所	参考平面及其高度	照明标准值（lx）	照明功率密度值（W/m^2）
办公区域			
普通办公室	0.75m 水平面	300	≤ 8
会议室	0.75m 水平面	300	≤ 8
文件整理、复印等	0.75m 水平面	300	≤ 8
配套用房	0.75m 水平面	300	≤ 8
物业用房	0.75m 水平面	300	≤ 8
商业			
一般商店营业厅	0.75m 水平面	300	≤ 9
高档商店营业厅	0.75m 水平面	500	≤ 14.5
公用场所			
门厅	地面	200	≤ 6
走廊	地面	100	≤ 3.5
楼梯间	地面	50	≤ 2

续表

房间或场所	参考平面及其高度	照明标准值（lx）	照明功率密度值（W/m^2）
厕所	地面	150	≤ 5
电梯前厅	地面	150	≤ 5
车库	地面	50	≤ 1.9
通用房间			
网络机房、消控中心等弱电主机房	0.75m 水平面	500	≤ 13.5
风机和空调房	地面	100	≤ 3.5
水泵房	地面	100	≤ 3.5
强电室和弱电室	0.75m 水平面	200	≤ 6
变电所	0.75m 水平面	200	≤ 6

（7）公共区域照明控制：门厅、公共走道、地下车库、商业公共区域采用 BA 控制系统，分回路、分时间、分区域控制。楼梯间采用移动感应控制，设备机房采用就地控制。

（8）具有天然采光条件或天然采光设施的区域（如室内街中庭区域），照明设计应结合天然采光条件进行人工照明布置，自然采光区域的人工照明随天然光照度及人员活动需求设置自动调节装置。

（9）道路照明采用集中控制系统，除采用光控、声控、时间控制等智能控制方式外，还具有手动控制功能。景观照明采用集中控制方式，并根据使用情况设置一般、节日、重大庆典等不同的开灯方案。

6.【7.1.4】能耗分项与分类计量

技术措施：本项目设置能源管理系统，对建筑内各能耗环节的用电量、用水量、用气量、冷热量等能耗进行独立的分类分项计量。

用电分项计量：高压计量（电业收费计量）：35/10kV 变电所的 35kV 电源进线处设置电业计量柜计量。高压计量（物业收费计量）：5 号变电所（T2 塔楼总配）的 10kV 电源进线处设置计量柜计量。物业、娱乐、影城、零售、室内外步行街、商铺、主力店、次主力店实行低压计量。实行低压计量的各类业态，除在变压器出线处设置总计量表外，变配电所各低压馈线回路也设置计量表。按照照明插座用电、空调用电、动力用电和特殊用电进行分项计量，并采用具有标准通信接口的有功电能表，将分项计量数据实时上传至能源管理系统。用电分项计量设置见表 5.4-7。

表 5.4–7　用电分项计量设置表

Ⅰ级	Ⅱ级	Ⅲ级
总表用电	照明插座系统用电	室内照明与插座用电
		公共区域照明与应急照明用电
		室外景观照明用电
	空调用电	冷水机组用电
		水泵用电
		多联机用电
		新风机组用电
	动力用电	电梯用电
		生活水泵用电
		非空调区域的通排风用电
	特殊用电	充电桩用电
		变电所用电
		消防控制室用电
		弱电机房用电
		网络机房用电
		厨房用电

7.【7.1.5】电梯扶梯的节能控制

技术措施：采用变频调速拖动方式或能量再生回馈技术的节能型电梯和扶梯，当 2 台及以上的客梯集中布置时，其控制系统应具备按程序集中调控和群控的功能。自动扶梯选用节能高效电机，具有节能拖动及节能控制装置，设置感应传感器以控制自动扶梯的启停，在全线各段均空载时，能处在暂停或低速运行状态。

5.4.6　得分项技术措施

1.【4.2.5】安全照明（8 分）

技术措施：本项目人车分流（详见建筑专业），且步行和自行车交通系统有充足照明，路面平均照度、路面最小照度和垂直照度不低于现行行业标准《城市道路照明设计标准》CJJ 45 的有关要求，人行及机动车道照明标准值详见表 5.4–8。

表 5.4–8　人行及机动车道照明标准值

级别	道路类型	路面平均照度 Eh.av（lx）维持值	路面最小照度 Eh.min（lx）维持值	最小垂直照度 Ev.min（lx）维持值
1	商业步行街；市中心或商业区人行流量高的道路；机动车与行人混合使用、与城市机动车道路联机的居住区出入道路	15	3	5
2	流量较高的道路	10	2	3
3	流量中等的道路	7.5	1.5	2.5
4	流量较低的道路	5	1	1.5

注：最小垂直照度的计算点或测量点均位于道路中心距路面 1.5m 高度处，最小垂直照度需计算或测量通过该点垂直于路轴的平面上两个方向上的最小照度。

2.【4.2.7–1】性能好的管材、管线、管件（5 分）

技术措施：本项目电气系统采用低烟低毒阻燃型线缆、矿物绝缘类不燃性电缆、耐火电缆等，且导体材料采用铜芯。本条与给水排水专业共同确认得分。主要电气电缆选用如下：

（1）高压电缆采用 WDZAN–YJY–10kV 交联聚乙烯绝缘聚烯烃护套低烟无卤 A 级阻燃耐火电缆。

（2）末端电线采用 WDZCN–BYJ–450/750V 无卤低烟 C 级阻燃耐火导线。

（3）消防设备控制线采用 WDZAN–KYJY–0.6/1kV 无卤低烟 A 级阻燃耐火电缆，或 WDZCN–BYJ 无卤低烟 C 级阻燃耐火导线。

（4）耐火电缆和矿物绝缘电缆应具有不低于 B1 级的难燃性能。

（5）干线和支线均采用 WDZA–YJY–0.6/1kV 无卤低烟 A 级阻燃电缆。

（6）非消防设备控制线采用 WDZA–KYJY–0.6/1kV 无卤低烟 A 级阻燃电缆，或 WDZCN–BYJ 无卤低烟 C 级阻燃导线。

3.【6.2.5】用能自动远传计量系统、能源管理系统（8 分）

技术措施：

（1）本工程设置一套公共建筑能耗监测系统，通过在建筑物内安装分类和分项计量装置，采用远程传输等手段及时采集能耗资料，实现建筑能耗的在线监测和动态分析。

（2）公共建筑能耗监测系统应采集水、电、燃气、燃油、外供热源、外供冷源和可再生能源共七类能耗数据，实现对建筑能耗的监测、数据分析和管理，且符合《公共建筑用能监测系统工程技术规范》DGJ 08—2068—2012 的规定，并能向上级平台发送建筑能耗数据。计量器具应满足现行国家标准《用能单位能源计量器具配备和管理通则》GB 17167 中的要求。系统要求保存 36 个月的数据；能够远程访问数据。

（3）电子式电能计量装置精度等级不应低于 1.0 级，并具有计量数据输出功能；电流互感器精度等级不应低于0.5级。

（4）本工程以下供电回路及场所应配置电子式电能计量装置：变压器出线侧进线柜、照明插座、应急照明、室外景观照明、制冷机组、单独供电的冷热源系统附属泵类、电锅炉及空调末端、电梯、水泵、通风机、电热设备、信息中心、厨房餐厅、健身房等。

（5）数字燃气表精度等级不应低于2.0级，并具有累计流量和计量数据输出功能。在供气管网引入管、厨房用气供气管、燃气锅炉供气管、燃气机组供气管等处安装数字燃气表。

（6）热（冷）量表根据公称流量选型；热（冷）量表的流量传感器宜安装在回水管上；锅炉房，换热机房和制冷机房的能量计量应计量燃料的消耗量、集中供热的供热量、补水量、集中空调系统冷源的供冷量。

4.【6.2.6】空气质量监测系统（8分）

技术措施：设置空气质量监测系统，对主要功能空间监测 PM_{10}、$PM_{2.5}$、CO_2浓度，同时与空调系统进行联动控制，可设定主要污染物浓度参数及具备参数越限报警等功能，其中CO_2需要与新风联动控制，能够自动控制新风启停；系统要求具有存储至少一年的监测数据和实时显示等功能。监测读数间隔不长于10min，每小时对数据进行平均计算，据此对室内空气质量表观指数进行计算，并在公共空间显著位置动态监测发布。

5.【6.2.8】智能化服务系统（6分）

技术措施：

（1）本项目设置智能环境设备监控系统，主要功能房间内均设置智能化服务的终端控制设备，通过综合布线系统、信息网络系统、有线电视系统、无线对讲系统、室内移动信号覆盖系统、安全防范系统（包括视频安防监控、入侵报警、门禁控制系统等）、建筑设备管理系统（BAS）等系统或平台，实现照明控制、安全报警、建筑设备控制、环境监测等智能化服务功能。

（2）智能化服务系统具备远程监控功能，使用者可通过以太网、移动数据网络等方式实现对建筑内智能化服务系统的远程监控。

（3）至少1种智能化服务系统预留通信接口，可根据当地要求接入所在地的智慧城市（城区、社区）平台，有效实现信息和数据的共享与互通。

6.【7.2.9】节能型电气设备及节能控制措施（8分）

技术措施：

（1）主要功能房间的照明功率密度值均根据《建筑照明设计标准》GB 50034—2013和《建筑节能与可再生能源利用通用规范》GB 55015—2021的规定，各房间区域照明功率密度值详见【7.1.4】条文说明（5分）。

（2）所有电气设备均选用符合国家现行有关标准的节能评价值要求的产品（3分）。

①水泵、风机满足相关国家标准节能评价值要求，详见给水排水专业和暖通专业【7.2.7–3】条文说明。

②选用的灯具均采用高品质、节能型、高显色光源，并配以高品质、高功率因数的镇流器，

照明产品（灯具、镇流器等）均满足相关国家标准节能评价值的要求。

③变压器总装机容量为40000kVA，单位建筑面积用电安装指标为93VA/m^2，变压器正常负载率均在75%～80%。变电所靠近负荷中心，配电间、配电管井设置在负荷中心，以减少低压侧线路长度，降低线路损耗。变电所采用调谐滤波型无功补偿设备以降低系统谐波含量，提高功率因数，减少线路损耗，补偿后高压侧功率因数不低于0.9，满足《电力变压器能效限定值及能效等级》GB 20052—2020中1级能效值要求，详见表5.4-9。

表 5.4-9 变压器能效限定值

变压器型号	额定容量（kVA）	绝缘等级	损耗（W）			
			空载（P_0）		负载（P_x）	
			设计值	1级能效	设计值	1级能效
SCB18	2000	F	≤ 1760	1760	≤ 13005	13005
SCB18	1600	F	≤ 1415	1415	≤ 10555	10555
SCB18	1250	F	≤ 650	1205	≤ 8720	8720
SCB18	1000	F	≤ 1020	1020	≤ 7315	7315
SCB18	800	F	≤ 875	875	≤ 6715	6715

7.【8.2.9-2】夜景照明污染控制（5分）

技术措施：本项目基地位于上海市中心城区，周边无居住建筑，属于E4环境区，其室外夜景照明光污染的限制符合现行国家标准《室外照明干扰光限制规范》GB/T 35626和现行行业标准《城市夜景照明设计规范》JGJ/T 163的规定。

本项目室外夜景照明后续由业主另行委托专业设计单位进行专项深化设计落实，本次仅预留电源条件。国家和行业现行标准中要求的主要光污染控制措施如下：

（1）城市道路的非道路照明设施对汽车驾驶员产生眩光的阈值增量不大于15%。

（2）行区夜景照明避免对行人和非机动车造成眩光，夜景照明灯具的眩光限制值满足规定。

（3）夜景照明灯具的上射光通比的最大允许值为15%。

（4）夜景照明在建筑立面产生的平均亮度最大允许值为25cd/m^2，在标识面产生的平均亮度最大允许值为1000cd/m^2。

（5）照明光线严格控制在被照区域内，限值灯具产生的干扰光，超出被照区域内的溢散光不应超过15%。

第6章 变电所系统

6.1 一般概述

变电所系统是指变电所内的相关系统图和示意图，主要包括4部分内容，分别是整体供电示意图、高压系统图、低压系统图和电气综合监控系统图（上海市地方标准要求）。

6.2 整体供电示意图

6.2.1 图纸内容

整体供电示意图是描述整个项目的供电情况，包括总变电所、分变电所、柴油发电机房、高压制冷机组等设备机房的位置、容量和相互间的供电关系，一般示意到变电所低压侧就可以。根据《建筑工程设计文件编制深度规定（2016年版）》，建筑电气专业的施工图出图深度中并没有要求绘制项目的整体供电示意图，但这张图可以对整个项目的供电情况一目了然，建议还是要画一下。

一个项目就需要这一张图纸，故没必要做模板。

6.2.2 案例样图

案例整体供电示意图（局部）见图6.2-1。

6.2.3 文字说明

案例整体供电示意图的相关文字说明如下：

（1）本工程为特级负荷用户，特级用电负荷应由3个电源供电，3个电源由满足一级负荷要求的2个电源和1个应急电源组成。

（2）一级负荷要求的两个电源采用35kV双重电源供电，当一路电源故障时，另一路电源不应同时受到损坏，双重电源同时工作，互为备用。

（3）应急电源的容量应满足同时工作最大特级用电负荷的供电要求；应急电源的切换时间，应满足特级用电负荷允许最短中断供电时间的要求；应急电源的供电时间，应满足特级用电负荷最长持续运行时间的要求；本项目的应急电源为自备柴油发电机组。

（4）本图仅供参考，具体供电方案以供电局最终审批为准。

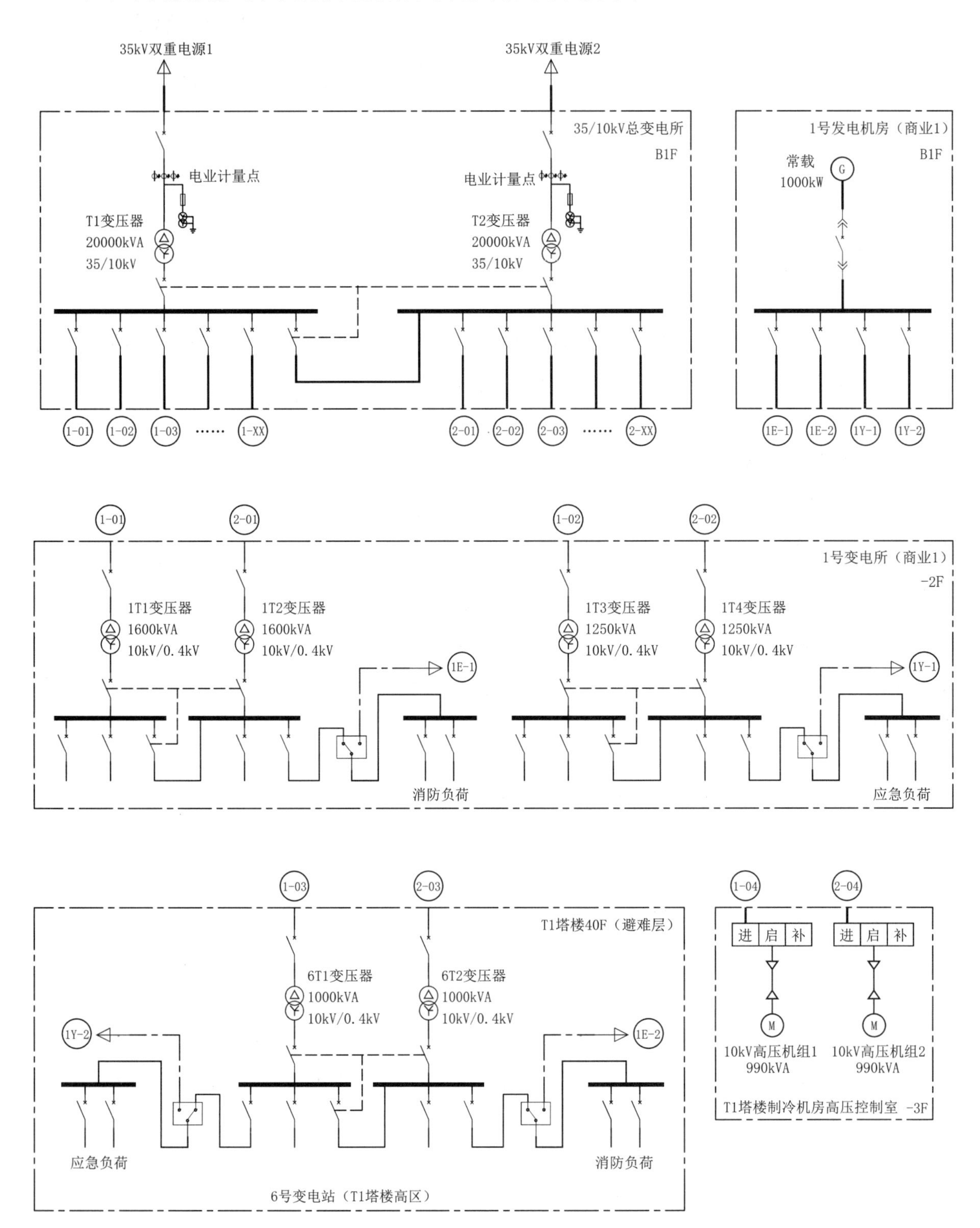

图 6.2-1 案例整体供电示意图（局部）

6.3 高压系统图

6.3.1 图纸内容

高压系统图是表述 10kV 及以上电压等级的配电系统图（一次线路图），图中需要包括以下内容：标明变压器的型号、规格；标明母线的型号、规格；标明开关、断路器、互感器、继电器、电工仪表（包括计量仪表）等的型号、规格、整定值；标明开关柜编号、开关柜型号、回路编号、设备容量、计算电流、导体型号及规格、敷设方法、用户名称等。

一个项目的高压系统图数量不多，而且都是由专业负责人级别的工程师绘制，也没必要做模板。

6.3.2 35kV 配电系统图

1. 案例 35kV 配电系统图（局部）（图 6.3-1）

2. 案例 35kV 配电系统图的文字说明

（1）35kV 配电柜采用铠装式金属封闭开关柜，选用带五防功能的产品。

（2）10kV 侧中性点接地方式根据供电局要求为小电阻接地。

（3）高压配电装置继电保护采用变电所综合自动化系统，并预留通信接口，除满足继电保护功能外，还将系统数据传送至能源管理平台。35kV 变电所的值班室内设置一套中央信号屏及配电系统模拟显示屏，开关柜在现场就地控制，后台只监视不控制。

（4）高压配电保护装置应具备防震功能及抗电磁干扰措施。

（5）变配电监控系统功能要求，详见本书第 6.5 节的相关内容。

（6）本项目 35kV 和 10kV 配电柜合用一套直流屏，供控制、保护、信号和闭锁等用途，直流操作电源采用 DC-110V/100Ah 成套装置。

（7）35kV 配电柜的进出线方式为下进下出。

（8）高压柜内铜母线及封闭式母线桥内地方母排均为立放。

（9）电压互感器二次侧应自带熔断器保护。

（10）高压配电柜二次回路接线图由成套厂按标准及本设计要求设计，并符合当地供电部门要求。

（11）继电保护整定由当地供电部门根据系统参数及供电部门要求确定。

（12）计量柜内电流互感器、电压互感器及计量表精度由当地供电部门确定。

（13）本图供招标和深化设计参考，不作为订货依据，须当地供电部门审核批准后经业主同意方可订货、施工。

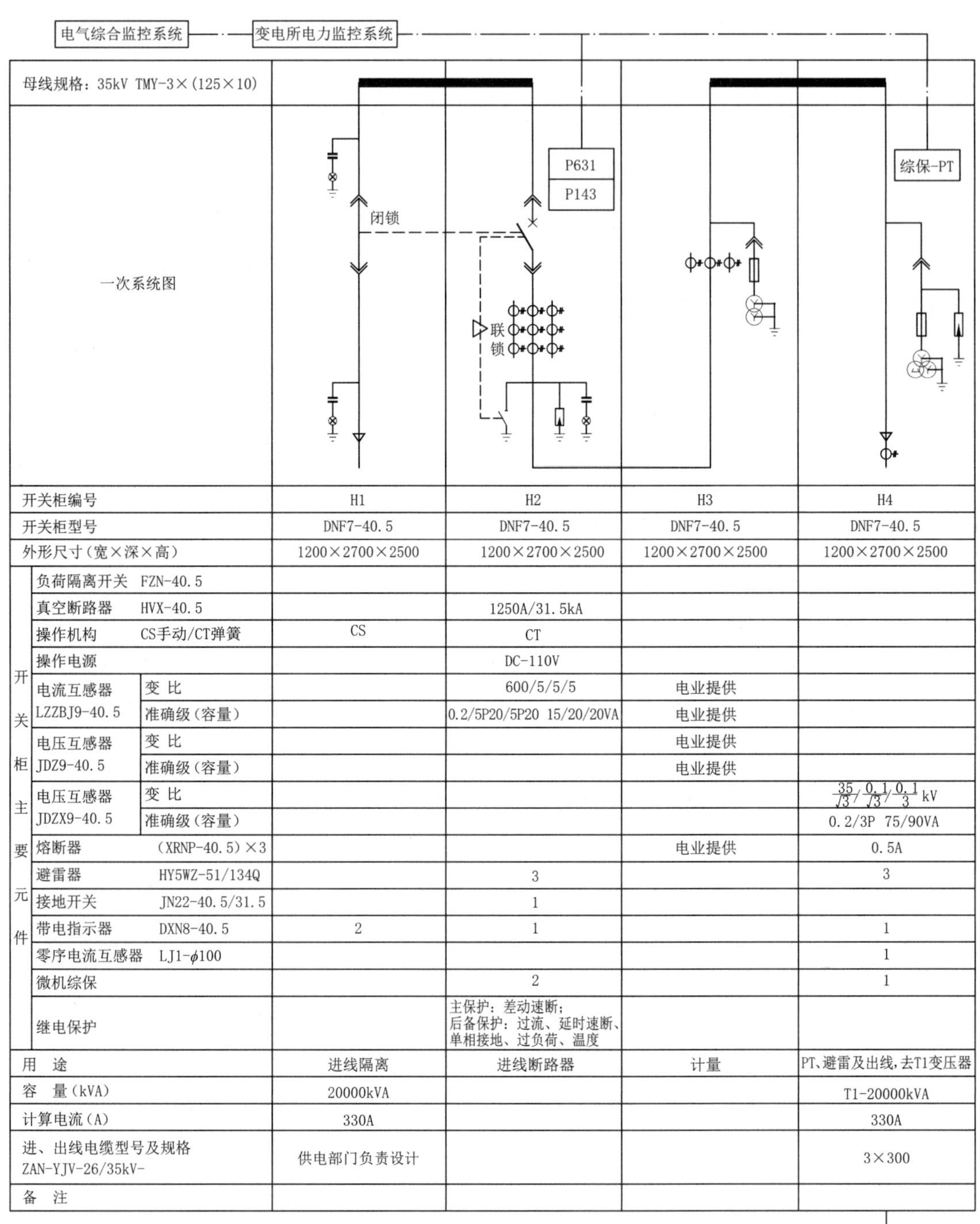

	H1	H2	H3	H4
母线规格：35kV TMY-3×(125×10)				
一次系统图				
开关柜编号	H1	H2	H3	H4
开关柜型号	DNF7-40.5	DNF7-40.5	DNF7-40.5	DNF7-40.5
外形尺寸（宽×深×高）	1200×2700×2500	1200×2700×2500	1200×2700×2500	1200×2700×2500
开关柜主要元件：负荷隔离开关 FZN-40.5				
开关柜主要元件：真空断路器 HVX-40.5		1250A/31.5kA		
开关柜主要元件：操作机构 CS手动/CT弹簧	CS	CT		
开关柜主要元件：操作电源		DC-110V		
开关柜主要元件：电流互感器 LZZBJ9-40.5 变比		600/5/5/5	电业提供	
开关柜主要元件：电流互感器 LZZBJ9-40.5 准确级（容量）		0.2/5P20/5P20 15/20/20VA	电业提供	
开关柜主要元件：电压互感器 JDZ9-40.5 变比			电业提供	
开关柜主要元件：电压互感器 JDZ9-40.5 准确级（容量）			电业提供	
开关柜主要元件：电压互感器 JDZX9-40.5 变比				$\frac{35}{\sqrt{3}}/\frac{0.1}{\sqrt{3}}/\frac{0.1}{3}$ kV
开关柜主要元件：电压互感器 JDZX9-40.5 准确级（容量）				0.2/3P 75/90VA
开关柜主要元件：熔断器 (XRNP-40.5)×3			电业提供	0.5A
开关柜主要元件：避雷器 HY5WZ-51/134Q		3		3
开关柜主要元件：接地开关 JN22-40.5/31.5		1		
开关柜主要元件：带电指示器 DXN8-40.5	2	1		1
开关柜主要元件：零序电流互感器 LJ1-φ100				1
开关柜主要元件：微机综保		2		1
开关柜主要元件：继电保护		主保护：差动速断； 后备保护：过流、延时速断、单相接地、过负荷、温度		
用　途	进线隔离	进线断路器	计量	PT、避雷及出线，去T1变压器
容　量(kVA)	20000kVA			T1-20000kVA
计算电流(A)	330A			330A
进、出线电缆型号及规格 ZAN-YJV-26/35kV-	供电部门负责设计			3×300
备　注				

T1变压器		联结组别	D，yn11
型号容量	SCZB10-20000kVA	Ud%	Ud%=10%
调压类型	干式变压器有载调压(9档)	外壳IP等级	IP20(带格栅防护网)
电压组合	35+5×2.5%/10.5kV	冷却方式	AF
	-3×2.5%/10.5kV	长×宽×高	4390×2530×3389

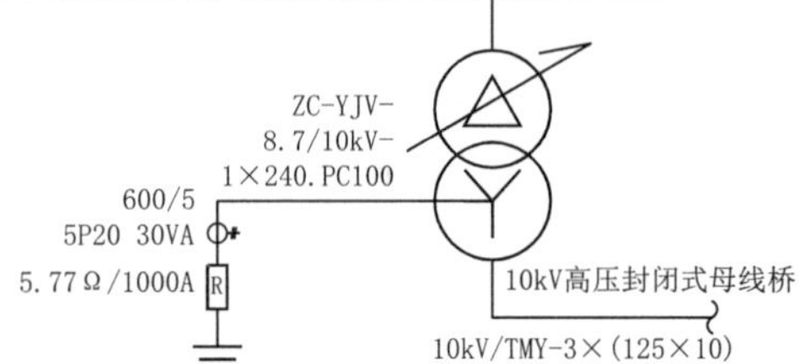

图 6.3-1　案例 35kV 配电系统图（局部）

6.3.3　10kV总配电系统图

1. 案例10kV总配电系统图（局部1）（图6.3-2）

2. 案例10kV总配电系统图（局部2）（图6.3-3）

3. 10kV总配电系统图的文字说明（10kV补偿柜和10kV分配电系统图可参考）

（1）10kV配电柜采用金属铠装中置柜，选用带五防功能的产品。

（2）10kV进线负荷开关或隔离开关与进线主断路器、母联断路器与母联隔离柜、两进线主断路器与母联断路器之间均须设置机械连锁（程序锁）装置和电气闭锁装置。

（3）高压配电装置继电保护采用变电所综合自动化系统，并预留通信接口，除满足继电保护功能外，将系统数据传送至能源管理平台。

（4）高压配电保护装置应具备防震功能及抗电磁干扰措施。

（5）变配电监控系统功能要求，详见本书第6.5节的相关内容。

（6）直流操作电源与35kV系统共用，采用DC-110V/100Ah成套装置。

（7）10kV配电柜的进出线方式为下进下出。

（8）高压配电柜二次回路接线图由成套厂按标准及本设计要求设计，并符合当地供电部门的要求。

（9）计量柜内电流互感器、电压互感器及计量表精度由当地供电部门确定。

（10）继电保护整定由当地供电部门根据系统参数及供电部门要求确定。

（11）本次10kV系统接地方式暂按小电阻接地考虑，具体应根据当地电网情况按照供电部门的要求调整。

（12）本图供招标和深化设计参考，不作为订货依据，须当地供电部门审核批准后经业主同意方可订货、施工。

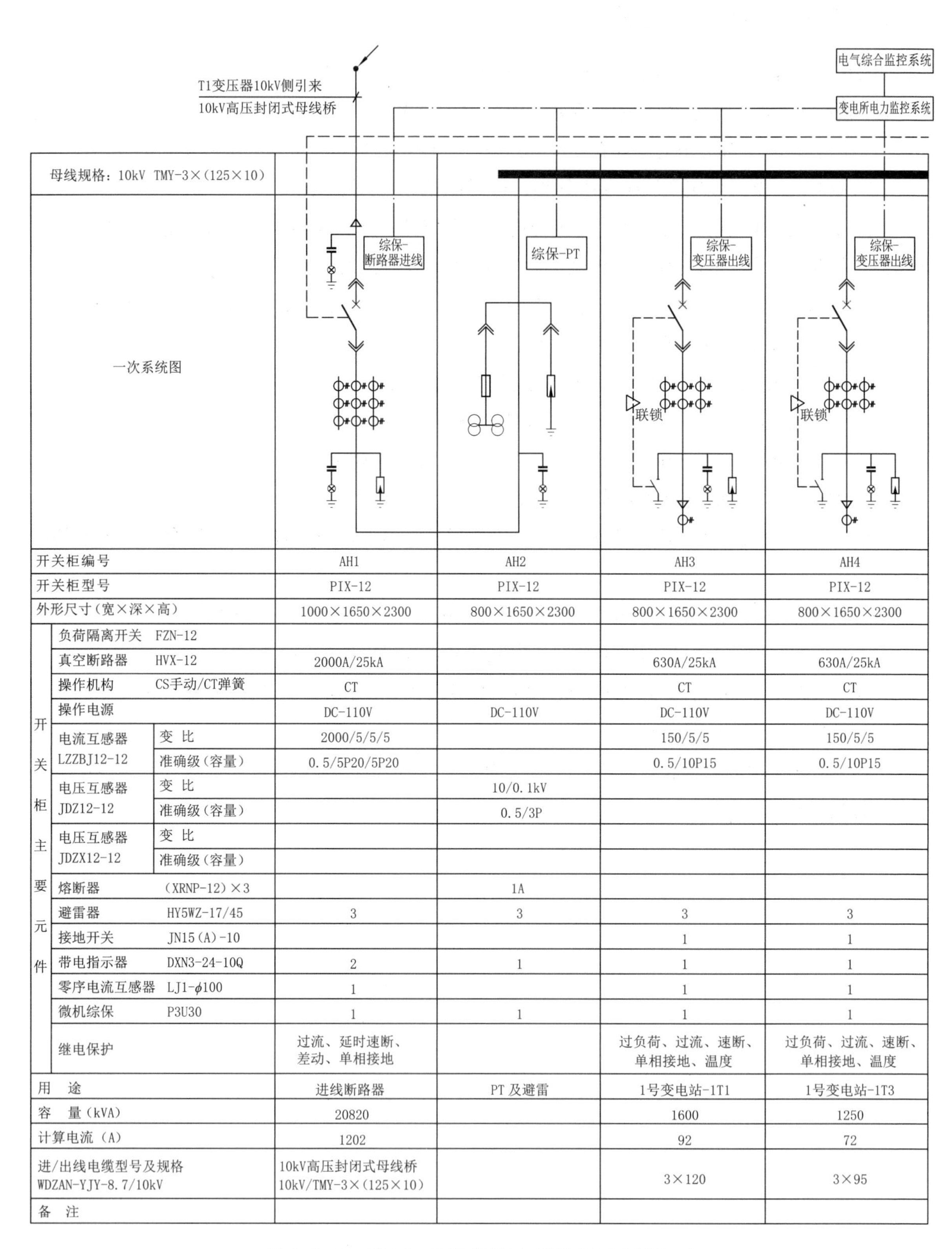

母线规格：10kV TMY-3×(125×10)						
一次系统图						
开关柜编号			AH1	AH2	AH3	AH4
开关柜型号			PIX-12	PIX-12	PIX-12	PIX-12
外形尺寸(宽×深×高)			1000×1650×2300	800×1650×2300	800×1650×2300	800×1650×2300
开关柜主要元件	负荷隔离开关 FZN-12					
	真空断路器 HVX-12		2000A/25kA		630A/25kA	630A/25kA
	操作机构 CS手动/CT弹簧		CT		CT	CT
	操作电源		DC-110V	DC-110V	DC-110V	DC-110V
	电流互感器 LZZBJ12-12	变 比	2000/5/5/5		150/5/5	150/5/5
		准确级(容量)	0.5/5P20/5P20		0.5/10P15	0.5/10P15
	电压互感器 JDZ12-12	变 比		10/0.1kV		
		准确级(容量)		0.5/3P		
	电压互感器 JDZX12-12	变 比				
		准确级(容量)				
	熔断器	(XRNP-12)×3		1A		
	避雷器	HY5WZ-17/45	3	3	3	3
	接地开关	JN15(A)-10			1	1
	带电指示器	DXN3-24-10Q	2	1	1	1
	零序电流互感器	LJ1-ϕ100	1		1	1
	微机综保	P3U30	1	1	1	1
	继电保护		过流、延时速断、差动、单相接地		过负荷、过流、速断、单相接地、温度	过负荷、过流、速断、单相接地、温度
用 途			进线断路器	PT及避雷	1号变电站-1T1	1号变电站-1T3
容 量(kVA)			20820		1600	1250
计算电流 (A)			1202		92	72
进/出线电缆型号及规格 WDZAN-YJY-8.7/10kV			10kV高压封闭式母线桥 10kV/TMY-3×(125×10)		3×120	3×95
备 注						

图 6.3-2 案例 10kV 总配电系统图（局部 1）

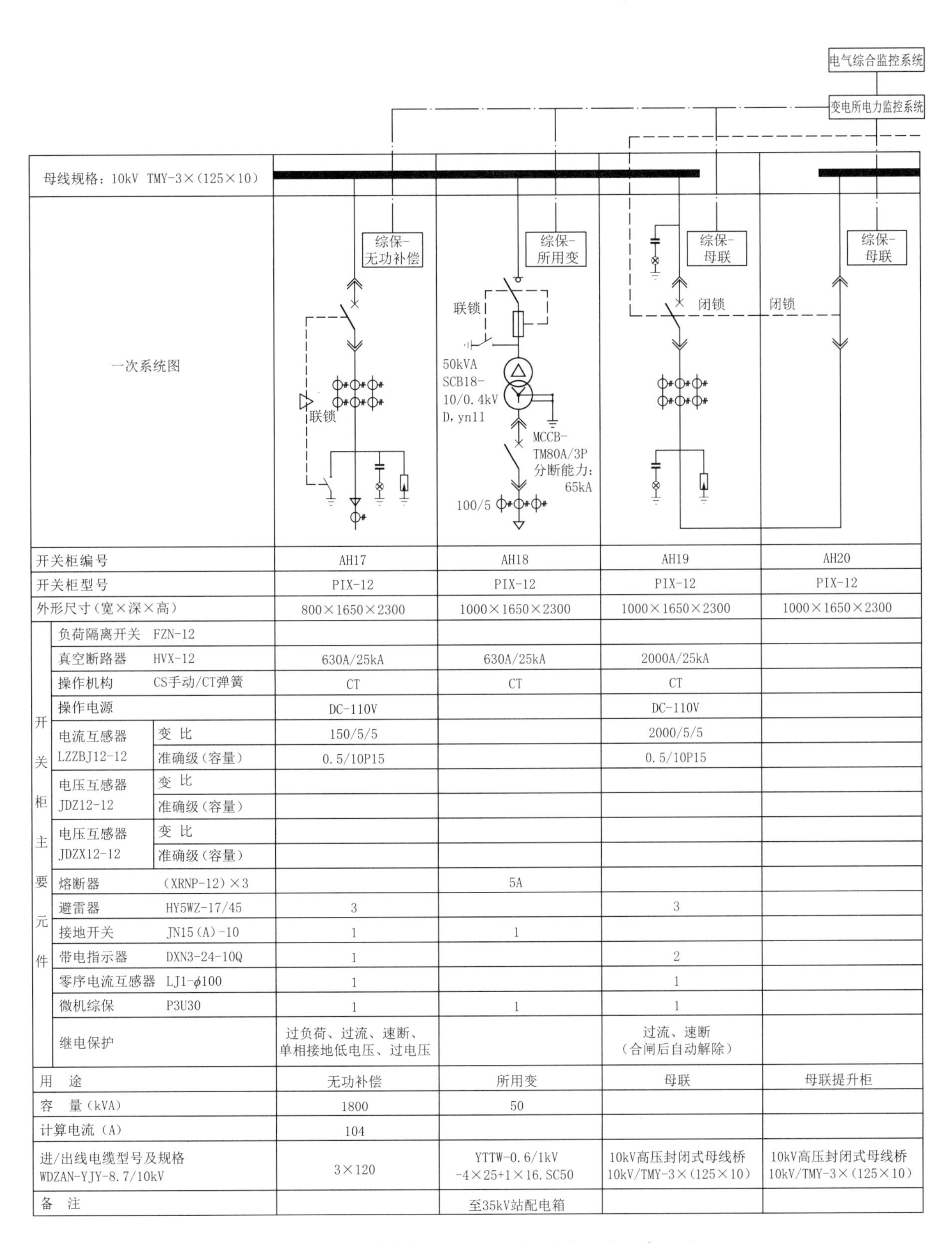

母线规格：10kV TMY-3×(125×10)					
开关柜编号		AH17	AH18	AH19	AH20
开关柜型号		PIX-12	PIX-12	PIX-12	PIX-12
外形尺寸（宽×深×高）		800×1650×2300	1000×1650×2300	1000×1650×2300	1000×1650×2300
开关柜主要元件	负荷隔离开关　FZN-12				
	真空断路器　HVX-12	630A/25kA	630A/25kA	2000A/25kA	
	操作机构　CS手动/CT弹簧	CT	CT	CT	
	操作电源	DC-110V		DC-110V	
	电流互感器 LZZBJ12-12　变比	150/5/5		2000/5/5	
	电流互感器 LZZBJ12-12　准确级（容量）	0.5/10P15		0.5/10P15	
	电压互感器 JDZ12-12　变比				
	电压互感器 JDZ12-12　准确级（容量）				
	电压互感器 JDZX12-12　变比				
	电压互感器 JDZX12-12　准确级（容量）				
	熔断器　（XRNP-12）×3		5A		
	避雷器　HY5WZ-17/45	3		3	
	接地开关　JN15（A）-10	1	1		
	带电指示器　DXN3-24-10Q	1		2	
	零序电流互感器　LJ1-ϕ100	1		1	
	微机综保　P3U30	1	1	1	
	继电保护	过负荷、过流、速断、单相接地低电压、过电压		过流、速断（合闸后自动解除）	
用　途		无功补偿	所用变	母联	母联提升柜
容　量（kVA）		1800	50		
计算电流（A）		104			
进/出线电缆型号及规格 WDZAN-YJY-8.7/10kV		3×120	YTTW-0.6/1kV -4×25+1×16.SC50	10kV高压封闭式母线桥 10kV/TMY-3×(125×10)	10kV高压封闭式母线桥 10kV/TMY-3×(125×10)
备　注			至35kV站配电箱		

图 6.3-3　案例 10kV 总配电系统图（局部 2）

6.3.4 10kV 补偿柜系统图

案例 10kV 补偿柜系统图（局部）见图 6.3-4。

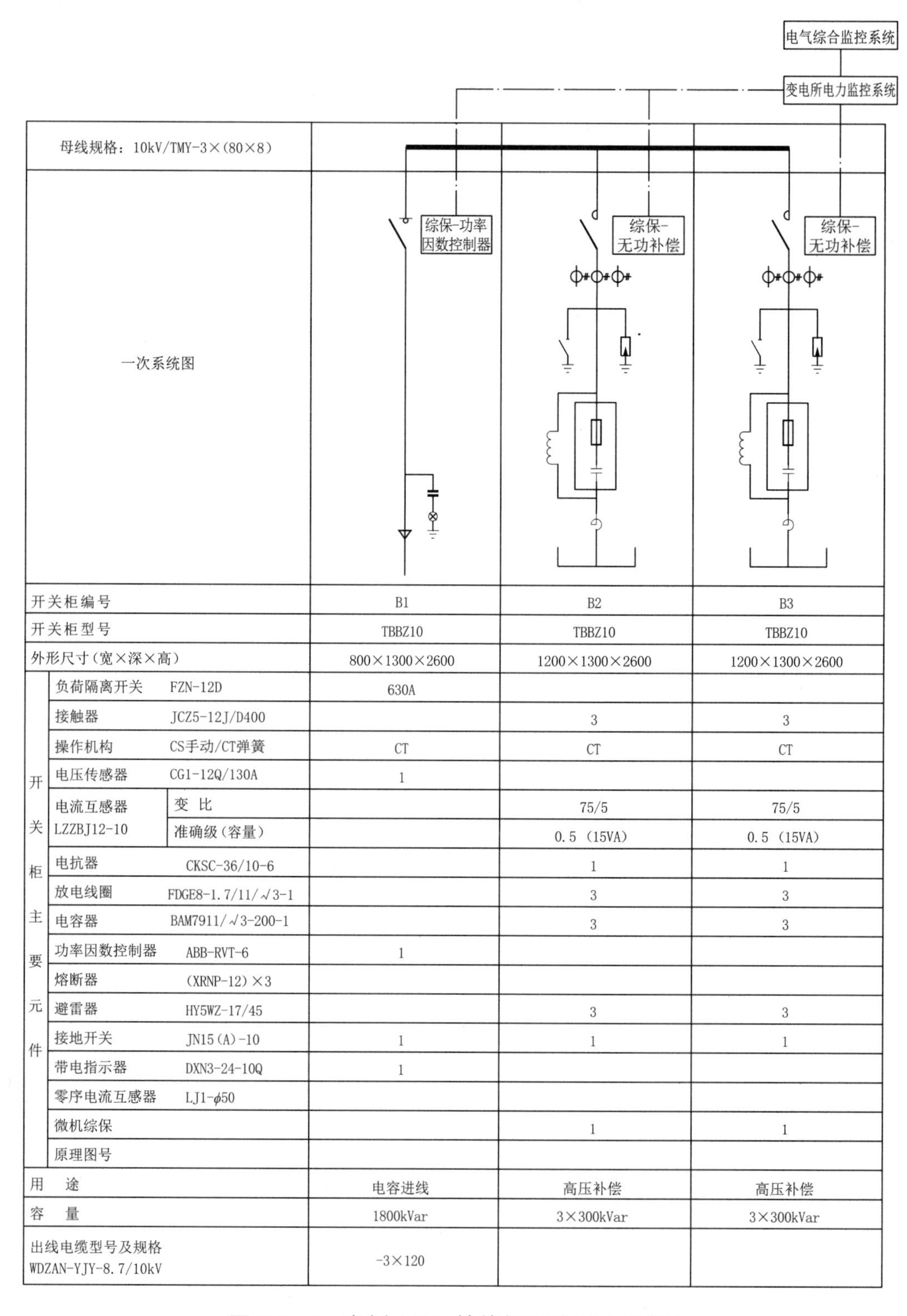

母线规格：10kV/TMY-3×(80×8)				
一次系统图				
开关柜编号		B1	B2	B3
开关柜型号		TBBZ10	TBBZ10	TBBZ10
外形尺寸(宽×深×高)		800×1300×2600	1200×1300×2600	1200×1300×2600
开关柜主要元件	负荷隔离开关 FZN-12D	630A		
	接触器 JCZ5-12J/D400		3	3
	操作机构 CS手动/CT弹簧	CT	CT	CT
	电压传感器 CG1-12Q/130A	1		
	电流互感器 LZZBJ12-10 变 比		75/5	75/5
	电流互感器 LZZBJ12-10 准确级(容量)		0.5 (15VA)	0.5 (15VA)
	电抗器 CKSC-36/10-6		1	1
	放电线圈 FDGE8-1.7/11/√3-1		3	3
	电容器 BAM7911/√3-200-1		3	3
	功率因数控制器 ABB-RVT-6	1		
	熔断器 (XRNP-12)×3			
	避雷器 HY5WZ-17/45		3	3
	接地开关 JN15(A)-10	1	1	1
	带电指示器 DXN3-24-10Q	1		
	零序电流互感器 LJ1-ϕ50			
	微机综保		1	1
	原理图号			
用 途		电容进线	高压补偿	高压补偿
容 量		1800kVar	3×300kVar	3×300kVar
出线电缆型号及规格 WDZAN-YJY-8.7/10kV		-3×120		

图 6.3-4 案例 10kV 补偿柜系统图（局部）

6.3.5　10kV 分配电系统图

案例 10kV 分配电系统图（局部）见图 6.3-5。

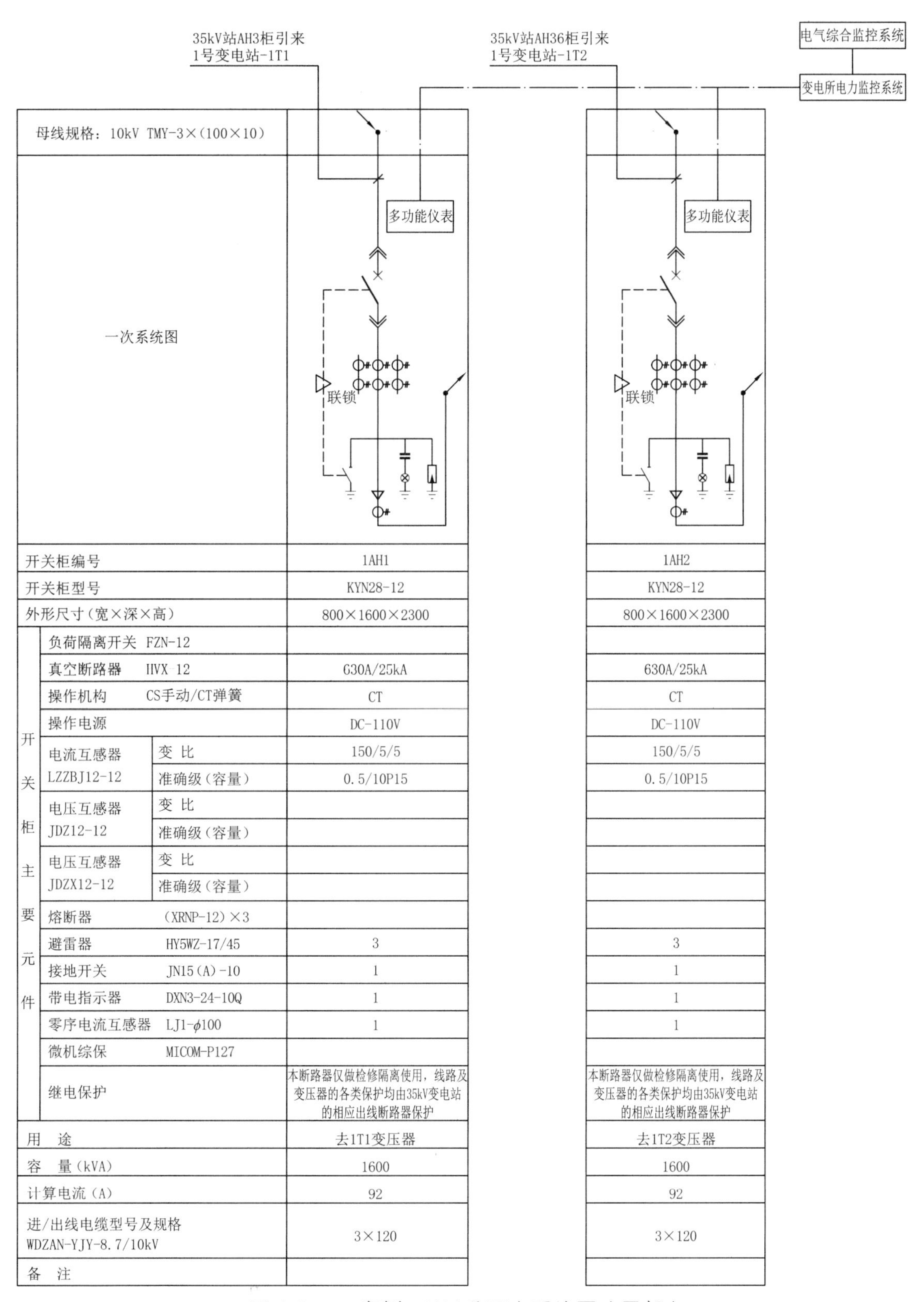

母线规格：10kV TMY-3×（100×10）			
一次系统图			
开关柜编号		1AH1	1AH2
开关柜型号		KYN28-12	KYN28-12
外形尺寸（宽×深×高）		800×1600×2300	800×1600×2300
开关柜主要元件	负荷隔离开关 FZN-12		
	真空断路器 HVX 12	630A/25kA	630A/25kA
	操作机构 CS手动/CT弹簧	CT	CT
	操作电源	DC-110V	DC-110V
	电流互感器 LZZBJ12-12 变比	150/5/5	150/5/5
	电流互感器 LZZBJ12-12 准确级（容量）	0.5/10P15	0.5/10P15
	电压互感器 JDZ12-12 变比		
	电压互感器 JDZ12-12 准确级（容量）		
	电压互感器 JDZX12-12 变比		
	电压互感器 JDZX12-12 准确级（容量）		
	熔断器 （XRNP-12）×3		
	避雷器 HY5WZ-17/45	3	3
	接地开关 JN15（A）-10	1	1
	带电指示器 DXN3-24-10Q	1	1
	零序电流互感器 LJ1-ϕ100	1	1
	微机综保 MICOM-P127		
	继电保护	本断路器仅做检修隔离使用，线路及变压器的各类保护均由35kV变电站的相应出线断路器保护	本断路器仅做检修隔离使用，线路及变压器的各类保护均由35kV变电站的相应出线断路器保护
用　途		去1T1变压器	去1T2变压器
容　量（kVA）		1600	1600
计算电流（A）		92	92
进/出线电缆型号及规格 WDZAN-YJY-8.7/10kV		3×120	3×120
备　注			

图 6.3-5　案例 10kV 分配电系统图（局部）

6.4 低压系统图

6.4.1 图纸内容

低压系统图是表述0.4kV变压器及出线柜的配电系统图（一次线路图），图中需要包括以下内容：标明变压器的型号、规格；标明母线的型号、规格；标明开关、断路器、互感器、继电器、电工仪表（包括计量仪表）等的型号、规格、整定值；标明低压柜编号、低压柜型号、回路编号、设备容量、计算电流、导体型号及规格、敷设方法、用户名称等。

一个项目的低压系统图很多，而且具有很多共性特点，很有必要做成模板。低压系统图包括以下4类模块：变压器模块、出线柜模块、发电机模块和辅助模块。

6.4.2 变压器模块

变压器模块是指将不同容量变压器的变压器柜、总进线柜、联络柜和补偿柜做成块，块中将包含变压器的型号、规格；母线的型号、规格；开关、断路器、互感器、继电器、电工仪表（包括计量仪表）等的型号、规格、整定值等参数。

变压器模块见图6.4-1 ~ 图6.4-24。

块名说明：1000 TL

① ②

①表示变压器容量（kVA）：500、630、800、1000、1250、1600、2000、2500。

②表示块的具体功能：TL为正序时变压器布置于左侧；TR为正序时变压器布置于右侧；GB为共补的无功功率补偿柜；FB为分补的无功功率补偿柜；ML为低压联络柜。

使用说明：牢记块名及其意义，低压系统图中输入对应的块名。

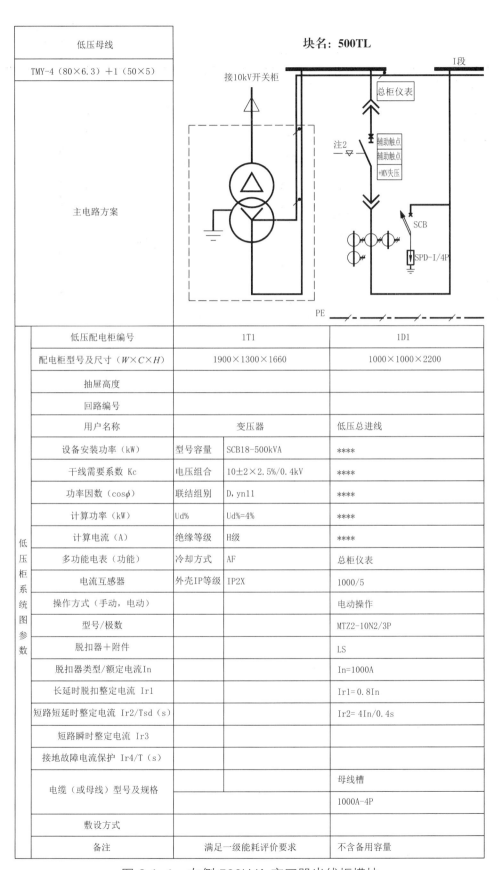

低压母线	块名：500TL
TMY-4（80×6.3）+1（50×5）	
主电路方案	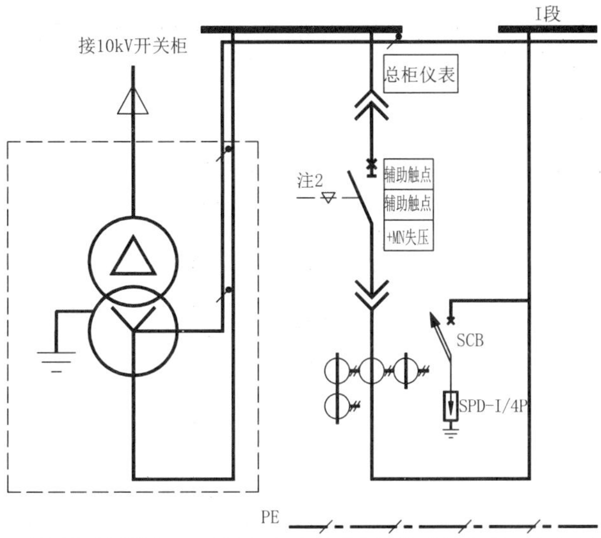

低压柜系统图参数	低压配电柜编号	1T1		1D1
	配电柜型号及尺寸（W×C×H）	1900×1300×1660		1000×1000×2200
	抽屉高度			
	回路编号			
	用户名称	变压器		低压总进线
	设备安装功率（kW）	型号容量	SCB18-500kVA	****
	干线需要系数 Kc	电压组合	10±2×2.5%/0.4kV	****
	功率因数（cosϕ）	联结组别	D，yn11	****
	计算功率（kW）	Ud%	Ud%=4%	****
	计算电流（A）	绝缘等级	H级	****
	多功能电表（功能）	冷却方式	AF	总柜仪表
	电流互感器	外壳IP等级	IP2X	1000/5
	操作方式（手动，电动）			电动操作
	型号/极数			MTZ2-10N2/3P
	脱扣器+附件			LS
	脱扣器类型/额定电流In			In=1000A
	长延时脱扣整定电流 Ir1			Ir1=0.8In
	短路短延时整定电流 Ir2/Tsd（s）			Ir2=4In/0.4s
	短路瞬时整定电流 Ir3			
	接地故障电流保护 Ir4/T（s）			
	电缆（或母线）型号及规格			母线槽
				1000A-4P
	敷设方式			
	备注	满足一级能耗评价要求		不含备用容量

图 6.4-1　左侧 500kVA 变压器出线柜模块

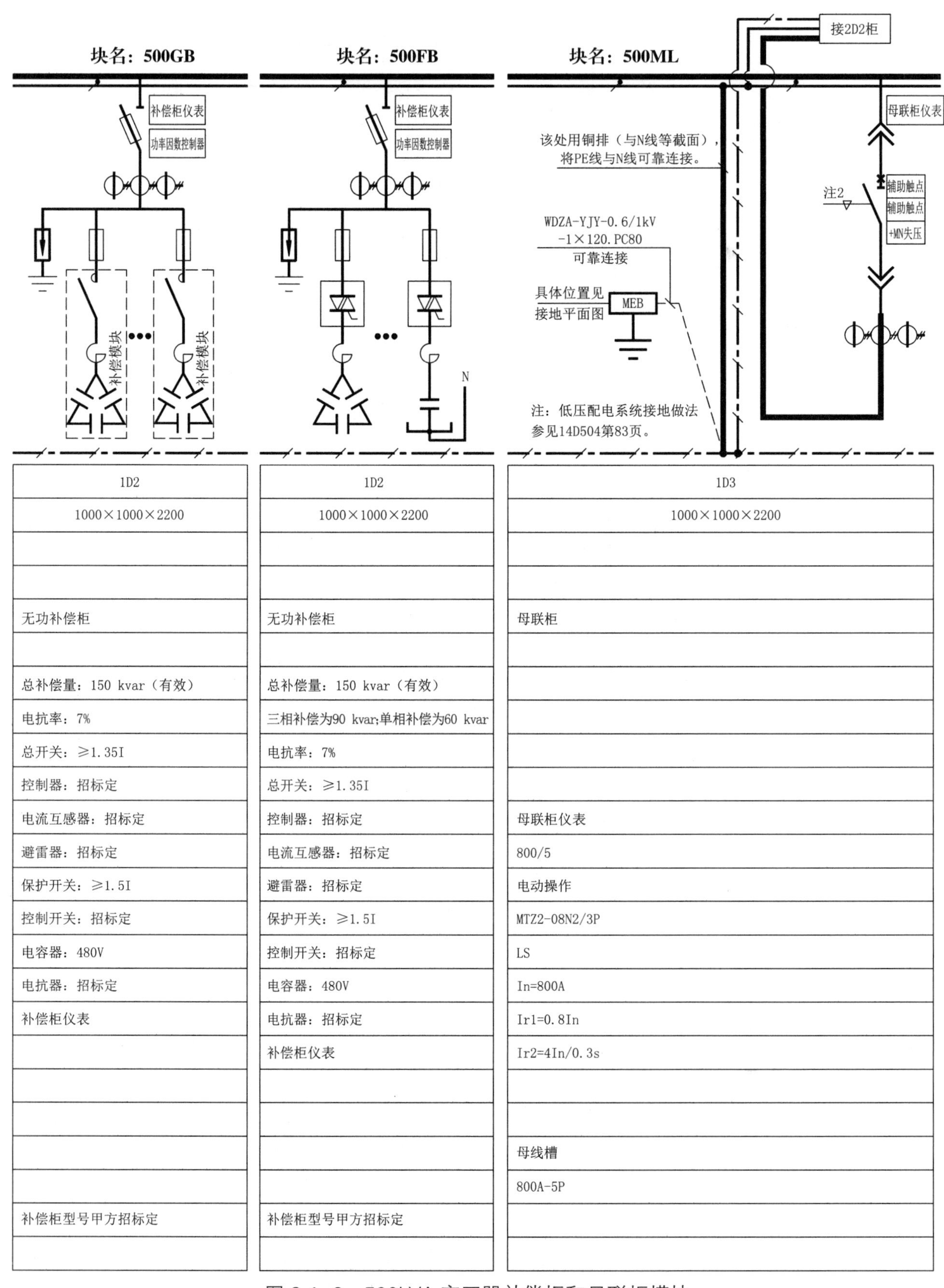

1D2	1D2	1D3
1000×1000×2200	1000×1000×2200	1000×1000×2200
无功补偿柜	无功补偿柜	母联柜
总补偿量：150 kvar（有效）	总补偿量：150 kvar（有效）	
电抗率：7%	三相补偿为90 kvar;单相补偿为60 kvar	
总开关：≥1.35I	电抗率：7%	
控制器：招标定	总开关：≥1.35I	
电流互感器：招标定	控制器：招标定	母联柜仪表
避雷器：招标定	电流互感器：招标定	800/5
保护开关：≥1.5I	避雷器：招标定	电动操作
控制开关：招标定	保护开关：≥1.5I	MTZ2-08N2/3P
电容器：480V	控制开关：招标定	LS
电抗器：招标定	电容器：480V	In=800A
补偿柜仪表	电抗器：招标定	Ir1=0.8In
	补偿柜仪表	Ir2=4In/0.3s
		母线槽
		800A-5P
补偿柜型号甲方招标定	补偿柜型号甲方招标定	

图 6.4-2　500kVA 变压器补偿柜和母联柜模块

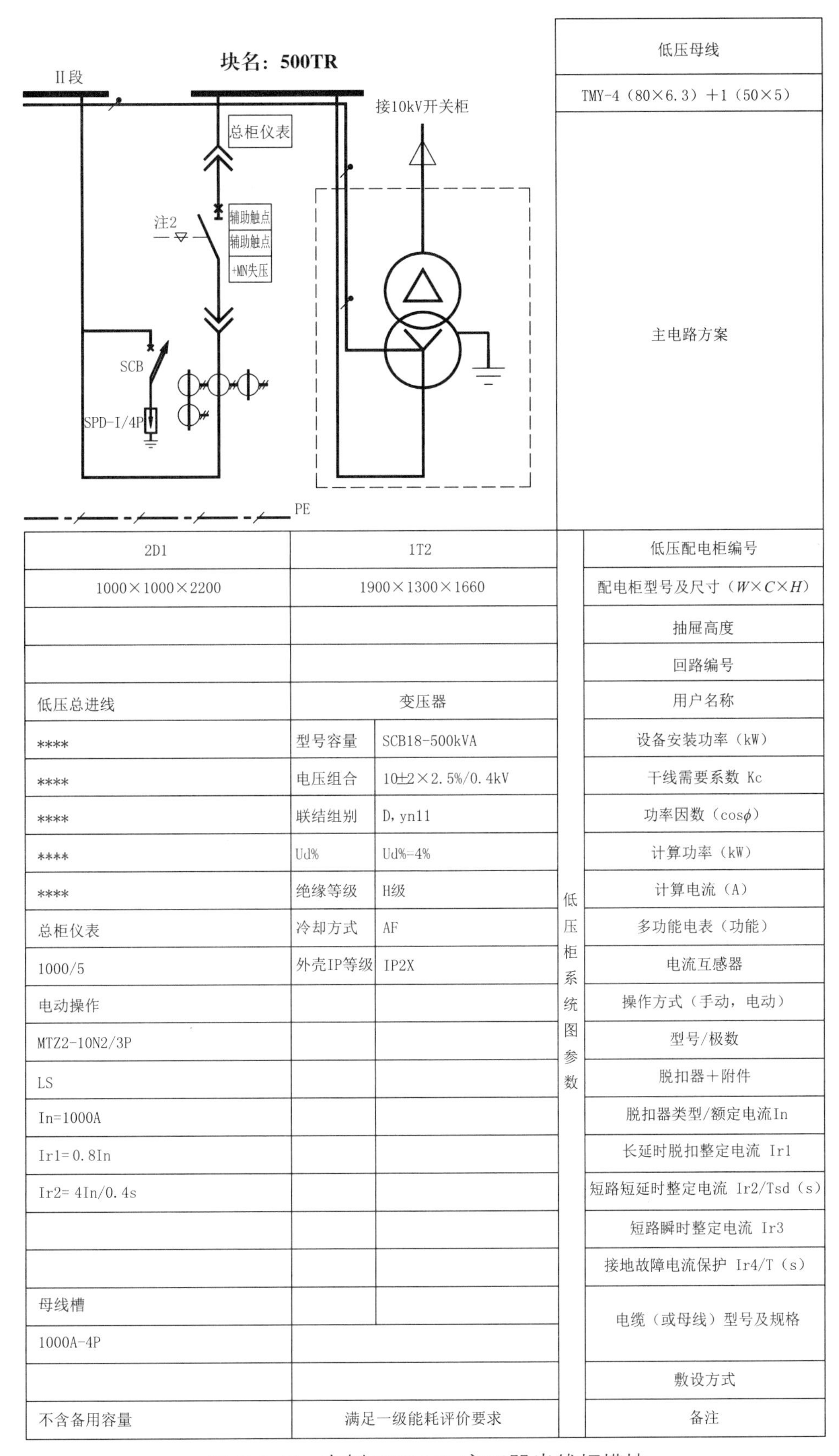

低压母线
TMY-4（80×6.3）+1（50×5）
主电路方案

2D1	1T2		低压柜系统图参数	低压配电柜编号
1000×1000×2200	1900×1300×1660			配电柜型号及尺寸（$W\times C\times H$）
				抽屉高度
				回路编号
低压总进线	变压器			用户名称
****	型号容量	SCB18-500kVA		设备安装功率（kW）
****	电压组合	10±2×2.5%/0.4kV		干线需要系数 Kc
****	联结组别	D，yn11		功率因数（$\cos\phi$）
****	Ud%	Ud%-4%		计算功率（kW）
****	绝缘等级	H级		计算电流（A）
总柜仪表	冷却方式	AF		多功能电表（功能）
1000/5	外壳IP等级	IP2X		电流互感器
电动操作				操作方式（手动，电动）
MTZ2-10N2/3P				型号/极数
LS				脱扣器+附件
In=1000A				脱扣器类型/额定电流In
Ir1=0.8In				长延时脱扣整定电流 Ir1
Ir2=4In/0.4s				短路短延时整定电流 Ir2/Tsd（s）
				短路瞬时整定电流 Ir3
				接地故障电流保护 Ir4/T（s）
母线槽				电缆（或母线）型号及规格
1000A-4P				
				敷设方式
不含备用容量	满足一级能耗评价要求			备注

图 6.4-3　右侧 500kVA 变压器出线柜模块

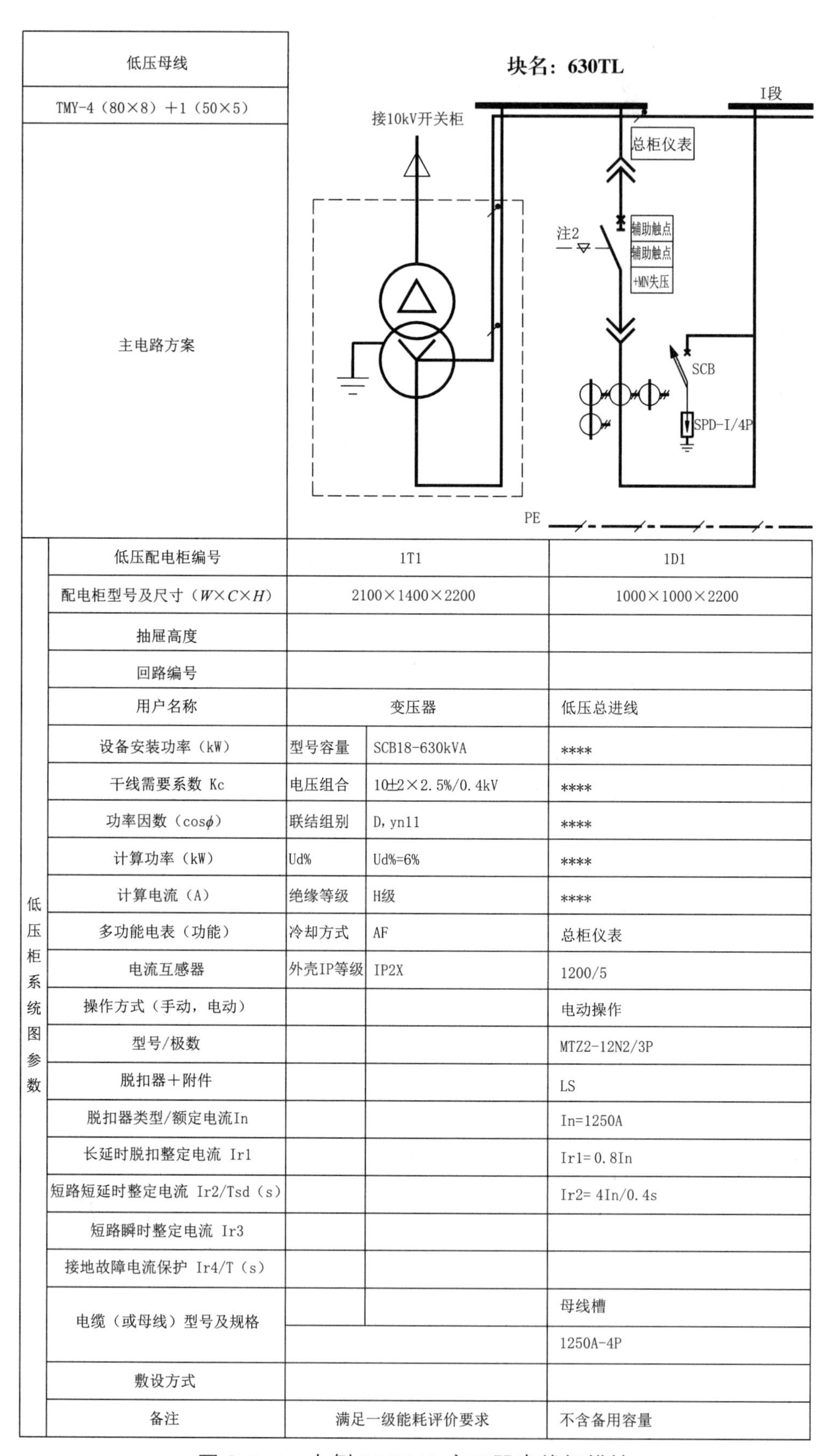

低压母线			
TMY-4（80×8）+1（50×5）			
主电路方案			
低压配电柜编号	1T1		1D1
配电柜型号及尺寸（$W\times C\times H$）	2100×1400×2200		1000×1000×2200
抽屉高度			
回路编号			
用户名称	变压器		低压总进线
设备安装功率（kW）	型号容量	SCB18-630kVA	****
干线需要系数 Kc	电压组合	10±2×2.5%/0.4kV	****
功率因数（cosϕ）	联结组别	D，yn11	****
计算功率（kW）	Ud%	Ud%=6%	****
计算电流（A）	绝缘等级	H级	****
多功能电表（功能）	冷却方式	AF	总柜仪表
电流互感器	外壳IP等级	IP2X	1200/5
操作方式（手动，电动）			电动操作
型号/极数			MTZ2-12N2/3P
脱扣器+附件			LS
脱扣器类型/额定电流In			In=1250A
长延时脱扣整定电流 Ir1			Ir1=0.8In
短路短延时整定电流 Ir2/Tsd（s）			Ir2=4In/0.4s
短路瞬时整定电流 Ir3			
接地故障电流保护 Ir4/T（s）			
电缆（或母线）型号及规格			母线槽
			1250A-4P
敷设方式			
备注	满足一级能耗评价要求		不含备用容量

低压柜系统图参数

图 6.4-4 左侧 630kVA 变压器出线柜模块

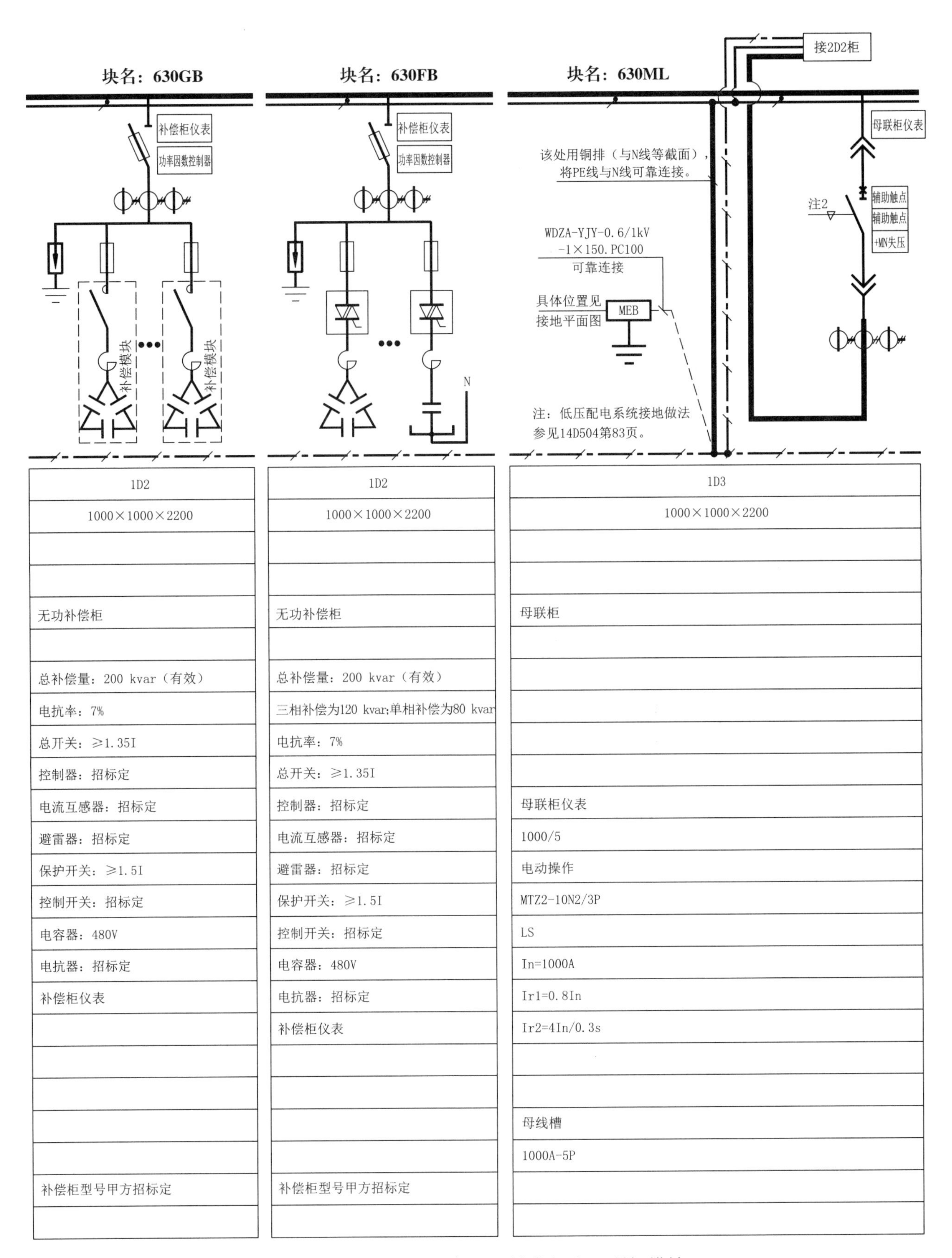

1D2	1D2	1D3
1000×1000×2200	1000×1000×2200	1000×1000×2200
无功补偿柜	无功补偿柜	母联柜
总补偿量：200 kvar（有效）	总补偿量：200 kvar（有效）	
电抗率：7%	三相补偿为120 kvar;单相补偿为80 kvar	
总开关：≥1.35I	电抗率：7%	
控制器：招标定	总开关：≥1.35I	
电流互感器：招标定	控制器：招标定	母联柜仪表
避雷器：招标定	电流互感器：招标定	1000/5
保护开关：≥1.5I	避雷器：招标定	电动操作
控制开关：招标定	保护开关：≥1.5I	MTZ2-10N2/3P
电容器：480V	控制开关：招标定	LS
电抗器：招标定	电容器：480V	In=1000A
补偿柜仪表	电抗器：招标定	Ir1=0.8In
	补偿柜仪表	Ir2=4In/0.3s
		母线槽
		1000A-5P
补偿柜型号甲方招标定	补偿柜型号甲方招标定	

图 6.4-5　630kVA 变压器补偿柜和母联柜模块

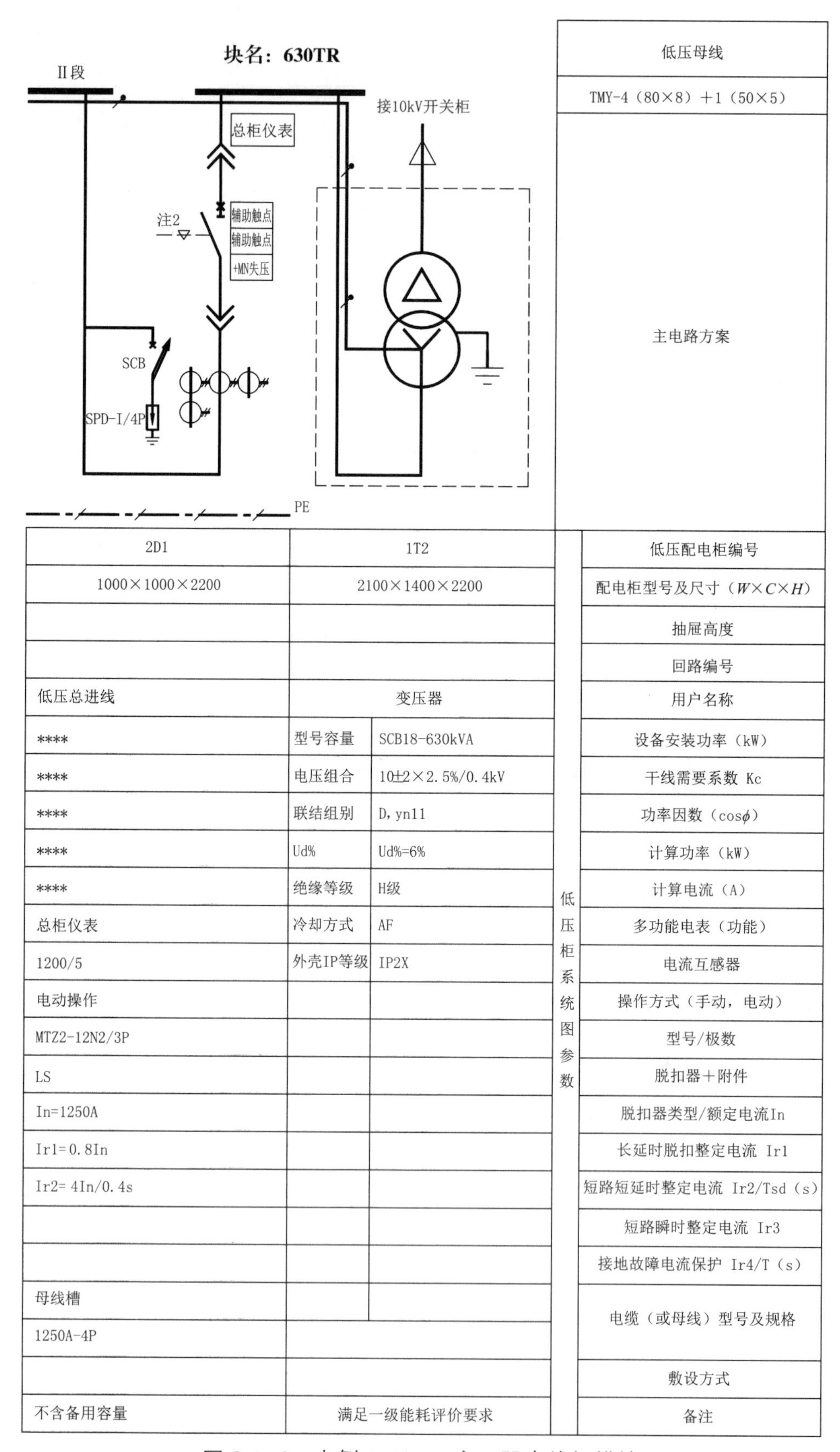

2D1	1T2		低压柜系统图参数
			低压母线
			TMY-4（80×8）+1（50×5）
			主电路方案
2D1	1T2		低压配电柜编号
1000×1000×2200	2100×1400×2200		配电柜型号及尺寸（$W×C×H$）
			抽屉高度
			回路编号
低压总进线	变压器		用户名称
****	型号容量	SCB18-630kVA	设备安装功率（kW）
****	电压组合	10±2×2.5%/0.4kV	干线需要系数 Kc
****	联结组别	D，yn11	功率因数（cosϕ）
****	Ud%	Ud%=6%	计算功率（kW）
****	绝缘等级	H级	计算电流（A）
总柜仪表	冷却方式	AF	多功能电表（功能）
1200/5	外壳IP等级	IP2X	电流互感器
电动操作			操作方式（手动，电动）
MTZ2-12N2/3P			型号/极数
LS			脱扣器+附件
In=1250A			脱扣器类型/额定电流In
Ir1=0.8In			长延时脱扣整定电流 Ir1
Ir2=4In/0.4s			短路短延时整定电流 Ir2/Tsd（s）
			短路瞬时整定电流 Ir3
			接地故障电流保护 Ir4/T（s）
母线槽			电缆（或母线）型号及规格
1250A-4P			
			敷设方式
不含备用容量	满足一级能耗评价要求		备注

图 6.4-6 右侧 630kVA 变压器出线柜模块

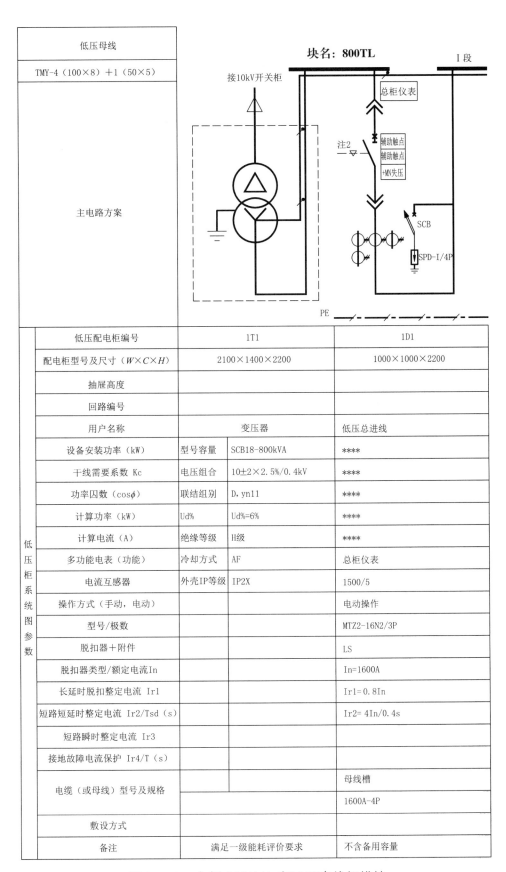

低压母线
TMY-4（100×8）+1（50×5）
主电路方案

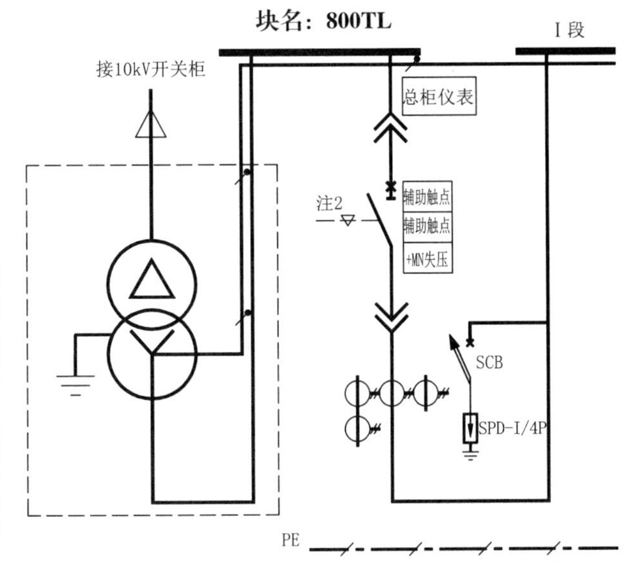

低压柜系统图参数	低压配电柜编号	1T1		1D1
	配电柜型号及尺寸（*W*×*C*×*H*）	2100×1400×2200		1000×1000×2200
	抽屉高度			
	回路编号			
	用户名称	变压器		低压总进线
	设备安装功率（kW）	型号容量	SCB18-800kVA	****
	干线需要系数 Kc	电压组合	10±2×2.5%/0.4kV	****
	功率因数（cosϕ）	联结组别	D，yn11	****
	计算功率（kW）	Ud%	Ud%=6%	****
	计算电流（A）	绝缘等级	H级	****
	多功能电表（功能）	冷却方式	AF	总柜仪表
	电流互感器	外壳IP等级	IP2X	1500/5
	操作方式（手动，电动）			电动操作
	型号/极数			MTZ2-16N2/3P
	脱扣器+附件			LS
	脱扣器类型/额定电流In			In=1600A
	长延时脱扣整定电流 Ir1			Ir1=0.8In
	短路短延时整定电流 Ir2/Tsd（s）			Ir2= 4In/0.4s
	短路瞬时整定电流 Ir3			
	接地故障电流保护 Ir4/T（s）			
	电缆（或母线）型号及规格			母线槽
				1600A-4P
	敷设方式			
	备注	满足一级能耗评价要求		不含备用容量

图 6.4-7　左侧 800kVA 变压器出线柜模块

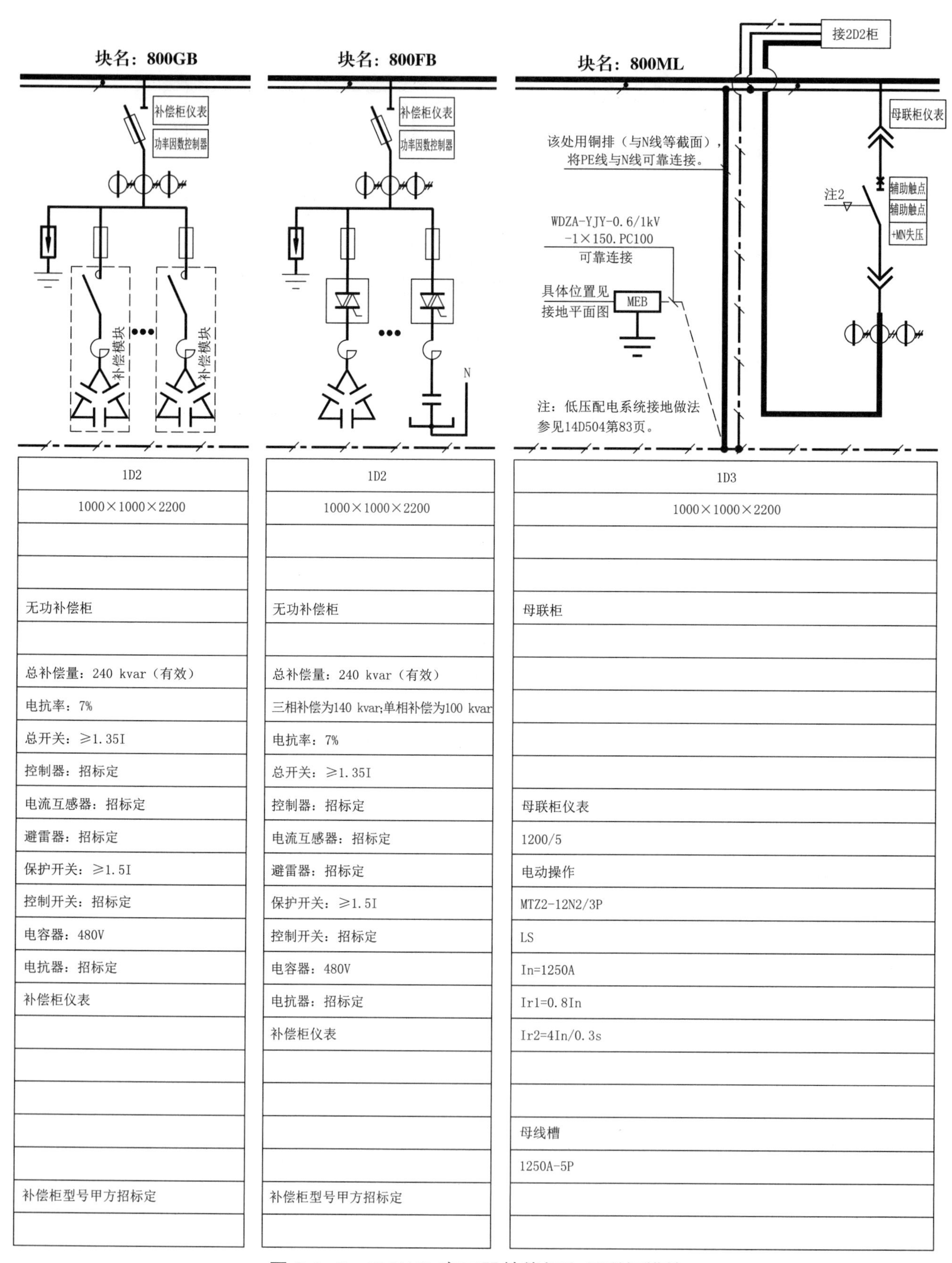

1D2
1000×1000×2200
无功补偿柜
总补偿量：240 kvar（有效）
电抗率：7%
总开关：≥1.35I
控制器：招标定
电流互感器：招标定
避雷器：招标定
保护开关：≥1.5I
控制开关：招标定
电容器：480V
电抗器：招标定
补偿柜仪表
补偿柜型号甲方招标定

1D2
1000×1000×2200
无功补偿柜
总补偿量：240 kvar（有效）
三相补偿为140 kvar;单相补偿为100 kvar
电抗率：7%
总开关：≥1.35I
控制器：招标定
电流互感器：招标定
避雷器：招标定
保护开关：≥1.5I
控制开关：招标定
电容器：480V
电抗器：招标定
补偿柜仪表
补偿柜型号甲方招标定

1D3
1000×1000×2200
母联柜
母联柜仪表
1200/5
电动操作
MTZ2-12N2/3P
LS
In=1250A
Ir1=0.8In
Ir2=4In/0.3s
母线槽
1250A-5P

图 6.4-8　800kVA 变压器补偿柜和母联柜模块

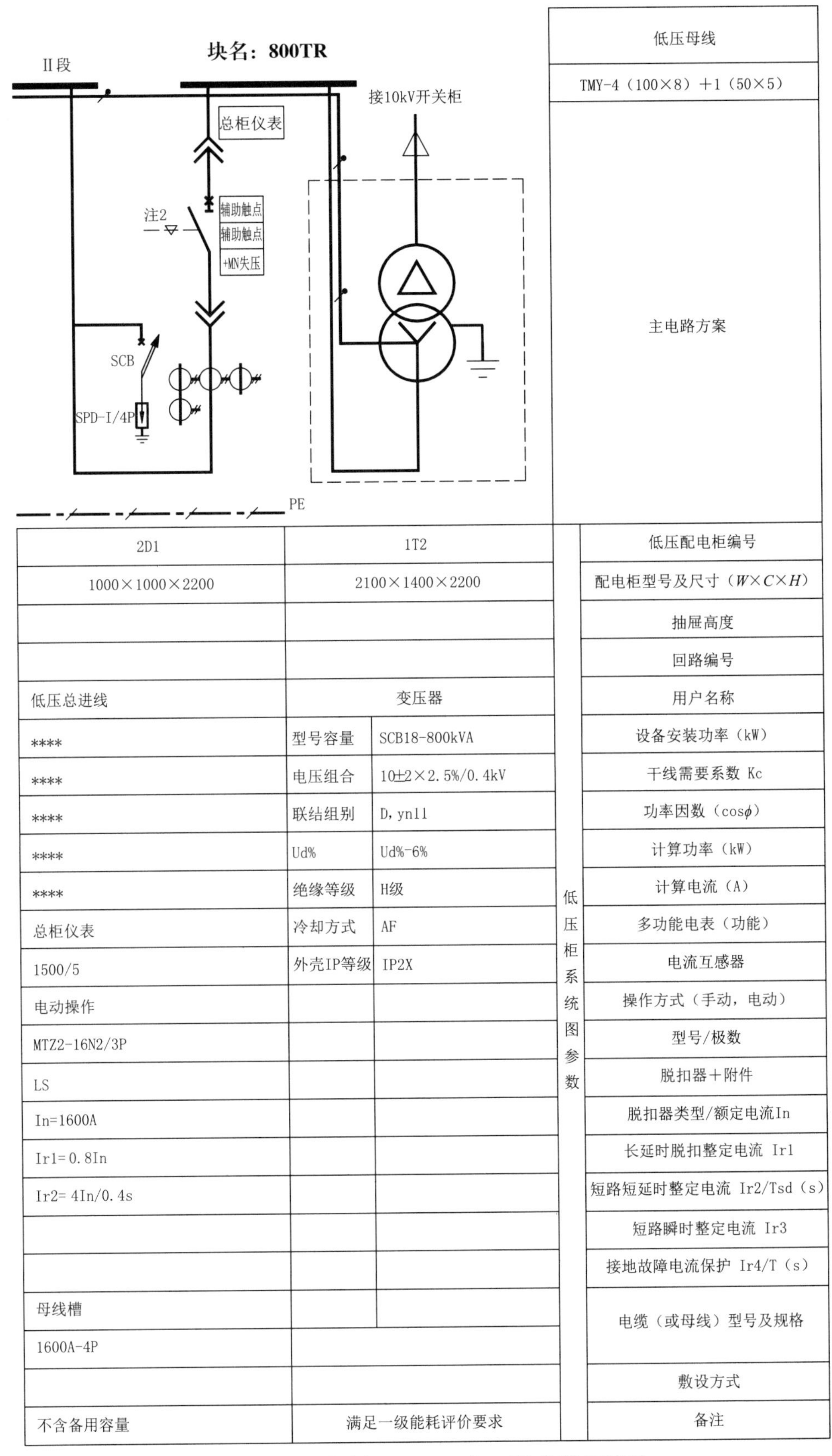

2D1	1T2		低压柜系统图参数	低压配电柜编号
1000×1000×2200	2100×1400×2200			配电柜型号及尺寸（W×C×H）
				抽屉高度
				回路编号
低压总进线	变压器			用户名称
****	型号容量	SCB18-800kVA		设备安装功率（kW）
****	电压组合	10±2×2.5%/0.4kV		干线需要系数 Kc
****	联结组别	D，yn11		功率因数（cosφ）
****	Ud%	Ud%-6%		计算功率（kW）
****	绝缘等级	H级		计算电流（A）
总柜仪表	冷却方式	AF		多功能电表（功能）
1500/5	外壳IP等级	IP2X		电流互感器
电动操作				操作方式（手动，电动）
MTZ2-16N2/3P				型号/极数
LS				脱扣器+附件
In=1600A				脱扣器类型/额定电流In
Ir1=0.8In				长延时脱扣整定电流 Ir1
Ir2= 4In/0.4s				短路短延时整定电流 Ir2/Tsd（s）
				短路瞬时整定电流 Ir3
				接地故障电流保护 Ir4/T（s）
母线槽 1600A-4P				电缆（或母线）型号及规格
				敷设方式
不含备用容量	满足一级能耗评价要求			备注

图 6.4-9　右侧 800kVA 变压器出线柜模块

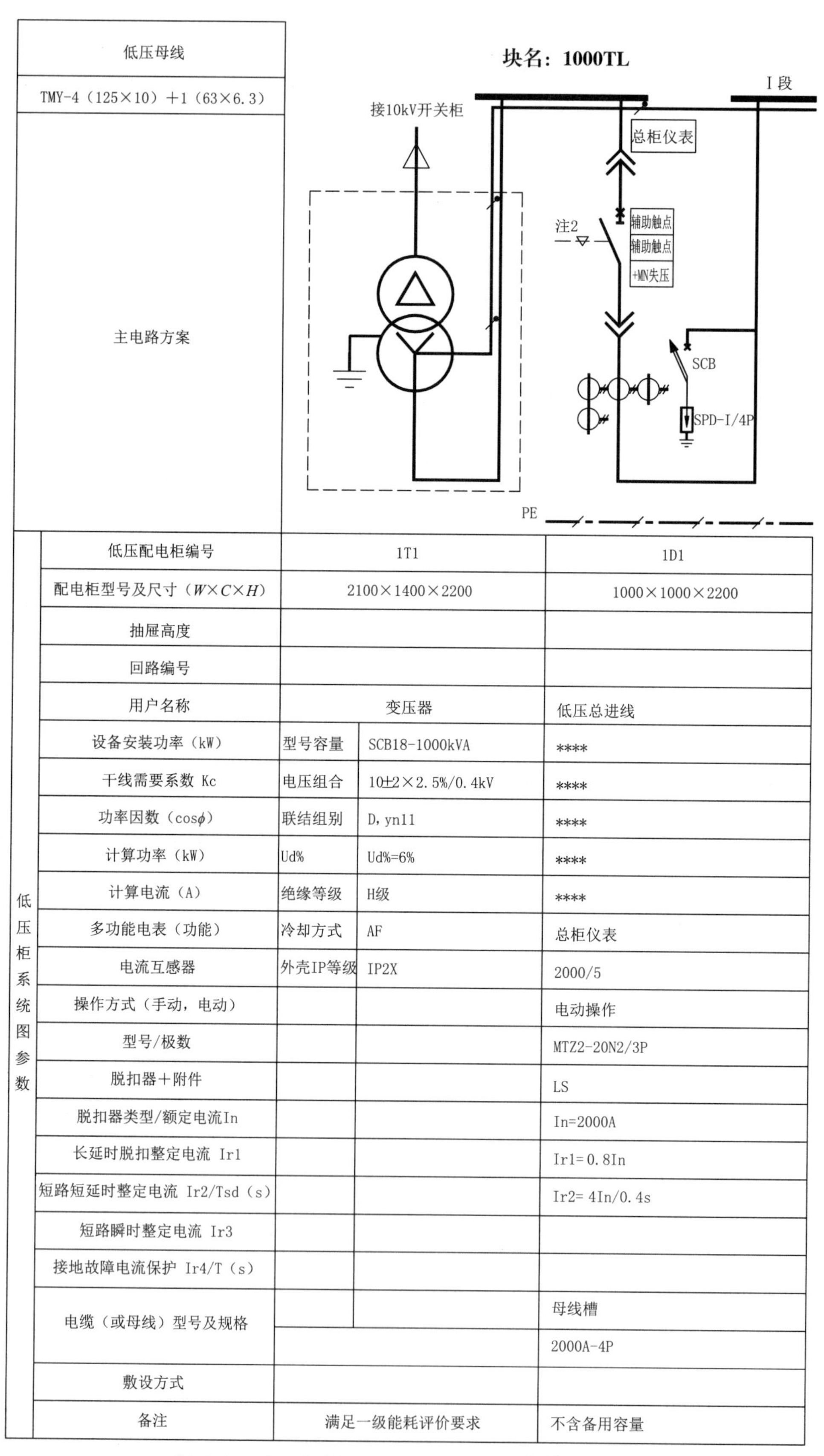

	低压母线	TMY-4（125×10）+1（63×6.3）		
	主电路方案			
低压柜系统图参数	低压配电柜编号	1T1		1D1
	配电柜型号及尺寸（$W×C×H$）	2100×1400×2200		1000×1000×2200
	抽屉高度			
	回路编号			
	用户名称	变压器		低压总进线
	设备安装功率（kW）	型号容量	SCB18-1000kVA	****
	干线需要系数 Kc	电压组合	10±2×2.5%/0.4kV	****
	功率因数（$\cos\phi$）	联结组别	D，yn11	****
	计算功率（kW）	Ud%	Ud%=6%	****
	计算电流（A）	绝缘等级	H级	****
	多功能电表（功能）	冷却方式	AF	总柜仪表
	电流互感器	外壳IP等级	IP2X	2000/5
	操作方式（手动，电动）			电动操作
	型号/极数			MTZ2-20N2/3P
	脱扣器+附件			LS
	脱扣器类型/额定电流In			In=2000A
	长延时脱扣整定电流 Ir1			Ir1=0.8In
	短路短延时整定电流 Ir2/Tsd（s）			Ir2= 4In/0.4s
	短路瞬时整定电流 Ir3			
	接地故障电流保护 Ir4/T（s）			
	电缆（或母线）型号及规格			母线槽
				2000A-4P
	敷设方式			
	备注	满足一级能耗评价要求		不含备用容量

图 6.4-10　左侧 1000kVA 变压器出线柜模块

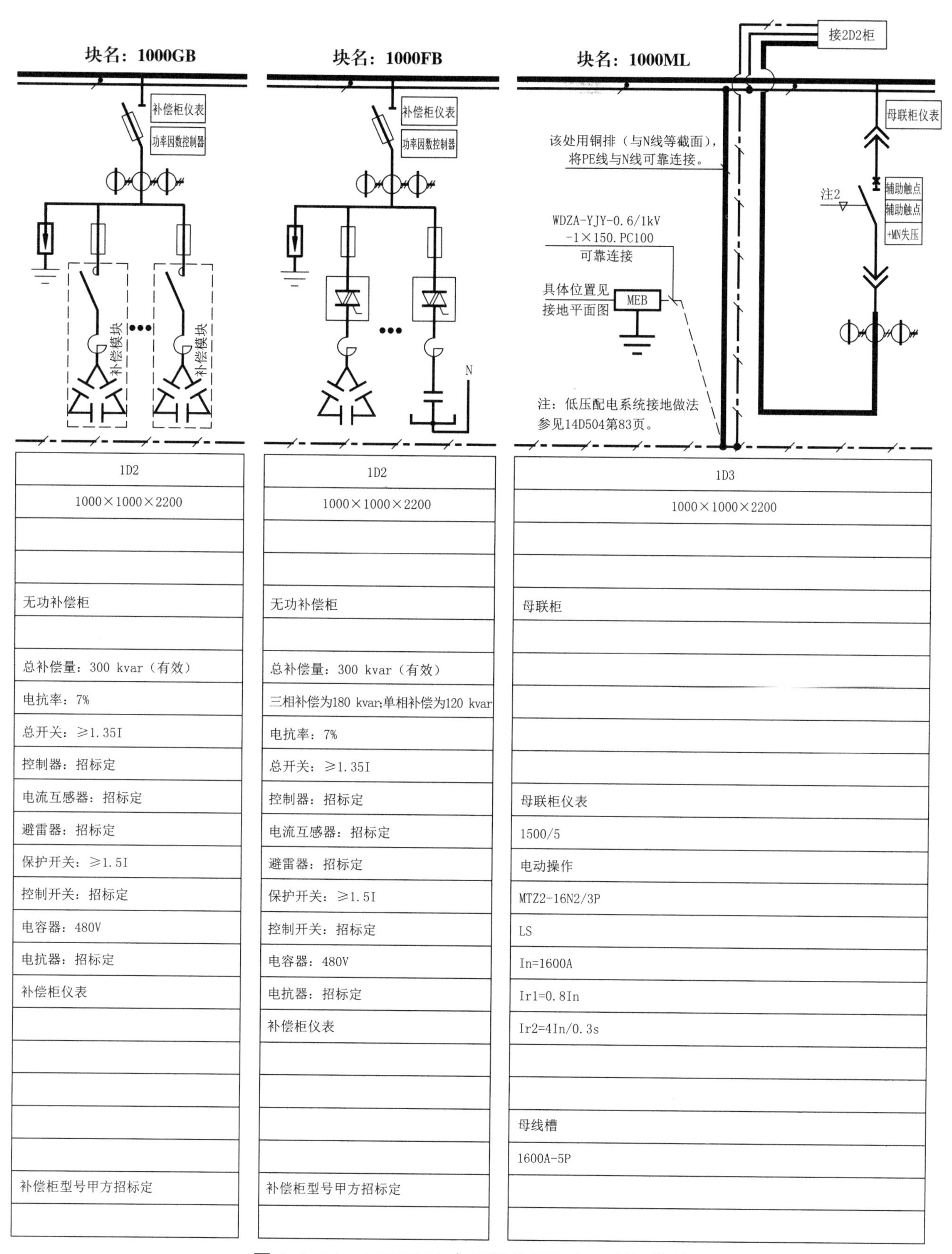

块名：1000GB
补偿柜仪表
功率因数控制器
补偿模块
1D2
1000×1000×2200
无功补偿柜
总补偿量：300 kvar（有效）
电抗率：7%
总开关：≥1.35I
控制器：招标定
电流互感器：招标定
避雷器：招标定
保护开关：≥1.5I
控制开关：招标定
电容器：480V
电抗器：招标定
补偿柜仪表
补偿柜型号甲方招标定
块名：1000FB
补偿柜仪表
功率因数控制器
N
1D2
1000×1000×2200
无功补偿柜
总补偿量：300 kvar（有效）
三相补偿为180 kvar;单相补偿为120 kvar
电抗率：7%
总开关：≥1.35I
控制器：招标定
电流互感器：招标定
避雷器：招标定
保护开关：≥1.5I
控制开关：招标定
电容器：480V
电抗器：招标定
补偿柜仪表
补偿柜型号甲方招标定
块名：1000ML
接2D2柜
母联柜仪表
该处用铜排（与N线等截面），
将PE线与N线可靠连接。
注2
辅助触点
辅助触点
+MN失压
WDZA-YJY-0.6/1kV
-1×150.PC100
可靠连接
具体位置见
接地平面图
MEB
注：低压配电系统接地做法
参见14D504第83页。
1D3
1000×1000×2200
母联柜
母联柜仪表
1500/5
电动操作
MTZ2-16N2/3P
LS
In=1600A
Ir1=0.8In
Ir2=4In/0.3s
母线槽
1600A-5P

图 6.4-11　1000kVA 变压器补偿柜和母联柜模块

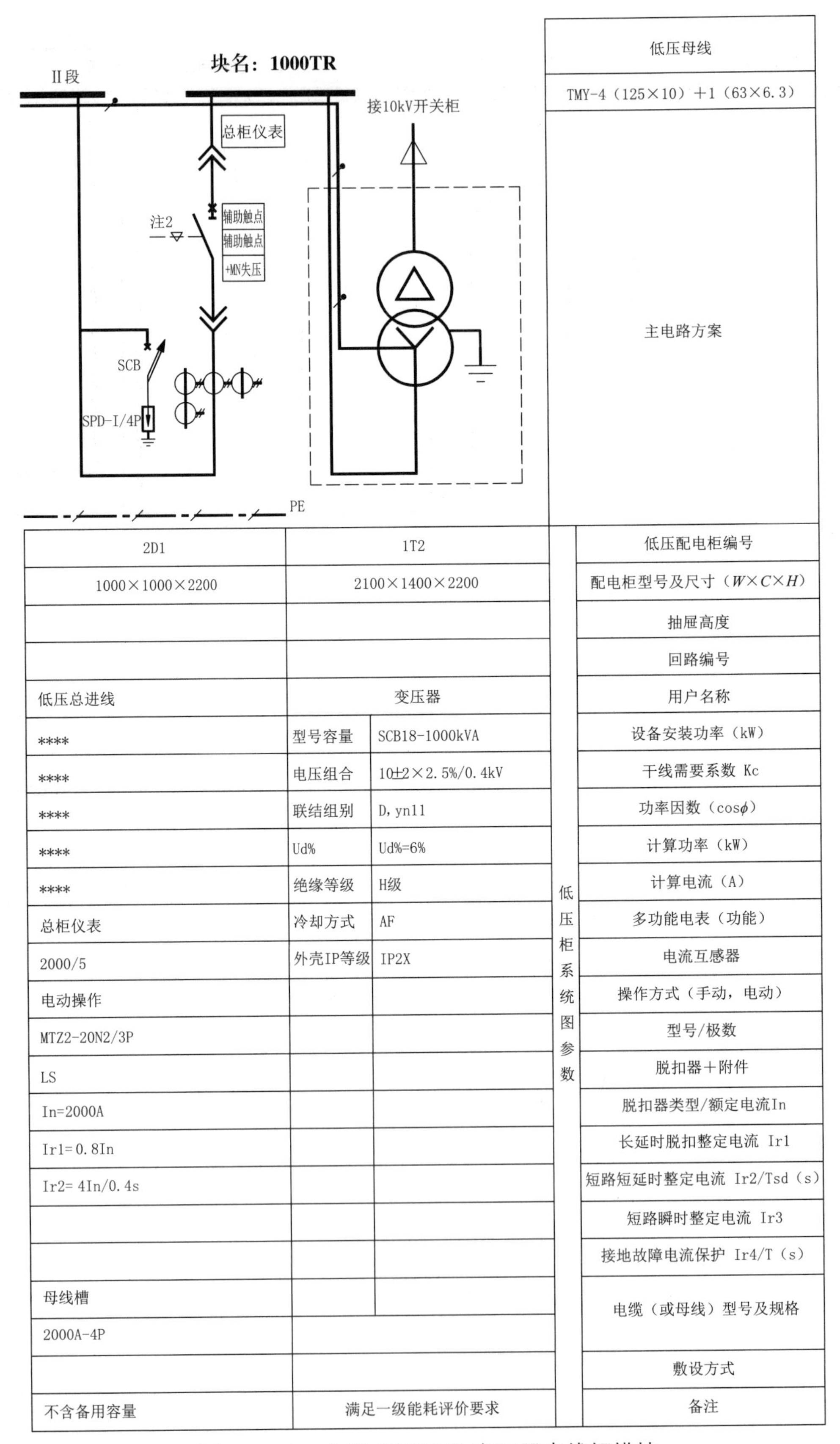

低压柜系统图参数	2D1	1T2	
低压配电柜编号	2D1	1T2	
配电柜型号及尺寸（$W×C×H$）	1000×1000×2200	2100×1400×2200	
抽屉高度			
回路编号			
用户名称	低压总进线	变压器	
设备安装功率（kW）	****	型号容量	SCB18-1000kVA
干线需要系数 Kc	****	电压组合	10±2×2.5%/0.4kV
功率因数（cosϕ）	****	联结组别	D，yn11
计算功率（kW）	****	Ud%	Ud%=6%
计算电流（A）	****	绝缘等级	H级
多功能电表（功能）	总柜仪表	冷却方式	AF
电流互感器	2000/5	外壳IP等级	IP2X
操作方式（手动，电动）	电动操作		
型号/极数	MTZ2-20N2/3P		
脱扣器+附件	LS		
脱扣器类型/额定电流In	In=2000A		
长延时脱扣整定电流 Ir1	Ir1=0.8In		
短路短延时整定电流 Ir2/Tsd（s）	Ir2=4In/0.4s		
短路瞬时整定电流 Ir3			
接地故障电流保护 Ir4/T（s）			
电缆（或母线）型号及规格	母线槽 2000A-4P		
敷设方式			
备注	不含备用容量	满足一级能耗评价要求	

图 6.4-12　右侧 1000kVA 变压器出线柜模块

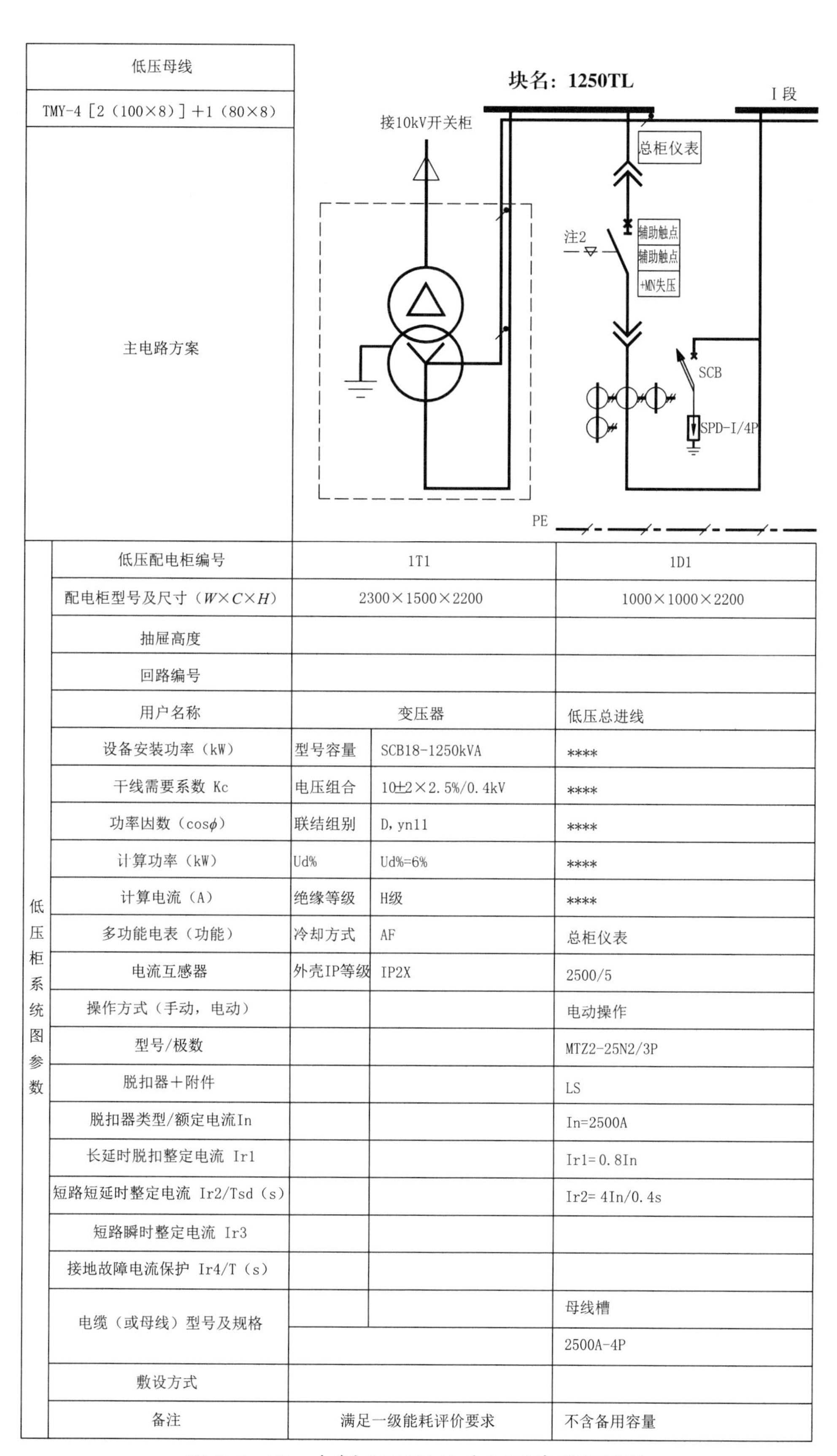

低压母线			
TMY-4［2（100×8）］+1（80×8）			
主电路方案			

低压柜系统图参数			
低压配电柜编号	1T1		1D1
配电柜型号及尺寸（$W \times C \times H$）	2300×1500×2200		1000×1000×2200
抽屉高度			
回路编号			
用户名称	变压器		低压总进线
设备安装功率（kW）	型号容量	SCB18-1250kVA	****
干线需要系数 Kc	电压组合	10±2×2.5%/0.4kV	****
功率因数（cosϕ）	联结组别	D，yn11	****
计算功率（kW）	Ud%	Ud%=6%	****
计算电流（A）	绝缘等级	H级	****
多功能电表（功能）	冷却方式	AF	总柜仪表
电流互感器	外壳IP等级	IP2X	2500/5
操作方式（手动，电动）			电动操作
型号/极数			MTZ2-25N2/3P
脱扣器+附件			LS
脱扣器类型/额定电流In			In=2500A
长延时脱扣整定电流 Ir1			Ir1=0.8In
短路短延时整定电流 Ir2/Tsd（s）			Ir2=4In/0.4s
短路瞬时整定电流 Ir3			
接地故障电流保护 Ir4/T（s）			
电缆（或母线）型号及规格			母线槽
			2500A-4P
敷设方式			
备注	满足一级能耗评价要求		不含备用容量

图6.4-13　左侧1250kVA变压器出线柜模块

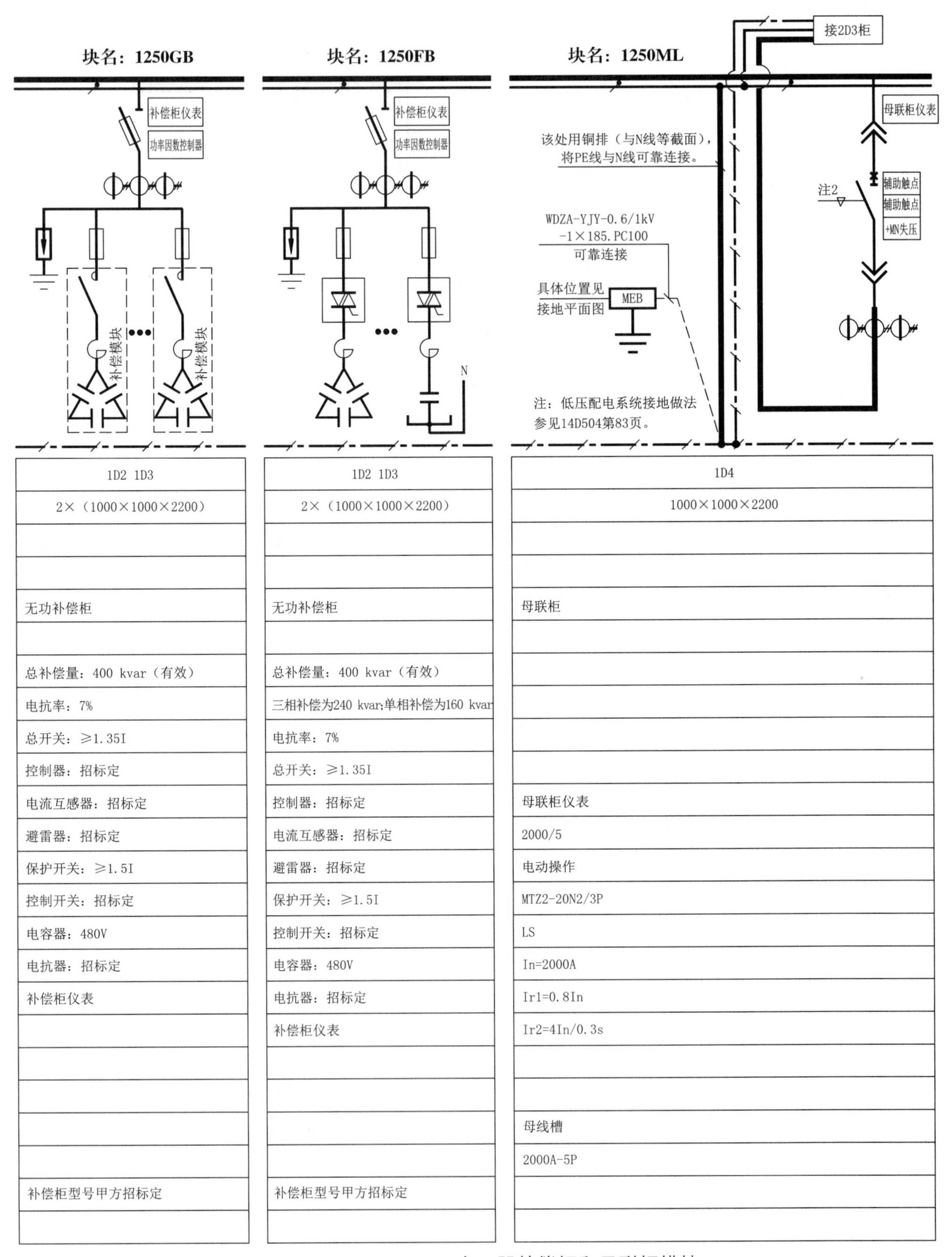

1D2 1D3	1D2 1D3	1D4
2×（1000×1000×2200）	2×（1000×1000×2200）	1000×1000×2200
无功补偿柜	无功补偿柜	母联柜
总补偿量：400 kvar（有效）	总补偿量：400 kvar（有效）	
电抗率：7%	三相补偿为240 kvar;单相补偿为160 kvar	
总开关：≥1.35I	电抗率：7%	
控制器：招标定	总开关：≥1.35I	
电流互感器：招标定	控制器：招标定	母联柜仪表
避雷器：招标定	电流互感器：招标定	2000/5
保护开关：≥1.5I	避雷器：招标定	电动操作
控制开关：招标定	保护开关：≥1.5I	MTZ2-20N2/3P
电容器：480V	控制开关：招标定	LS
电抗器：招标定	电容器：480V	In=2000A
补偿柜仪表	电抗器：招标定	Ir1=0.8In
	补偿柜仪表	Ir2=4In/0.3s
		母线槽
		2000A-5P
补偿柜型号甲方招标定	补偿柜型号甲方招标定	

图 6.4-14　1250kVA 变压器补偿柜和母联柜模块

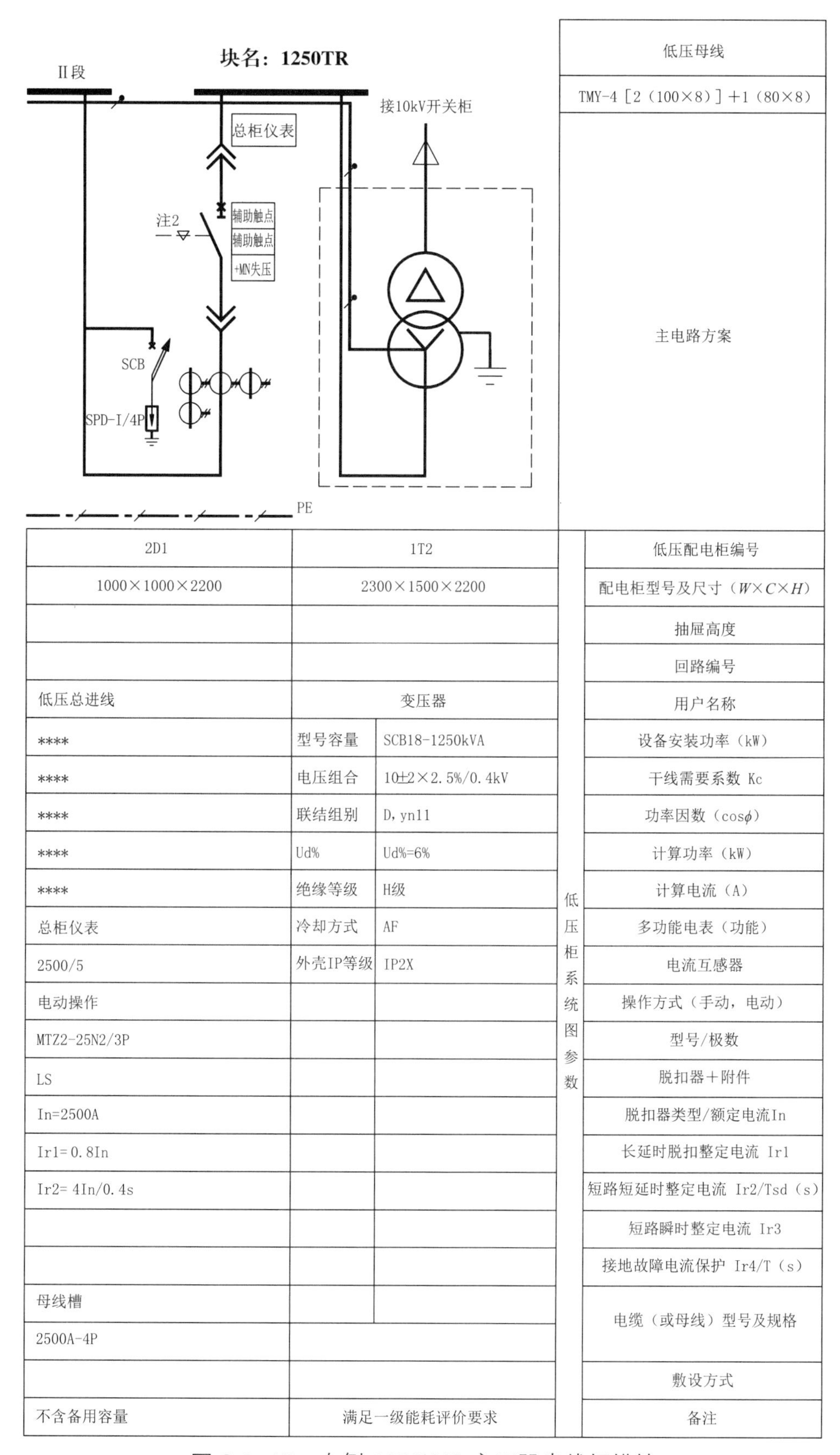

2D1	1T2		低压柜系统图参数	低压配电柜编号
1000×1000×2200	2300×1500×2200			配电柜型号及尺寸（W×C×H）
				抽屉高度
				回路编号
低压总进线	变压器			用户名称
****	型号容量	SCB18-1250kVA		设备安装功率（kW）
****	电压组合	10±2×2.5%/0.4kV		干线需要系数 Kc
****	联结组别	D，yn11		功率因数（cosϕ）
****	Ud%	Ud%=6%		计算功率（kW）
****	绝缘等级	H级		计算电流（A）
总柜仪表	冷却方式	AF		多功能电表（功能）
2500/5	外壳IP等级	IP2X		电流互感器
电动操作				操作方式（手动，电动）
MTZ2-25N2/3P				型号/极数
LS				脱扣器＋附件
In=2500A				脱扣器类型/额定电流In
Ir1=0.8In				长延时脱扣整定电流 Ir1
Ir2= 4In/0.4s				短路短延时整定电流 Ir2/Tsd（s）
				短路瞬时整定电流 Ir3
				接地故障电流保护 Ir4/T（s）
母线槽				电缆（或母线）型号及规格
2500A-4P				
				敷设方式
不含备用容量	满足一级能耗评价要求			备注

图 6.4-15　右侧 1250kVA 变压器出线柜模块

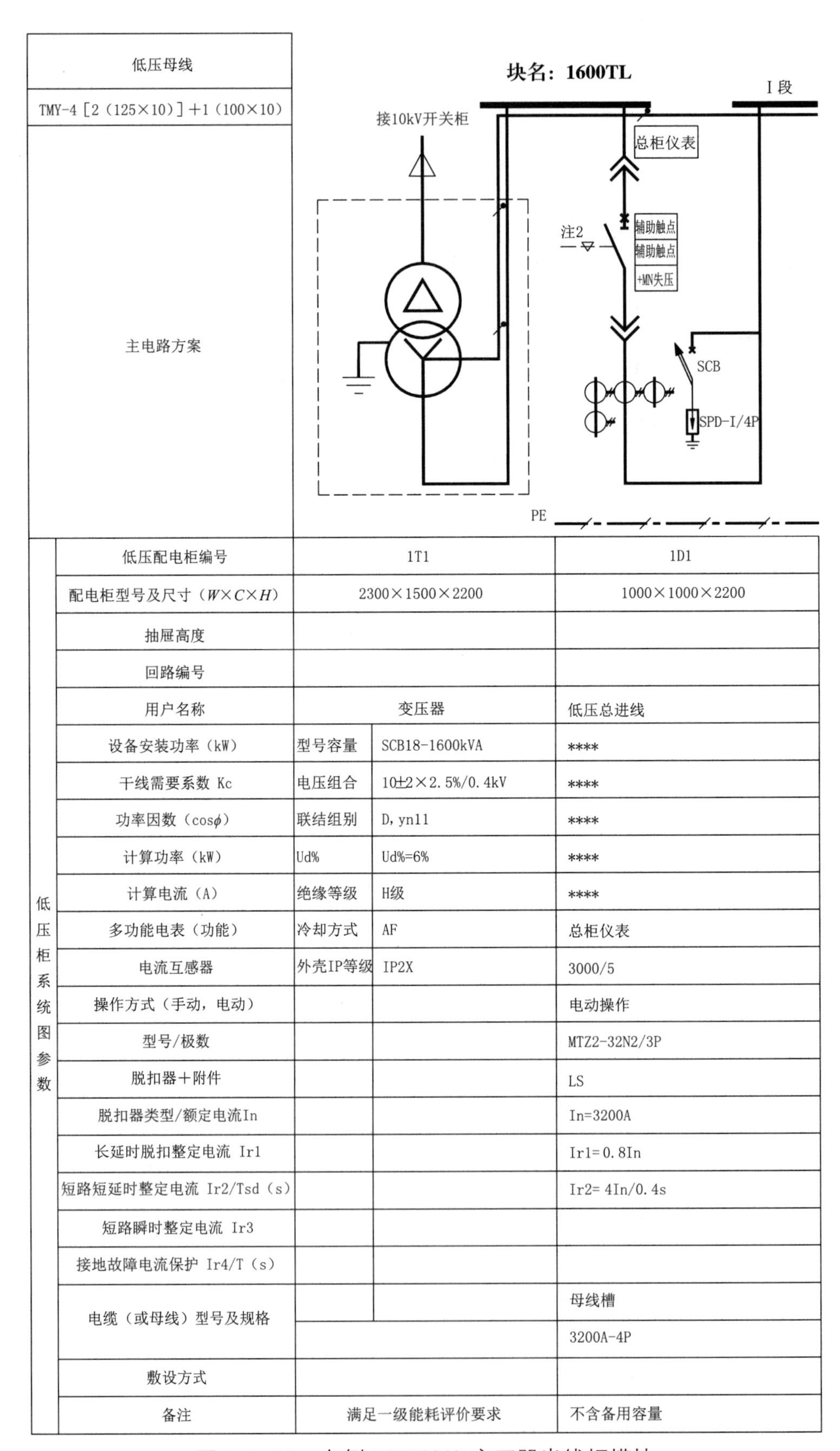

低压母线			
TMY-4［2（125×10）］+1（100×10）			
主电路方案			

低压柜系统图参数

		1T1	1D1
低压配电柜编号	1T1		1D1
配电柜型号及尺寸（$W \times C \times H$）	2300×1500×2200		1000×1000×2200
抽屉高度			
回路编号			
用户名称	变压器		低压总进线
设备安装功率（kW）	型号容量	SCB18-1600kVA	****
干线需要系数 Kc	电压组合	10±2×2.5%/0.4kV	****
功率因数（cosϕ）	联结组别	D，yn11	****
计算功率（kW）	Ud%	Ud%=6%	****
计算电流（A）	绝缘等级	H级	****
多功能电表（功能）	冷却方式	AF	总柜仪表
电流互感器	外壳IP等级	IP2X	3000/5
操作方式（手动，电动）			电动操作
型号/极数			MTZ2-32N2/3P
脱扣器＋附件			LS
脱扣器类型/额定电流In			In=3200A
长延时脱扣整定电流 Ir1			Ir1= 0.8In
短路短延时整定电流 Ir2/Tsd（s）			Ir2= 4In/0.4s
短路瞬时整定电流 Ir3			
接地故障电流保护 Ir4/T（s）			
电缆（或母线）型号及规格			母线槽 3200A-4P
敷设方式			
备注	满足一级能耗评价要求		不含备用容量

图 6.4-16　左侧 1600kVA 变压器出线柜模块

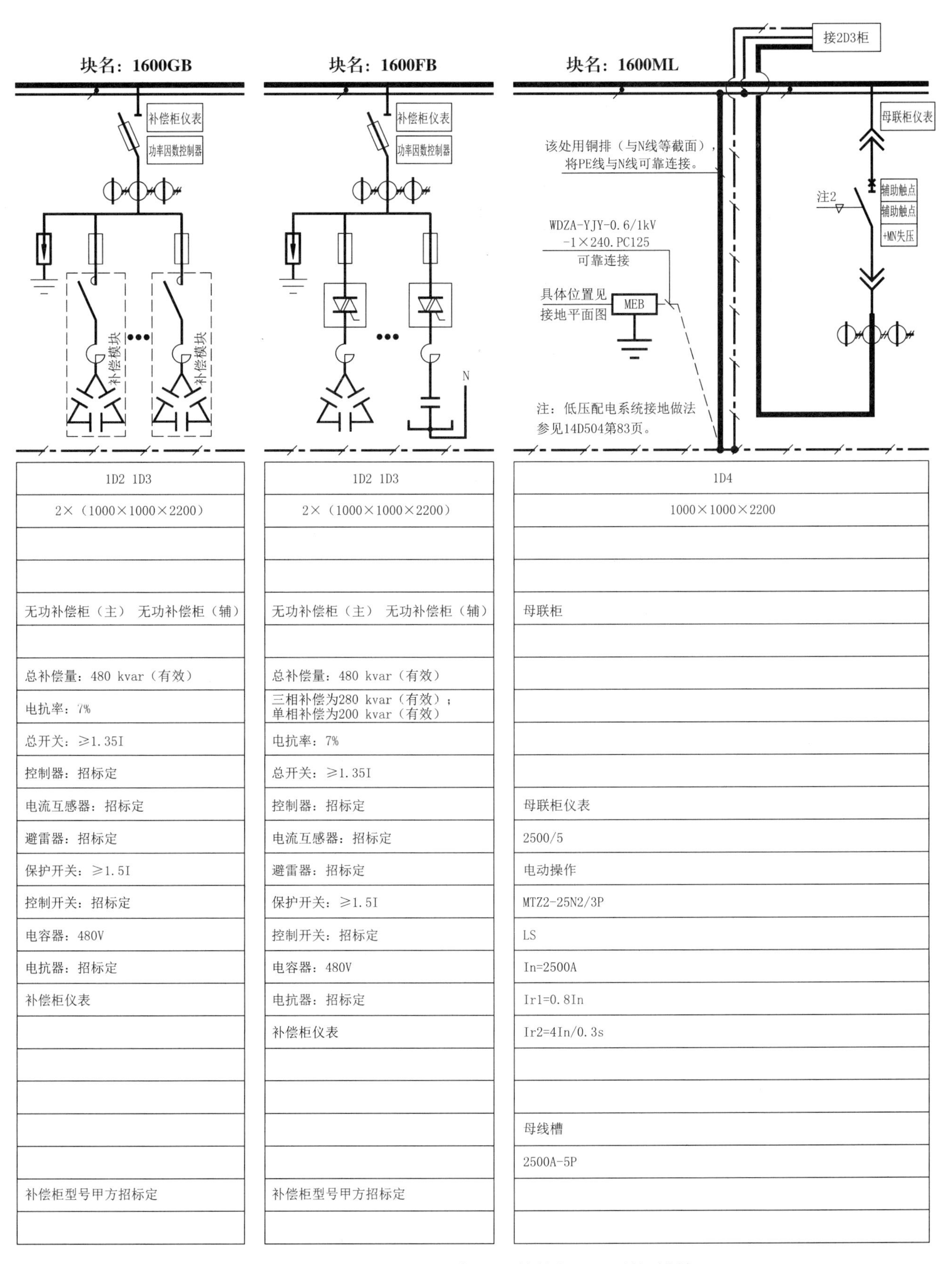

1600GB	1600FB	1600ML
1D2 1D3	1D2 1D3	1D4
2×（1000×1000×2200）	2×（1000×1000×2200）	1000×1000×2200
无功补偿柜（主） 无功补偿柜（辅）	无功补偿柜（主） 无功补偿柜（辅）	母联柜
总补偿量：480 kvar（有效）	总补偿量：480 kvar（有效）	
电抗率：7%	三相补偿为280 kvar（有效）； 单相补偿为200 kvar（有效）	
总开关：≥1.35I	电抗率：7%	
控制器：招标定	总开关：≥1.35I	
电流互感器：招标定	控制器：招标定	母联柜仪表
避雷器：招标定	电流互感器：招标定	2500/5
保护开关：≥1.5I	避雷器：招标定	电动操作
控制开关：招标定	保护开关：≥1.5I	MTZ2-25N2/3P
电容器：480V	控制开关：招标定	LS
电抗器：招标定	电容器：480V	In=2500A
补偿柜仪表	电抗器：招标定	Ir1=0.8In
	补偿柜仪表	Ir2=4In/0.3s
		母线槽
		2500A-5P
补偿柜型号甲方招标定	补偿柜型号甲方招标定	

图 6.4-17　1600kVA 变压器补偿柜和母联柜模块

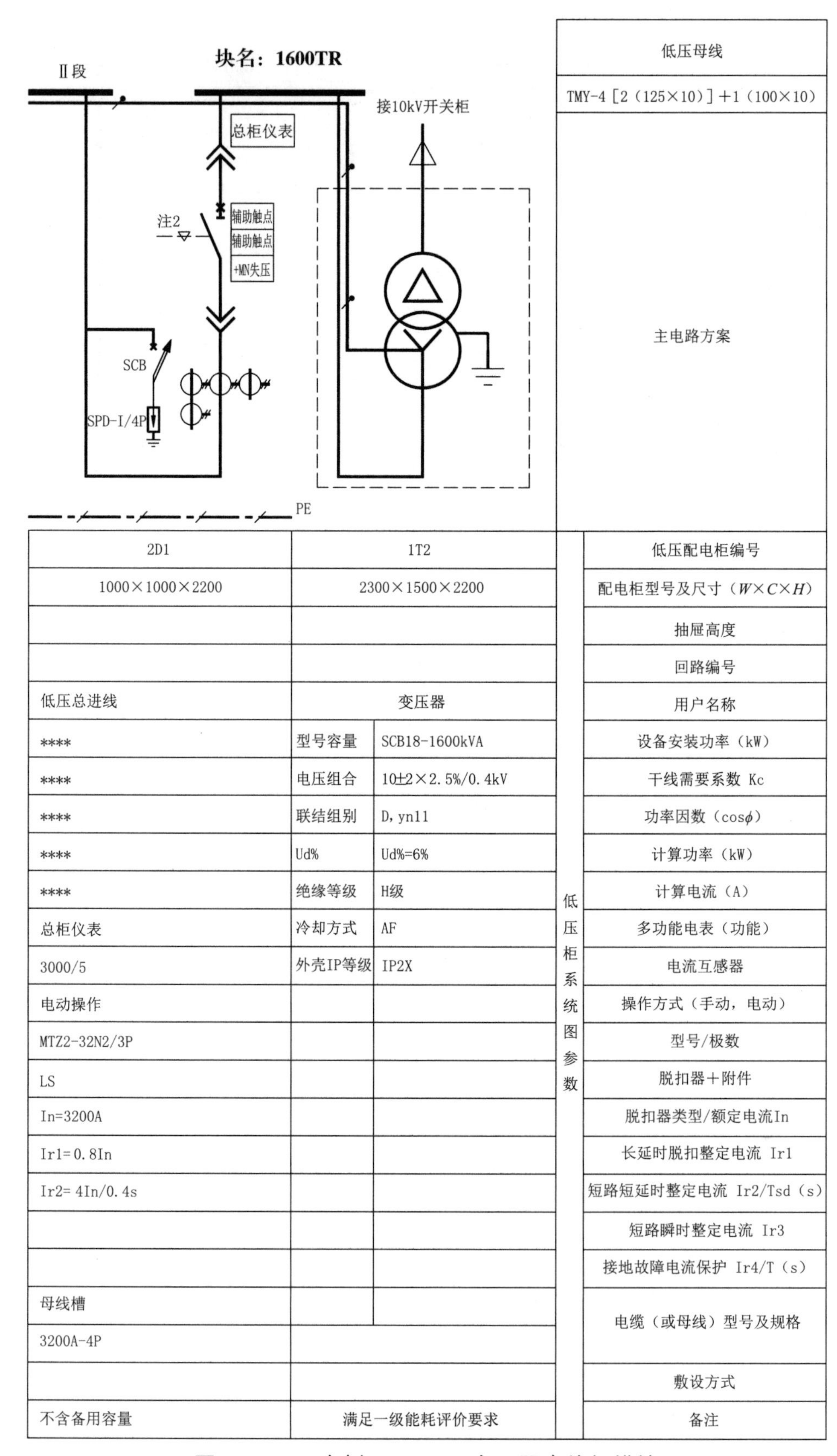

				低压母线
				TMY-4［2（125×10）］+1（100×10）
				主电路方案
2D1	1T2		低压柜系统图参数	低压配电柜编号
1000×1000×2200	2300×1500×2200			配电柜型号及尺寸（$W\times C\times H$）
				抽屉高度
				回路编号
低压总进线	变压器			用户名称
****	型号容量	SCB18-1600kVA		设备安装功率（kW）
****	电压组合	10±2×2.5%/0.4kV		干线需要系数 Kc
****	联结组别	D，yn11		功率因数（cosϕ）
****	Ud%	Ud%=6%		计算功率（kW）
****	绝缘等级	H级		计算电流（A）
总柜仪表	冷却方式	AF		多功能电表（功能）
3000/5	外壳IP等级	IP2X		电流互感器
电动操作				操作方式（手动，电动）
MTZ2-32N2/3P				型号/极数
LS				脱扣器+附件
In=3200A				脱扣器类型/额定电流In
Ir1=0.8In				长延时脱扣整定电流 Ir1
Ir2=4In/0.4s				短路短延时整定电流 Ir2/Tsd（s）
				短路瞬时整定电流 Ir3
				接地故障电流保护 Ir4/T（s）
母线槽 3200A-4P				电缆（或母线）型号及规格
				敷设方式
不含备用容量	满足一级能耗评价要求			备注

图 6.4-18　右侧 1600kVA 变压器出线柜模块

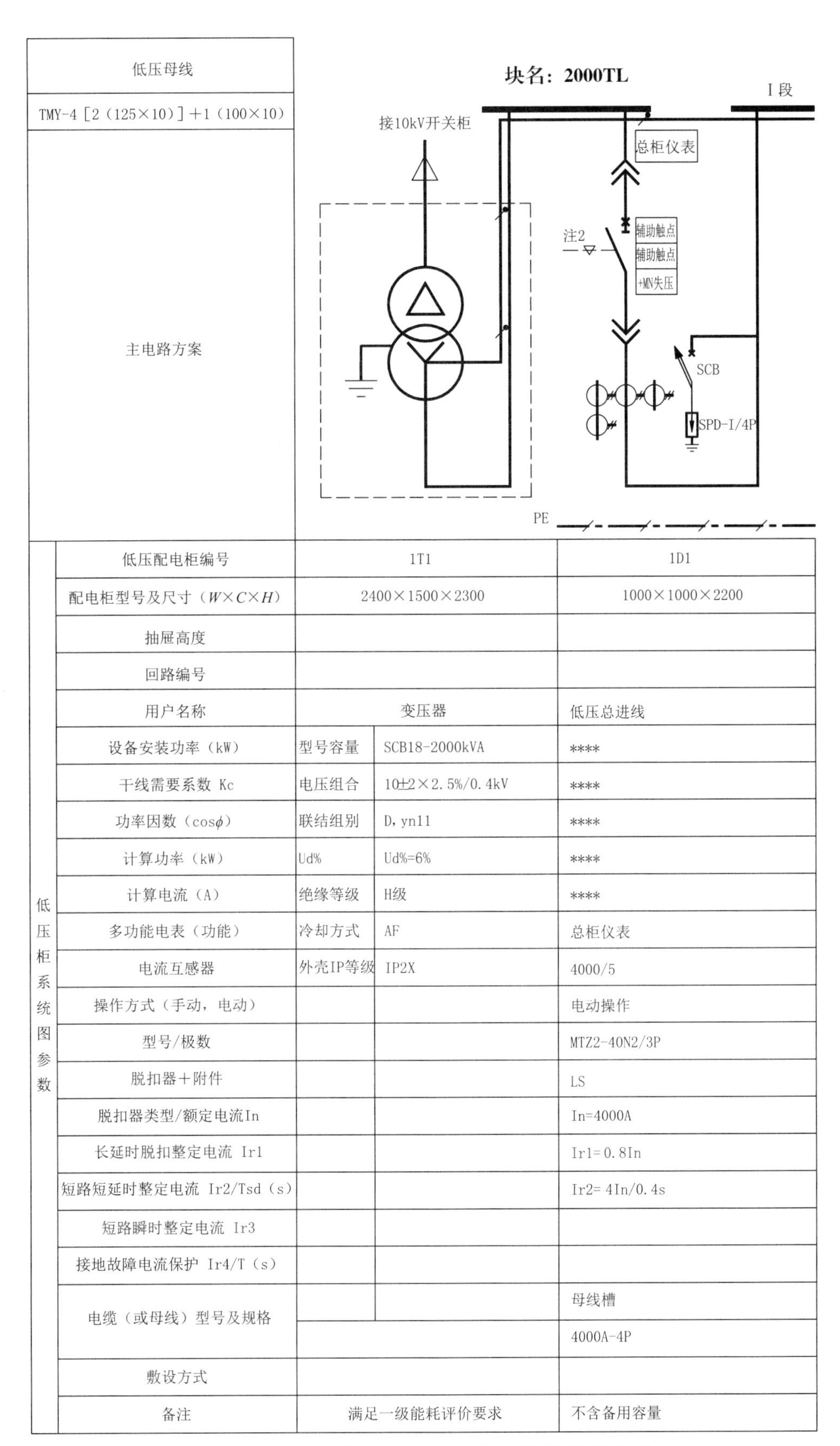

低压配电柜编号	1T1		1D1
配电柜型号及尺寸（$W \times C \times H$）	2400×1500×2300		1000×1000×2200
抽屉高度			
回路编号			
用户名称	变压器		低压总进线
设备安装功率（kW）	型号容量	SCB18-2000kVA	****
干线需要系数 Kc	电压组合	10±2×2.5%/0.4kV	****
功率因数（cosϕ）	联结组别	D，yn11	****
计算功率（kW）	Ud%	Ud%=6%	****
计算电流（A）	绝缘等级	H级	****
多功能电表（功能）	冷却方式	AF	总柜仪表
电流互感器	外壳IP等级	IP2X	4000/5
操作方式（手动，电动）			电动操作
型号/极数			MTZ2-40N2/3P
脱扣器+附件			LS
脱扣器类型/额定电流In			In=4000A
长延时脱扣整定电流 Ir1			Ir1=0.8In
短路短延时整定电流 Ir2/Tsd（s）			Ir2= 4In/0.4s
短路瞬时整定电流 Ir3			
接地故障电流保护 Ir4/T（s）			
电缆（或母线）型号及规格			母线槽
			4000A-4P
敷设方式			
备注	满足一级能耗评价要求		不含备用容量

图 6.4-19　左侧 2000kVA 变压器出线柜模块

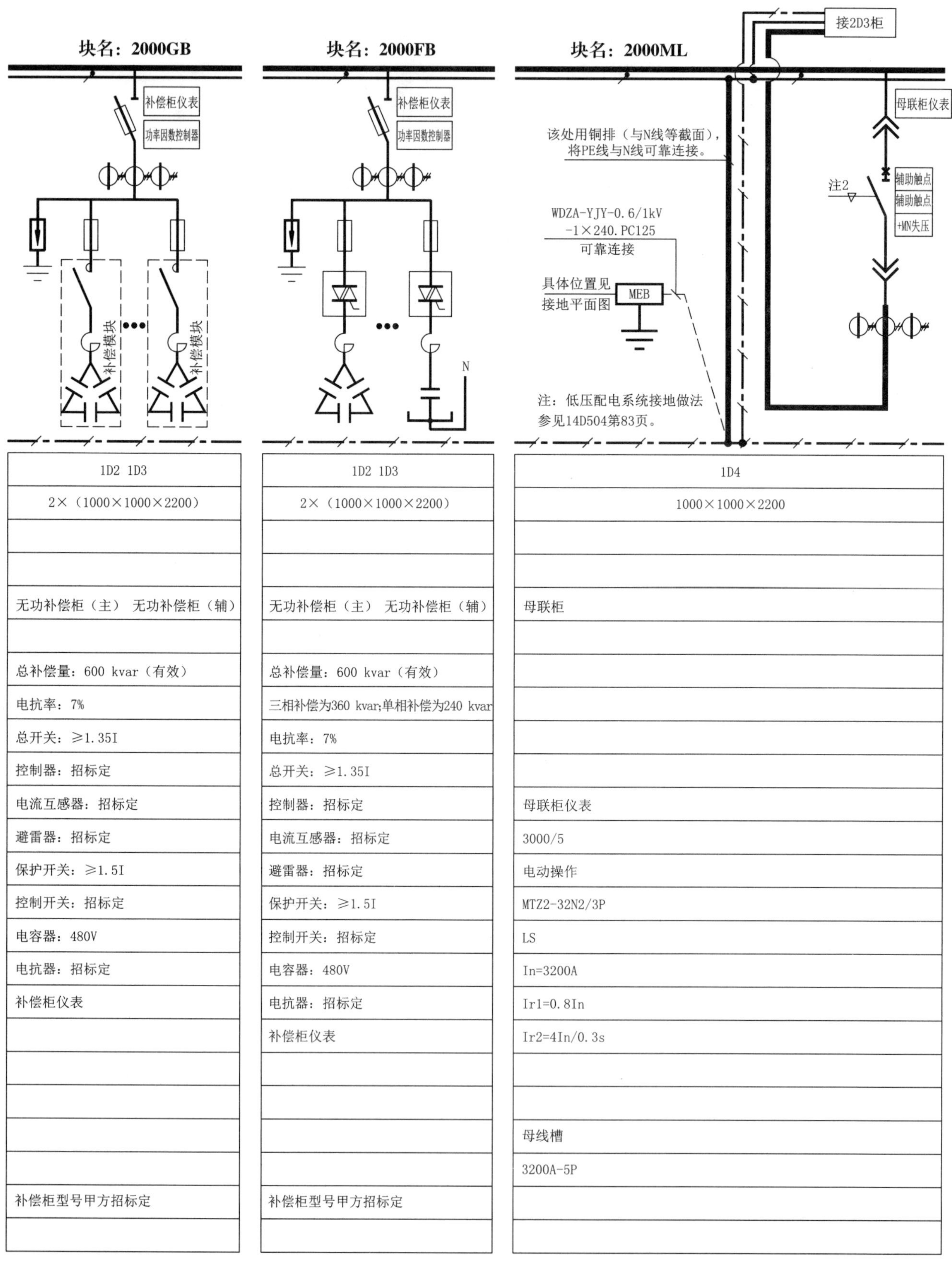

2000GB	2000FB	2000ML
1D2 1D3	1D2 1D3	1D4
2×（1000×1000×2200）	2×（1000×1000×2200）	1000×1000×2200
无功补偿柜（主） 无功补偿柜（辅）	无功补偿柜（主） 无功补偿柜（辅）	母联柜
总补偿量：600 kvar（有效）	总补偿量：600 kvar（有效）	
电抗率：7%	三相补偿为360 kvar;单相补偿为240 kvar	
总开关：≥1.35I	电抗率：7%	
控制器：招标定	总开关：≥1.35I	
电流互感器：招标定	控制器：招标定	母联柜仪表
避雷器：招标定	电流互感器：招标定	3000/5
保护开关：≥1.5I	避雷器：招标定	电动操作
控制开关：招标定	保护开关：≥1.5I	MTZ2-32N2/3P
电容器：480V	控制开关：招标定	LS
电抗器：招标定	电容器：480V	In=3200A
补偿柜仪表	电抗器：招标定	Ir1=0.8In
	补偿柜仪表	Ir2=4In/0.3s
		母线槽
		3200A-5P
补偿柜型号甲方招标定	补偿柜型号甲方招标定	

图 6.4-20　2000kVA 变压器补偿柜和母联柜模块

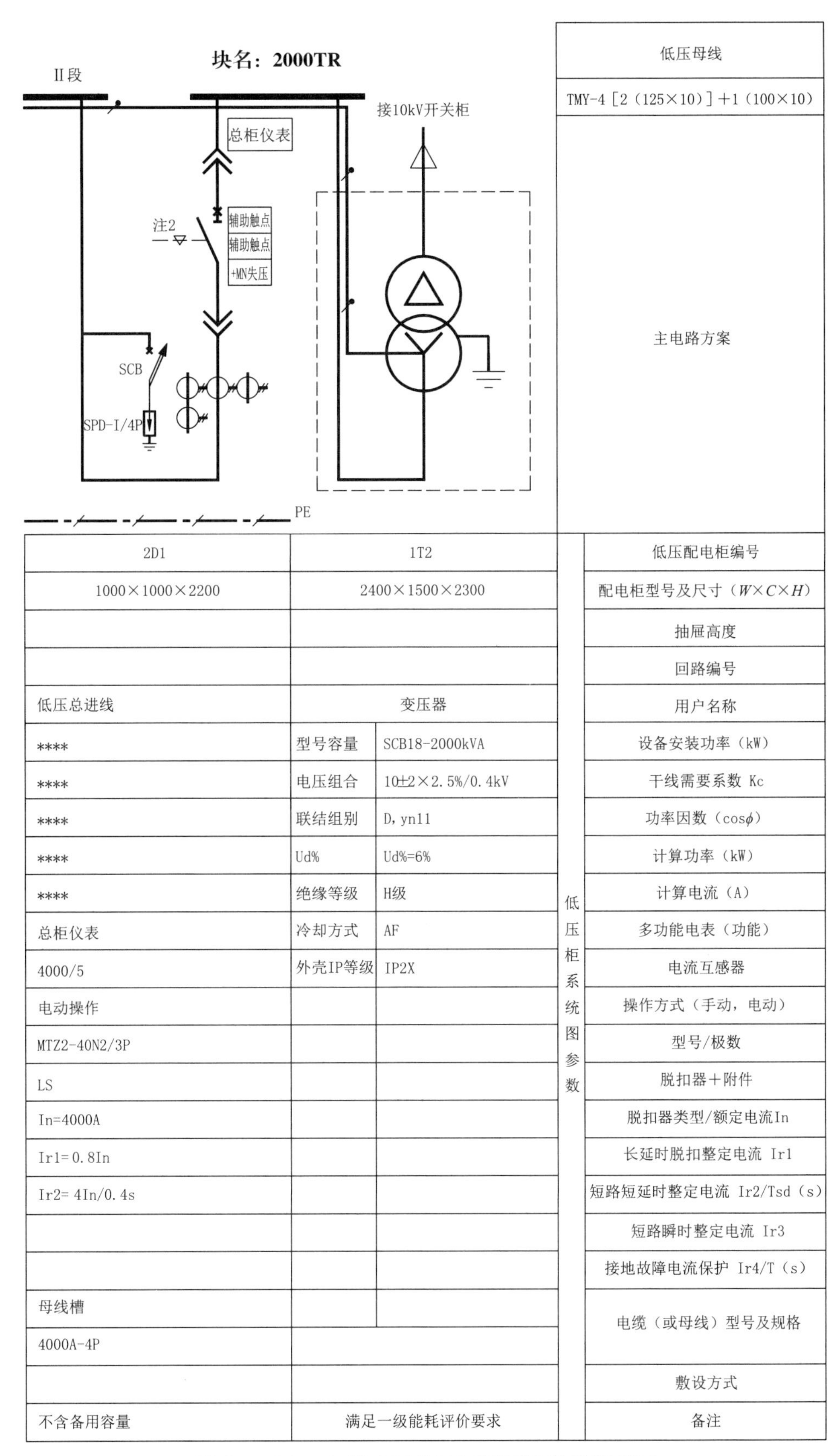

低压柜系统图参数

2D1	1T2		低压配电柜编号
1000×1000×2200	2400×1500×2300		配电柜型号及尺寸（W×C×H）
			抽屉高度
			回路编号
低压总进线	变压器		用户名称
****	型号容量	SCB18-2000kVA	设备安装功率（kW）
****	电压组合	10±2×2.5%/0.4kV	干线需要系数 Kc
****	联结组别	D，yn11	功率因数（cosϕ）
****	Ud%	Ud%=6%	计算功率（kW）
****	绝缘等级	H级	计算电流（A）
总柜仪表	冷却方式	AF	多功能电表（功能）
4000/5	外壳IP等级	IP2X	电流互感器
电动操作			操作方式（手动，电动）
MTZ2-40N2/3P			型号/极数
LS			脱扣器＋附件
In=4000A			脱扣器类型/额定电流In
Ir1=0.8In			长延时脱扣整定电流 Ir1
Ir2=4In/0.4s			短路短延时整定电流 Ir2/Tsd（s）
			短路瞬时整定电流 Ir3
			接地故障电流保护 Ir4/T（s）
母线槽			电缆（或母线）型号及规格
4000A-4P			
			敷设方式
不含备用容量	满足一级能耗评价要求		备注

图 6.4-21　右侧 2000kVA 变压器出线柜模块

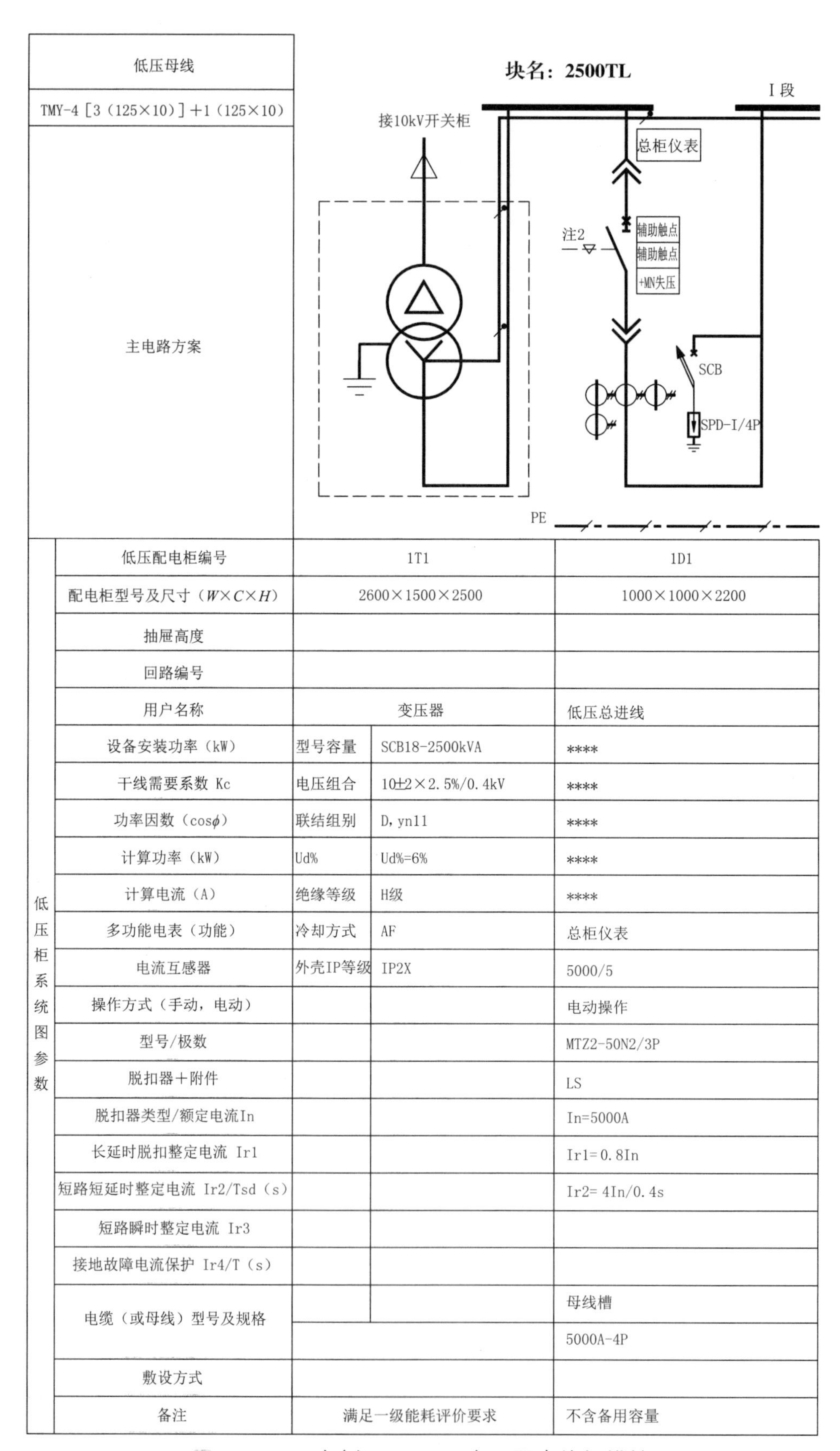

低压母线			
TMY-4 [3 (125×10)] +1 (125×10)			
主电路方案			

低压柜系统图参数				
	低压配电柜编号	1T1		1D1
	配电柜型号及尺寸（$W\times C\times H$）	2600×1500×2500		1000×1000×2200
	抽屉高度			
	回路编号			
	用户名称	变压器		低压总进线
	设备安装功率（kW）	型号容量	SCB18-2500kVA	****
	干线需要系数 Kc	电压组合	10±2×2.5%/0.4kV	****
	功率因数（cosϕ）	联结组别	D，yn11	****
	计算功率（kW）	Ud%	Ud%=6%	****
	计算电流（A）	绝缘等级	H级	****
	多功能电表（功能）	冷却方式	AF	总柜仪表
	电流互感器	外壳IP等级	IP2X	5000/5
	操作方式（手动，电动）			电动操作
	型号/极数			MTZ2-50N2/3P
	脱扣器+附件			LS
	脱扣器类型/额定电流In			In=5000A
	长延时脱扣整定电流 Ir1			Ir1=0.8In
	短路短延时整定电流 Ir2/Tsd（s）			Ir2= 4In/0.4s
	短路瞬时整定电流 Ir3			
	接地故障电流保护 Ir4/T（s）			
	电缆（或母线）型号及规格			母线槽
				5000A-4P
	敷设方式			
	备注	满足一级能耗评价要求		不含备用容量

图 6.4-22　左侧 2500kVA 变压器出线柜模块

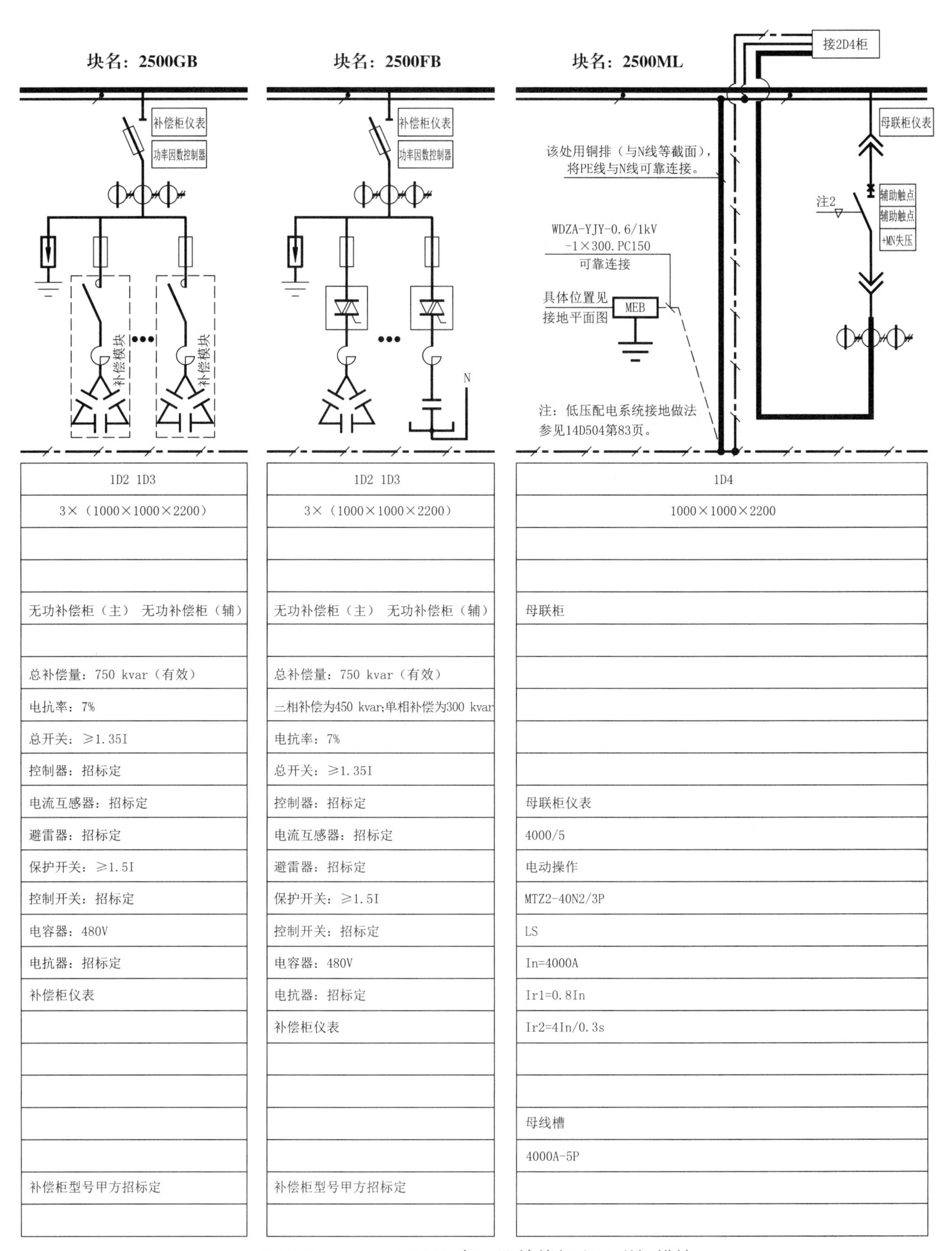

1D2 1D3	1D2 1D3	1D4
3×（1000×1000×2200）	3×（1000×1000×2200）	1000×1000×2200
无功补偿柜（主） 无功补偿柜（辅）	无功补偿柜（主） 无功补偿柜（辅）	母联柜
总补偿量：750 kvar（有效）	总补偿量：750 kvar（有效）	
电抗率：7%	三相补偿为450 kvar;单相补偿为300 kvar	
总开关：≥1.35I	电抗率：7%	
控制器：招标定	总开关：≥1.35I	
电流互感器：招标定	控制器：招标定	母联柜仪表
避雷器：招标定	电流互感器：招标定	4000/5
保护开关：≥1.5I	避雷器：招标定	电动操作
控制开关：招标定	保护开关：≥1.5I	MTZ2-40N2/3P
电容器：480V	控制开关：招标定	LS
电抗器：招标定	电容器：480V	In=4000A
补偿柜仪表	电抗器：招标定	Ir1=0.8In
	补偿柜仪表	Ir2=4In/0.3s
		母线槽
		4000A-5P
补偿柜型号甲方招标定	补偿柜型号甲方招标定	

图 6.4-23　2500kVA 变压器补偿柜和母联柜模块

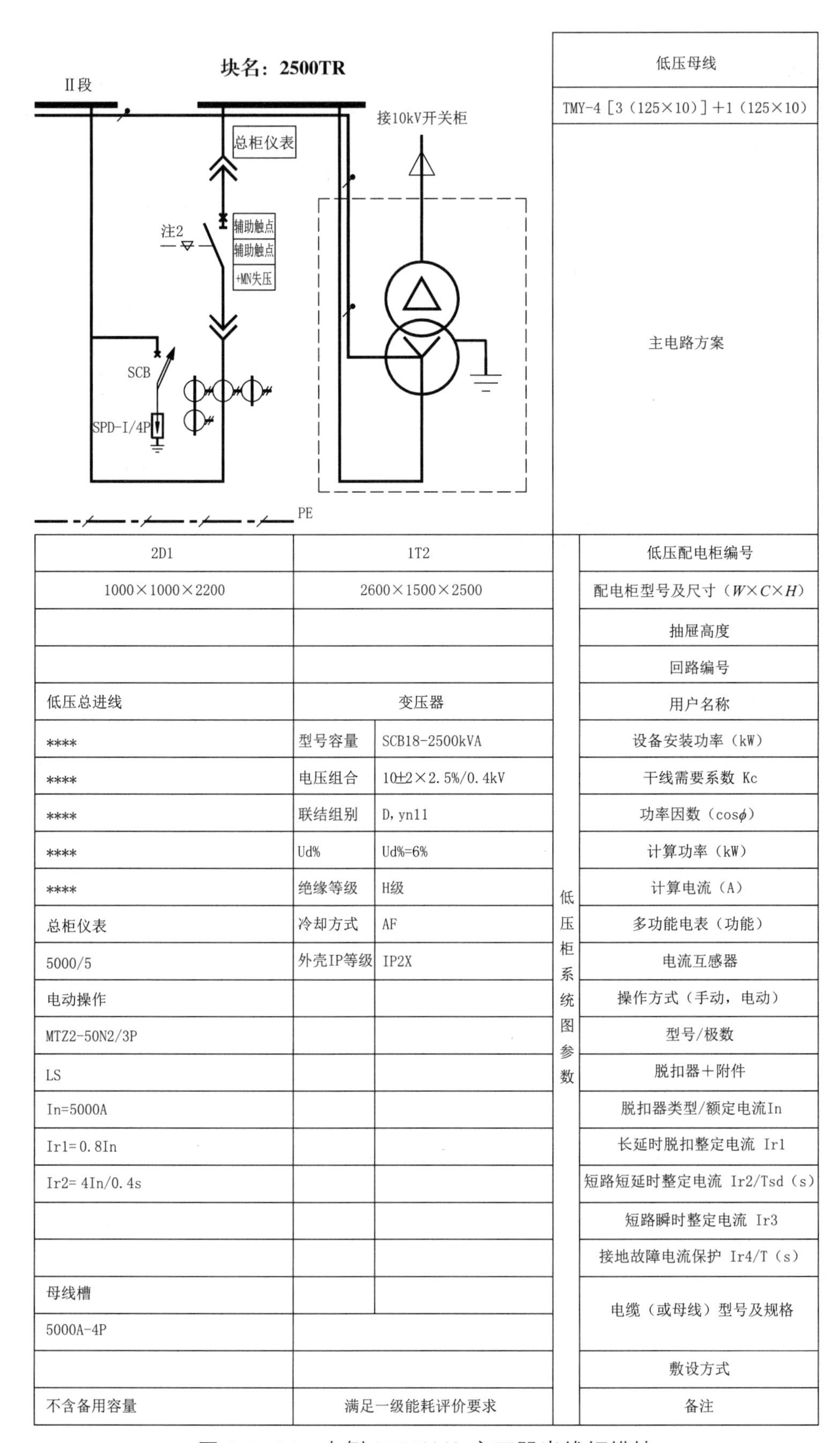

2D1	1T2		低压柜系统图参数	低压配电柜编号
1000×1000×2200	2600×1500×2500			配电柜型号及尺寸（$W\times C\times H$）
				抽屉高度
				回路编号
低压总进线	变压器			用户名称
****	型号容量	SCB18-2500kVA		设备安装功率（kW）
****	电压组合	10±2×2.5%/0.4kV		干线需要系数 Kc
****	联结组别	D，yn11		功率因数（cosφ）
****	Ud%	Ud%=6%		计算功率（kW）
****	绝缘等级	H级		计算电流（A）
总柜仪表	冷却方式	AF		多功能电表（功能）
5000/5	外壳IP等级	IP2X		电流互感器
电动操作				操作方式（手动，电动）
MTZ2-50N2/3P				型号/极数
LS				脱扣器+附件
In=5000A				脱扣器类型/额定电流In
Ir1=0.8In				长延时脱扣整定电流 Ir1
Ir2= 4In/0.4s				短路短延时整定电流 Ir2/Tsd（s）
				短路瞬时整定电流 Ir3
				接地故障电流保护 Ir4/T（s）
母线槽				电缆（或母线）型号及规格
5000A-4P				
				敷设方式
不含备用容量	满足一级能耗评价要求			备注

图 6.4-24　右侧 2500kVA 变压器出线柜模块

6.4.3　出线柜模块

出线柜模块是指将不同回路数的出线柜的一次接线图做成块，其他参数则通过Excel表格生成后导入CAD中，出线柜模块见图6.4-25～图6.4-27。

块名说明：D　8

　　　　　①　②

①表示出线柜；②表示出线柜回路数；1～9，共9个。

使用说明：牢记块名及其意义，低压系统图中输入对应的块名。

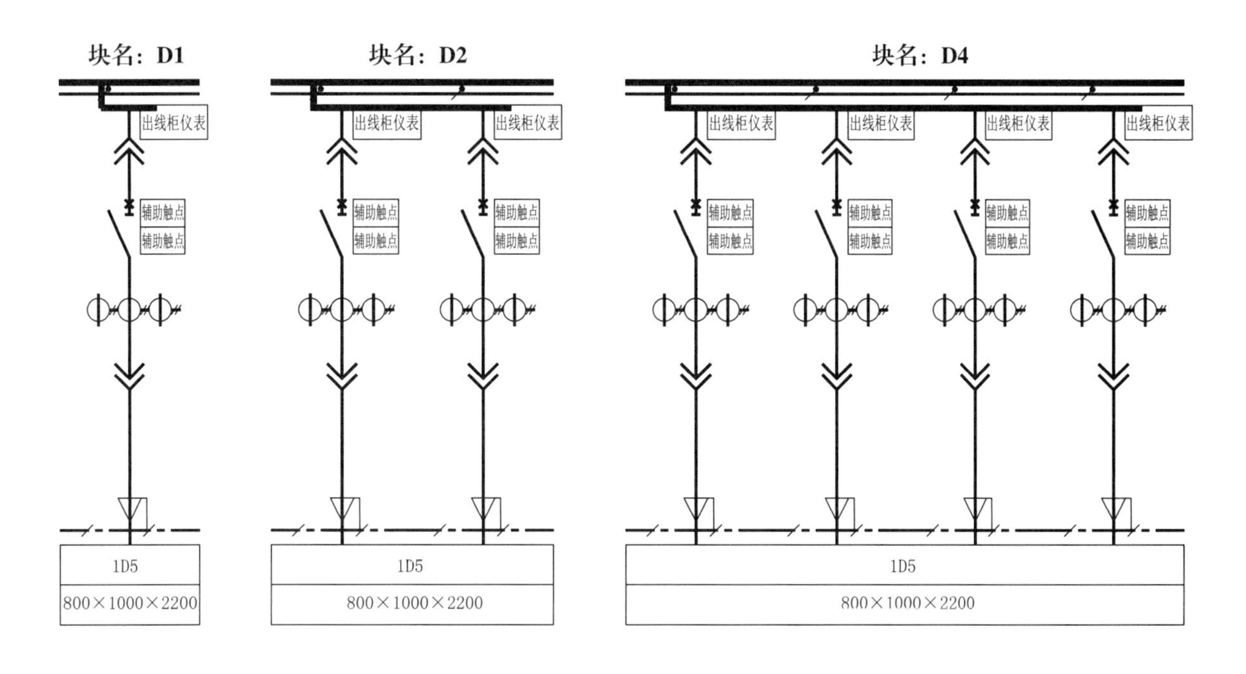

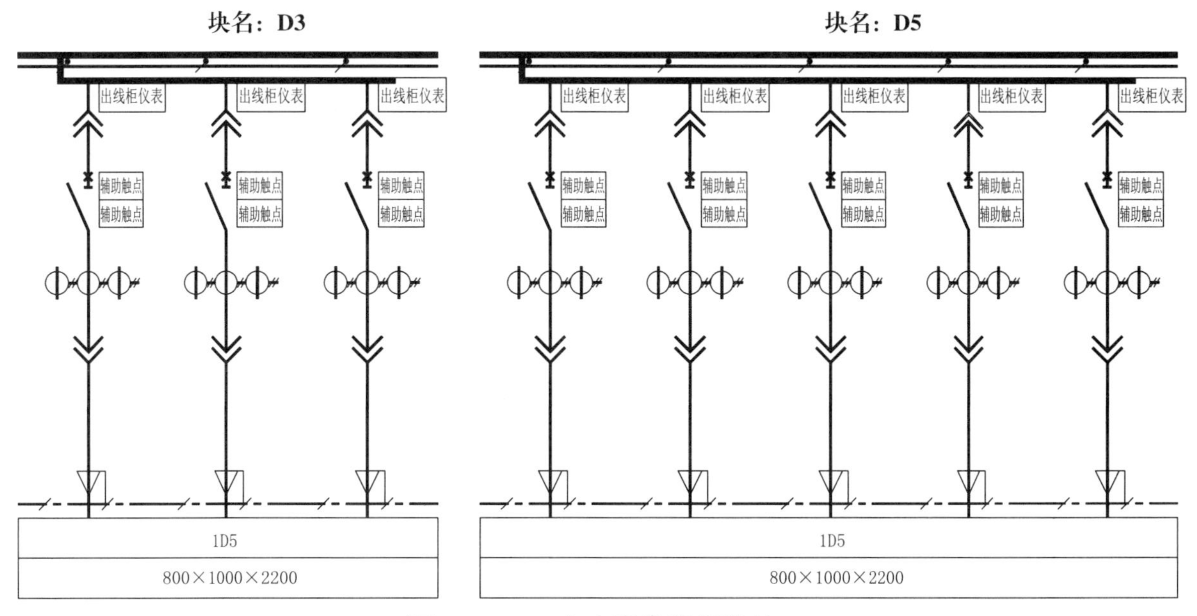

图6.4-25　变电所出线柜模块1

表格生成：在计算表格中输入回路编号、用户名称、设备安装功率、干线需要系数、功率因数、配电线缆长度以及线缆敷设方式等参数，表格可自动关联计算出低压系统图中所需的断路器、互感器、电工仪表、电缆等的型号、规格、整定值和敷设方式。

Excel 表格完成后，通过天正电气中的“读入 Excel”命令导入所需的表格，并通过表列编辑、表行编辑和单元编辑等命令，调整表格的间距和文字尺寸，使得图纸更加美观。

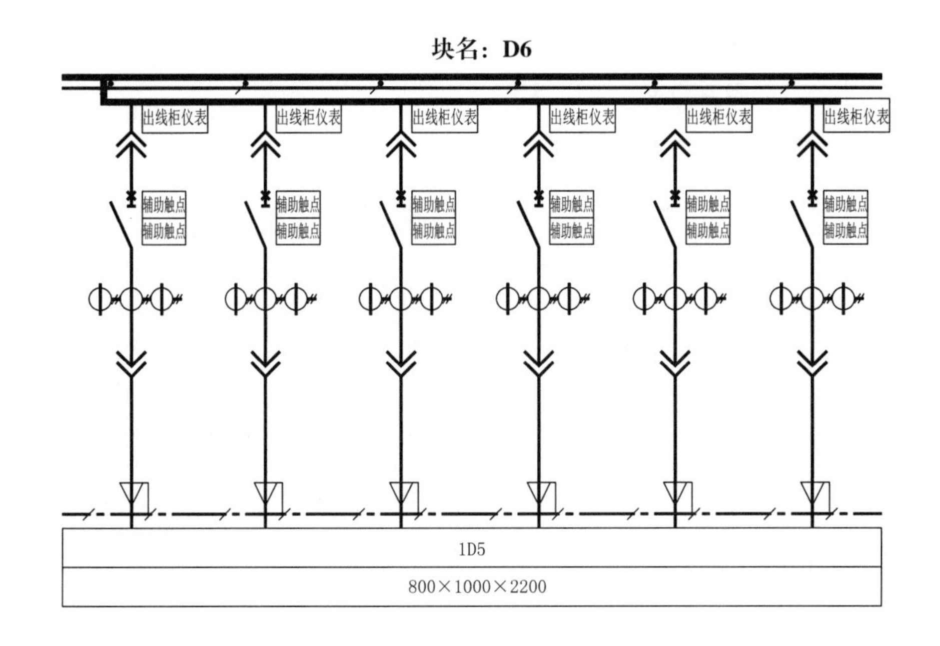

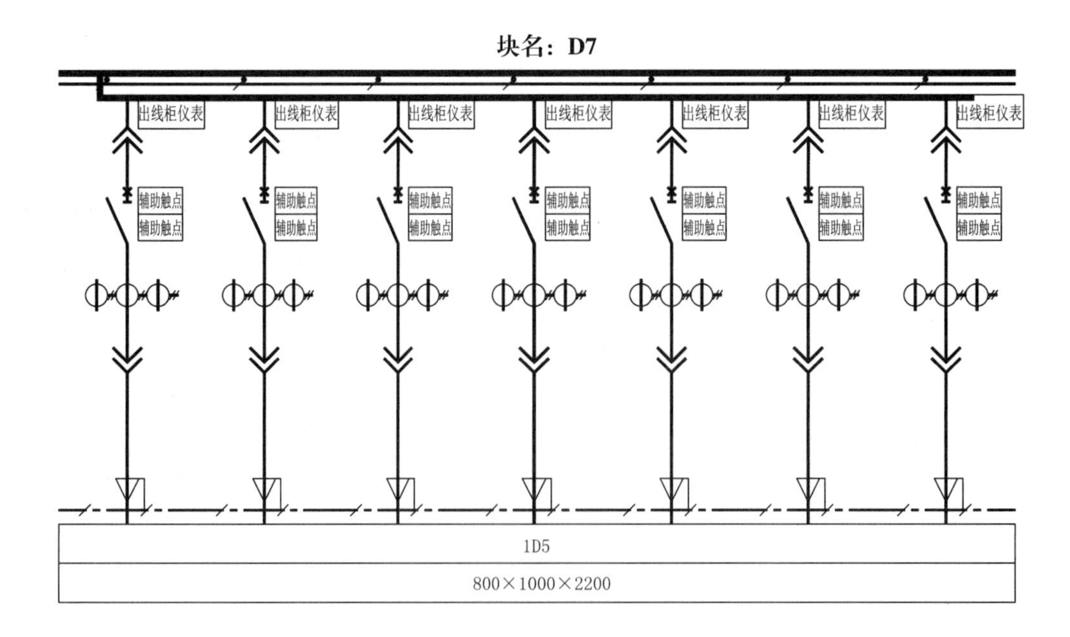

图 6.4-26　变电所出线柜模块 2

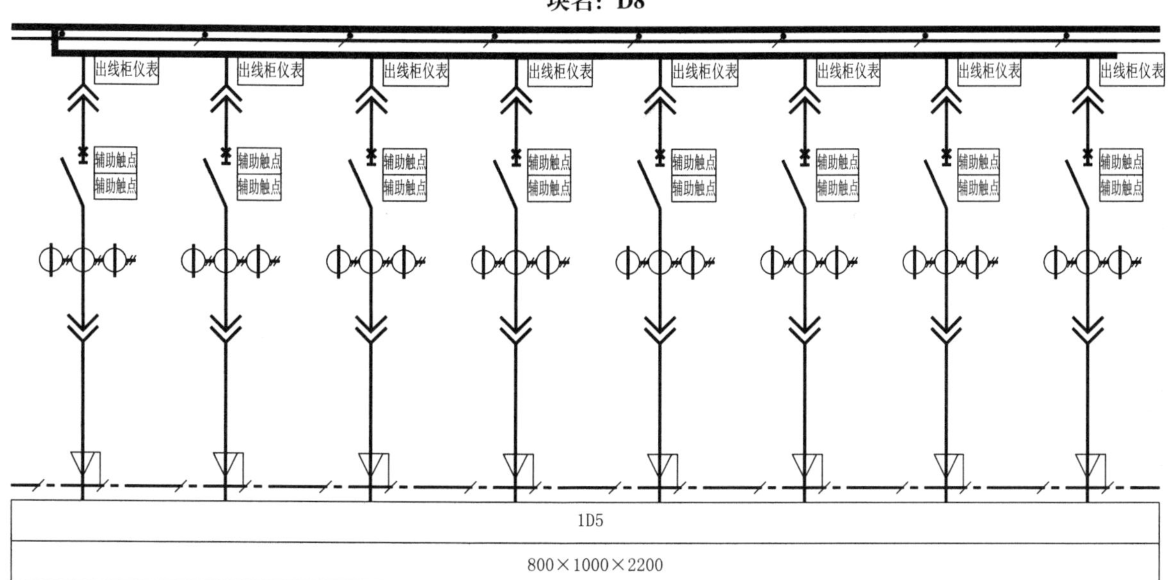

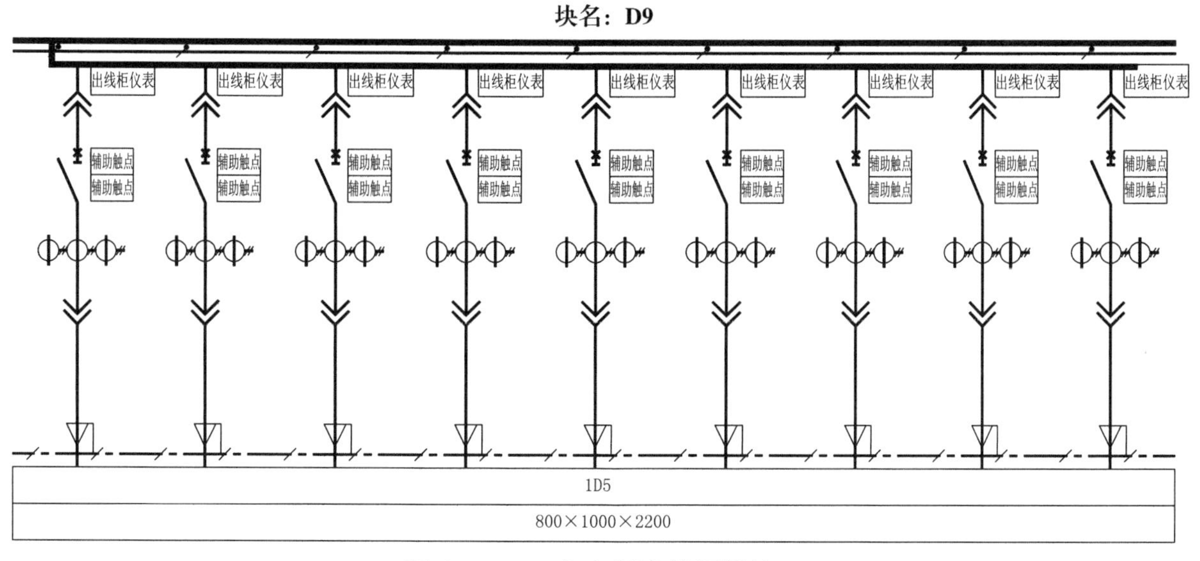

图 6.4-27 变电所出线柜模块 3

6.4.4 发电机模块

发电机模块是指将发电机出线与变压器出线之间的切换柜做成块，块中包括 ATSE、断路器、隔离开关、互感器等的型号、规格、整定值。发电机模块见图 6.4-28、图 6.4-29。

块名说明： F 1250

① ②

①表示发电机与变压器的切换柜；②表示 ATSE 的额定电流值，共 8 档（630、800、1000、1250、1600、2000、2500、3200）。

使用说明：牢记块名及其意义，低压系统图中输入对应的块名。

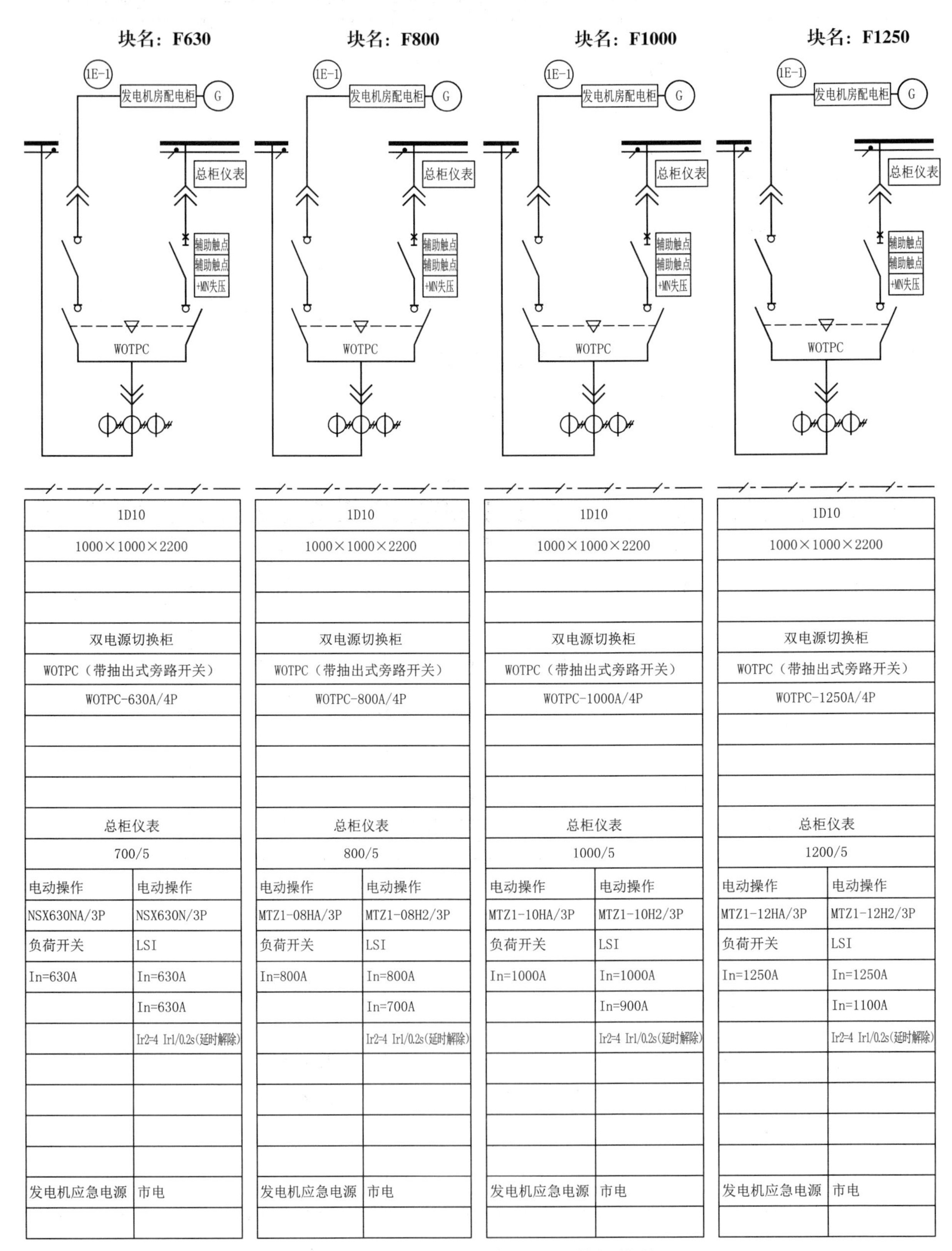

F630		F800		F1000		F1250	
1D10		1D10		1D10		1D10	
1000×1000×2200		1000×1000×2200		1000×1000×2200		1000×1000×2200	
双电源切换柜		双电源切换柜		双电源切换柜		双电源切换柜	
WOTPC（带抽出式旁路开关）		WOTPC（带抽出式旁路开关）		WOTPC（带抽出式旁路开关）		WOTPC（带抽出式旁路开关）	
WOTPC-630A/4P		WOTPC-800A/4P		WOTPC-1000A/4P		WOTPC-1250A/4P	
总柜仪表		总柜仪表		总柜仪表		总柜仪表	
700/5		800/5		1000/5		1200/5	
电动操作	电动操作	电动操作	电动操作	电动操作	电动操作	电动操作	电动操作
NSX630NA/3P	NSX630N/3P	MTZ1-08HA/3P	MTZ1-08H2/3P	MTZ1-10HA/3P	MTZ1-10H2/3P	MTZ1-12HA/3P	MTZ1-12H2/3P
负荷开关	LSI	负荷开关	LSI	负荷开关	LSI	负荷开关	LSI
In=630A	In=630A	In=800A	In=800A	In=1000A	In=1000A	In=1250A	In=1250A
	In=630A		In=700A		In=900A		In=1100A
	Ir2=4 Ir1/0.2s(延时解除)		Ir2=4 Ir1/0.2s(延时解除)		Ir2=4 Ir1/0.2s(延时解除)		Ir2=4 Ir1/0.2s(延时解除)
发电机应急电源	市电	发电机应急电源	市电	发电机应急电源	市电	发电机应急电源	市电

图 6.4-28　发电机与变压器切换柜模块 1

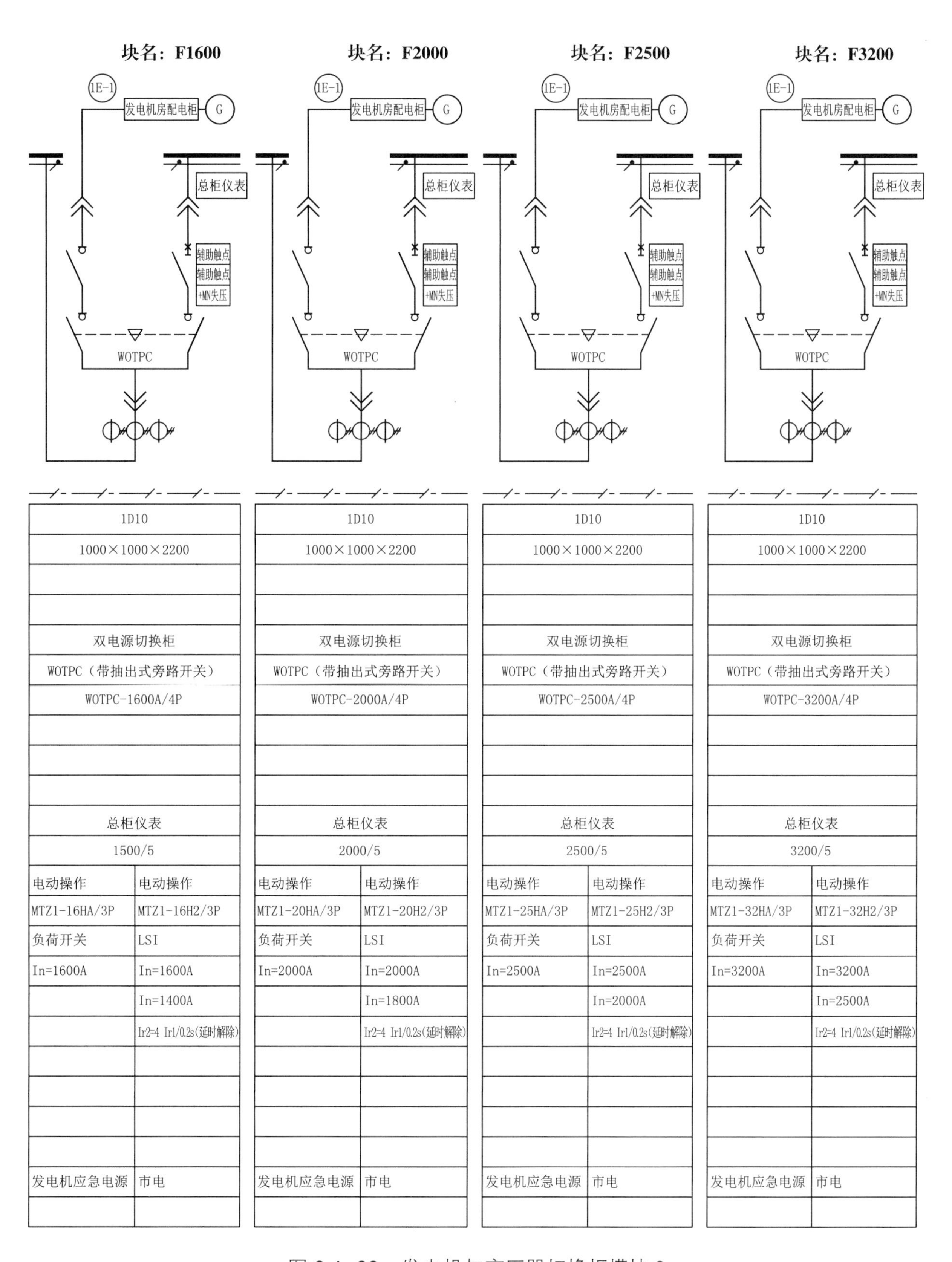

F1600		F2000		F2500		F3200	
1D10		1D10		1D10		1D10	
1000×1000×2200		1000×1000×2200		1000×1000×2200		1000×1000×2200	
双电源切换柜		双电源切换柜		双电源切换柜		双电源切换柜	
WOTPC（带抽出式旁路开关）		WOTPC（带抽出式旁路开关）		WOTPC（带抽出式旁路开关）		WOTPC（带抽出式旁路开关）	
WOTPC-1600A/4P		WOTPC-2000A/4P		WOTPC-2500A/4P		WOTPC-3200A/4P	
总柜仪表		总柜仪表		总柜仪表		总柜仪表	
1500/5		2000/5		2500/5		3200/5	
电动操作	电动操作	电动操作	电动操作	电动操作	电动操作	电动操作	电动操作
MTZ1-16HA/3P	MTZ1-16H2/3P	MTZ1-20HA/3P	MTZ1-20H2/3P	MTZ1-25HA/3P	MTZ1-25H2/3P	MTZ1-32HA/3P	MTZ1-32H2/3P
负荷开关	LSI	负荷开关	LSI	负荷开关	LSI	负荷开关	LSI
In=1600A	In=1600A	In=2000A	In=2000A	In=2500A	In=2500A	In=3200A	In=3200A
	In=1400A		In=1800A		In=2000A		In=2500A
	Ir2=4 Ir1/0.2s(延时解除)		Ir2=4 Ir1/0.2s(延时解除)		Ir2=4 Ir1/0.2s(延时解除)		Ir2=4 Ir1/0.2s(延时解除)
发电机应急电源	市电	发电机应急电源	市电	发电机应急电源	市电	发电机应急电源	市电

图6.4-29　发电机与变压器切换柜模块2

6.4.5 辅助模块

辅助模块是指绘制低压系统图所需的其他模块，辅助模块见图 6.4-30。

使用说明：牢记块名及其意义，低压系统图中输入对应的块名。

块名	图示	说明
LD变电所	LD	变电所放射式出线回路侧
DY3变电所	DY3	变电所消防出线回路侧（仅上海项目）
MX分励	+MX分励	变电所非消防回路侧，切除电源回路
ZJ	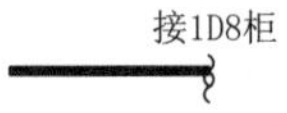 接1D8柜	左侧连接
YJ	 接1D8柜	右侧连接
MLG	 接1D4柜	统一图例，注意块插入点位置

图 6.4-30 辅助模块

6.4.6 模块成图

低压系统图分为两个部分，上部是一次接线图，下部是计算过程和元器件参数。一次接线图已经融入变压器模块、出线柜模块、发电机模块和辅助模块中，固定的元器件参数也融入变压器模块和发电机模块中，只有出线柜模块的计算过程和元器件参数需要用表格导入。

比如，生成一台 2000kVA 变压器低压系统图，按以下步骤实施：

（1）输入块名“2000TL”：2000kVA 变压器布置于左侧时的块。

（2）输入块名“2000GB”：2000kVA 变压器采用共补的无功功率补偿柜的块。

（3）输入块名“2000ML”：2000kVA 变压器低压联络柜的块。

（4）输入块名“D1”：1 个出线回路的出线柜的块。

（5）输入块名“D6”：6 个出线回路的出线柜的块。

（6）输入由 Excel 表格导入的计算参数以及一些辅助模块，低压系统图就完成了。

模块成图后的低压系统图（非等比例图纸）见图 6.4-31。

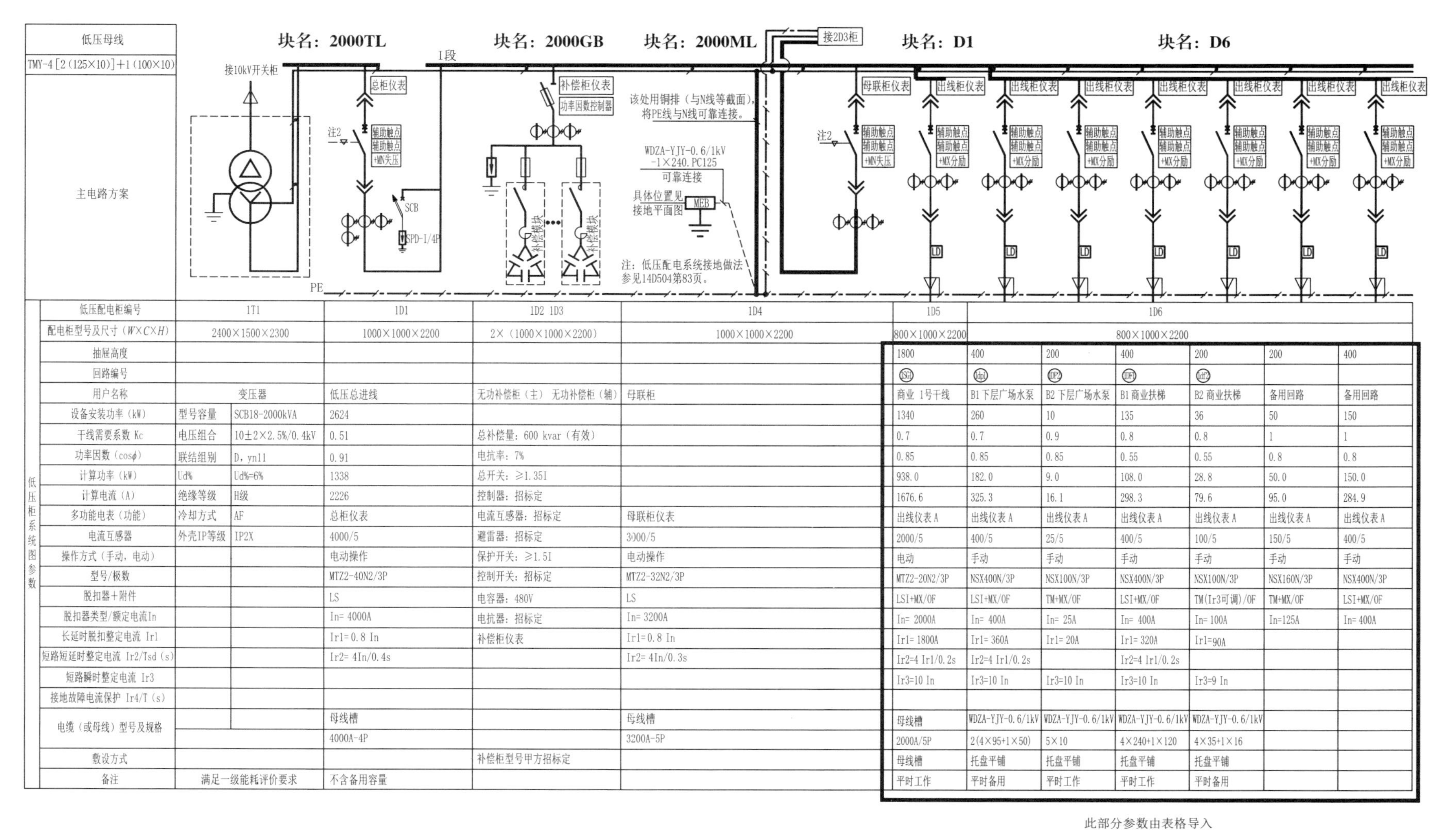

低压配电柜编号	1T1		1D1	1D2 1D3	1D4	1D5	1D6					
配电柜型号及尺寸（W×C×H）	2400×1500×2300		1000×1000×2200	2×（1000×1000×2200）	1000×1000×2200	800×1000×2200	800×1000×2200					
抽屉高度						1800	400	200	400	200	200	400
回路编号						1SG1	1dp1	1DP2	1DF1	1df2		
用户名称	变压器		低压总进线	无功补偿柜（主） 无功补偿柜（辅）	母联柜	商业 1号干线	B1下层广场水泵	B2下层广场水泵	B1商业扶梯	B2商业扶梯	备用回路	备用回路
设备安装功率（kW）	型号容量	SCB18-2000kVA	2624			1340	260	10	135	36	50	150
干线需要系数 Kc	电压组合	10±2×2.5%/0.4kV	0.51	总补偿量：600 kvar（有效）		0.7	0.7	0.9	0.8	0.8	1	1
功率因数（cosφ）	联结组别	D，yn11	0.91	电抗率：7%		0.85	0.85	0.85	0.55	0.55	0.8	0.8
计算功率（kW）	Ud%	Ud%=6%	1338	总开关：≥1.35I		938.0	182.0	9.0	108.0	28.8	50.0	150.0
计算电流（A）	绝缘等级	H级	2226	控制器：招标定		1676.6	325.3	16.1	298.3	79.6	95.0	284.9
多功能电表（功能）	冷却方式	AF	总柜仪表	电流互感器：招标定	母联柜仪表	出线仪表A	出线仪表A	出线仪表A	出线仪表A	出线仪表A	出线仪表A	出线仪表A
电流互感器	外壳IP等级	IP2X	4000/5	避雷器：招标定	3000/5	2000/5	400/5	25/5	400/5	100/5	150/5	400/5
操作方式（手动，电动）			电动操作	保护开关：≥1.5I	电动操作	电动	手动	手动	手动	手动	手动	手动
型号/极数			MTZ2-40N2/3P	控制开关：招标定	MTZ2-32N2/3P	MTZ2-20N2/3P	NSX400N/3P	NSX100N/3P	NSX400N/3P	NSX100N/3P	NSX160N/3P	NSX400N/3P
脱扣器+附件			LS	电容器：480V	LS	LSI+MX/OF	LSI+MX/OF	TM+MX/OF	LSI+MX/OF	TM(Ir3可调)/OF	TM+MX/OF	LSI+MX/OF
脱扣器类型/额定电流In			In= 4000A	电抗器：招标定	In= 3200A	In= 2000A	In= 400A	In= 25A	In= 400A	In= 100A	In=125A	In= 400A
长延时脱扣整定电流 Ir1			Ir1= 0.8 In	补偿柜仪表	Ir1= 0.8 In	Ir1= 1800A	Ir1= 360A	Ir1= 20A	Ir1= 320A	Ir1=90A		
短路短延时整定电流 Ir2/Tsd（s）			Ir2= 4In/0.4s		Ir2= 4In/0.3s	Ir2=4 Ir1/0.2s	Ir2=4 Ir1/0.2s		Ir2=4 Ir1/0.2s			
短路瞬时整定电流 Ir3						Ir3=10 In	Ir3=10 In	Ir3=10 In	Ir3=10 In	Ir3=9 In		
接地故障电流保护 Ir4/T（s）												
电缆（或母线）型号及规格			母线槽		母线槽	母线槽	WDZA-YJY-0.6/1kV	WDZA-YJY-0.6/1kV	WDZA-YJY-0.6/1kV	WDZA-YJY-0.6/1kV		
			4000A-4P		3200A-5P	2000A/5P	2(4×95+1×50)	5×10	4×240+1×120	4×35+1×16		
敷设方式				补偿柜型号甲方招标定		母线槽	托盘平铺	托盘平铺	托盘平铺	托盘平铺		
备注	满足一级能耗评价要求		不含备用容量			平时工作	平时备用	平时工作	平时工作	平时备用		

图 6.4-31　低压系统图成型模板

6.4.7 文字说明

低压系统图中的文字说明如下：

（1）变电所低压配电回路断路器短路分断能力要求：

2000kVA 变压器低压侧，运行短路分断能力≥ 65kA；

1600kVA 变压器低压侧，运行短路分断能力≥ 50kA；

1250kVA 变压器低压侧，运行短路分断能力≥ 40kA；

1000kVA 及以下变压器低压侧，运行短路分断能力≥ 35kA。

（2）两个进线总断路器与母联断路器之间采取电气连锁（联络要求需满足当地供电部门要求），保证任何情况下最多只能合闸其中的两个开关。

（3）所有馈电开关均带常开、常闭辅助触点各一对。

（4）图中：+MX 表示分励脱扣器，火灾时通过消防联动模块，控制分励脱扣器切断非消防电源；+MN 表示失压脱扣器。

（5）发生火灾并确认后，变压器所带负荷应通过出线断路器设置的分励脱扣器，由火灾自动报警主机联动切除部分非消防电源回路（由物业管理确定须切除的负荷），以确保变压器的正常运行。其余非消防电源的切除，按照火灾报警系统设计说明中的要求切除。

（6）当一路电源故障，由另一路电源负责全部特级、一级、二级负荷供电时，可通过火灾自动报警主机联动切除部分三级负荷用电（由物业管理确定须切除的负荷），以确保变压器的正常运行。低压联络开关也应在切除部分三级负荷后方可投入。

（7）低压配电柜进出线方式为上进上出。

（8）低压配电柜垂直母线载流量不应小于 1600A。

（9）无功补偿柜采用成套产品，本设计仅标出有效补偿总量，柜内元器件仅作参考，具体由中标厂家配套提供。

（10）供电系统分项计量采用电子式精度为 1.0 以上的数字化多功能仪表。总柜、母联柜和补偿柜仪表需具有监测和计量三相电流、电压、有功功率、功率因数、有功电能、最大需量、总谐波含量和 2 ~ 21 次各次谐波分量等功能；出线柜仪表能同时测量三相电流、有功、无功电度等电气参数。

（11）低压出线断路器均应采用带限流功能的产品。

（12）本图仅供业主招标使用，不作为订货施工依据，待回路及负荷确认并经供电部门审核同意及业主确认后方可实施。

（13）所有低压柜编号前面加 1#–，如 1D1 为 1#–1D1。

6.5　电气综合监控系统

6.5.1　案例样图

电气综合监控系统是上海市地方标准要求，案例电气综合监控系统图见图 6.5-1。

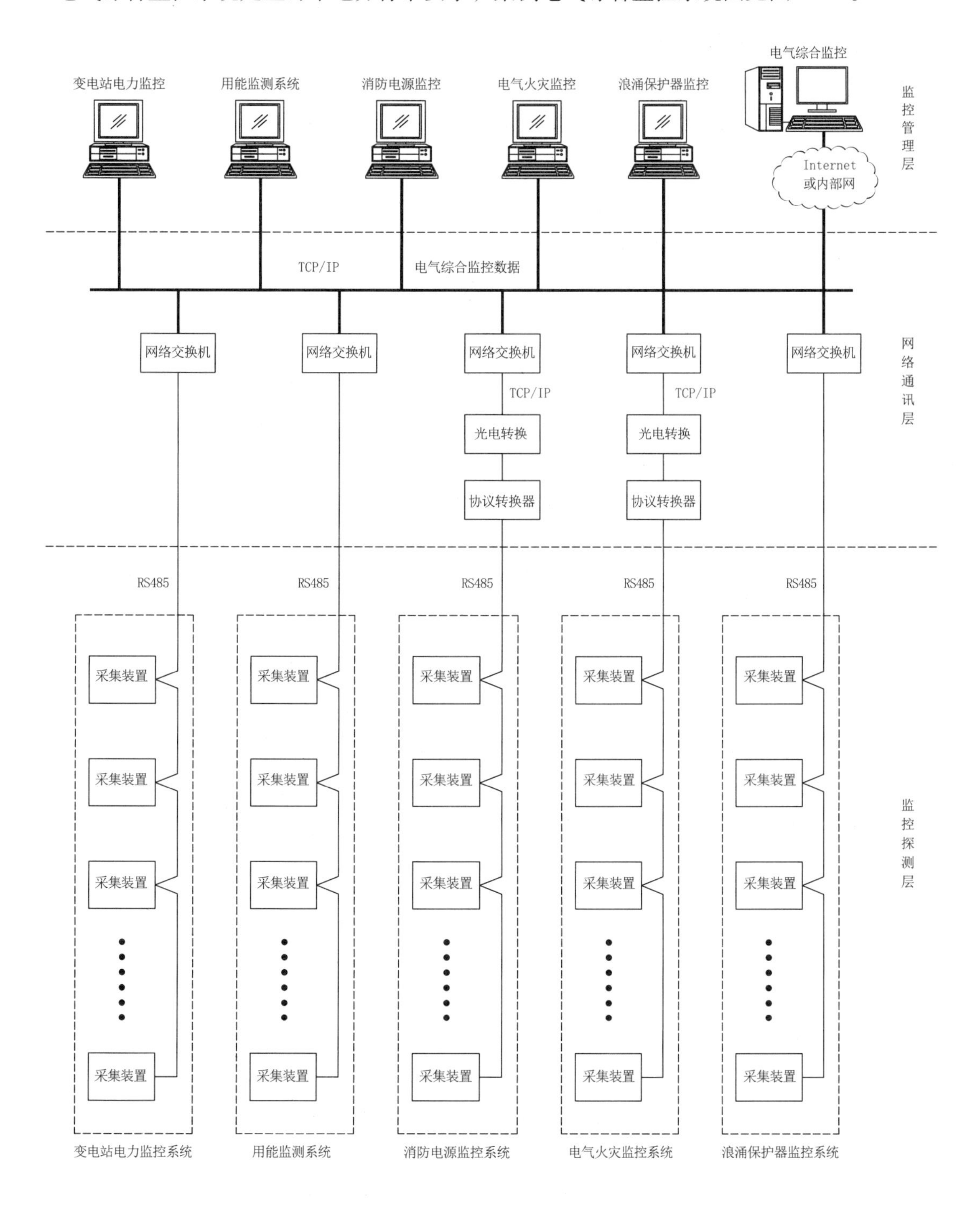

图 6.5-1　电气综合监控系统图

6.5.2 文字说明

案例电气综合监控系统图的相关文字说明如下：

（1）本工程为电气防火等级为一级的公共建筑，应设置一套电气综合监控系统。

（2）电气综合监控系统应由现场信息采集装置、通信网络和监控主机组成，并具有电气火灾监测、消防设备电源监测、电力系统监控、能耗监测功能，宜具有浪涌保护监测功能。

（3）电气火灾监测应具有探测回路剩余电流及各相电缆温度等功能。

（4）消防设备电源监控应具有监测回路电压及开关状态等功能。

（5）电力系统监控应能监测回路电流、电压、频率、功率、电能等参数。

（6）浪涌保护监测应监测浪涌保护器的开关及故障状态。

（7）能耗监控应能采集建筑物内部的电量、水量、燃气量、集中供冷（热）量和可再生能源等。

（8）现场信息采集装置应具有综合采集剩余电流、温度、电流、电压、频率、功率、电能、流量、开关状态等功能。

（9）采集装置宜安装在配电箱（柜）内部或面板上，采集范围不应超出单个配电箱。

（10）信息采集装置的剩余电流报警整定值应能躲开正常的泄漏电流，宜能根据正常的泄漏电流自动设定报警整定值，整定值不宜大于500mA。

（11）电气综合监控系统应能完成相关系统的数据采集、综合分析及报警控制功能；根据采集的信息综合评估供配电系统的安全性。

（12）电气综合监控系统应能与建筑内其他智能化系统通过标准协议互联，并应具有接入互联网的功能。

（13）通信网络应由网络交换机及通信线路等组成；监控主机与交换机之间的链路协议应采用TCP/IP协议；系统应能够拓展接入符合系统传输、控制协议的新增设备。

（14）采集装置宜选用多功能型，采集装置间宜采用并联连接方式，每个回路不超过32个，且应留有不少于额定容量20%的余量。

（15）通信总线或光纤应选用阻燃型，电气管井外敷设的传输线路应采取机械保护措施和防火保护措施。

（16）电气综合监控主机应设置在消防控制室内，同时变电所值班室内应设置具有电力监控及能耗管理的显示屏。

（17）监控主机应支持电气火灾监测、消防设备电源监测及电力监控等多种嵌入式组态软件，并同时具有分屏、调阅及管理控制功能。

（18）当采用分屏时，电气综合监控系统可以分为电气火灾监控屏、消防设备电源监控屏、变电站电力监控屏、能耗监控屏、浪涌保护器监控屏等，其中电气火灾监控屏、消防设备电源监控屏应设置在消防控制室，其他监控屏可设置在变电所值班室。

（19）监控主机应自带UPS电源装置，在其放电至终止电压的条件下充电24h后所获得的容量应能提供主机在正常监测状态下至少工作3h。

第7章 机房详图

7.1 一般概述

机房详图是指各类机房的平面图、剖面图和详图，主要包括以下机房：35kV 总变电所、10kV 总变电所、分变电所、住宅变电所、柴油发电机房、制冷机房、锅炉房和消防水泵房等。机房详图需要按比例绘制变压器、发电机、开关柜、控制柜、直流及信号柜、补偿柜、支架、地沟、接地装置等平面布置、安装尺寸等，以及变、配电站的典型剖面；图纸应有设备明细表、主要轴线、尺寸、标高、比例等。

每个项目的机房都不一样，就没有必要做模块了，将典型的机房详图整理成样图，供读者设计时参考。

7.2 35kV 总变电所

典型的 35kV 总变电所详图见图 7.2-1 ~ 图 7.2-11。设计过程中，需要注意以下问题（其他变电所亦可参考此说明）：

（1）35kV 总变电所设置于地下一层，层高为 7.1m，机房面积约为 800 ㎡；变压器室、35kV 开关室等房间下方设置净高为 2.2m 的电缆夹层，10kV 配电室、电容器室、钢瓶间、值班室等房间下方设置净高为 1m 的电缆沟。

（2）35kV 总变电所内设置良好的机械进、排风以及降湿、排水设施等。

（3）35kV 变压器等大型设备通过设备吊装孔运输，吊装孔尺寸宜大于吊装最大设备边 1m。

（4）变电所内部通道地坪比室外走道高 150mm，内部设备间再比变电所内部通道高 100mm。

（5）变电所所用配电箱内的微型断路器采用 15kA 高分断微型断路器。

（6）电缆夹层采用低压 24V 供电。

（7）机房内的消防应急照明和疏散指示系统由本防火分区 A 型集中电源箱的单独回路供电。

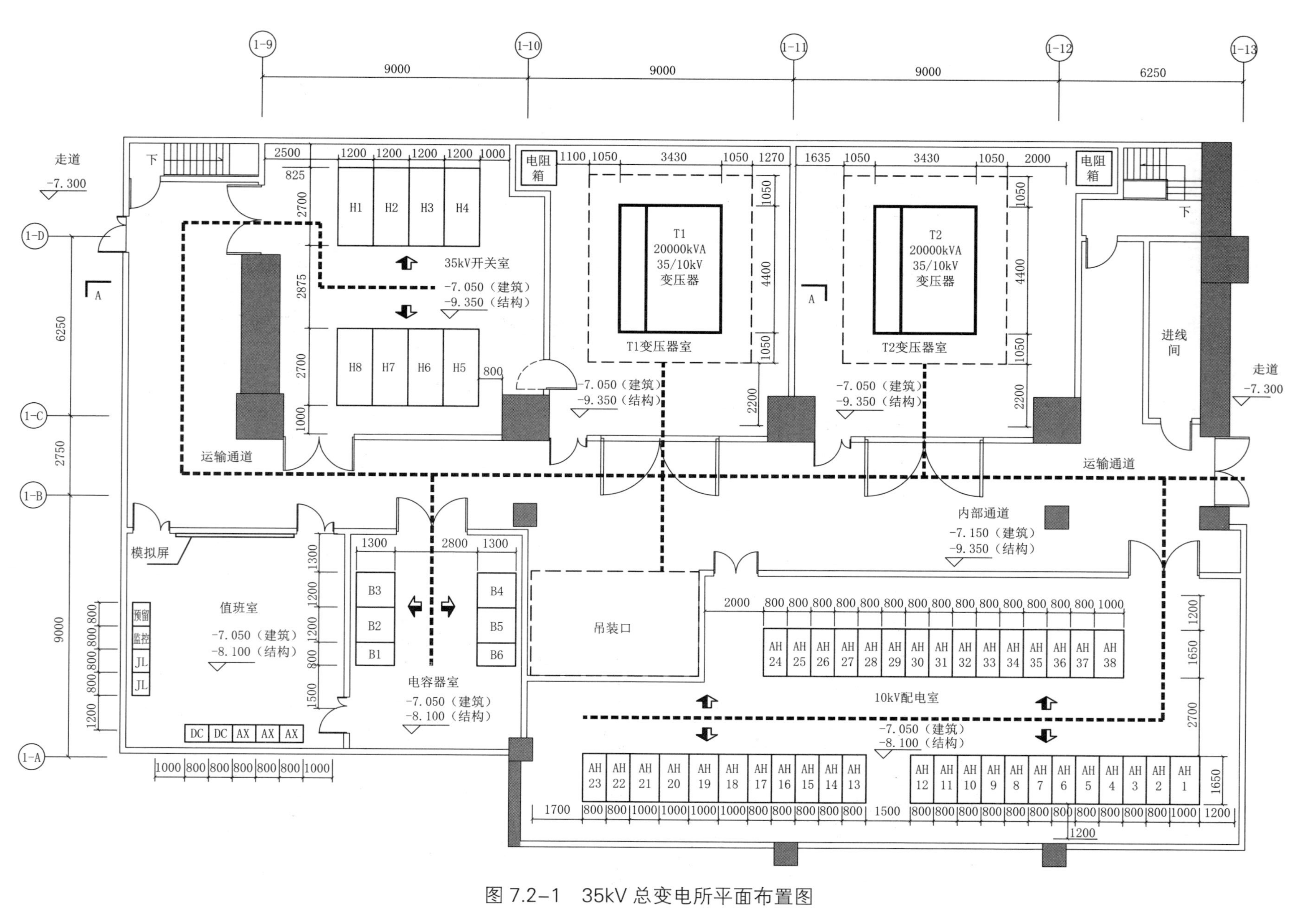

图 7.2-1 35kV总变电所平面布置图

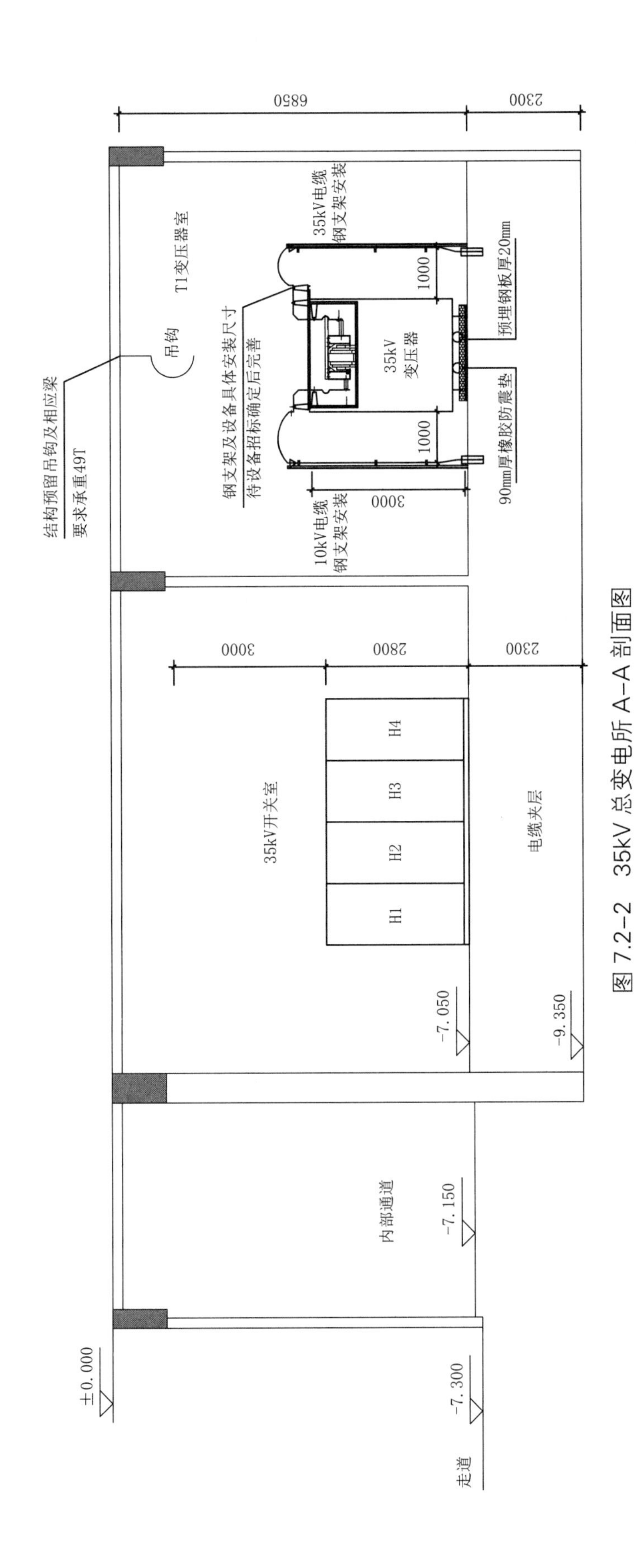

图 7.2-2　35kV 总变电所 A-A 剖面图

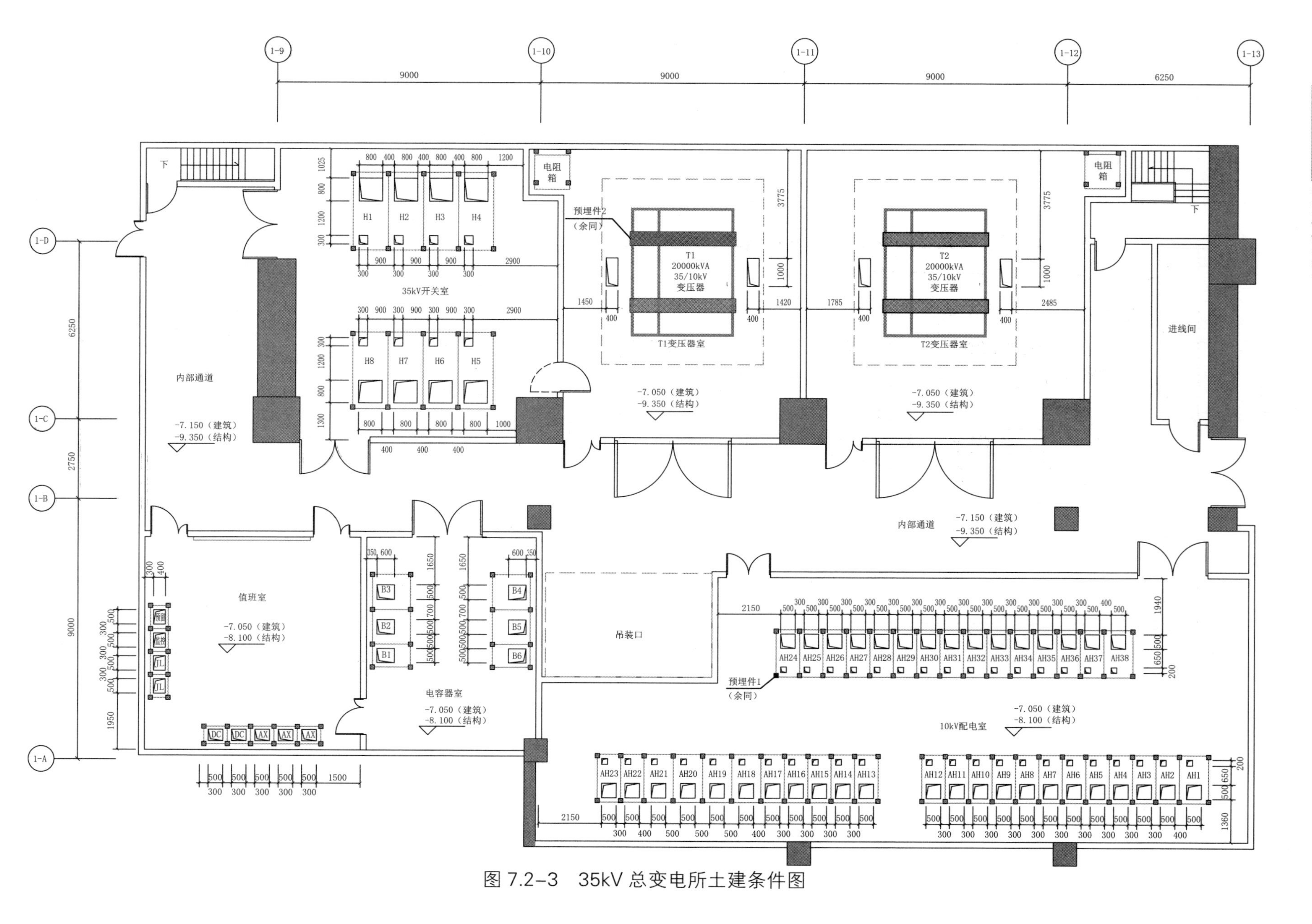

图 7.2-3 35kV 总变电所土建条件图

编号/符号	名称	尺寸（宽×深×高）（mm）	重量
H*	35kV配电柜	1200×2700×2500	2500kg/台
B*	10kV无功补偿柜	1200×1300×2600	1000kg/台
AH*	10kV铠装中置柜	800×1650×2300	1000kg/台
T1，T2	35/10kV变压器	4390×2530×3389	49000kg/台
J*	计量柜	800×600×2200	600kg/台
AX	信号屏	800×600×2200	600kg/台
DC	直流屏及操作屏	800×600×2200	1000kg/台
电阻箱	小电阻接地箱	800×600×2200	1000kg/台
	预埋件1	150×150×10	柜体下设预埋钢板
	预埋件2	*L*（根据现场实际）×460×12	变压器下设基础钢板
 *JD1B*	变电所接地端子板	做法见基础接地平面图 *H*=0.3m	
	临时接地柱	见14D504 *H*=0.3m	
	总等电位连接干线	除特别注明外，为-40×4热镀锌扁钢 *H*=0.3m	

1. 变压器第一次安装依靠吊装孔吊装，后期变压器检修仍需依靠可拆除的吊装孔运输至地面。
2. 变电所对走廊及对相邻房间的门采用甲级钢制防火门，门的开启方向由高压设备间向低压设备间，或向火灾发生概率低的方向开启，并加装高度为500mm可移动挡鼠板，挡鼠板刷黄、黑相间斜纹警示线，门内、外设明门闩。为防止水侵，所有对走廊及对相邻房间的门设置300mm防水门槛。
3. 变电所内的照明灯具采用线槽吊装（灯槽采用MR-75×50型）、壁装，灯具安装高度为底边距地2.6m。
4. 变电所内的插座暗装，底边距地0.4m。
5. 母线槽、桥架及其与配电柜、变压器连接须生产厂根据现场实际尺寸定制生产后安装。
6. 总等电位联结箱（MEB）做法详见15D502，与接地装置不少于两点连接。
7. 本工程采用联合接地，接地电阻应≤1Ω，接地做法参考国家标准图集14D504。
8. 所有电气设备的金属外壳，封闭母线，电缆桥架等均应与接地线可靠连接，电缆桥架每隔30m重复接地一次，与接地装置不少于两点接地。
9. 本变电所内的设备及做法、留洞，应由中标的供电配套单位根据采购的设备型号尺寸，对该图纸内的设备位置、留洞、基础做法等进行深化，并经设计院复核后，方可用于施工。

图7.2-4 35kV总变电所图例及文字说明

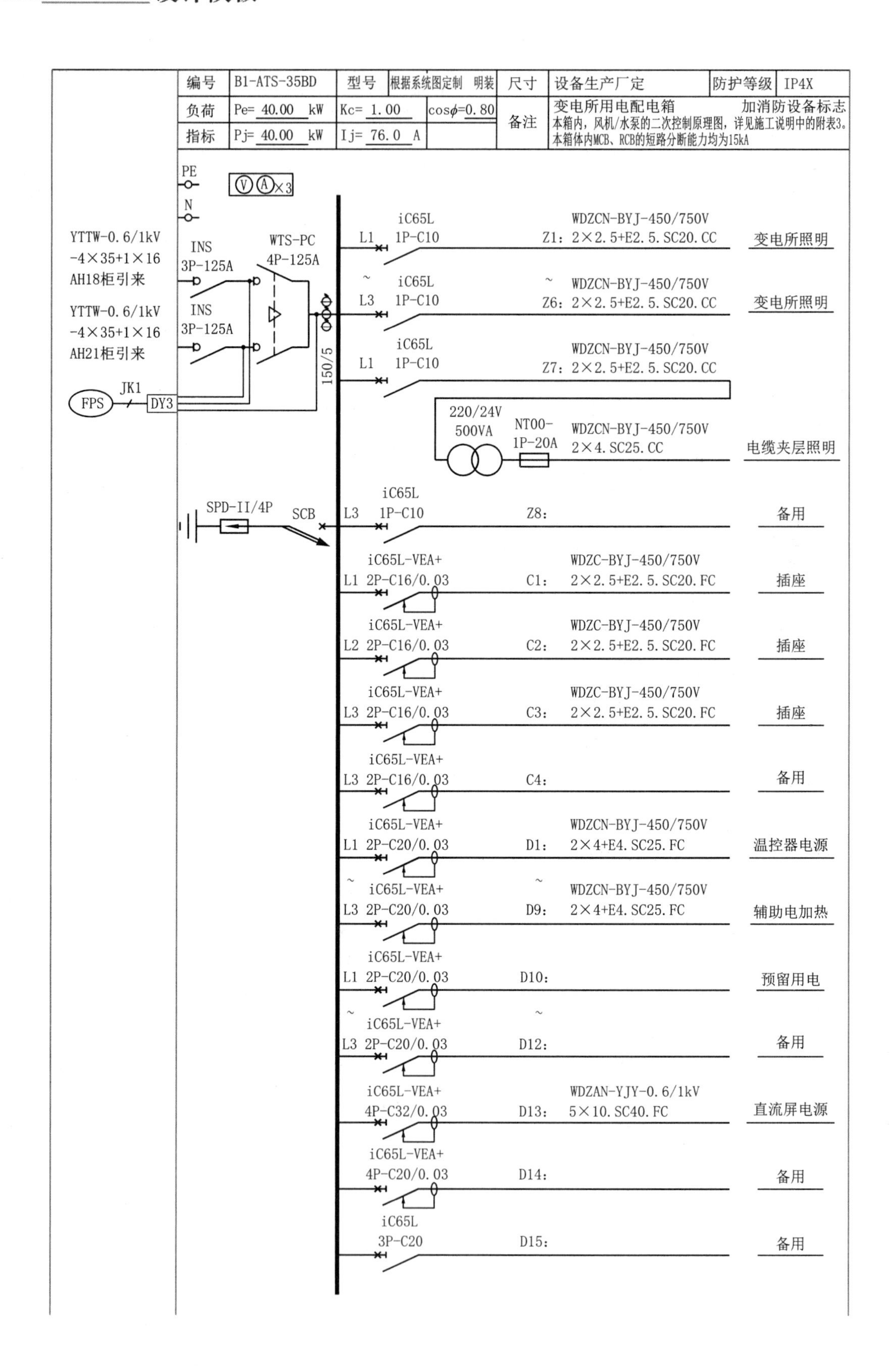
编号
B1-ATS-35BD
型号
根据系统图定制 明装
尺寸
设备生产厂定
防护等级
IP4X
负荷
Pe= 40.00 kW
Kc= 1.00
cosϕ=0.80
备注
变电所用电配电箱 加消防设备标志
本箱内，风机/水泵的二次控制原理图，详见施工说明中的附表3。
本箱体内MCB、RCB的短路分断能力均为15kA
指标
Pj= 40.00 kW
Ij= 76.0 A
PE
N
YTTW-0.6/1kV
-4×35+1×16
AH18柜引来
YTTW-0.6/1kV
-4×35+1×16
AH21柜引来
INS
3P-125A
INS
3P-125A
WTS-PC
4P-125A
150/5
FPS
JK1
DY3
L1 iC65L 1P-C10
WDZCN-BYJ-450/750V
Z1：2×2.5+E2.5.SC20.CC
变电所照明
L3 iC65L 1P-C10
WDZCN-BYJ-450/750V
Z6：2×2.5+E2.5.SC20.CC
变电所照明
L1 iC65L 1P-C10
WDZCN-BYJ-450/750V
Z7：2×2.5+E2.5.SC20.CC
220/24V
500VA
NT00-
1P-20A
WDZCN-BYJ-450/750V
2×4.SC25.CC
电缆夹层照明
SPD-II/4P
SCB
L3 iC65L 1P-C10
Z8：
备用
L1 iC65L-VEA+ 2P-C16/0.03
WDZC-BYJ-450/750V
C1：2×2.5+E2.5.SC20.FC
插座
L2 iC65L-VEA+ 2P-C16/0.03
WDZC-BYJ-450/750V
C2：2×2.5+E2.5.SC20.FC
插座
L3 iC65L-VEA+ 2P-C16/0.03
WDZC-BYJ-450/750V
C3：2×2.5+E2.5.SC20.FC
插座
L3 iC65L-VEA+ 2P-C16/0.03
C4：
备用
L1 iC65L-VEA+ 2P-C20/0.03
WDZCN-BYJ-450/750V
D1：2×4+E4.SC25.FC
温控器电源
L3 iC65L-VEA+ 2P-C20/0.03
WDZCN-BYJ-450/750V
D9：2×4+E4.SC25.FC
辅助电加热
L1 iC65L-VEA+ 2P-C20/0.03
D10：
预留用电
L3 iC65L-VEA+ 2P-C20/0.03
D12：
备用
iC65L-VEA+ 4P-C32/0.03
WDZAN-YJY-0.6/1kV
D13：5×10.SC40.FC
直流屏电源
iC65L-VEA+ 4P-C20/0.03
D14：
备用
iC65L 3P-C20
D15：
备用

图 7.2-5 35kV 总变电所所用配电箱系统图

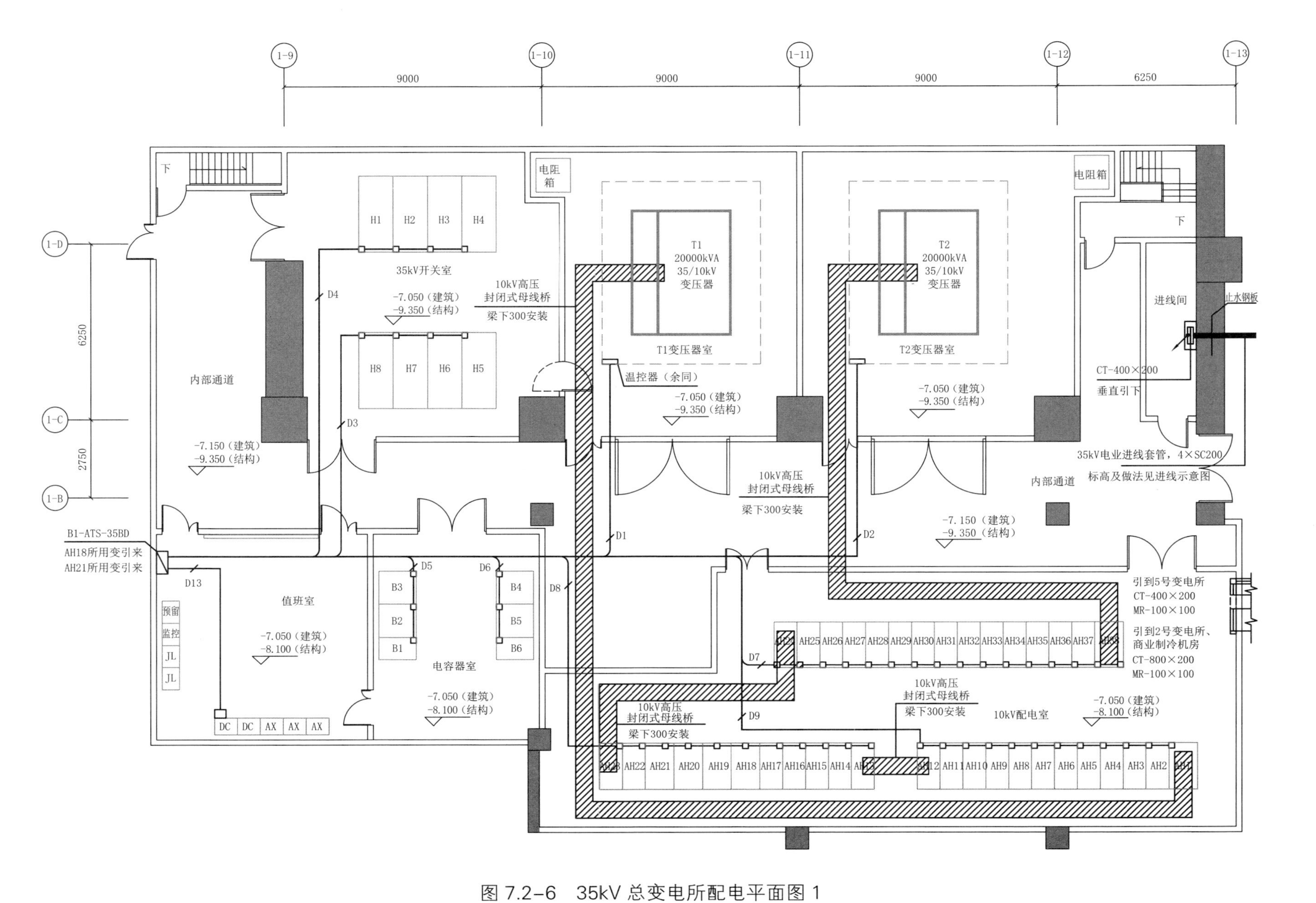

图 7.2-6　35kV 总变电所配电平面图 1

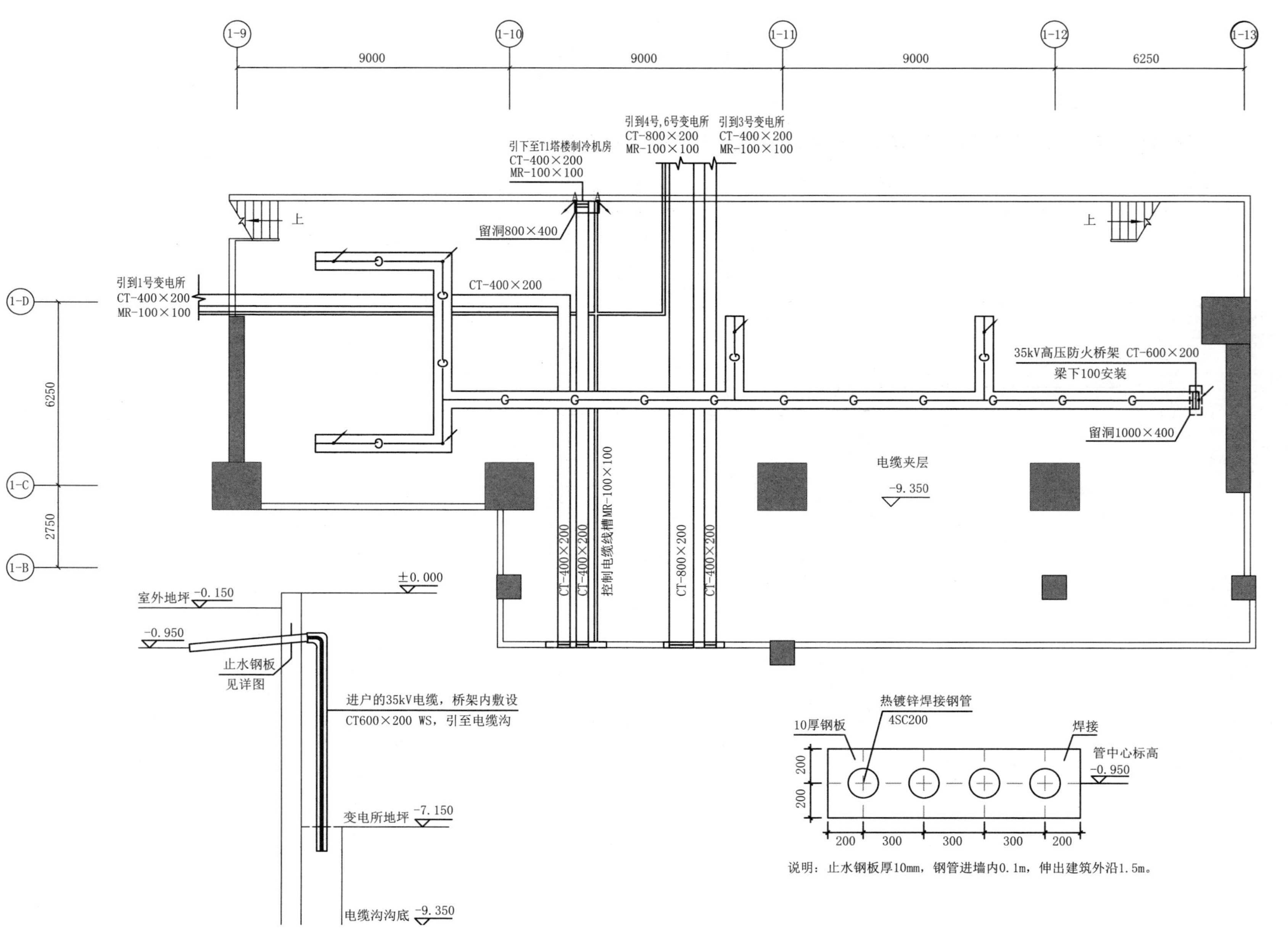

图 7.2-7　35kV 总变电所配电平面图 2

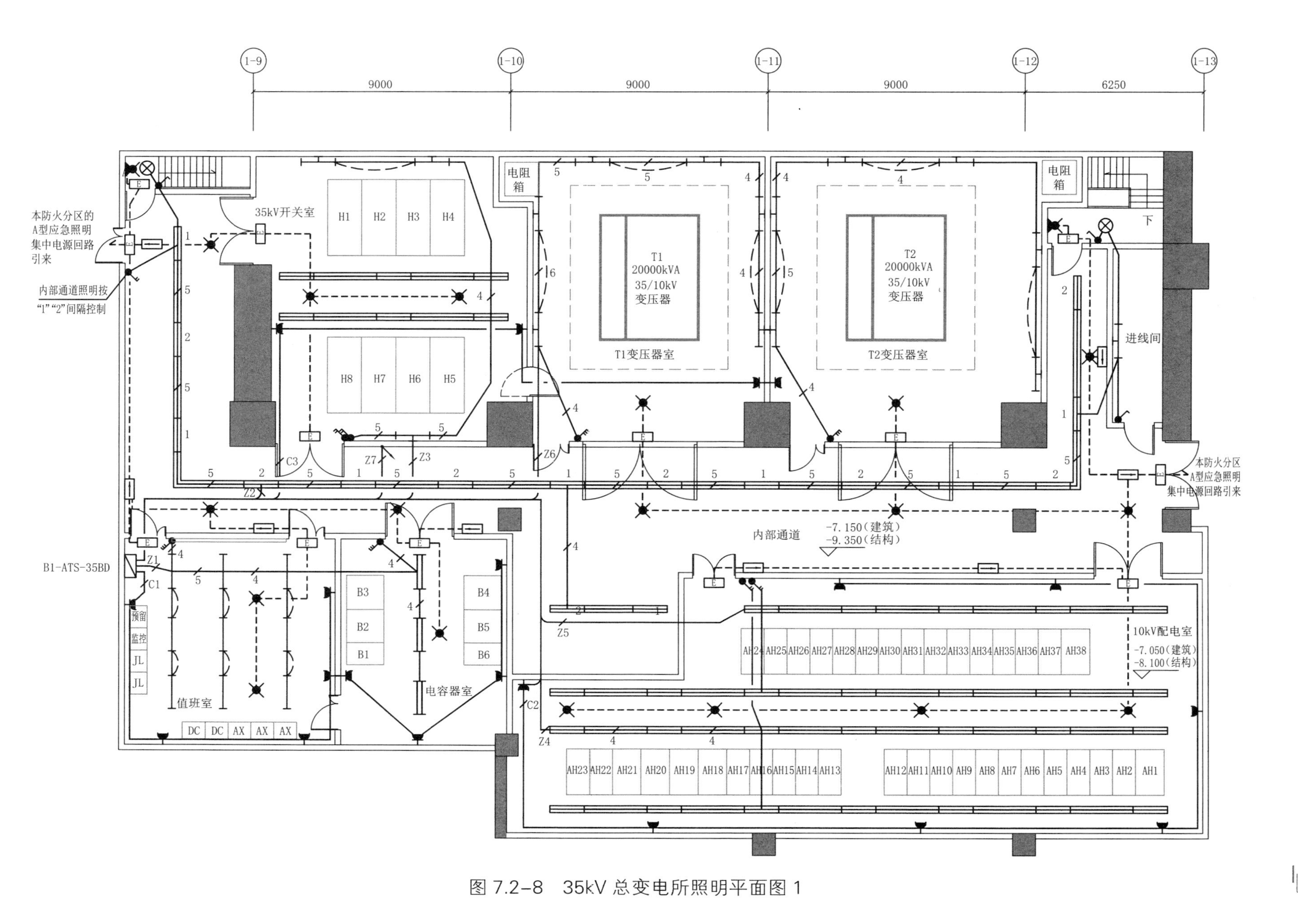

图 7.2-8　35kV 总变电所照明平面图 1

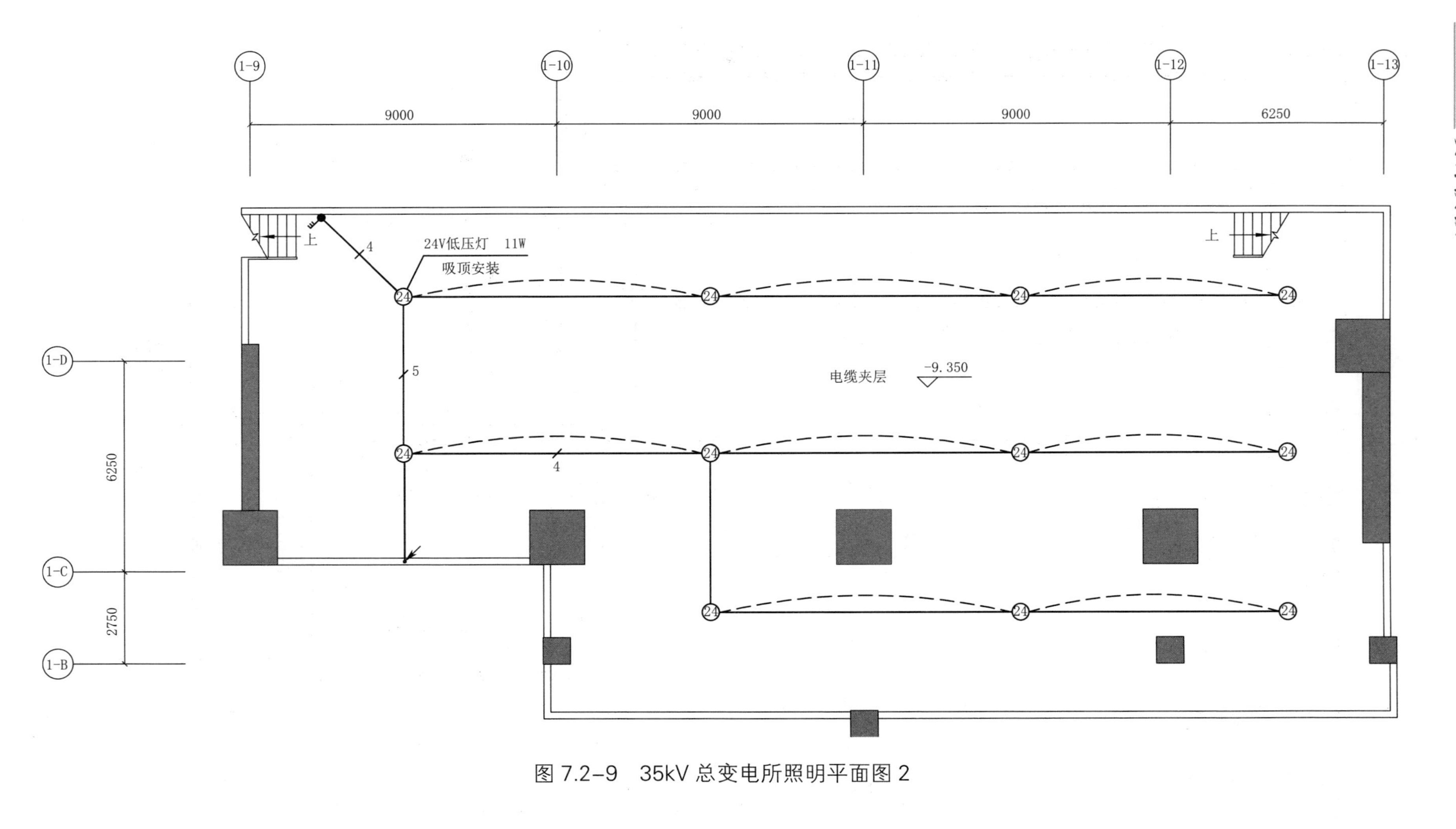

图 7.2-9 35kV 总变电所照明平面图 2

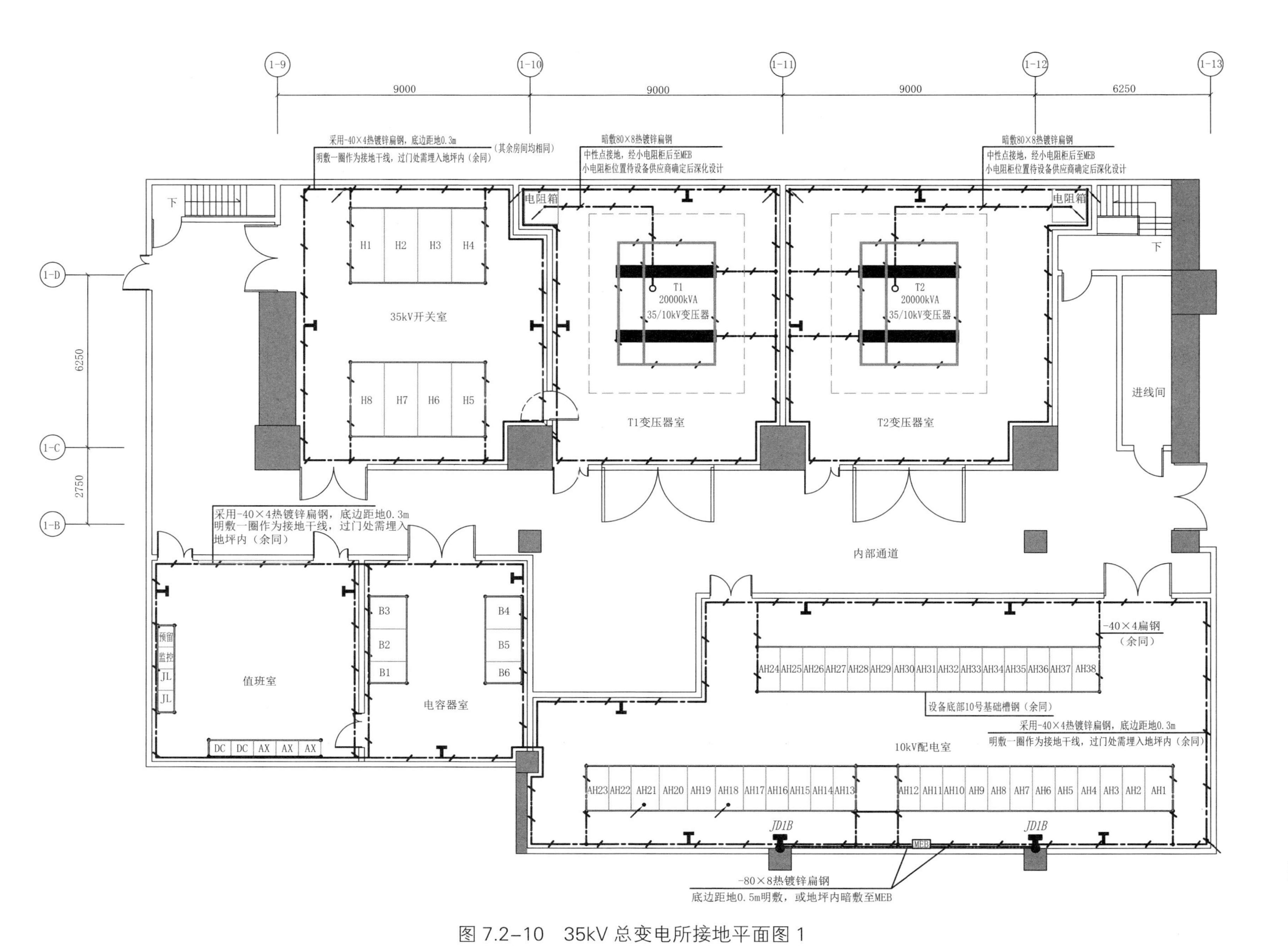

图 7.2-10　35kV 总变电所接地平面图 1

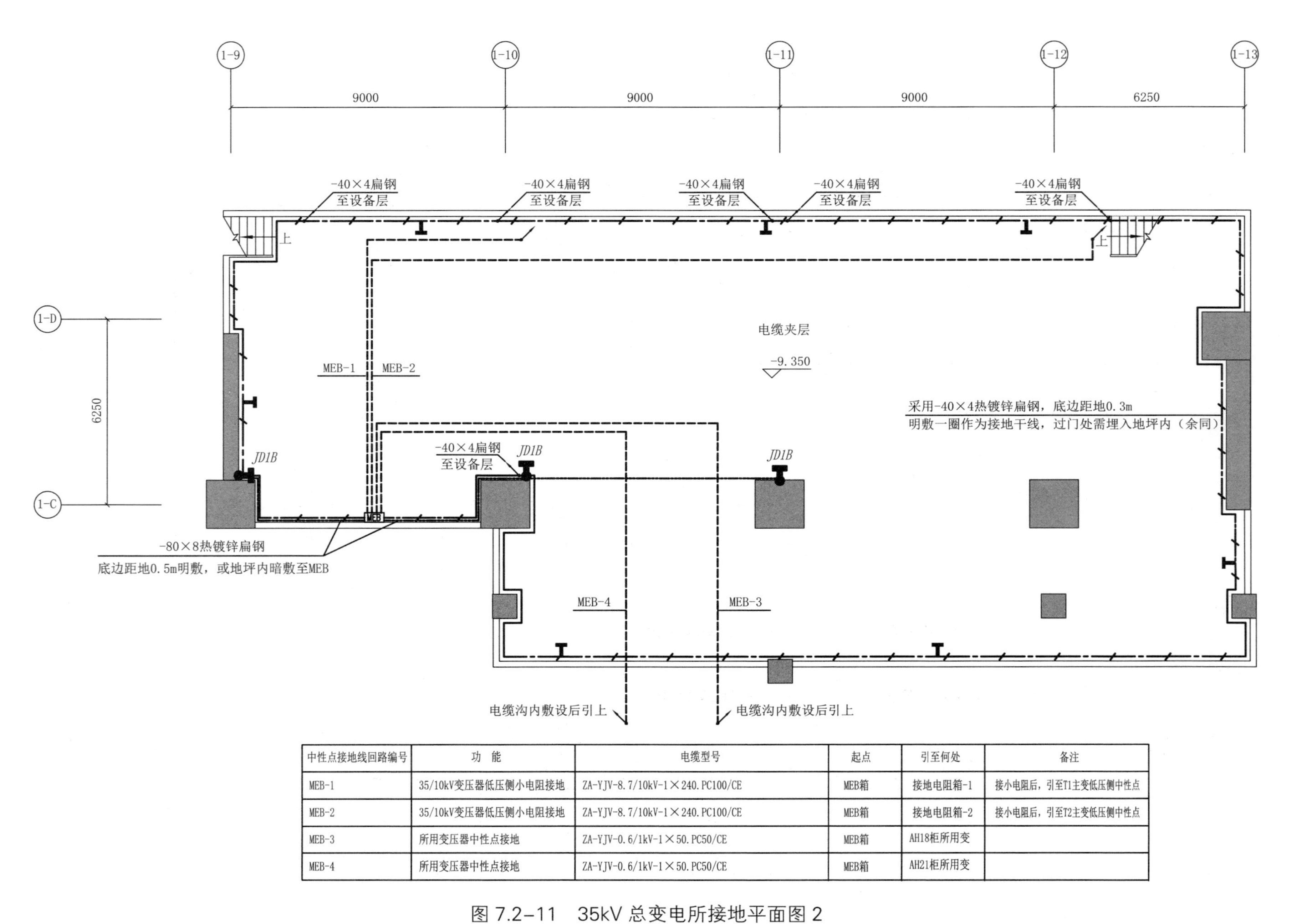

中性点接地线回路编号	功 能	电缆型号	起点	引至何处	备注
MEB-1	35/10kV变压器低压侧小电阻接地	ZA-YJV-8.7/10kV-1×240.PC100/CE	MEB箱	接地电阻箱-1	接小电阻后，引至T1主变低压侧中性点
MEB-2	35/10kV变压器低压侧小电阻接地	ZA-YJV-8.7/10kV-1×240.PC100/CE	MEB箱	接地电阻箱-2	接小电阻后，引至T2主变低压侧中性点
MEB-3	所用变压器中性点接地	ZA-YJV-0.6/1kV-1×50.PC50/CE	MEB箱	AH18柜所用变	
MEB-4	所用变压器中性点接地	ZA-YJV-0.6/1kV-1×50.PC50/CE	MEB箱	AH21柜所用变	

图 7.2-11　35kV 总变电所接地平面图 2

7.3　10kV 总变电所

典型的 10kV 总变电所详图见图 7.3-1 ~ 图 7.3-5。

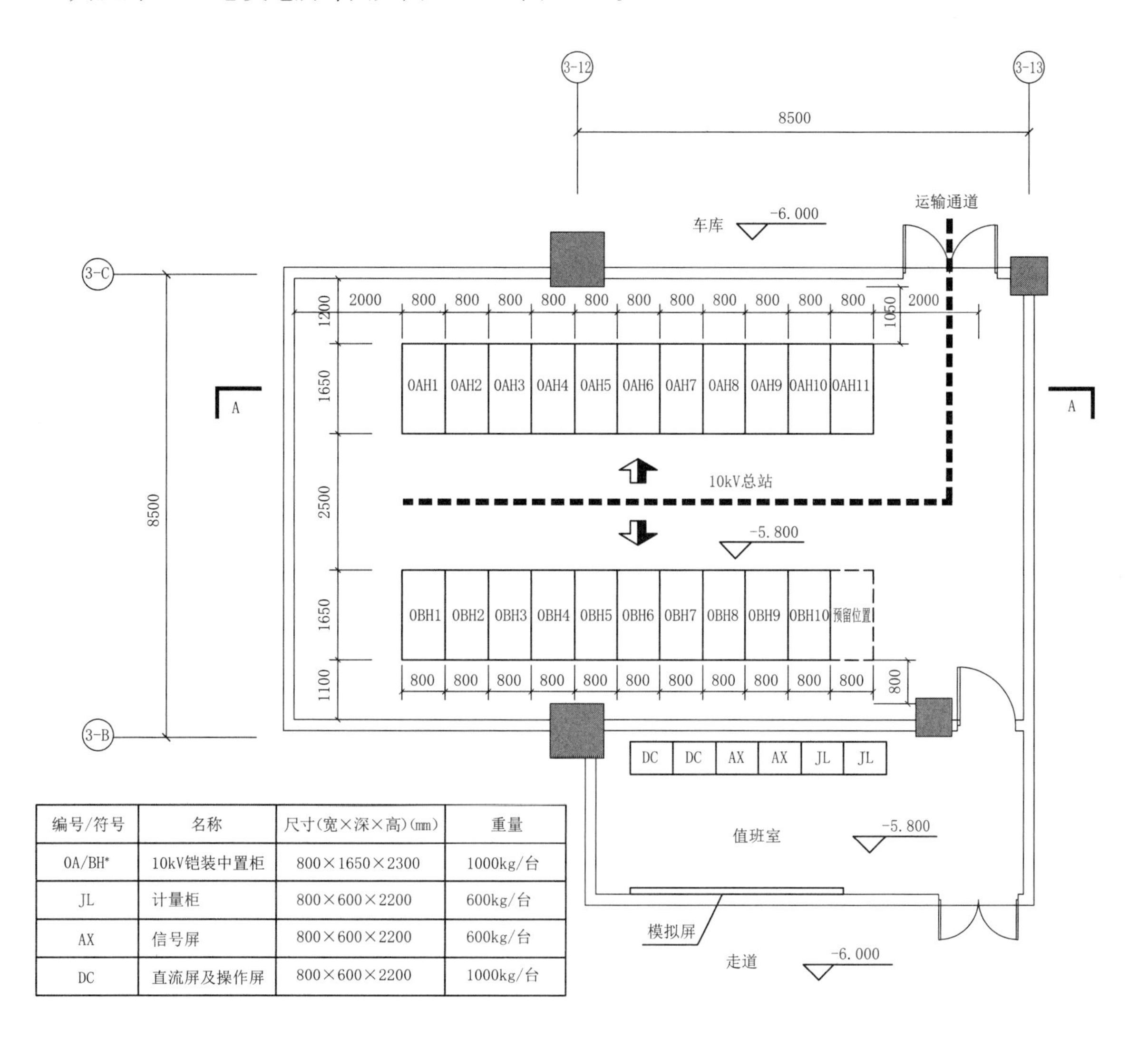

编号/符号	名称	尺寸(宽×深×高)(mm)	重量
OA/BH*	10kV铠装中置柜	800×1650×2300	1000kg/台
JL	计量柜	800×600×2200	600kg/台
AX	信号屏	800×600×2200	600kg/台
DC	直流屏及操作屏	800×600×2200	1000kg/台

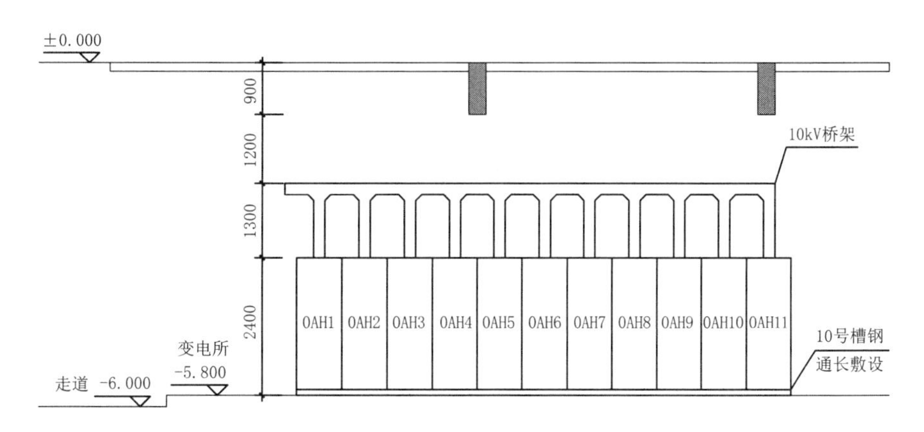

图 7.3-1　10kV 总变电所平面布置和剖面图

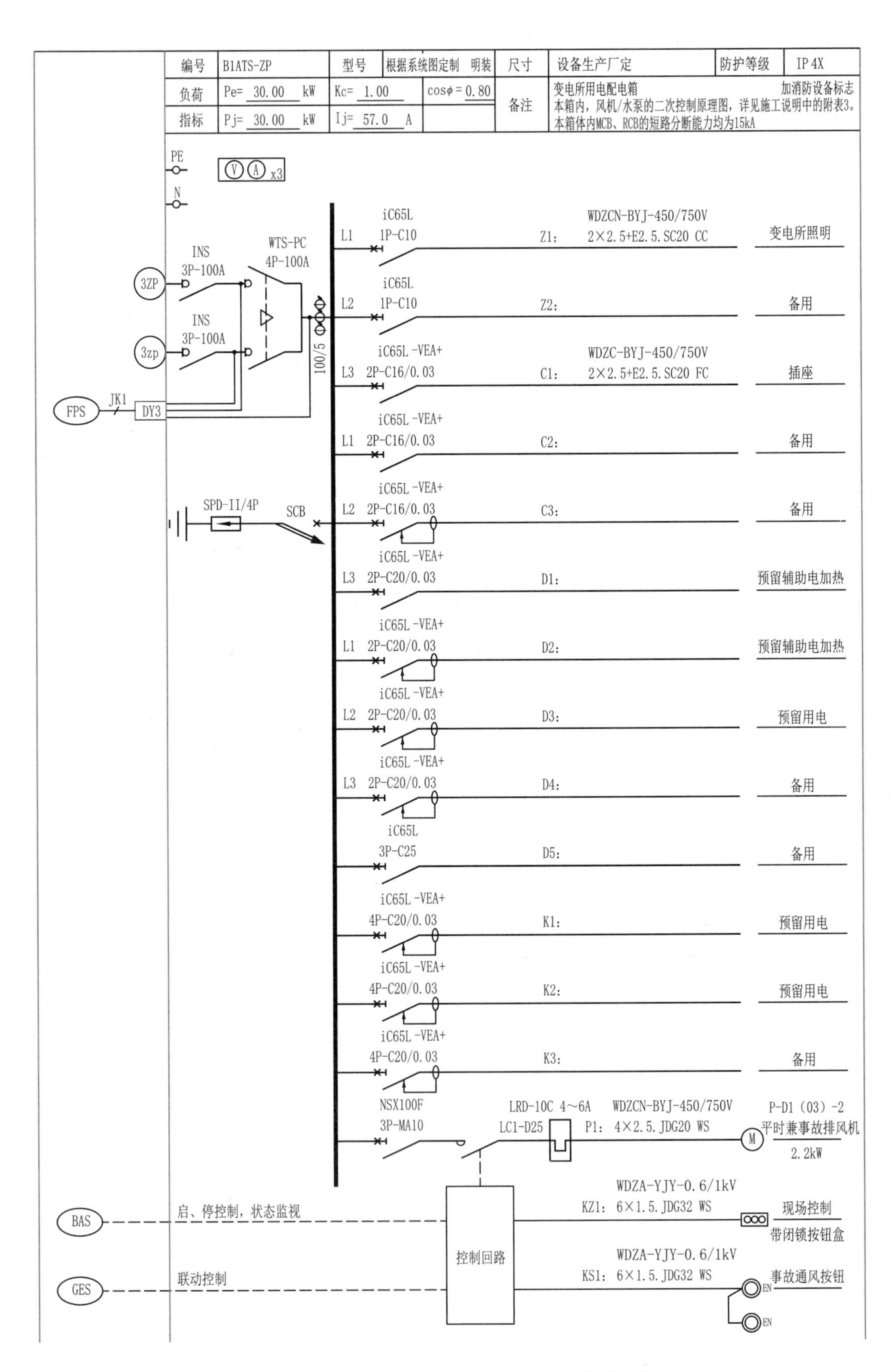
编号 B1ATS-ZP
型号 根据系统图定制 明装
尺寸 设备生产厂定
防护等级 IP 4X
负荷 Pe= 30.00 kW
Kc= 1.00
cosφ = 0.80
指标 Pj= 30.00 kW
Ij= 57.0 A
备注
变电所用电配电箱 加消防设备标志
本箱内，风机/水泵的二次控制原理图，详见施工说明中的附表3。
本箱体内MCB、RCB的短路分断能力均为15kA
PE
N
x3
INS 3P-100A
WTS-PC 4P-100A
3ZP
3zp
100/5
FPS
JK1
DY3
SPD-II/4P
SCB
iC65L 1P-C10
L1
Z1:
WDZCN-BYJ-450/750V 2×2.5+E2.5.SC20 CC
变电所照明
L2
Z2:
备用
iC65L -VEA+
L3 2P-C16/0.03
C1:
WDZC-BYJ-450/750V 2×2.5+E2.5.SC20 FC
插座
L1 2P-C16/0.03
C2:
L2 2P-C16/0.03
C3:
L3 2P-C20/0.03
D1:
预留辅助电加热
L1 2P-C20/0.03
D2:
L2 2P-C20/0.03
D3:
预留用电
L3 2P-C20/0.03
D4:
iC65L 3P-C25
D5:
4P-C20/0.03
K1:
K2:
K3:
NSX100F 3P-MA10
LRD-10C 4～6A
LC1-D25
WDZCN-BYJ-450/750V
P1: 4×2.5.JDG20 WS
P-D1（03）-2
平时兼事故排风机
2.2kW
BAS
启、停控制，状态监视
控制回路
WDZA-YJY-0.6/1kV
KZ1: 6×1.5.JDG32 WS
现场控制
带闭锁按钮盒
GES
联动控制
KS1: 6×1.5.JDG32 WS
事故通风按钮
EN

图 7.3-2 10kV 总变电所所用配电箱系统图

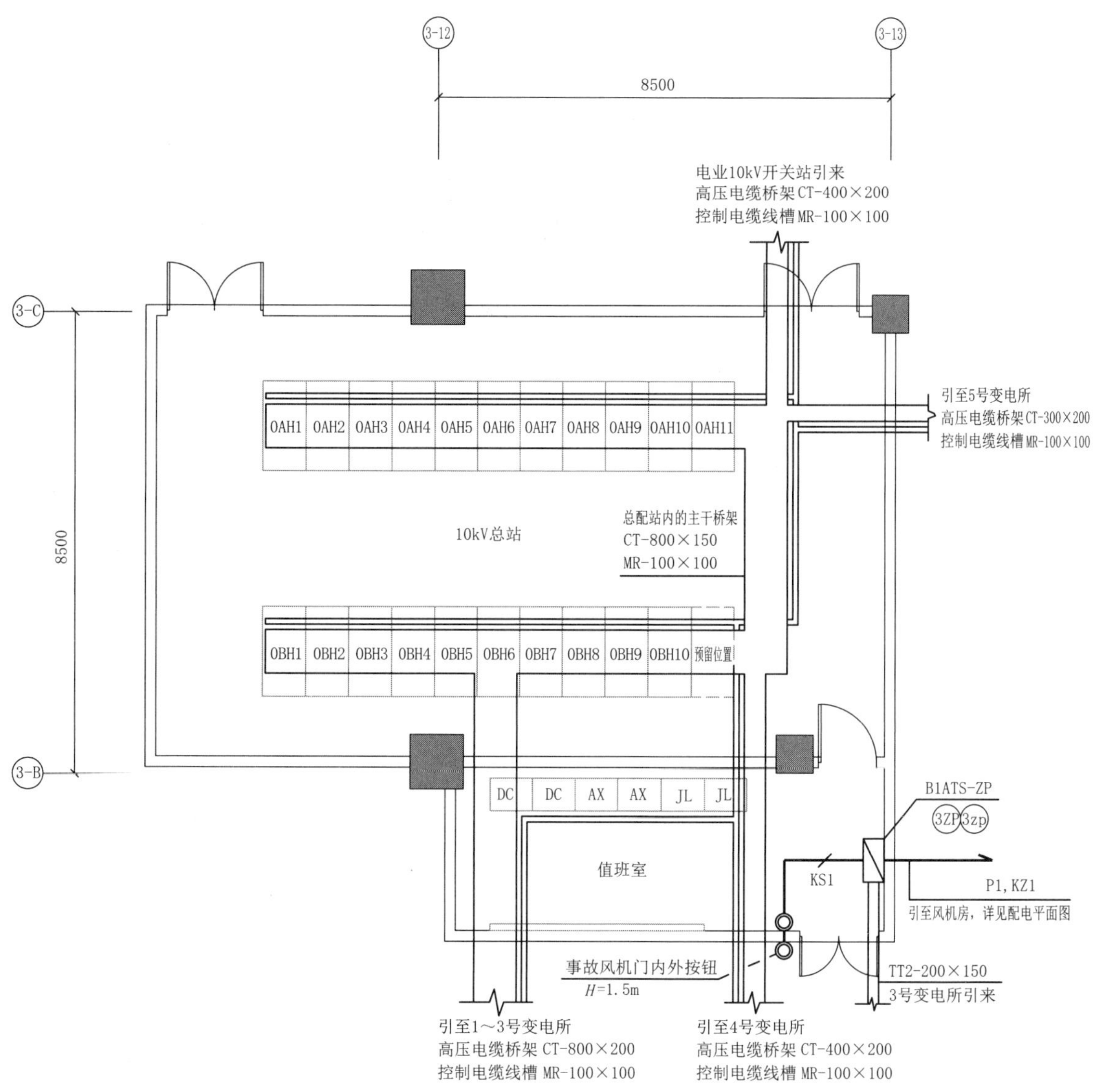

注：
1. 变电所对走廊及相邻房间的门均采用甲级钢制防火门，门的开启方向由高压设备间向低压设备间，或向火灾发生概率低的方向开启，并加装高度为500mm可移动挡鼠板，挡鼠板刷黄、黑相间斜纹警示线，门内、外设明门闩。为防止水侵，所有对走廊及对相邻房间的门设置300mm防水门槛。
2. 变电所内的照明灯具采用线槽吊装（灯槽采用MR-75×50型）、壁装，灯具安装高度为底边距地2.6m。
3. 变电所内的插座暗装，底边距地0.4m。
4. 母线槽、桥架及其与配电柜、变压器连接须生产厂根据现场实际尺寸定制生产后安装。
5. 总等电位联结箱(MEB)做法详见国家标准图集15D502， 与接地装置不少于两点接地。
6. 本工程采用联合接地，接地电阻应≤1Ω，接地做法参考国家标准图集14D504。
7. 所有电气设备的金属外壳、封闭母线、电缆桥架等均应与接地线可靠连接，电缆桥架每隔30m重复接地一次， 与接地装置不少于两点接地。
8. 本变电所内的设备及做法、留洞，应由中标的供电配套单位根据采购的设备型号尺寸，对该图纸内的设备位置、留洞、基础做法等进行深化，并经设计院复核后，方可用于施工。

图 7.3-3　10kV 总变电所配电平面图

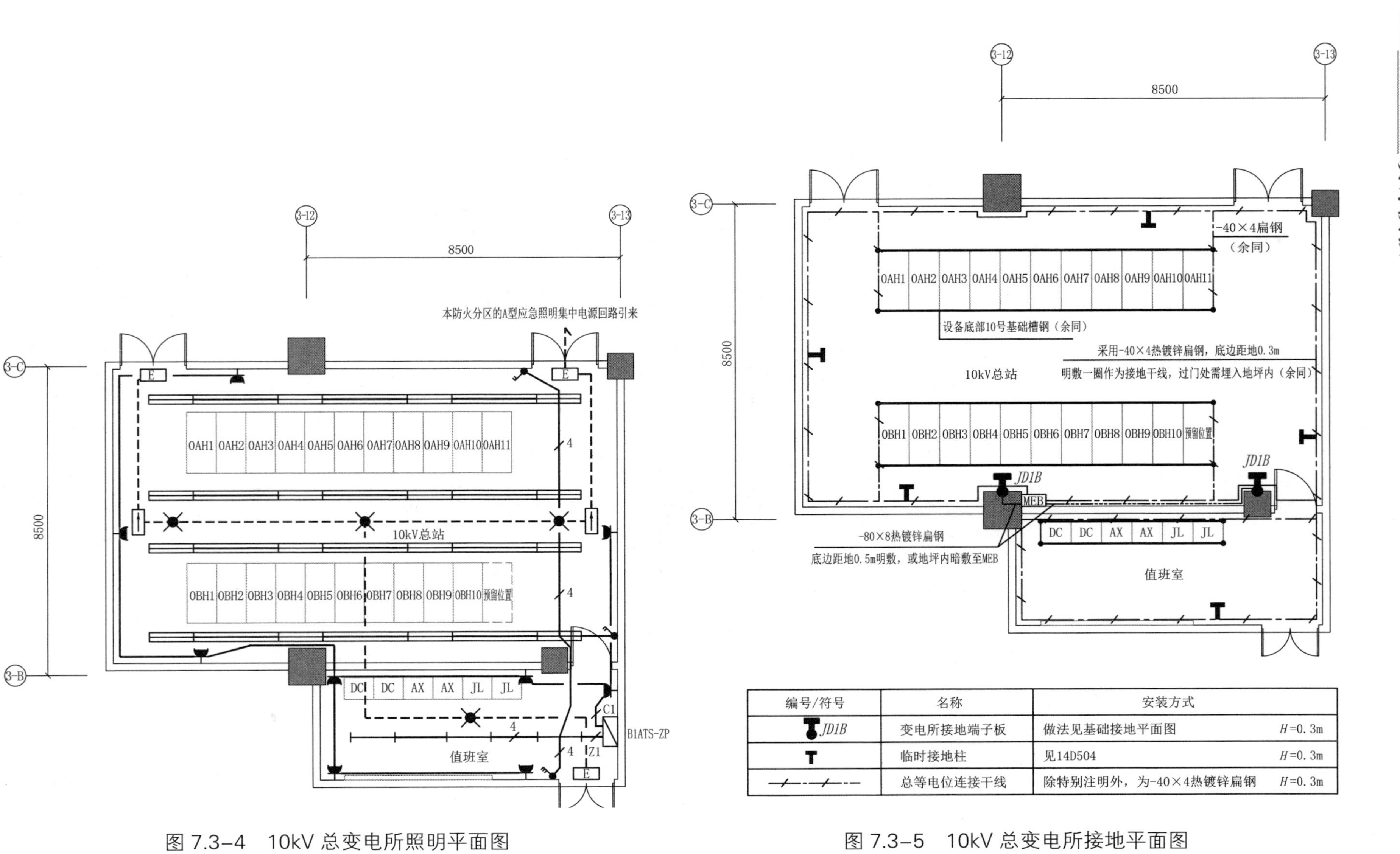

图 7.3-4　10kV 总变电所照明平面图

编号/符号	名称	安装方式	
JD1B	变电所接地端子板	做法见基础接地平面图	H=0.3m
	临时接地柱	见14D504	H=0.3m
	总等电位连接干线	除特别注明外，为-40×4热镀锌扁钢	H=0.3m

图 7.3-5　10kV 总变电所接地平面图

7.4 分变电所

典型的分变电所详图见图 7.4–1 ~ 图 7.4–5。

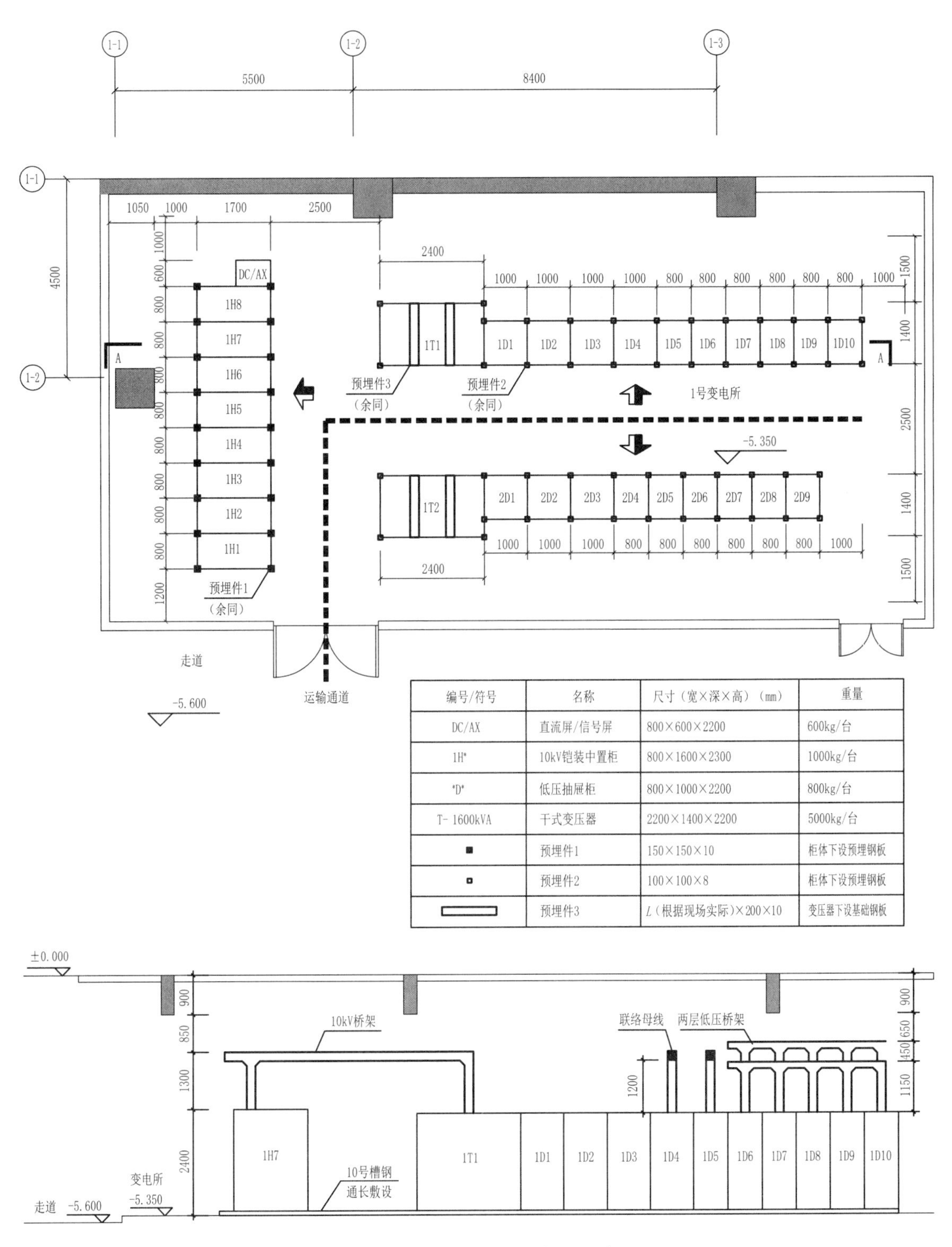

编号/符号	名称	尺寸（宽×深×高）（mm）	重量
DC/AX	直流屏/信号屏	800×600×2200	600kg/台
1H*	10kV铠装中置柜	800×1600×2300	1000kg/台
D	低压抽屉柜	800×1000×2200	800kg/台
T- 1600kVA	干式变压器	2200×1400×2200	5000kg/台
■	预埋件1	150×150×10	柜体下设预埋钢板
▫	预埋件2	100×100×8	柜体下设预埋钢板
▭	预埋件3	L（根据现场实际）×200×10	变压器下设基础钢板

图 7.4–1　分变电所平面布置和剖面图

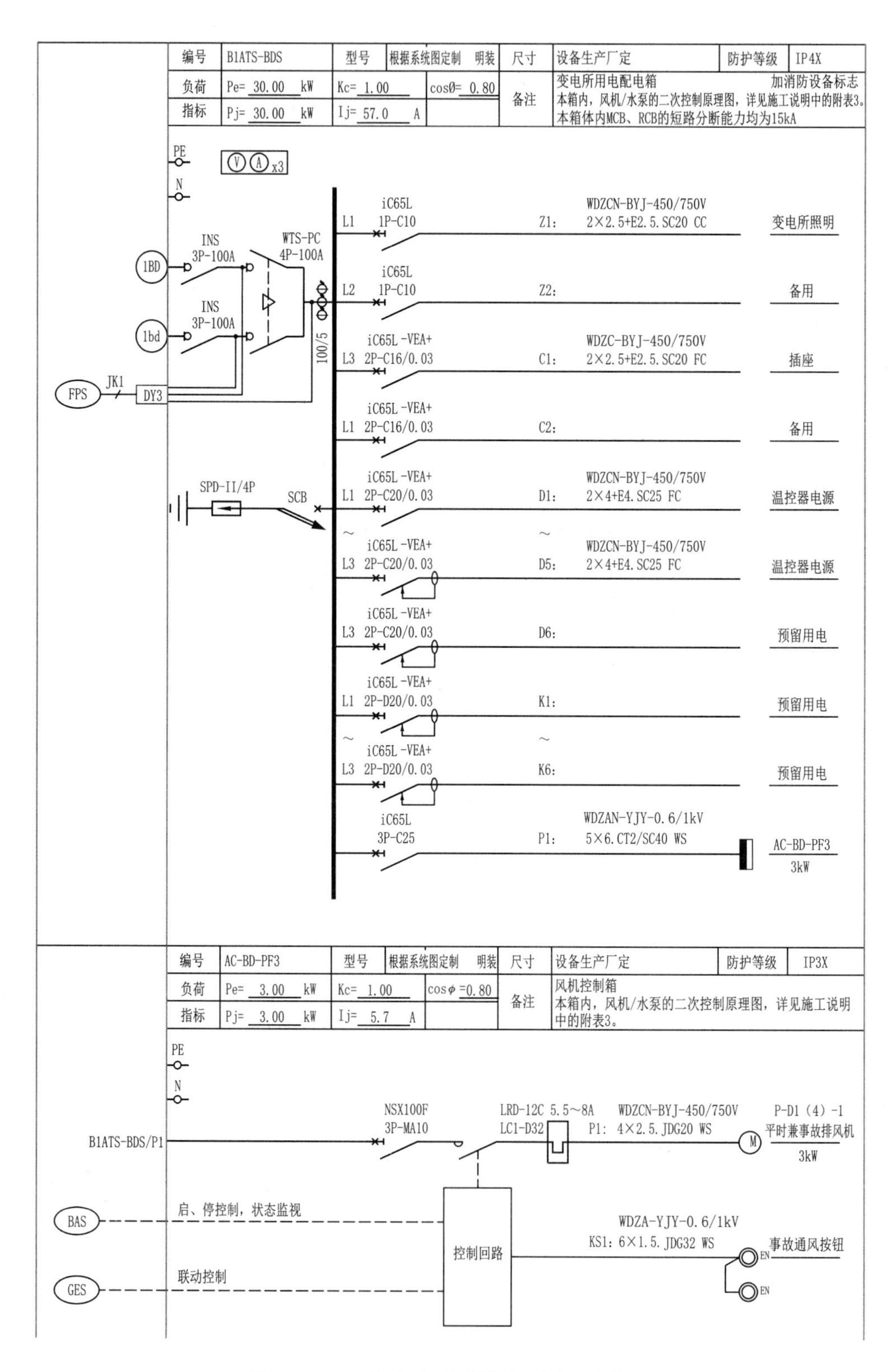

编号 B1ATS-BDS
型号 根据系统图定制 明装
尺寸 设备生产厂定
防护等级 IP4X
负荷 Pe= 30.00 kW
Kc= 1.00
cosØ= 0.80
备注
变电所用电配电箱 加消防设备标志
本箱内，风机/水泵的二次控制原理图，详见施工说明中的附表3。
本箱体内MCB、RCB的短路分断能力均为15kA
指标 Pj= 30.00 kW
Ij= 57.0 A
PE
N
x3
1BD
1bd
INS 3P-100A
INS 3P-100A
WTS-PC 4P-100A
100/5
FPS
JK1
DY3
SPD-II/4P
SCB
L1 iC65L 1P-C10 Z1: WDZCN-BYJ-450/750V 2×2.5+E2.5.SC20 CC 变电所照明
L2 iC65L 1P-C10 Z2: 备用
L3 iC65L -VEA+ 2P-C16/0.03 C1: WDZC-BYJ-450/750V 2×2.5+E2.5.SC20 FC 插座
L1 iC65L -VEA+ 2P-C16/0.03 C2: 备用
L1 iC65L -VEA+ 2P-C20/0.03 D1: WDZCN-BYJ-450/750V 2×4+E4.SC25 FC 温控器电源
L3 iC65L -VEA+ 2P-C20/0.03 D5: WDZCN-BYJ-450/750V 2×4+E4.SC25 FC 温控器电源
L3 iC65L -VEA+ 2P-C20/0.03 D6: 预留用电
L1 iC65L -VEA+ 2P-D20/0.03 K1: 预留用电
L3 iC65L -VEA+ 2P-D20/0.03 K6: 预留用电
iC65L 3P-C25 P1: WDZAN-YJY-0.6/1kV 5×6.CT2/SC40 WS AC-BD-PF3 3kW
编号 AC-BD-PF3
型号 根据系统图定制 明装
尺寸 设备生产厂定
防护等级 IP3X
负荷 Pe= 3.00 kW
Kc= 1.00
cosφ =0.80
备注
风机控制箱
本箱内，风机/水泵的二次控制原理图，详见施工说明中的附表3。
指标 Pj= 3.00 kW
Ij= 5.7 A
PE
N
B1ATS-BDS/P1
NSX100F 3P-MA10
LRD-12C 5.5~8A LC1-D32
WDZCN-BYJ-450/750V P1: 4×2.5.JDG20 WS
P-D1（4）-1 平时兼事故排风机 3kW
BAS
启、停控制，状态监视
GES
联动控制
控制回路
WDZA-YJY-0.6/1kV KS1: 6×1.5.JDG32 WS
事故通风按钮
EN
EN

图 7.4-2 分变电所所用配电箱系统图

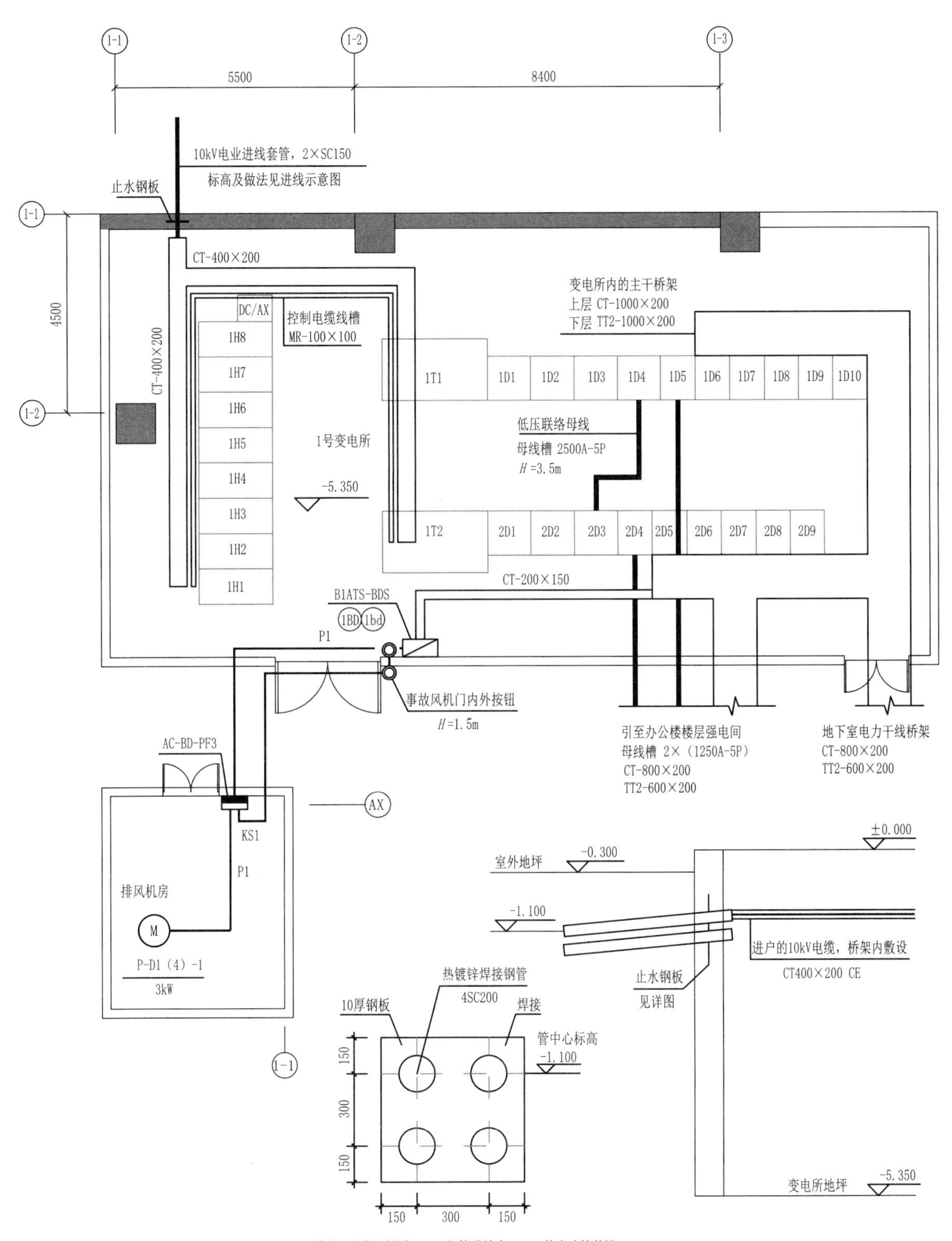

图 7.4-3 分变电所配电平面图

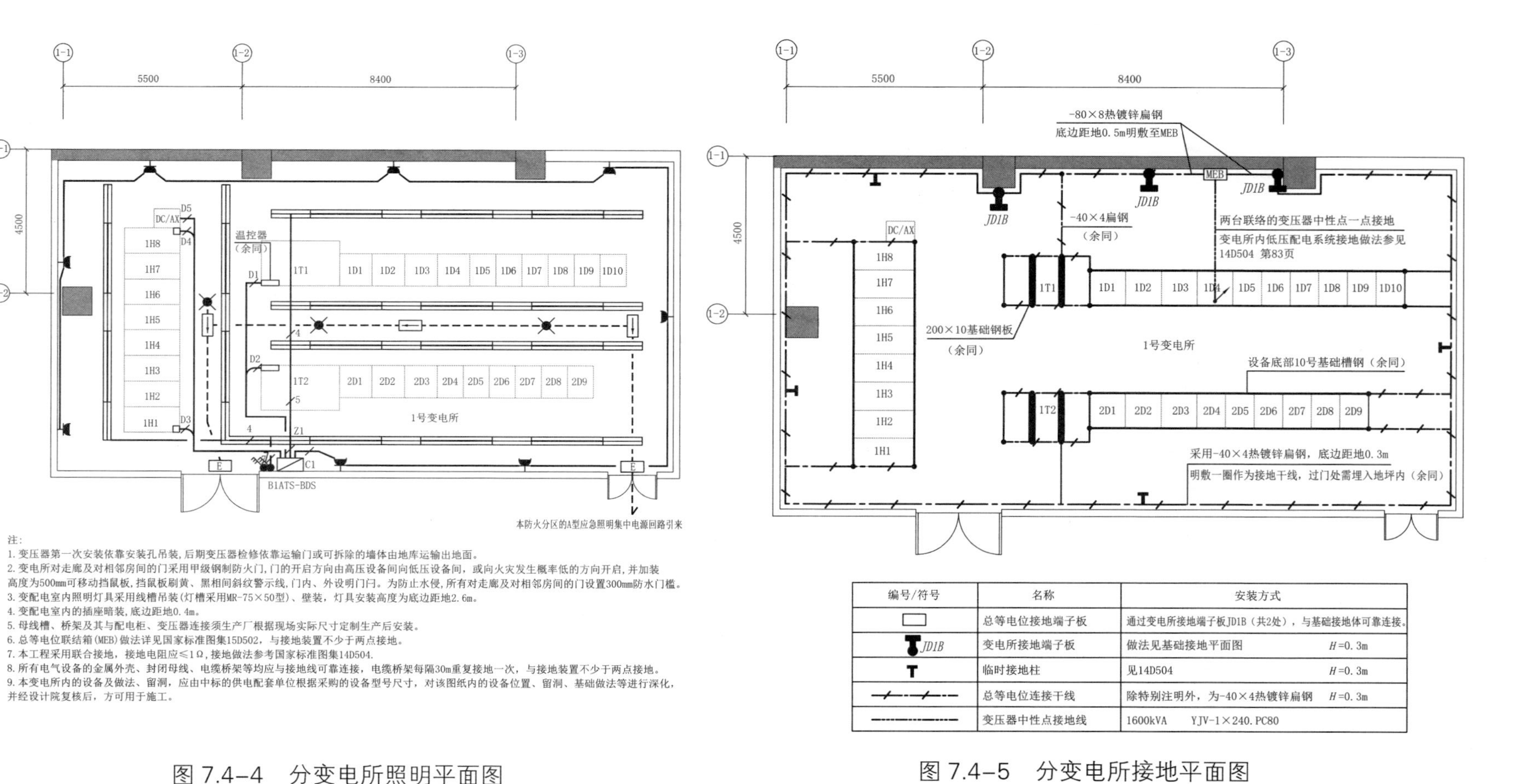

注：
1. 变压器第一次安装依靠安装孔吊装，后期变压器检修依靠运输门或可拆除的墙体由地库运输出地面。
2. 变电所对走廊及对相邻房间的门采用甲级钢制防火门，门的开启方向由高压设备间向低压设备间，或向火灾发生概率低的方向开启，并加装高度为500mm可移动挡鼠板，挡鼠板刷黄、黑相间斜纹警示线，门内、外设明门闩。为防止水侵，所有对走廊及对相邻房间的门设置300mm防水门槛。
3. 变配电室内照明灯具采用线槽吊装（灯槽采用MR-75×50型）、壁装，灯具安装高度为底边距地2.6m。
4. 变配电室内的插座暗装，底边距地0.4m。
5. 母线槽、桥架及其与配电柜、变压器连接须生产厂根据现场实际尺寸定制生产后安装。
6. 总等电位联结箱（MEB）做法详见国家标准图集15D502，与接地装置不少于两点接地。
7. 本工程采用联合接地，接地电阻应≤1Ω，接地做法参考国家标准图集14D504.
8. 所有电气设备的金属外壳、封闭母线、电缆桥架等均应与接地线可靠连接，电缆桥架每隔30m重复接地一次，与接地装置不少于两点接地。
9. 本变电所内的设备及做法、留洞，应由中标的供电配套单位根据采购的设备型号尺寸，对该图纸内的设备位置、留洞、基础做法等进行深化，并经设计院复核后，方可用于施工。

图 7.4-4　分变电所照明平面图

编号/符号	名称	安装方式
□	总等电位接地端子板	通过变电所接地端子板JD1B（共2处），与基础接地体可靠连接。
JD1B	变电所接地端子板	做法见基础接地平面图　H=0.3m
T	临时接地柱	见14D504　H=0.3m
—/—/—	总等电位连接干线	除特别注明外，为-40×4热镀锌扁钢　H=0.3m
—··—··—	变压器中性点接地线	1600kVA　YJV-1×240.PC80

图 7.4-5　分变电所接地平面图

7.5　住宅变电所

典型的住宅变电所详图见图 7.5-1 ~ 图 7.5-6。

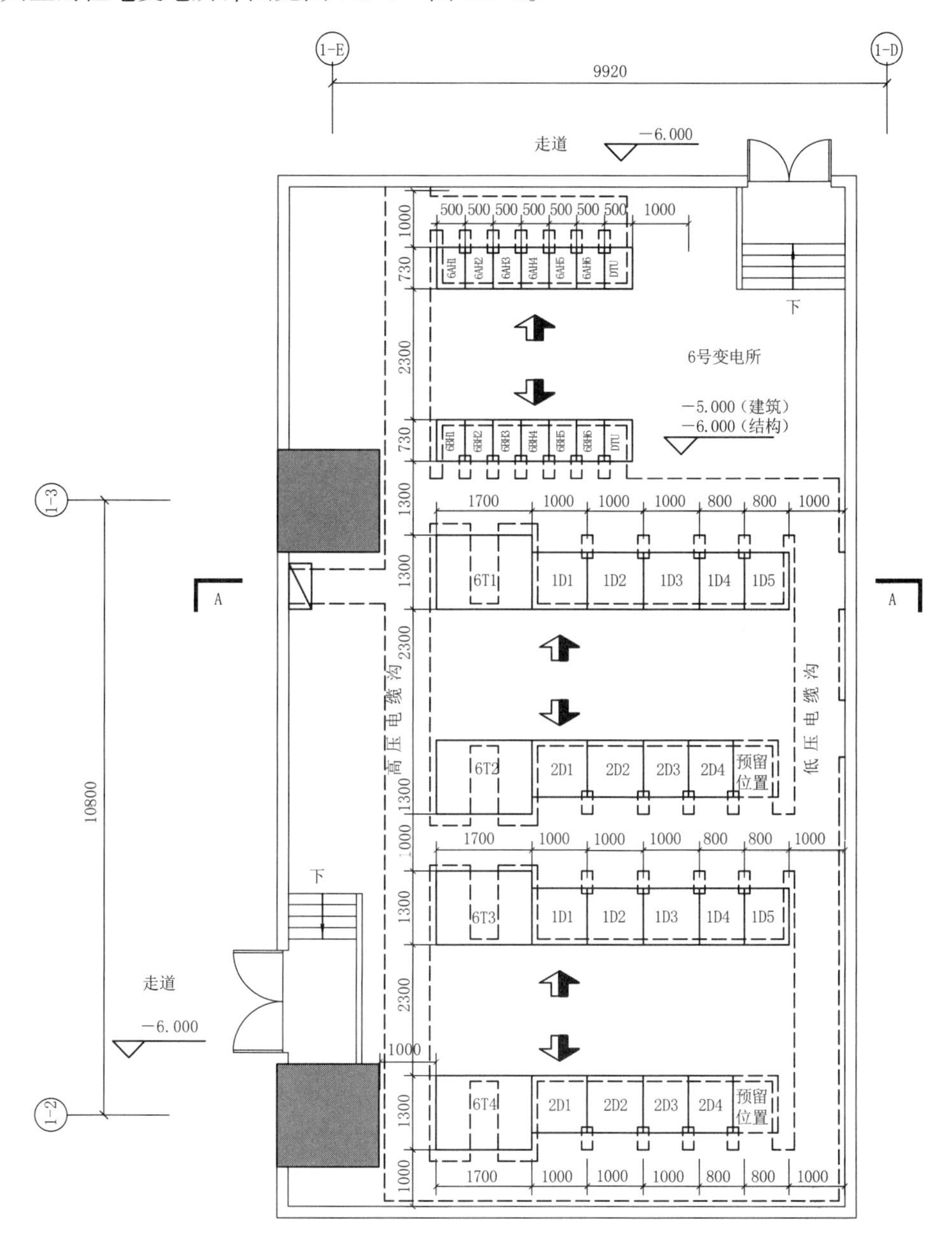

编号/符号	名称	尺寸（宽×深×高）(mm)	重量
DC/AX	直流屏/信号屏	800×600×2200	600kg/台
A/BH	10kV环网柜	500×730×2300	1000kg/台
D	低压抽屉柜	800×1000×2200	800kg/台
T-800kVA	干式变压器	1700×1300×1660	2500kg/台
T-630kVA	干式变压器	1700×1300×1660	2000kg/台
▫	预埋件1	100×100×8	柜体下设预埋钢板
▭	预埋件2	L（根据现场实际）×200×10	变压器下设基础钢板

图 7.5-1　住宅变电所平面布置图

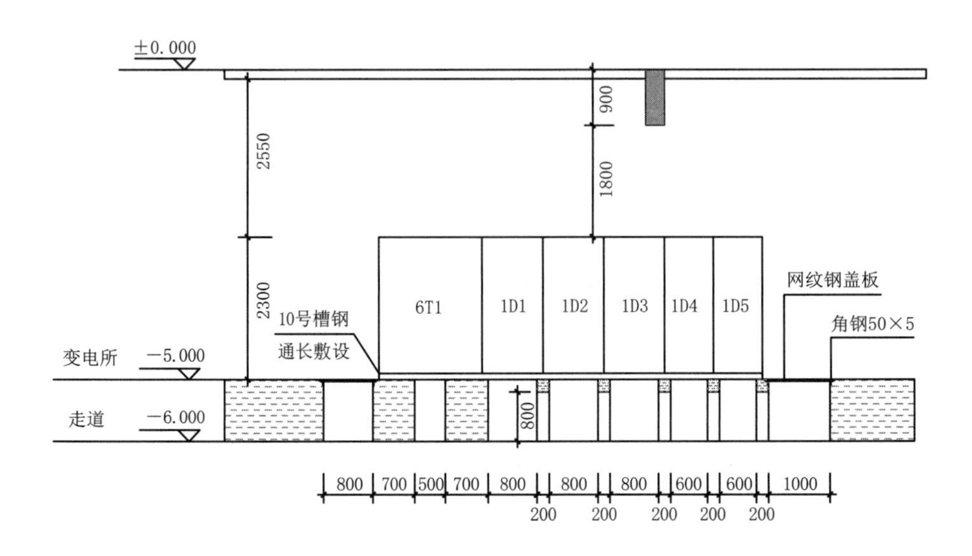

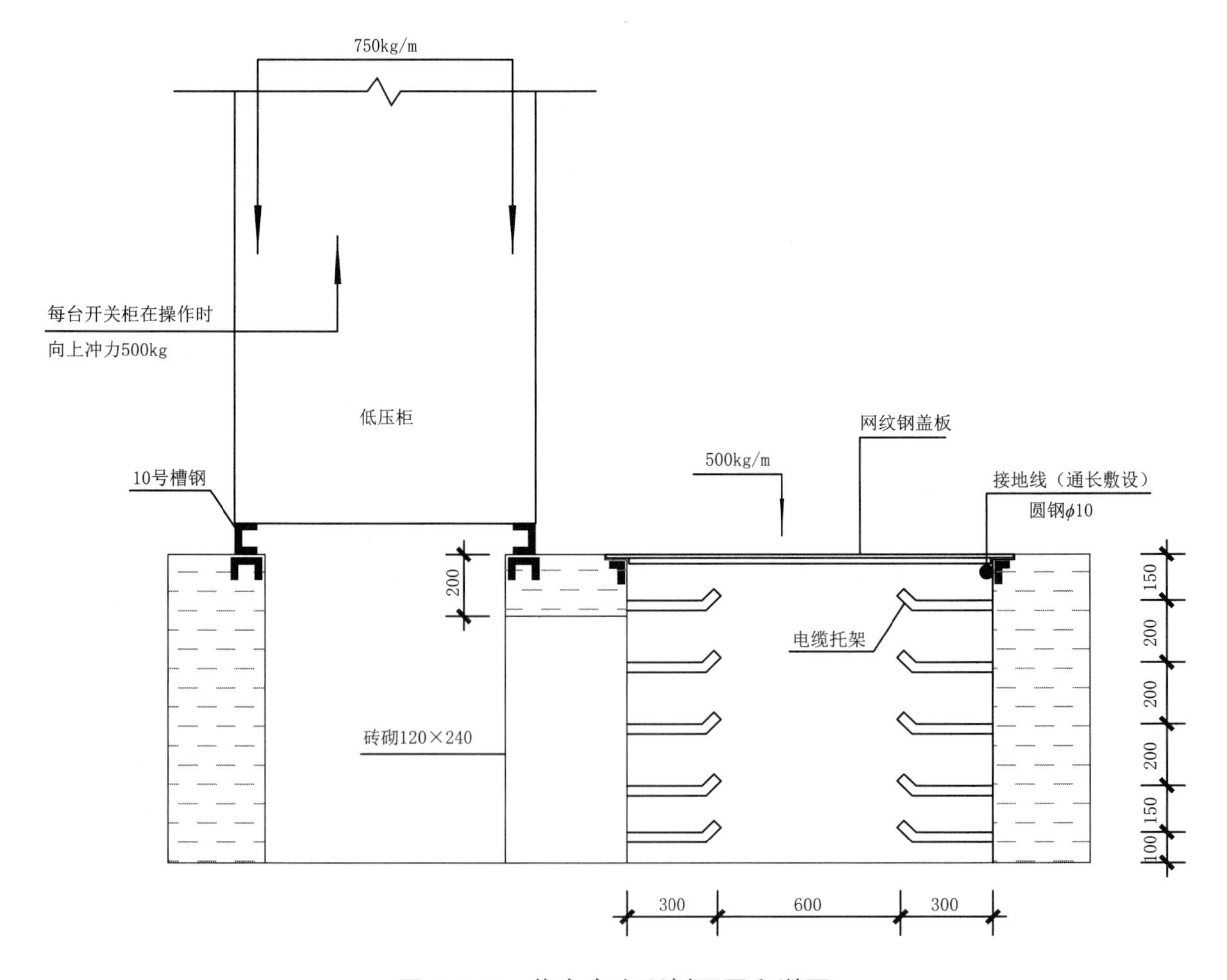

图 7.5–2 住宅变电所剖面图和详图

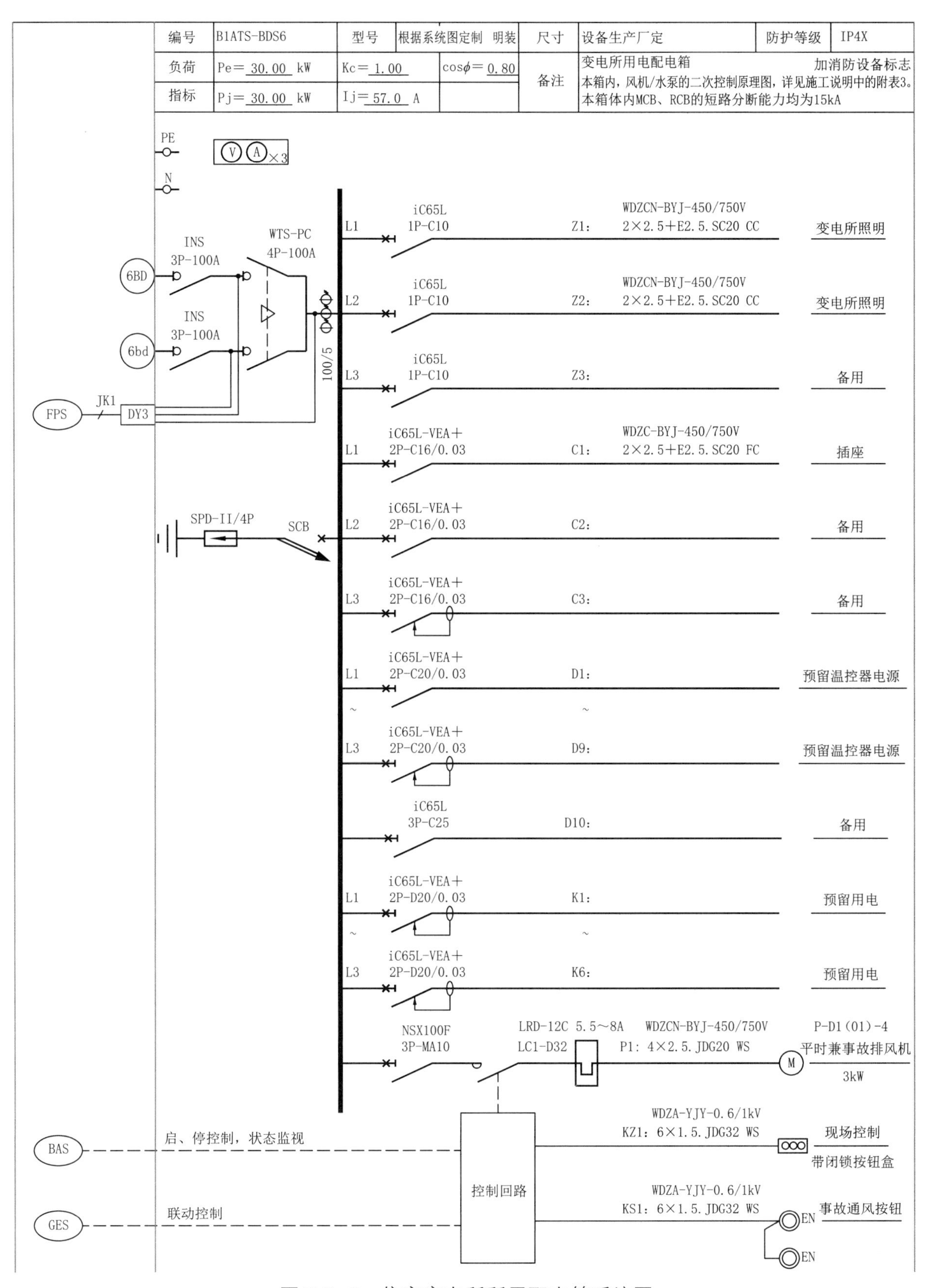

编号
B1ATS-BDS6
型号
根据系统图定制 明装
尺寸
设备生产厂定
防护等级
IP4X
负荷
Pe= 30.00 kW
Kc= 1.00
cosϕ= 0.80
备注
变电所用电配电箱
加消防设备标志
本箱内，风机/水泵的二次控制原理图，详见施工说明中的附表3。
本箱体内MCB、RCB的短路分断能力均为15kA
指标
Pj= 30.00 kW
Ij= 57.0 A
PE
N
×3
INS
3P-100A
WTS-PC
4P-100A
6BD
6bd
100/5
FPS
JK1
DY3
L1
iC65L
1P-C10
Z1:
WDZCN-BYJ-450/750V
2×2.5+E2.5.SC20 CC
变电所照明
L2
iC65L
1P-C10
Z2:
WDZCN-BYJ-450/750V
2×2.5+E2.5.SC20 CC
变电所照明
L3
iC65L
1P-C10
Z3:
备用
L1
iC65L-VEA+
2P-C16/0.03
C1:
WDZC-BYJ-450/750V
2×2.5+E2.5.SC20 FC
插座
SPD-II/4P
SCB
L2
iC65L-VEA+
2P-C16/0.03
C2:
备用
L3
iC65L-VEA+
2P-C16/0.03
C3:
备用
L1
iC65L-VEA+
2P-C20/0.03
D1:
预留温控器电源
L3
iC65L-VEA+
2P-C20/0.03
D9:
预留温控器电源
iC65L
3P-C25
D10:
备用
L1
iC65L-VEA+
2P-D20/0.03
K1:
预留用电
L3
iC65L-VEA+
2P-D20/0.03
K6:
预留用电
NSX100F
3P-MA10
LRD-12C 5.5～8A
LC1-D32
WDZCN-BYJ-450/750V
P1: 4×2.5.JDG20 WS
P-D1(01)-4
平时兼事故排风机
3kW
M
BAS
启、停控制，状态监视
WDZA-YJY-0.6/1kV
KZ1: 6×1.5.JDG32 WS
现场控制
带闭锁按钮盒
控制回路
GES
联动控制
WDZA-YJY-0.6/1kV
KS1: 6×1.5.JDG32 WS
事故通风按钮
EN
EN

图 7.5-3　住宅变电所所用配电箱系统图

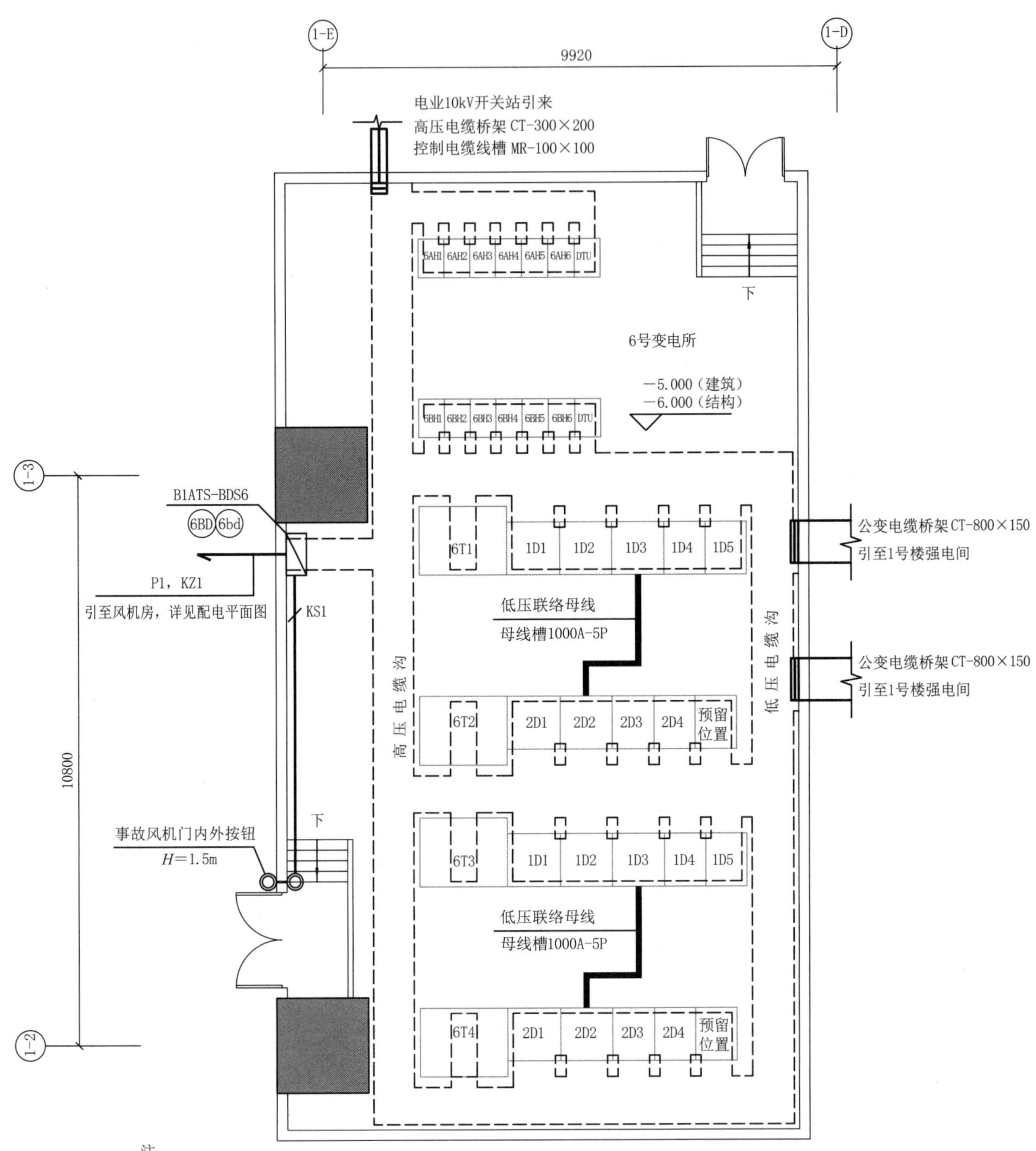

注：

1. 变电所对走廊及对相邻房间的门采用甲级钢制防火门，门的开启方向由高压设备间向低压设备间，或向火灾发生概率低的方向开启，并加装高度为500mm可移动挡鼠板，挡鼠板刷黄、黑相间斜纹警示线，门内、外设明门闩。
2. 为防止水侵，所有对走廊及对相邻房间的门设置300mm防水门槛。
3. 变配电室内照明灯具采用线槽吊装（灯槽采用MR-75×50型）、壁装，灯具安装高度为底边距地2.6m。
4. 变配电室内的插座暗装，底边距地0.4m。
5. 母线槽、桥架及其与配电柜、变压器连接须生产厂根据现场实际尺寸定制生产后安装。
6. 总等电位联结箱（MEB）做法详见国家标准图集15D502，与接地装置不少于两点接地。
7. 本工程采用联合接地，接地电阻应≤1Ω，接地做法参考国家标准图集14D504。
8. 所有电气设备的金属外壳，封闭母线，电缆桥架等均应与接地线可靠连接，电缆桥架每隔30m重复接地一次，与接地装置不少于两点接地。
9. 公变为电业产权，本图仅为设计参考，最终以供电部门设计图为准。

图 7.5-4　住宅变电所配电平面图

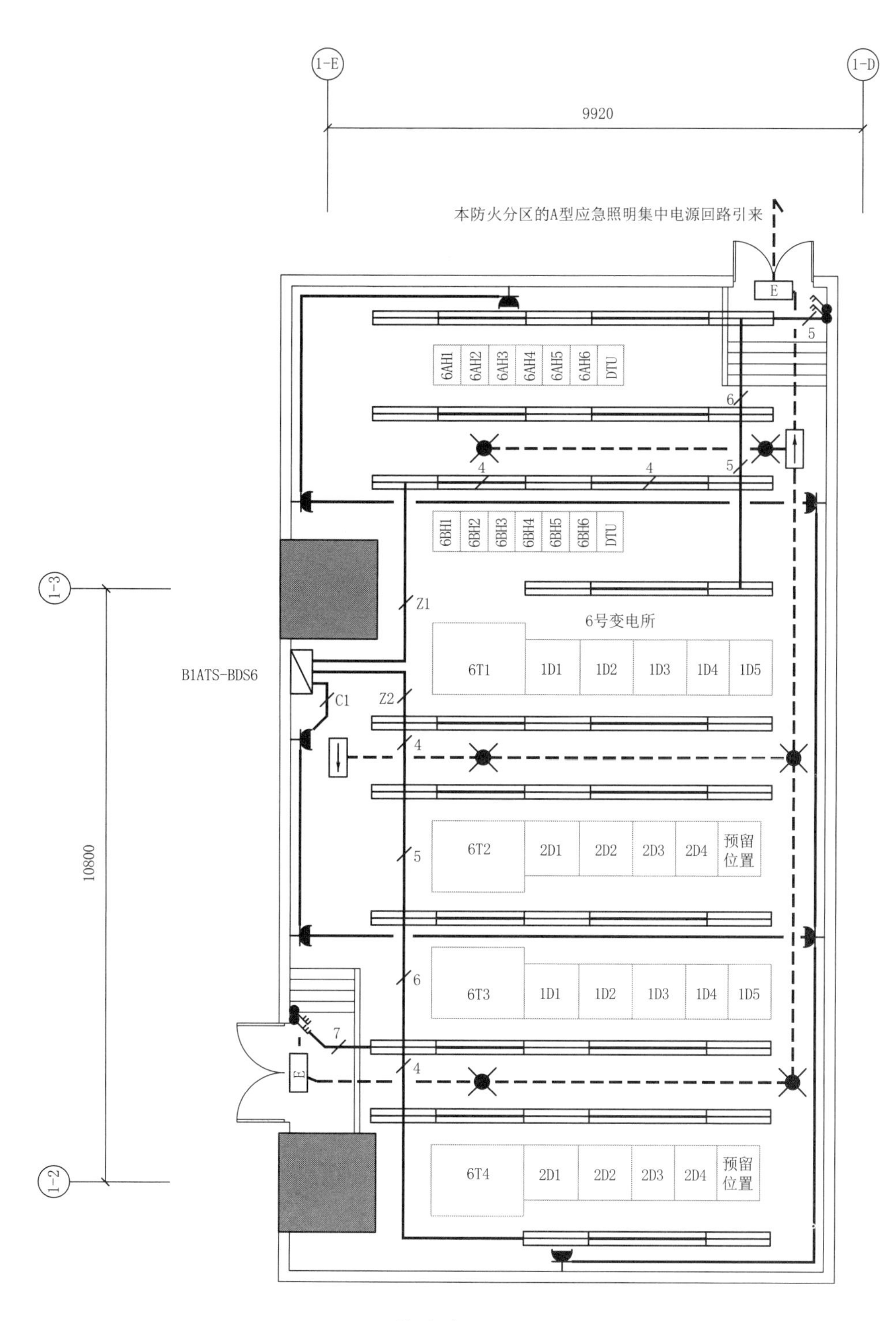

图 7.5-5 住宅变电所照明平面图

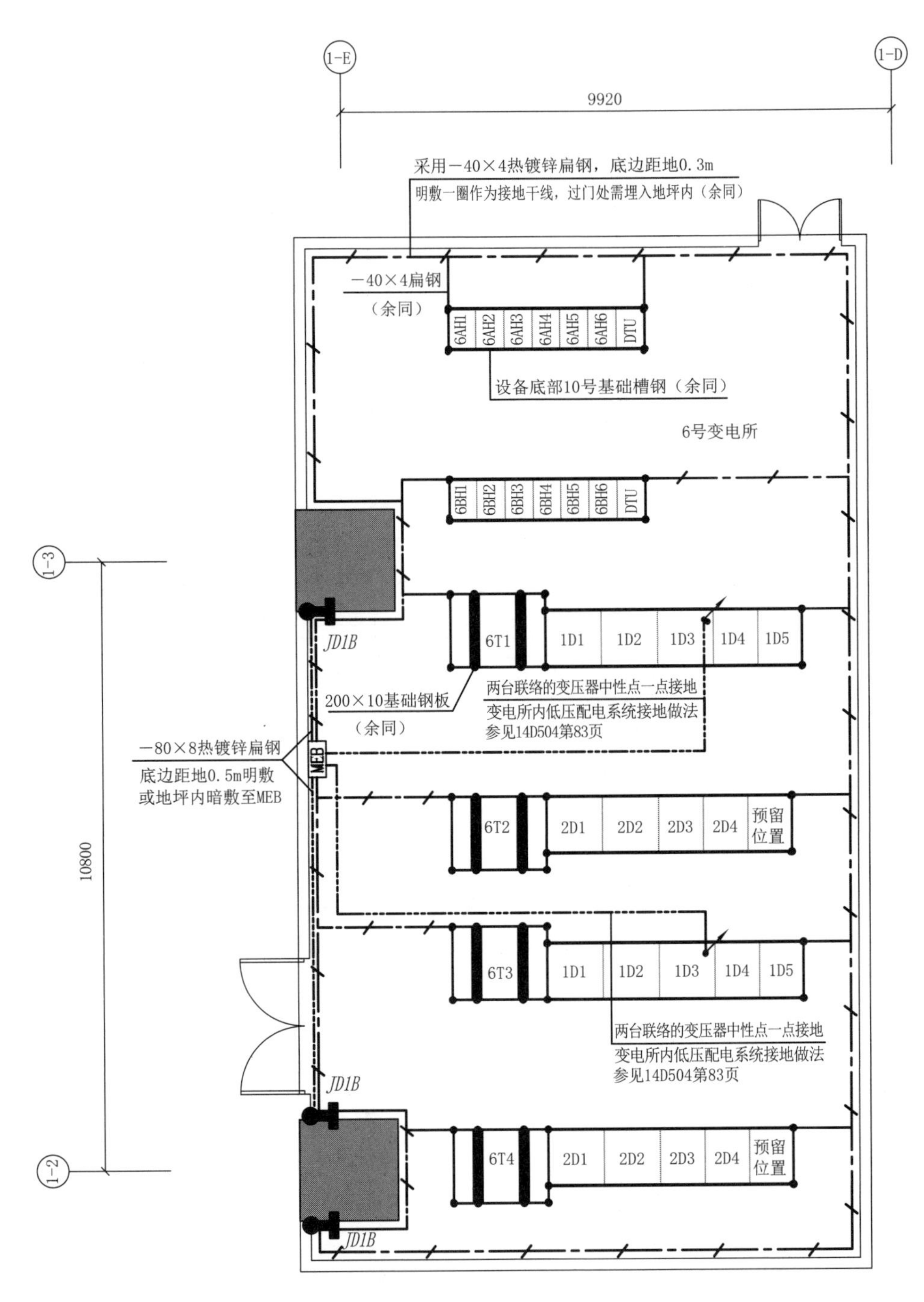

编号/符号	名称	安装方式	
JD1B	变电所接地端子板	做法见基础接地平面图	H=0.3m
T	临时接地柱	见14D504	H=0.3m
—/—·—/—·—	总等电位连接干线	除特别注明外，为−40×4热镀锌扁钢	H=0.3m
——·——·——	变压器中性点接地线	800kVA	YJV-1×120.PC65
		630kVA	YJV-1×120.PC65

图 7.5-6　住宅变电所接地平面图

7.6　柴油发电机房

典型的柴油发电机房详图见图 7.6–1 ~ 图 7.6–5。

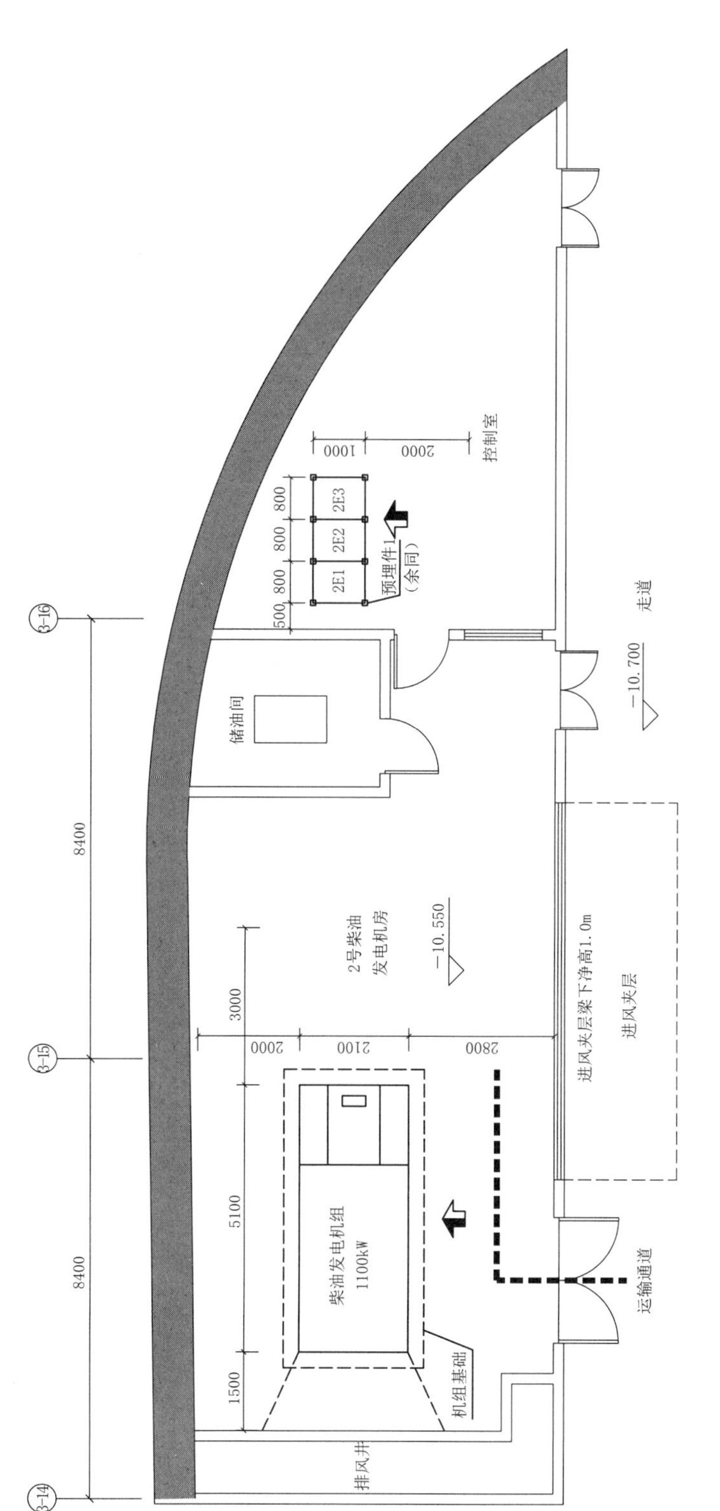

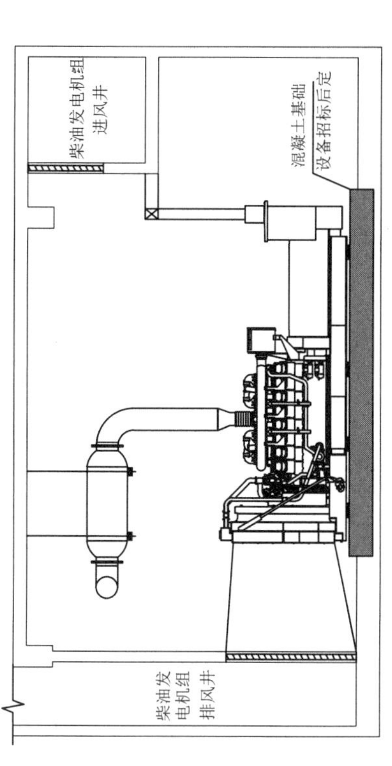

注：本次柴油发电机房的设备布置为暂定，具体待甲方招标后，根据中标单位的机组参数由厂家深化设计，并由中标单位提供发电机组的具体参数（基础布置、静荷载、动荷载等）供我院结构专业复核；发电机组配套的油路及系统、配套设备等，均由发电机厂家负责深化设计。

编号/符号	名称	尺寸（宽×深×高）(mm)	重量
E	低压抽屉柜	800×1000×2200	800kg/台
□	预埋件1	100×100×8	柜体下设预埋钢板

图 7.6–1　柴油发电机房平面布置图和剖面图

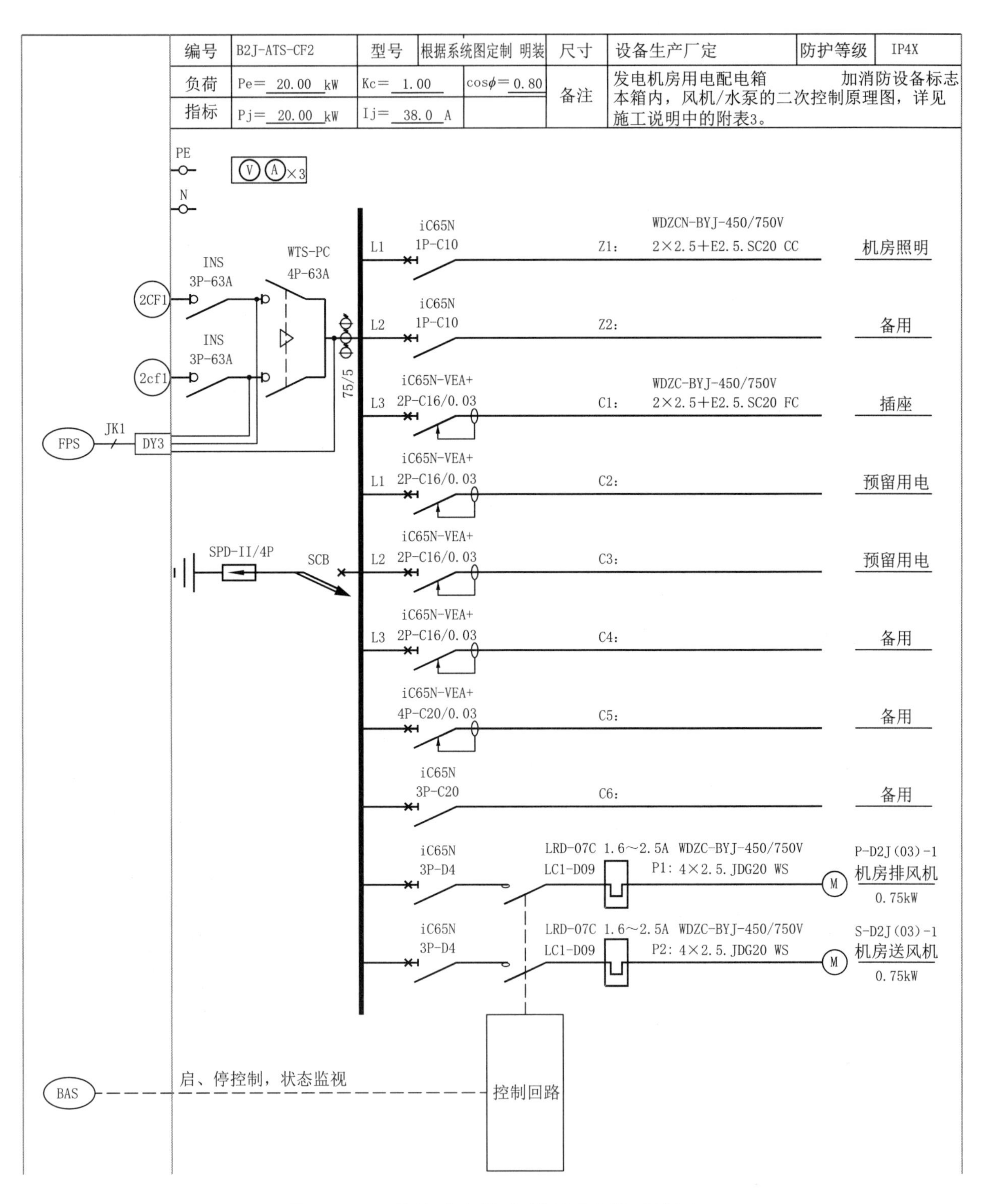
编号
B2J-ATS-CF2
型号
根据系统图定制 明装
尺寸
设备生产厂定
防护等级
IP4X
负荷
Pe= 20.00 kW
Kc= 1.00
cosϕ= 0.80
备注
发电机房用电配电箱 加消防设备标志
本箱内，风机/水泵的二次控制原理图，详见施工说明中的附表3。
指标
Pj= 20.00 kW
Ij= 38.0 A
PE
N
V A ×3
2CF1
2cf1
INS
3P-63A
INS
3P-63A
WTS-PC
4P-63A
75/5
FPS
JK1
DY3
SPD-II/4P
SCB
L1
iC65N
1P-C10
Z1:
WDZCN-BYJ-450/750V
2×2.5+E2.5.SC20 CC
机房照明
L2
iC65N
1P-C10
Z2:
备用
L3
iC65N-VEA+
2P-C16/0.03
C1:
WDZC-BYJ-450/750V
2×2.5+E2.5.SC20 FC
插座
L1
iC65N-VEA+
2P-C16/0.03
C2:
预留用电
L2
iC65N-VEA+
2P-C16/0.03
C3:
预留用电
L3
iC65N-VEA+
2P-C16/0.03
C4:
备用
iC65N-VEA+
4P-C20/0.03
C5:
备用
iC65N
3P-C20
C6:
备用
iC65N
3P-D4
LRD-07C 1.6～2.5A
LC1-D09
WDZC-BYJ-450/750V
P1: 4×2.5.JDG20 WS
M
P-D2J(03)-1
机房排风机
0.75kW
iC65N
3P-D4
LRD-07C 1.6～2.5A
LC1-D09
WDZC-BYJ-450/750V
P2: 4×2.5.JDG20 WS
M
S-D2J(03)-1
机房送风机
0.75kW
BAS
启、停控制，状态监视
控制回路

图 7.6-2 柴油发电机房所用配电箱系统图

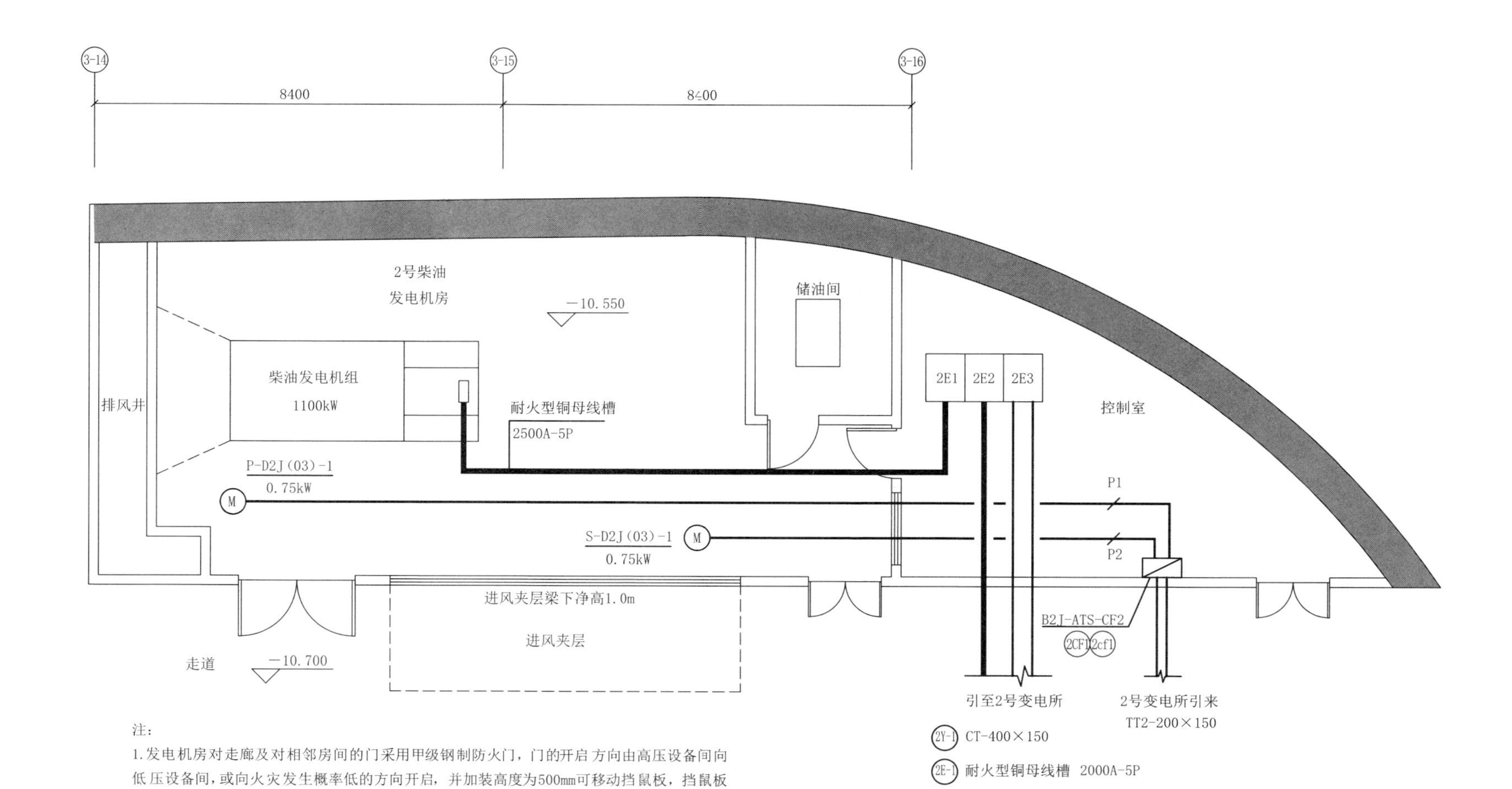

注：

1.发电机房对走廊及对相邻房间的门采用甲级钢制防火门，门的开启方向由高压设备间向低压设备间，或向火灾发生概率低的方向开启，并加装高度为500mm可移动挡鼠板，挡鼠板刷黄、黑相间斜纹警示线，门内、外设明门闩。

2.为防止水侵，所有对走廊及对相邻房间的门设置300mm防水门槛。

3.发电机房内照明灯具采用吸顶安装，插座暗装，底边距地0.4m。

4.母线槽、桥架及其与配电柜、变压器连接须生产厂根据现场实际尺寸定制生产后安装。

5.总等电位联结箱(MEB)做法详见国家标准图集15D502，与接地装置不少于两点接地

6.本工程采用联合接地，接地电阻应≤1Ω，接地做法参考国家标准图集14D504。

7.所有电气设备的金属外壳，封闭母线，电缆桥架等均应与接地线可靠连接，电缆桥架每隔30m重复接地一次，与接地装置不少于两点接地。

8.本图纸施工前须经当地供电部门审核确认后方可订货施工。

图 7.6-3　柴油发电机房配电平面图

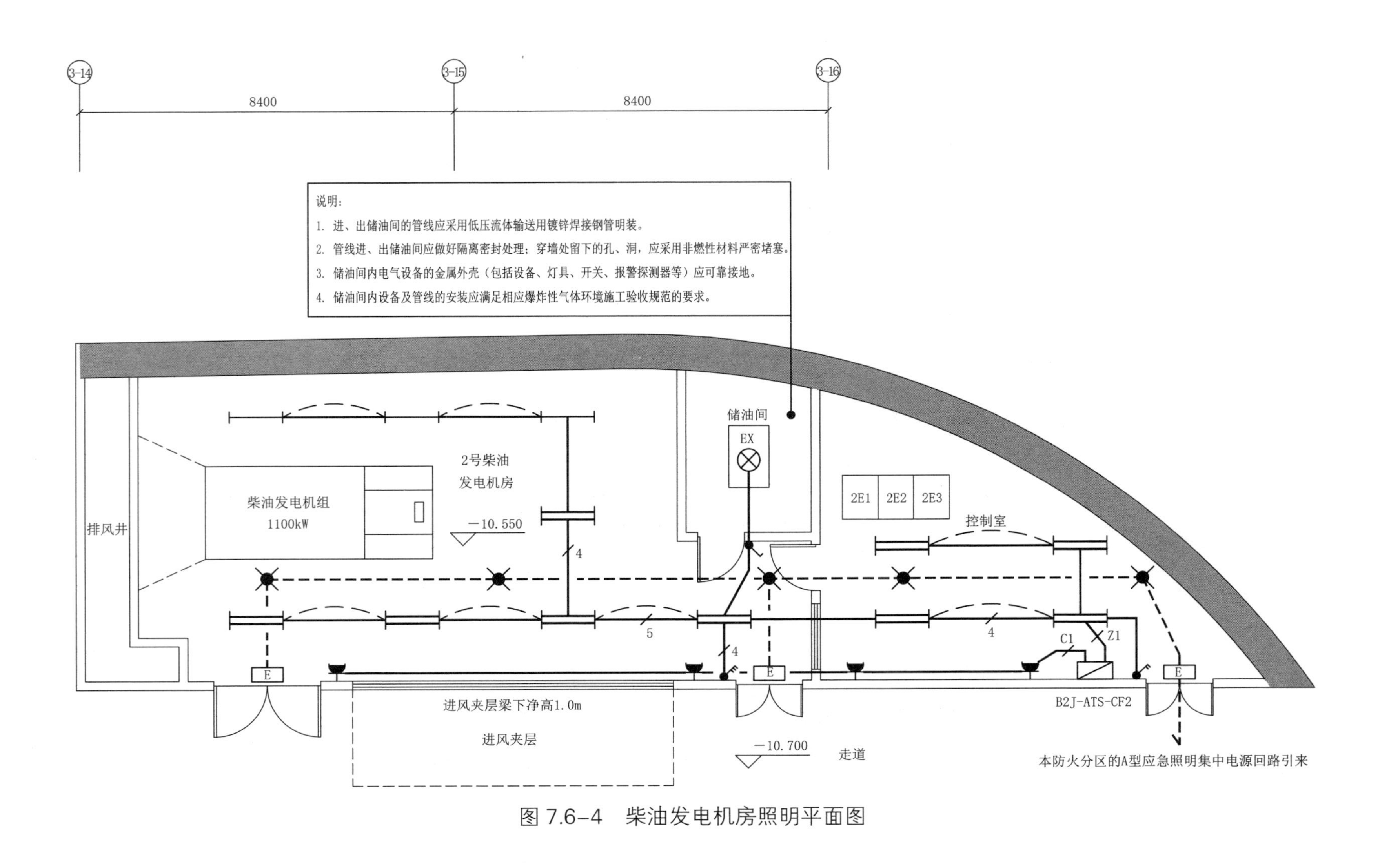
3-14
3-15
3-16
8400
8400
说明：
1. 进、出储油间的管线应采用低压流体输送用镀锌焊接钢管明装。
2. 管线进、出储油间应做好隔离密封处理；穿墙处留下的孔、洞，应采用非燃性材料严密堵塞。
3. 储油间内电气设备的金属外壳（包括设备、灯具、开关、报警探测器等）应可靠接地。
4. 储油间内设备及管线的安装应满足相应爆炸性气体环境施工验收规范的要求。
储油间
EX
2号柴油
发电机房
柴油发电机组
1100kW
−10.550
排风井
2E1
2E2
2E3
控制室
4
5
C1
Z1
E
进风夹层梁下净高1.0m
进风夹层
B2J-ATS-CF2
−10.700
走道
本防火分区的A型应急照明集中电源回路引来

图 7.6-4 柴油发电机房照明平面图

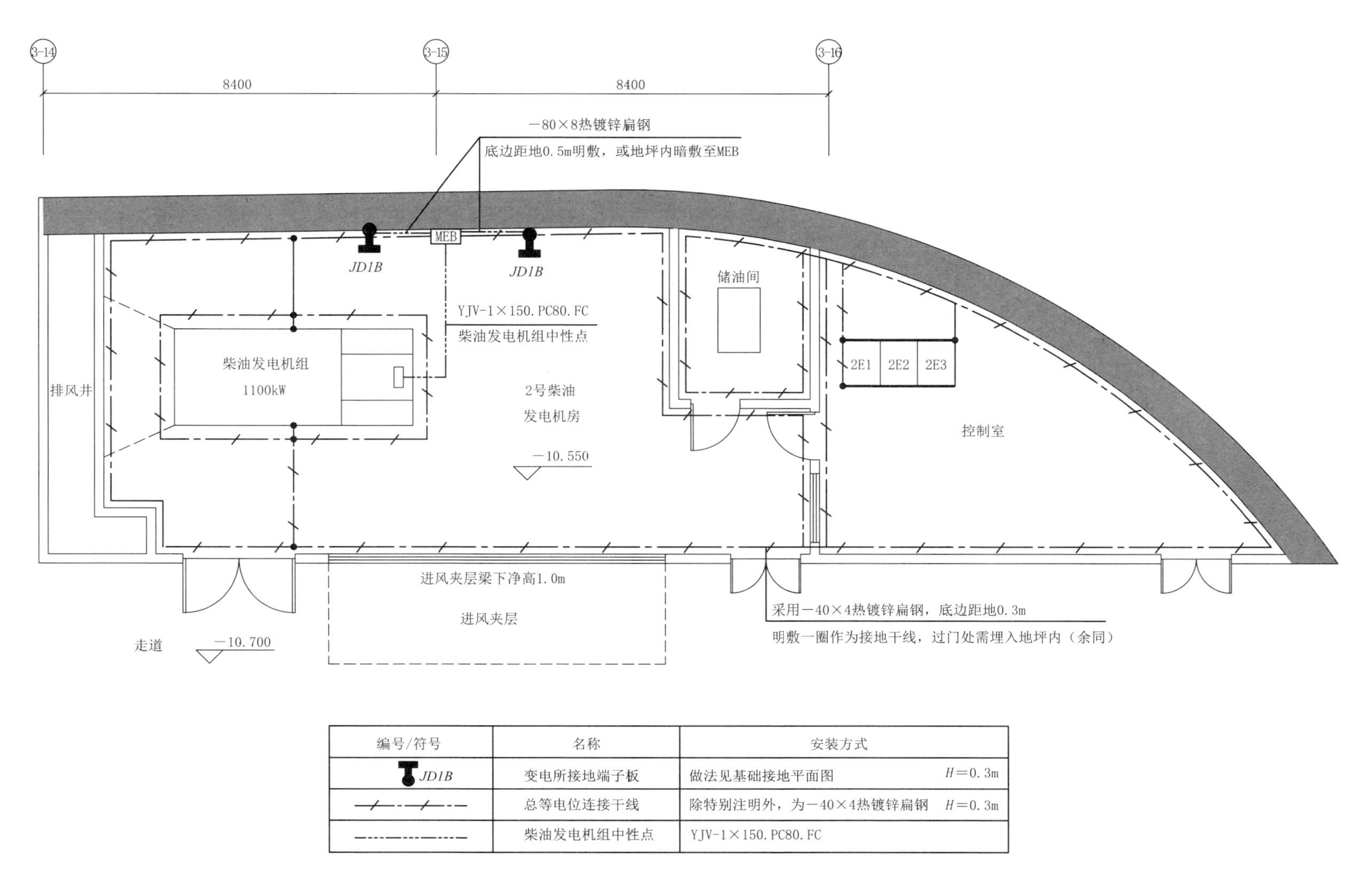

编号/符号	名称	安装方式
JD1B	变电所接地端子板	做法见基础接地平面图 $H=0.3$m
—/—·—/——	总等电位连接干线	除特别注明外，为−40×4热镀锌扁钢 $H=0.3$m
—·—·——·—	柴油发电机组中性点	YJV-1×150.PC80.FC

图 7.6-5 柴油发电机房接地平面图

7.7 制冷机房

典型的制冷机房详图见图 7.7-1 ~ 图 7.7-6。

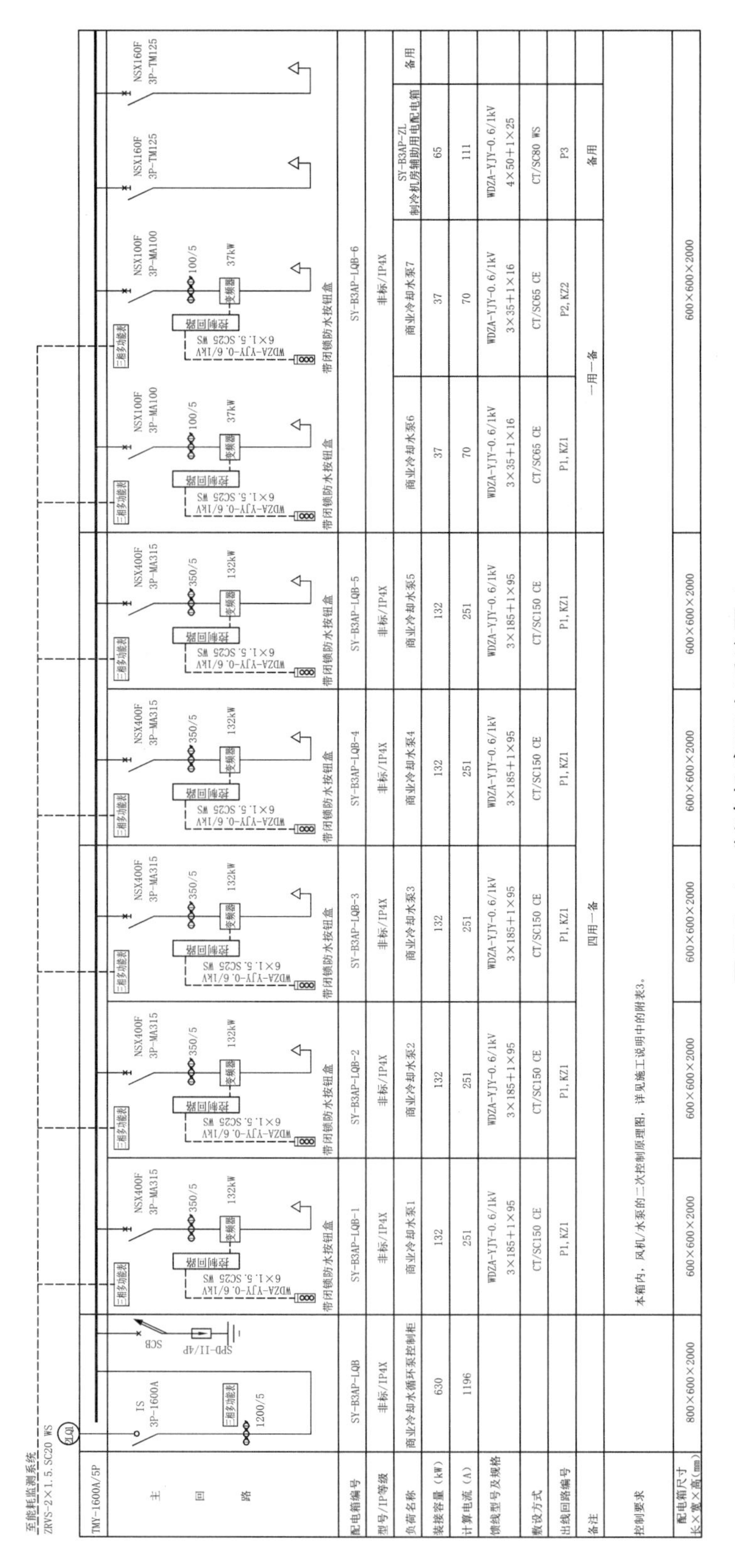

图 7.7-1 制冷机房配电系统图 1

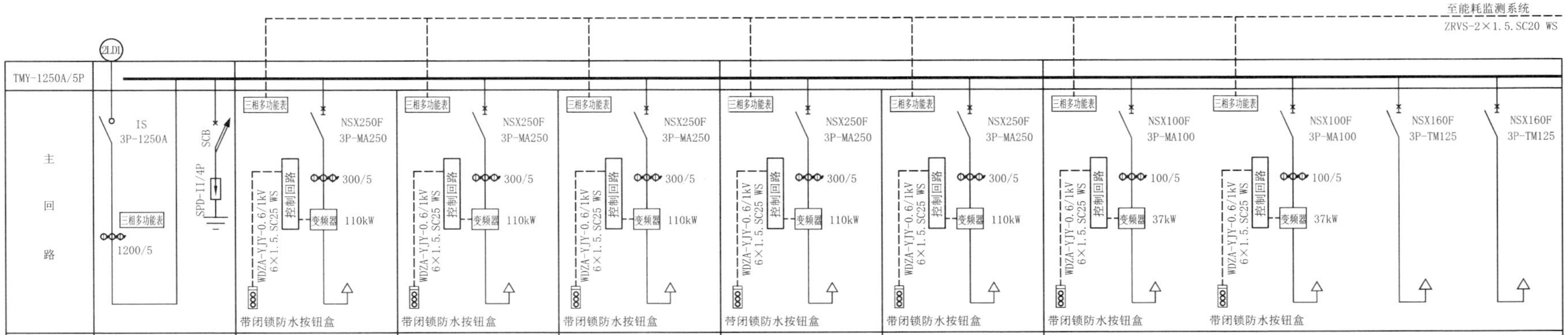

全能耗监测系统 ZRVS-2×1.5.SC20 WS

TMY-1250A/5P	2LD1								
主回路	IS 3P-1250A 三相多功能表 1200/5 SCB SPD-II/4P	三相多功能表 NSX250F 3P-MA250 300/5 控制回路 变频器 110kW WDZA-YJY-0.6/1kV 6×1.5.SC25 WS 带闭锁防水按钮盒	三相多功能表 NSX250F 3P-MA250 300/5 控制回路 变频器 110kW WDZA-YJY-0.6/1kV 6×1.5.SC25 WS 带闭锁防水按钮盒	三相多功能表 NSX250F 3P-MA250 300/5 控制回路 变频器 110kW WDZA-YJY-0.6/1kV 6×1.5.SC25 WS 带闭锁防水按钮盒	三相多功能表 NSX250F 3P-MA250 300/5 控制回路 变频器 110kW WDZA-YJY-0.6/1kV 6×1.5.SC25 WS 带闭锁防水按钮盒	三相多功能表 NSX250F 3P-MA250 300/5 控制回路 变频器 110kW WDZA-YJY-0.6/1kV 6×1.5.SC25 WS 带闭锁防水按钮盒	三相多功能表 NSX100F 3P-MA100 100/5 控制回路 变频器 37kW WDZA-YJY-0.6/1kV 6×1.5.SC25 WS 带闭锁防水按钮盒	三相多功能表 NSX100F 3P-MA100 100/5 控制回路 变频器 37kW WDZA-YJY-0.6/1kV 6×1.5.SC25 WS 带闭锁防水按钮盒	NSX160F 3P-TM125	NSX160F 3P-TM125
配电箱编号	SY-B3AP-LDB	SY-B3AP-LDB-1	SY-B3AP-LDB-2	SY-B3AP-LDB-3	SY-B3AP-LDB-4	SY-B3AP-LDB-5	SY-B3AP-LDB-6			
型号/IP等级	非标/IP4X	非标/IP4X	非标/IP4X	非标/IP4X	非标/IP4X	非标/IP4X	非标/IP4X			
负荷名称	商业冷却水循环泵控制柜	商业冷冻水泵1	商业冷冻水泵2	商业冷冻水泵3	商业冷冻水泵4	商业冷冻水泵5	商业冷冻水泵6	商业冷冻水泵7	SY-B3AP-ZL 制冷机房辅助用电配电箱	备用
装接容量（kW）	542	110	110	110	110	110	37	37	65	
计算电流（A）	1029	209	209	209	209	209	70	70	111	
馈线型号及规格		WDZA-YJY-0.6/1kV 3×150+1×70	WDZA-YJY-0.6/1kV 3×150+1×70	WDZA-YJY-0.6/1kV 3×150+1×70	WDZA-YJY-0.6/1kV 3×150+1×70	WDZA-YJY-0.6/1kV 3×150+1×70	WDZA-YJY-0.6/1kV 3×35+1×16	WDZA-YJY-0.6/1kV 3×35+1×16	WDZA-YJY-0.6/1kV 4×50+1×25	
敷设方式		CT/SC125 CE	CT/SC125 CE	CT/SC125 CE	CT/SC125 CE	CT/SC125 CE	CT/SC65 CE	CT/SC65 CE	CT/SC80 WS	
出线回路编号		P1,KZ1	P1,KZ1	P1,KZ1	P1,KZ1	P1,KZ1	P1,KZ1	P2,KZ2	P3	
备注		四用一备					一用一备		常用	
控制要求		本箱内，风机/水泵的二次控制原理图，详见施工说明中的附表3。								
配电箱尺寸 长×宽×高（mm）	800×600×2000	600×600×2000	600×600×2000	600×600×2000	600×600×2000	600×600×2000	600×600×2000			

图 7.7-2　制冷机房配电系统图 2

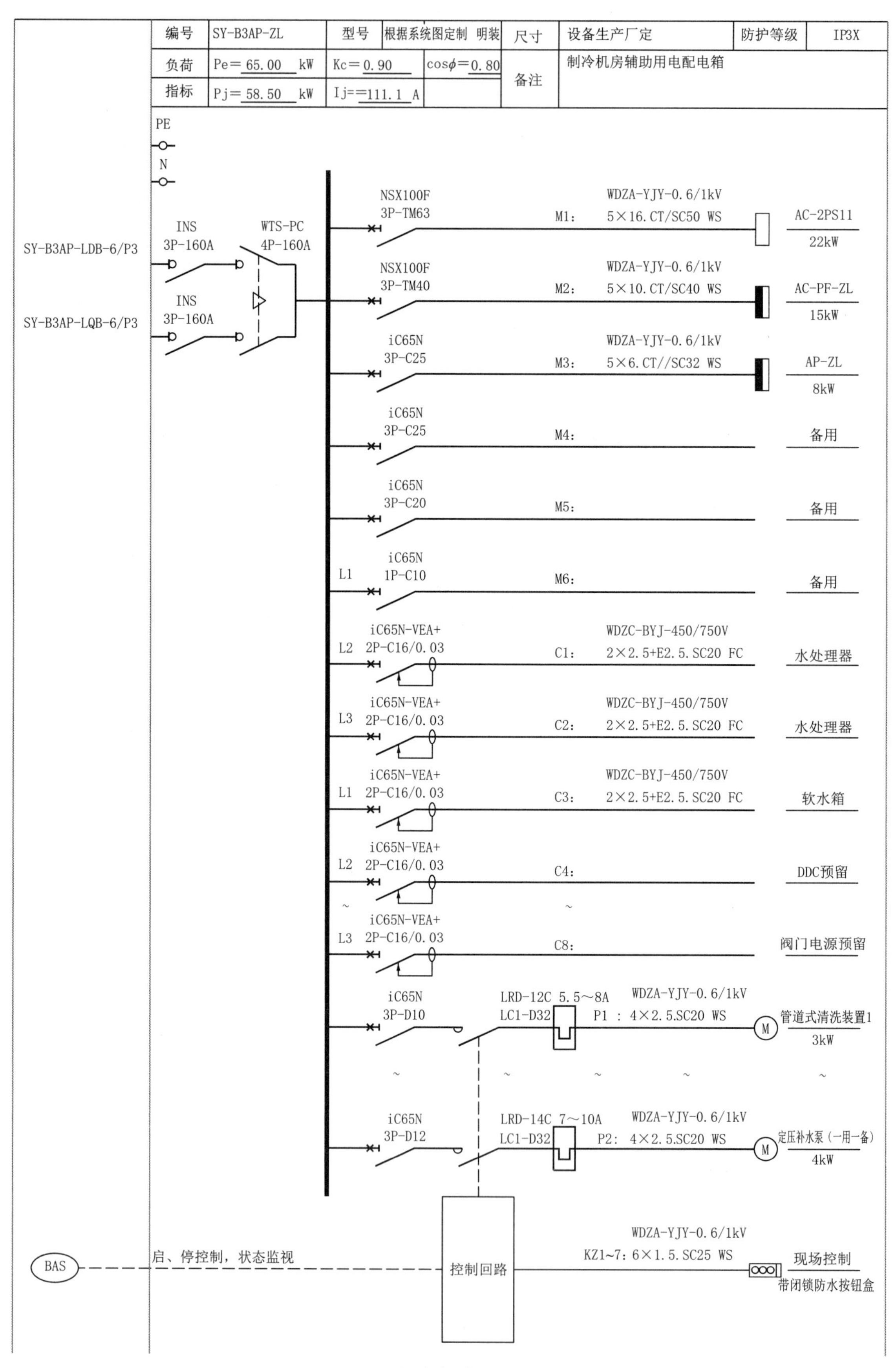
编号
SY-B3AP-ZL
型号
根据系统图定制 明装
尺寸
设备生产厂定
防护等级
IP3X
负荷
Pe= 65.00 kW
Kc= 0.90
cosϕ=0.80
备注
制冷机房辅助用电配电箱
指标
Pj= 58.50 kW
Ij==111.1 A
PE
N
SY-B3AP-LDB-6/P3
SY-B3AP-LQB-6/P3
INS
3P-160A
INS
3P-160A
WTS-PC
4P-160A
NSX100F
3P-TM63
M1:
WDZA-YJY-0.6/1kV
5×16.CT/SC50 WS
AC-2PS11
22kW
NSX100F
3P-TM40
M2:
WDZA-YJY-0.6/1kV
5×10.CT/SC40 WS
AC-PF-ZL
15kW
iC65N
3P-C25
M3:
WDZA-YJY-0.6/1kV
5×6.CT//SC32 WS
AP-ZL
8kW
iC65N
3P-C25
M4:
备用
iC65N
3P-C20
M5:
备用
L1
iC65N
1P-C10
M6:
备用
L2
iC65N-VEA+
2P-C16/0.03
C1:
WDZC-BYJ-450/750V
2×2.5+E2.5.SC20 FC
水处理器
L3
iC65N-VEA+
2P-C16/0.03
C2:
WDZC-BYJ-450/750V
2×2.5+E2.5.SC20 FC
水处理器
L1
iC65N-VEA+
2P-C16/0.03
C3:
WDZC-BYJ-450/750V
2×2.5+E2.5.SC20 FC
软水箱
L2
iC65N-VEA+
2P-C16/0.03
C4:
DDC预留
L3
iC65N-VEA+
2P-C16/0.03
C8:
阀门电源预留
iC65N
3P-D10
LRD-12C 5.5~8A
LC1-D32
P1 : 4×2.5.SC20 WS
WDZA-YJY-0.6/1kV
M
管道式清洗装置1
3kW
iC65N
3P-D12
LRD-14C 7~10A
LC1-D32
P2: 4×2.5.SC20 WS
WDZA-YJY-0.6/1kV
M
定压补水泵(一用一备)
4kW
BAS
启、停控制，状态监视
控制回路
WDZA-YJY-0.6/1kV
KZ1~7: 6×1.5.SC25 WS
现场控制
带闭锁防水按钮盒

图 7.7-3 制冷机房配电系统图 3

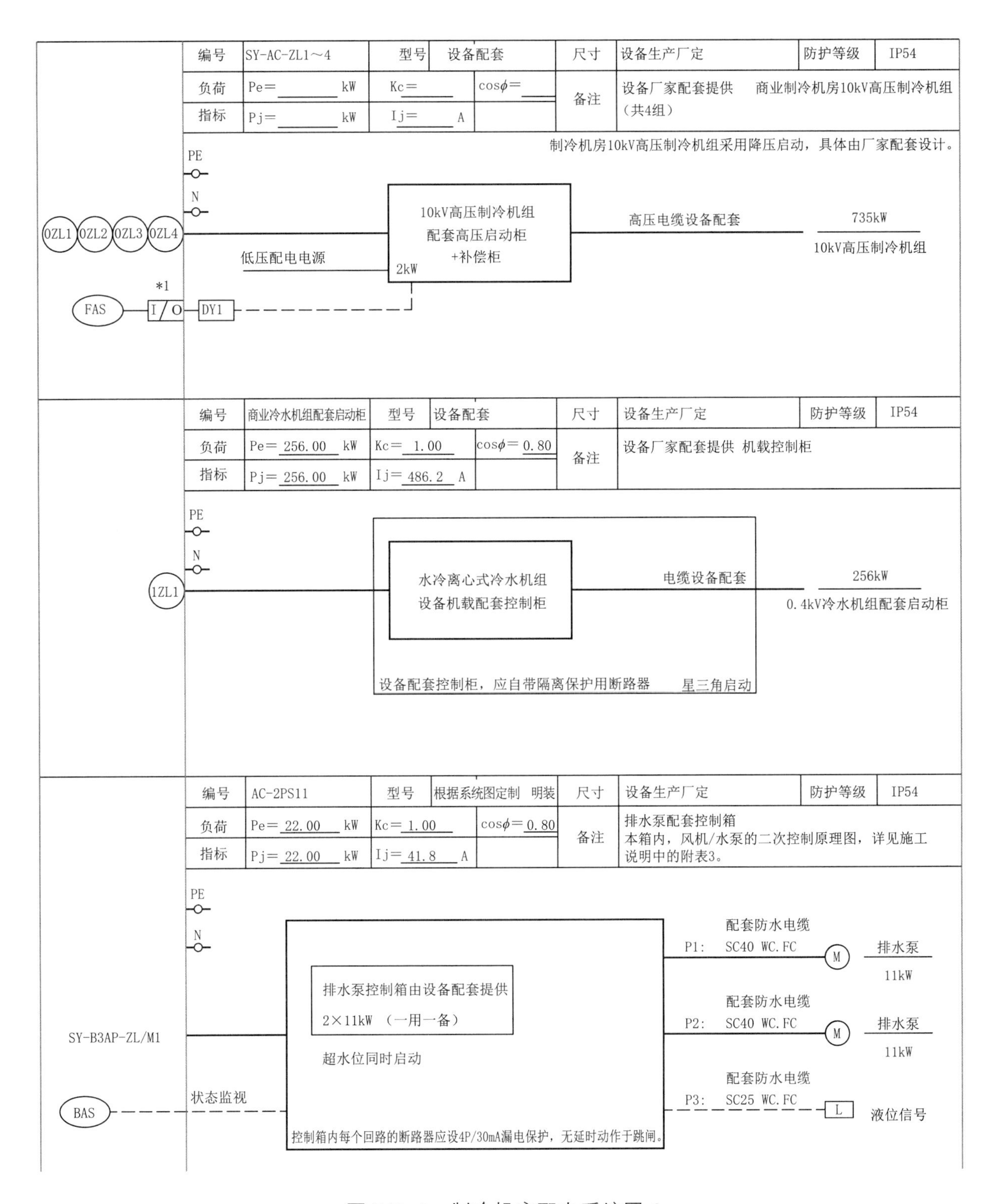
编号
SY-AC-ZL1～4
型号
设备配套
尺寸
设备生产厂定
防护等级
IP54
负荷
Pe=　kW
Kc=
cosϕ=
指标
Pj=　kW
Ij=　A
备注
设备厂家配套提供　商业制冷机房10kV高压制冷机组（共4组）
制冷机房10kV高压制冷机组采用降压启动，具体由厂家配套设计。
PE
N
0ZL1
0ZL2
0ZL3
0ZL4
10kV高压制冷机组
配套高压启动柜
+补偿柜
高压电缆设备配套
735kW
10kV高压制冷机组
低压配电电源
2kW
*1
FAS
I / O
DY1
编号
商业冷水机组配套启动柜
型号
设备配套
尺寸
设备生产厂定
防护等级
IP54
负荷
Pe= 256.00 kW
Kc= 1.00
cosϕ= 0.80
指标
Pj= 256.00 kW
Ij= 486.2 A
备注
设备厂家配套提供 机载控制柜
PE
N
1ZL1
水冷离心式冷水机组
设备机载配套控制柜
电缆设备配套
256kW
0.4kV冷水机组配套启动柜
设备配套控制柜，应自带隔离保护用断路器
星三角启动
编号
AC-2PS11
型号
根据系统图定制 明装
尺寸
设备生产厂定
防护等级
IP54
负荷
Pe= 22.00 kW
Kc= 1.00
cosϕ= 0.80
指标
Pj= 22.00 kW
Ij= 41.8 A
备注
排水泵配套控制箱
本箱内，风机/水泵的二次控制原理图，详见施工说明中的附表3。
PE
N
排水泵控制箱由设备配套提供
2×11kW （一用一备）
超水位同时启动
SY-B3AP-ZL/M1
配套防水电缆
P1: SC40 WC.FC
M
排水泵
11kW
配套防水电缆
P2: SC40 WC.FC
M
排水泵
11kW
配套防水电缆
P3: SC25 WC.FC
L
液位信号
BAS
状态监视
控制箱内每个回路的断路器应设4P/30mA漏电保护，无延时动作于跳闸。

图 7.7-4　制冷机房配电系统图 4

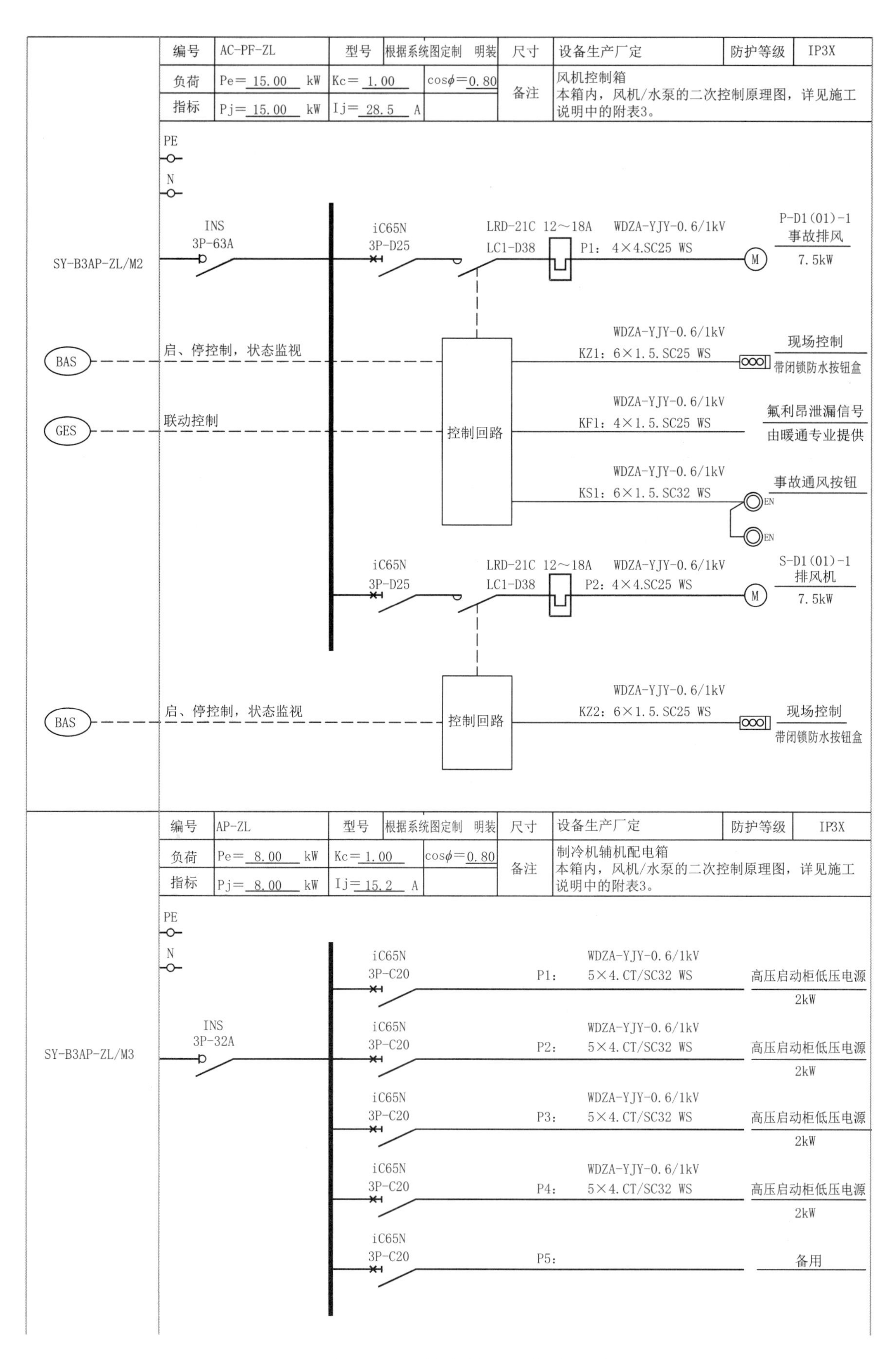

图 7.7-5 制冷机房配电系统图 5

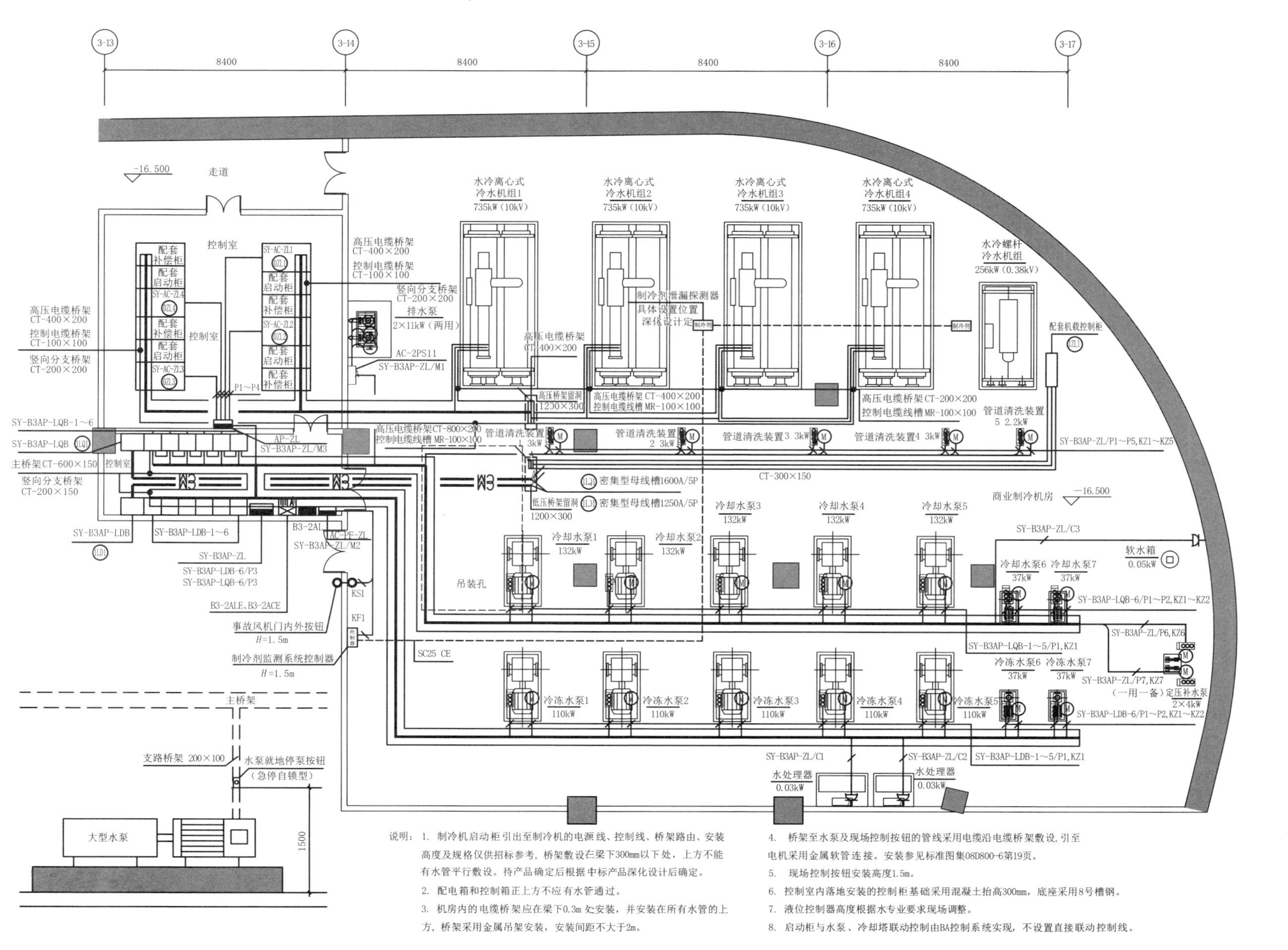

说明：1. 制冷机启动柜引出至制冷机的电源线、控制线、桥架路由、安装高度及规格仅供招标参考，桥架敷设在梁下300mm以下处，上方不能有水管平行敷设。待产品确定后根据中标产品深化设计后确定。

2. 配电箱和控制箱正上方不应有水管通过。

3. 机房内的电缆桥架应在梁下0.3m处安装，并安装在所有水管的上方，桥架采用金属吊架安装，安装间距不大于2m。

4. 桥架至水泵及现场控制按钮的管线采用电缆沿电缆桥架敷设，引至电机采用金属软管连接。安装参见标准图集08D800-6第19页。

5. 现场控制按钮安装高度1.5m。

6. 控制室内落地安装的控制柜基础采用混凝土抬高300mm，底座采用8号槽钢。

7. 液位控制器高度根据水专业要求现场调整。

8. 启动柜与水泵、冷却塔联动控制由BA控制系统实现，不设置直接联动控制线。

图 7.7-6 制冷机房配电平面图

7.8 锅炉房

典型的锅炉房详图见图 7.8-1 ~ 图 7.8-3。

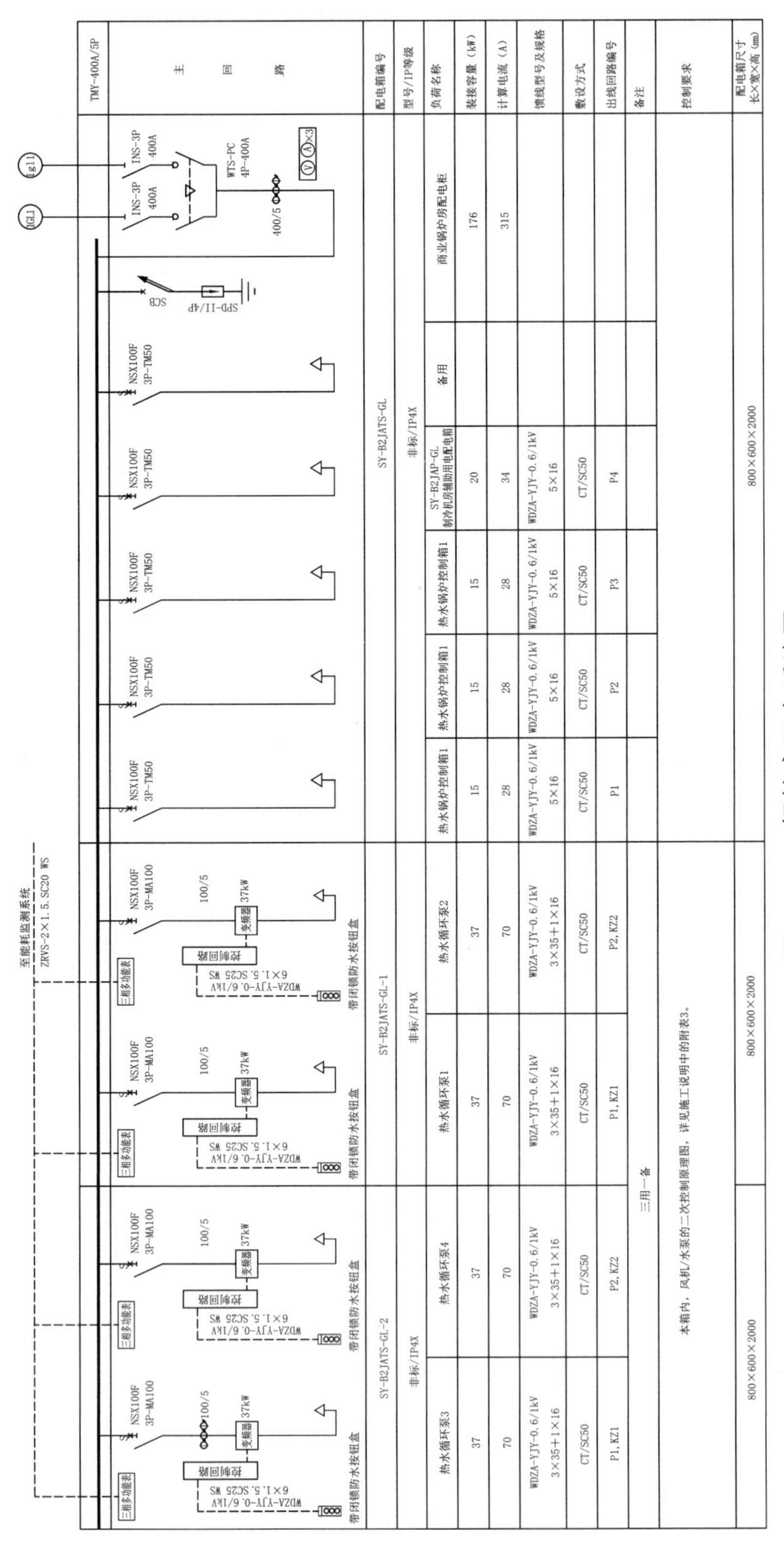

TMY-400A/5P
主回路
配电箱编号
型号/IP等级
负荷名称
装接容量（kW）
计算电流（A）
馈线型号及规格
敷设方式
出线回路编号
备注
控制要求
配电箱尺寸 长×宽×高（mm）
INS-3P 400A
WTS-PC 4P-400A
400/5
SCB
SPD-II/4P
NSX100F 3P-TM50
NSX100F 3P-MA100
100/5
37kW
变频器
控制回路
三相多功能表
WDZA-YJY-0.6/1kV 6×1.5.SC25 WS
带闭锁防水按钮盒
至能耗监测系统 ZRVS-2×1.5.SC20 WS
SY-B2JATS-GL
SY-B2JATS-GL-1
SY-B2JATS-GL-2
非标/IP4X
商业锅炉房配电柜
176
315
备用
SY-B2JAP-GL 制冷机房辅助用电配电箱
20
34
WDZA-YJY-0.6/1kV 5×16
CT/SC50
P4
热水锅炉控制箱1
15
28
P3
P2
P1
热水循环泵2
热水循环泵1
热水循环泵4
热水循环泵3
37
70
WDZA-YJY-0.6/1kV 3×35+1×16
P2,KZ2
P1,KZ1
三用一备
本箱内，风机/水泵的二次控制原理图，详见施工说明中的附表3。
800×600×2000

图 7.8-1 锅炉房配电系统图 1

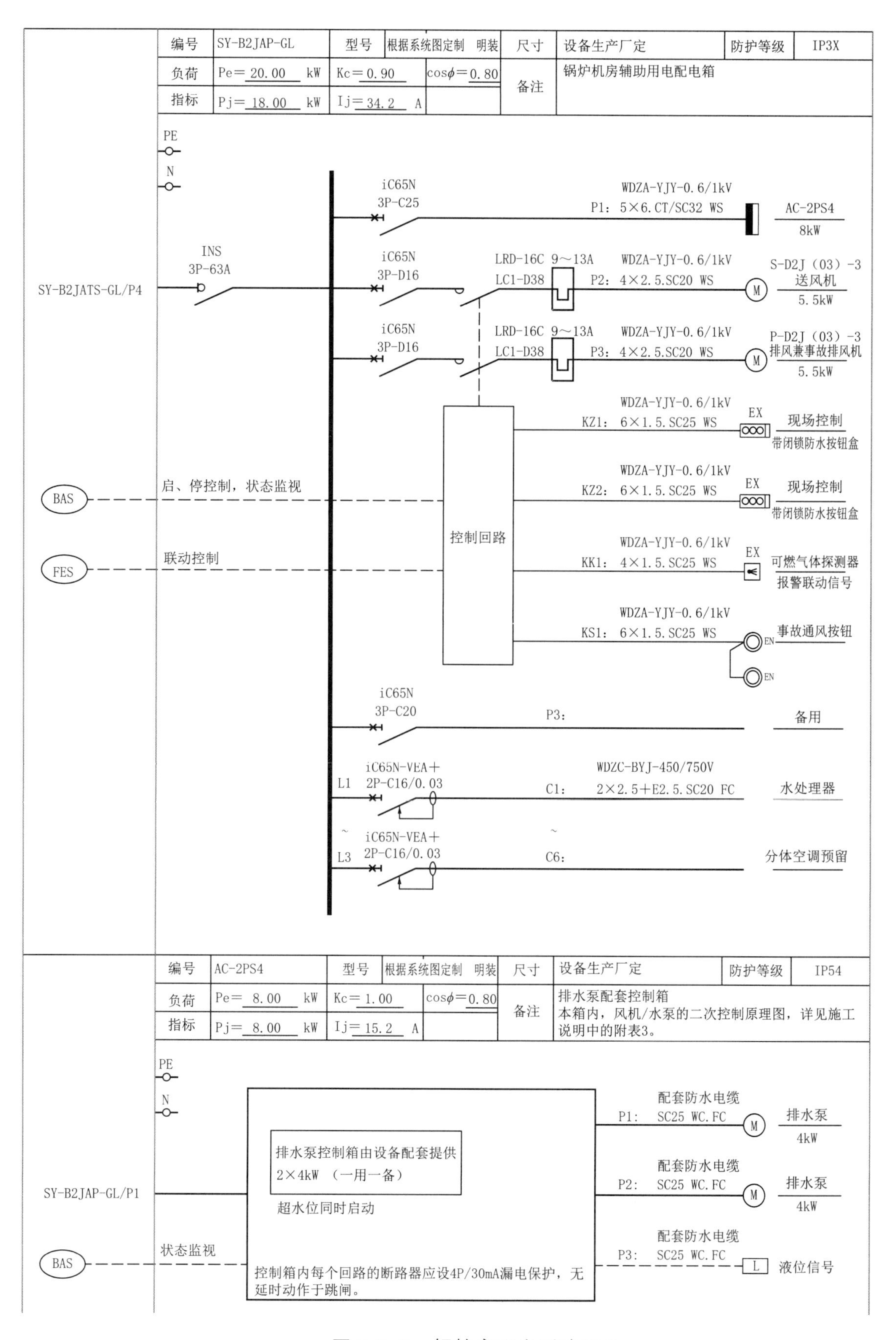

图 7.8-2 锅炉房配电系统图 2

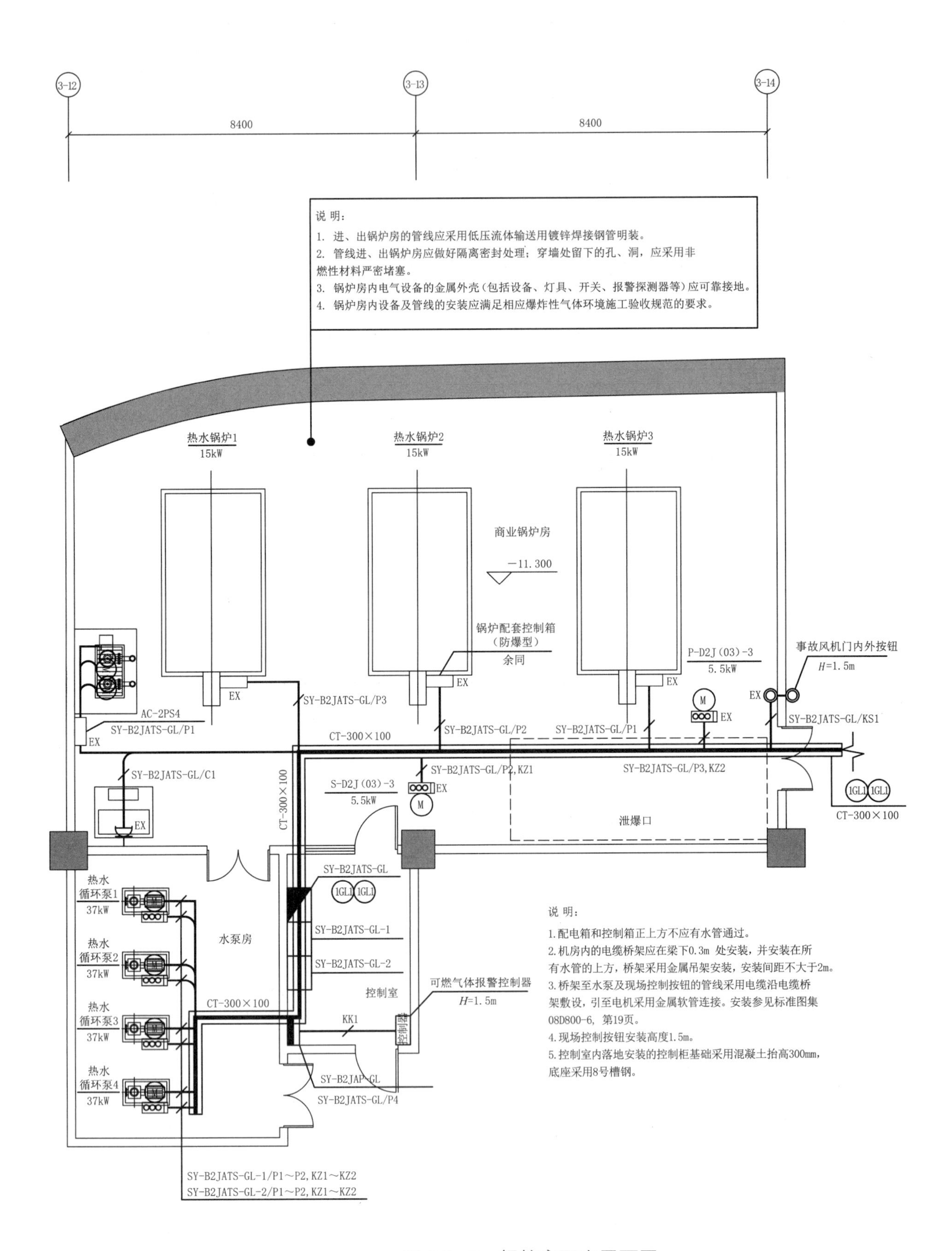

图 7.8–3 锅炉房配电平面图

7.9　消防水泵房

典型的消防水泵房详图见图 7.9-1 ~ 图 7.9-4。

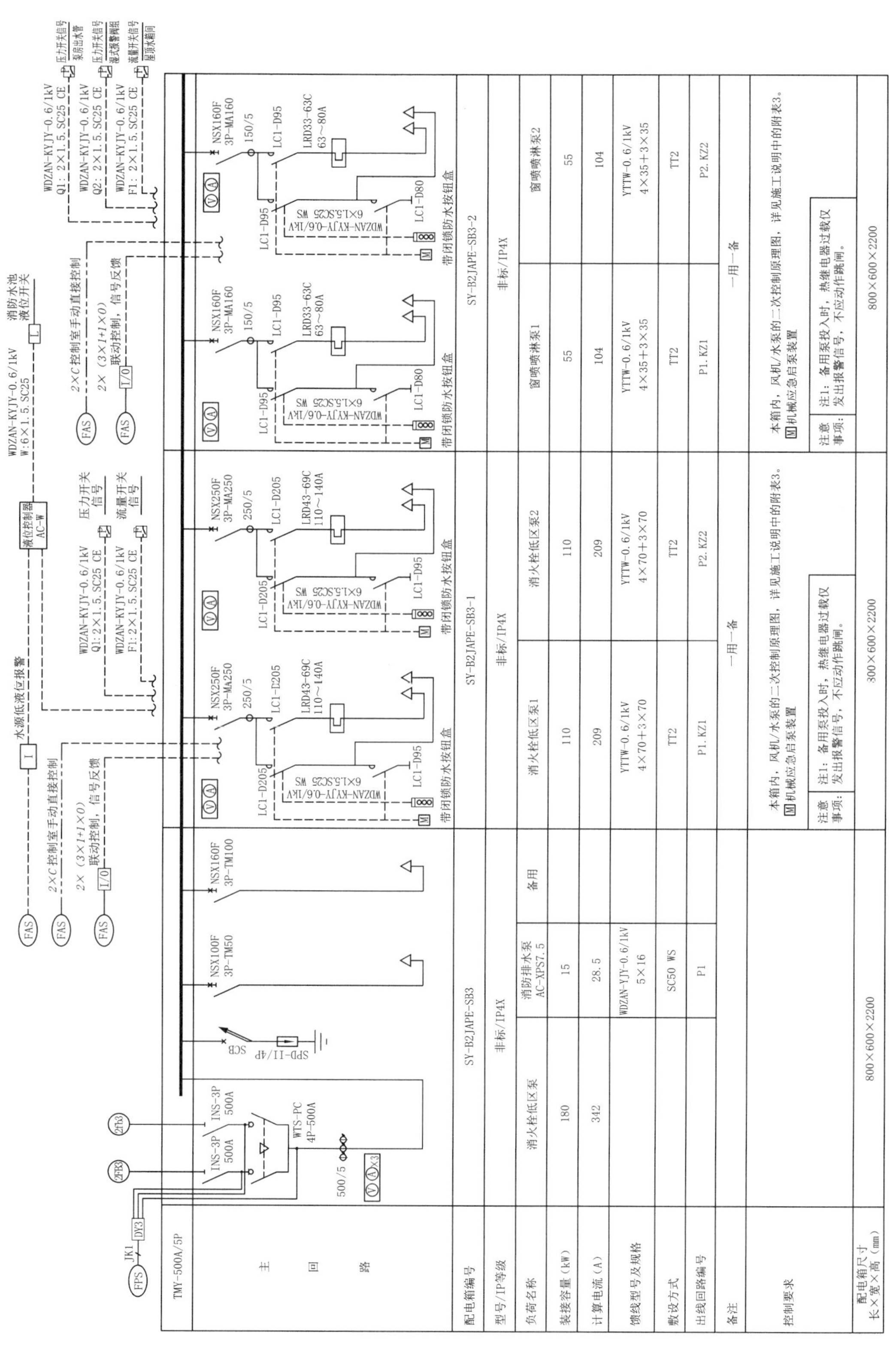

TMY-500A/5P
主回路
INS-3P 500A
WTS-PC 4P-500A
500/5
SPD-II/4P
SCB
NSX100F 3P-TM50
NSX160F 3P-TM100
NSX250F 3P-MA250
250/5
LC1-D205
LRD43-69C 110～140A
NSX160F 3P-MA160
150/5
LC1-D95
LRD33-63C 63～80A
LC1-D80
WDZAN-KYJY-0.6/1kV 6×1.5 SC25 WS
带闭锁防水按钮盒
水源低液位报警
液位控制器 AC-W
压力开关信号
流量开关信号
消防水池液位开关
2×C控制室手动直接控制
联动控制，信号反馈
WDZAN-KYJY-0.6/1kV Q1: 2×1.5 SC25 CE
WDZAN-KYJY-0.6/1kV F1: 2×1.5 SC25 CE
WDZAN-KYJY-0.6/1kV W: 6×1.5 SC25
配电箱编号
SY-B2JAPE-SB3
SY-B2JAPE-SB3-1
SY-B2JAPE-SB3-2
型号/IP等级
非标/IP4X
负荷名称
消火栓低区泵
消防排水泵 AC-XPS7.5
备用
消火栓低区泵1
消火栓低区泵2
窗喷喷淋泵1
窗喷喷淋泵2
装接容量（kW）
180
15
110
55
计算电流（A）
342
28.5
209
104
馈线型号及规格
WDZAN-YJY-0.6/1kV 5×16
YTTW-0.6/1kV 4×70+3×70
YTTW-0.6/1kV 4×35+3×35
敷设方式
SC50 WS
TT2
出线回路编号
P1
P1.KZ1
P2.KZ2
备注
一用一备
控制要求
本箱内，风机/水泵的二次控制原理图，详见施工说明中的附表3。
机械应急启泵装置
注意事项：注1：备用泵投入时，热继电器过载仅发出报警信号，不应动作跳闸。
配电箱尺寸 长×宽×高（mm）
800×600×2200

图 7.9-1　消防水泵房配电系统图 1

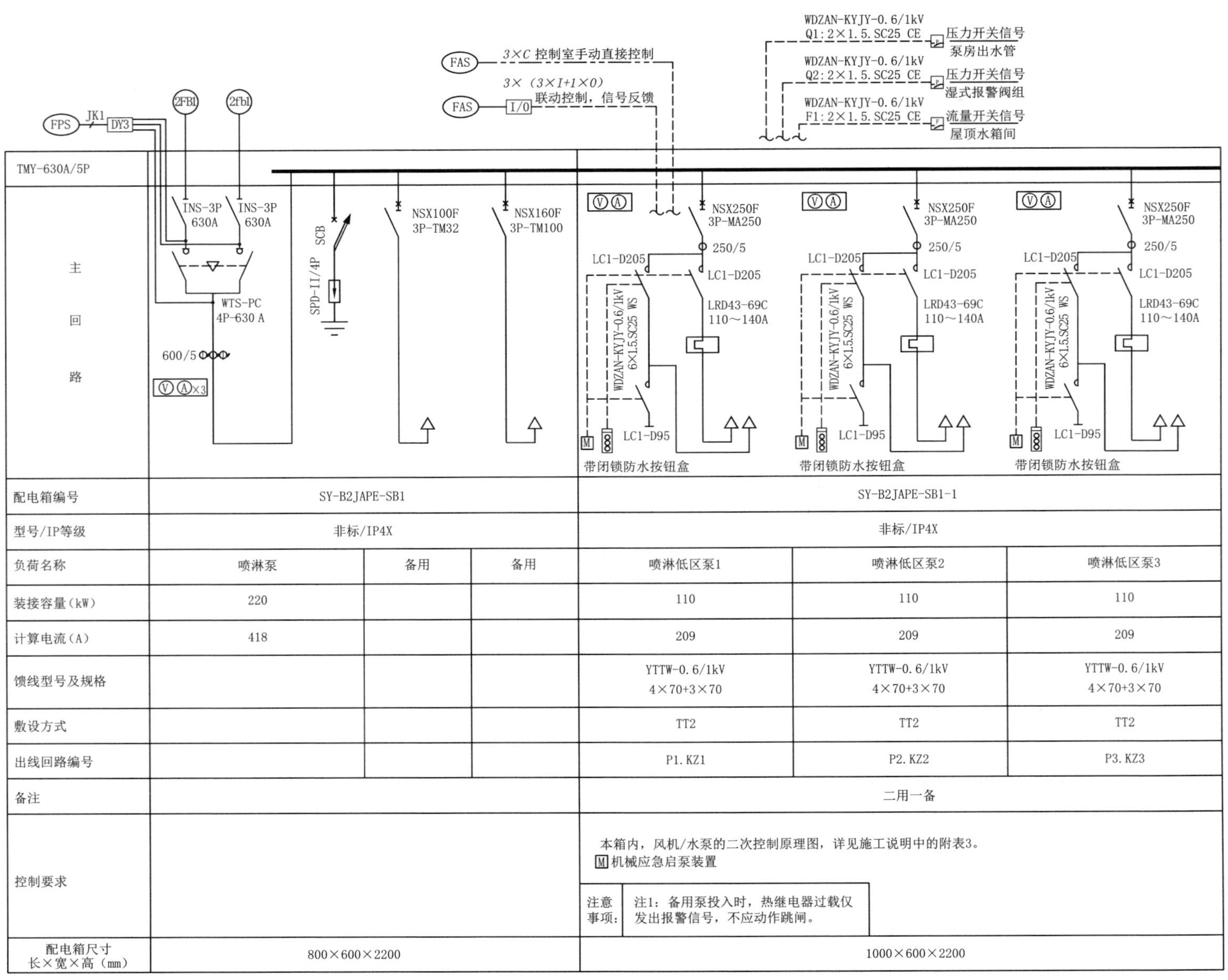

配电箱编号	SY-B2JAPE-SB1			SY-B2JAPE-SB1-1		
型号/IP等级	非标/IP4X			非标/IP4X		
负荷名称	喷淋泵	备用	备用	喷淋低区泵1	喷淋低区泵2	喷淋低区泵3
装接容量（kW）	220			110	110	110
计算电流（A）	418			209	209	209
馈线型号及规格				YTTW-0.6/1kV 4×70+3×70	YTTW-0.6/1kV 4×70+3×70	YTTW-0.6/1kV 4×70+3×70
敷设方式				TT2	TT2	TT2
出线回路编号				P1.KZ1	P2.KZ2	P3.KZ3
备注				二用一备		
控制要求				本箱内，风机/水泵的二次控制原理图，详见施工说明中的附表3。 M 机械应急启泵装置 注意事项：注1：备用泵投入时，热继电器过载仅发出报警信号，不应动作跳闸。		
配电箱尺寸 长×宽×高（mm）	800×600×2200			1000×600×2200		

图 7.9-2 消防水泵房配电系统图 2

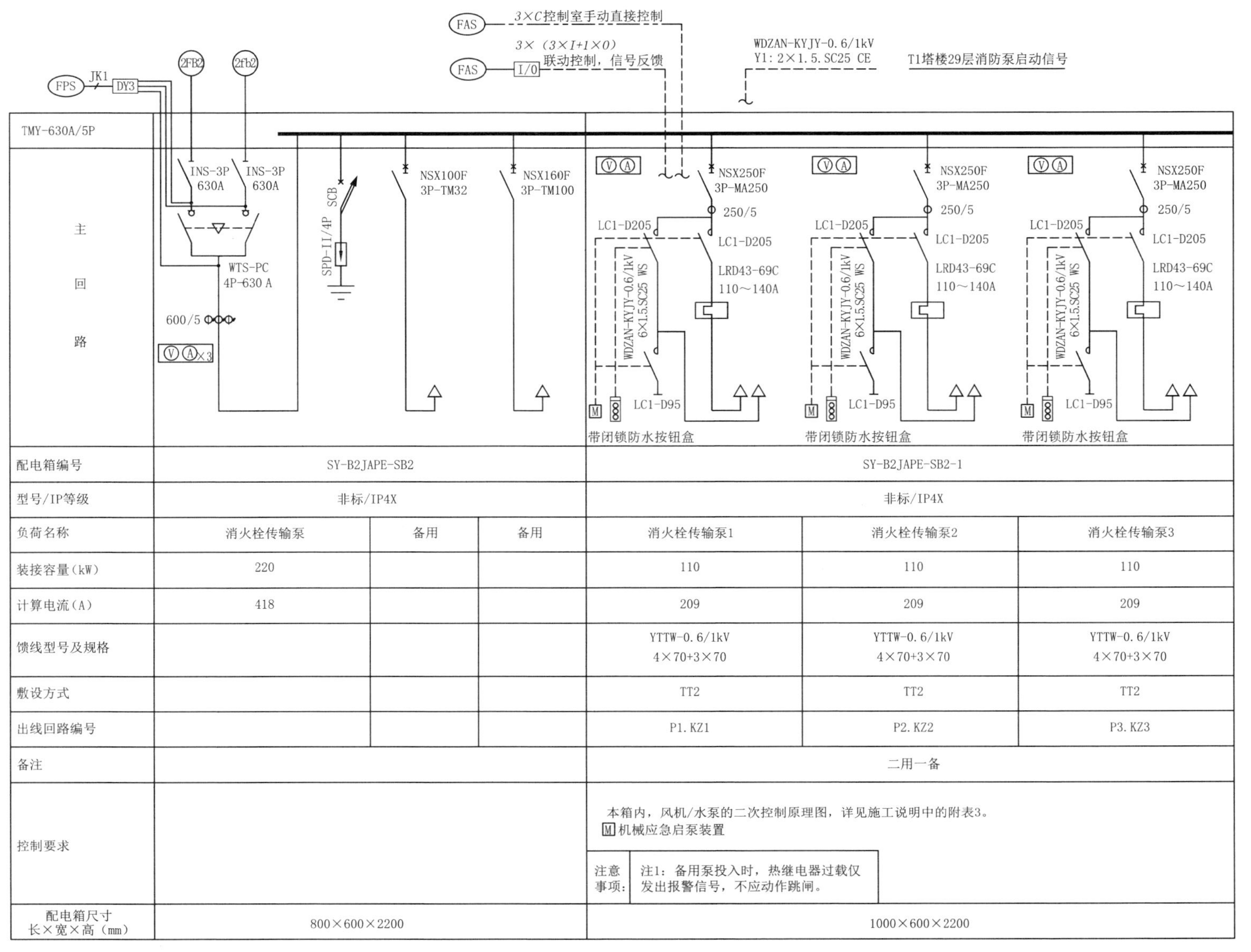

配电箱编号	SY-B2JAPE-SB2			SY-B2JAPE-SB2-1		
型号/IP等级	非标/IP4X			非标/IP4X		
负荷名称	消火栓传输泵	备用	备用	消火栓传输泵1	消火栓传输泵2	消火栓传输泵3
装接容量（kW）	220			110	110	110
计算电流（A）	418			209	209	209
馈线型号及规格				YTTW-0.6/1kV 4×70+3×70	YTTW-0.6/1kV 4×70+3×70	YTTW-0.6/1kV 4×70+3×70
敷设方式				TT2	TT2	TT2
出线回路编号				P1.KZ1	P2.KZ2	P3.KZ3
备注				二用一备		
控制要求				本箱内，风机/水泵的二次控制原理图，详见施工说明中的附表3。 M 机械应急启泵装置 注意事项：注1：备用泵投入时，热继电器过载仅发出报警信号，不应动作跳闸。		
配电箱尺寸 长×宽×高（mm）	800×600×2200			1000×600×2200		

图 7.9-3　消防水泵房配电系统图 3

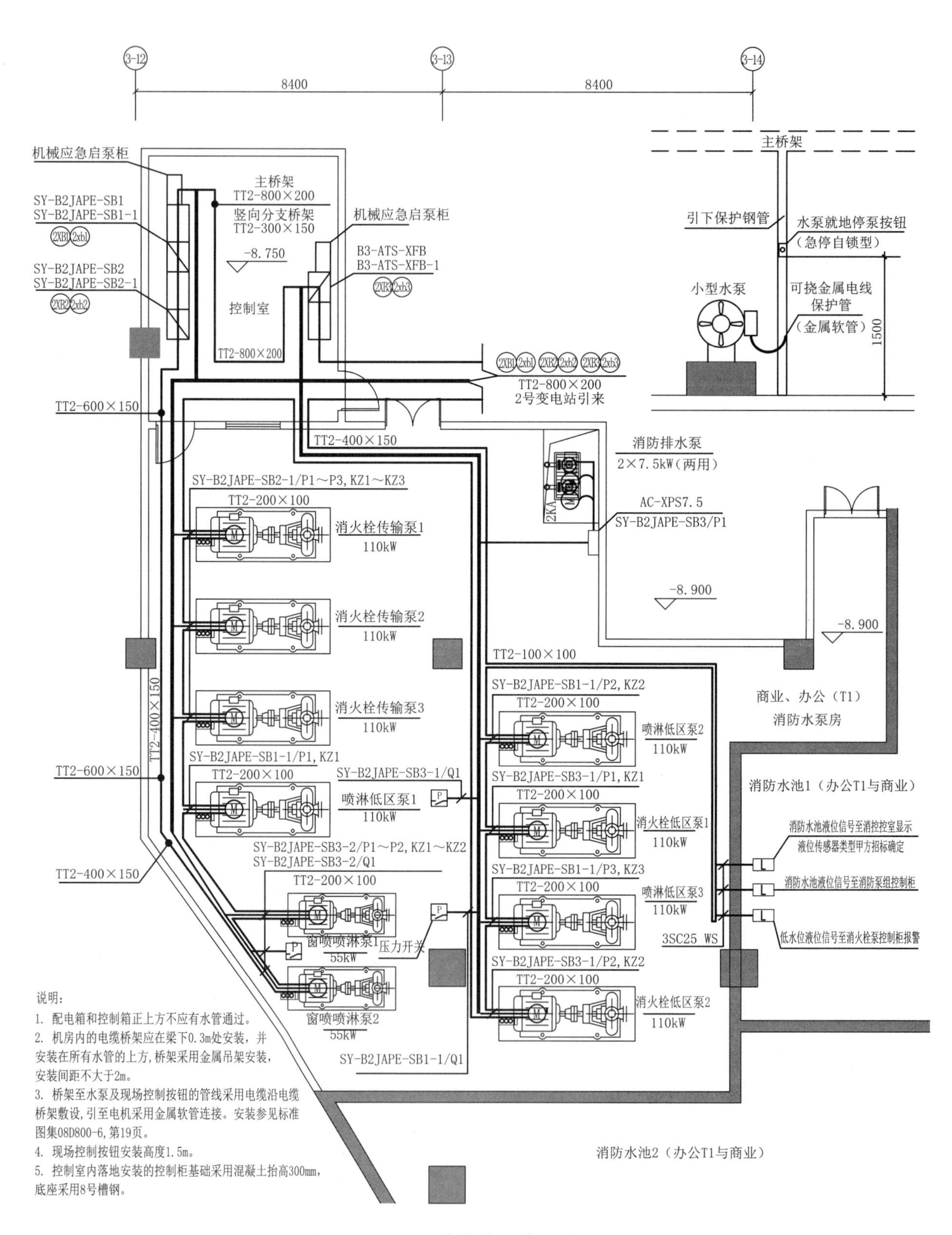

说明：
1. 配电箱和控制箱正上方不应有水管通过。
2. 机房内的电缆桥架应在梁下0.3m处安装，并安装在所有水管的上方，桥架采用金属吊架安装，安装间距不大于2m。
3. 桥架至水泵及现场控制按钮的管线采用电缆沿电缆桥架敷设，引至电机采用金属软管连接。安装参见标准图集08D800-6，第19页。
4. 现场控制按钮安装高度1.5m。
5. 控制室内落地安装的控制柜基础采用混凝土抬高300mm，底座采用8号槽钢。

图 7.9-4　消防水泵房配电平面图

第 8 章

竖向干线

8.1　一般概述

竖向干线系统图是以建筑物、构筑物为单位，自电源点开始至终端配电箱止，按设备所处相应楼层绘制，应包括变电所编号、变压器编号和容量、柴油发电机编号和容量、各处终端配电箱编号和容量、自电源点引出回路编号等。竖向干线是整个电气图纸中非常重要的一张图纸，可以清晰地看到各单体和各变电所的供电情况，建议把 SPD 分布图（上海市地方标准要求）及电气火灾监控系统图包含在竖向干线图中。

各级负荷等级的用电负荷的供电示意见图 8.1–1。

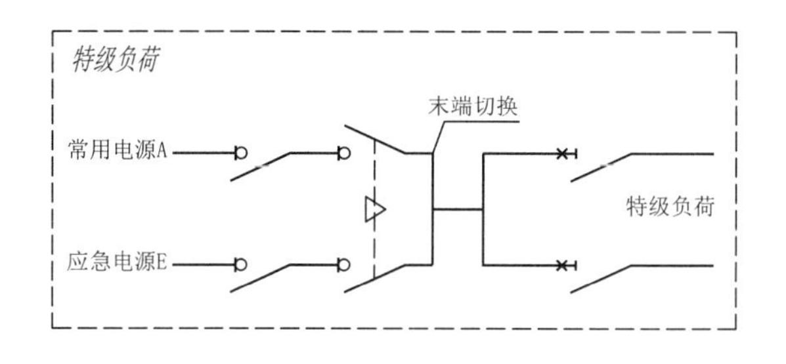

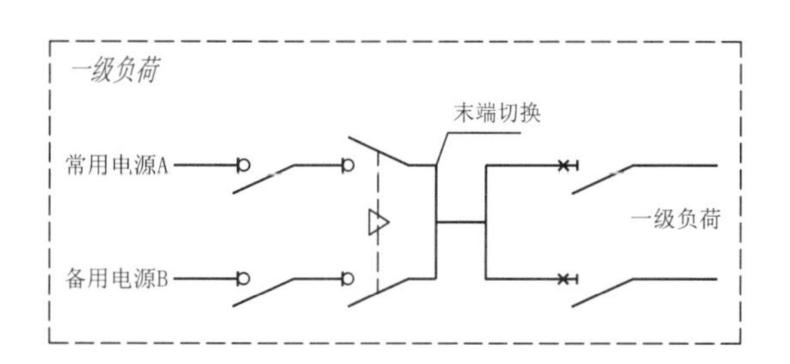

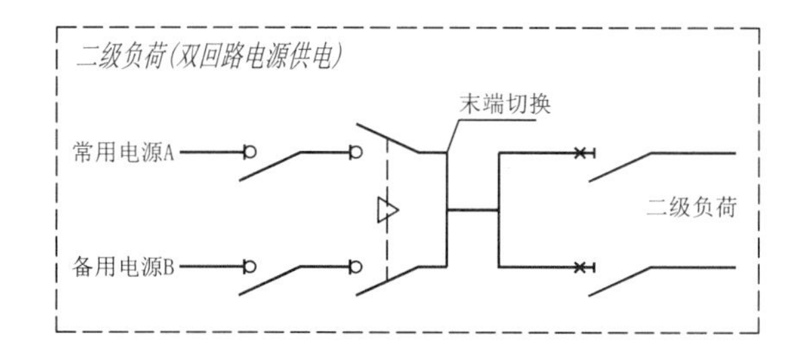

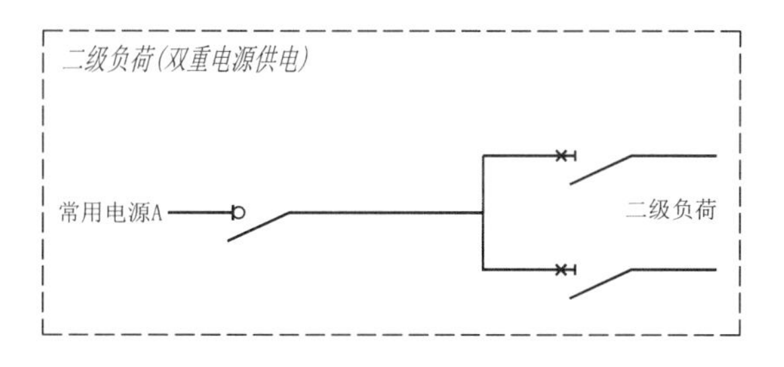

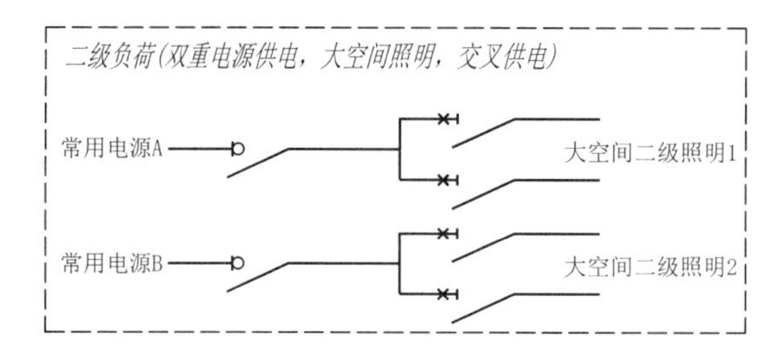

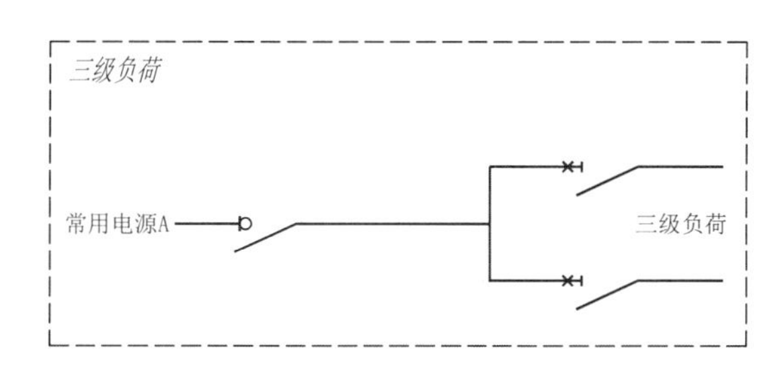

图 8.1–1　各级负荷等级的供电示意

每个项目的竖向干线图都不一样，就没有做模块的必要了，下面介绍案例中三个典型区域（地下车库、裙房商业和塔楼办公）的竖向干线图。

8.2 地下车库竖向干线

地下车库竖向干线系统图（局部）见图 8.2-1，相关做法说明如下：

（1）地下车库每 2 ~ 4 个防火分区设置一个总配电间，内设各类负荷的总配电箱。

（2）一般照明：Ⅰ类、Ⅱ类非住宅公共汽车库的一般照明建议按《民用建筑电气设计标准》GB 51348—2019 第 3.2.7 条规定，采用双重电源的两个低压回路交叉供电，即在总配电间内设置 2 个一般照明总箱 a 和 b，其中一般照明总箱 a 为 1/2 车道照明和其他负荷供电，一般照明总箱 b 为另外的 1/2 车道照明供电。其他类型车库的一般照明可按三级负荷供电。

（3）应急照明：在总配电间内设置 2 个应急照明总箱（常用）和（备用），总箱放射式引常用和备用电源至每个防火分区强电间内的应急照明双切箱，此双切箱为本防火分区的应急照明供电。

（4）消防风机：在总配电间内设置 2 个消防风机总箱（常用）和（备用），总箱放射式引常用和备用电源至每个防火分区强电间内的消防风机双切箱，此双切箱为本防火分区的消防风机、消防排水泵和防火卷帘等消防负荷供电。

（5）一般排水泵：当一般排水泵为一级负荷时，在总配电间内设置 2 个一般排水泵总箱（常用）和（备用），总箱放射式引常用和备用电源至每个防火分区强电间内的一般排水泵双切箱，此双切箱为本防火分区的一般排水泵供电；当一般排水泵为二级负荷时，则在总配电间内设置 1 个一般排水泵总双切箱，总双切箱放射式引单电源至每个防火分区强电间内的一般排水泵配电箱，此配电箱为本防火分区的一般排水泵供电。地下车库的其他一、二级负荷亦可参考此配电方式。

（6）一般电力：在总配电间内设置 1 个一般电力总箱，总箱放射式引单电源至每个防火分区强电间内的一般电力配电箱，此配电箱为本防火分区的一般电力供电。

（7）充电桩：在有充电桩的防火分区配电间内设置充电桩配电箱，为本区域的充电桩供电。

（8）案例为上海市项目，当地要求消防负荷回路也设置电气火灾监控系统。

（9）变电所低压侧设置 SPD-Ⅰ，室外设备配电箱设置 SPD-Ⅰ'，弱电设备和电梯等电子信息系统的配电箱设置 SPD-Ⅱ'，其他的第二级配电箱设置 SPD-Ⅱ。

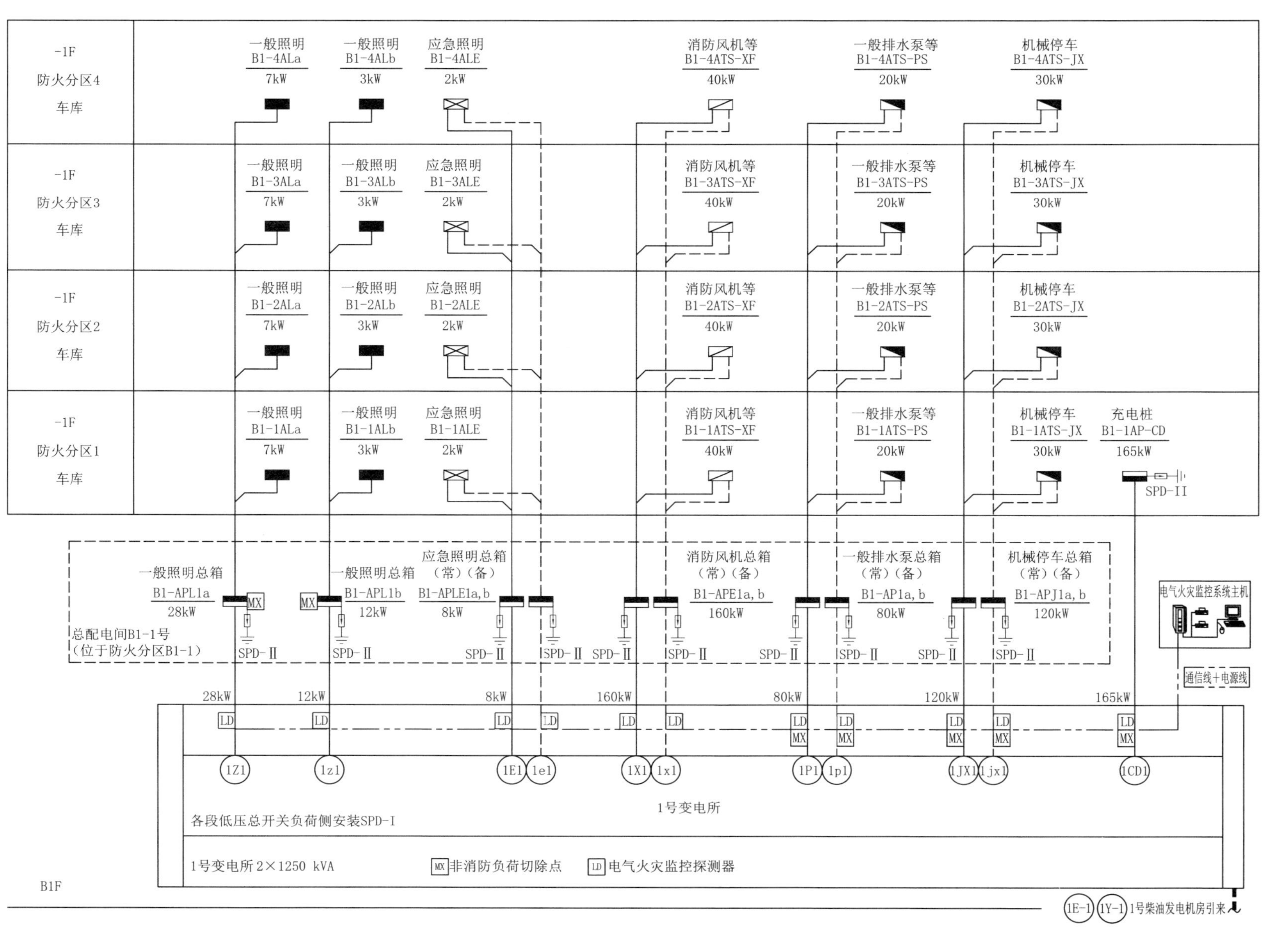

图 8.2-1　地下车库竖向干线系统图（局部）

8.3　裙房商业竖向干线

裙房商业竖向干线系统图（局部）见图 8.3-1，相关做法说明如下：

（1）商铺：一般有两种供电方式，一种是采用母线树干式供电，由母线插接箱引电源至每层的电表箱，母线规格不宜超过 2000A，并预留母线插接口；另一种是变电所放射式供电至楼层电表箱。

（2）公共照明：当公共照明为一级负荷时，在本防火分区强电间内设置公共照明双切箱，此双切箱为本防火分区的公共照明供电；当公共照明为二级负荷时，则在一层强电间内设置公共照明总双切箱，总双切箱放射式引单电源至每层强电间内的公共照明配电箱，此配电箱为本防火分区的公共照明供电。裙房商业的其他一、二级负荷亦可参考此配电方式。

（3）应急照明：在本防火分区强电间内设置应急照明双切箱，此双切箱为本防火分区的应急照明供电。

（4）消防风机：在本防火分区强电间内设置消防风机双切箱，此双切箱为本防火分区的消防风机、防火卷帘和电动排烟窗等消防负荷供电。

（5）空调动力：采用树干式供电，每层设置空调动力配电箱，为本区域的空调设备供电。

（6）事故风机：在屋顶强电间内设置事故风机配电箱，为屋顶的事故风机供电。

（7）屋顶消防风机：在屋顶消防风机房内设置双切箱，为屋顶的消防风机供电。

8.4　塔楼办公竖向干线

塔楼办公竖向干线系统图（局部）见图 8.4-1，相关做法说明如下：

（1）一般照明：采用双母线交叉供电，并预留母线插接口，每层设置电表箱，为本防火分区的一般照明供电。

（2）公共照明：当公共照明为一级负荷时，在本防火分区强电间内设置公共照明双切箱，此双切箱为本防火分区的公共照明供电；当公共照明为二级负荷时，则在起始层强电间内设置公共照明总双切箱，总双切箱放射式引单电源至每层强电间内的公共照明配电箱，此配电箱为本防火分区的公共照明供电。塔楼办公的其他一、二级负荷亦可参考此配电方式。

（3）应急照明：在本防火分区强电间内设置应急照明双切箱，此双切箱为本防火分区的应急照明供电。

（4）消防风机：在本防火分区强电间内设置消防风机双切箱，此双切箱为本防火分区的消防风机、防火卷帘和电动排烟窗等消防负荷供电。

（5）空调动力：采用树干式供电，每层设置空调动力配电箱，为本层的空调设备供电。

（6）避难层：分别设置消防、公共照明和一般风机的总配电箱，为各自负荷供电。

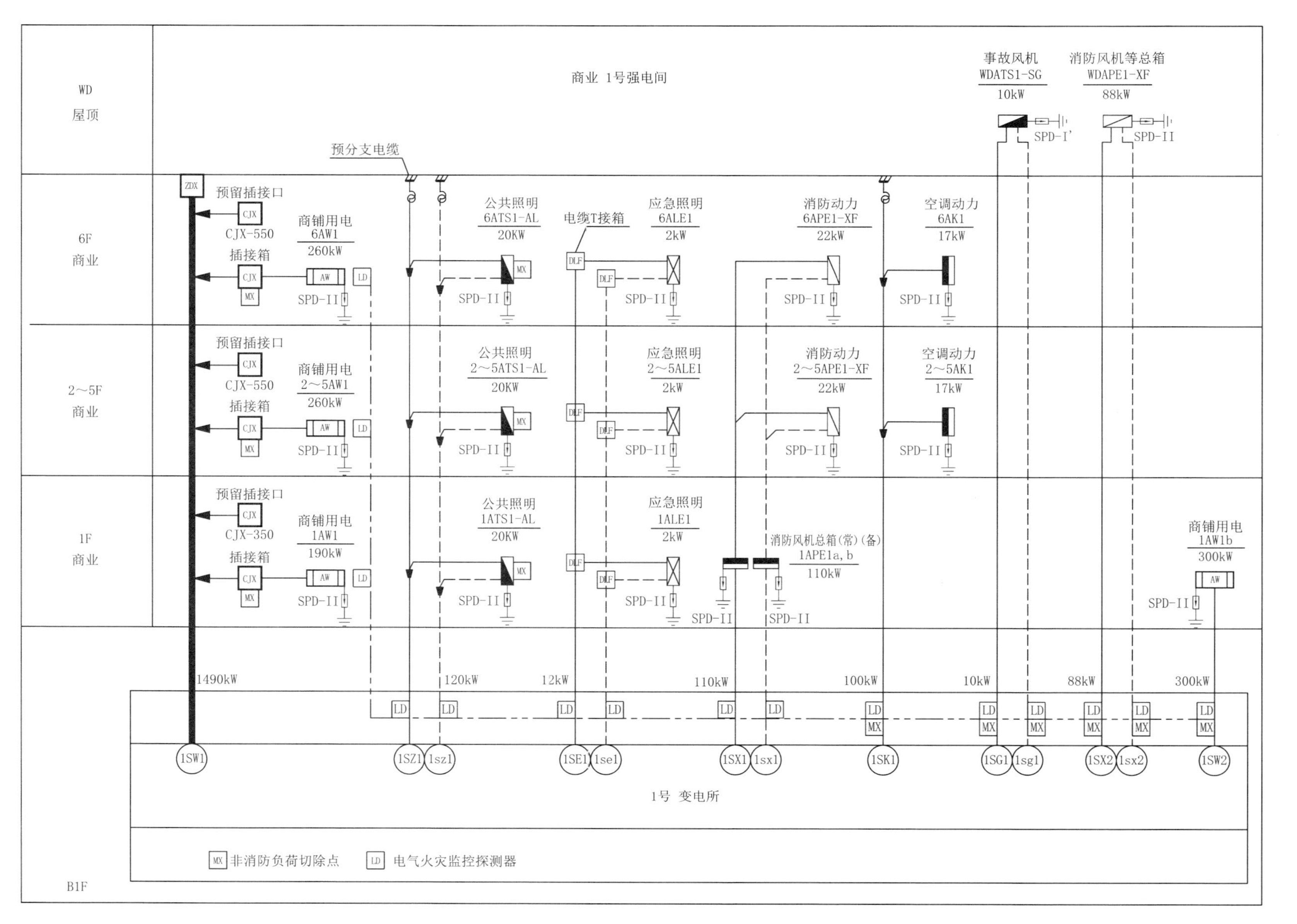

图 8.3-1 裙房商业竖向干线系统图（局部）

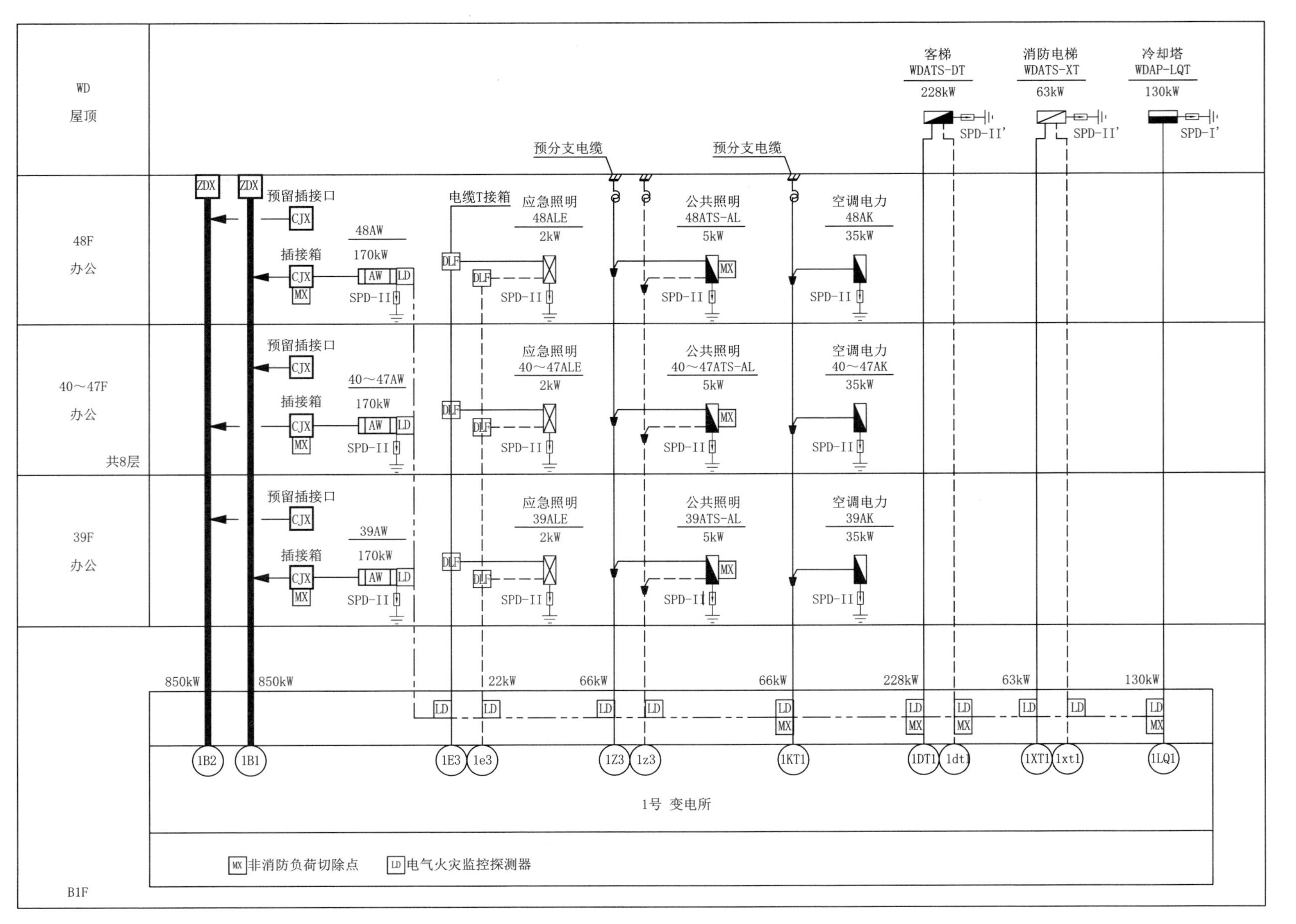

图 8.4-1 塔楼办公竖向干线系统图（局部）

8.5　相关说明

8.5.1　电气火灾监控系统

（1）电气火灾监控主机设置于消防控制中心。

（2）变电所放射式供电的回路，在变电所低压出线侧设置电气火灾探测器；采用封闭母线槽供电的回路，在楼层配电箱进线开关下端口设置电气火灾探测器，探测器的具体设置位置和数量详见变电所低压系统图和配电箱系统图。

（3）电气火灾监控系统产品应具备通信功能，组成独立运行的监控系统，并满足现行国家标准《火灾自动报警系统设计规范》GB 50116 的要求。

（4）系统须满足以下功能：探测漏电电流，发出声光信号报警，准确报出故障线路地址，监视故障点的变化；储存各种故障和操作试验信号，信号存储时间不应少于 12 个月；显示系统电源状态；监控器及主机均须实时显示各回路漏电数值；监控器指示灯应分别指示漏电以及与主机通信状态；漏电报警值设定为 300mA；所有监控器按只报警不跳闸设计。

（5）高度大于 12m 的大空间照明线路上设置具有探测故障电弧功能的电气火灾监控探测器，其保护线路的长度不大于 100m。

（6）监控主机为琴台式，监控分机为挂壁式。带 12 个月的信息记录，USB 接口，自备 4h 不间断电源，配打印设备。

（7）本系统总线回路数量、每回路总线所带探测器数量，由厂家根据产品特点深化。

8.5.2　浪涌保护器监控系统

（1）智能 SPD 寿命监测系统组成包括 SPD 终端采集设备、组网通信设备、监控中心设备和 SPD 寿命智能监控管理软件等。

（2）各配电箱内 SPD 的工作状态均能在后台监控主机上显示，应能显示每个 SPD 的运行情况、SPD 泄放电流幅值记录（可查阅 SPD 泄放雷电流的时间和幅值大小）、SPD 寿命评估报警（自动评估 SPD 寿命，以百分比显示），可设置 SPD 寿命报警下限（百分比）、系统报警功能发现异常立即报警显示、SPD 失效报警等功能。

（3）终端采集与 SPD 串联安装，并通过 RYJSP2×1.0 与 BEC-225/LAN 信号转换器组网传输至网络交换机。

（4）组网通信，终端采集设备带有 RS485 总线接口，可通过 RS485 总线集线器合理布局连接，最终通过 RS232 转接器把 RS485 信号转换成电脑适配信号，接入终端电脑。

（5）监控管理中心设备，通过相应的监测软件对整个系统进行全面图形化的智能监测。可根据现场的终端配置情况，详细设置监控软件，使其对应安装位置，在 SPD 出现失效或其他状况时，可方便定位查询。

（6）各级 SPD 的参数详见电气总说明，SPD 的具体数量以配电箱系统图为准。

第9章 配电系统和平面

9.1 概述

配电箱系统图应标注配电箱编号、型号、进线回路编号；标注各元器件型号、规格、整定值；标注配出回路编号、导线型号规格、负荷名称等，对于单相负荷应标明相别，对有控制要求的回路应提供控制原理图或控制要求。配电箱系统图是建筑电气设计过程中非常重要的组成部分，工作量很大，涉及的内容也很多，且设计师在设计过程中很容易出现错误或遗漏，比如：开关整定值和线缆载流量不匹配、电机与热继电器和接触器不对应、线缆选择前后不一致、SPD参数不准确等问题。如何避免或减少此类错误呢？笔者建议，将配电箱系统图拆分为4大模块：基准模块、开关线缆模块、电机模块和配电模块，并将每个模块下包含的内容做成独立的标准块，配电箱系统图则由这些标准块拼接而成，类似于搭积木，在确保每个标准块准确性和完整性的前提下，将其设置在合理的位置，则可保证配电箱系统图的准确性。

9.2 基准模块

基准模块包括开关标注模块、线缆标注模块、线缆载流量分析、元器件模块和绘图模块共5部分内容。

9.2.1 开关标注模块

开关标注模块是指在配电箱系统中不标注开关的具体型号，而是标注带属性的块名，通过块属性输入的方式统一标注开关型号，开关标注模块见表9.2–1。

块名说明：MCCB100（MCCB表示开关型号，100表示开关框架电流）。

使用说明：牢记块名及其意义，配电箱系统图中标注开关块名。

表9.2–1 开关标注模块

块名	系统图标注	备注（图中注明除外）
MCB63	MCB63	63A及以下微型断路器，短路分断能力均为6kA
MCB63H	MCB63H	63A及以下高分断微型断路器，短路分断能力均为15kA

续表

块名	系统图标注	备注（图中注明除外）
MCCB100	MCCB100	100A 塑壳断路器，短路分断能力不低于 36kA
MCCB160	MCCB160	160A 塑壳断路器，短路分断能力不低于 36kA
MCCB250	MCCB250	250A 塑壳断路器，短路分断能力不低于 36kA
MCCB400	MCCB400	400A 塑壳断路器，短路分断能力不低于 36kA
MCCB630	MCCB630	630A 塑壳断路器，短路分断能力不低于 36kA
RCB	RCD	漏电微型断路器，短路分断能力均为 6kA
IS	IS	隔离开关

9.2.2　线缆标注模块

线缆标注模块是指在配电箱系统中不标注线缆的具体型号，而是标注带属性的块名，通过块属性输入的方式统一标注线缆型号，线缆标注模块见表 9.2–2。

块名说明：消防 – 干线 – 电缆（字面理解即可）。

使用说明：牢记块名及其意义，配电箱系统图中标注线缆块名。

表 9.2–2　线缆标注模块

<table>
<tr><th>块名</th><th colspan="2">系统图标注</th><th colspan="2">备注</th></tr>
<tr><td rowspan="5">消防 – 干线 – 电缆</td><td rowspan="5">消防 – 干线 – 电缆</td><td>BTTZ–0.6/1kV</td><td rowspan="5">变电站低压柜至配电箱；发电机低压柜至配电箱</td><td rowspan="2">消防与非消防共井
地方标准有要求 950℃，3h</td></tr>
<tr><td>YTTW–0.6/1kV</td></tr>
<tr><td>WDZAN–YJY–0.6/1kV</td><td rowspan="3">消防与非消防不共井
地方标准对消防干线无特殊要求阻燃级别按地方标准要求确定</td></tr>
<tr><td>WDZBN–YJY–0.6/1kV</td></tr>
<tr><td>WDZN–YJY–0.6/1kV</td></tr>
<tr><td rowspan="5">消防 – 支线 – 电缆</td><td rowspan="5">消防 – 支线 – 电缆</td><td>BTTZ–0.6/1kV</td><td rowspan="5">配电箱至末端设备</td><td rowspan="2">地方标准有要求 950℃，3h
（同干线）</td></tr>
<tr><td>YTTW–0.6/1kV</td></tr>
<tr><td>WDZAN–YJY–0.6/1kV</td><td rowspan="3">地方标准无特殊要求，
沿防火线槽敷设
阻燃级别按地方标准要求确定</td></tr>
<tr><td>WDZBN–YJY–0.6/1kV</td></tr>
<tr><td>WDZN–YJY–0.6/1kV</td></tr>
<tr><td rowspan="3">消防 – 末端 – 电缆</td><td rowspan="3">消防 – 末端 – 电缆</td><td>WDZAN–YJY–0.6/1kV</td><td rowspan="3">配电箱至防火卷帘消防排水泵控制箱</td><td rowspan="3">沿防火线槽敷设
阻燃级别按地方标准要求确定
或穿钢管敷设</td></tr>
<tr><td>WDZBN–YJY–0.6/1kV</td></tr>
<tr><td>WDZN–YJY–0.6/1kV</td></tr>
</table>

续表

块名	系统图标注		备注	
消防－支线－导线	消防－支线－导线	WDZCN-BYJ-450/750V	配电箱至末端设备	穿钢管敷设
		WDZN-BYJ-450/750V		
消防－控制－电缆	消防－控制－电缆	WDZAN-KYJY-0.6/1kV	消防控制室－控制箱－设备	规范没有明确要求参照消防配电支线
		WDZBN-KYJY-0.6/1kV		
		WDZN-KYJY-0.6/1kV		
消防－控制－导线	消防－控制－导线	WDZCN-BYJ-450/750V	控制箱－设备	穿钢管敷设
		WDZN-BYJ-450/750V		
消防－双绞－导线	消防－双绞－导线	WDZCN-RYJS-300/500V	控制箱－设备	穿钢管敷设
		WDZN-RYJS-300/500V		
一般－非消防－电缆	一般－非消防－电缆	WDZA-YJY-0.6/1kV	配电箱－设备	沿线槽敷设
		WDZB-YJY-0.6/1kV		
		WDZ-YJY-0.6/1kV		
一般－非消防－导线	一般－非消防－导线	WDZC-BYJ-450/750V	配电箱－设备	穿钢敷设
		WDZ-BYJ-450/750V		
一般－非消防－控制电缆	一般－非消防－控制电缆	WDZA-YJY-0.6/1kV	控制室－控制箱－设备	规范没有明确要求参照一般配电支线
		WDZB-YJY-0.6/1kV		
		WDZ-YJY-0.6/1kV		
一般－非消防－控制导线	一般－非消防－控制导线	WDZC-BYJ-450/750V	控制箱－设备	穿钢敷设
		WDZ-BYJ-450/750V		

9.2.3 线缆载流量分析

影响线缆载流量有很多方面的因素，比如敷设方式（穿管、托盘、槽盒、梯架）、敷设环境（温度、日照、土壤热阻系数）、多回路敷设校正系数等，综合考虑以上因素后，就能确定线缆在不同敷设方式下的实际载流量，并将此数据融入后面介绍的开关线缆匹配模块、电机模块和配电模块中。多回路或多根多芯电缆成束敷设时的载流量校正系数值 *K*1，见表 9.2-3；电缆载流量综合校正系数值 *K*，见表 9.2-4；各类线缆载流量汇总见表 9.2-5；保护管选择见表 9.2-6。

使用说明：了解分析过程即可，相关数据将会融入下文提及的开关线缆模块、电机模块和配电模块中。

表 9.2-3 多回路或多根多芯电缆成束敷设时的载流量校正系数值 *K*1

敷设方式（电缆相互接触）		回路数或多芯电缆数量											
		1	2	3	4	5	6	7	8	9	12	16	20
A～F	成束，沿墙，嵌入，封闭式	0.97	0.80	0.75	0.72	0.71	0.70	0.68	0.66	0.65	0.63	0.55	0.50
E	单层敷设在有孔托盘上	1.00	0.87	0.80	0.77	0.75	0.73	0.72	0.70	0.68	多于9个回路或9根单芯电缆不再减少降低系数，按电缆接触，2层桥架考虑		
F	单层敷设在梯架上	1.00	0.86	0.80	0.78	0.77	0.76	0.75	0.74	0.73			
	穿管埋地	1.00	0.90	0.85	0.80	0.80	0.80	0.76	0.74	0.73	管道之间的距离不小于0.25m		

注：1. 校正系数是假定各回路电缆截面相同且都在额定载流量的情况下计算得到的，工程设计时，可利用这些数据，当负荷率小于100%，可适当提升校正系数。

2. 如果某个回路的实际电流不超过成束敷设的30%额定电流时，在选择校正系数时，此回路可忽略不计，故备用回路不用考虑。

3. 电缆在桥架内均为单层敷设，比如，有孔托盘内若2层电缆敷设，其校正系数取0.55。

4. 穿管暗敷A和穿管明敷B应避免多回路并列敷设，不考虑校正系数。

5. 避免不同 θn（线芯长期允许工作温度）的绝缘导线或电缆成束敷设。

6. 数据参考《工业与民用供配电设计手册》（第四级）中的表9.3-2～9.3-7。

表 9.2-4 电缆载流量综合校正系数值 *K*

校正系数	敷设方式 θn=90℃，θc=30℃					备注
	穿管埋地	穿管A和B	E有孔托盘	电缆槽盒B2	梯架F	
*K*1	0.80	1.00	0.73	0.70	0.76	
*K*2	1.00	1.00	1.00	1.00	1.00	
*K*3	1.00	1.00	1.00	1.00	1.00	
*K*4	1.00	1.00	1.00	1.00	1.00	
*K*5	1.00	1.00	1.00	1.00	1.00	
K	0.80	1.00	0.73	0.70	0.76	

注：1. *K*1为多回路或多根多芯电缆成束敷设的载流量校正系数值，经综合分析，托盘、槽盒和梯架的校正系数分别取0.73，0.70和0.76，具体数据的详细分析可见表格“各类线缆载流量汇总表”。

2. *K*2为空气中敷设时环境温度不等于30℃时的载流量校正系数值，经综合分析，除屋顶桥架敷设时，考虑0.91的系数外，其他敷设方式暂不考虑。

3. *K*3为不同土壤热阻系数的载流量校正系数值，标准为2.5（K·m）/W，电缆直埋敷设时，需要校正，一般取0.96即可。

4. $K4$ 为电缆户外敷设无遮阳时载流量校正系数值，对大截面电流有影响，如 185 电缆需要取 0.96，建议在总说明和户外配电平面图中注明户外敷设的电缆需要做遮阳处理（也就是户外桥架加遮阳板），若有此措施，$K4$ 可不再考虑。

5. $K5$ 电缆沟、电缆夹层或电缆隧道内通风对电缆载流量影响的校正系数值，对于户内电缆沟或户外电缆沟盖板覆土厚度超过 30cm 的，可不计入日照的影响，电缆沟内的空气温度可按最热月的日最高温度平均值加 5℃；其他室外电缆沟内可按最热月的日最高温度平均值加 7~10℃来选择电缆截面，情况比较复杂；建议 $K5$ 可结合 $K2$ 一起考虑，不再单独考虑。

6. K 为电缆载流量综合校正系数值，$K=K1\times K2\times K3\times K4\times K5$。

7. 数据参考《工业与民用供配电设计手册》（第四版）中的表 9.3-2~9.3-7、9.3-9~9.3-13。

表 9.2-5　各类线缆载流量汇总表

截面（mm²）	BV（N-BV）θn=70℃，θc=30℃		BYJ（N-BYJ）θn=90℃，θc=30℃		YJV（YJV22）θn=90℃，θc=25℃		WDZ（N）-YJY-0.6/1kV 穿管和桥架敷设 θn=90℃，θc=30℃						YTTW θn=90℃，θc=30℃			
	穿管载流量		穿管载流量		穿管埋地		穿管暗敷 A	穿管暗敷 B	敷设方式 E（托盘）		敷设方式 B2（电缆槽盒）		敷设方式 E（托盘）		敷设方式 F（梯架）	
	二线	四线	二线	四线	单回路	多回路 K=0.80	三芯	三芯	三芯	K=0.73	三芯	K=0.70	三芯	K=0.73	三芯	K=0.76
2.5	24	19	31	25	28	22	22	26	32	23	26	18	36	26	42	32
4	32	25	42	33	36	29	30	35	42	31	35	25	48	35	56	43
6	41	32	54	43	44	35	38	44	54	39	44	31	61	45	70	53
10	57	45	75	59	58	46	51	60	75	55	60	42	82	60	94	71
16	76	61	100	79	75	60	68	80	100	73	80	56	105	77	125	95
25	101	80	133	105	96	77	89	105	127	93	105	74	145	106	160	122
35	125	99	164	130	115	92	109	128	158	115	128	90	175	128	200	152
50	151	121	198	158	135	108	130	154	192	140	154	108	220	161	240	182
70	192	154	253	200	167	134	164	194	246	180	194	136	270	197	305	232
95	232	186	306	242	197	158	197	233	298	218	233	163	340	248	375	285
120	269	215	354	281	223	178	227	268	346	253	268	188	390	285	430	327
150	300	246	393	—	251	201	259	300	399	291	300	210	445	325	495	376
185	341	279	449	—	281	225	295	340	456	333	340	238	515	376	570	433
240	400	—	528	—	324	259	346	398	538	393	398	279	615	449	685	521
300	458	—	603	—	365	292	396	455	621	453	455	319	715	522	795	604

注：1. 表格中的 K 值，详见表格“电缆载流量综合校正系数值 K”。

2. YJV 穿管埋地敷设时，大截面电缆的载流量比较小，应注意与开关的匹配。

3. YJV 多回路穿管埋地敷设时，对电缆载流量影响较大，应注意与开关的匹配。

4. 采用电缆槽盒敷设时，对电缆载流量影响较大，应注意与开关的匹配。

5. θn 为导体线芯允许长期工作温度，θc 为载流量数据对应的温度。

6. BTTZ θn=105℃（电缆表面温度，线芯还要高 5~10℃）参考 YTTW θn=90℃ 的载流量。

7. 数据参考《建筑电气常用数据》19DX101-1 中的表 6-10；《工业与民用供配电设计手册》（第四版）中的表 9.3-15、9.3-16、9.3-25、9.3-34。

表 9.2-6　保护管选择

电缆参考：WDZ-YJY-0.6/1kV		电缆参考：WDZN-YJY-0.6/1kV	
一般非消防配电回路 4+1（3+2 也按此）	一般非消防电机末端配电 3+1	消防配电回路 4+1（3+2 也按此）	消防电机末端配电 3+1
5×2.5.SC25	4×2.5.SC25	5×2.5.SC32	4×2.5.SC32
5×4.SC32	4×4.SC32	5×4.SC32	4×4.SC32
5×6.SC32	4×6.SC32	5×6.SC40	4×6.SC40
5×10.SC40	4×10.SC40	5×10.SC50	4×10.SC50
5×16.SC50	4×16.SC50	5×16.SC50	4×16.SC50
4×25+1×16.SC50	3×25+1×16.SC50	4×25+1×16.SC65	3×25+1×16.SC65
4×35+1×16.SC65	3×35+1×16.SC65	4×35+1×16.SC65	3×35+1×16.SC65
4×50+1×25.SC65	3×50+1×25.SC65	4×50+1×25.SC80	3×50+1×25.SC80
4×70+1×35.SC80	3×70+1×35.SC80	4×70+1×35.SC100	3×70+1×35.SC100
4×95+1×50.SC100	3×95+1×50.SC100	4×95+1×50.SC100	3×95+1×50.SC100
4×120+1×70.SC100	3×120+1×70.SC100	4×120+1×70.SC100	3×120+1×70.SC100
4×150+1×70	3×150+1×70	4×150+1×70	3×150+1×70
4×185+1×95.SC125	4×185+1×95.SC125	4×185+1×95.SC125	4×185+1×95.SC125
4×240+1×120.SC150	3×240+1×120.SC150	4×240+1×120.SC150	3×240+1×120.SC150

注：长度在 30m 及以下，直线段管内径不小于电缆外径的 1.5 倍；一个弯曲时管内径不小于电缆外径的 2 倍；两个弯曲时管内径不小于电缆外径的 2.5 倍

<table>
<tr><th colspan="2">电线参考：WDZN-BYJ-0.45/0.75kV（普通和消防电线一致）</th><th colspan="2">控制电缆：WDZ-KYJY- 和 WDZN-KYJY-</th></tr>
<tr><th>单相回路</th><th>三相回路</th><th>一般回路</th><th>消防回路</th></tr>
<tr><td>2×2.5+E2.5.SC20 CC</td><td>4×2.5+E2.5.SC20</td><td>4×1.5.SC20</td><td>4×1.5.SC25</td></tr>
<tr><td>2×4+E4.SC20</td><td>4×4+E4.SC25</td><td>4×2.5.SC25</td><td>4×2.5.SC25</td></tr>
<tr><td>2×6+E6.SC20</td><td>4×6+E6.SC25</td><td>6×1.5.SC25</td><td>6×1.5.SC32</td></tr>
<tr><td>2×10+E10.SC25</td><td>4×10+E10.SC32</td><td>6×2.5.SC25</td><td>6×2.5.SC32</td></tr>
<tr><td>2×16+E16.SC32</td><td>4×16+E16.SC40</td><td colspan="2" rowspan="3">注：电线穿管时，管内容线面积≤ 6mm² 时，按不大于内孔截面积的 33% 计算；10~50mm² 时，按不大于内孔截面积的 27.5% 计算；≥ 70mm² 时，按不大于内孔截面积的 22% 计算。数据参考《建筑电气常用数据》19D×101-1 中的表 6-36、6-38、6-43、6-44 和 6-52</td></tr>
<tr><td>2×25+E16.SC32</td><td>4×25+E16.SC50</td></tr>
<tr><td>2×35+E16.SC40</td><td>4×35+E16.SC50</td></tr>
</table>

9.2.4 元器件模块

元器件模块是指将配电箱系统中使用的元器件做成对应的块，且在块中包含相应的技术参数。开关配电箱等模块见表 9.2-7；隔离开关 +ATSE 组合模块见表 9.2-8；断路器 +ATSE 组合模块见表 9.2-9；母线插接箱模块见表 9.2-10；浪涌保护器模块见表 9.2-11。

块名说明：IS100（IS 表示隔离开关 +ATSE 组合，100 表示隔离开关的额定电流）；

MS100（MS 表示断路器 +ATSE 组合，100 表示断路器的额定电流）；

CJ100（CJ 表示母线插接箱，100 表示母线插接箱内断路器的整定电流）；

SPD- Ⅱ（SPD 表示浪涌保护器，Ⅱ表示 SPD 级别，分为Ⅰ、Ⅰ'、Ⅱ三个级别）。

使用说明：牢记块名及其意义，配电箱系统图中输入对应的元器件块名。

表 9.2-7 开关配电箱等模块

块名	系统图标注	备注	块名	系统图标注	备注
带隔离的断路器		带隔离的断路器	消防双电源切换箱		消防双电源切换箱
带隔离的漏电断路器		带隔离的漏电断路器	应急照明配电箱		应急照明配电箱
隔离开关		隔离开关	一般双电源切换箱		一般双电源切换箱
接触器		接触器	动力配电箱		动力配电箱
热继电器		热继电器	照明配电箱		照明配电箱
CT		低压三相电流互感器	控制箱		控制箱
CT1		低压单相电流互感器	防火卷帘门自带控制箱	JLM	防火卷帘门自带控制箱
VA	V A ×3	电流电压表	电动机	M	电动机
VA1	V A	电流电压表（一个电流表）	液位传感器	L	液位传感器
PQ	三相多功能表	三相多功能表	FZ		电缆分支箱
PQW	三相多功能表	三相多功能表（联网）			

表 9.2-8　隔离开关 +ATSE 组合模块

块名	系统图标注	块名	系统图标注	块名	系统图标注
IS32	IS 3P-32A；IS 3P-32A；ATS-PC 4P-32A	IS125	IS 3P-125A；IS 3P-125A；ATS-PC 4P-125A	IS400	IS 3P-400A；IS 3P-400A；ATS-PC 4P-400A
IS40	IS 3P-40A；IS 3P-40A；ATS-PC 4P-40A	IS160	IS 3P-160A；IS 3P-160A；ATS-PC 4P-160A	IS500	IS 3P-500A；IS 3P-500A；ATS-PC 4P-500A
IS63	IS 3P-63A；IS 3P-63A；ATS-PC 4P-63A	IS200	IS 3P-200A；IS 3P-200A；ATS-PC 4P-200A	IS630	IS 3P-630A；IS 3P-630A；ATS-PC 4P-630A
IS80	IS 3P-80A；IS 3P-80A；ATS-PC 4P-80A	IS250	IS 3P-250A；IS 3P-250A；ATS-PC 4P-250A	IS800	IS 3P-800A；IS 3P-800A；ATS-PC 4P-800A
IS100	IS 3P-100A；IS 3P-100A；ATS-PC 4P-100A	IS320	IS 3P-320A；IS 3P-320A；ATS-PC 4P-320A	IS-S 竖向画法	IS-3P ***A；IS-3P ***A；ATS-PC 4P-***A；电流值属性输入

表 9.2-9 断路器 +ATSE 组合模块

块名	系统图标注	块名	系统图标注	块名	系统图标注
MS25	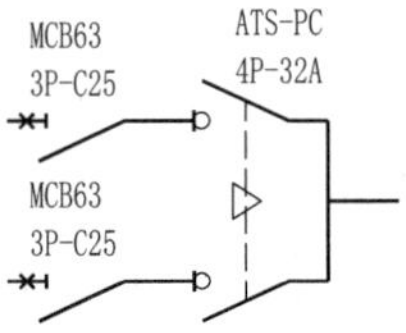 MCB63 3P-C25 ATS-PC 4P-32A MCB63 3P-C25	MS40	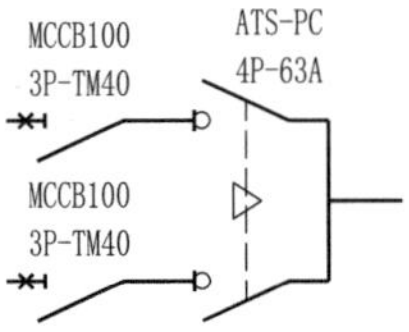 MCCB100 3P-TM40 ATS-PC 4P-63A MCCB100 3P-TM40	MS125	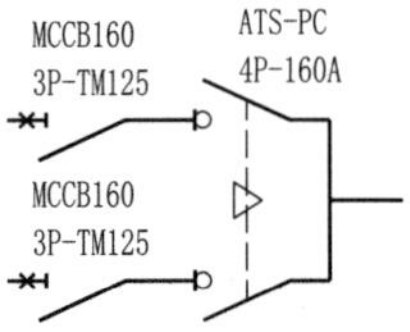 MCCB160 3P-TM125 ATS-PC 4P-160A MCCB160 3P-TM125
MS32	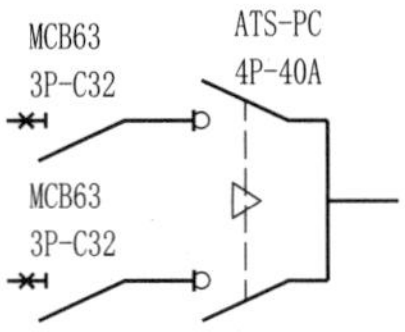 MCB63 3P-C32 ATS-PC 4P-40A MCB63 3P-C32	MS50	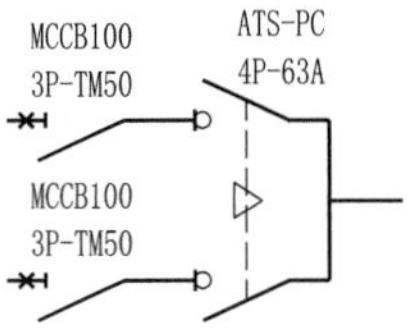 MCCB100 3P-TM50 ATS-PC 4P-63A MCCB100 3P-TM50	MS160	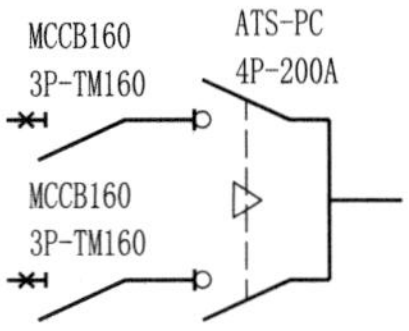 MCCB160 3P-TM160 ATS-PC 4P-200A MCCB160 3P-TM160
MS20H	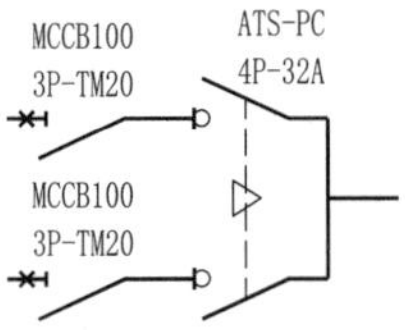 MCCB100 3P-TM20 ATS-PC 4P-32A MCCB100 3P-TM20	MS63	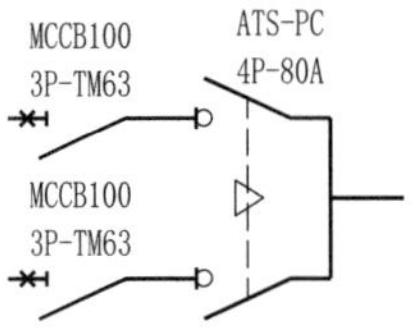 MCCB100 3P-TM63 ATS-PC 4P-80A MCCB100 3P-TM63	MS200	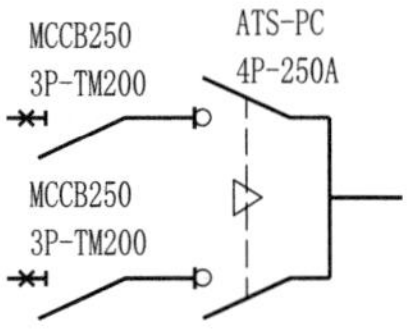 MCCB250 3P-TM200 ATS-PC 4P-250A MCCB250 3P-TM200
MS25H	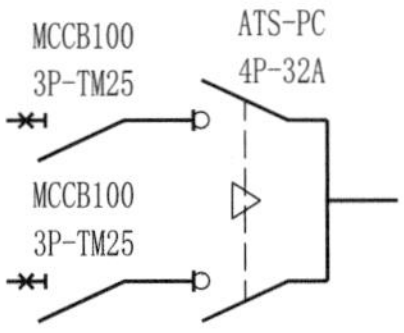 MCCB100 3P-TM25 ATS-PC 4P-32A MCCB100 3P-TM25	MS80	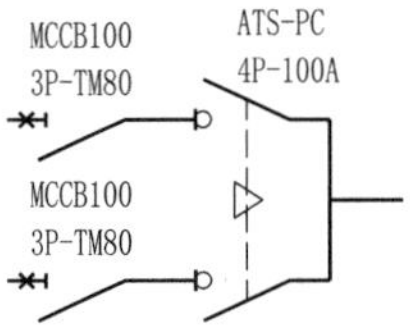 MCCB100 3P-TM80 ATS-PC 4P-100A MCCB100 3P-TM80	MS250	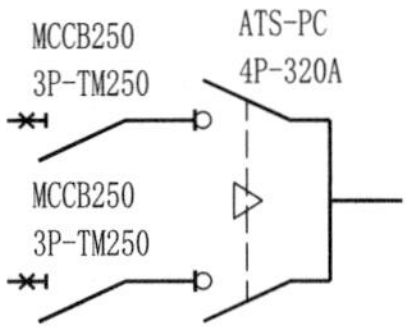 MCCB250 3P-TM250 ATS-PC 4P-320A MCCB250 3P-TM250
MS32H	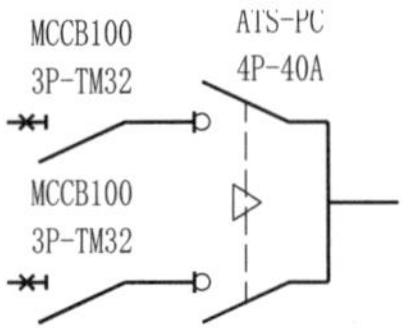 MCCB100 3P-TM32 ATS-PC 4P-40A MCCB100 3P-TM32	MS100	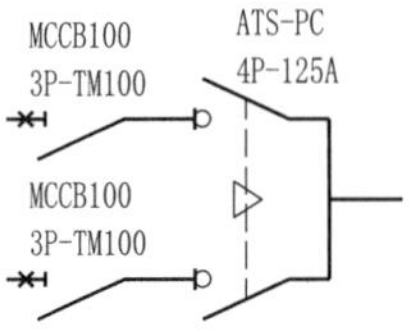 MCCB100 3P-TM100 ATS-PC 4P-125A MCCB100 3P-TM100		

表 9.2–10　母线插接箱模块

块名	CJ40	CJ50	CJ63	CJ80	CJ100
系统图标注	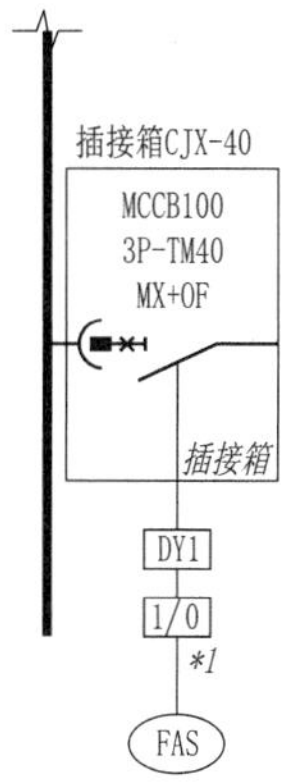 插接箱CJX-40 MCCB100 3P-TM40 MX+OF 插接箱 DY1 1/0 *1 FAS	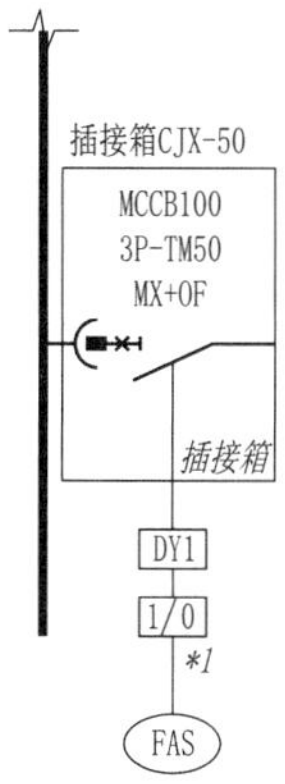 插接箱CJX-50 MCCB100 3P-TM50 MX+OF 插接箱 DY1 1/0 *1 FAS	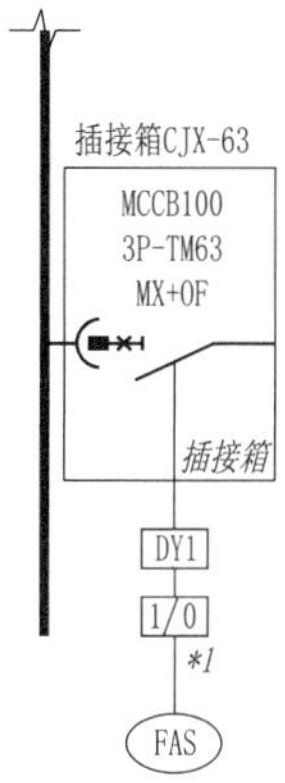 插接箱CJX-63 MCCB100 3P-TM63 MX+OF 插接箱 DY1 1/0 *1 FAS	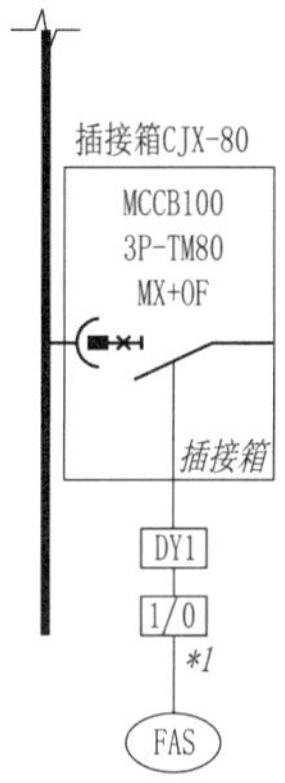 插接箱CJX-80 MCCB100 3P-TM80 MX+OF 插接箱 DY1 1/0 *1 FAS	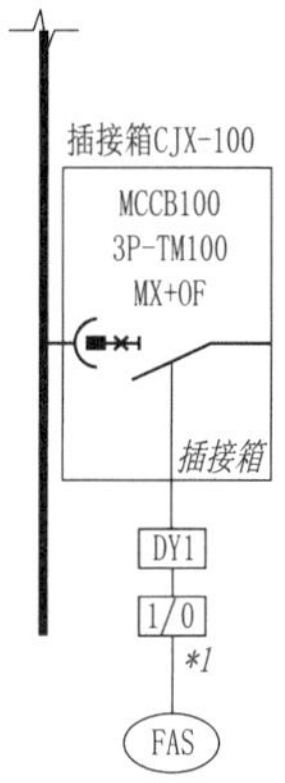 插接箱CJX-100 MCCB100 3P-TM100 MX+OF 插接箱 DY1 1/0 *1 FAS
块名	CJ125	CJ160	CJ200	CJ250	CJ300
系统图标注	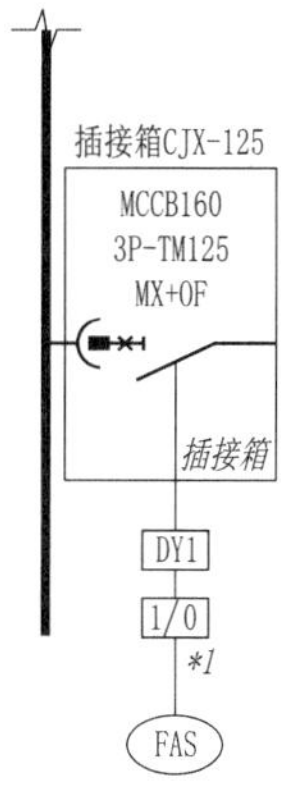 插接箱CJX-125 MCCB160 3P-TM125 MX+OF 插接箱 DY1 1/0 *1 FAS	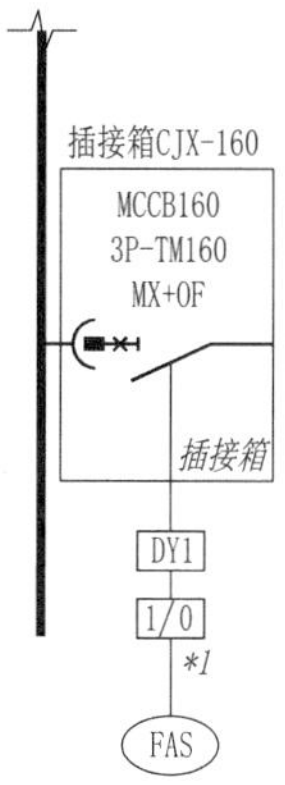 插接箱CJX-160 MCCB160 3P-TM160 MX+OF 插接箱 DY1 1/0 *1 FAS	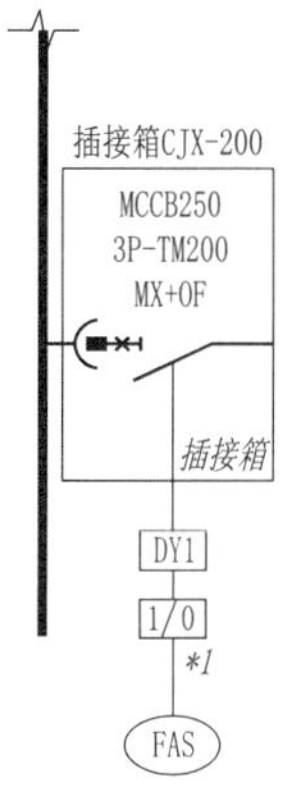 插接箱CJX-200 MCCB250 3P-TM200 MX+OF 插接箱 DY1 1/0 *1 FAS	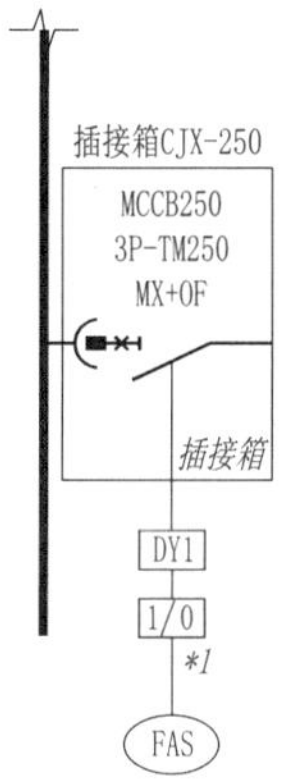 插接箱CJX-250 MCCB250 3P-TM250 MX+OF 插接箱 DY1 1/0 *1 FAS	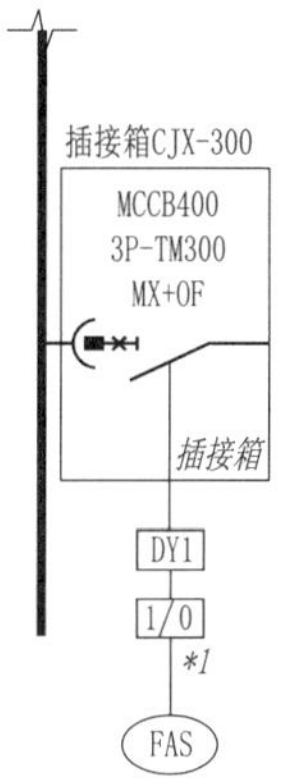 插接箱CJX-300 MCCB400 3P-TM300 MX+OF 插接箱 DY1 1/0 *1 FAS
块名	CJ350	CJ400	CJ500	CJ550	CJ630
系统图标注	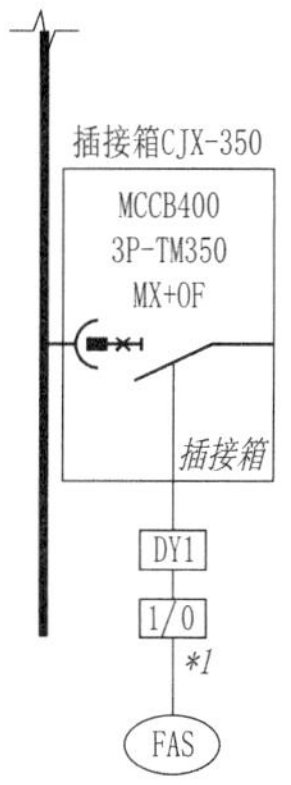 插接箱CJX-350 MCCB400 3P-TM350 MX+OF 插接箱 DY1 1/0 *1 FAS	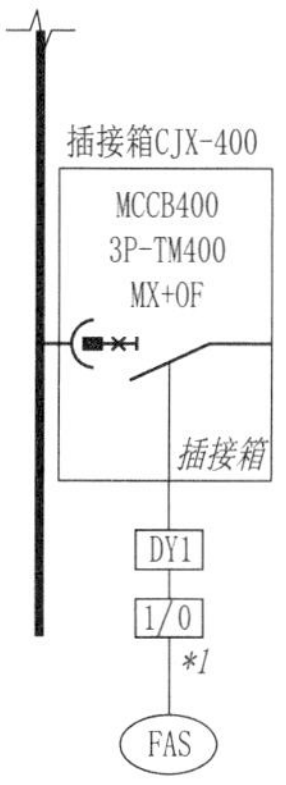 插接箱CJX-400 MCCB400 3P-TM400 MX+OF 插接箱 DY1 1/0 *1 FAS	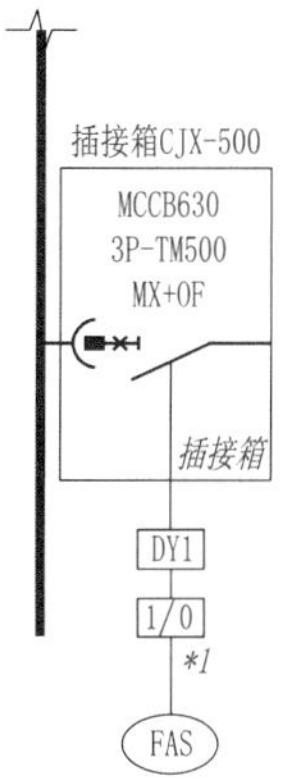 插接箱CJX-500 MCCB630 3P-TM500 MX+OF 插接箱 DY1 1/0 *1 FAS	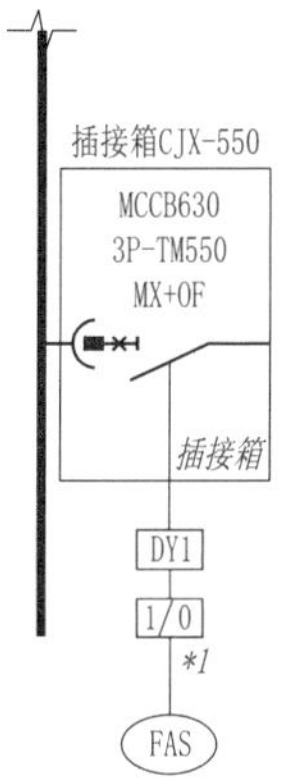 插接箱CJX-550 MCCB630 3P-TM550 MX+OF 插接箱 DY1 1/0 *1 FAS	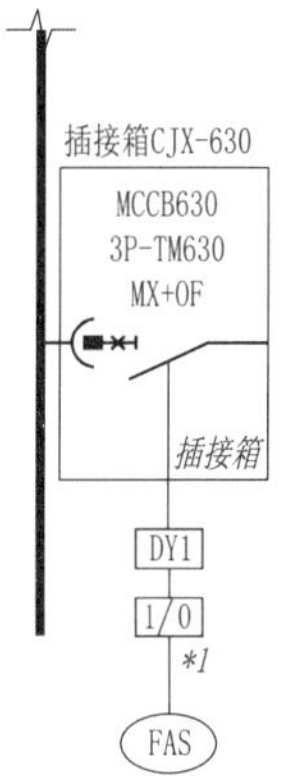 插接箱CJX-630 MCCB630 3P-TM630 MX+OF 插接箱 DY1 1/0 *1 FAS

表 9.2–11　浪涌保护器模块

块名	系统图标注	备注
SPD–I	SPD-I/4P SCB	配电箱浪涌保护器 变电所总出线或从室外进线的总配电箱
SPD–I–F	SCB SPD-I/4P	配电箱浪涌保护器 变电所总出线或从室外进线的总配电箱
SPD–I'	SPD-I'/4P SCB	配电箱浪涌保护器 屋顶室外设备的配电箱
SPD–I'–F	SCB SPD-I'/4P	配电箱浪涌保护器 屋顶室外设备的配电箱
SPD–Ⅱ	SPD-II/4P SCB	配电箱浪涌保护器 第二级楼层配电箱
SPD–Ⅱ–F	SCB SPD-II/4P	配电箱浪涌保护器 第二级楼层配电箱
SPD–Ⅱ'	SPD-II'/4P SCB	配电箱浪涌保护器 电梯、弱电设备等配电箱
SPD–Ⅱ'–F	SCB SPD-II'/4P	配电箱浪涌保护器 电梯、弱电设备等配电箱

9.2.5　绘图模块

绘图模块是指配电箱系统中除了开关标注、线缆标注和元器件模块外，其他的辅助表示方式，比如消防风机手动直起线、280° 防火阀连锁线、现场按钮控制线等，都需要做成对应的块，且在块中包含相应的技术参数。绘图模块见表 9.2–12；图标说明、配电箱编号和变电所出线回路说明见表 9.2–13。

块名说明：F–C（F 表示与消防系统相关的绘图模块，C 表示消防控制室手动直起线）；

B–Z（B 表示与 BAS 系统相关的绘图模块，Z 表示 BAS 自动控制线）；

K–280（K 表示与空调系统相关的绘图模块，280 表示 280° 防火阀连锁线）。

使用说明：牢记块名及其意义，配电箱系统图中输入对应的绘图块名。

表 9.2-12　绘图模块

块名	系统图标注	备注
F-C	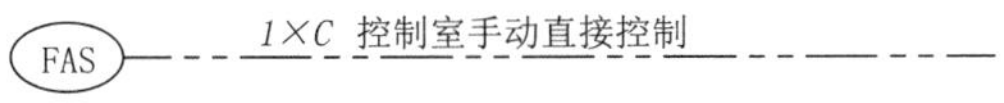 FAS　1×C 控制室手动直接控制	控制室手动直接控制 数量可属性输入
F-M	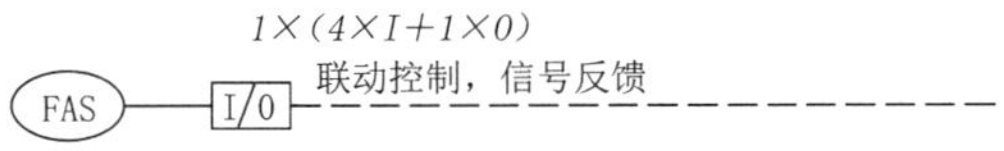 FAS　I/0　1×(4×I+1×0) 联动控制，信号反馈	消防风机模块控制 数量可属性输入
F-E	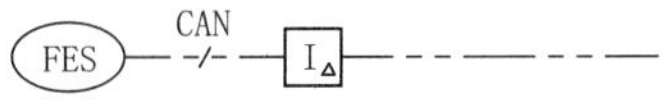 FES　CAN　I_{Δ}	电气火灾监控联动控制
F-Q	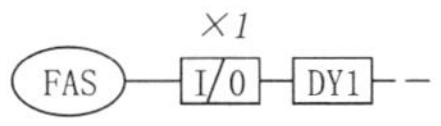 FAS　I/0　DY1　×1	切非消防电源 模块数量可属性输入
F-T	 FAS　I　2×I 信号反馈	TM 脱扣器反馈信号 模块数量可属性输入
F-G	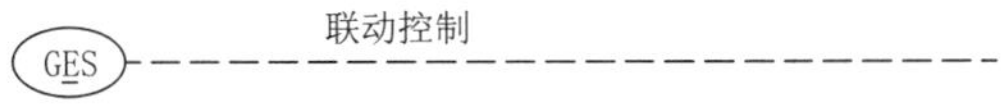 GES　联动控制	气体灭火控制器联动信号
F-A	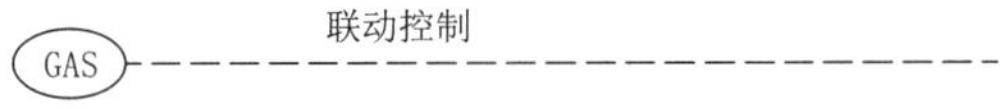 GAS　联动控制	可燃气体报警联动信号
K-280	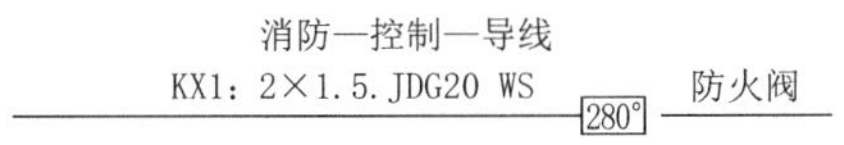 消防—控制—导线 KX1：2×1.5.JDG20 WS　280°　防火阀	280° 防火阀联动 回路编号可属性输入
K-70F	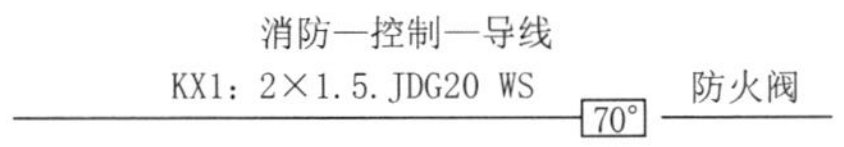 消防—控制—导线 KX1：2×1.5.JDG20 WS　70°　防火阀	70° 防火阀联动 是否联动，以暖通提资为准 回路编号可属性输入
K-B	 消防—控制—电缆 KB1：4×1.5.JDG32 WS　B1-1ATS-BF1 补风机控制箱	排烟—补风机联锁控制线 回路编号可属性输入
K-P	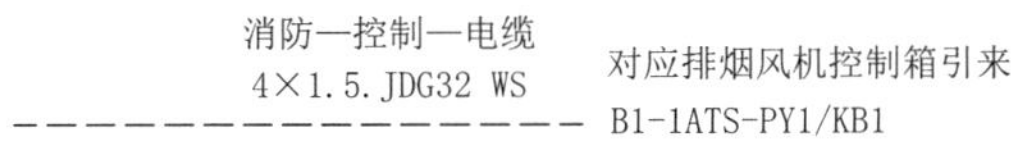 消防—控制—电缆 4×1.5.JDG32 WS　对应排烟风机控制箱引来 B1-1ATS-PY1/KB1	补风—排烟风机联锁控制线
A-ZP	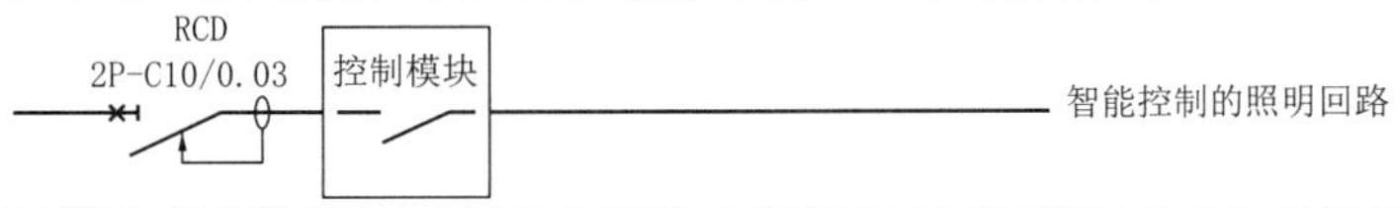 RCD 2P-C10/0.03　控制模块　智能控制的照明回路	
A-ZK	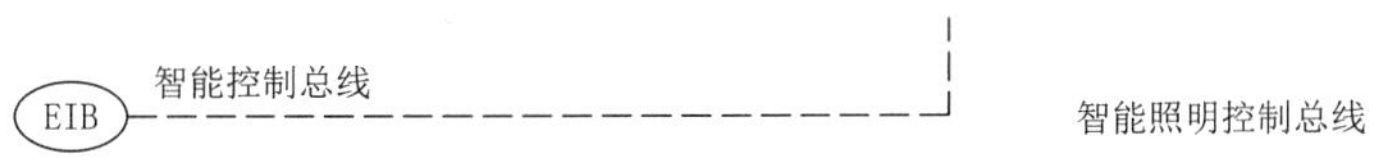 EIB　智能控制总线　智能照明控制总线	
A-BK	 BAS　BAS控制总线　照明的BA控制总线	
B-Z	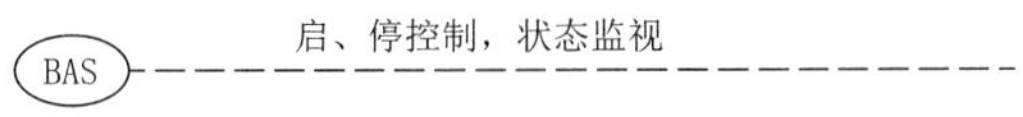 BAS　启、停控制，状态监视	BA 自动控制

续表

块名	系统图标注	备注
B-F	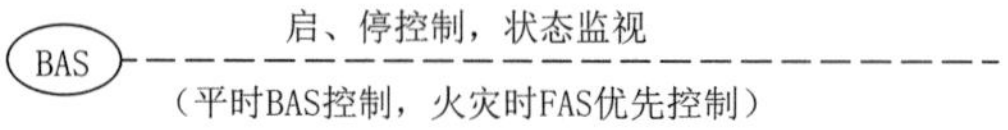 BAS 启、停控制，状态监视（平时BAS控制，火灾时FAS优先控制）	BA 消防兼平时风机
B-P	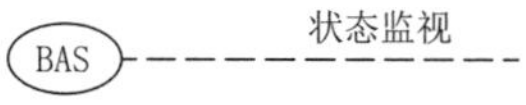 BAS 状态监视	BA 排水泵
B-S	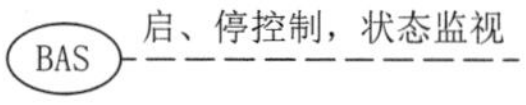 BAS 启、停控制，状态监视	BA 生活泵
K-W	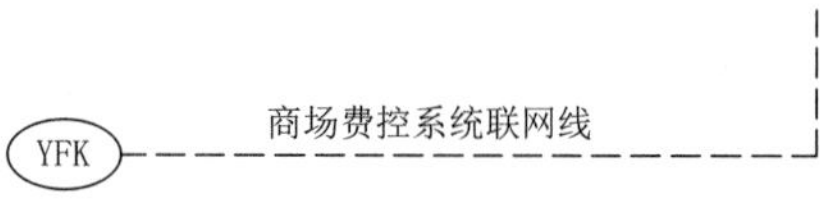 YFK 商场费控系统联网线	商场费控系统联网线
K-N	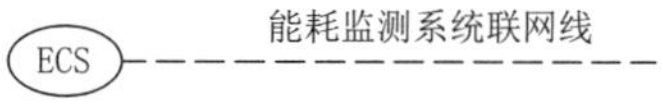 ECS 能耗监测系统联网线	能耗监测系统联网线
K-70	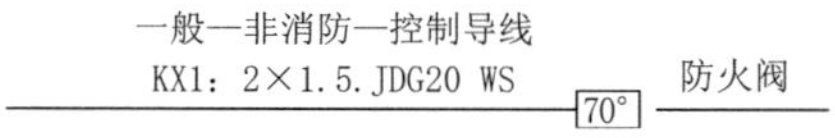 一般—非消防—控制导线 KX1：2×1.5.JDG20 WS 70° 防火阀	70° 防火阀联动 是否联动，以暖通提资为准 回路编号可属性输入
K-150	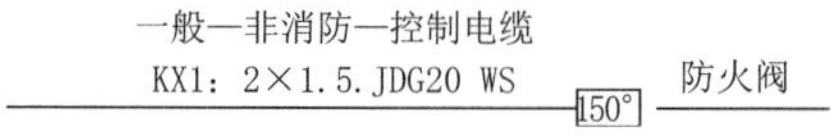 一般—非消防—控制电缆 KX1：2×1.5.JDG20 WS 150° 防火阀	150° 防火阀联动 回路编号可属性输入
K-A	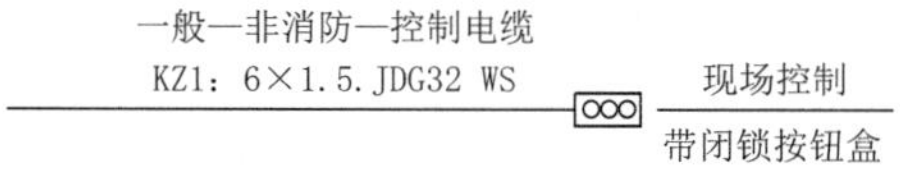 一般—非消防—控制电缆 KZ1：6×1.5.JDG32 WS 现场控制 带闭锁按钮盒	带闭锁按钮盒 回路编号可属性输入 一般环境户内安装
K-AS	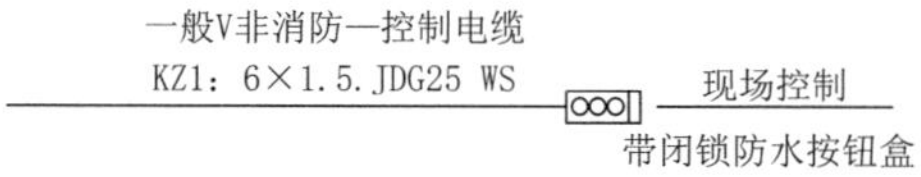 一般V非消防—控制电缆 KZ1：6×1.5.JDG25 WS 现场控制 带闭锁防水按钮盒	带闭锁防水按钮盒 回路编号可属性输入 户外及水泵房户内安装
K-CO	 一般—非消防—控制电缆 KC1：4×1.5.JDG25 WS CO CO感应探测器	CO 控制联锁控制线 回路编号可属性输入
K-EN	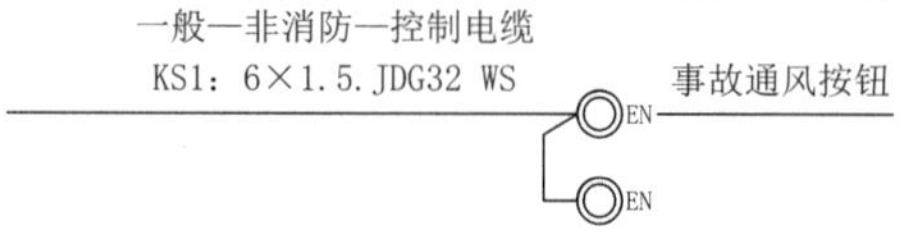 一般—非消防—控制电缆 KS1：6×1.5.JDG32 WS EN 事故通风按钮 EN	事故通风按钮 回路编号可属性输入
K-K	 一般—非消防—控制电缆 KC1：4×1.5.JDG25 WS EX 可燃气体探测器 报警联动信号	可燃气体探测器联动
K-F	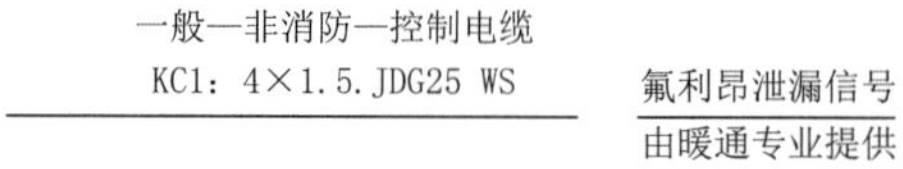 一般—非消防—控制电缆 KC1：4×1.5.JDG25 WS 氟利昂泄漏信号 由暖通专业提供	氟利昂泄漏信号联动

表 9.2–13 图标说明、配电箱编号和变电所出线回路说明

块名	系统图标注	备注	块名	系统图标注	备注
FAS	FAS	火灾自动报警系统	ECS	ECS	能耗监测系统
GES	GES	气体灭火系统	YFK	YFK	商场费控系统
GAS	GAS	可燃气体报警系统	DY1	DY1	非消防电源切断功能
FES	FES	电气火灾监控系统	DY2	DY2	消防应急照明强启功能 基本不用
FPS	FPS	消防电源监控系统	DY3	DY3	消防电源监控模块（交流）
FDS	FDS	防火门监控系统 配电箱中无	I/O 模块	I/O	I/O 模块
BAS	BAS	楼宇控制系统	电气火灾监控 互感器	□ LD	电气火灾监控系统互感器
EIB	EIB	智能照明控制系统	电气火灾监控 探测器	I_Δ	电气火灾监控探测器

配电箱编号说明

□-□□□-□□

业态归属 | 楼层 | 电箱类别 | 同类序号 | 负荷类型 | 同类序号

					楼层		
业态归属	SY	商业	ZL	主力店	楼层	WD	屋顶
	YC	影城	CZ	次主力店		…	…
	CS	超市	WH	文化		1	一层
	WY	物业				B1	地下一层
	T1	T1 塔楼				B2	地下二层
	BX	室内步行街				B3	地下三层
电箱类别	AL	一般照明箱	AP	配电箱	ACE	A 型应急照明集中电源	
	ALE	应急照明箱	APE	消防配电总箱			
	ATS	双切箱	AC	控制箱			

负荷类型	DT	客梯	BD	变电所	ZL	制冷机房	CD	充电桩	SH	生活泵
	XT	消防电梯	FD	发电机房	LD	冷冻水泵	KC	洋快餐	PS	排水泵
	FT	扶梯	XK	消防控制室	LQ	冷却水泵	JG	景观	RD	弱电
	HT	货梯	AF	安防控制室	HR	换热站	LS	室外活动		
	KT	空调	WL	网络机房	GL	锅炉房	GG	广告 logo		

变电所出线回路说明

变电所出线回路编号：1PE1 1pe1

第一个数字“1”为变电站编号

第二、三个字母“PE”“pe”为回路功能代码

第四个数字“1”为序号

主要的回路功能代码如下（可扩展）

L	一般照明	BD	变电所
E	应急照明	XF	消防控制室
P	一般电力	ZL	制冷机房
X	消防 ab 箱	GL	锅炉房
K	空调电力	……	

9.3 开关线缆模块

开关线缆模块是指将各类线缆（有机电缆、有机耐火电缆、矿物绝缘电缆、BV 线、BYJ 线）在不同敷设条件下与开关整定值的匹配做成块，块中包括开关型号及整定值、线缆型号、敷设方式和保护管管径等参数。

开关线缆模块包括敷设条件分析、室外穿管埋地敷设模块、桥架敷设模块（分无吊顶区域、吊顶内、竖井和屋顶）、楼板内穿管暗敷模块共 4 部分内容。

9.3.1 敷设条件分析

一般情况下，工程项目中的各类线缆主要有以下 6 种敷设条件，敷设示意见图 9.3–1。图中①为室外穿管埋地敷设，多回路电缆在埋地管道内敷设时，需考虑电缆载流量的校正系数；②为无吊顶区域桥架敷设，采用托盘和梯架敷设；③为吊顶内桥架敷设，采用电缆槽盒和梯架敷设；④为竖井内桥架敷设，采用梯架敷设；⑤为屋顶桥架敷设，需要考虑环境温度对电缆载流量的影响；⑥为楼板内穿管暗敷，主要是指户内暗敷的导线。

电缆在不同环境下敷设，载流量顺序是：⑤ < ③ < ② < ④。

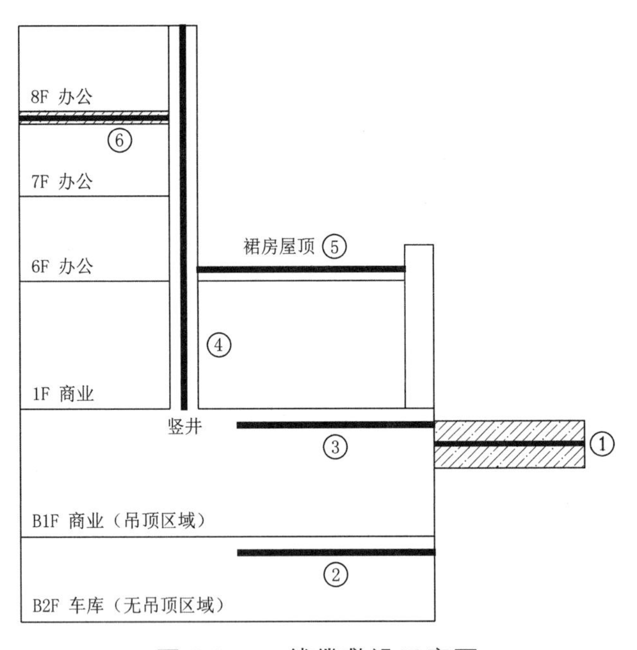

图 9.3–1 线缆敷设示意图

9.3.2 室外穿管埋地敷设模块

将单回路和多回路室外穿管埋地敷设的线缆载流量与开关整定值的匹配做成块，块中包括开关型号及整定值、线缆型号、敷设方式和保护管管径等参数。单回路室外穿管埋地敷设模块见表 9.3–1；多回路室外穿管埋地敷设模块见表 9.3–2。

块名说明：1 1－100

① ② ③

①表示室外穿管埋地；②表示敷设条件：1为单回路，2为多回路；③表示断路器的整定电流。

使用说明：牢记块名及其意义，配电箱系统图中输入对应的块名。

表 9.3–1 单回路室外穿管埋地敷设模块

块名	开关整定	线缆型号及敷设方式	块名	开关整定	线缆型号及敷设方式
11–16W	MCB63 3P-C16	YJV-0.6/1kV 5×2.5.SC25 FC	11–80	MCCB100 3P-TM80	YJV-0.6/1kV 4×25+1×16.SC50 FC
11–20W	MCB63 3P-C20	YJV-0.6/1kV 5×4.SC32 FC	11–100	MCCB100 3P-TM100	YJV-0.6/1kV 4×35+1×16.SC65 FC
11–25W	MCB63 3P-C25	YJV-0.6/1kV 5×6.SC32 FC	11–125	MCCB160 3P-TM125	YJV-0.6/1kV 4×50+1×25.SC65 FC
11–32W	MCB63 3P-C32	YJV-0.6/1kV 5×10.SC40 FC	11–160	MCCB160 3P-TM160	YJV-0.6/1kV 4×70+1×35.SC80 FC
11–40W	MCB63 3P-C40	YJV-0.6/1kV 5×10.SC40 FC	11–200	MCCB250 3P-TM200	YJV-0.6/1kV 4×120+1×70.SC100 FC
11–50W	MCB63 3P-C50	YJV-0.6/1kV 5×16.SC50 FC	11–225	MCCB250 3P-TM225	YJV-0.6/1kV 4×150+1×70.SC125 FC
11–63W	MCB63 3P-C63	YJV-0.6/1kV 5×16.SC50 FC	11–250	MCCB250 3P-TM250	YJV-0.6/1kV 4×185+1×95.SC125 FC
11–16	MCCB100 3P-TM16	YJV-0.6/1kV 5×2.5.SC25 FC	11–300	MCCB400 3P-TM300	YJV-0.6/1kV 4×240+1×120.SC150 FC
11–20	MCCB100 3P-TM20	YJV-0.6/1kV 5×4.SC32 FC	11–350	MCCB400 3P-TM350	YJV-0.6/1kV 2×(4×95+1×50) 2SC100 FC
11–25	MCCB100 3P-TM25	YJV-0.6/1kV 5×6.SC32 FC	11–400	MCCB400 3P-TM400	YJV-0.6/1kV 2×(4×120+1×70) 2SC100 FC
11–32	MCCB100 3P-TM32	YJV-0.6/1kV 5×6.SC32 FC	11–450	MCCB630 3P-TM450	YJV-0.6/1kV 2×(4×150+1×70) 2SC125 FC
11–40	MCCB100 3P-TM40	YJV-0.6/1kV 5×10.SC40 FC	11–500	MCCB630 3P-TM500	YJV-0.6/1kV 2×(4×185+1×95) 2SC125 FC
11–50	MCCB100 3P-TM50	YJV-0.6/1kV 5×16.SC50 FC	11–550	MCCB630 3P-TM550	YJV-0.6/1kV 2×(4×185+1×95) 2SC125 FC
11–63	MCCB100 3P-TM63	YJV-0.6/1kV 5×16.SC50 FC	11–600	MCCB630 3P-TM600	YJV-0.6/1kV 2×(4×240+1×120) 2SC150 FC

表 9.3-2　多回路室外穿管埋地敷设模块

块名	开关整定	线缆型号及敷设方式	块名	开关整定	线缆型号及敷设方式
12-16W	MCB63 3P-C16	YJV-0.6/1kV 5×2.5.SC25 FC	12-80	MCCB100 3P-TM80	YJV-0.6/1kV 4×35+1×16.SC65 FC
12-20W	MCB63 3P-C20	YJV-0.6/1kV 5×4.SC32 FC	12-100	MCCB100 3P-TM100	YJV-0.6/1kV 4×50+1×25.SC65 FC
12-25W	MCB63 3P-C25	YJV-0.6/1kV 5×6.SC32 FC	12-125	MCCB160 3P-TM125	YJV-0.6/1kV 4×70+1×35.SC80 FC
12-32W	MCB63 3P-C32	YJV-0.6/1kV 5×10.SC40 FC	12-160	MCCB160 3P-TM160	YJV-0.6/1kV 4×120+×70.SC100 FC
12-40W	MCB63 3P-C40	YJV-0.6/1kV 5×10.SC40 FC	12-200	MCCB250 3P-TM200	YJV-0.6/1kV 4×150+1×70.SC125 FC
12-50W	MCB63 3P-C50	YJV-0.6/1kV 5×16.SC50 FC	12-225	MCCB250 3P-TM225	YJV-0.6/1kV 4×185+1×95.SC125 FC
12-63W	MCB63 3P-C63	YJV-0.6/1kV 4×25+1×16.SC50 FC	12-250	MCCB250 3P-TM250	YJV-0.6/1kV 4×240+1×120.SC150 FC
12-16	MCCB100 3P-TM16	YJV-0.6/1kV 5×2.5.SC25 FC	12-300	MCCB400 3P-TM300	YJV-0.6/1kV 2×(4×95+1×50)2SC100 FC
12-20	MCCB100 3P-TM20	YJV-0.6/1kV 5×4.SC32 FC	12-350	MCCB400 3P-TM350	YJV-0.6/1kV 2×(4×120+1×70)2SC100 FC
12-25	MCCB100 3P-TM25	YJV-0.6/1kV 5×6.SC32 FC	12-400	MCCB400 3P-TM400	YJV-0.6/1kV 2×(4×150+1×70)2SC125 FC
12-32	MCCB100 3P-TM32	YJV-0.6/1kV 5×6.SC32 FC	12-450	MCCB630 3P-TM450	YJV-0.6/1kV 2×(4×185+1×95)2SC125 FC
12-40	MCCB100 3P-TM40	YJV-0.6/1kV 5×10.SC40 FC	12-500	MCCB630 3P-TM500	YJV-0.6/1kV 2×(4×185+1×95)2SC125 FC
12-50	MCCB100 3P-TM50	YJV-0.6/1kV 5×16.SC50 FC	12-550	MCCB630 3P-TM550	YJV-0.6/1kV 2×(4×240+1×120)2SC150 FC
12-63	MCCB100 3P-TM63	YJV-0.6/1kV 4×25+1×16.SC50 FC	12-600	MCCB630 3P-TM600	YJV-0.6/1kV 2×(4×300+1×150)2SC200 FC

9.3.3　桥架敷设模块

将在不同区域（无吊顶区域、吊顶内、竖井和屋顶）采用桥架敷设的线缆载流量与开关整定值的匹配做成块，块中包括开关型号及整定值、线缆型号、敷设方式和保护管管径等参数。无吊顶区域桥架敷设模块见表 9.3-3；吊顶内桥架敷设模块见表 9.3-4；竖井内桥架敷设模块见表 9.3-5；屋顶桥架敷设模块见表 9.3-6。

块名说明：2　1 – 100

①　②　③

①表示桥架敷设的区域：2 为无吊顶区域，3 为吊顶内，4 为竖井内，5 为屋顶；②表示电缆型号：1 为有机电缆，2 为有机耐火电缆，3 为矿物绝缘电缆；③表示断路器的整定电流。

使用说明： 牢记块名及其意义，配电箱系统图中输入对应的块名。

表 9.3–3　无吊顶区域桥架敷设模块

块名	开关整定	线缆型号及敷设方式	块名	开关整定	线缆型号及敷设方式
21–16W	MCB63 3P-C16	一般-非消防-电缆 5×2.5.CT/JDG32 WS	21–80	MCCB100 3P-TM80	一般-非消防-电缆 4×25+1×16.CT/SC50 WS
21–20W	MCB63 3P-C20	一般-非消防-电缆 5×4.CT/JDG40 WS	21–100	MCCB100 3P-TM100	一般-非消防-电缆 4×35+1×16.CT/SC65 WS
21–25W	MCB63 3P-C25	一般-非消防-电缆 5x6.CT/JDG40 WS	21–125	MCCB160 3P-TM125	一般-非消防-电缆 4×50+1×25.CT
21–32W	MCB63 3P-C32	一般-非消防-电缆 5×6.CT/JDG40 WS	21–160	MCCB160 3P-TM160	一般-非消防-电缆 4×70+1×35.CT
21–40W	MCB63 3P-C40	一般-非消防-电缆 5×10.CT/SC40 WS	21–200	MCCB250 3P-TM200	一般-非消防-电缆 4×95+1×50.CT
21–50W	MCB63 3P-C50	一般-非消防-电缆 5×16.CT/SC50 WS	21–225	MCCB250 3P-TM225	一般-非消防-电缆 4×120+1×70.CT
21–63W	MCB63 3P-C63	一般-非消防-电缆 5×16.CT/SC50 WS	21–250	MCCB250 3P-TM250	一般-非消防-电缆 4×150+1×70.CT
21–16	MCCB100 3P-TM16	一般-非消防-电缆 5×2.5.CT/JDG32 WS	21–300	MCCB400 3P-TM300	一般-非消防-电缆 4×185+1×95.CT
21–20	MCCB100 3P-TM20	一般-非消防-电缆 5×4.CT/JDG40 WS	21–350	MCCB400 3P-TM350	一般-非消防-电缆 4×240+1×120.CT
21–25	MCCB100 3P-TM25	一般-非消防-电缆 5×6.CT/JDG40 WS	21–400	MCCB400 3P-TM400	一般-非消防-电缆 2×(4×95+1×50).CT
21–32	MCCB100 3P-TM32	一般-非消防-电缆 5×6.CT/JDG40 WS	21–450	MCCB630 3P-TM450	一般-非消防-电缆 2×(4×120+1×70).CT
21–40	MCCB100 3P-TM40	一般-非消防-电缆 5×10.CT/SC40 WS	21–500	MCCB630 3P-TM500	一般-非消防-电缆 2×(4×150+1×70).CT
21–50	MCCB100 3P-TM50	一般-非消防-电缆 5×16.CT/SC50 WS	21–550	MCCB630 3P-TM550	一般-非消防-电缆 2×(4×185+1×95).CT
21–63	MCCB100 3P-TM63	一般-非消防-电缆 5×16.CT/SC50 WS	21–600	MCCB630 3P-TM600	一般-非消防-电缆 2×(4×240+1×120).CT

续表

块名	开关整定	线缆型号及敷设方式	块名	开关整定	线缆型号及敷设方式
22-16W	MCB63 3P-C16	消防-支线-电缆 5×2.5CT2/JDG40 WS	22-80	MCCB100 3P-TM80	消防-支线-电缆 4×35+1×16.CT2/SC65 WS
22-20W	MCB63 3P-C20	消防-支线-电缆 5×4.CT2/JDG40 WS	22-100	MCCB100 3P-TM100	消防-支线-电缆 4×50+1×25.CT2
22-25W	MCB63 3P-C25	消防-支线-电缆 5×6.CT2/SC40 WS	22-125	MCCB160 3P-TM125	消防-支线-电缆 4×70+1×35.CT2
22-32W	MCB63 3P-C32	消防-支线-电缆 5×10.CT2/SC50 WS	22-160	MCCB160 3P-TM160	消防-支线-电缆 4×95+1×50.CT2
22-40W	MCB63 3P-C40	消防-支线-电缆 5×16.CT2/SC50 WS	22-200	MCCB250 3P-TM200	消防-支线-电缆 4×150+1×70.CT2
22-50W	MCB63 3P-C50	消防-支线-电缆 5×16.CT2/SC50 WS	22-225	MCCB250 3P-TM225	消防-支线-电缆 4×185+1×95.CT2
22-63W	MCB63 3P-C16	消防-支线-电缆 4×25+1×16.CT2/SC65 WS	22-250	MCCB250 3P-TM250	消防-支线-电缆 4×240+1×120.CT2
22-16	MCCB100 3P-TM16	消防-支线-电缆 5×2.5CT2/JDG40 WS	22-300	MCCB400 3P-TM300	消防-支线-电缆 2×(4×95+1×50).CT2
22-20	MCCB100 3P-TM20	消防-支线-电缆 5×4.CT2/JDG40 WS	22-350	MCCB400 3P-TM350	消防-支线-电缆 2×(4×120+1×70).CT2
22-25	MCCB100 3P-TM25	消防-支线-电缆 5×6.CT2/SC40 WS	22-400	MCCB400 3P-TM400	消防-支线-电缆 2×(4×150+1×70).CT2
22-32	MCCB100 3P-TM32	消防-支线-电缆 5×10.CT2/SC50 WS	22-450	MCCB630 3P-TM450	消防-支线-电缆 2×(4×185+1×95).CT2
22-40	MCCB100 3P-TM40	消防-支线-电缆 5×10.CT2/SC50 WS	22-500	MCCB630 3P-TM500	消防-支线-电缆 2×(4×240+1×120).CT2
22-50	MCCB100 3P-TM50	消防-支线-电缆 5×16.CT2/SC50 WS	22-550	MCCB630 3P-TM550	消防-支线-电缆 2×(4×300+1×150).CT2
22-63	MCCB100 3P-TM63	消防-支线-电缆 4×25+1×16.CT2/SC65 WS	22-600	MCCB630 3P-TM600	消防-支线-电缆 2×(4×300+1×150).CT2

续表

块名	开关整定	线缆型号及敷设方式	块名	开关整定	线缆型号及敷设方式
23-16W	MCB63 3P-C16	消防-干线-电缆 5×2.5.TT2	23-80	MCCB100 3P-TM80	消防-干线-电缆 4×25+1×16.TT2
23-20W	MCB63 3P-C20	消防-干线-电缆 5×4.TT2	23-100	MCCB100 3P-TM100	消防-干线-电缆 4×35+1×16.TT2
23-25W	MCB63 3P-C25	消防-干线-电缆 5×6.TT2	23-125	MCCB160 3P-TM125	消防-干线-电缆 4×50+1×25.TT2
23-32W	MCB63 3P-C32	消防-干线-电缆 5×6.TT2	23-160	MCCB160 3P-TM160	消防-干线-电缆 4×70+1×35.TT2
23-40W	MCB63 3P-C40	消防-干线-电缆 5×10.TT2	23-200	MCCB250 3P-TM200	消防-干线-电缆 4×95+1×50.TT2
23-50W	MCB63 3P-C50	消防-干线-电缆 5×16.TT2	23-225	MCCB250 3P-TM225	消防-干线-电缆 4×120+1×70.TT2
23-63W	MCB63 3P-C63	消防-干线-电缆 5×16.TT2	23-250	MCCB250 3P-TM250	消防-干线-电缆 4×150+1×70.TT2
23-16	MCCB100 3P-TM16	消防-干线-电缆 5×2.5.TT2	23-300	MCCD400 3P-TM300	消防-干线-电缆 4×185+1×95.TT2
23-20	MCCB100 3P-TM20	消防-干线-电缆 5×4.TT2	23-350	MCCB400 3P-TM350	消防-干线-电缆 4×240+1×120.TT2
23-25	MCCB100 3P-TM25	消防-干线-电缆 5×6.TT2	23-400	MCCB400 3P-TM400	消防-干线-电缆 2×(4×95+1×50).TT2
23-32	MCCB100 3P-TM32	消防-干线-电缆 5×6.TT2	23-450	MCCB630 3P-TM450	消防-干线-电缆 2×(4×120+1×70).TT2
23-40	MCCB100 3P-TM40	消防-干线-电缆 5×10.TT2	23-500	MCCB630 3P-TM500	消防-干线-电缆 2×(4×150+1×70).TT2
23-50	MCCB100 3P-TM50	消防-干线-电缆 5×16.TT2	23-550	MCCB630 3P-TM550	消防-干线-电缆 2×(4×185+1×95).TT2
23-63	MCCB100 3P-TM63	消防-干线-电缆 5×16.TT2	23-600	MCCB630 3P-TM600	消防-干线-电缆 2×(4×240+1×120).TT2

表 9.3-4 吊顶内桥架敷设模块

块名	开关整定	线缆型号及敷设方式	块名	开关整定	线缆型号及敷设方式
31-16W	MCB63 3P-C16	一般-非消防-电缆 5×2.5.CT1/JDG32 WS	31-80	MCCB100 3P-TM80	一般-非消防-电缆 4×35+1×16.CT1/SC65 WS
31-20W	MCB63 3P-C20	一般-非消防-电缆 5×4.CT1/JDG40 WS	31-100	MCCB100 3P-TM100	一般-非消防-电缆 4×50+1×25.CT1
31-25W	MCB63 3P-C25	一般-非消防-电缆 5×6.CT1/JDG40 WS	31-125	MCCB160 3P-TM125	一般-非消防-电缆 4×70+1×35.CT1
31-32W	MCB63 3P-C32	一般-非消防-电缆 5×10.CT1/SC40 WS	31-160	MCCB160 3P-TM160	一般-非消防-电缆 4×95+1×50.CT1
31-40W	MCB63 3P-C40	一般-非消防-电缆 5×10.CT1/SC40 WS	31-200	MCCB250 3P-TM200	一般-非消防-电缆 4×150+1×70.CT1
31-50W	MCB63 3P-C50	一般-非消防-电缆 5×16.CT1/SC50 WS	31-225	MCCB250 3P-TM225	一般-非消防-电缆 4×185+1×95.CT1
31-63W	MCB63 3P-C63	一般-非消防-电缆 4×25+1×16.CT1/SC65 WS	31-250	MCCB250 3P-TM250	一般-非消防-电缆 4×240+1×120.CT1
31-16	MCCB100 3P-TM16	一般-非消防-电缆 5×2.5.CT1/JDG32 WS	31-300	MCCB400 3P-TM300	一般-非消防-电缆 2×(4×95+1×50).CT1
31-20	MCCB100 3P-TM20	一般-非消防-电缆 5×4.CT1/JDG40 WS	31-350	MCCB400 3P-TM350	一般-非消防-电缆 2×(4×120+1×70).CT1
31-25	MCCB100 3P-TM25	一般-非消防-电缆 5×6.CT1/JDG40 WS	31-400	MCCB400 3P-TM400	一般-非消防-电缆 2×(4×150+1×70).CT1
31-32	MCCB100 3P-TM32	一般-非消防-电缆 5×10.CT1/SC40 WS	31-450	MCCB630 3P-TM450	一般-非消防-电缆 2×(4×185+1×95).CT1
31-40	MCCB100 3P-TM40	一般-非消防-电缆 5×10.CT1/SC40 WS	31-500	MCCB630 3P-TM500	一般-非消防-电缆 2×(4×240+1×120).CT1
31-50	MCCB100 3P-TM50	一般-非消防-电缆 5×16.CT1/SC50 WS	31-550	MCCB630 3P-TM550	一般-非消防-电缆 2×(4×300+1×150).CT1
31-63	MCCB100 3P-TM63	一般-非消防-电缆 4×25+1×16.CT1/SC65 WS	31-600	MCCB630 3P-TM600	一般-非消防-电缆 2×(4×300+1×150).CT1

续表

块名	开关整定	线缆型号及敷设方式	块名	开关整定	线缆型号及敷设方式
32-16W	MCB63 3P-C16	消防-支线-电缆 5×2.5.CT2/JDG40 WS	32-80	MCCB100 3P-TM80	消防-支线-电缆 4×35+1×16.CT2/SC65 WS
32-20W	MCB63 3P-C20	消防-支线-电缆 5×4.CT2/JDG40 WS	32-100	MCCB100 3P-TM100	消防-支线-电缆 4×50+1×25.CT2
32-25W	MCB63 3P-C25	消防-支线-电缆 5×6.CT2/SC40 WS	32-125	MCCB160 3P-TM125	消防-支线-电缆 4×70+1×35.CT2
32-32W	MCB63 3P-C32	消防-支线-电缆 5×10.CT2/SC50 WS	32-160	MCCB160 3P-TM160	消防-支线-电缆 4×95+1×50.CT2
32-40W	MCB63 3P-C40	消防-支线-电缆 5×10.CT2/SC50 WS	32-200	MCCB250 3P-TM200	消防-支线-电缆 4×150+1×70.CT2
32-50W	MCB63 3P-C50	消防-支线-电缆 5×16.CT2/SC50 WS	32-225	MCCB250 3P-TM225	消防-支线-电缆 4×185+1×95.CT2
32-63W	MCB63 3P-C63	消防-支线-电缆 4×25+1×16.CT2/SC65 WS	32-250	MCCB250 3P-TM250	消防-支线-电缆 4×240+1×120.CT2
32-16	MCCB100 3P-TM16	消防-支线-电缆 5×2.5.CT2/JDG40 WS	32-300	MCCB400 3P-TM300	消防-支线-电缆 2×(4×95+1×50).CT2
32-20	MCCB100 3P-TM20	消防-支线-电缆 5×4.CT2/JDG40 WS	32-350	MCCB400 3P-TM350	消防-支线-电缆 2×(4×120+1×70).CT2
32-25	MCCB100 3P-TM25	消防-支线-电缆 5×6.CT2/SC40 WS	32-400	MCCB400 3P-TM400	消防-支线-电缆 2×(4×150+1×70).CT2
32-32	MCCB100 3P-TM32	消防-支线-电缆 5×10.CT2/SC50 WS	32-450	MCCB630 3P-TM450	消防-支线-电缆 2×(4×185+1×95).CT2
32-40	MCCB100 3P-TM40	消防-支线-电缆 5×10.CT2/SC50 WS	32-500	MCCB630 3P-TM500	消防-支线-电缆 2×(4×240+1×120).CT2
32-50	MCCB100 3P-TM50	消防-支线-电缆 5×16.CT2/SC50 WS	32-550	MCCB630 3P-TM550	消防-支线-电缆 2×(4×300+1×150).CT2
32-63	MCCB100 3P-TM63	消防-支线-电缆 4×25+1×16.CT2/SC65 WS	32-600	MCCB630 3P-TM600	消防-支线-电缆 2×(4×300+1×150).CT2

表 9.3-5　竖井内桥架敷设模块

块名	开关整定	线缆型号及敷设方式	块名	开关整定	线缆型号及敷设方式
41-16W	MCB63 3P-C16	一般-非消防-电缆 5×2.5.TT1/JDG32 WS	41-80	MCCB100 3P-TM80	一般-非消防-电缆 4×25+1×16.TT1/SC50 WS
41-20W	MCB63 3P-C20	一般-非消防-电缆 5×4.TT1/ JDG40 WS	41-100	MCCB100 3P-TM100	一般-非消防-电缆 4×35+1×16.TT1/SC65 WS
41-25W	MCB63 3P-C25	一般-非消防-电缆 5×6.TT1/ JDG40 WS	41-125	MCCB160 3P-TM125	一般-非消防-电缆 4×50+1×25.TT1
41-32W	MCB63 3P-C32	一般-非消防-电缆 5×6.TT1/ JDG40 WS	41-160	MCCB160 3P-TM160	一般-非消防-电缆 4×70+1×35.TT1
41-40W	MCB63 3P-C40	一般-非消防-电缆 5×10.TT1/SC40 WS	41-200	MCCB250 3P-TM200	一般-非消防-电缆 4×95+1×50.TT1
41-50W	MCB63 3P-C50	一般-非消防-电缆 5×16.TT1/SC50 WS	41-225	MCCB250 3P-TM225	一般-非消防-电缆 4×120+1×70.TT1
41-63W	MCB63 3P-C63	一般-非消防-电缆 5×16.TT1/SC50 WS	41-250	MCCB250 3P-TM250	一般-非消防-电缆 4×150+1×70.TT1
41-16	MCCB100 3P-TM16	一般-非消防-电缆 5×2.5.TT1/JDG32 WS	41-300	MCCB400 3P-TM300	一般-非消防-电缆 4×185+1×95.TT1
41-20	MCCB100 3P-TM20	一般-非消防-电缆 5×4.TT1/ JDG40 WS	41-350	MCCB400 3P-TM350	一般-非消防-电缆 4×240+1×120.TT1
41-25	MCCB100 3P-TM25	一般-非消防-电缆 5×6.TT1/JDG40 WS	41-400	MCCB400 3P-TM400	一般-非消防-电缆 2×(4×95+1×50).TT1
41-32	MCCB100 3P-TM32	一般-非消防-电缆 5×6.TT1/JDG40 WS	41-450	MCCB630 3P-TM450	一般-非消防-电缆 2×(4×120+1×70).TT1
41-40	MCCB100 3P-TM40	一般-非消防-电缆 5×10.TT1/SC40 WS	41-500	MCCB630 3P-TM500	一般-非消防-电缆 2×(4×150+1×70).TT1
41-50	MCCB100 3P-TM50	一般-非消防-电缆 5×16.TT1/SC50 WS	41-550	MCCB630 3P-TM550	一般-非消防-电缆 2×(4×185+1×95).TT1
41-63	MCCB100 3P-TM63	一般-非消防-电缆 5×16.TT1/SC50 WS	41-600	MCCB630 3P-TM600	一般-非消防-电缆 2×(4×240+1×120).TT1

续表

块名	开关整定	线缆型号及敷设方式	块名	开关整定	线缆型号及敷设方式
42-16W	MCB63 3P-C16	消防-支线-电缆 5×2.5.TT2/JDG40 WS	42-80	MCCB100 3P-TM80	消防-支线-电缆 4×25+1×16.TT2/SC65 WS
42-20W	MCB63 3P-C20	消防-支线-电缆 5×4.TT2/ JDG40 WS	42-100	MCCB100 3P-TM100	消防-支线-电缆 4×35+1×16.TT2/SC65 WS
42-25W	MCB63 3P-C25	消防-支线-电缆 5×6.TT2/SC40 WS	42-125	MCCB160 3P-TM125	消防-支线-电缆 4×50+1×25.TT2
42-32W	MCB63 3P-C32	消防-支线-电缆 5×6.TT2/SC40 WS	42-160	MCCB160 3P-TM160	消防-支线-电缆 4×70+1×35.TT2
42-40W	MCB63 3P-C40	消防-支线-电缆 5×10.TT2/SC50 WS	42-200	MCCB250 3P-TM200	消防-支线-电缆 4×95+1×50.TT2
42-50W	MCB63 3P-C50	消防-支线-电缆 5×16.TT2/SC50 WS	42-225	MCCB250 3P-TM225	消防-支线-电缆 4×120+1×70.TT2
42-63W	MCB63 3P-C63	消防-支线-电缆 5×16.TT2/SC50 WS	42-250	MCCB250 3P-TM250	消防-支线-电缆 4×150+1×70.TT2
42-16	MCCB100 3P-TM16	消防-支线-电缆 5×2.5.TT2/JDG40 WS	42-300	MCCB400 3P-TM300	消防-支线-电缆 4×185+1×95.TT2
42-20	MCCB100 3P-TM20	消防-支线-电缆 5×4.TT2/ JDG40 WS	42-350	MCCB400 3P-TM350	消防-支线-电缆 4×240+1×120.TT2
42-25	MCCB100 3P-TM25	消防-支线-电缆 5×6.TT2/SC40 WS	42-400	MCCB400 3P-TM400	消防-支线-电缆 2×(4×95+1×50).TT2
42-32	MCCB100 3P-TM32	消防-支线-电缆 5×6.TT2/SC40 WS	42-450	MCCB630 3P-TM450	消防-支线-电缆 2×(4×120+1×70).TT2
42-40	MCCB100 3P-TM40	消防-支线-电缆 5×10.TT2/SC50 WS	42-500	MCCB630 3P-TM500	消防-支线-电缆 2×(4×150+1×70).TT2
42-50	MCCB100 3P-TM50	消防-支线-电缆 5×16.TT2/SC50 WS	42-550	MCCB630 3P-TM550	消防-支线-电缆 2×(4×185+1×95).TT2
42-63	MCCB100 3P-TM63	消防-支线-电缆 5×16.TT2/SC50 WS	42-600	MCCB630 3P-TM600	消防-支线-电缆 2×(4×240+1×120).TT2

表 9.3-6 屋顶桥架敷设模块

块名	开关整定	线缆型号及敷设方式	块名	开关整定	线缆型号及敷设方式
51-16W	MCB63 4P-C16 +Vigi-30mA	一般-非消防-电缆 5×2.5.CT/SC25 WS	51-80	MCCB100 4P-TM80 +Vigi-30mA	一般-非消防-电缆 4×25+1×16.CT/SC50 WS
51-20W	MCB63 4P-C20 +Vigi-30mA	一般-非消防-电缆 5×4.CT/SC32 WS	51-100	MCCB100 4P-TM100 +Vigi-30mA	一般-非消防-电缆 4×35+1×16.CT/SC65 WS
51-25W	MCB63 4P-C25 +Vigi-30mA	一般-非消防-电缆 5×6.CT/SC32 WS	51-125	MCCB160 4P-TM125 +Vigi-30mA	一般-非消防-电缆 4×50+1×25.CT
51-32W	MCB63 4P-C32 +Vigi-30mA	一般-非消防-电缆 5×10.CT/SC40 WS	51-160	MCCB160 4P-TM160 +Vigi-30mA	一般-非消防-电缆 4×70+1×35.CT
51-40W	MCB63 4P-C40 +Vigi-30mA	一般-非消防-电缆 5×10.CT/SC40 WS	51-200	MCCB250 4P-TM200 +Vigi-30mA	一般-非消防-电缆 4×120+1×70.CT
51-50W	MCB63 4P-C50 +Vigi-30mA	一般-非消防-电缆 5×16.CT/SC50 WS	51-225	MCCB250 4P-TM225 +Vigi-30mA	一般-非消防-电缆 4×120+1×70.CT
51-63W	MCB63 4P-C63 +Vigi-30mA	一般-非消防-电缆 5×16.CT/SC50 WS	51-250	MCCB400 4P-TM350 +Vigi-30mA	一般-非消防-电缆 2×(4×95+1×50).CT
51-16	MCCB100 4P-TM16 +Vigi-30mA	一般-非消防-电缆 5×2.5.CT/SC25 WS	51-300	MCCB400 4P-TM300 S +Vigi-30mA	一般-非消防-电缆 4×240+1×120.CT
51-20	MCCB100 4P-TM20 +Vigi-30mA	一般-非消防-电缆 5×4.CT/SC32 WS	51-350	MCCB400 4P-TM350 +Vigi-30mA	一般-非消防-电缆 2×(4×95+1×50).CT
51-25	MCCB100 4P-TM25 +Vigi-30mA	一般-非消防-电缆 5×6.CT/SC32 WS	51-400	MCCB400 4P-TM400 +Vigi-30mA	一般-非消防-电缆 2×(4×120+1×70).CT
51-32	MCCB100 4P-TM32 +Vigi-30mA	一般-非消防-电缆 5×10.CT/SC40 WS	51-450	MCCB630 4P-TM450 +Vigi-30mA	一般-非消防-电缆 2×(4×120+1×70).CT
51-40	MCCB100 4P-TM40 +Vigi-30mA	一般-非消防-电缆 5×10.CT/SC40 WS	51-500	MCCB630 4P-TM500 +Vigi-30mA	一般-非消防-电缆 2×(4×150+1×70).CT
51-50	MCCB100 4P-TM50 +Vigi-30mA	一般-非消防-电缆 5×16.CT/SC50 WS	51-550	MCCB630 4P-TM550 +Vigi-30mA	一般-非消防-电缆 2×(4×185+1×95).CT
51-63	MCCB100 4P-TM63 +Vigi-30mA	一般-非消防-电缆 5×16.CT/SC50 WS	51-600	MCCB630 4P-TM600 +Vigi-30mA	一般-非消防-电缆 2×(4×240+1×120).CT

续表

块名	开关整定	线缆型号及敷设方式	块名	开关整定	线缆型号及敷设方式
52-16W	MCB63 3P-C16	消防-支线-电缆 5×2.5.CT2/SC32 WS	52-80	MCCB100 3P-TM80	消防-支线-电缆 4×35+1×16.CT2/SC65 WS
52-20W	MCB63 3P-C20	消防-支线-电缆 5×4.CT2/SC32 WS	52-100	MCCB100 3P-TM100	消防-支线-电缆 4×70+1×35.CT2
52-25W	MCB63 3P-C25	消防-支线-电缆 5×6.CT2/SC40 WS	52-125	MCCB160 3P-TM125	消防-支线-电缆 4×95+1×50.CT2
52-32W	MCB63 3P-C32	消防-支线-电缆 5×10.CT2/SC50 WS	52-160	MCCB160 3P-TM160	消防-支线-电缆 4×120+1×70.CT2
52-40W	MCB63 3P-C40	消防-支线-电缆 5×16.CT2/SC50 WS	52-200	MCCB250 3P-TM200	消防-支线-电缆 4×185+1×95.CT2
52-50W	MCB63 3P-C50	消防-支线-电缆 5×16.CT2/SC50 WS	52-225	MCCB250 3P-TM225	消防-支线-电缆 4×240+1×120.CT2
52-63W	MCB63 3P-C63	消防-支线-电缆 4×25+1×16.CT2/SC65 WS	52-250	MCCB250 3P-TM250	消防-支线-电缆 4×240+1×120.CT2
52-16	MCCB100 3P-TM16	消防-支线-电缆 5×2.5.CT2/SC32 WS	52-300	MCCB400 3P-TM300	消防-支线-电缆 2×(4×120+1×70).CT2
52-20	MCCB100 3P-TM20	消防-支线-电缆 5×4.CT2/SC32 WS	52-350	MCCB400 3P-TM350	消防-支线-电缆 2×(4×150+1×70).CT2
52-25	MCCB100 3P-TM25	消防-支线-电缆 5×6.CT2/SC40 WS	52-400	MCCB400 3P-TM400	消防-支线-电缆 2×(4×185+1×95).CT2
52-32	MCCB100 3P-TM32	消防-支线-电缆 5×10.CT2/SC50 WS	52-450	MCCB630 3P-TM450	消防-支线-电缆 2×(4×240+1×120).CT2
52-40	MCCB100 3P-TM40	消防-支线-电缆 5×16.CT2/SC50 WS	52-500	MCCB630 3P-TM500	消防-支线-电缆 2×(4×240+1×120).CT2
52-50	MCCB100 3P-TM50	消防-支线-电缆 5×16.CT2/SC50 WS	52-550	MCCB630 3P-TM550	消防-支线-电缆 2×(4×300+1×150).CT2
52-63	MCCB100 3P-TM63	消防-支线-电缆 4×25+1×16.CT2/SC65 WS	Vigi		+Vigi-30mA

9.4 电机模块

电机模块是指将不同功率、不同启动方式下的所有电机配电回路做成块，块中包括断路器、接触器、热继电器的型号及整定值、线缆型号、敷设方式和保护管管径等参数。

电机模块包括消防电机模块和普通电机模块。

9.4.1 消防电机模块

消防电机按直接启动和星三角启动两种方式分别做块。消防电机直接启动模块见表 9.4–1；消防电机星三角启动模块见表 9.4–2。

块名说明：X X – 22

① ② ③

①表示消防电机；②表示电机启动方式：X 为星三角启动，直接启动则无；③表示电机功率。

使用说明：牢记块名及其意义，配电箱系统图中输入对应的块名。

表 9.4–1 消防电机直接启动模块

块名	系统图标注
X–1.1	MCCB100 3P-MA6.3 LRD-08C 2.5~4A 消防-支线-导线 LC1-D12 P1:4×2.5.JDG20 WS 1.1kW
X–1.5	MCCB100 3P-MA6.3 LRD-08C 2.5~4A 消防-支线-导线 LC1-D18 P1:4×2.5.JDG20 WS 1.5kW
X–2.2	MCCB100 3P-MA10 LRD-10C 4~6A 消防-支线-导线 LC1-D25 P1:4×2.5.JDG20 WS 2.2kW
X–3	MCCB100 3P-MA10 LRD-12C 5.5~8A 消防-支线-导线 LC1-D32 P1:4×2.5.JDG20 WS 3kW
X–4	MCCB100 3P-MA12.5 LRD-14C 7~10A 消防-支线-导线 LC1-D32 P1:4×2.5.JDG20 WS 4kW
X–5.5	MCCB100 3P-MA16 LRD-16C 9~13A 消防-支线-导线 LC1-D38 P1:4×2.5.JDG20 WS 5.5kW
X–7.5	MCCB100 3P-MA25 LRD-21C 12~18A 消防-支线-导线 LC1-D38 P1:4×4.JDG25 WS 7.5kW
X–11	MCCB100 3P-MA32 LRD3-25C 17~25A 消防-支线-导线 LC1-D40 P1:4×6.JDG25 WS 11kW
X–15	MCCB100 3P-MA40 LRD3-32C 23~32A 消防-支线-导线 LC1-D40 P1:4×10.JDG32 WS 15kW

续表

块名	系统图标注
X-18.5	MCCB100 3P-MA50 LRD3-40C 30~40A 消防-支线-导线 LC1-D50 P1:4×10.JDG32 WS Ⓜ 18.5kW
X-22	MCCB100 3P-MA63 LRD3-50C 37~50A 消防-支线-导线 LC1-D65 P1:4×16.SC50 WS Ⓜ 22kW
X-30	MCCB100 3P-MA80 LRD33-59C 48~65A 消防-支线-电缆 LC1-D80 P1:3×25+1×16.SC65 WS Ⓜ 30kW
X-37	MCCB100 3P-MA100 LRD33-63C 63~80A 消防-支线-电缆 LC1-D95 P1:3×35+1×16.SC65 WS Ⓜ 37kW

表 9.4-2 消防电机星三角启动模块

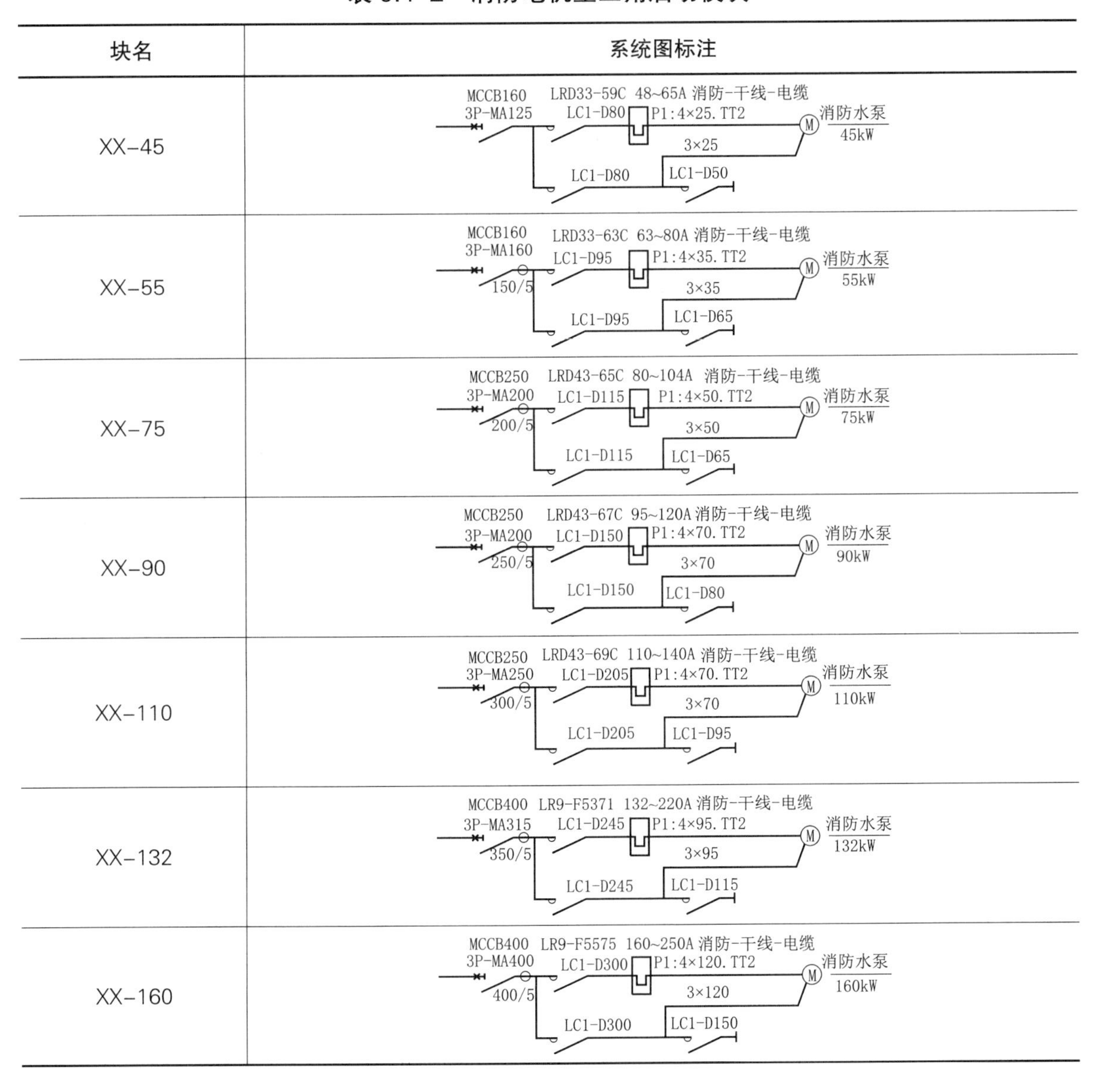

块名	系统图标注
XX-45	MCCB160 3P-MA125 LRD33-59C 48~65A 消防-干线-电缆 LC1-D80 P1:4×25.TT2 Ⓜ 消防水泵 45kW 3×25 LC1-D80 LC1-D50
XX-55	MCCB160 3P-MA160 150/5 LRD33-63C 63~80A 消防-干线-电缆 LC1-D95 P1:4×35.TT2 Ⓜ 消防水泵 55kW 3×35 LC1-D95 LC1-D65
XX-75	MCCB250 3P-MA200 200/5 LRD43-65C 80~104A 消防-干线-电缆 LC1-D115 P1:4×50.TT2 Ⓜ 消防水泵 75kW 3×50 LC1-D115 LC1-D65
XX-90	MCCB250 3P-MA200 250/5 LRD43-67C 95~120A 消防-干线-电缆 LC1-D150 P1:4×70.TT2 Ⓜ 消防水泵 90kW 3×70 LC1-D150 LC1-D80
XX-110	MCCB250 3P-MA250 300/5 LRD43-69C 110~140A 消防-干线-电缆 LC1-D205 P1:4×70.TT2 Ⓜ 消防水泵 110kW 3×70 LC1-D205 LC1-D95
XX-132	MCCB400 3P-MA315 350/5 LR9-F5371 132~220A 消防-干线-电缆 LC1-D245 P1:4×95.TT2 Ⓜ 消防水泵 132kW 3×95 LC1-D245 LC1-D115
XX-160	MCCB400 3P-MA400 400/5 LR9-F5575 160~250A 消防-干线-电缆 LC1-D300 P1:4×120.TT2 Ⓜ 消防水泵 160kW 3×120 LC1-D300 LC1-D150

9.4.2 普通电机模块

普通电机按直接启动、星三角启动、软启动、变频控制和双速控制5种方式做块。普通电机直接启动模块见表9.4–3；普通电机星三角启动模块见表9.4–4；普通电机软启动模块见表9.4–5；普通电机变频控制模块见表9.4–6；普通电机双速控制模块见表9.4–7。

块名说明：D　X - 22

　　　　　① ② ③

①表示普通电机；②表示电机启动方式：X为星三角启动，R为软启动，P为变频控制，S为双速启动，直接启动则无；③表示电机功率。若7kW及以下的风机采用MCCB，则块名增加数字“2”，如：D2–7.5表示采用MCCB控制直接启动的7.5kW普通风机的配电模块。

使用说明：牢记块名及其意义，配电箱系统图中输入对应的块名。

表9.4–3　普通电机直接启动模块

块名	系统图标注
D–0.37	MCB63 3P-D4 LRD-06C 1～1.6A LC1-D09 一般-非消防-导线 P 1：4×2.5.JDG20 WS M 0.37kW
D–0.55	MCB63 3P-D4 LRD-06C 1～1.6A LC1-D09 一般-非消防-导线 P 1：4×2.5.JDG20 WS M 0.55kW
D–0.75	MCB63 3P-D4 LRD-07C 1.6～2.5A LC1-D09 一般-非消防-导线 P 1：4×2.5.JDG20 WS M 0.75kW
D–1.1	MCB63 3P-D6 LRD-08C 2.5～4A LC1-D12 一般-非消防-导线 P 1：4×2.5.JDG20 WS M 1.1kW
D–1.5	MCB63 3P-D6 LRD-08C 2.5～4A LC1-D18 一般-非消防-导线 P 1：4×2.5.JDG20 WS M 1.5kW
D–2.2	MCB63 3P-D10 LRD-10C 4～6A LC1-D25 一般-非消防-导线 P 1：4×2.5.JDG20 WS M 2.2kW
D–3	MCB63 3P-D10 LRD-12C 5.5～8A LC1-D32 一般-非消防-导线 P 1：4×2.5.JDG20 WS M 3kW
D–4	MCB63 3P-D12 LRD-14C 7～10A LC1-D32 一般-非消防-导线 P 1：4×2.5.JDG20 WS M 4kW
D–5.5	MCB63 3P-D16 LRD-16C 9～13A LC1-D38 一般-非消防-导线 P 1：4×2.5.JDG20 WS M 5.5kW
D–7.5	MCB63 3P-D25 LRD-21C 12～18A LC1-D38 一般-非消防-导线 P 1：4×4.JDG25 WS M 7.5kW

续表

块名	系统图标注
D2-0.37	MCCB100 3P-MA2.5　LRD-06C 1～1.6A　LC1-D09　一般-非消防-导线　P 1：4×2.5.JDG20 WS　M　0.37kW
D2-0.55	MCCB100 3P-MA2.5　LRD-06C 1～1.6A　LC1-D09　一般-非消防-导线　P 1：4×2.5.JDG20 WS　M　0.55kW
D2-0.75	MCCB100 3P-MA4　LRD-07C 1.6～2.5A　LC1-D09　一般-非消防-导线　P 1：4×2.5.JDG20 WS　M　0.75kW
D2-1.1	MCCB100 3P-MA6.3　LRD-08C 2.5～4A　LC1-D12　一般-非消防-导线　P 1：4×2.5.JDG20 WS　M　1.1kW
D2-1.5	MCCB100 3P-MA6.3　LRD-08C 2.5～4A　LC1-D18　一般-非消防-导线　P 1：4×2.5.JDG20 WS　M　1.5kW
D2-2.2	MCCB100 3P-MA10　LRD-10C 4～6A　LC1-D25　一般-非消防-导线　P 1：4×2.5.JDG20 WS　M　2.2kW
D2-3	MCCB100 3P-MA10　LRD-12C 5.5～8A　LC1-D32　一般-非消防-导线　P 1：4×2.5.JDG20 WS　3kW
D2-4	MCCB100 3P-MA12.5　LRD-14C 7～10A　LC1-D32　一般-非消防-导线　P 1：4×2.5.JDG20 WS　4kW
D2-5.5	MCCB100 3P-MA16　LRD-16C 9～13A　LC1-D38　一般-非消防-导线　P 1：4×2.5.JDG20 WS　M　5.5kW
D2-7.5	MCCB100 3P-MA25　LRD-21C 12～18A　LC1-D38　一般-非消防-导线　P 1：4×4.JDG25 WS　M　7.5kW
D-11	MCCB100 3P-MA32　LRD3-25C 17～25A　LC1-D40　一般-非消防-导线　P 1：4×6.JDG25 WS　M　11kW
D-15	MCCB100 3P-MA40　LRD3-32C 23～32A　LC1-D40　一般-非消防-导线　P 1：4×10.JDG32 WS　M　15kW
D-18.5	MCCB100 3P-MA50　LRD3-40C 30～40A　LC1-D50　一般-非消防-导线　P 1：4×10.JDG32 WS　M　18.5kW
D-22	MCCB100 3P-MA63　LRD3-50C 37～50A　LC1-D65　一般-非消防-电缆　P 1：4×16.SC50 WS　M　22kW
D-30	MCCB100 3P-MA80　LRD33-59C 48～65A　LC1-D80　一般-非消防-电缆　P 1：3×25+1×16.SC50 WS　M　30kW
D-37	MCCB100 3P-MA100　LRD33-63C 63～80A　LC1-D95　一般-非消防-电缆　P 1：3×35+1×16.SC65 WS　M　37kW

表 9.4-4　普通电机星三角启动模块

块名	系统图标注
DX-45	MCCB160 3P-MA125; LRD33-59C 48～65A; LC1-D80; P 1：4×25. CT; 3×25; 一般—非消防—电缆; LC1-D80; LC1-D50; 45kW
DX-55	MCCB160 3P-MA160; 150/5; LRD33-63C 63～80A; LC1-D95; P 1：4×35. CT; 3×35; 一般—非消防—电缆; LC1-D95; LC1-D65; 55kW
DX-75	MCCB250 3P-MA200; 200/5; LRD43-65C 80～104A; LC1-D115; P 1：4×50. CT; 3×50; 一般—非消防—电缆; LC1-D115; LC1-D65; 75kW
DX-90	MCCB250 3P-MA200; 250/5; LRD43-67C 95～120A; LC1-D150; P 1：4×70. CT; 3×70; 一般—非消防—电缆; LC1-D150; LC1-D80; 90kW
DX-110	MCCB250 3P-MA250; 300/5; LRD43-69C 110～140A; LC1-D205; P 1：4×70. CT; 3×70; 一般—非消防—电缆; LC1-D205; LC1-D95; 110kW
DX-132	MCCB400 3P-MA315; 350/5; LR9-F5371 132～220A; LC1-D245; P 1：4×95. CT; 3×95; 一般—非消防—电缆; LC1-D245; LC1-D115; 132kW
DX-160	MCCB400 3P-MA400; 400/5; LR9-F5575 160～250A; LC1-D300; P 1：4×120. TT2; 3×120; 一般—非消防—电缆; LC1-D300; LC1-D150; 160kW

表 9.4-5　普通电机软启动模块

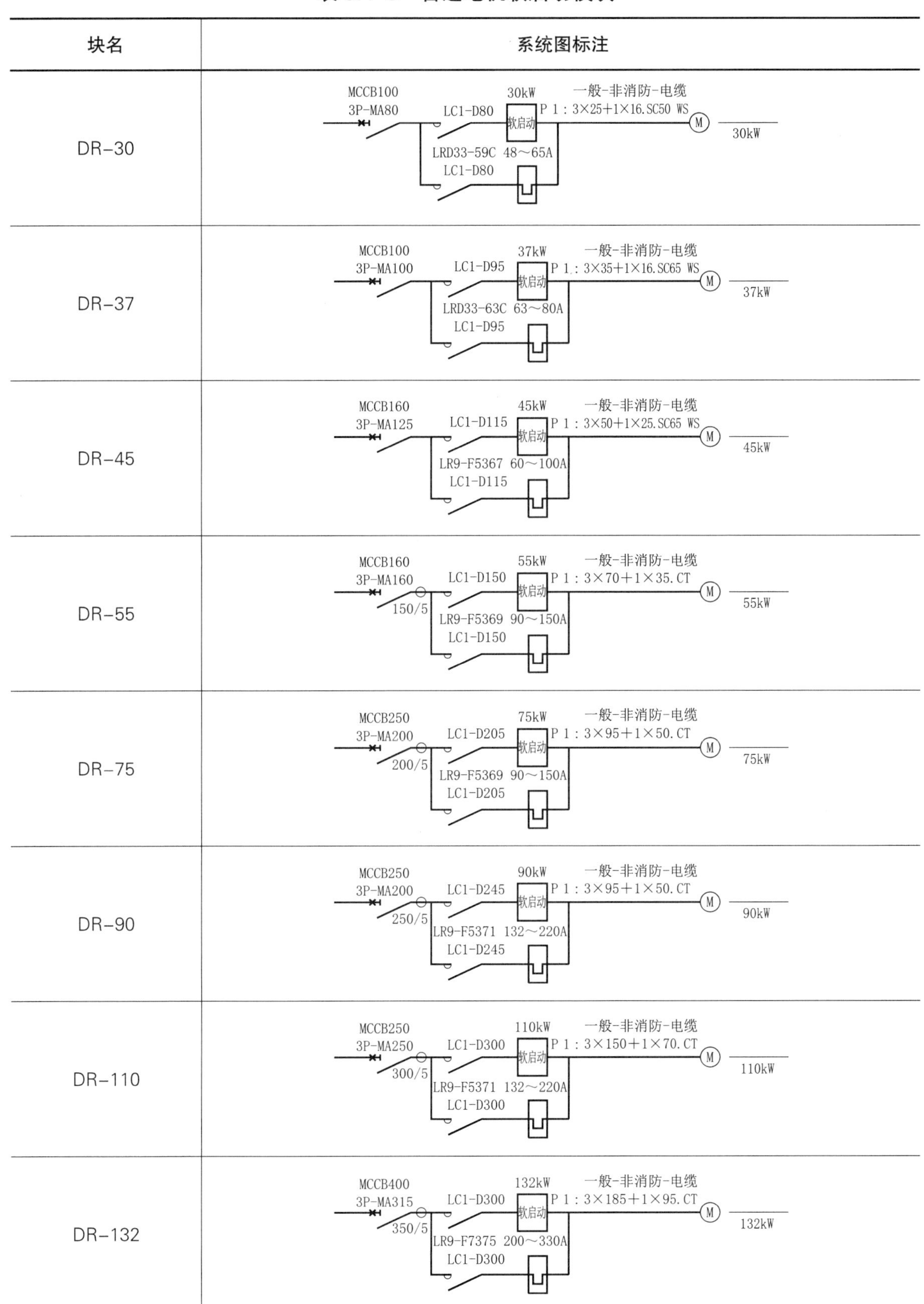

块名	系统图标注
DR-30	MCCB100 3P-MA80；LC1-D80；30kW 软启动；一般-非消防-电缆 P 1：3×25+1×16.SC50 WS；M 30kW；LRD33-59C 48～65A；LC1-D80
DR-37	MCCB100 3P-MA100；LC1-D95；37kW 软启动；一般-非消防-电缆 P 1：3×35+1×16.SC65 WS；M 37kW；LRD33-63C 63～80A；LC1-D95
DR-45	MCCB160 3P-MA125；LC1-D115；45kW 软启动；一般-非消防-电缆 P 1：3×50+1×25.SC65 WS；M 45kW；LR9-F5367 60～100A；LC1-D115
DR-55	MCCB160 3P-MA160；150/5；LC1-D150；55kW 软启动；一般-非消防-电缆 P 1：3×70+1×35.CT；M 55kW；LR9-F5369 90～150A；LC1-D150
DR-75	MCCB250 3P-MA200；200/5；LC1-D205；75kW 软启动；一般-非消防-电缆 P 1：3×95+1×50.CT；M 75kW；LR9-F5369 90～150A；LC1-D205
DR-90	MCCB250 3P-MA200；250/5；LC1-D245；90kW 软启动；一般-非消防-电缆 P 1：3×95+1×50.CT；M 90kW；LR9-F5371 132～220A；LC1-D245
DR-110	MCCB250 3P-MA250；300/5；LC1-D300；110kW 软启动；一般-非消防-电缆 P 1：3×150+1×70.CT；M 110kW；LR9-F5371 132～220A；LC1-D300
DR-132	MCCB400 3P-MA315；350/5；LC1-D300；132kW 软启动；一般-非消防-电缆 P 1：3×185+1×95.CT；M 132kW；LR9-F7375 200～330A；LC1-D300

表 9.4-6 普通电机变频控制模块

块名	系统图标注
DP-11	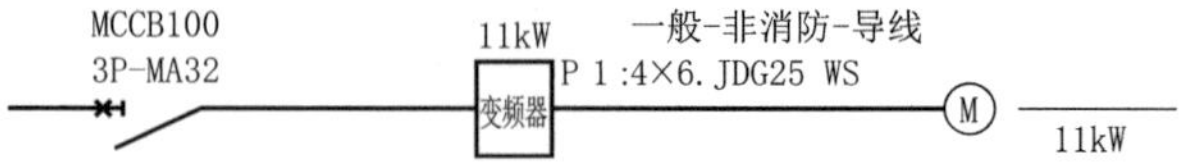 MCCB100 3P-MA32；11kW 一般-非消防-导线 P 1 :4×6. JDG25 WS；变频器；M 11kW
DP-15	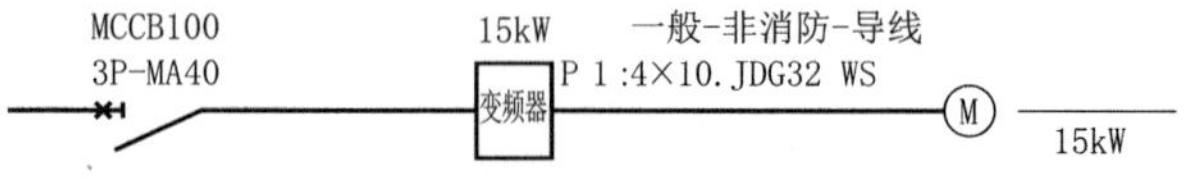 MCCB100 3P-MA40；15kW 一般-非消防-导线 P 1 :4×10. JDG32 WS；变频器；M 15kW
DP-18.5	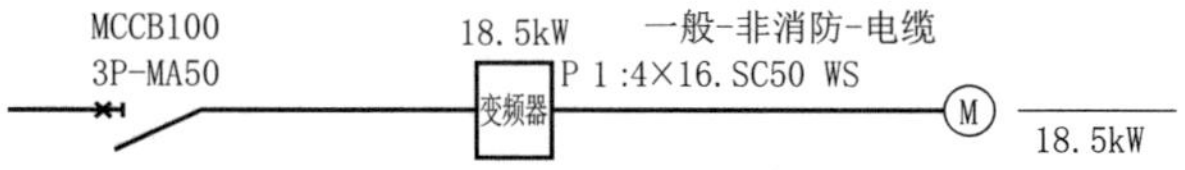 MCCB100 3P-MA50；18. 5kW 一般-非消防-电缆 P 1 :4×16. SC50 WS；变频器；M 18. 5kW
DP-22	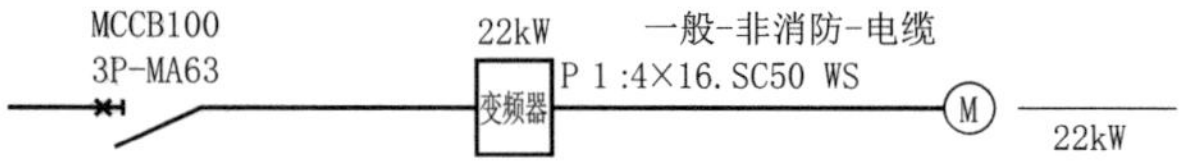 MCCB100 3P-MA63；22kW 一般-非消防-电缆 P 1 :4×16. SC50 WS；变频器；M 22kW
DP-30	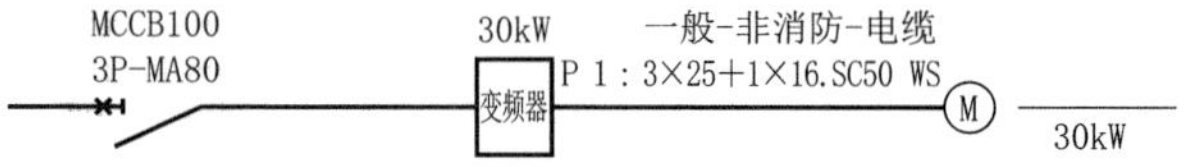 MCCB100 3P-MA80；30kW 一般-非消防-电缆 P 1 : 3×25+1×16.SC50 WS；变频器；M 30kW
DP-37	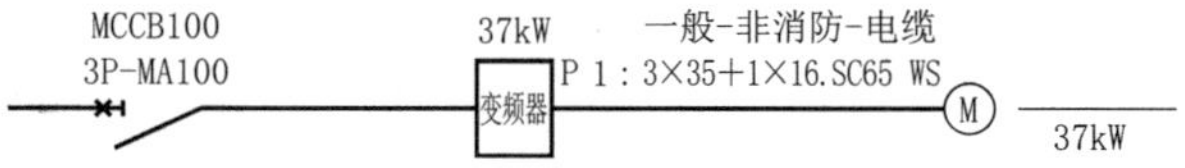 MCCB100 3P-MA100；37kW 一般-非消防-电缆 P 1 : 3×35+1×16.SC65 WS；变频器；M 37kW
DP-45	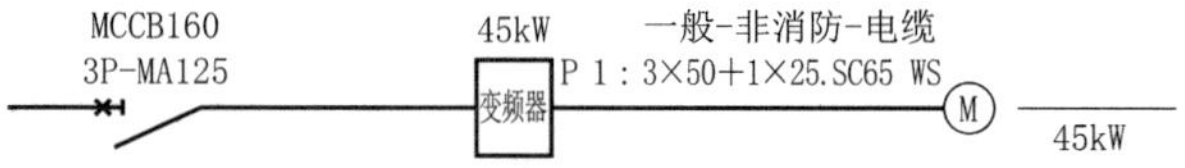 MCCB160 3P-MA125；45kW 一般-非消防-电缆 P 1 : 3×50+1×25.SC65 WS；变频器；M 45kW
DP-55	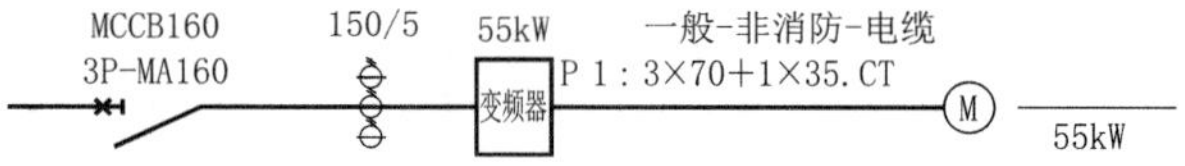 MCCB160 3P-MA160；150/5；55kW 一般-非消防-电缆 P 1 : 3×70+1×35. CT；变频器；M 55kW
DP-75	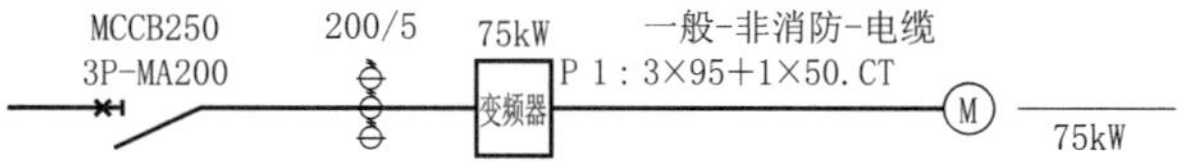 MCCB250 3P-MA200；200/5；75kW 一般-非消防-电缆 P 1 : 3×95+1×50. CT；变频器；M 75kW
DP-90	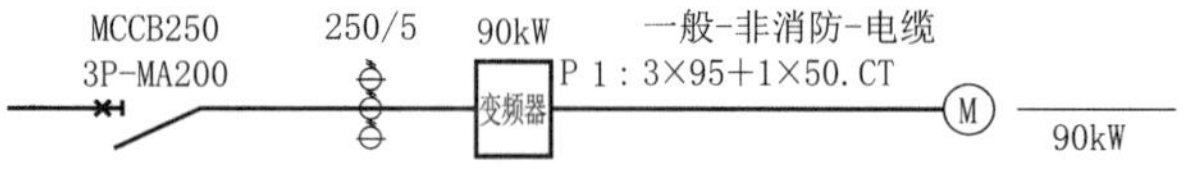 MCCB250 3P-MA200；250/5；90kW 一般-非消防-电缆 P 1 : 3×95+1×50. CT；变频器；M 90kW
DP-110	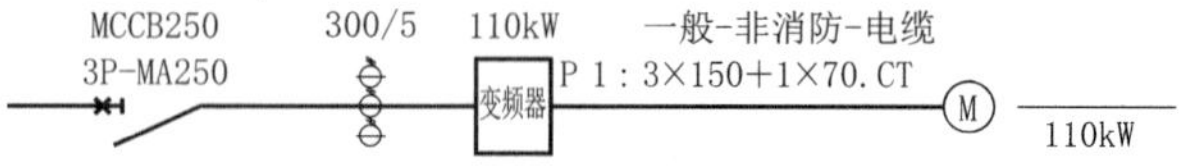 MCCB250 3P-MA250；300/5；110kW 一般-非消防-电缆 P 1 : 3×150+1×70. CT；变频器；M 110kW
DP-132	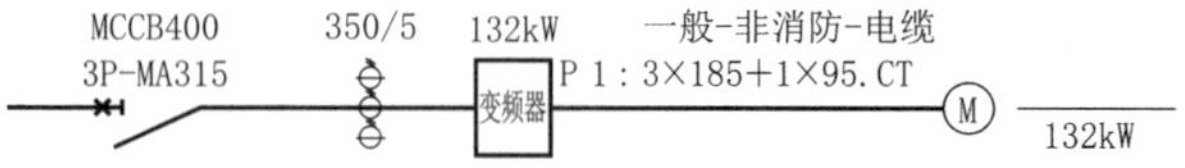 MCCB400 3P-MA315；350/5；132kW 一般-非消防-电缆 P 1 : 3×185+1×95. CT；变频器；M 132kW
DP-160	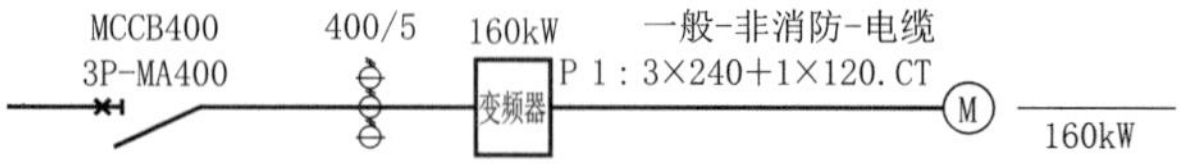 MCCB400 3P-MA400；400/5；160kW 一般-非消防-电缆 P 1 : 3×240+1×120. CT；变频器；M 160kW

表 9.4-7 普通电机双速控制模块

块名	系统图标注
DS-2.2	LRD-10C 4～6A 一般-非消防-导线 LC1-D25 3×2.5.JDG20 WS （低速排风） 2.2kW
DS-3	LRD-12C 5.5～8A 一般-非消防-导线 LC1-D32 3×2.5.JDG20 WS （低速排风） 3kW
DS-4	LRD-14C 7～10A 一般-非消防-导线 LC1-D32 3×2.5JDG20 WS （低速排风） 4kW
DS-5.5	LRD-16C 9～13A 一般-非消防-导线 LC1-D38 3×2.5.JDG20 WS （低速排风） 5.5kW
DS-7.5	LRD-21C 12～18A 一般-非消防-导线 LC1-D38 3×4.JDG25 WS （低速排风） 7.5kW
DS-11	LRD3-25C 17～25A 一般-非消防-导线 LC1-D40 3×6.JDG25 WS （低速排风） 11kW
DS2-2.2	LRD-10C 4～6A LC1-D25 同高速 同高速 （低速排风） 2.2kW
DS2-3	LRD-12C 5.5～8A LC1-D32 同高速 同高速 （低速排风） 3kW
DS2-4	LRD-14C 7～10A LC1-D32 同高速 同高速 （低速排风） 4kW
DS2-5.5	LRD-16C 9～13A LC1-D38 同高速 同高速 （低速排风） 5.5kW
DS2-7.5	LRD-21C 12～18A LC1-D38 同高速 同高速 （低速排风） 7.5kW
DS2-11	LRD3-25C 17～25A LC1-D40 同高速 同高速 （低速排风） 11kW

9.5 配电模块

配电模块是指将一些固定的配电回路做成块，块中包括计量表计、断路器的型号及整定值、线缆型号、敷设方式和保护管管径等参数。

配电模块包括商铺配电模块和排水泵配电模块。

9.5.1 商铺配电模块

商铺配电模块是指将商业或办公的末端配电箱按 5kW 一档分别做成块。商铺配电模块见表 9.5-1。

块名说明：AL - C 100

①　②　③

①表示配电模块；②表示配电箱类型：C 为餐饮商铺，S 为非餐饮商铺，B 为办公室；③表示配电箱功率。

使用说明：牢记块名及其意义，配电箱系统图中输入对应的块名。

表 9.5-1　商铺配电模块

块名	系统图标注
AL-C10	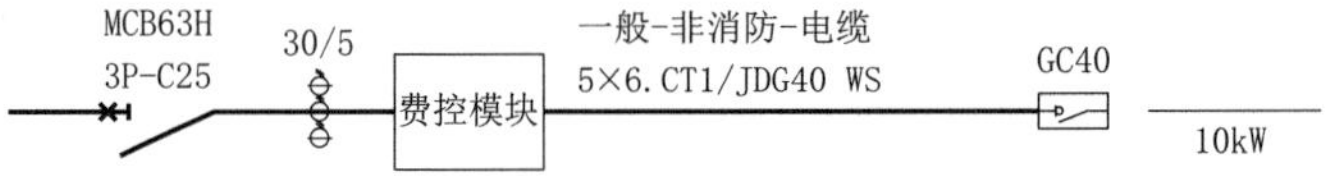 MCB63H 3P-C25；30/5；费控模块；一般-非消防-电缆 5×6.CT1/JDG40 WS；GC40；10kW
AL-C15	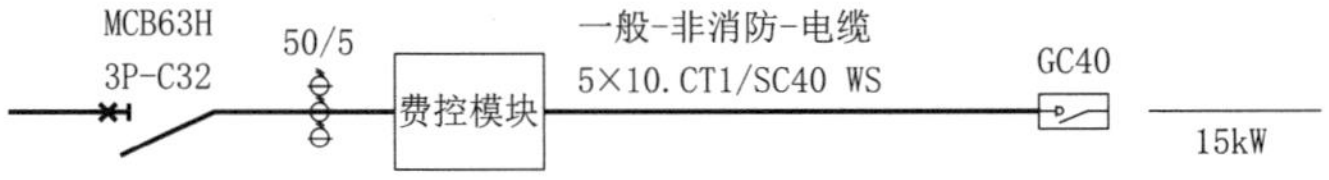 MCB63H 3P-C32；50/5；费控模块；一般-非消防-电缆 5×10.CT1/SC40 WS；GC40；15kW
AL-C20	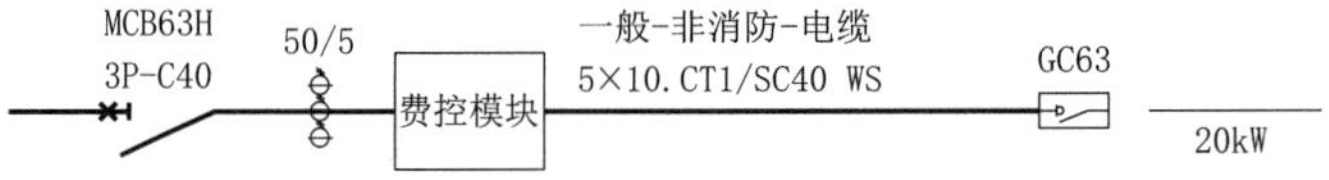 MCB63H 3P-C40；50/5；费控模块；一般-非消防-电缆 5×10.CT1/SC40 WS；GC63；20kW
AL-C25	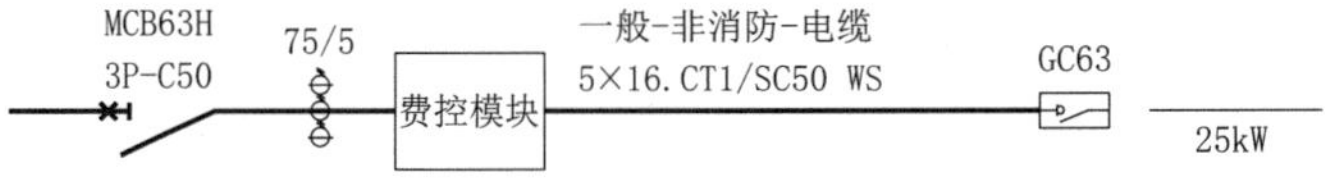 MCB63H 3P-C50；75/5；费控模块；一般-非消防-电缆 5×16.CT1/SC50 WS；GC63；25kW
AL-C30	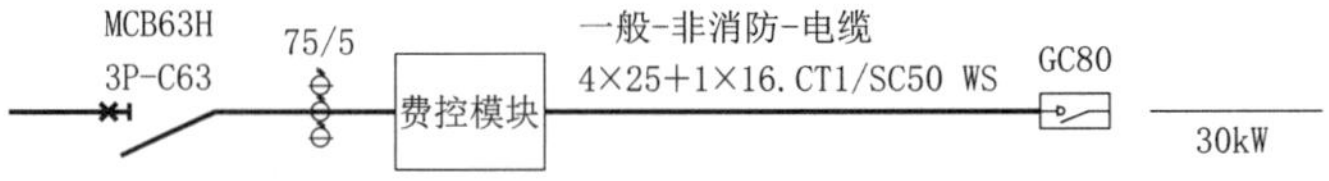 MCB63H 3P-C63；75/5；费控模块；一般-非消防-电缆 4×25+1×16.CT1/SC50 WS；GC80；30kW
AL-C35	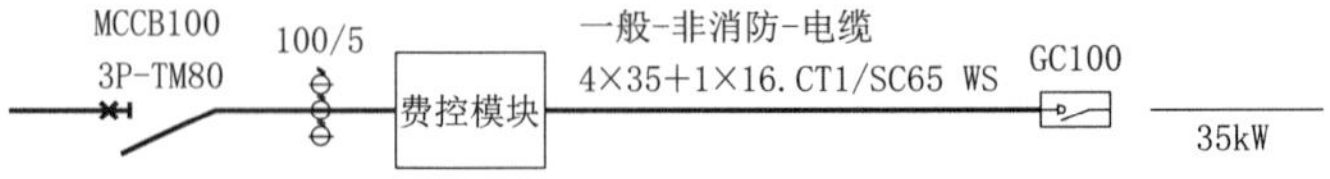 MCCB100 3P-TM80；100/5；费控模块；一般-非消防-电缆 4×35+1×16.CT1/SC65 WS；GC100；35kW
AL-C40	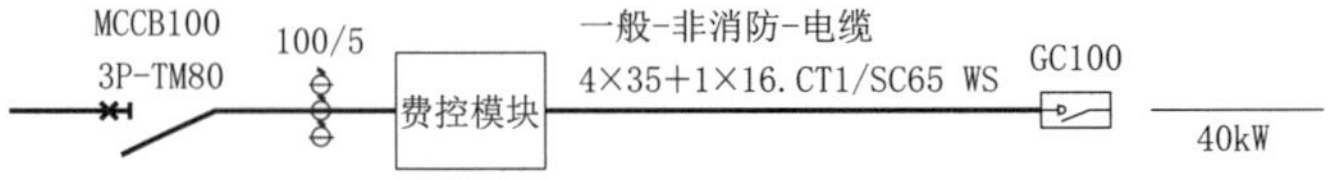 MCCB100 3P-TM80；100/5；费控模块；一般-非消防-电缆 4×35+1×16.CT1/SC65 WS；GC100；40kW
AL-C45	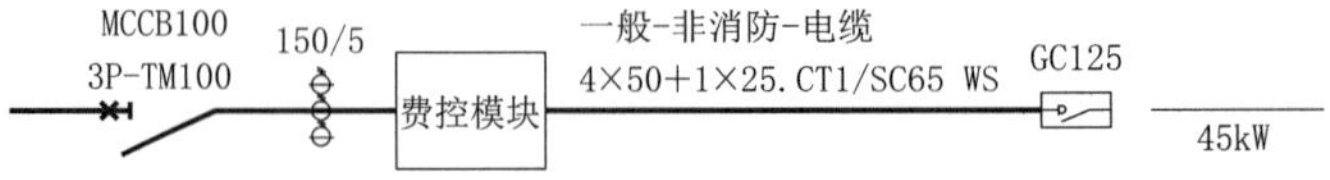 MCCB100 3P-TM100；150/5；费控模块；一般-非消防-电缆 4×50+1×25.CT1/SC65 WS；GC125；45kW

续表

块名	系统图标注
AL-C50	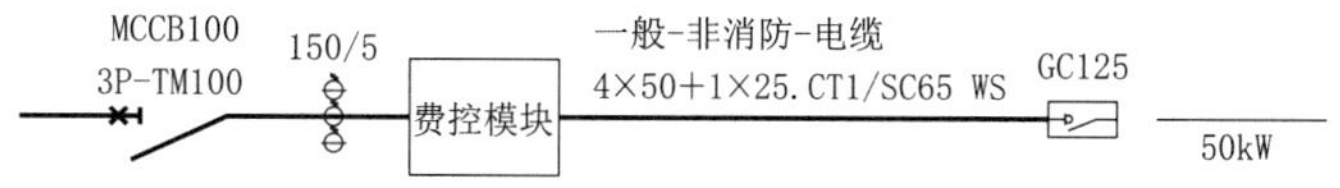 MCCB100 3P-TM100　150/5　费控模块　一般-非消防-电缆 4×50+1×25.CT1/SC65 WS　GC125　50kW
AL-C55	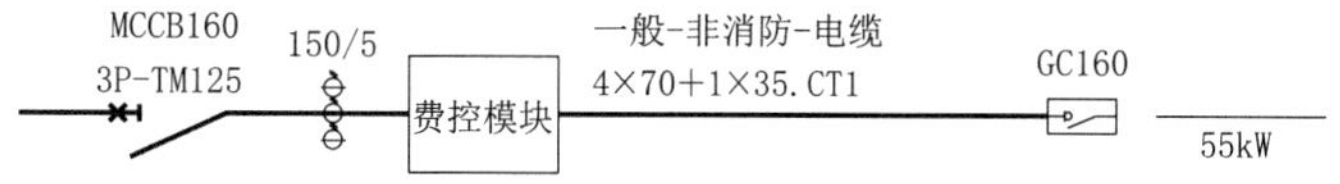 MCCB160 3P-TM125　150/5　费控模块　一般-非消防-电缆 4×70+1×35.CT1　GC160　55kW
AL-C60	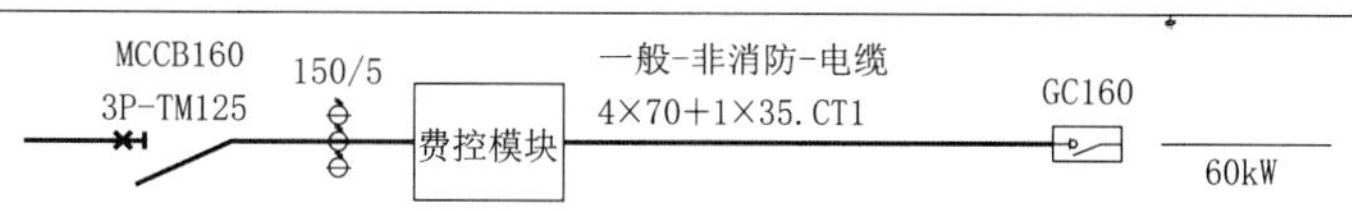 MCCB160 3P-TM125　150/5　费控模块　一般-非消防-电缆 4×70+1×35.CT1　GC160　60kW
AL-C65	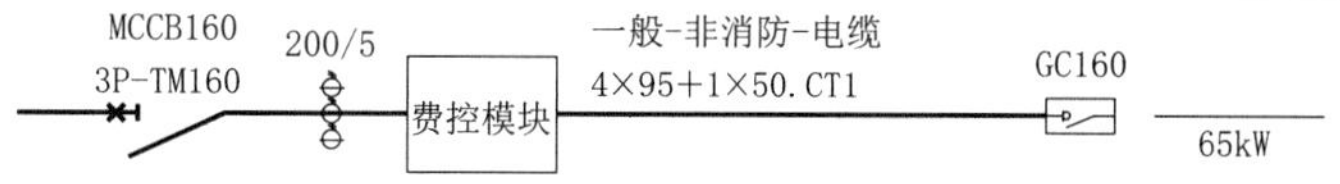 MCCB160 3P-TM160　200/5　费控模块　一般-非消防-电缆 4×95+1×50.CT1　GC160　65kW
AL-C70	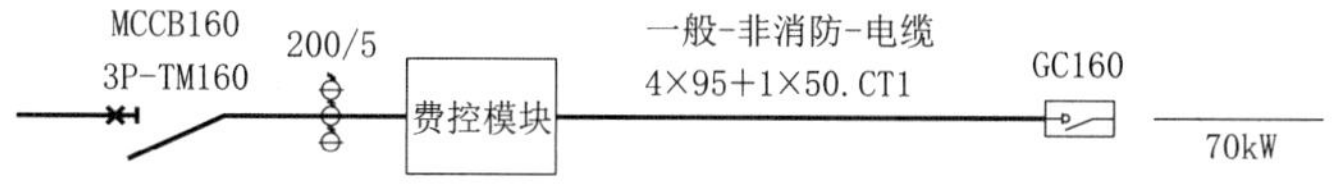 MCCB160 3P-TM160　200/5　费控模块　一般-非消防-电缆 4×95+1×50.CT1　GC160　70kW
AL-C75	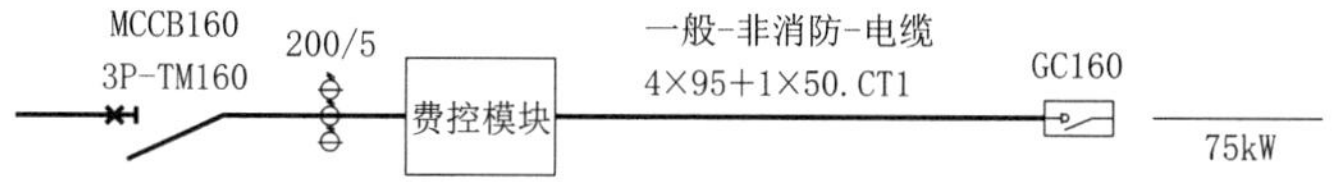 MCCB160 3P-TM160　200/5　费控模块　一般-非消防-电缆 4×95+1×50.CT1　GC160　75kW
AL-C80	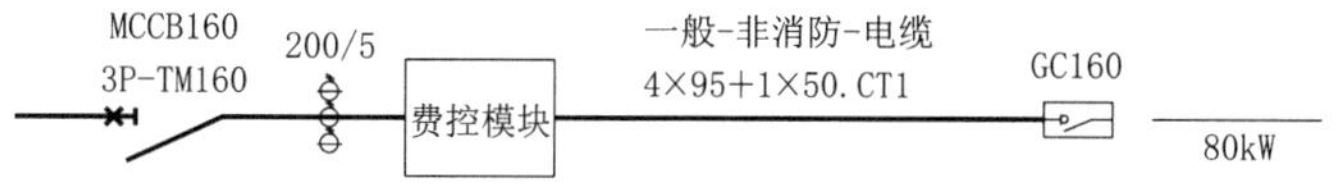 MCCB160 3P-TM160　200/5　费控模块　一般-非消防-电缆 4×95+1×50.CT1　GC160　80kW
AL-C85	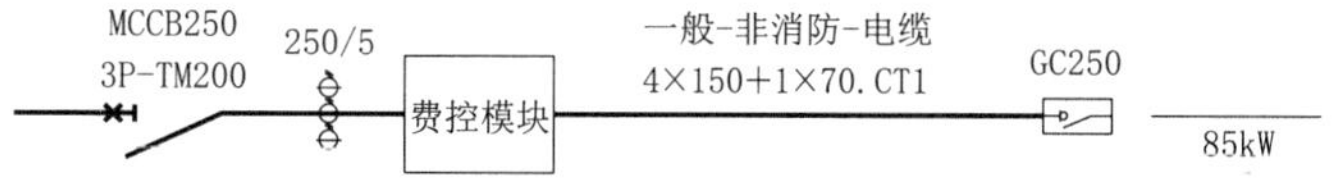 MCCB250 3P-TM200　250/5　费控模块　一般-非消防-电缆 4×150+1×70.CT1　GC250　85kW
AL-C90	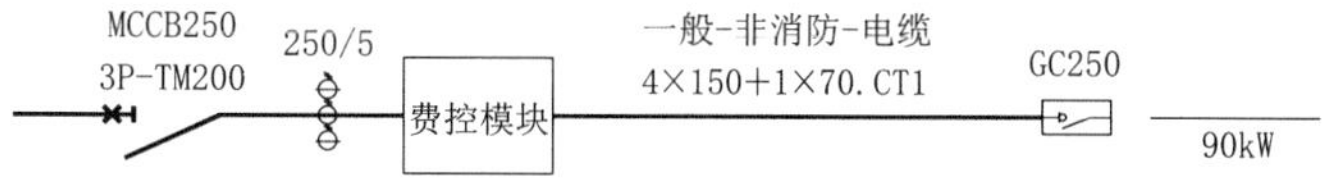 MCCB250 3P-TM200　250/5　费控模块　一般-非消防-电缆 4×150+1×70.CT1　GC250　90kW
AL-C95	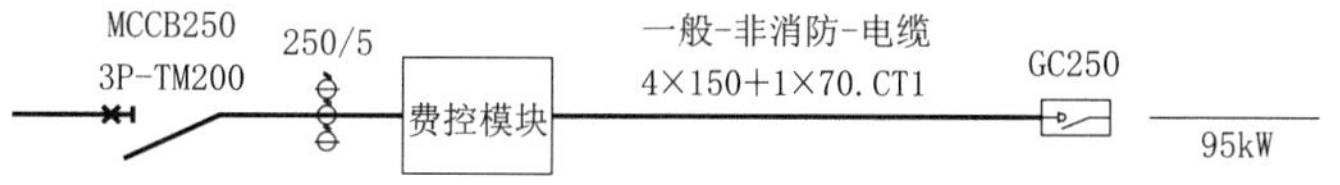 MCCB250 3P-TM200　250/5　费控模块　一般-非消防-电缆 4×150+1×70.CT1　GC250　95kW
AL-C100	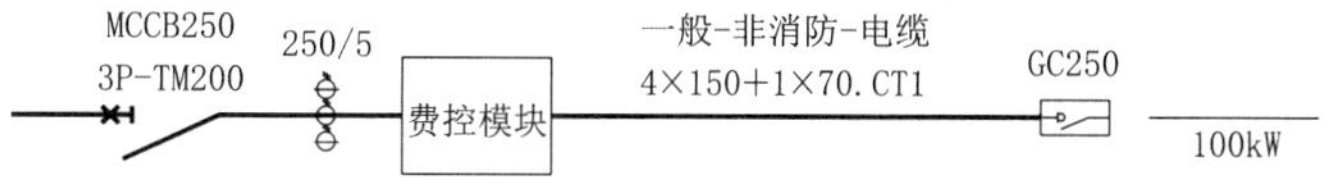 MCCB250 3P-TM200　250/5　费控模块　一般-非消防-电缆 4×150+1×70.CT1　GC250　100kW
AL-C110	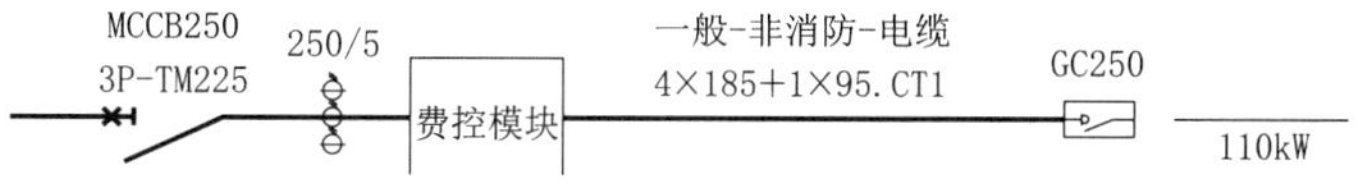 MCCB250 3P-TM225　250/5　费控模块　一般-非消防-电缆 4×185+1×95.CT1　GC250　110kW
AL-C120	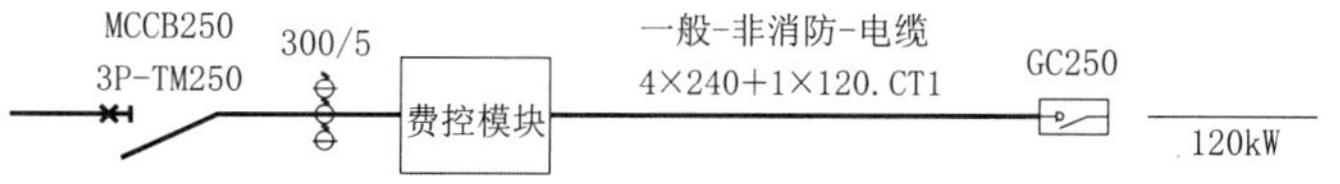 MCCB250 3P-TM250　300/5　费控模块　一般-非消防-电缆 4×240+1×120.CT1　GC250　120kW
AL-C130	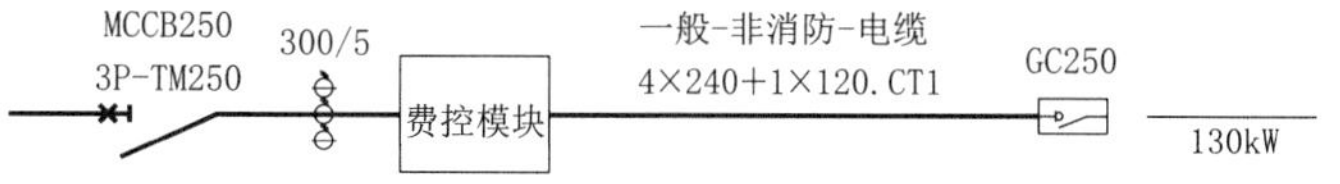 MCCB250 3P-TM250　300/5　费控模块　一般-非消防-电缆 4×240+1×120.CT1　GC250　130kW
AL-C140	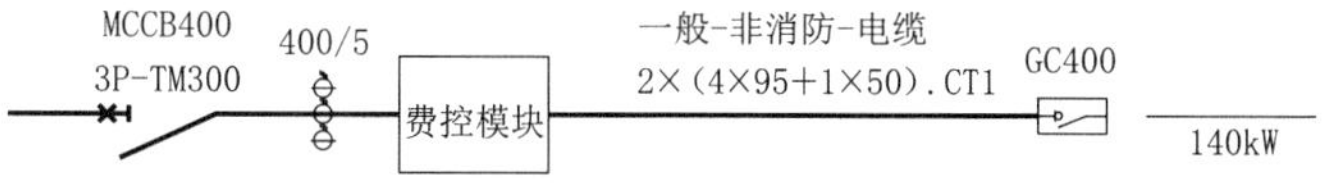 MCCB400 3P-TM300　400/5　费控模块　一般-非消防-电缆 2×(4×95+1×50).CT1　GC400　140kW

续表

块名	系统图标注
AL-C150	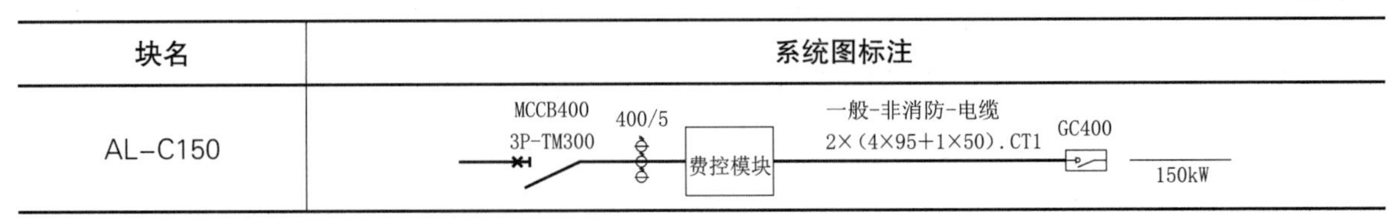

9.5.2 排水泵配电模块

排水泵电控箱由水泵厂家自带，其系统图基本是固定的，将不同功能、控制方式、功率的排水泵电控箱系统图分别做成块，排水泵配电模块（部分）见图 9.5-1。

块名说明：11　XPS　7.5

　　　　　①　②　③

①表示排水泵的控制方式：1 为一用，11 为一用一备，2 为二用，21 为二用一备，3 为三用；② X 表示消防，PS 表示普通排水泵；③表示单台排水泵功率。

使用说明：牢记块名及其意义，输入块名就是排水泵控制箱系统图。

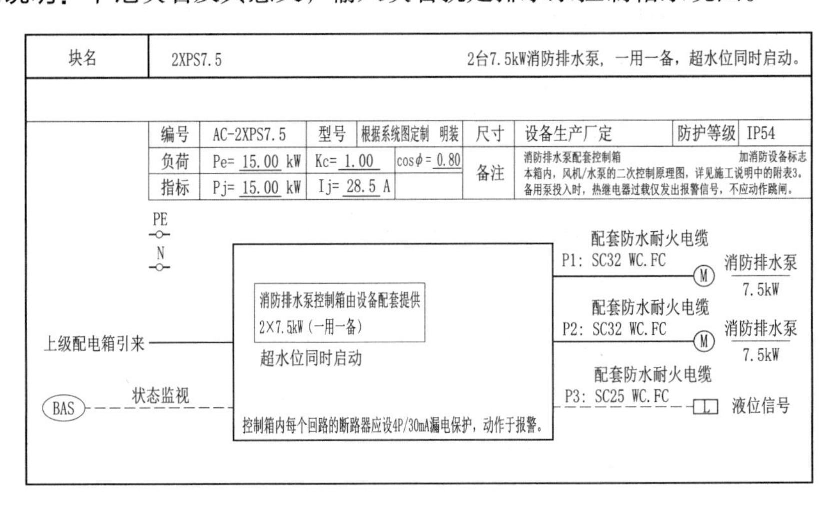

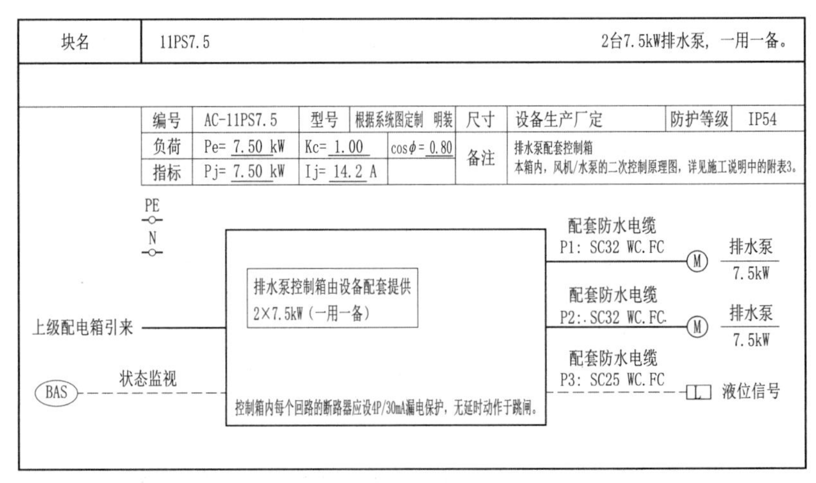

图 9.5-1　排水泵配电模块（部分）

9.6　模块成图

基准模块、开关线缆模块、电机模块和配电模块全部完成后，如何组装成配电箱系统图？选一个典型的配电箱系统来详细剖析，比如某地下车库排烟机房内有 2 台 18.5kW 排风兼排烟风机，在风机房内设置末端双电源切换箱为风机供电，其上一级电源为车库总配电间内 a/b 箱引来的常 / 备用回路，此配电箱系统图由模块成图的过程分为两个阶段：参数输入和模块搭配。

9.6.1　参数输入

作图前，需要根据本项目电气专业定案单规定的内容，将基准模块中所有块进行属性输入，比例：块“MCCB100”，输入后变成“NSX100F”；块“消防—干线—电缆”，输入后变成“YTTW-0.6/1kV”等。

9.6.2　模块搭配

（1）每个配电箱系统图都有一个固定的表头，表头中包括配电箱的编号、功率及关联计算、防护等级和相关文字说明等，示意图见图 9.6-1。

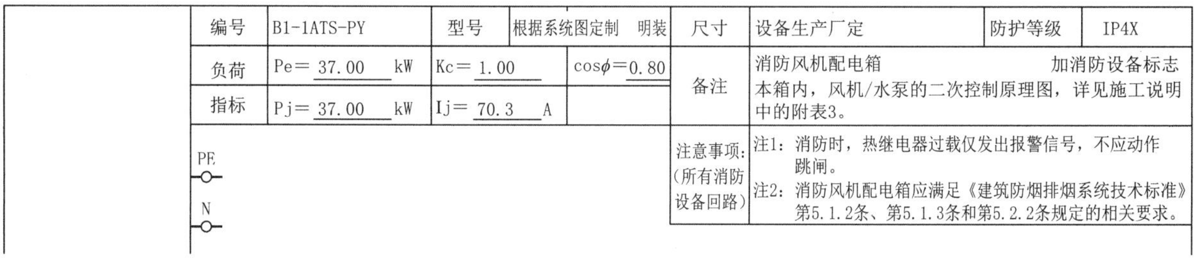

编号	B1-1ATS-PY	型号	根据系统图定制　明装	尺寸	设备生产厂定	防护等级	IP4X
负荷	Pe= 37.00 kW	Kc= 1.00	cosϕ=0.80	备注	消防风机配电箱　加消防设备标志 本箱内，风机/水泵的二次控制原理图，详见施工说明中的附表3。		
指标	Pj= 37.00 kW	Ij= 70.3 A					
PE N				注意事项:（所有消防设备回路）	注1：消防时，热继电器过载仅发出报警信号，不应动作跳闸。 注2：消防风机配电箱应满足《建筑防烟排烟系统技术标准》第5.1.2条、第5.1.3条和第5.2.2条规定的相关要求。		

图 9.6-1　配电箱系统图示意 1

（2）输入此配电箱所需基准模块和电机模块的相关块名，输入后的示意图见图 9.6-2。

块 X-18.5：功率为 18.5kW，直接启动的消防电机模块，回路编号可属性输入修改。

块 IS125：额定电流为 125A 的隔离开关 +ATSE 组合模块。

（3）再输入此配电箱所需的绘图模块的相关块名，输入后的示意图见图 9.6-3。

块 F-C：控制室手动直接控制模块，数量可属性输入。

块 F-M：消防联动控制线模块，数量可属性输入。

块 F-P：消防设备电源监控模块。

块 B-Z：BA 自动控制模块。

块 K-B：排烟—补风机连锁控制线模块，回路编号可属性输入。

块 K-280：280° 防火阀连锁控制线模块，回路编号可属性输入。

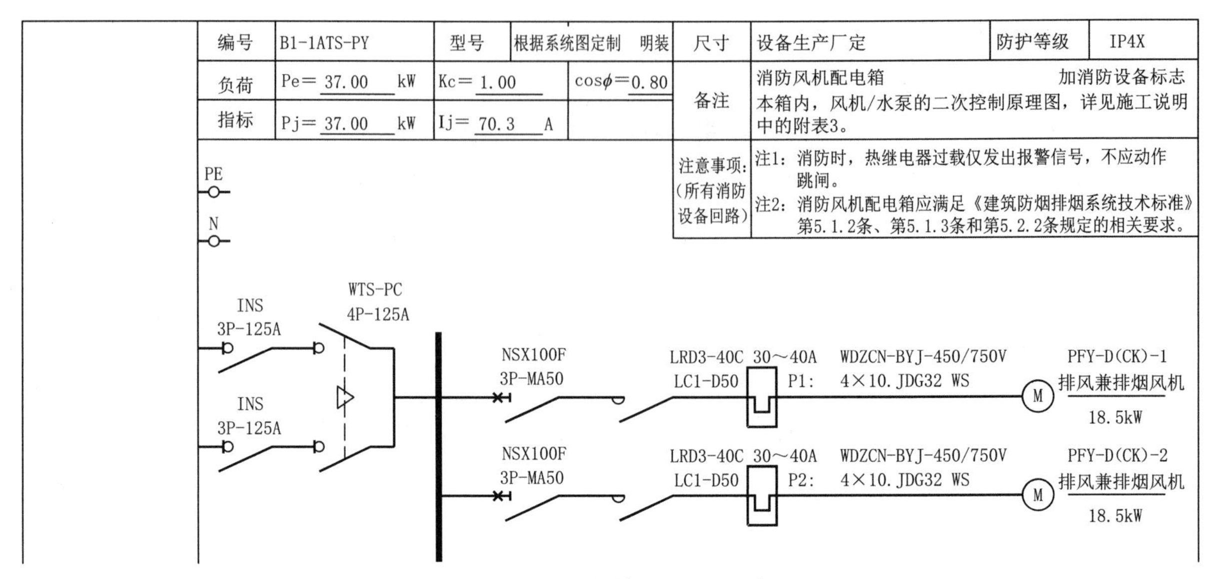

图 9.6–2　配电箱系统图示意 2

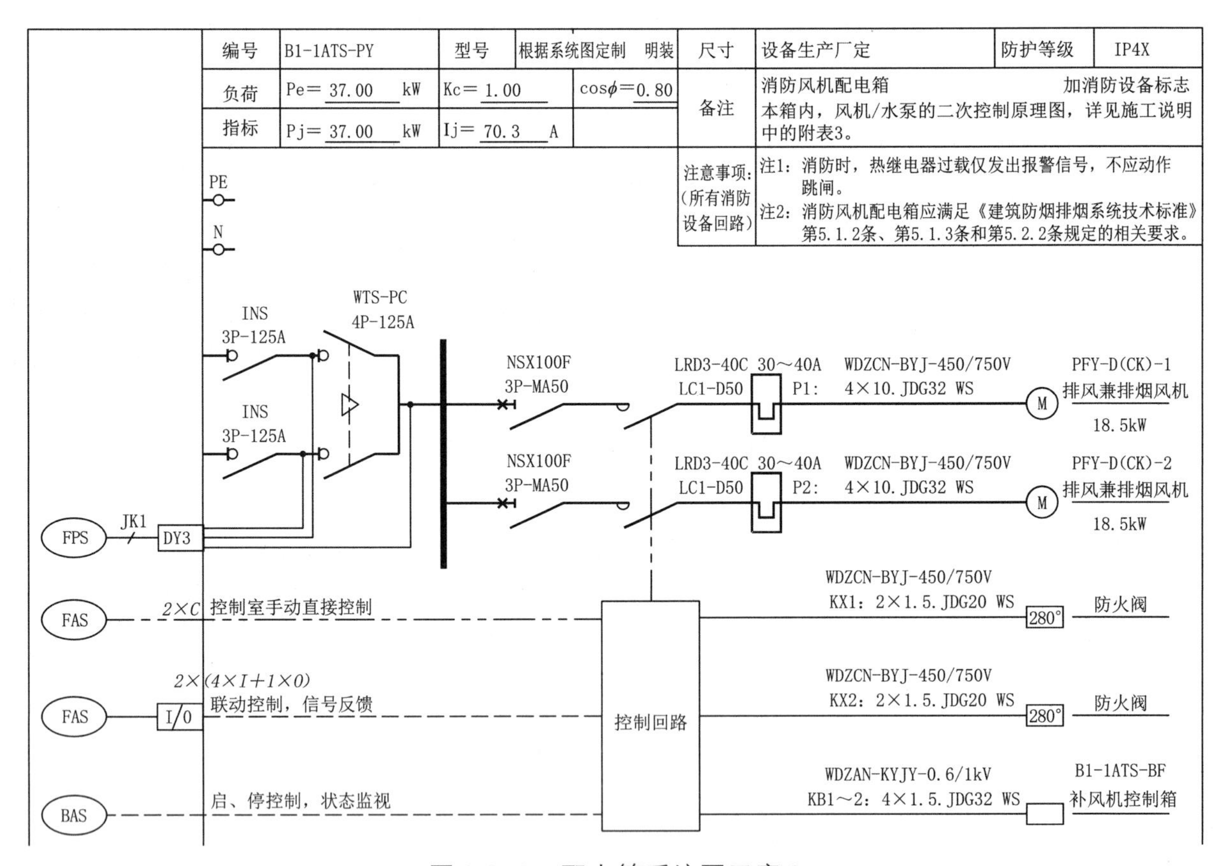

图 9.6–3　配电箱系统图示意 3

（4）最后补充一些回路编号、机房照明配电回路等辅助内容，此配电箱系统图即可完成，完成后的示意图见图 9.6–4。

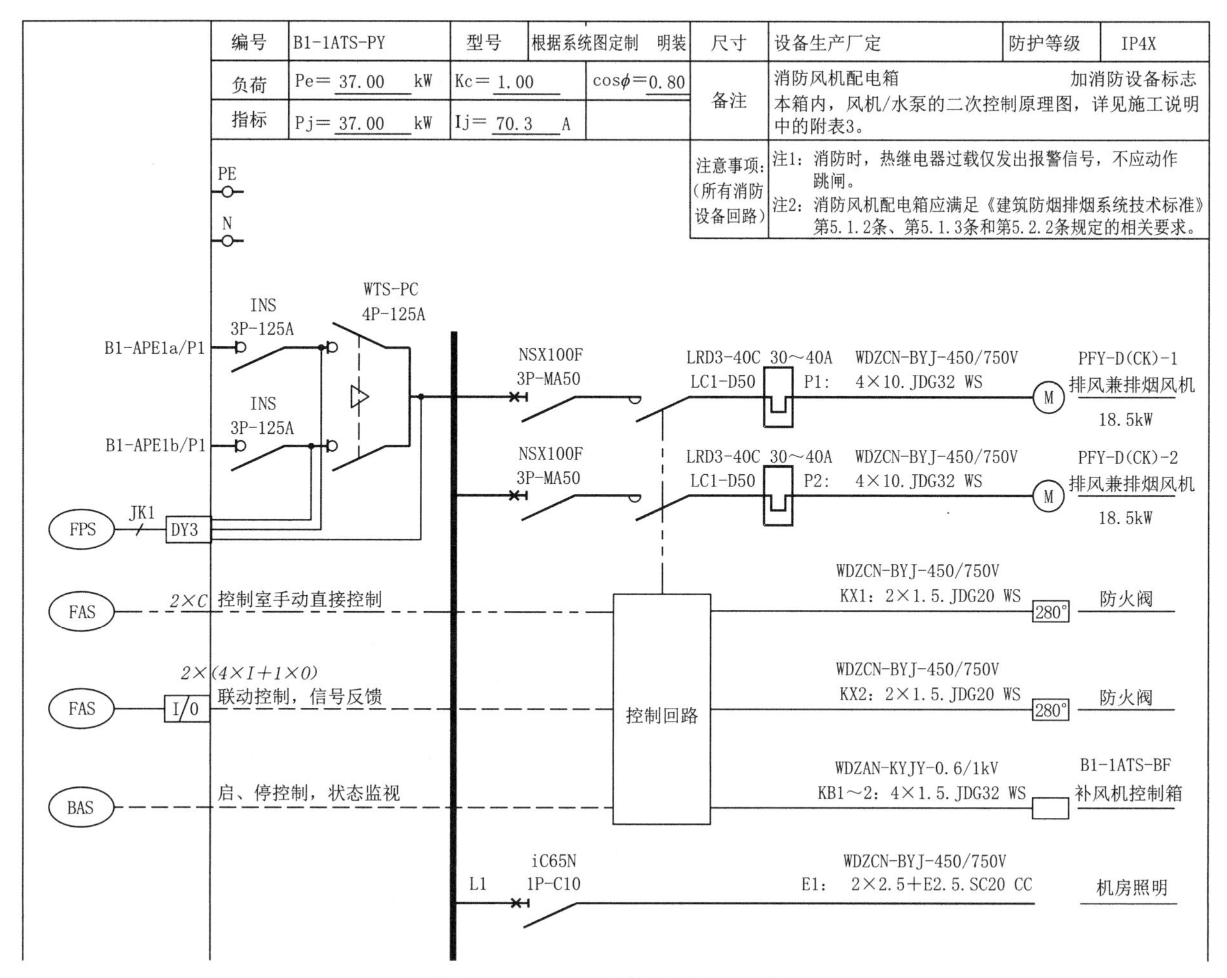

图 9.6-4　配电箱系统图示意 4

9.7　典型配电箱系统图

9.7.1　一般规定

（1）配电箱系统图按 A1 图幅出图，将 A1 图纸分为 4 列，配电箱系统图在每列中竖向排列，两个配电箱系统图之间尽量紧凑。

（2）放射式供电时，下级开关统一采用隔离开关。

（3）第二级楼层配电箱进线处设置传统的电压表和电流表；若有能耗监测的要求，需设置联网型的三相多功能表；功率大于 50kW 的电动机回路设置电流表。

（4）隔离开关和 ATSE 的额定电流应大于上一级断路器的长延时整定电流值，ATSE 的额定电流值不应小于回路计算电流的 1.25 倍，隔离开关和 ATSE 的额定电流的取值建议标准化，按 32、40、63、80、100、125、160、200、250、320、400、500、630、800、1000。

（5）电流互感器的变比宜标准化，一次侧电流统一为以下各档：30、50、75、100、150、200、250、300、350、400、500、600、750、800、1000。

（6）SPD 绘制标准图块，采用 SCB 保护，设置位置与干线图一致，不随意增减。

（7）功率因数应标准化：公共照明和应急照明为 0.9，一般照明和插座为 0.85，一般动力设备为 0.8，电梯为 0.55。

（8）配电箱的 IP 防护等级应标准化：地下室消防配电箱为 IP4X，排水泵配电箱为 IP54，消防泵房内的配电箱为 IP55，室外配电箱为 IP65，其他配电箱为 IP3X。

9.7.2 地下车库配电箱系统图

本书第 8.2 节（地下车库竖向干线）中涉及的部分配电箱系统图如下。

（1）消防风机总箱系统图见图 9.7-1，图中采用的块名见下列说明：

块 23-100：100A 断路器与采用防火梯架敷设的 $35mm^2$ 矿物绝缘电缆的匹配模块。

块 F-T：断路器 TM 脱扣器动作于信号模块。

块 SPD- Ⅱ：第二级 SPD 模块。

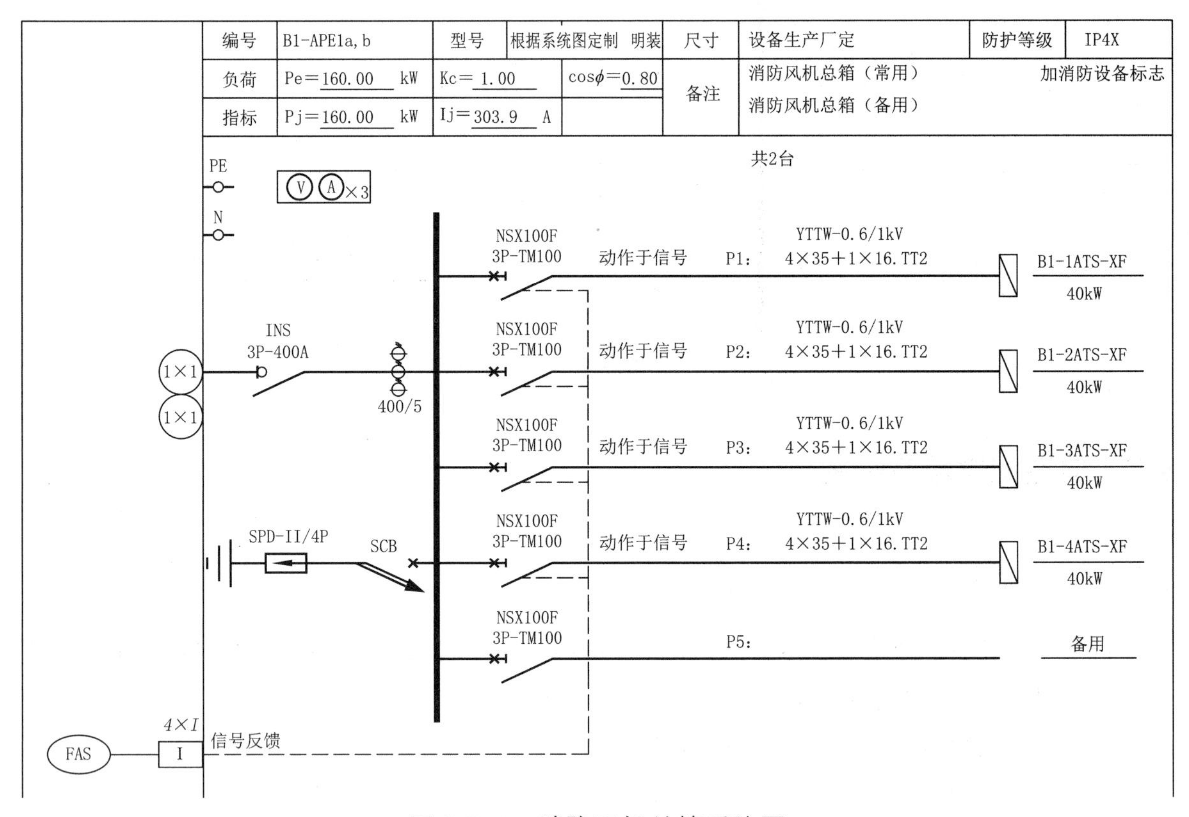

图 9.7-1 消防风机总箱系统图

（2）消防风机双切箱系统图见图 9.7-2，图中采用的块名见下列说明：

块 22-63：63A MCCB 断路器与 $25mm^2$ 有机耐火电缆采用防火槽盒敷设时的匹配模块。

块 22-25W：25A MCB 断路器与 $6mm^2$ 有机耐火电缆采用防火槽盒敷设时的匹配模块。

块 IS125：额定电流为 125A 的隔离开关 +ATSE 组合模块。

块 F-P：消防设备电源监控模块。

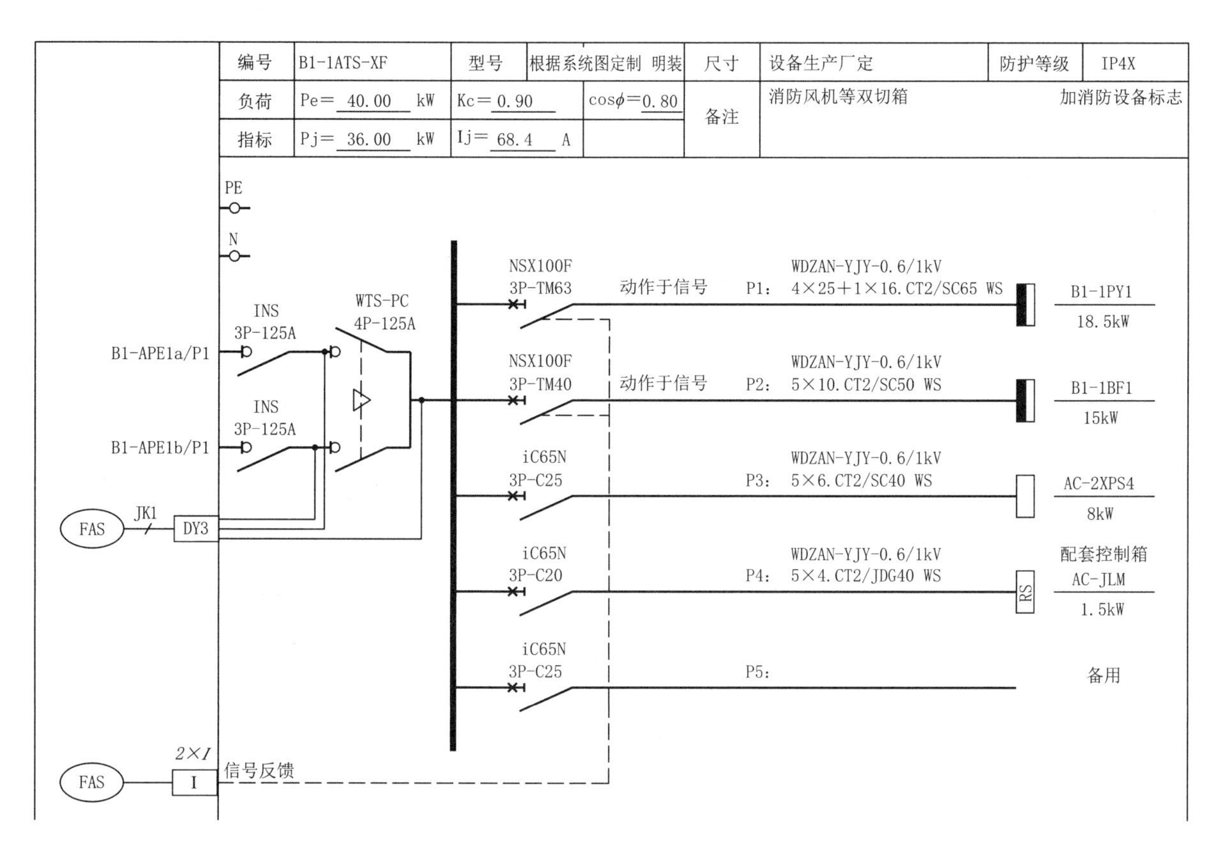

图 9.7-2　消防风机双切箱系统图

（3）消防风机配电箱系统图见图 9.7-3，图中采用的块名见下列说明：

块 X-18.5：功率为 18.5kW，直接启动的消防电机模块。

块 F-C：控制室手动直接控制模块。

块 F-M：消防联动控制线模块。

块 B-Z：BA 自动控制模块。

块 K-B：排烟—补风机连锁控制线模块。

块 K-280：280° 防火阀连锁控制线模块。

（4）一般排水泵总箱系统图见图 9.7-4，图中采用的块名见下列说明：

块 21-50：50A MCCB 断路器与 16mm^2 有机电缆采用有孔托盘桥架敷设时的匹配模块。

（5）一般排水泵配电箱系统图见图 9.7-5，图中采用的块名见下列说明：

块 22-20W：20A MCB 断路器与 4mm^2 有机电缆采用有孔托盘桥架敷设时的匹配模块。

块 IS63：额定电流为 63A 的隔离开关 +ATSE 组合模块。

（6）隔油间配电箱系统图见图 9.7-6，图中采用的块名见下列说明：

块 D-0.55：功率为 0.55kW，直接启动的普通电机模块。

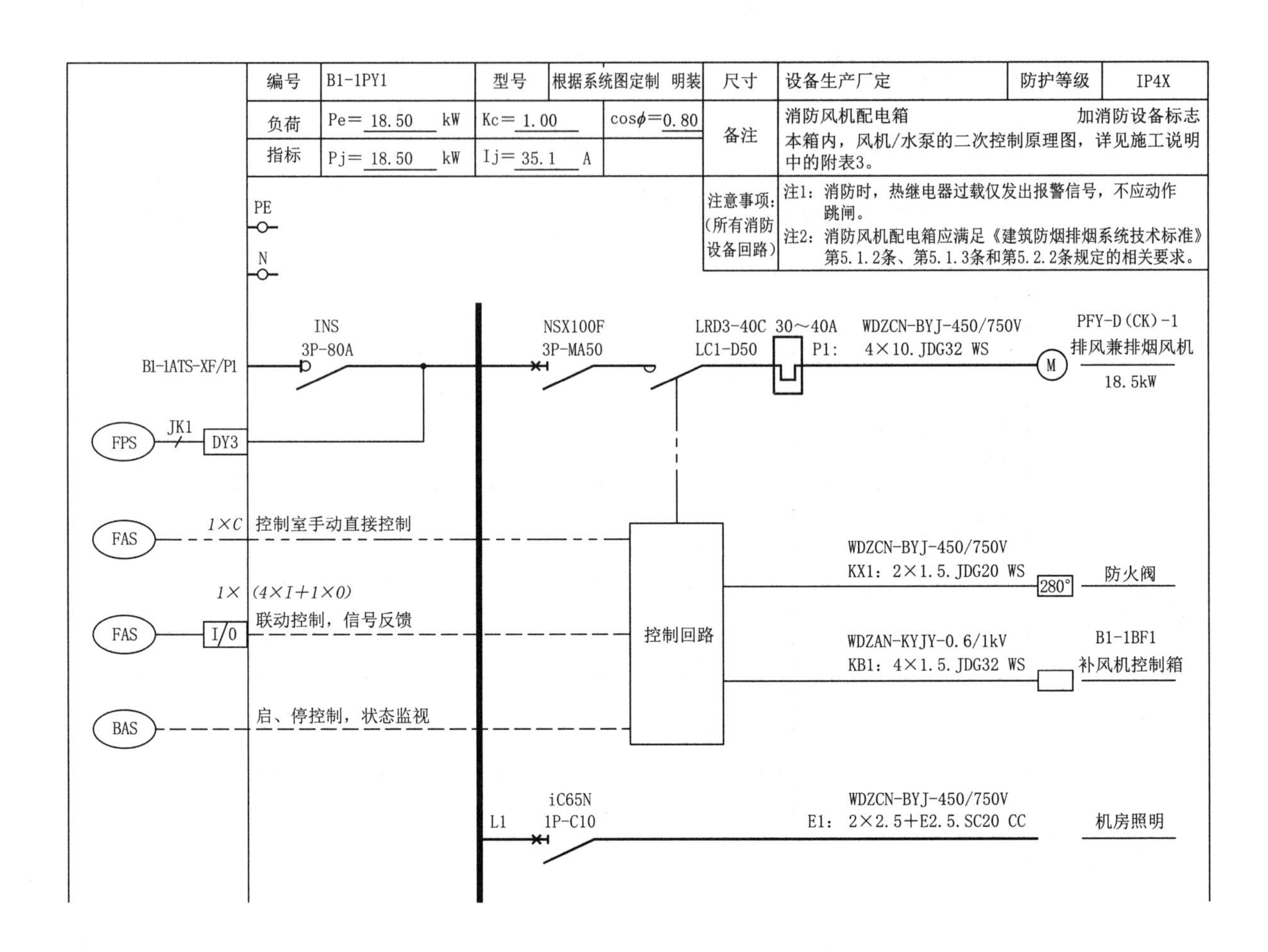

图 9.7-3 消防风机配电箱系统图

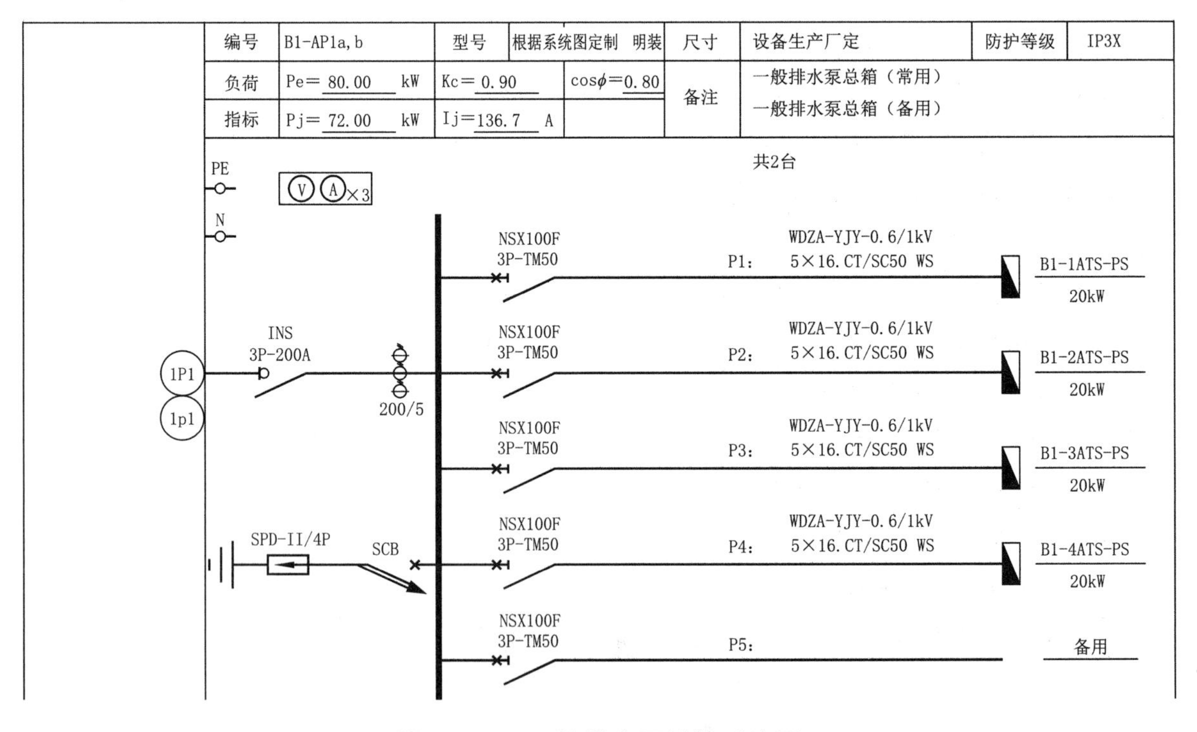

图 9.7-4 一般排水泵总箱系统图

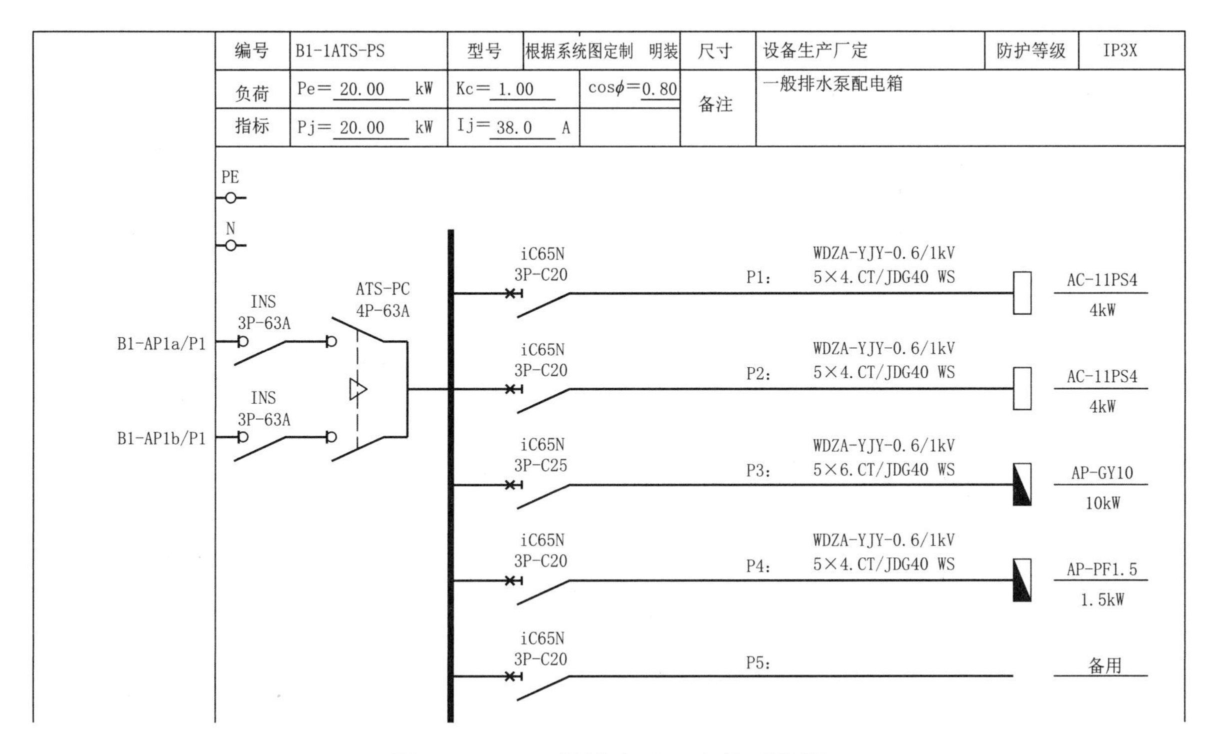

图 9.7-5 一般排水泵配电箱系统图

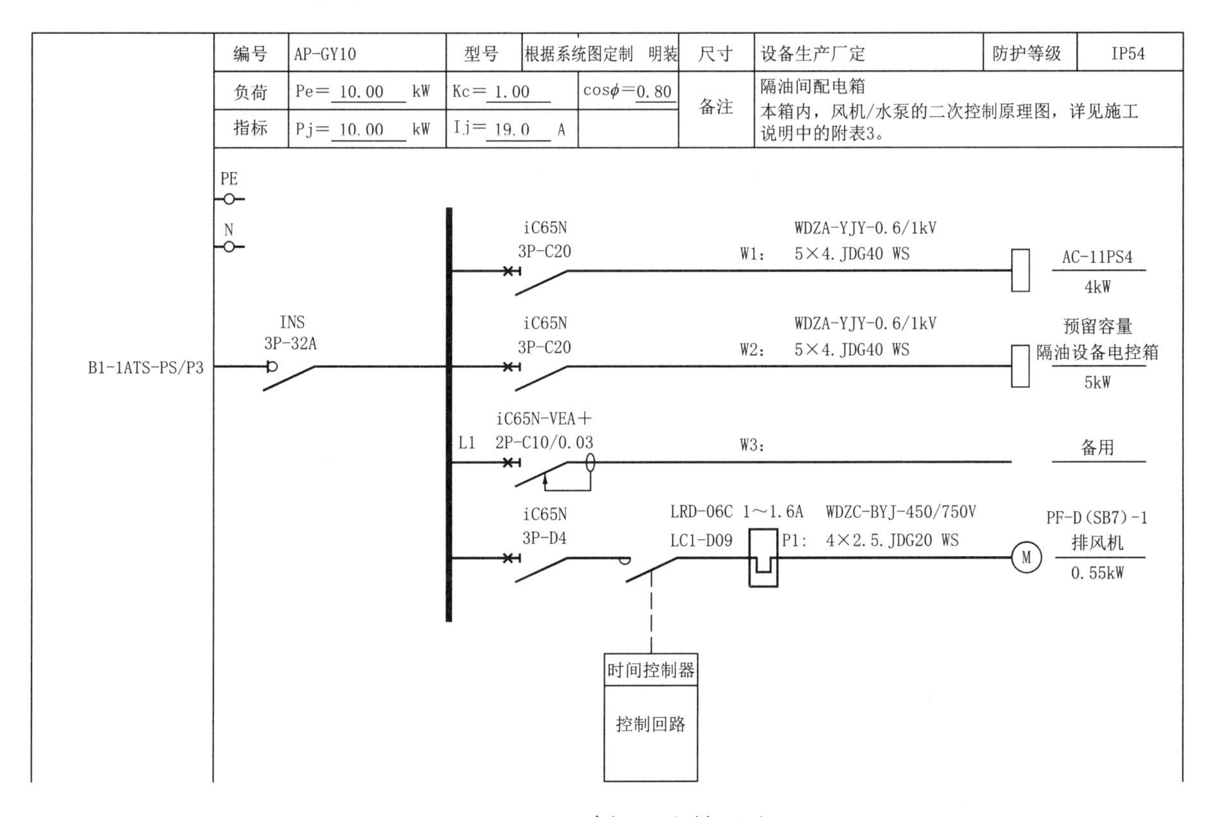

图 9.7-6 隔油间配电箱系统图

（7）充电桩总箱系统图见图 9.7-7，图中采用的块名见下列说明：

块 CDZ-7：功率为 7kW 的充电桩的配电模块。

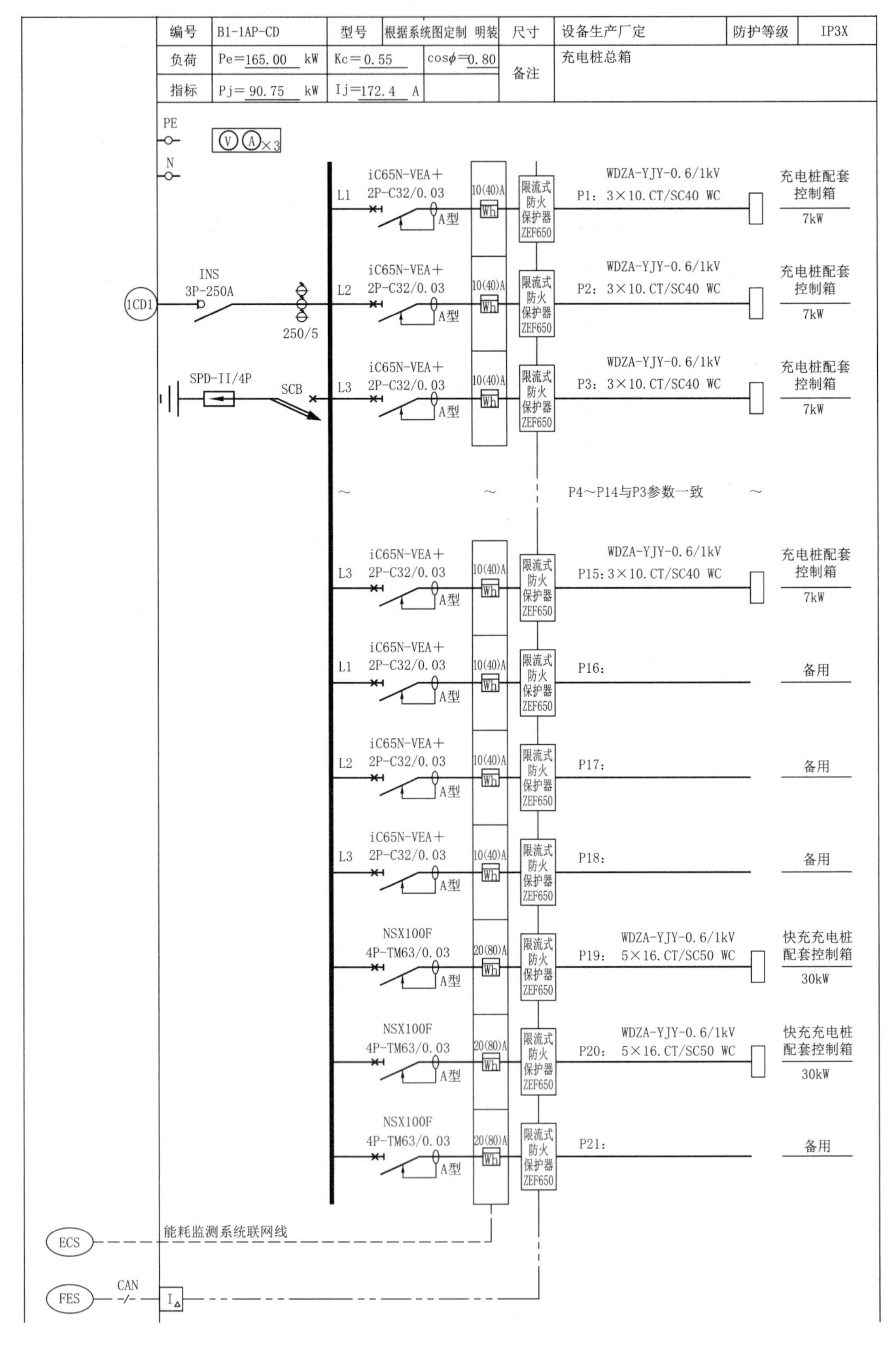

图 9.7-7　充电桩总箱系统图

9.7.3 裙房商业配电箱系统图

本书第 8.3 节（裙房商业竖向干线）中涉及的部分配电箱系统图如下。

（1）楼层电表箱系统图见图 9.7-8、图 9.7-9，图中采用的块名见下列说明：

块 AL-C40：容量为 40kW 的商铺配电模块。

块 CJ350：断路器长延时整定电流值为 350A 的母线插接箱模块。

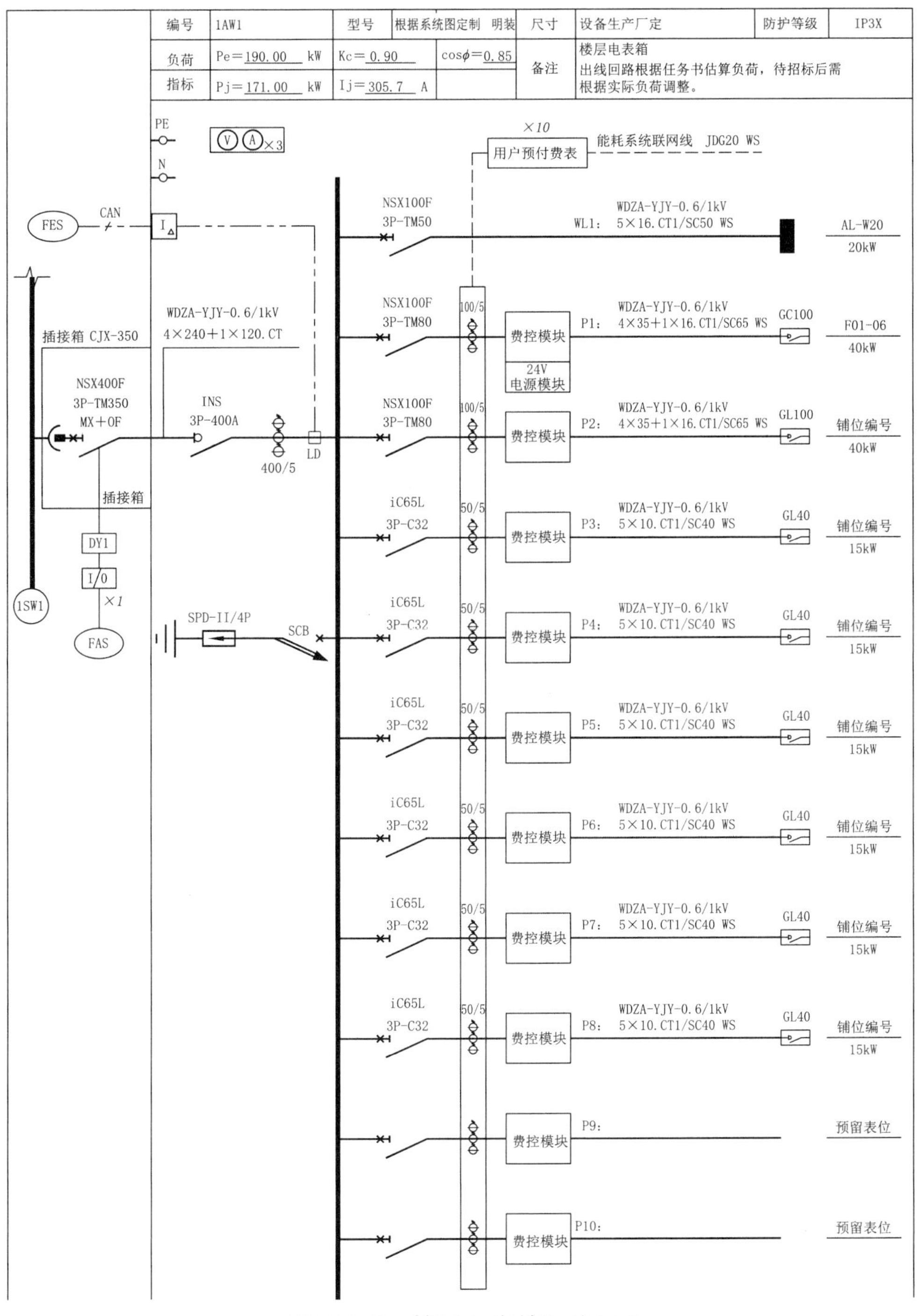

图 9.7-8 楼层电表箱系统图 1

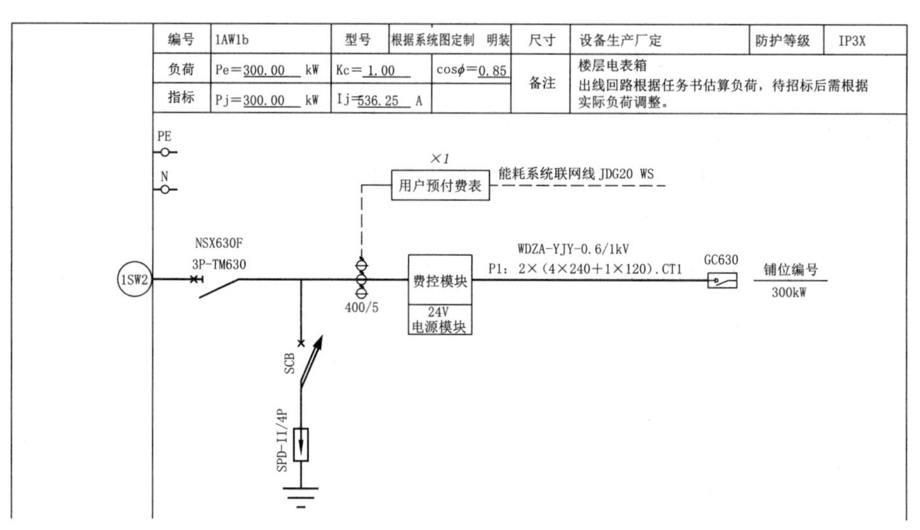

图 9.7-9　楼层电表箱系统图 2

（2）商户隔离开关箱系统图及平面示意见图 9.7-10。

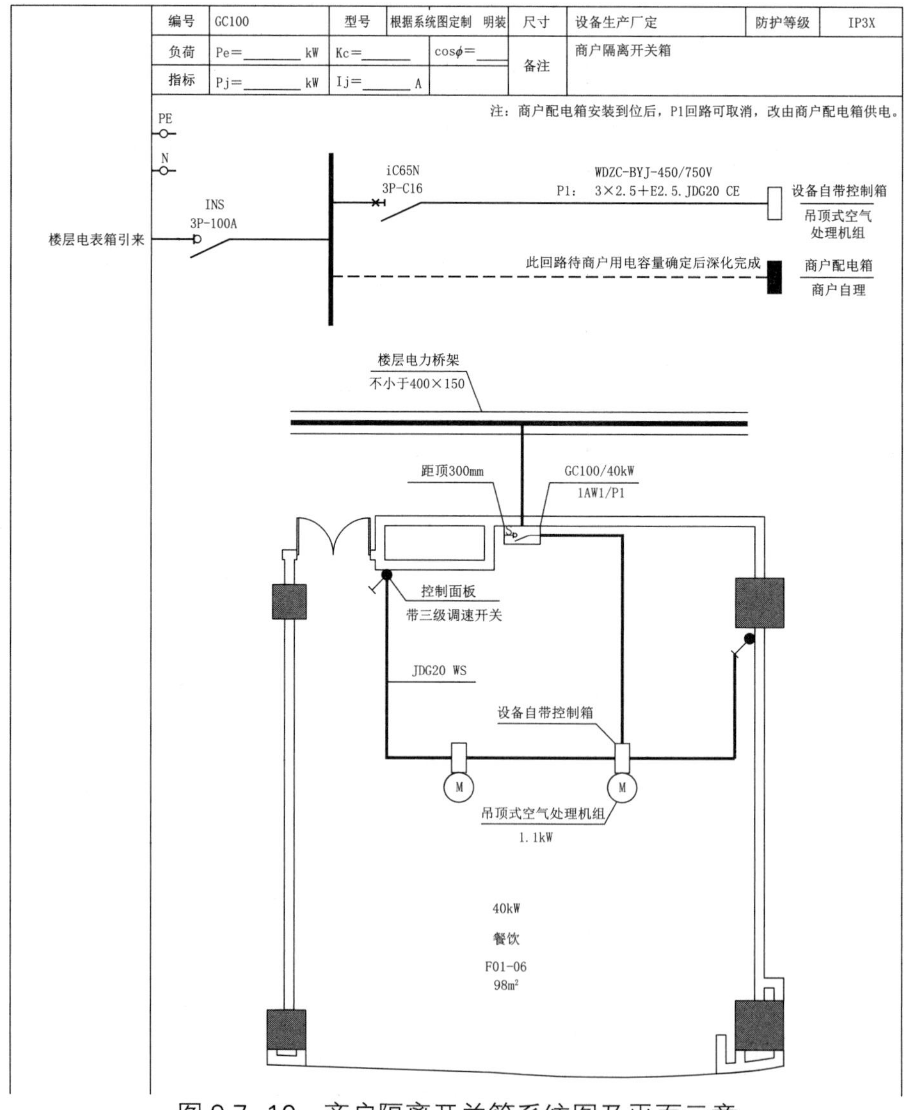

图 9.7-10　商户隔离开关箱系统图及平面示意

（3）楼层空调配电箱系统图见图 9.7-11，图中采用的块名见下列说明：

块 31-50W：50A MCB 断路器与 16mm^2 有机电缆采用电缆槽盒敷设时的匹配模块。

块 D-1.1：功率为 1.1kW，直接启动的普通电机模块。

块 DP-15：功率为 15kW，变频控制的普通电机模块。

块 K-A：现场控制按钮模块。

块 K-V：电动风阀联动控制模块。

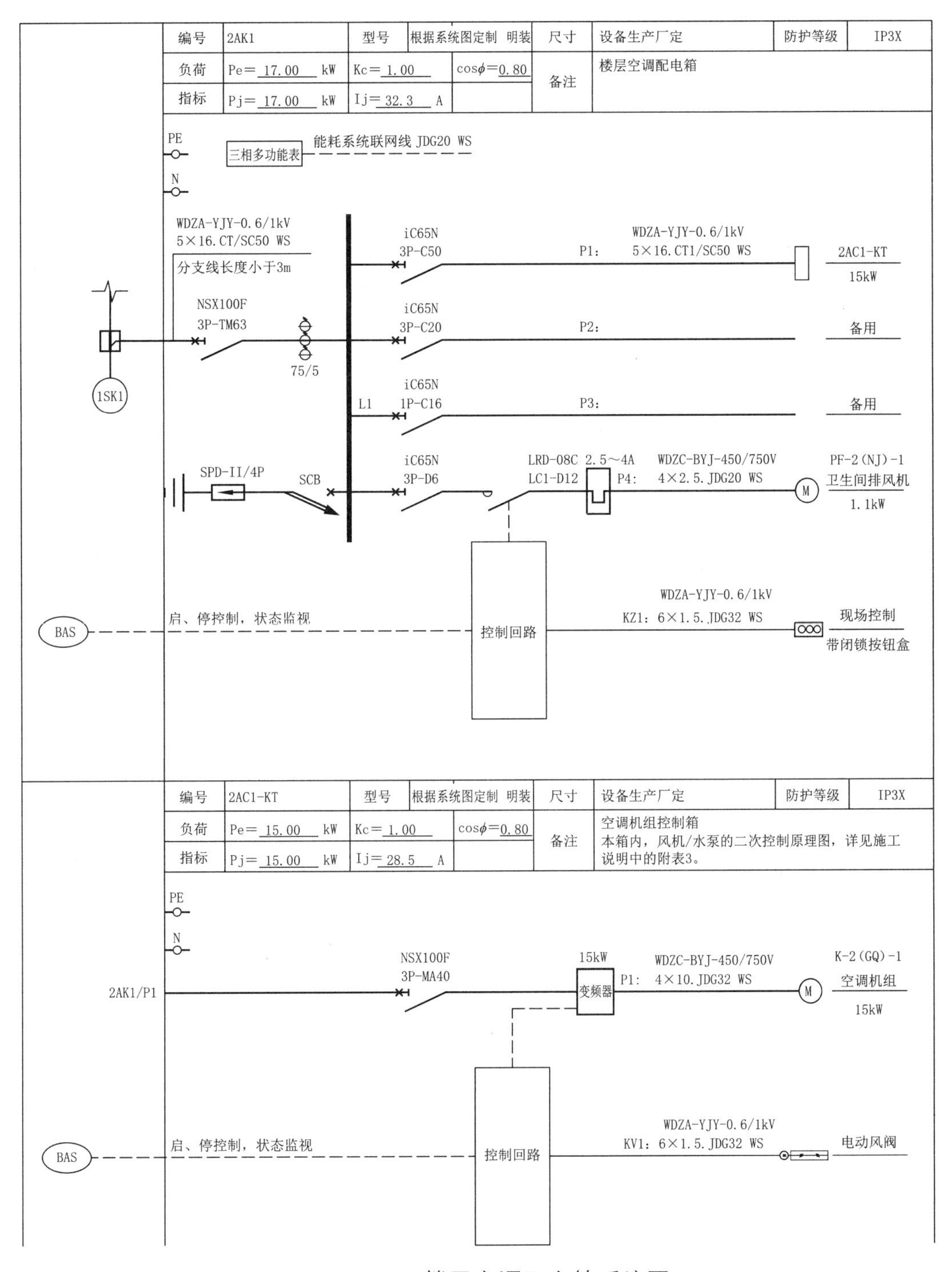

图 9.7-11 楼层空调配电箱系统图

（4）事故风机配电箱系统图见图 9.7-12，图中采用的块名见下列说明：

块 D-2.2：功率为 2.2kW，直接启动的普通电机模块。

块 DS-0.75：功率为 0.75kW，双速控制的普通电机模块。

块 IS63：额定电流为 63A 的隔离开关 +ATSE 组合模块。

块 K-AS：防水型现场控制按钮模块。

块 K-EN：事故通风控制按钮模块。

块 F-G：气体灭火控制模块。

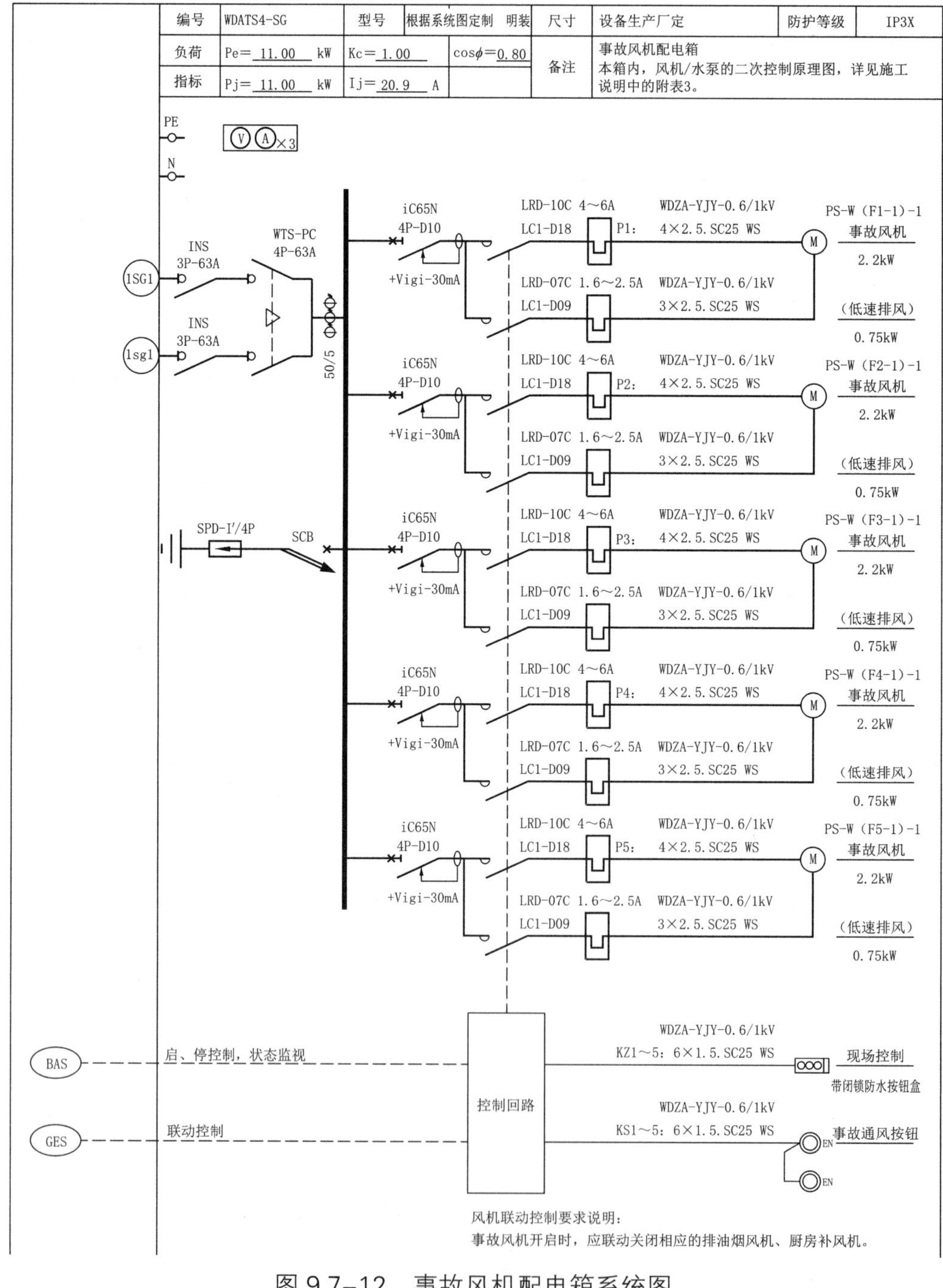

图 9.7-12　事故风机配电箱系统图

（5）排油烟风机配电箱系统图见图 9.7-13，图中采用的块名见下列说明：

块 D-7.5：功率为 7.5kW，直接启动的普通电机模块。

块 D-15：功率为 15kW，直接启动的普通电机模块。

块 K-150：150° 防火阀连锁控制线模块。

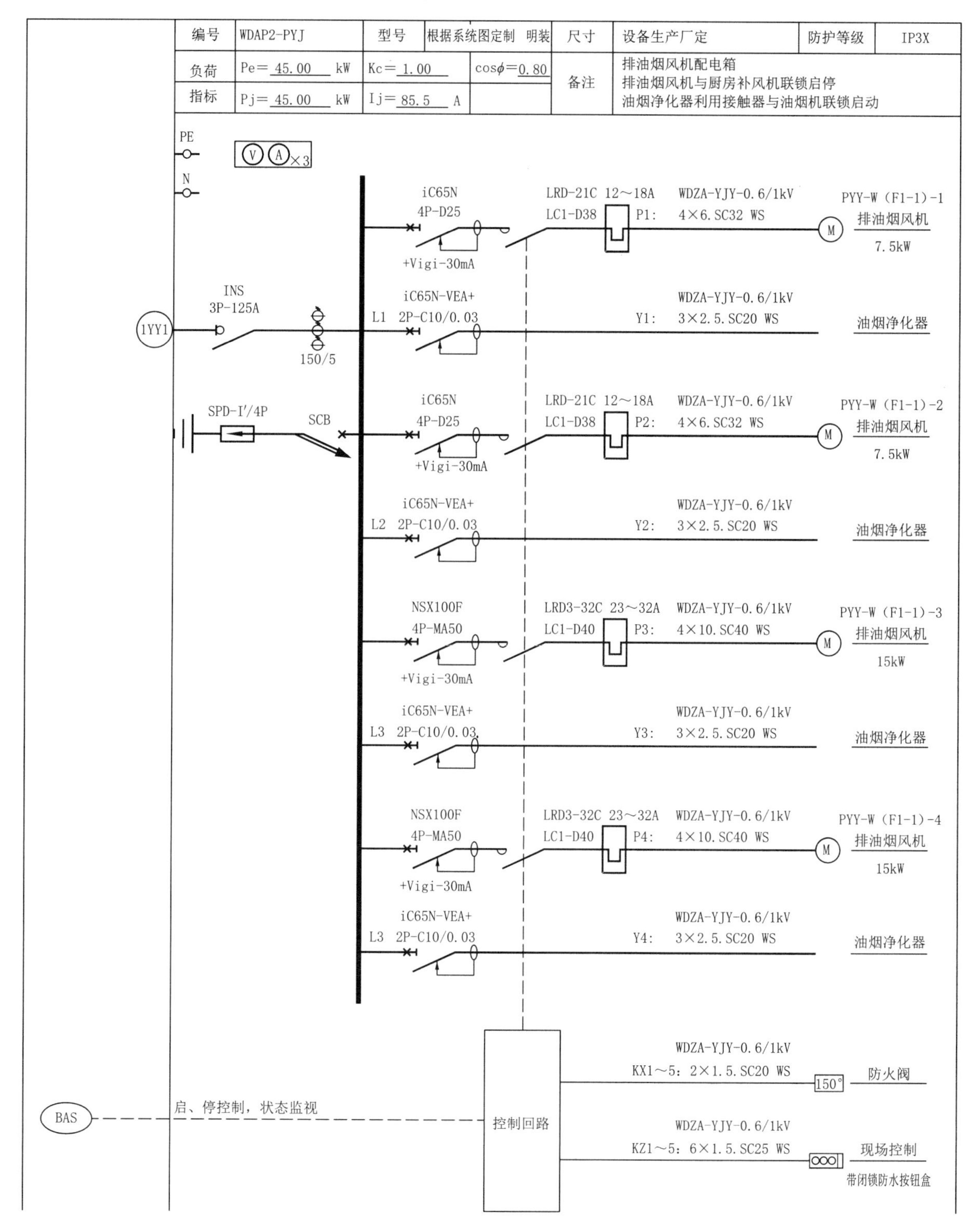

图 9.7-13　排油烟风机配电箱系统图

（6）扶梯配电箱系统图见图 9.7-14，图中采用的块名见下列说明：

块 31-40：40A MCCB 断路器与 10mm² 有机电缆采用电缆槽盒敷设时的匹配模块。

块 IS125：额定电流为 125A 的隔离开关 +ATSE 组合模块。

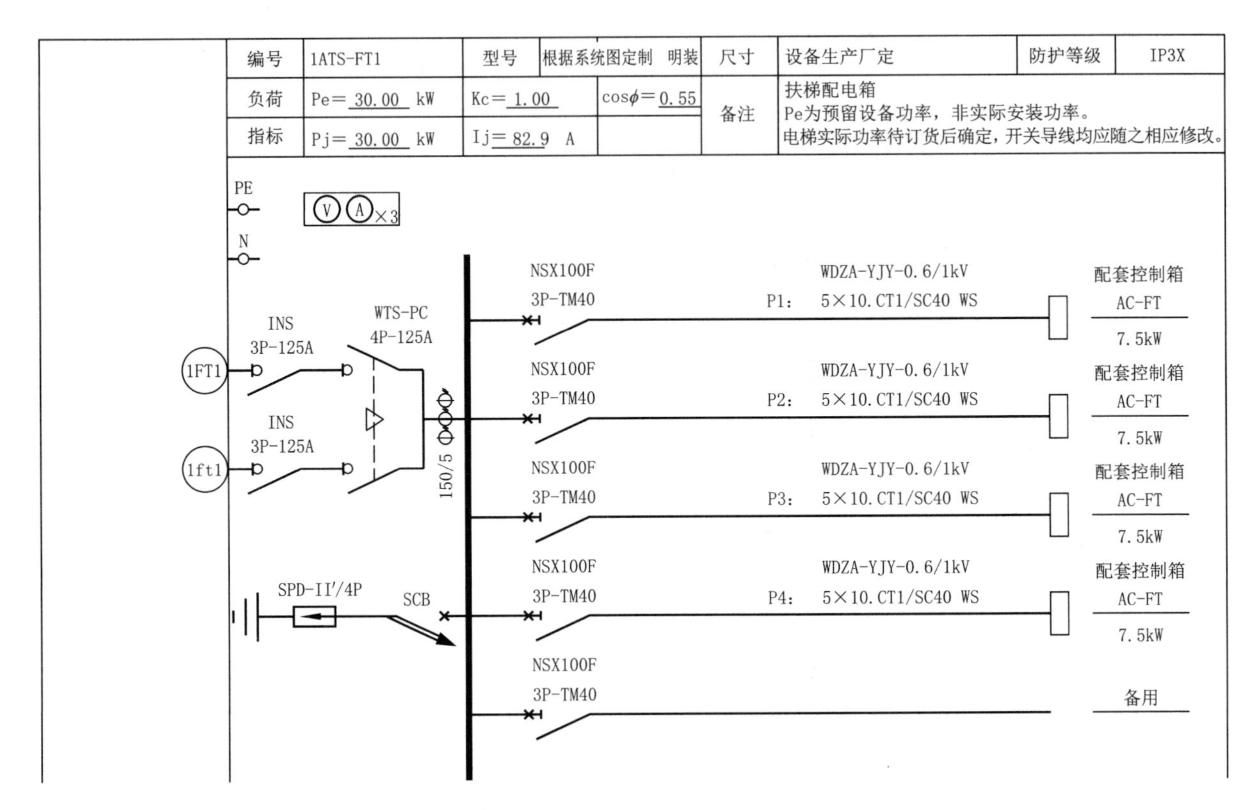

图 9.7-14　扶梯配电箱系统图

（7）无机房电梯配电箱系统图见图 9.7-15，图中采用的块名见下列说明：

块 31-63：63A MCCB 断路器与 25mm² 有机电缆采用电缆槽盒敷设时的匹配模块。

块 IS100：额定电流为 100A 的隔离开关 +ATSE 组合模块。

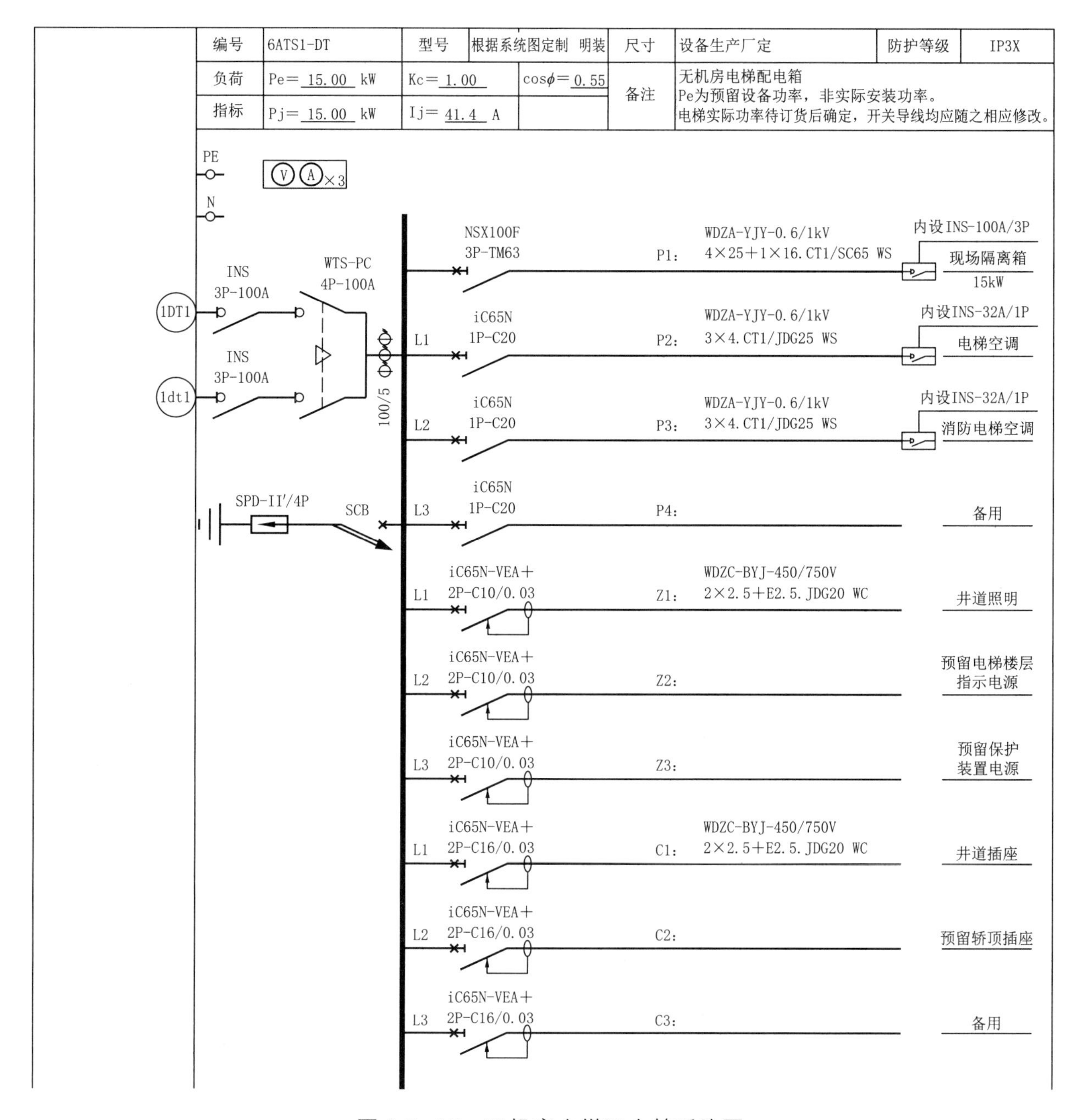

图 9.7-15　无机房电梯配电箱系统图

9.7.4　塔楼办公配电箱系统图

本书第 8.4 节（塔楼办公竖向干线）中涉及的部分配电箱系统图如下。

（1）消防电梯配电箱系统图见图 9.7-16，图中采用的块名见下列说明：

块 23-200：200A MCCB 断路器与 95mm² 矿物绝缘电缆采用防火梯架敷设时的匹配模块。

块 IS250：额定电流为 250A 的隔离开关 +ATSE 组合模块。

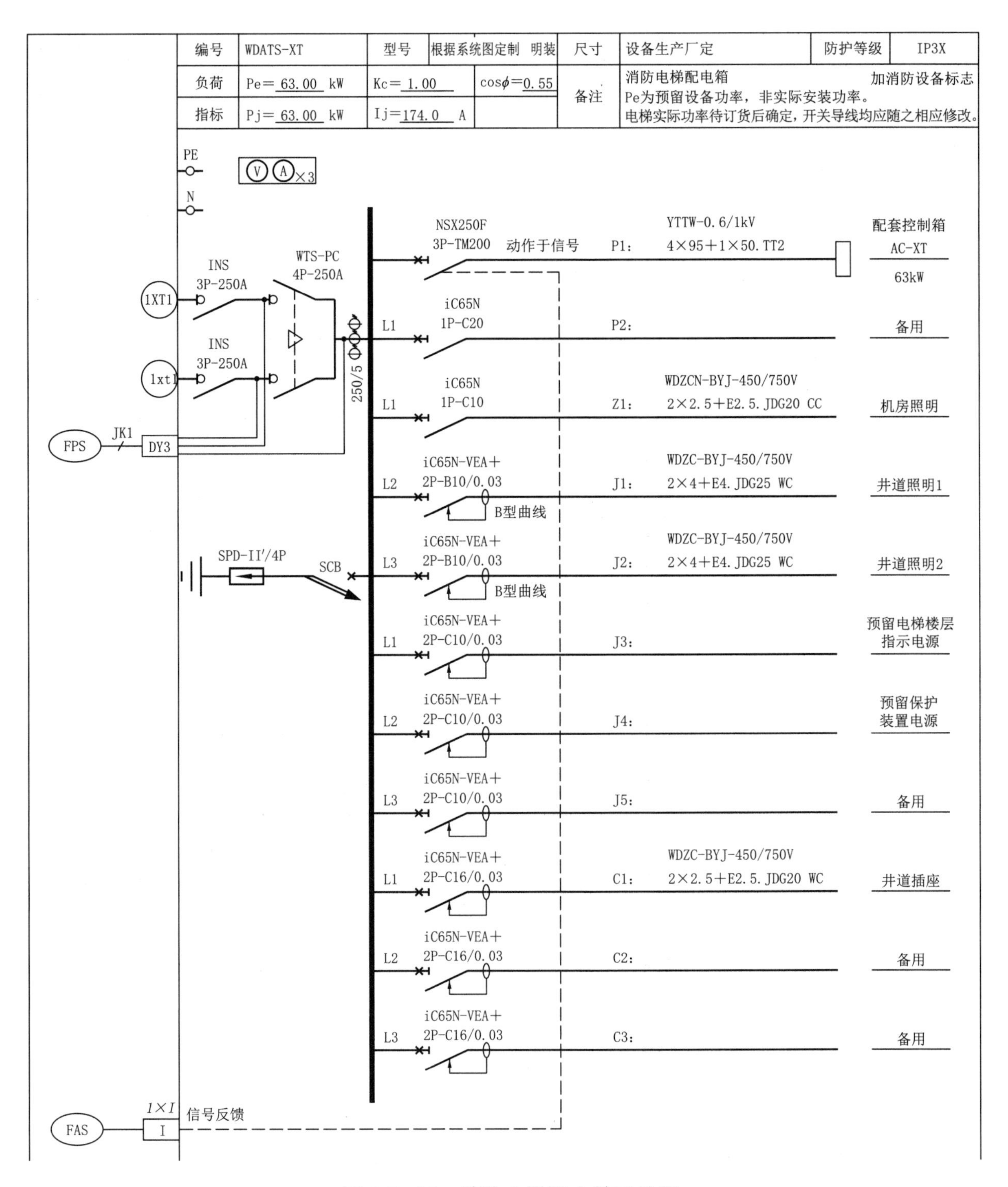

图 9.7-16　消防电梯配电箱系统图

（2）客梯配电箱系统图见图 9.7-17，图中采用的块名见下列说明：

块 21-250：250A MCCB 断路器与 150mm^2 有机电缆采用有孔托盘桥架敷设时的匹配模块。

块 IS630：额定电流为 630A 的隔离开关 +ATSE 组合模块。

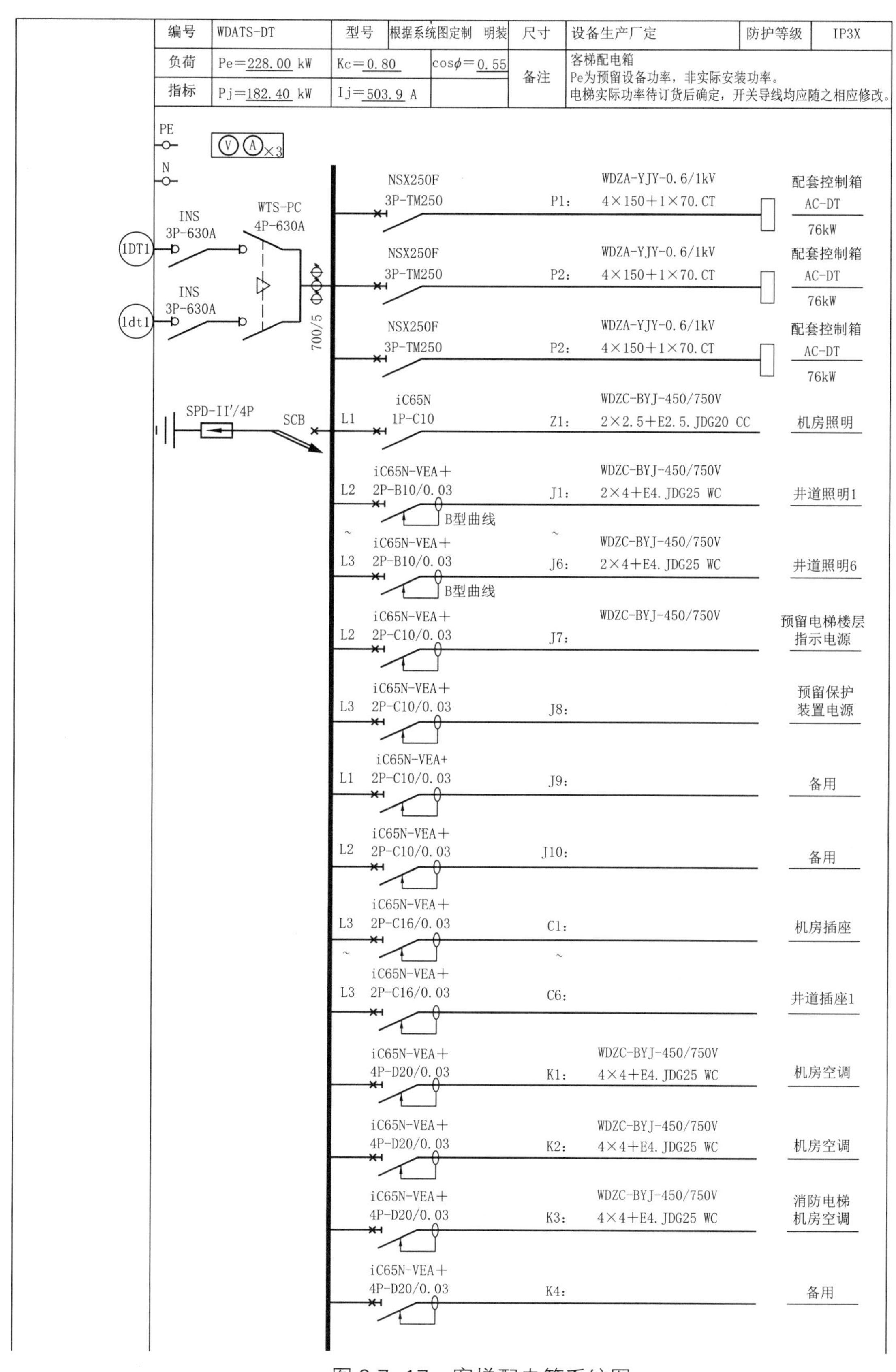

图 9.7-17　客梯配电箱系统图

9.8 配电平面图

9.8.1 一般规定

配电平面图应包括建筑门窗、墙体、轴线、主要尺寸、房间名称、工艺设备编号及容量；布置配电箱、控制箱，并注明编号；绘制线路始、终位置（包括控制线路），标注回路编号；凡需专项设计场所，其配电和控制设计图随专项设计，但配电平面图上应相应标注预留的配电箱，并标注预留容量；图纸应有比例。

9.8.2 整理建筑底图

（1）建筑底图中应保留的内容：墙、门、窗、柱、楼梯、标高、轴线号和尺寸、房间名称、柱子和剪力墙内的填充、踏步、看线、一层指北针等。

（2）建筑底图中不需要的内容：第三道尺寸标注、轴线、门窗编号、房间面积、建筑索引标注、剖断号、排水沟、降板阴影线、设备基础的填充线、车行道标注、防火卷帘门编号、坡度标注和文字、建筑专业的图例和文字说明等。

（3）建筑底图统一调整为 8 号色（不能采用 1 ~ 7 号色）；需要打灰度的建筑底图（柱子和剪力墙填、车位、洁具、家具等）调整为 250 号色。

（4）建筑底图中的文字若采用黑体、宋体、楷体、隶书等粗字体，应统一修改为细字体。

（5）建筑底图整理后 xref 参照引入，最后出图时，需将遮挡电气设备和电气文字的内容移走或删除。

9.8.3 统一样式

（1）文字样式统一采用“E–FST”，由字体 romans1 和 hztxt 组成，为中西文等高。

（2）实际字高：纯西文为 300，中文为 350，宽高比不小于 0.60。

（3）平面图打印样式统一采用“电气平面图 .ctb”，具体设置如下：电气导线按 PL 线绘制，实际线宽为 0.5；电气设备及文字采用 1 ~ 7 号色，线宽设置为 0.25；其他颜色，线宽统一为 0.15；250 号色为灰度打印，设置为 40%。

9.8.4 绘制要求

（1）配电平面图的总体要求是完整、清晰、简洁。

（2）配电平面图中应至少包括以下图块：建筑条件（时间，主要包含防火卷帘门、自动扶梯控制箱、电梯控制箱）、暖通（时间）、水条件（时间）、高压桥架、干线桥架、分支桥架、配电、进出线套管及留洞等。

（3）配电平面图中应独立设置“电气预留预埋条件块”，包括预留洞、预埋管位置和尺寸等条件，提给建筑专业的尺寸标注和文字说明单独分层，电气出图时，可关闭提资标注层。

（4）消防与非消防的配电建议采用不同颜色表示，红色为消防设备配电，绿色为非消防设备配电。

（5）桥架分为4种类型，CT：托盘桥架（敷设普通电缆，无吊顶）；CT1：电缆槽盒（敷设普通电缆，有吊顶）；CT2：具有防火保护的电缆槽盒（敷设有机耐火电缆）；TT1：梯式桥架（强电竖井内敷设普通电缆）；TT2：梯式桥架（敷设矿物绝缘电缆）。

（6）桥架采用三线制表示；引出的配电回路线应连至桥架的中间粗线；桥架应按实际尺寸绘制；在桥架分支处，均应再次标注桥架尺寸；为简化图面，桥架可不用引线标注，直接标注在上方即可；桥架标高可采用文字统一说明。

（7）电气设备和标注文字不应与剪力墙和柱子的填充部分重叠。

（8）电气的标注指引线不用断开，且指引线间不应交叉。

（9）配电间若未绘制内部详图，桥架需引入，并与对应的配电箱贯通。

（10）机房大样图仅表示本机房内的配电详图，需要与本楼层的配电平面图衔接好，如进出线位置、详图、机房进排风机、事故风机按钮、防火阀连锁线、至其他房间的配电回路等均不能遗漏。

（11）若配电箱系统图中已标注设备编号，配电平面图中的末端配电可不标注回路号。

（12）配电平面图中应表示暖通专业提资的带“L”的防火阀与风机的连锁控制线；排烟风机停止后应连锁停其对应的补风机，连锁线应有所表示或在供电桥架内穿管敷设。

（13）控制箱不在附近的电机应在现场设置按钮箱，按钮箱应有就地控制和解除远方控制的措施；若现场不便安装按钮箱时，应在设备旁设置隔离检修箱。

（14）事故通风的手动控制装置应在被保护区域（非风机安装位置）室内外便于操作的地点分别设置。

（15）消防水泵控制柜设置在专用消防水泵控制室时，其防护等级不应低于IP30；与消防水泵设置在同一空间时，其防护等级不应低于IP55；控制柜若是落地安装，平面图应注明基础高度300mm；控制柜与水泵在同一个房间内布置且距离较近，可不设置就地按钮。

（16）配电平面图中应勿遗漏消防水泵的连锁起泵线：湿式报警阀压力开关连锁启动喷淋泵；消火栓系统出水干管上的低压压力开关、高位消防水箱出水管上设置的流量开关或报警阀压力开关连锁启动消火栓泵。

（17）消防水池应设置两个液位计：应有就地水位显示装置，并将水源过低信号引至水泵控制柜报警；应在消防控制中心或值班室等地点设置显示消防水池水位的装置，同时应有最高和最低报警水位。

（18）应与水专业明确，消防稳压泵是否自带配套控制柜，若是配套控制柜，控制柜应归于水专业提资块中，配电至控制柜，并注明出线设备配套；若不是配套控制柜，应供电至电机，并设压力信号连锁线。

9.8.5 典型配电平面图

（1）地下车库配电平面图（局部）见图 9.8-1。

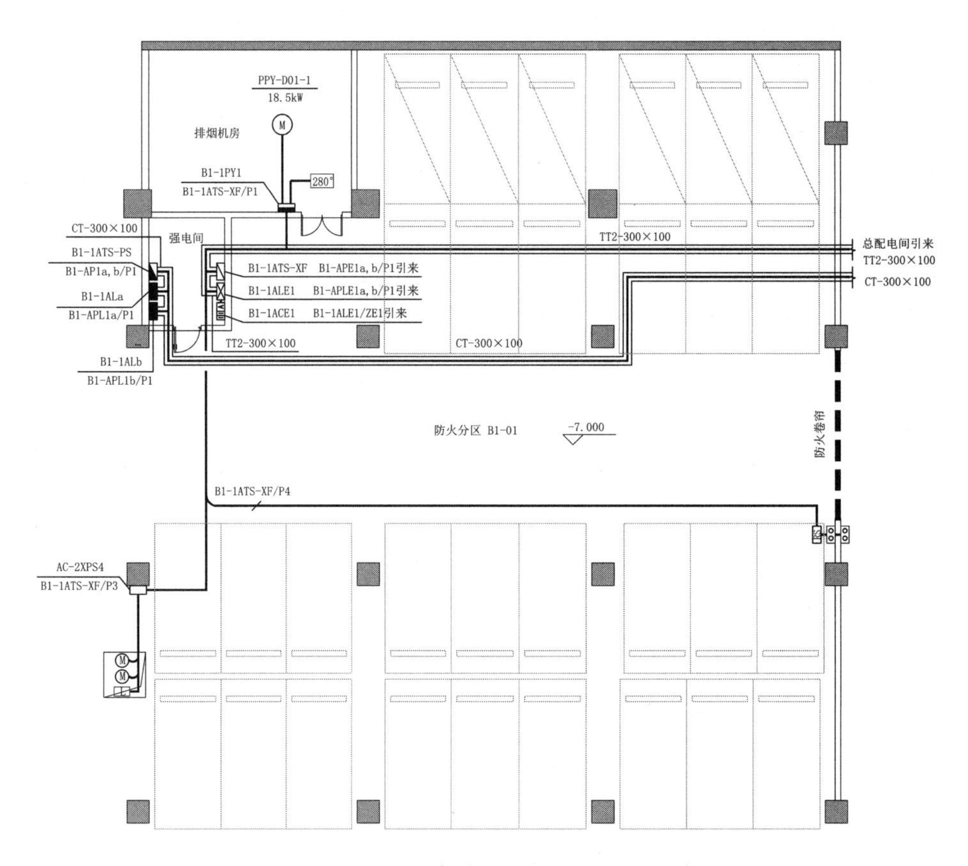

图 9.8-1 地下车库配电平面图（局部）

（2）地下车库总配电间布置详图见图 9.8-2。

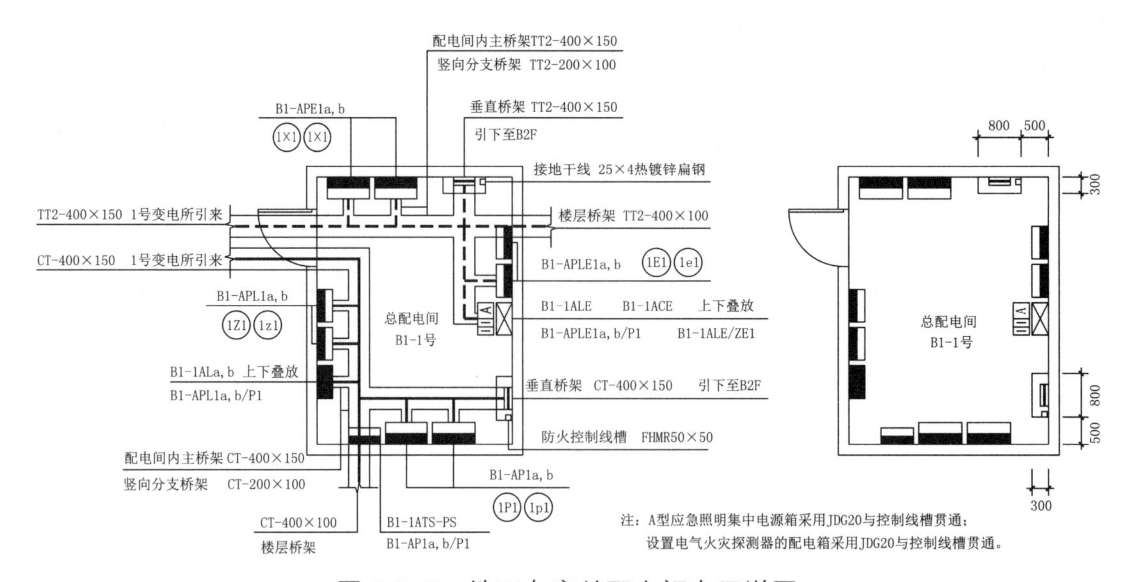

图 9.8-2 地下车库总配电间布置详图

（3）裙房商业配电平面图（局部）见图 9.8-3。

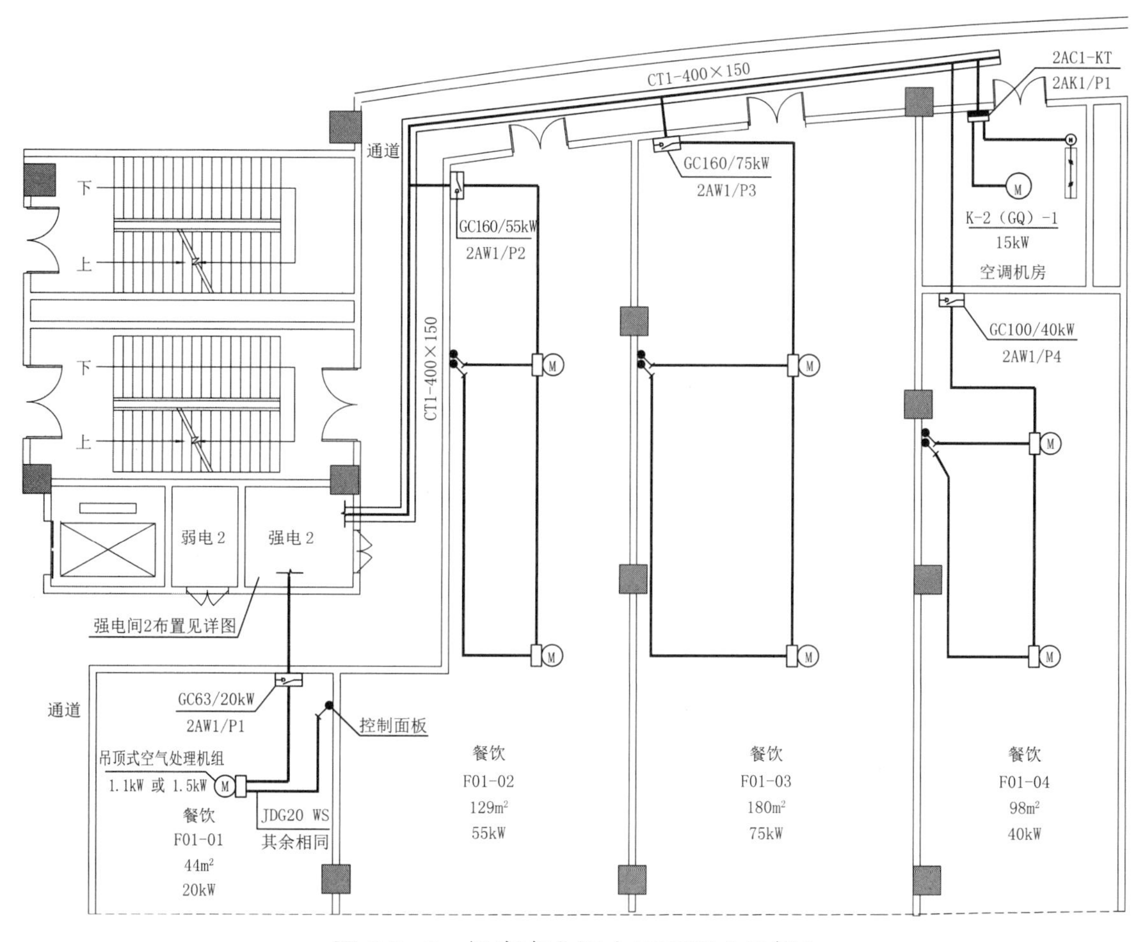

图 9.8-3 裙房商业配电平面图（局部）

（4）裙房商业强电间电布置详图见图 9.8-4。

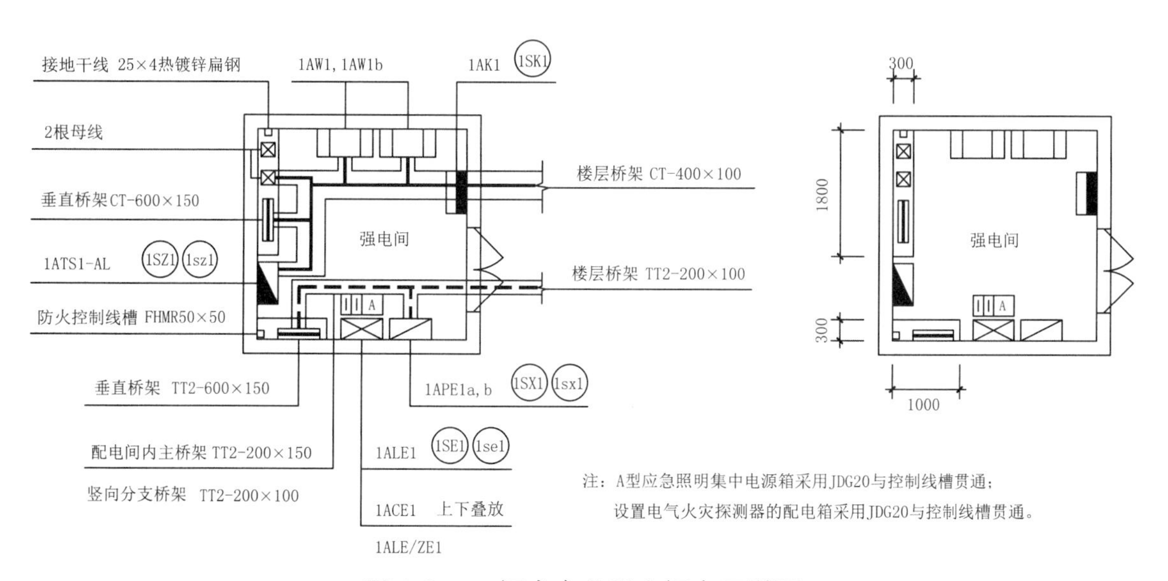

图 9.8-4 裙房商业强电间布置详图

（5）塔楼办公配电平面图（局部）见图 9.8–5。

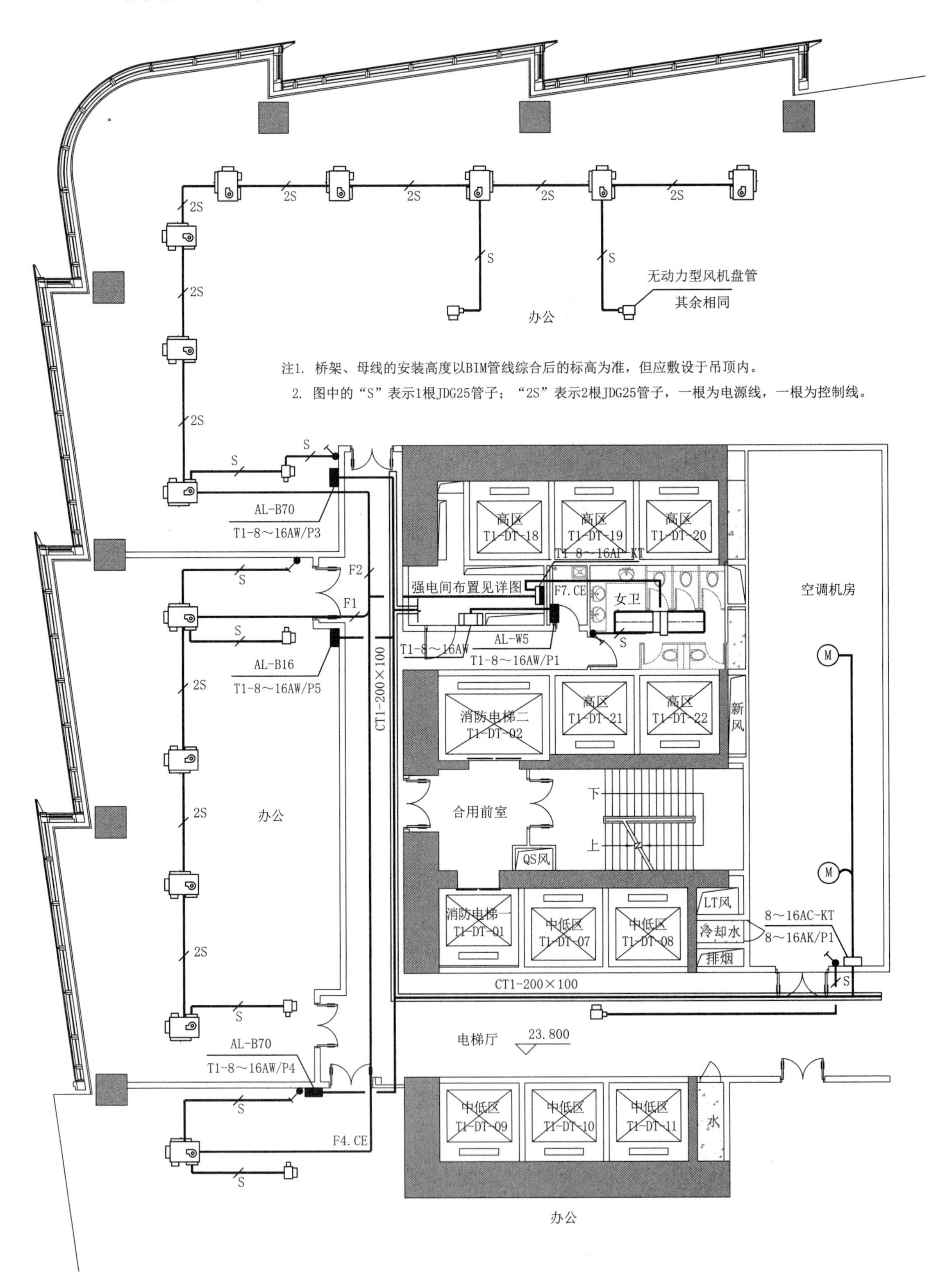

图 9.8–5　塔楼办公配电平面图（局部）

（6）塔楼办公强电间电布置详图见图 9.8–6。

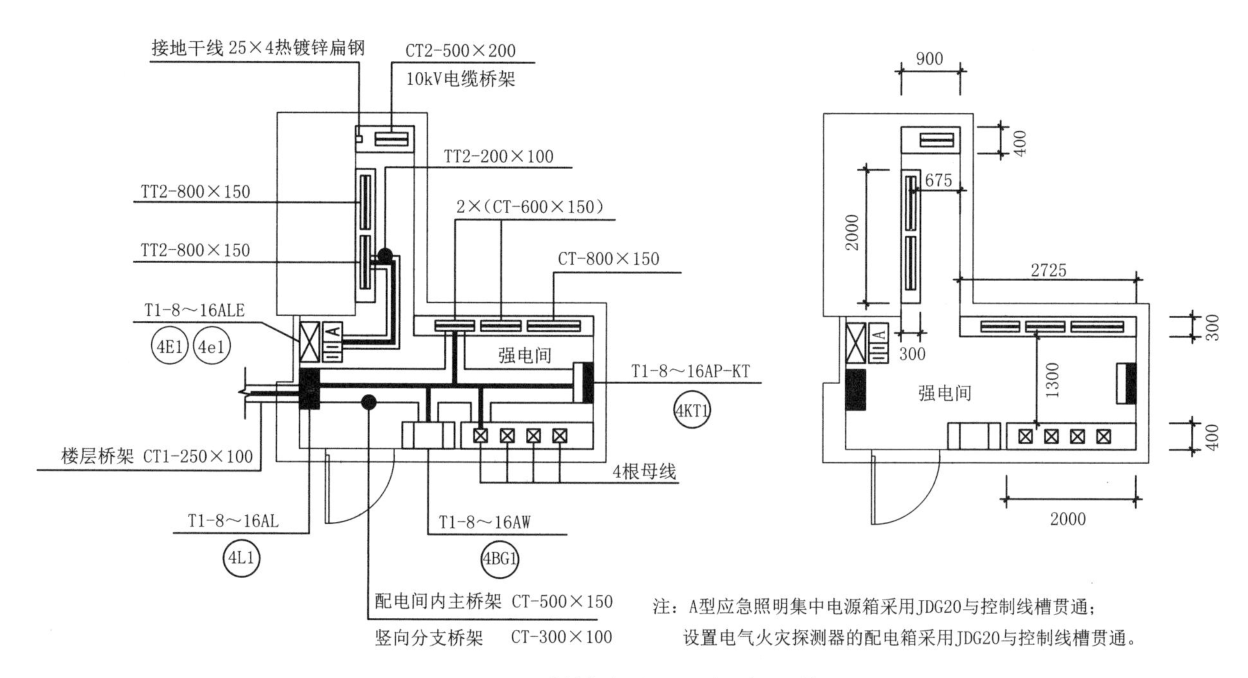

图 9.8–6　塔楼办公强电间布置详图

第 10 章

照明系统和平面

10.1 地下车库照明系统

（1）应急照明配电箱系统图见图 10.1-1。

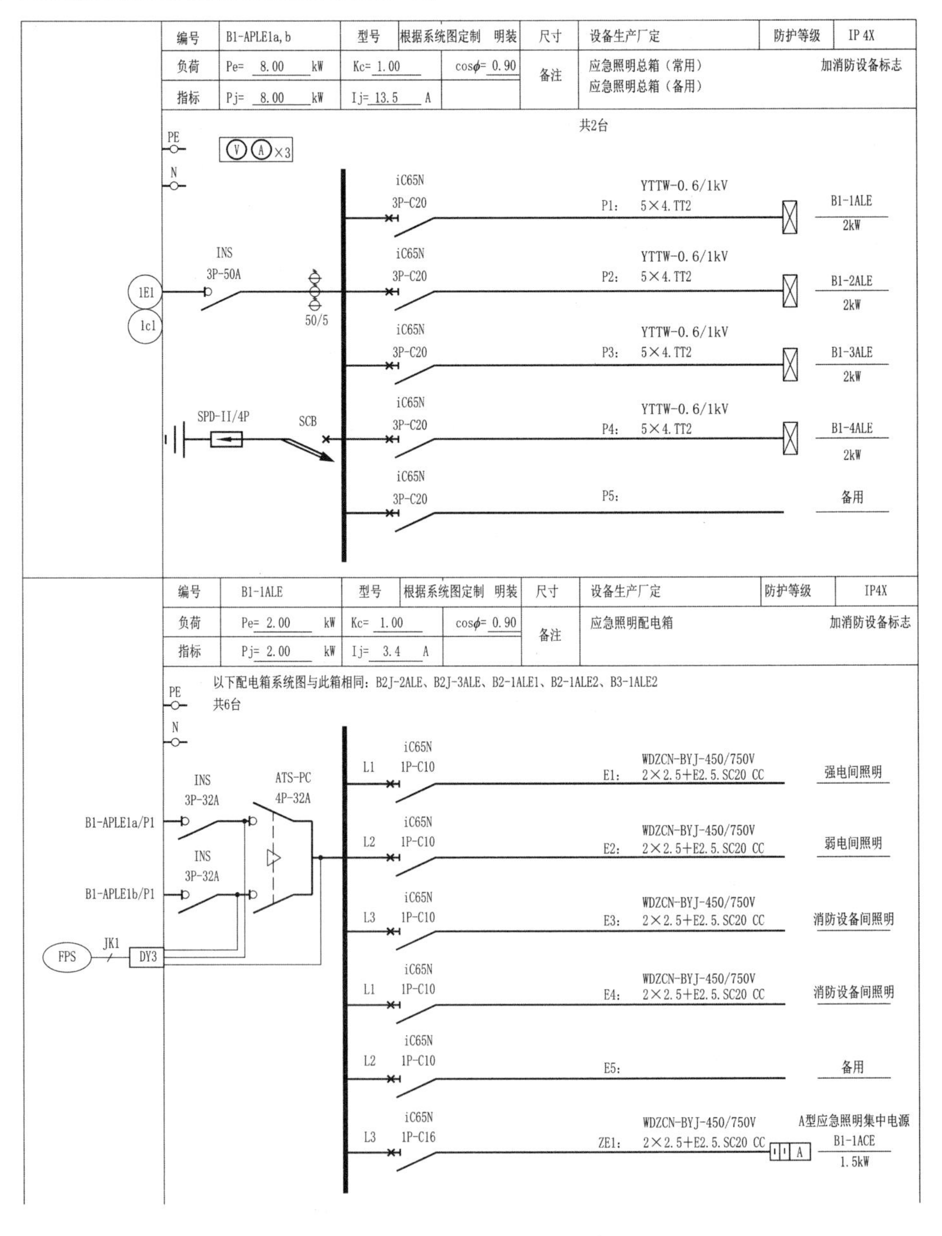

图 10.1-1　应急照明配电箱系统图

（2）一般照明总箱系统图见图 10.1–2。

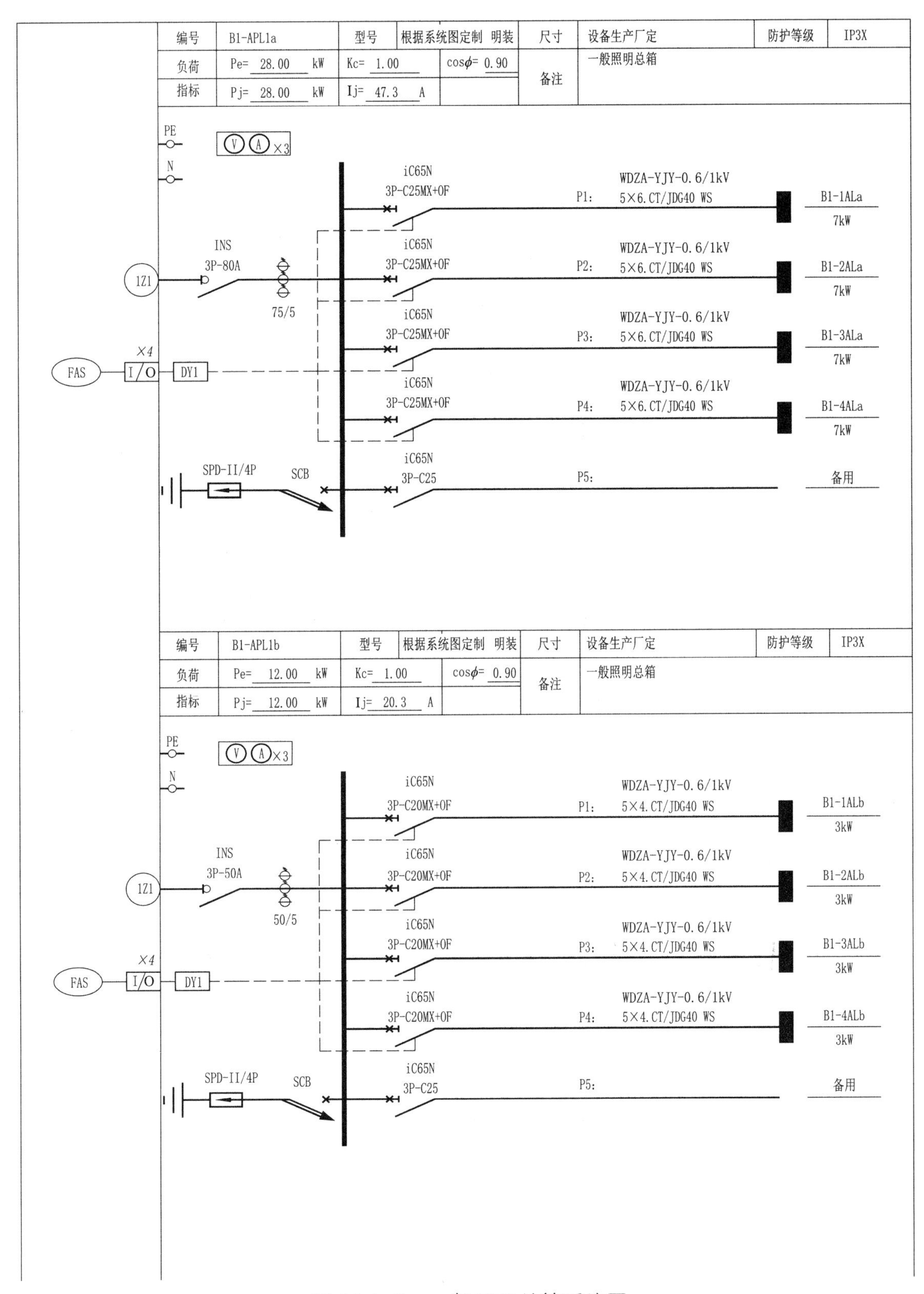

图 10.1–2 一般照明总箱系统图

（3）面积为 4000m² 的防火分区的一般照明配电箱系统图见图 10.1-3。

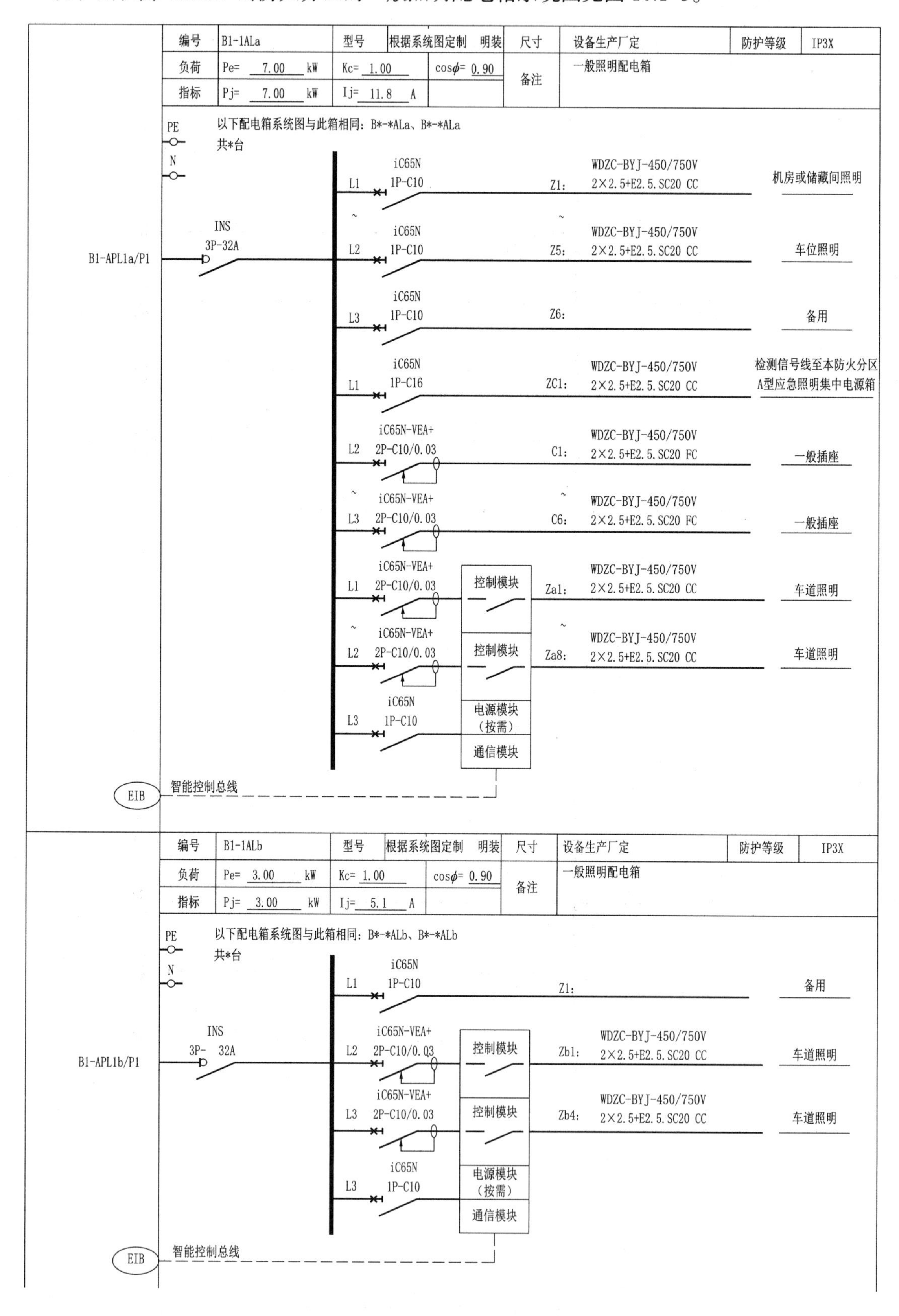

图 10.1-3　一般照明配电箱系统图（4000m² 防火分区）

（4）面积为 $2000m^2$ 的防火分区的一般照明配电箱系统图见图 10.1–4。

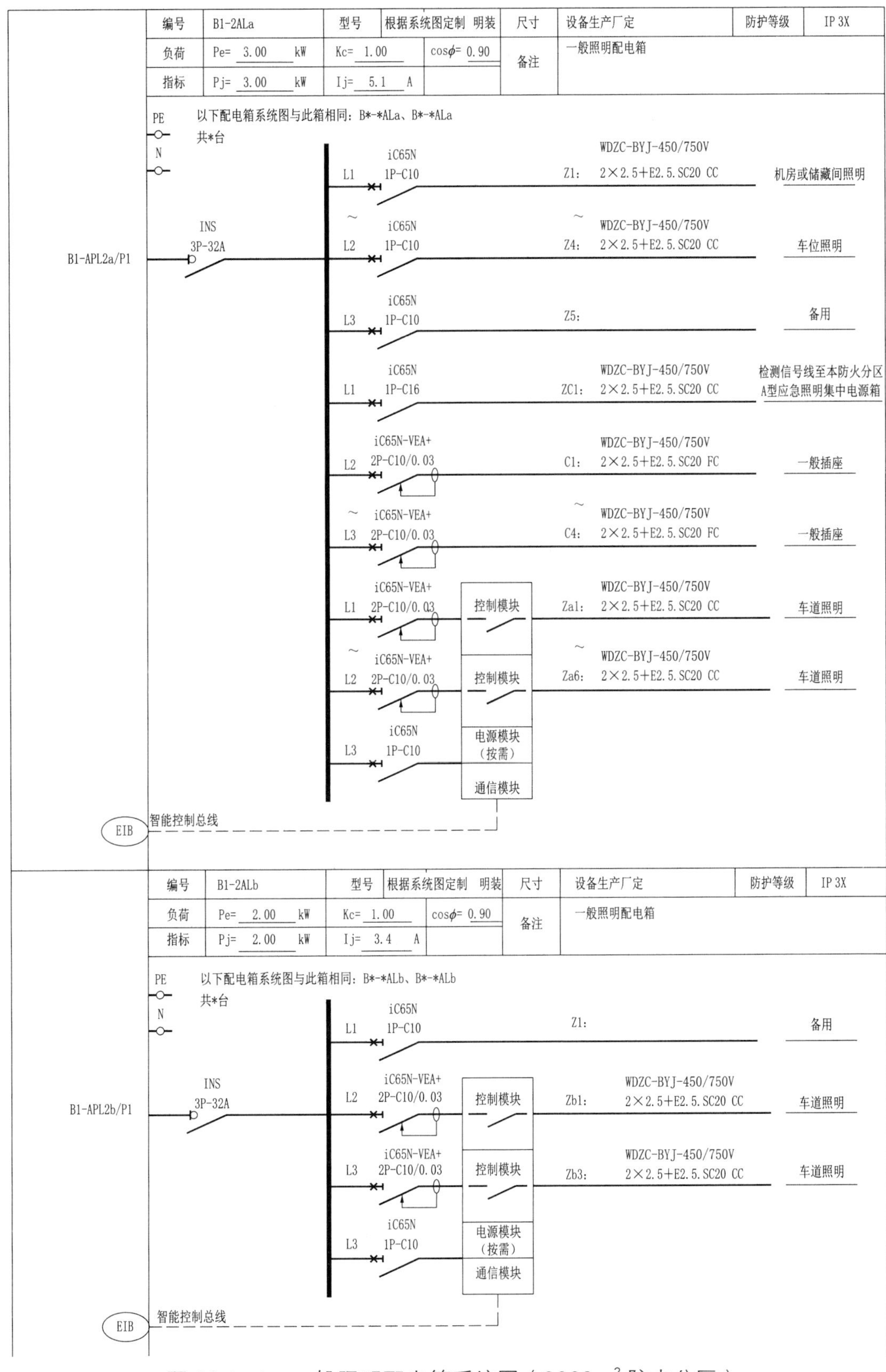

图 10.1–4　一般照明配电箱系统图（$2000m^2$ 防火分区）

（5）人防区防护单元的一般照明配电箱系统图见图 10.1-5。

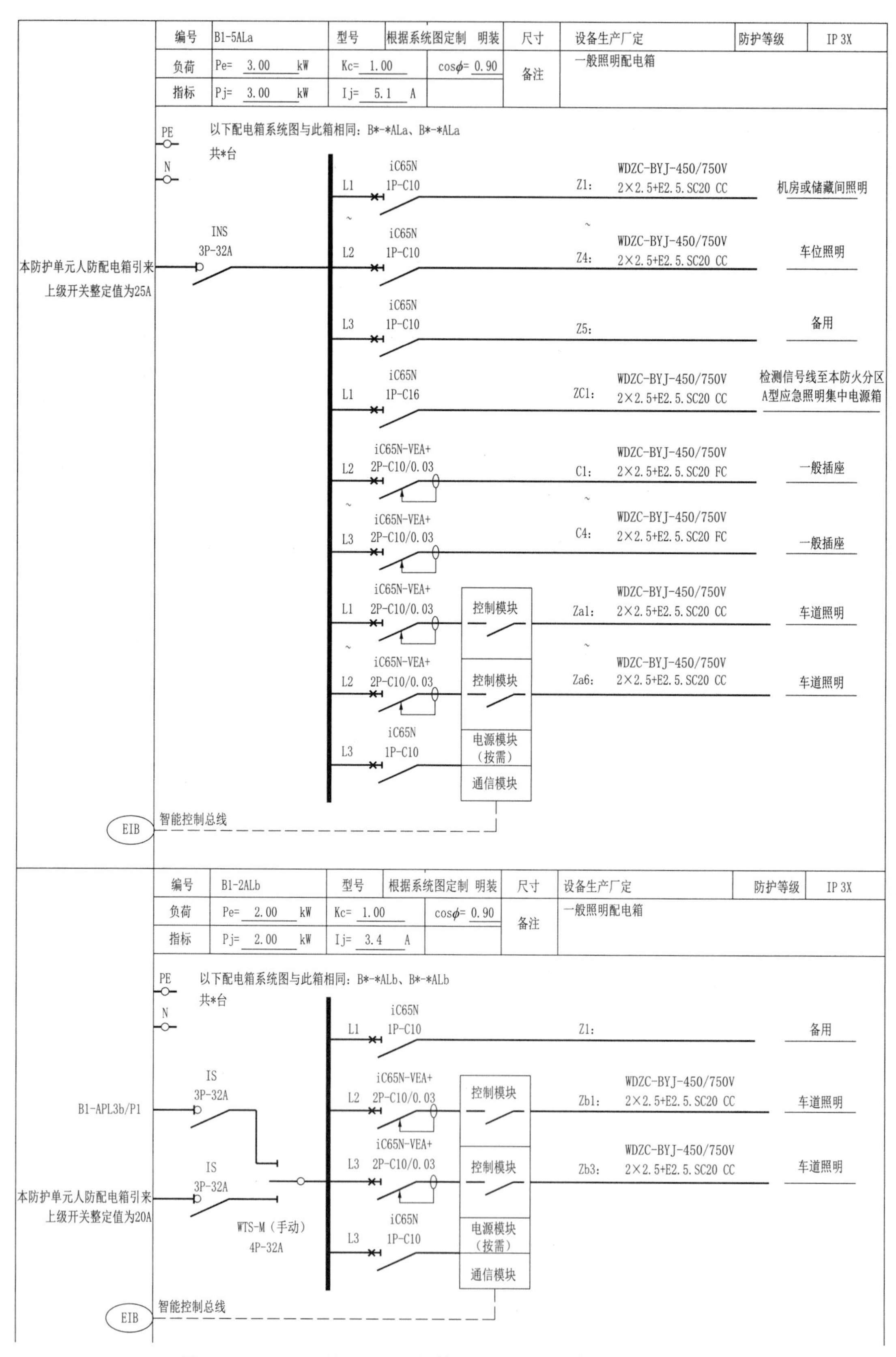

图 10.1-5 一般照明配电箱系统图（人防区防护单元）

（6）A 型应急照明集中电源系统图见图 10.1-6，裙房商业和塔楼办公的系统图与此相同。

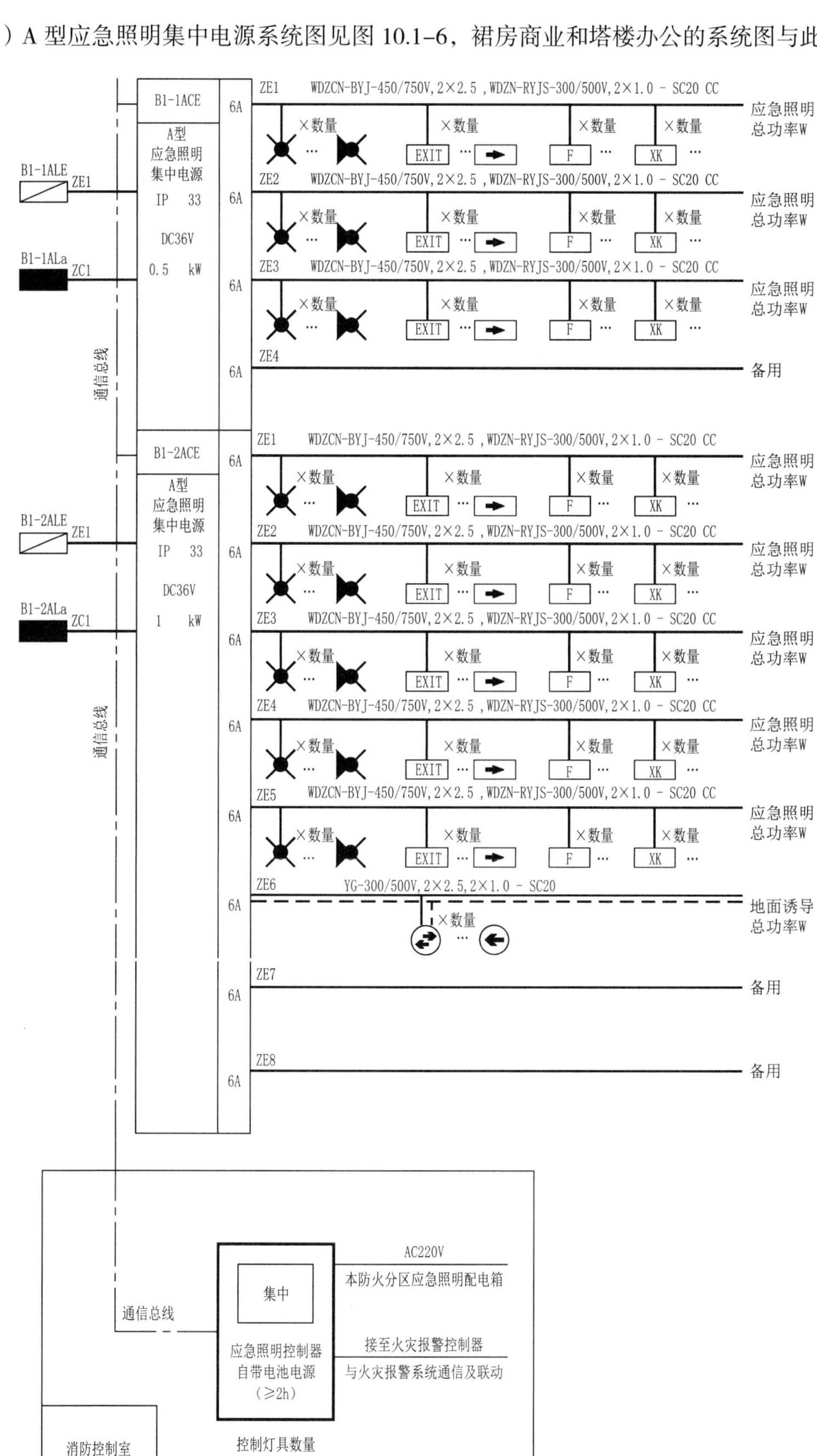

图 10.1-6　A 型应急照明集中电源系统图

10.2 裙房商业照明系统

（1）公共照明为一级负荷时，其配电箱系统图见图 10.2-1。

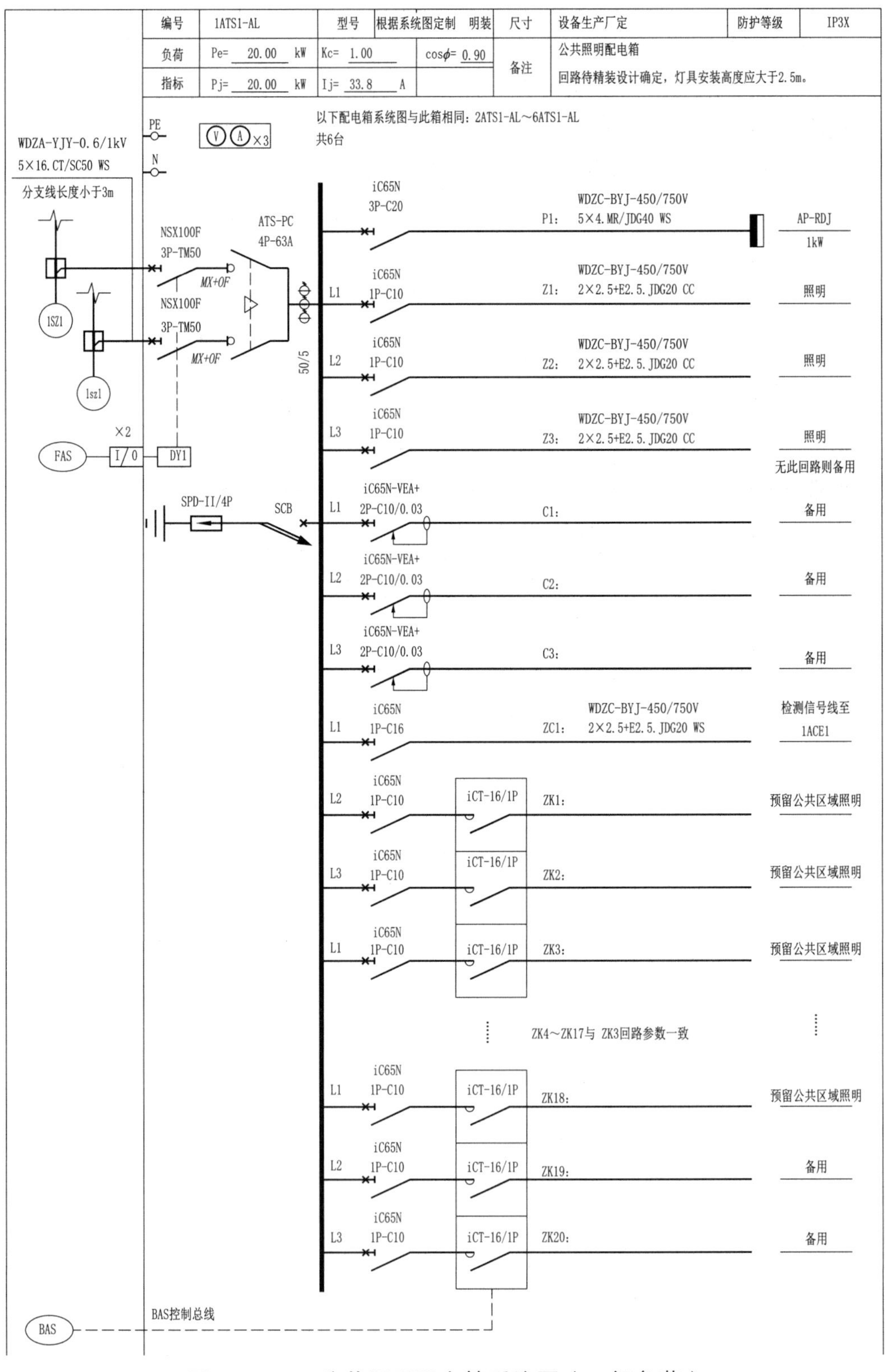

图 10.2-1 公共照明配电箱系统图（一级负荷）

（2）公共照明为二级负荷时，其总箱和配电箱系统图见图 10.2–2、图 10.2–3。

（3）塔楼办公的照明系统与裙房商业类似，不再赘述。

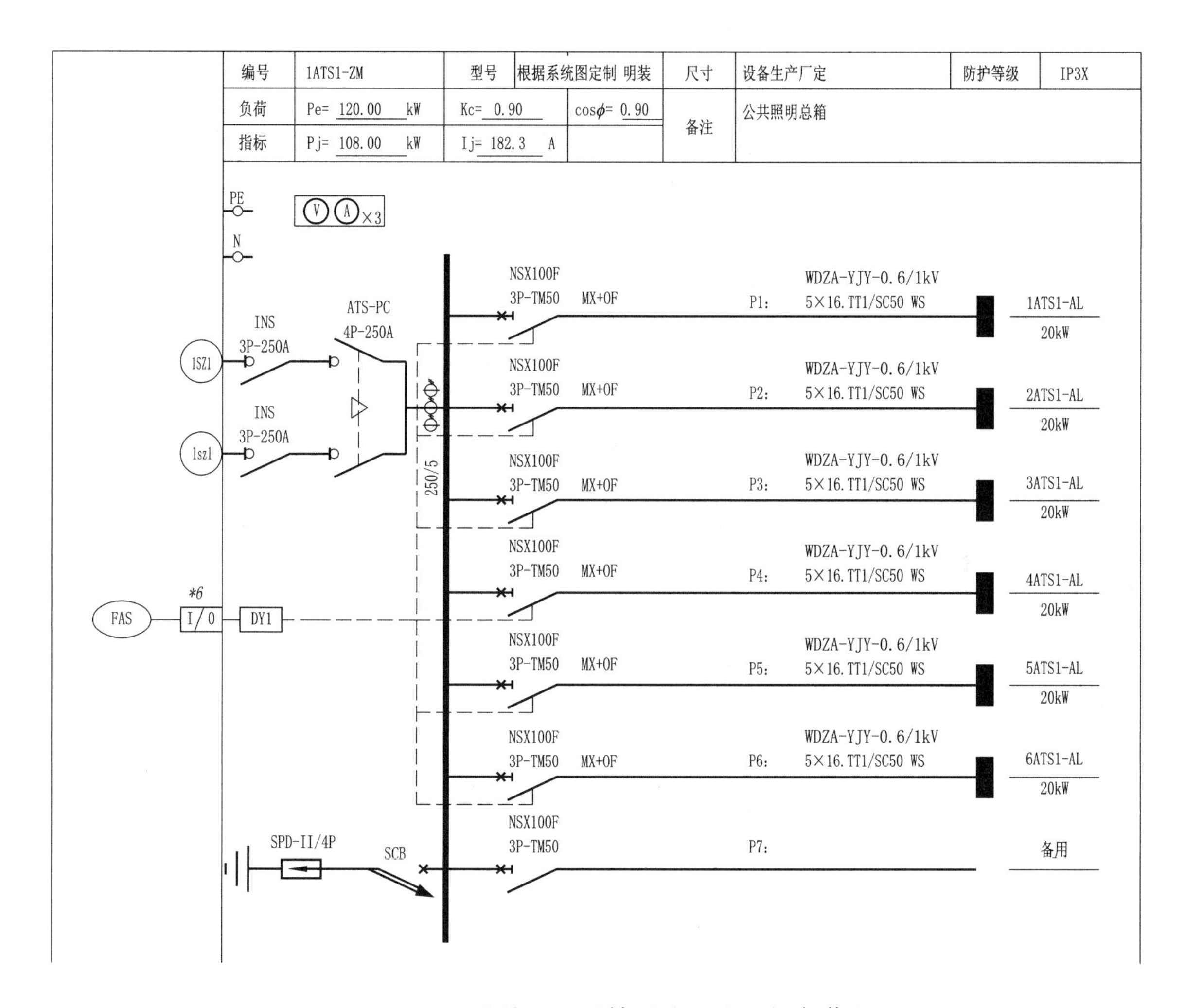

图 10.2–2　公共照明总箱系统图（二级负荷）

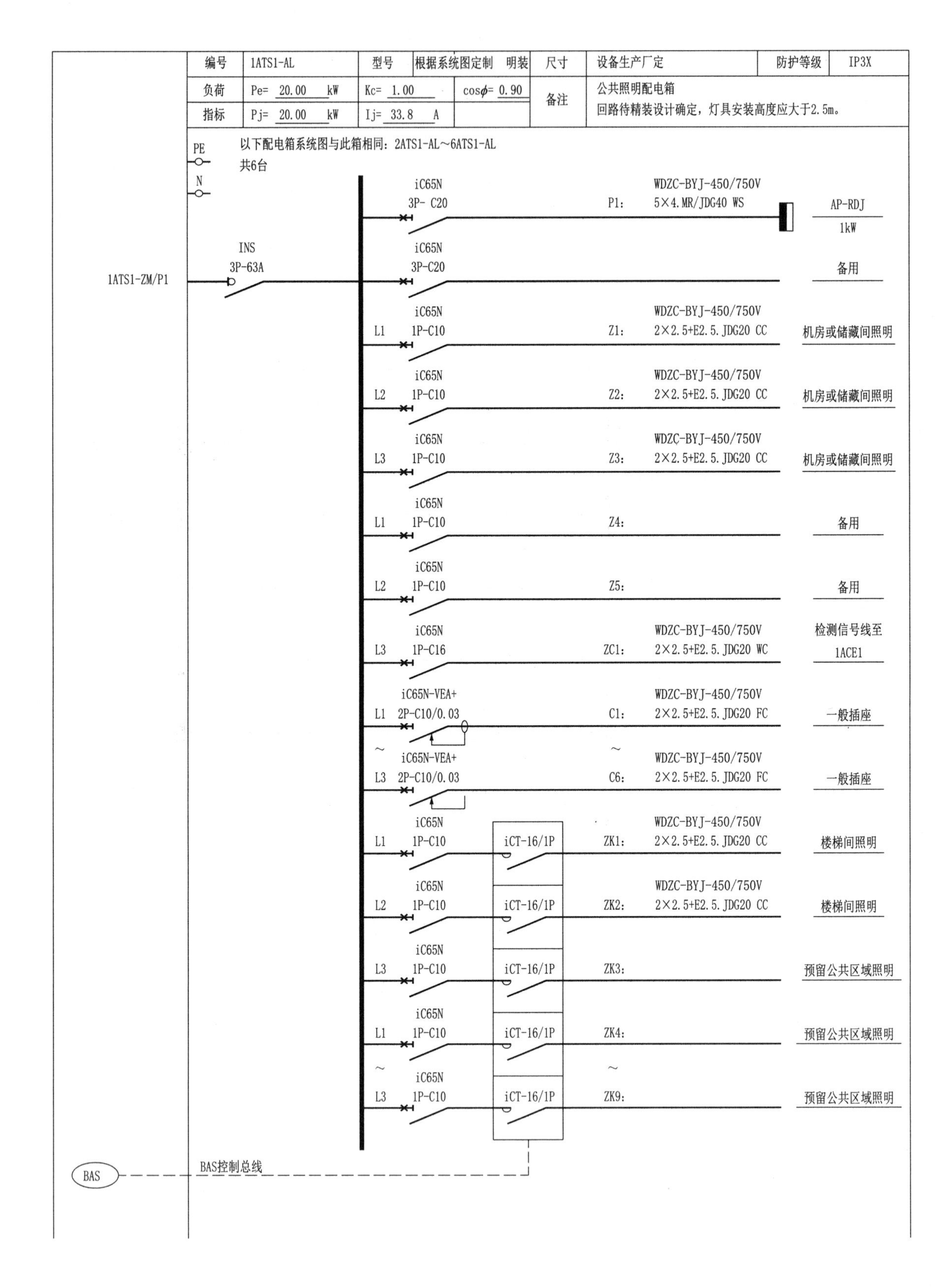

图 10.2–3 公共照明配电箱系统图（二级负荷）

10.3 照明平面图

10.3.1 一般规定

照明平面图应包括建筑门窗、墙体、轴线、主要尺寸、标注房间名称、绘制配电箱、灯具、开关、插座、线路等平面布置，标明配电箱编号，干线、分支线回路编号；凡需二次装修部位，其照明平面图及配电箱系统图由二次装修设计，但配电或照明平面图上应相应标注预留的照明配电箱，并标注预留容量；图纸应有比例。

10.3.2 地下车库照明平面图

地下车库照明平面图（局部）见图 10.3-1。

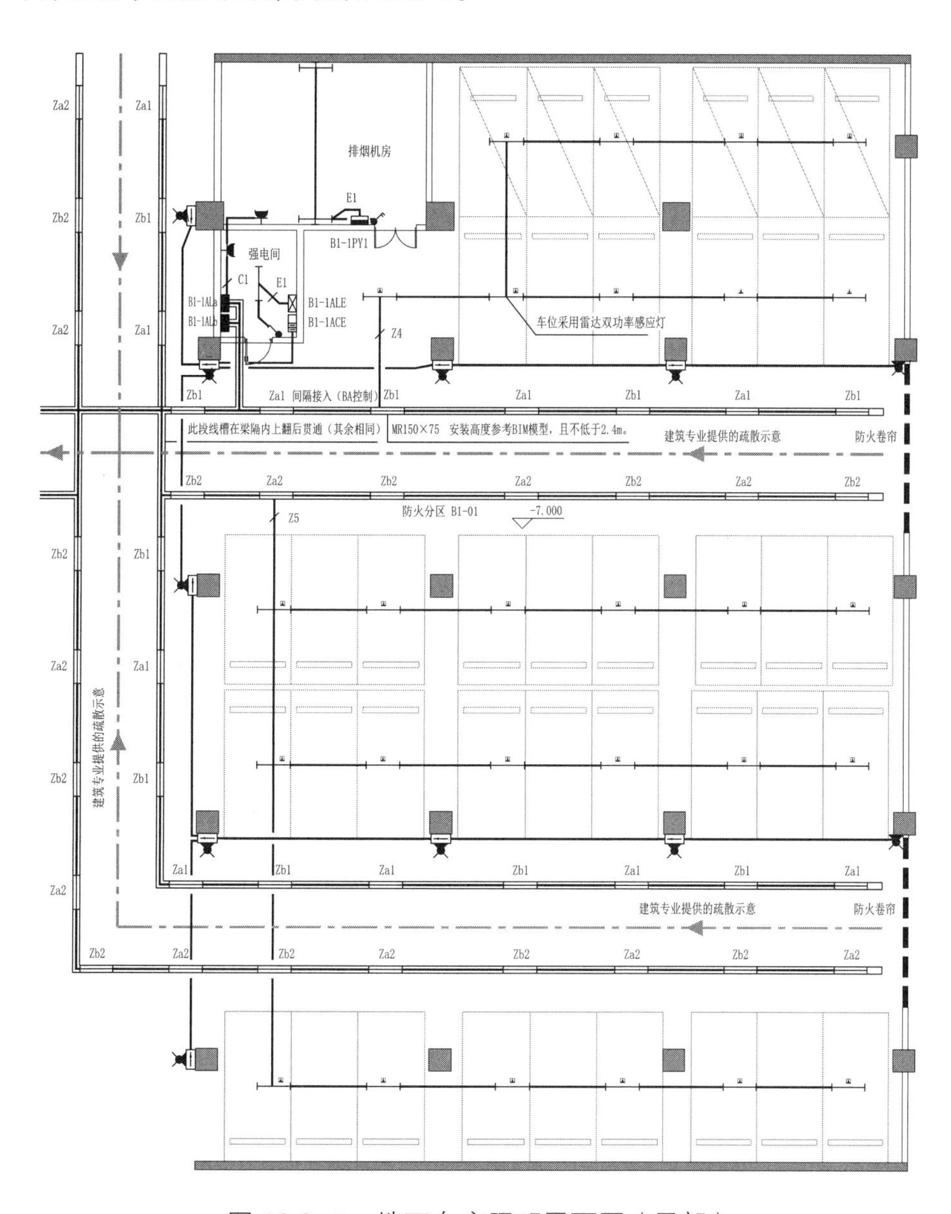

图 10.3-1 地下车库照明平面图（局部）

10.3.3 塔楼标准层照明平面图

塔楼标准层照明平面图（局部）见图 10.3-2。

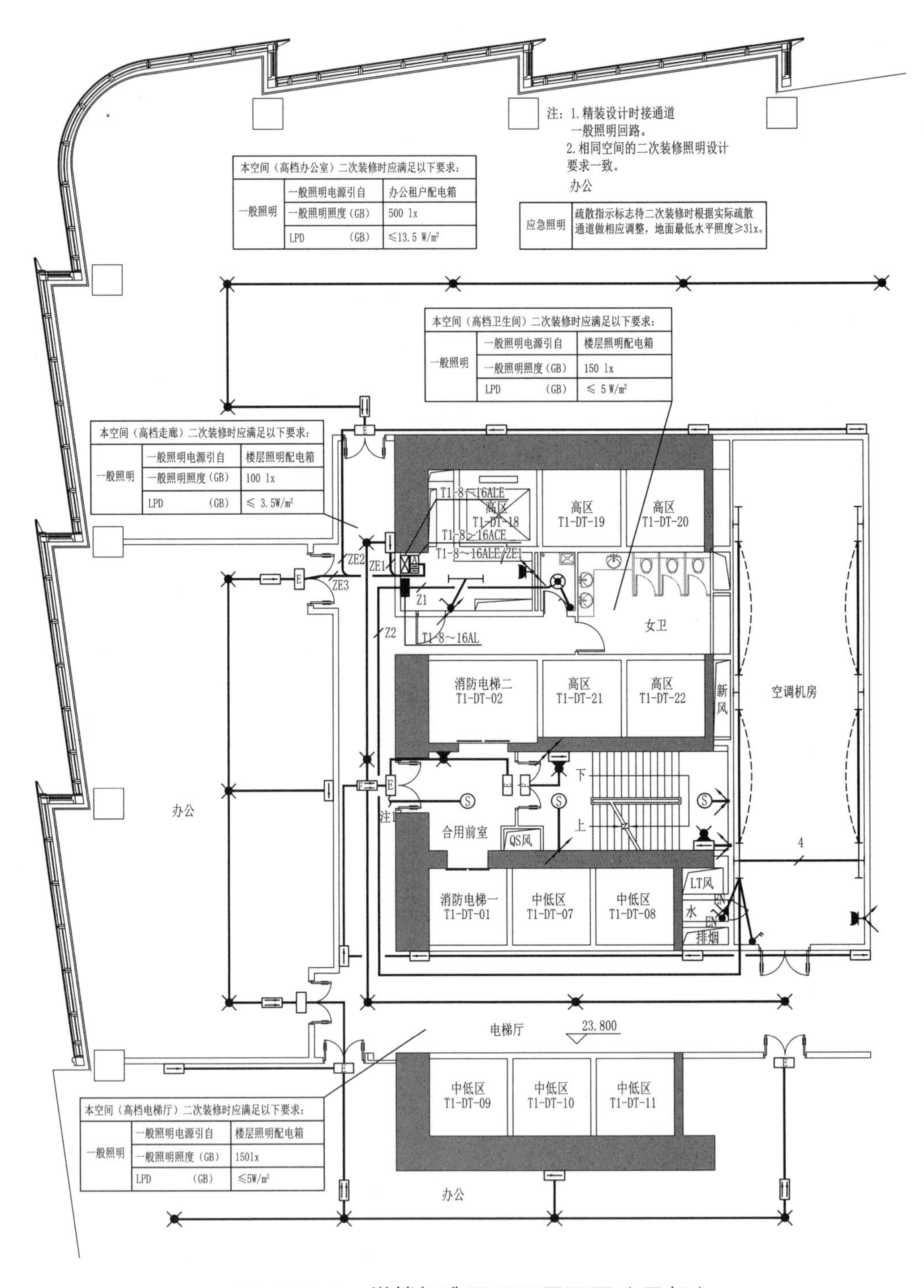

图 10.3-2 塔楼标准层照明平面图（局部）

10.3.4　塔楼避难层照明平面图

塔楼避难层照明平面图（局部）见图 10.3-3。

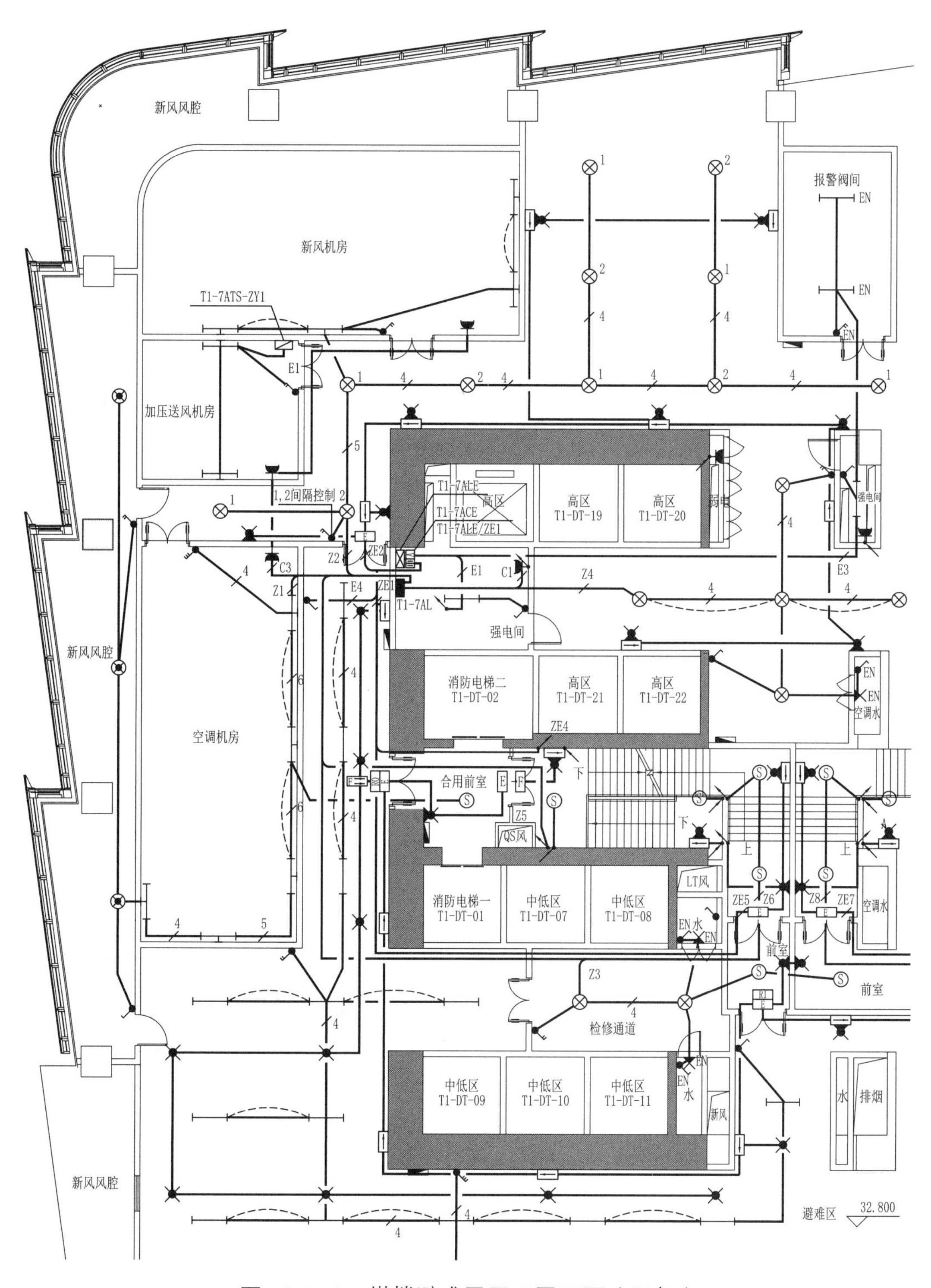

图 10.3-3　塔楼避难层照明平面图（局部）

第 11 章 消防系统和平面

11.1 一般概述

随着国民经济实力的发展与提高，各行各业对于涉及人民群众生命财产安全的相关法律、法规和技术标准都在逐步健全与完善。近年来《火灾自动报警系统设计规范》GB 50116—2013、《建筑设计防火规范》GB 50016—2014（2018 年版）、《消防应急照明和疏散指示系统技术标准》GB 51309—2018、《民用建筑电气设计标准》GB 51348—2019、《建筑电气与智能化通用规范》GB 55024—2022 等与消防系统相关的规范陆续发布执行。为方便建筑电气消防相关从业人员正确理解和应用上述消防规范，合理地设计"火灾自动报警系统"及"消防联动控制系统"，笔者通过对国内生产和经销火灾自动报警系统及消防联动控制系统企业的了解，结合长期总结的设计经验、施工安装落地配合经验，坚持两大设计原则：一是合理设计火灾自动报警系统，预防和减少建筑火灾危害，保护人身和财产安全；二是遵循国家有关方针、政策、规范、标准，针对保护对象的特点，做到安全可靠、技术先进、经济合理。制定本章火灾自动报警系统设计模板，依托本案例展示给广大读者。

11.2 火灾自动报警系统概述

火灾自动报警系统是一个大的象征性的系统概念，本案例涵盖了火灾自动报警及消防设备联动控制系统、消防专用电话系统、消防应急广播及火灾警报系统、电气火灾监控系统、防火门监控系统、消防电源监控系统、可燃气体报警系统、消防应急照明和疏散指示系统、消防电源及其配电系统、余压监控系统、消防电气接地系统等。系统间彼此互联互通，火灾自动报警系统逻辑示意图见图 11.2-1。在了解各系统前，给大家引入一个概念——二总线：将供电线和信号线合二为一，实现了信号和供电共用一个总线的技术，二总线可供现场设备供电，无须再布设电源线，通信距离可达 1000m，接线无极性、任意拓扑。下面展开叙述本案例的各电气消防系统。

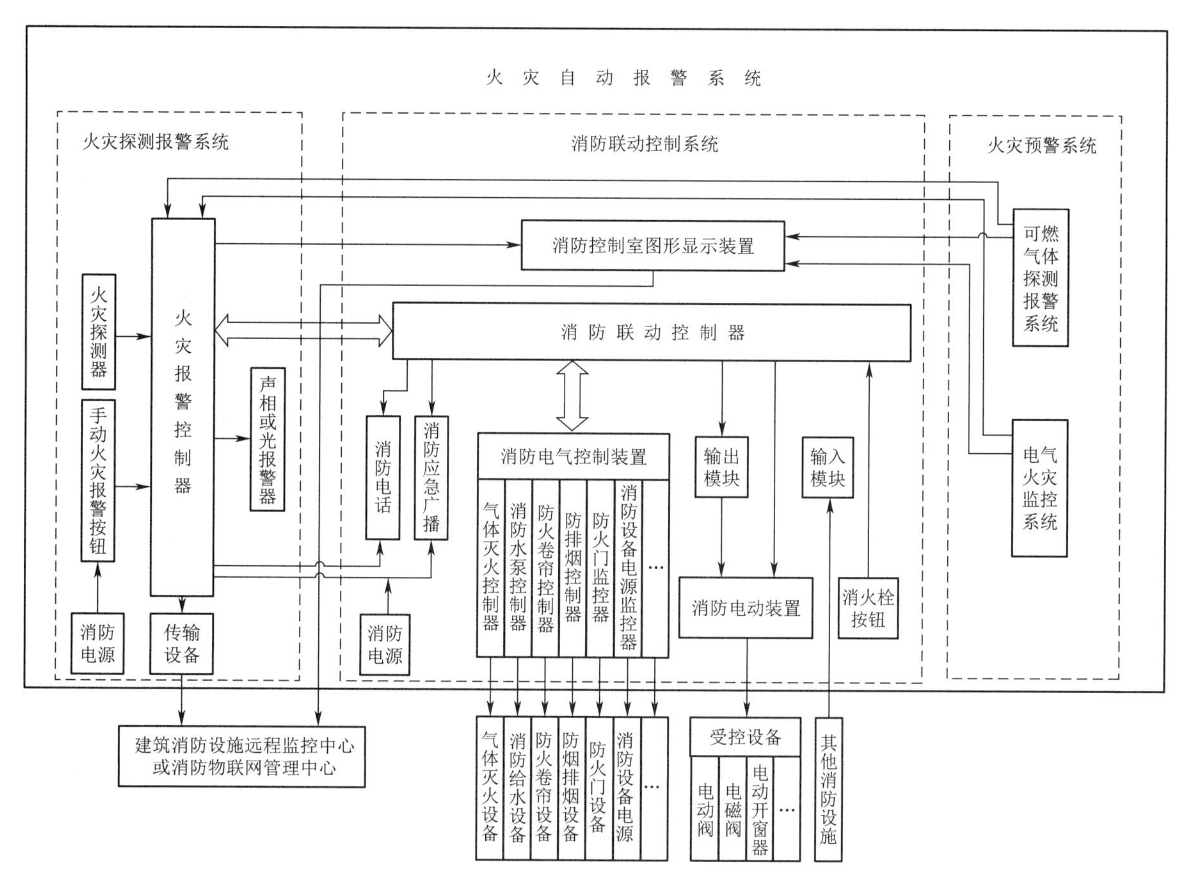

图 11.2-1　火灾自动报警系统逻辑示意图

11.2.1　火灾自动报警及消防设备联动控制系统

本工程采用控制中心报警系统，在地下一层设置一个消防总控室、两个消防分控室。消防总控室带地上 T1 塔楼、商业和地下车库。消防分控室 1 带地上 T2 销售塔楼。消防分控室 2 带市政通道部分。总控室和分控室均设置 300mm 架空地板，并按要求设置防水门槛。

1. 消防控制室设计要点及要求

（1）消防控制室须待安防等其他各弱电及智能化系统深化设计后，由智能化总承包商根据本设计要求进行统一深化设计（包括设备布置、照明、控制室内配电、布线、防静电地板及接地等）。深化设计时必须满足本设计要求：与智能化设备分区域设置；设备面盘前的操作距离，单列布置时不应小于 1.5m，双列布置时不应小于 2m；值班人员工作的一面，盘前距墙不小于 3m；盘后维修距离及侧面均不小于 1m。盘面排列长度大于 4m 时，两端应设置不小于 1m 宽的通道。报警控制器落地安装，采用 8 号槽钢基础抬高与架空地板平齐。

（2）消防控制室内图形显示装置显示信息必须能显示《火灾自动报警系统设计规范》GB 50116—2013 附录 A 规定的全部消防系统及相关设备动态信息和附录 B 规定的消防安全管理信息，预留通信接口（TCP/IP、RS485 或 OPC），要求具有向远程监控系统传输《火灾自动报警系统设计规范》GB 50116—2013 附录 A 和附录 B 规定的有关信息的功能，同时预留向上一级接处警中心报警的通信接口。

（3）方案、初步设计、施工图设计阶段和后期深化落地安装时，严禁消防控制室内穿过与消防设施无关的电气线路及管路。

（4）消防控制室的显示与控制、信息记录、信息传输，应符合现行国家标准《消防控制室通用技术要求》GB 25506 的有关规定。消防控制室深化设计完成后，应由各系统承包商提供相应的竣工图纸、各分系统控制逻辑关系说明、设备使用说明书、操作规程、应急预案、值班制度、维护保养制度及值班记录等文件资料。

（5）单个项目消防系统作为子系统独立运行，需与当地城市消防报警系统联网。消防系统主机预留 4 个 RS232 接口，协议开放，通过传输设备将报警信息、故障信息、消防主机联动信息实时上传至当地城市消防报警系统。预留智能化管理系统接口。

（6）消防控制室应能实时显示消防水池、屋顶消防水箱的水位状态。采用的液位仪应至少具有高、低、超低水位报警功能，报警水位也可根据实际项目配置，如溢流水位信号也可采入报警系统。

2. 火灾自动报警与联动控制

（1）在消防（兼安防）控制中心显示所有火灾报警信号和联动控制状态信号，并能直接控制重要的消防设备（消防水泵、防排烟风机等）。消防联动控制器按设定的控制逻辑向各相关的受控设备发出联动信号，并接受相关设备的联动反馈信号。各受控设备接口的特性参数必须与消防联动控制器发出的联动信号箱匹配。需要火灾自动报警系统联动控制的消防设备，其联动触发信号应采用两个独立的报警触发装置报警信号的“与”逻辑组合，或人工确认火灾，如两个独立的火灾探测器或一个火灾探测器与一个手动火灾报警按钮的报警信号等。消防水泵、防烟和排烟风机的控制设备，采用消防系统联动控制，并能在消防控制室设置的手动（多线）控制盘手动直接控制。特别提醒，当下市场上存在消防风机、消防水泵等动力设备在实现联动控制和手动控制时共用一组线缆的产品，仅在消防控制室终端做了联动和手控的区分，此种情况是十分危险的，动力设备的联动和手控启动必须是严格分开的系统布线，启动电流较大的消防设备还应分时启动。

（2）自动喷淋泵控制：联动控制方式，应由湿式报警阀压力开关的动作信号作为触发信号，直接控制启动喷淋泵，联动控制不受消防联动控制器处于自动或手动状态的影响。手动控制方式，消防控制中心手动（多线）控制盘直接手动控制喷淋泵的启动、停止。水流指示器、信号阀、压力开关、喷淋泵启动和停止的动作信号应反馈至消防联动控制器。消防泵房可现场手动启动、停止喷淋泵。

（3）消火栓泵控制：联动控制方式，应由消火栓系统出水干管上设置的低压压力开关、高位消防水箱出水管上设置的流量开关或报警阀压力开关等信号作为触发信号，直接控制启动消火栓泵，联动控制不受消防联动控制器处于自动或手动状态的影响。当设置消火栓按钮时，消火栓按钮的动作信号应作为报警信号及启动消火栓泵的联动触发信号，由消防联动控制器联动控制消火栓泵的启动。手动控制方式，消防控制中心手动（多线）控制盘直接手动控制消火栓泵的启动、停止。消火栓泵启动和停止的动作信号应反馈至消防联动控制器。消防水泵房可现场手动启动、停止消火栓泵。

（4）气体灭火系统控制：开关站、变配电所设置（类型：七氟丙烷）成套气体灭火系统。气体灭火系统由专用的气体灭火控制器控制。同一防护区域内两个独立的火灾探测器报警信号（感温 + 感烟）、一个火灾探测器与一个手动火灾报警按钮的报警信号或防护区外的紧急启动信号，作为系统联动触发信号。首个触发信号（任一防护区域内的感烟探测器、其他类型的火灾探测器或手动报警按钮的首次报警信号）启动该防护区的火灾声光报警器；在接到第二个联动触发信号（同一防护区内与首次报警火灾探测器或手动火灾报警按钮相邻的感温火灾探测器、火焰探测器或手动报警按钮的报警信号）后，发出联动控制信号：关闭防护区域的送（排）风机及送（排）风阀；停止通风和空调系统并关闭该防护区的电动防火阀；联动控制关闭防护区域的门、窗等开口封闭装置；延迟不大于 30s 启动气体灭火装置，同时启动设置在防护区入口处气体喷洒声光报警器。防护区疏散出口门外设置气体灭火装置手动启停按钮，启动按钮按下时，气体灭火控制器按照联动控制方式执行联动；停止按钮按下时，气体灭火控制器停止正在进行的联动操作。与气体灭火控制器直连的火灾探测器报警信号，选择阀动作信号，压力开关的动作信号启动、喷放各阶段联动控制及系统的反馈信号，手动、自动转换装置控制状态信号，均反馈至消防控制中心联动控制器。

（5）加压送风机控制：联动控制方式，应由加压送风口所在防火分区内的两个独立的火灾探测器或一个火灾探测器与一个手动火灾报警按钮的报警信号，作为送风口开启和加压送风机启动的联动触发信号，并应由消防联动控制器联动控制相关层前室等需要加压送风场所的加压送风口开启和加压送风机的开启。手动控制方式，消防控制中心消防联动控制器可手动控制送风口的开启或关闭。手动控制方式，消防控制中心手动（多线）控制盘直接手动控制加压风机的启动、停止。送风口的开启和关闭信号，加压风机的启动和停止信号，均应反馈至消防联动控制器。消防风机房可现场手动启动、停止加压风机。系统中任一常闭加压送风口开启时，加压风机应能自动启动。当防火分区内火灾确认后，应能在 15s 内联动开启常闭加压送风口和加压送风机，应符合下列规定：应开启该防火分区楼梯间的全部加压送风机；应开启该防火分区内着火层及其相邻上下层前室及合用前室的常闭送风口，同时开启加压送风机。

（6）排烟风机 / 排风兼排烟风机控制：联动控制方式，由同一防烟分区内的两个独立的火灾探测器的报警信号作为触发信号，由消防联动控制器控制排烟口、排烟窗或排烟阀联动开启，同时停止该防烟分区的空气调节系统。由排烟口、排烟窗或排烟阀开启动作信号作为触发信号，由消防联动控制器联动开启排烟风机 / 排风兼排烟风机。手动控制方式，消防控制中心消防联动控制器可手动控制排烟口、排烟窗、排烟阀的开启或关闭。手动控制方式，消防控制中心手动（多线）控制盘直接手动控制排烟风机 / 排风兼排烟风机的启动、停止。排烟口、排烟窗或排烟阀的开启和关闭信号，排烟风机 / 排风兼排烟风机的启动和停止信号，均应反馈至消防联动控制器。排烟风机入口处 280° 排烟防火阀关闭后，联动控制风机停止，排烟防火阀及风机的动作信号应反馈至消防联动控制器。消防风机房可现场手动启动、停止排烟风机 / 排风兼排烟风机。系统中任一排烟阀或排烟口开启时，排烟风机、补风机自动启动。

（7）消防补风机/送风兼补风机控制：联动控制方式，由同一防烟分区内的两个独立的火灾探测器的报警信号作为触发信号，由消防联动控制器联动控制补风口开启。由补风口开启动作信号作为触发信号，由消防联动控制器联动开启消防补风机。手动控制方式，消防控制中心消防联动控制器可手动控制补风口的开启或关闭。手动控制方式，消防控制中心手动（多线）控制盘直接手动控制消防补风机的启动、停止。补风口的开启和关闭信号，消防补风机的启动和停止信号，均应反馈至消防联动控制器。消防风机房可现场手动启动、停止消防补风机。

（8）防火卷帘（疏散通道上）的控制：联动控制方式，防火分区内任意两个独立的感烟火灾探测器或一个专门用于联动控制防火卷帘门的感烟探测器的报警信号，联动控制防火卷帘门降至距离楼板 1.8m 处，任意一只专门用于联动防火卷帘门的感温探测器报警信号联动防火卷帘门下降到楼板面，在卷帘的任一侧距卷帘纵深 0.5 ~ 5m 内设置不小于 2 个专门用于联动防火卷帘的感温探测器。手动控制方式，防火卷帘门两侧设置的手动控制按钮控制防火卷帘门的升降。防火卷帘下降至距楼板面 1.8m 处、下降至楼板面的动作信号和防火卷帘控制器直接连接的感烟、感温火灾探测器的报警信号，均反馈至消防联动控制器。地下车库车行通道上设置的防火卷帘也应按疏散通道上的防火卷帘的设置要求设置。

（9）防火卷帘（非疏散通道上）的控制：联动控制方式，防火分区内任意两个独立的感烟火灾探测器的报警信号作为触发信号，由联动控制器联动控制防火卷帘门降至楼板面。手动控制方式，防火卷帘门两侧设置的手动控制按钮控制防火卷帘门的升降，并可在消控室联动控制器手动控制防火卷帘的降落。防火卷帘下降至楼板面的动作信号和防火卷帘控制器直接连接的感烟、感温火灾探测器的报警信号，均反馈至消防联动控制器。

（10）防火门的控制：联动控制方式，常开防火门所在防火分区的两个独立火灾探测器或一个火灾探测器和一个手动火灾报警按钮的报警信号作为触发信号，由消防联动控制器或防火门监控器联动控制防火门关闭。疏散通道上各防火门的开启、关闭及故障状态信号须反馈至防火门监控器。

（11）电梯的控制：消防联动控制器发出联动控制信号，强制所有电梯停于首层，并打开电梯门；消防联动控制器在接收到电梯停于首层及打开电梯门的反馈信号后，联动切除非消防电梯的电源。电梯运行状态信号和停于首层或电梯转换层的反馈信号，传送至消防控制室显示。轿厢内设置专用电话与消防控制室通话。电梯应具有自动平层功能。

（12）火灾警报的控制：系统设置火灾声光报警器，在确认火灾后，由火灾联动控制器控制启动建筑内所有火灾声光报警器。火灾声光报警器带语音提示功能时，同时设置语音同步器。火灾报警系统应能同时启动和停止所有火灾警报器。火灾声光报警器单次发出火灾警报时间为 8 ~ 12s，并与消防应急广播交替循环播放。

（13）消防应急广播的控制：火灾确认后，由消防联动控制器发出联动控制信号，控制消防应急广播系统对全楼进行广播。单次语音播放时间为 10 ~ 30s，与火灾声光报警器分时交替循环播放。消控室能手动或按预设逻辑联动控制选择广播分区、启动或停止应急广播系统，并能监听消防应急广播。通过传声器进行应急广播时，自动对广播内容录音。消防中心，消防控制室显示消防应急广播的广播分区的工作状态。当消防应急广播与普通广播或背景音乐广播合用时，应具有强制切入消防应急广播的功能。消防应急广播应具有最高级别的优先权，紧急广播系统备用电源的连续供电时间与消防疏散指示标志照明备用电源的连续供电时间一致。

（14）消防应急照明和疏散指示系统的控制：应急照明平时采用集中电源集中控制，火灾确认后，应急照明控制器按预设逻辑手动、自动控制系统的应急启动。确认火灾后，由发生火灾的报警区域开始，顺序启动全楼疏散通道的消防应急照明和疏散指示系统，系统全部投入应急状态的时间小于5s（其他关于应急照明及疏散指示系统说明详见电气设计总说明部分章节）。

（15）非消防电源的控制：消防控制室在确认火灾后，消防联动控制器联动控制，切断相关部位的非消防电源；在自动喷淋系统、消防栓系统动作前，切断该区域一般照明电源。当火警被确认后，消防联动控制系统应自动切除火警发生点防火分区及同层相邻防火分区内非消防电源，相邻的步行街非消防电源不联动强切；室内步行街发生火警并被确认后，消防联动控制系统应自动切除整个步行街（包括步行街商铺部分、步行街通道部分、步行街中的次主力店）内部非消防电源，与其相邻的其他防火分区非消防电源不联动强切（一点着火和防火分区的概念应牢记）。

（16）门禁系统的控制：消防控制室在确认火灾后，消防联动控制器联动控制，自动打开涉及疏散的电动栅杆等；开启相关区域安防摄像机监视火灾现场。消防控制室在确认火灾后，消防联动控制器联动控制，打开设计疏散通道上由门禁系统控制的门和庭院电动大门，同时打开停车场出入口挡杆。

（17）电动排烟天窗的控制：室内步行街区域顶部设置的电动排烟天窗，平时采光用；当室内步行街区域发生火警并被确认后，由消防控制中心强制联动开启电动排烟天窗及电动遮阳帘，作为自然排烟使用。

（18）室内步行街商铺电磁门吸的控制：室内步行街商铺门设置电磁门吸并由户箱供电，火灾时，联动控制器切除户箱电源，电磁门吸释放，户门自动关闭。

（19）大空间智能型主动喷水灭火系统的控制：步行街中庭及IMAX影厅设置大空间智能型主动喷水灭火系统，消防控制中心设置集中控制装置，在现场设置区域控制装置，用于消防水炮的控制。火灾时，消防水炮喷水，水流指示器、信号蝶阀动作，启动消防水炮泵，并向消防控制中心报警，同时火灾报警控制器能接收消防水炮动作反馈信号。

3. 消防报警系统设备及安装

（1）火灾自动报警系统主机及回路配置要点：火灾自动报警系统主机容量应预留不少于15%主机容量作为备用余量。任意一台火灾报警控制器连接的火灾探测器、手动火灾报警按钮和模块等设备总数小于3000点，其中每一总线回路连接设备总数（包含>10%的余量）小于200点；任意一台消防联动控制器地址总数或火灾报警控制器（联动型）所控制的各类模块总数小于1600点且每一联动总线回路连接设备总数（包含>10%的余量）小于100点，招标及后期订货采购时必须落实。系统总线设置总线短路隔离器，每个总线隔离器保护的设备总数不大于32个（按备用余量），总线穿越防火分区处必须增设短路隔离器。

（2）火灾探测器的选择：燃气厨房、煤气表房、燃气锅炉房及室内燃气管道沿线安装可燃气体探测器，分别设置独立的可燃气体报警控制器，报警信号待燃气公司详细设计后增设。各餐饮区的厨房预留信号模块，待业主提供条件后，二次装修设计时，根据本设计要求在相应区域按规范增加燃气探测器或调整位置。高度大于12m的大空间（中庭、IMAX影厅等）场所，安装红外光束线性感烟探测器或红外光束线性感烟探测器与图像型火灾探测器组合。当安装图像型火灾探测器时，图像在消防控制室显示并被确认为火灾后，启动大空间智能型主动喷水灭火系统。发电机房储油间、燃气、燃油锅炉房安装防爆型感温探测器或火焰探测器。其他无特殊要求场所采用感烟及感温探测器。

（3）火灾探测器安装（包括后期装修时必须满足）：宽度小于3m走道内顶棚上安装；感烟探测器间距小于15m，感温探测器间距小于10m，居中设置，端头至墙距离不大于探测器间距的一半（往往在设计中会忽略这一条，需要多加注意）；点型探测器距墙、梁边的距离不小于0.5m；点型探测器周围0.5m内不应有遮挡物；房间被隔断等分隔，其顶部至顶棚或梁的距离小于房间净高5%时，每个分隔部分至少安装一个探测器；点型探测器至空调送风口边距离不小于1.5m；至多孔送风顶棚孔口水平距离不小于0.5m；后期装修时，格栅吊顶镂空面积占总面积小于15%时，探测器设置在吊顶下方，占总面积大于30%时，探测器设置在吊顶上方（在商业区域尤其是地下室商业区域，一些公共区域的吊顶往往是装饰类的艺术吊顶，镂空面积比大于15%，此种区域要注意按照梁格实际情况布置感烟探测器）。其他各类探测器安装等未尽事宜详见《火灾自动报警系统设计规范》GB 50116—2013相关规定。

（4）手动报警按钮暗装距地1.5m，且应有明显标志；防火分区内任何位置至按钮的步行距离不大于30m（实际项目中，很多不懂消防的业主会要求手动报警、声光报警设备凹进墙面，不影响装修面的平整。这在电气消防设计中是绝对不允许的，手动报警和声光报警设备必须凸出墙面明装，且不得在声光报警器上涂抹跟装修背景颜色相近的颜色）。影院每个观众厅入口处均应设置手动报警按钮（针对商业项目中影院的人员密集特性，实际设计出入口处都应设置手动报警按钮）。

（5）各报警区域分别设置火灾显示盘（实际项目中地库和商业裙房按照防火分区设置火灾显示盘，塔楼按照楼层设置火灾显示盘），用于显示各业态消防报警信息，区域显示器壁挂安装，底边距地1.5m。

（6）火灾警报器声压等级不应小于60dB，在环境噪声大于60dB的场所，其声压等级应高于背景噪声15dB。壁挂安装时，底边距地2.3～2.5m；影院每个观众厅设置一个火灾声光报警器。

（7）所有消防模块设置在专用的模块箱中，分区域相对集中设置，严禁设置在配电或控制箱柜内，本报警区域内的模块不应控制其他报警区域的设备；未集中设置的模块附近应有尺寸不小于100mm×100mm的标识。屋顶室外消防设备联动模块，均集中设置在配电间或其他房间内，不允许设置在室外等潮湿场所。

（8）电动防火卷帘门自带控制箱，门两侧均设置手动按钮，控制箱至手动按钮及卷帘门限位开关、卷帘门电机的管线均根据产品要求现场确定，管线敷设时采用耐火线缆穿钢管敷设，明敷时须涂防火涂料保护。

（9）湿式报警阀组压力开关应有两副触点，一副用于直接连锁启泵，另一副用于通过输入模块向消防联动控制器反馈动作信号。消防水池及屋顶消防水箱高、低、超低水位信号，通过输入模块接入报警总线，上传至消防控制中心。

（10）桥架内敷设线性感温电缆采用正弦波方式与被保护电缆接触式敷设，桥架宽度大于或等于600mm时，需在其内敷设2根线型感温探测器。设置信号模块（固定在梁上，避免桥架内电缆的电磁干扰），就近引接信号线。

（11）燃气锅炉房、柴油发电机房等燃料进入建筑物前和设备间内的管道上设置联动模块，手动和自动控制切断阀。

（12）气体灭火系统手动控制、手动与自动转换装置以及现场控制盘应设置在防护区疏散出口门外便于操作的地方，安装高度为中心距地面1.5m，如防护区疏散出口直通室外时，控制盘等装置应设置在对外开门的建筑小间内。手动控制装置和现场控制盘应设有防止误操作的保护措施。

11.2.2　消防专用电话系统

（1）消防专用电话网络为独立的消防通信系统，本案例采用总线式消防专用电话系统。

（2）在消防控制中心内设置消防直通对讲电话总机，消防控制室设置119专用外线电话。与消防联动有关的房间（变电所、弱电机房、各消防设备房、主要空调机房等处）设置消防专用电话分机，固定设置在各场所的墙壁且便于使用的地方，并设置区别于普通电话的标识，底边距地1.4m。

（3）手动报警按钮设置消防电话插孔。

（4）超高层塔楼各避难层应每隔20m设置一个消防专用电话分机或电话插孔。

（5）消防水泵房、发电机房、配变电室、计算机网络机房、主要通风和空调机房、防排烟机房、灭火控制系统操作装置处或控制室、消防值班室、总调度室、消防电梯机房以及其他与消防联动控制有关且经常有人值班的机房应设置消防专用电话分机。消防专用电话分机，应固定安装在明显且便于使用的部位，并应有区别于普通电话的标识。

11.2.3　消防应急广播系统

（1）消防控制室设置消防应急广播系统，火灾确认后，由消防联动控制器发出联动控制信号，控制消防应急广播系统对全楼进行广播，并能同时启动所有声光警报器。单次语音播放时间为10～30s，单次声光警报器报警时间为8～20s，分时交替循环播放。

（2）当消防应急广播与普通广播或背景音乐广播合用时，火灾发生时，强制切入消防应急广播。

（3）消防控制室显示处于应急广播分区的工作状态；能分别通过手动和按照预设控制逻辑

自动控制选择广播分区、启动或停止应急广播系统，并能监听消防应急广播。在扬声器进行应急广播时自动对广播内容进行录音，应能显示应急广播的故障状态，并能将故障状态信息传输给消防控制室图形显示装置。

（4）消防应急广播扬声器的设置，每个报警区域内应均匀设置火灾警报器，其声压等级不应小于 60dB；在环境噪声大于 60dB 的场所，其播放范围内最远点的播放声压等级应高于背景噪声 15dB。

（5）壁挂安装时，底边距地 2.3 ~ 2.5m；有吊顶处采用嵌入式扬声器箱，无吊顶处采用吸顶安装。地库可采用号筒扬声器，走道、大厅等公共场所的扬声器功率为 3W。

（6）当选用火灾声光警报器装置带有语音提示功能时，应同时设置语音同步器。

（7）各避难层内的消防应急广播应采用独立的广播分路；各避难层与消防控制室之间应设置独立的有线和无线呼救通信。

11.2.4 电气火灾监控系统

（1）本工程设置电气火灾监控系统，监控主机设置在消防控制室内，漏电报警动作电流为 300mA；电气火灾报警系统设备要求具有探测漏电电流、过电流、温度及发出声光报警信号等功能，具体型号招标确定。为保证配电系统的可靠性，电气火灾报警系统只报警不跳闸。

（2）主机应提供 TCP/IP、RS485 或 OPC 接口，使上级智能化管理系统能够实时读取系统数据。

（3）放射式供电回路电气火灾探测器设置于变电站低压配电柜处，树干式供电，电气火灾探测器设置于各楼层照明、电力和空调总配电箱处。

11.2.5 防火门监控系统

疏散通道上的防火门均设置监控模块，信号传送至消防控制室防火门监控主机。当项目体量较大时，可根据实际项目情况适当增加监控分机，设置在保护对象所在的弱电间内。

11.2.6 消防电源监控系统

所有消防电源双切箱旁设置监控模块，监视消防电源主电源、备用电源的工作状态和故障状态信号，监控主机设置在消防控制中心。当项目体量较大时，可根据项目实际情况适当增加监控分机，设置在保护对象所在的弱电间内。

11.2.7 可燃气体报警系统

（1）设置独立的燃气报警系统。燃气报警主机设置在消防控制中心，燃气锅炉房、燃气表间、燃气厨房等设置可燃气体探测器、报警按钮、切断阀及警报装置，可燃气体探测器报警后，联动启动保护区域的火灾声光警报器，切断供气电磁阀，启动事故排风机，并有反馈信号（风机的启、停信号）至消防控制中心的燃气报警系统主机。可燃气体报警及联动信号由可燃气体报警控制器反馈至消防控制中心的火灾报警系统。各餐饮区的厨房待业主提供条件后，二次装修设计时，根据本设计要求在相应区域按规范增加燃气探测器或调整位置。

（2）室内燃气管道沿线应安装可燃气体探测器，具体由燃气公司负责设计及实施。

11.2.8　消防电源及其配电系统

（1）消防设备配电电源及配电系统设置详见“电气设计总说明”相关部分内容。

（2）火灾自动报警系统的主电源由双重电源供电，并在控制室设置双电源自动切换箱，采用消防报警控制设备自带蓄电池作为备用应急电源，主电源只设置短路保护，自带备用应急电源输出功率大于火灾自动报警及联动控制系统全系统负荷的 120%，同时要能保证系统同时工作负荷条件下连续工作 3h 以上。

（3）其他设备及通信设备等由设备自带备用电源或单独设置 UPS 装置作为备用电源。

（4）所有电源由消防设备中标单位深化设计时根据本设计要求确定具体规格和参数。

11.2.9　消防电气接地系统

（1）消防控制室内的电气和电子设备的金属外壳、机柜、机架、金属管、槽等均进行等电位连接。

（2）消防控制室接地板至各消防电子设备之间专用接地线采用不小于 $4mm^2$ 的绝缘铜芯导线。

（3）消防报警系统设置专用接地板，接地干线采用不小于 $25mm^2$ 的绝缘铜导线穿硬质塑料管敷设至利用基础主钢筋接地的共用接地网，接地电阻实测应小于 1Ω。

（4）爆炸危险场所消防报警及联动模块箱等现场设备采用不小于 $4mm^2$ 的铜芯绝缘导线可靠接地。

11.2.10　消防系统线路及敷设

（1）消防设备配电线路敷设详见“电气设计总说明”中相关说明。

（2）消防报警系统的传输线路和 50V 以下供电的控制线路，采用电压等级不低于 300/500V 的铜芯绝缘导线或电缆。

（3）采用 220/380V 的供电和控制线路，采用 450/750V 铜芯绝缘导线或电缆。

（4）火灾自动报警系统的供电线路、消防联动控制线采用阻燃耐火铜芯绝缘导线或电缆。

（5）报警总线、消防应急广播和消防专用电话等传输线路采用阻燃耐火铜芯绝缘导线或电缆。

（6）电缆和电线满足现行国家标准《电缆及光缆燃烧性能分级》GB 31247 中的燃烧性能 B1 级、产烟毒性为 t0 级、燃烧滴落物 / 微粒等级为 d0 级、腐蚀性等级为 a0 级的要求。

（7）线缆穿金属管暗敷时，非燃烧体保护层厚度不小于 30mm，穿金属管明敷时保护管应涂防火涂料，或在封闭式金属线槽内敷设。消防广播线须单独穿管敷设，合用线槽时中间必须设置隔板分隔。

（8）采用穿管水平敷设时，除报警总线外，不同防火分区的线路不应穿入同一管内。

（9）从线槽、线盒等处引到探测器底座盒、控制设备、扬声器箱的线路必须穿金属管（或金属软管）保护，保护管须涂防火涂料。

（10）线缆 / 金属线槽穿墙处需采用防火材料严密封堵。

（11）地下室、楼梯间、屋顶室外可预埋 SC 管，其余区域可明敷 JDG 管，需涂防火涂料，管径超过 40mm 时采用 SC 管。

11.2.11 其他注意事项

（1）凡与施工有关而又未说明之处，可参见《建筑电气安装工程图集》《建筑电气通用图集》施工，或与设计院协商解决。

（2）本工程所选设备、材料，必须具有国家级检测中心的测试合格证书；供电产品、消防产品应具有入当地的相关许可证。

（3）所有设备确定厂家后均需建设单位、施工单位、设计单位、监理单位四方进行技术交底。

（4）根据国务院颁布的《建设工程质量管理条例》：

①本设计文件需报县级以上人民政府建设行政主管部门或其他有关部门审查批准后，方可使用。

②由建设单位采购建筑材料、建筑构件和设备，建设单位应当保证建筑材料、建筑构件和设备符合设计文件和合同的要求。

③施工单位必须按照工程设计图纸和相应施工技术标准施工，不得擅自修改工程设计，不得偷工减料。

④施工单位在施工过程中发现设计文件和图纸有差错的，应当及时提出意见和建议，通知设计单位修改完善。

⑤建设工程竣工验收时，必须具备设计单位签署的质量合格文件。

（5）本设计提供弱电设备用房、管井、线路走向、室外进出管线预埋内容，供施工招标参考，须待建设单位委托专业公司进行深化设计后落实确定。

（6）建设单位最终订货，中标的消防电气设备商、设备安装方在安装施工前应同本设计方进行设计会审及协商以确定最终的消防电气图。用于消防设备的配电箱（控制箱）应采取隔热保护措施，箱内元器件外壳均应采用阻燃材料，连接导线应采用 B 级阻燃导线，箱面元件应设置在已采取隔热保护措施的内层面板上。消防设备箱面设置明显标志，箱内断路器仅设置短路保护，过载信号仅用于报警。双电源进线消防设备切换箱进线处应设置不小于 2h 耐火板阻隔。

（7）消防系统施工完毕后，必须根据设计要求进行单机、联机等系统调试并通过相关部门验收后方能投入使用，发现设计遗漏及图纸差错时及时向设计单位提出并修改、完善。消防控制室应有相应的竣工图纸、各分系统控制逻辑关系说明、设备使用说明书、系统操作规程、应急预案、值班制度、维护保养制度及值班记录等文件资料。

（8）本工程的报警系统联动控制方式按国家标准及图集进行设计，当地消防部门如有特殊要求，待审查后根据其要求进行修正。

（9）平面图中阴影部分为本次出图非设计范围，待后期深化出图。相应各消防报警、联动、监控系统后期深化出图。

11.3 火灾自动报警及联动控制系统

11.3.1 一般概述

火灾自动报警及联动控制系统是电气消防系统中最重要的系统，也是工作量最大的系统，而且有很多共通性，可以做成模板，将火灾自动报警及联动控制系统分为线型模块、图例模块、系统图组合模块共 3 部分内容。

11.3.2 线型模块

线型模块是指在火灾自动报警及联动控制系统中经常用到的线缆型号及类别，通过不同的颜色、字母区分不同的系统线型，主要包含火灾自动报警二总线、防火门监控总线、DC24V 联动电源线、消防电话总线、警铃 / 声光报警电源线、手动控制硬线、楼层显示器线（火灾显示盘线）、消防广播线、流量开关启泵线、压力开关启泵线、消防水池液位信号线、消防防火线槽等。火灾自动报警及联动控制系统线型表见表 11.3–1。

表 11.3–1 火灾自动报警及联动控制系统线型表

线型	名称	代号	导线型号	敷设方式
————————	报警总线、防火门监控总线	S	WDZCN–RYJS–2×1.5	FHMR/SC20/JDG20
– – – – – – – –	DC24V 电源线	D	干线（端子箱前）: WDZCN–BYJ–2×6 干线（端子箱后）: WDZCN–BYJ–2×2.5	FHMR/SC25/JDG25 FHMR/SC20/JDG20
—— F+J ——	消防电话总线	F	WDZN–RYJS–2×1.5	FHMR/SC20/JDG20
	警铃 / 声光报警器电源线	J	WDZCN–BYJ–2×2.5	FHMR/SC20/JDG20
——C——	手动控制硬线	C	WDZCN–KYJY–4×1.5	FHMR/SC25/JDG32
——A——	楼层显示器线	A	WDZN–RYJS–2×1.5+ WDZCN–BYJ–2×2.5	FHMR/SC25/JDG32
——B——	消防广播线	B	WDZN–BYJ–2×1.5	FHMR/SC20/JDG20

续表

线型	名称	代号	导线型号	敷设方式
——Q——	流量开关/压力开关启泵线	FQ/PQ1,PQ2	WDZCN-BYJ-2×2.5	SC20/JDG20
——L——	消防水池水位信号线	L	设备配套防水电缆	FHMR/SC25/JDG32
——FAS——	消防防火线槽		手动控制线、电话、其他管线共桥架敷设，中间加装防火隔板	

附注：本表仅按常规表示各系统管线，具体管线待业主招标后，由中标单位根据自身产品特点深化设计确定；火灾报警系统联动电源也须中标单位深化设计确定。

11.3.3 图例模块

图例模块基本涵盖了火灾自动报警及联动控制系统中常见设备元器件的图例及安装方式。火灾自动报警及联动控制系统图例见表 11.3-2。

表 11.3-2 火灾自动报警及联动控制系统图例表

序号	图例	名称	单位	数量	安装方式	
1		消防专用电源	台			
2		火灾报警控制器（JBF-11SF）	台			
3		联动控制台	台			
4		防火门监控控制器（JBF61S20）	台			
5		电气火灾监控控制器（JBF61S30）	台			
6		消防电源监控控制器（JBF-PWMS）	台			
7		感烟探测器（JBF5100）	个		吸顶安装	
8		感温探测器（JBF5110）	个		吸顶安装	
9	EX	防爆型感烟探测器	个		吸顶安装	为隔爆型产品，保护级别（EPL）为 Gb 的产品，防爆形式为“d”
10	EX	防爆型感温探测器	个		吸顶安装	
11		可燃气体探测器	个		吸顶安装	
12		消防专用报警电话	个		底边距地 1.4m	
13		带电话插孔的手动报警按钮	个		底边距地 1.4m	
14		火灾声光报警器 自带控制模块、自带同步器具有语音功能	个		底边距地 2.5m	

续表

序号	图例	名称	单位	数量	安装方式
15	D	火灾显示盘 需提供 220V 电源	个		底边距地 1.4m
16	I	输入模块	个		底边距地 2.5m 或吸顶安装
17	I/O	输入 / 输出模块	个		底边距地 2.5m 或吸顶安装
18	SI	总线短路隔离器	个		底边距地 2.5m 或吸顶安装
19	M	消防模块箱	个		底边距地 1.4m
20	XD	消防接线端子箱	个		底边距地 1.4m
21	RS	防火卷帘门控制器	个		见设备供应商产品安装说明书
22	PYK	排烟口	个		见暖通专业
23	70°	70° 防火阀（火灾时熔断关闭）	个		见暖通专业
24	280°	280° 防火阀（火灾时熔断关闭）	个		见暖通专业
25	E70°	70° 电动防火阀（火灾时电动开启或关闭）	个		见暖通专业
26	E280°	280° 电动防火阀（火灾时电动开启或关闭）	个		见暖通专业
27	XFJ	消防风机控制箱	个		见配电设计
28	XFB	消火栓泵控制箱	个		见配电设计
29	PLB	喷淋泵控制箱	个		见配电设计
30	WYB	消火稳压泵控制箱	个		见配电设计
31	PYC	电动排烟窗控制箱	个		设备自带控制箱，排烟窗附近安装
32		消火栓按钮	个		消火栓箱内，见水专业
33		水流指示器	个		见水专业
34		信号阀	个		见水专业
35	M	电磁阀	个		见水专业
36	M	电动阀	个		见水专业
37		湿式报警阀	个		见水专业
38		预作用报警阀	个		见水专业
39	P	压力传感器	个		见水专业
40	F	流量开关	个		见水专业

续表

序号	图例	名称	单位	数量	安装方式
41	L	液位传感器	个		见水专业
42		手动启 / 停按钮	个		见气体灭火设备配套深化设计
43		声光报警器	个		见气体灭火设备配套深化设计
44		放气指示灯	个		见气体灭火设备配套深化设计
45		警铃	个		见气体灭火设备配套深化设计
46	B	气体灭火控制器	个		见气体灭火设备配套深化设计
47		适配器	个		见气体灭火设备配套深化设计
48	现场控制箱	消防水炮现场控制箱	个		距地 1.3m
49		消防水炮	个		见水炮设备配套深化设计
50	S	可燃气体报警控制器	个		距地 1.3m
51	KFM	常开防火门监控模块	个		门上 0.2 米安装
52	BFM	常闭防火门监控模块	个		门上 0.2 米安装
53	防火门	防火门监控分机	个		距地 1.3m
54	DY1	非消防电源切断功能			
55	DY3	消防电源监控模块（交流）	个		配电箱附近安装
56	终端盒	线型缆式感温探测器（始端 ~ 终端盒）	个		桥架内或电缆沟内安装
57		消防广播与背景音乐兼用扬声器	个		吸顶安装
58		消防广播与背景音乐兼用扬声器	个		底边距地 2.5m 安装
59		红外光束线性感烟探测器（发射）	个		见报警平面图中标注
60		红外光束线性感烟探测器（接收）	个		见报警平面图中标注
61	XT	消防电梯控制箱	个		设备配套安装
62	DT	电梯控制箱	个		设备配套安装
63		火焰探测器（带自动光学检测）	个		厂家配套安装（A725UVIR3）

11.3.4　系统图组合模块

系统图组合模块是指将火灾自动报警及联动控制系统拆分为各类组合模块，然后进行拼接。比如需要根据实际情况替换的组合模块、消防水泵房组合模块、稳压泵房组合模块、爆炸危险场所组合模块、专用燃气报警控制器组合模块、变电所组合模块等，火灾自动报警及联动控制系统图组合模块见图 11.3-1。

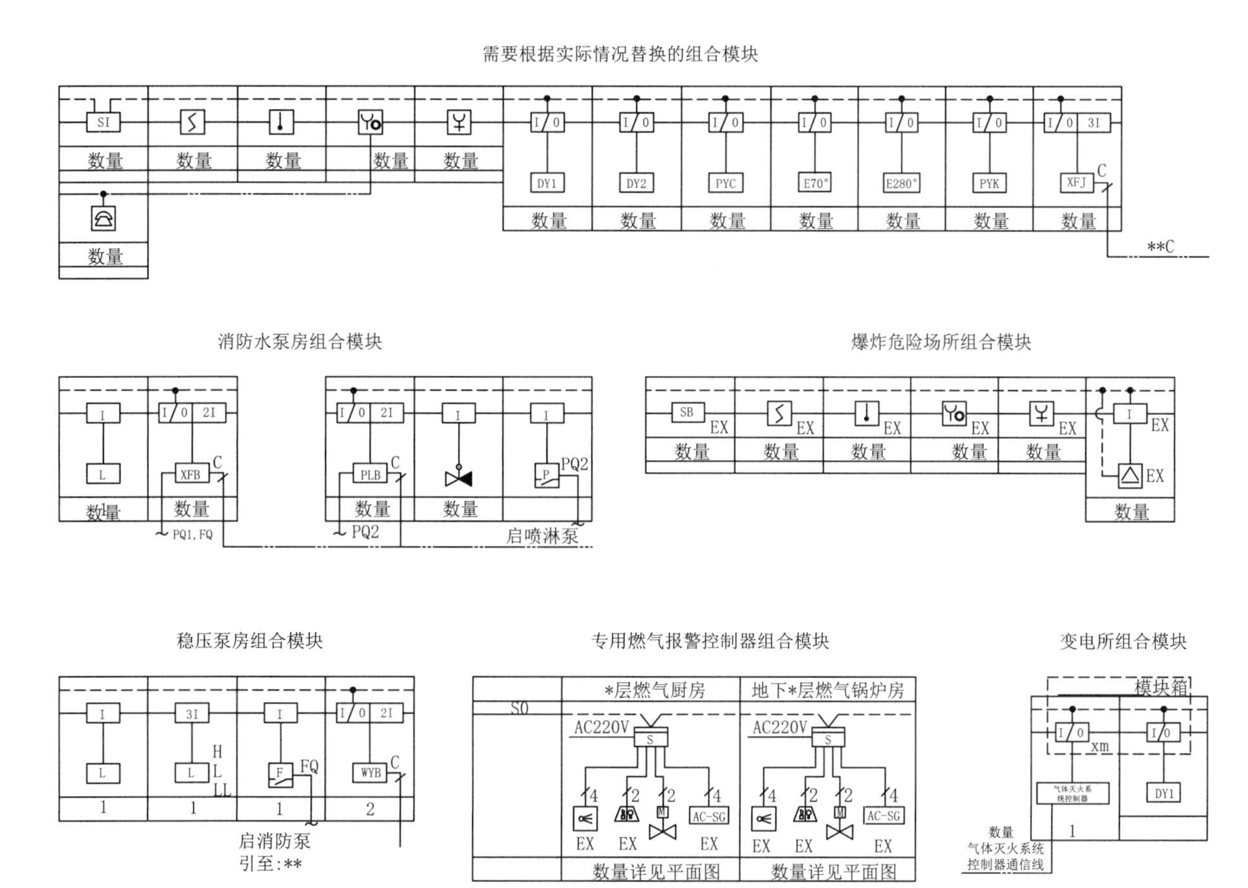

图 11.3-1　火灾自动报警及联动控制系统图组合模块

11.3.5　模块成图

将火灾自动报警及联动控制系统图分为地上和地下两大组合模块，组合模块由线型模块、图例模块和系统图组合模块拼接而成，基本可涵盖所有的消防设备。设计时，模块的位置信息不允许移动，需要的模块留下，不需要的模块由空位替代即可。火灾自动报警及联动控制系统地上和地下两大组合模块见图 11.3-2。

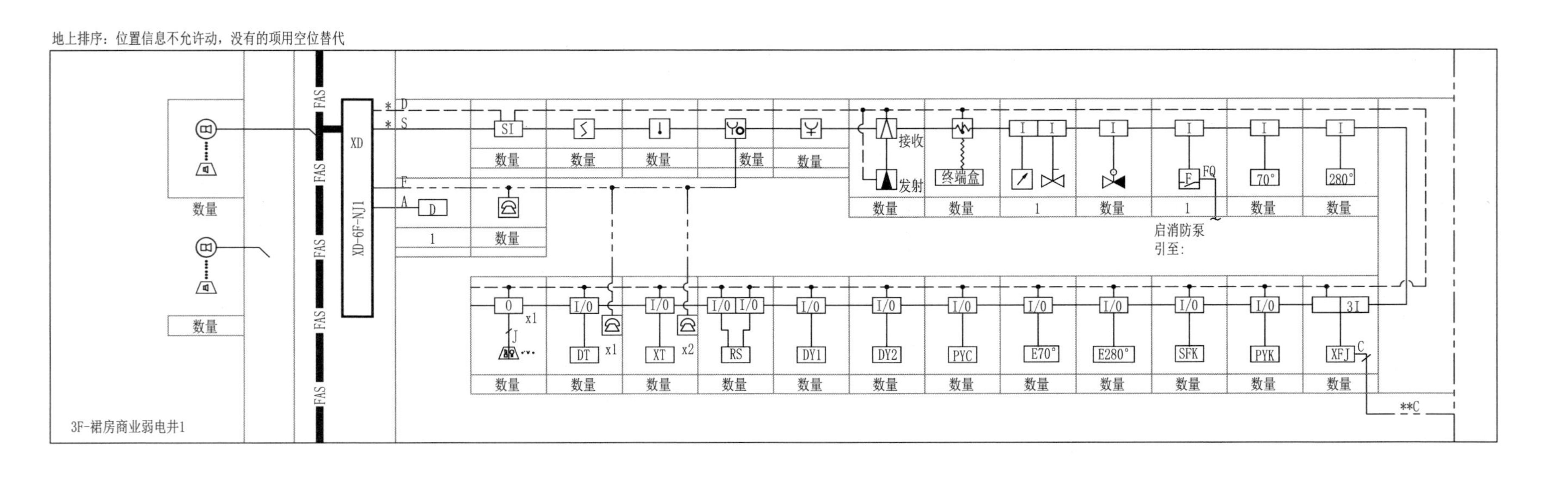

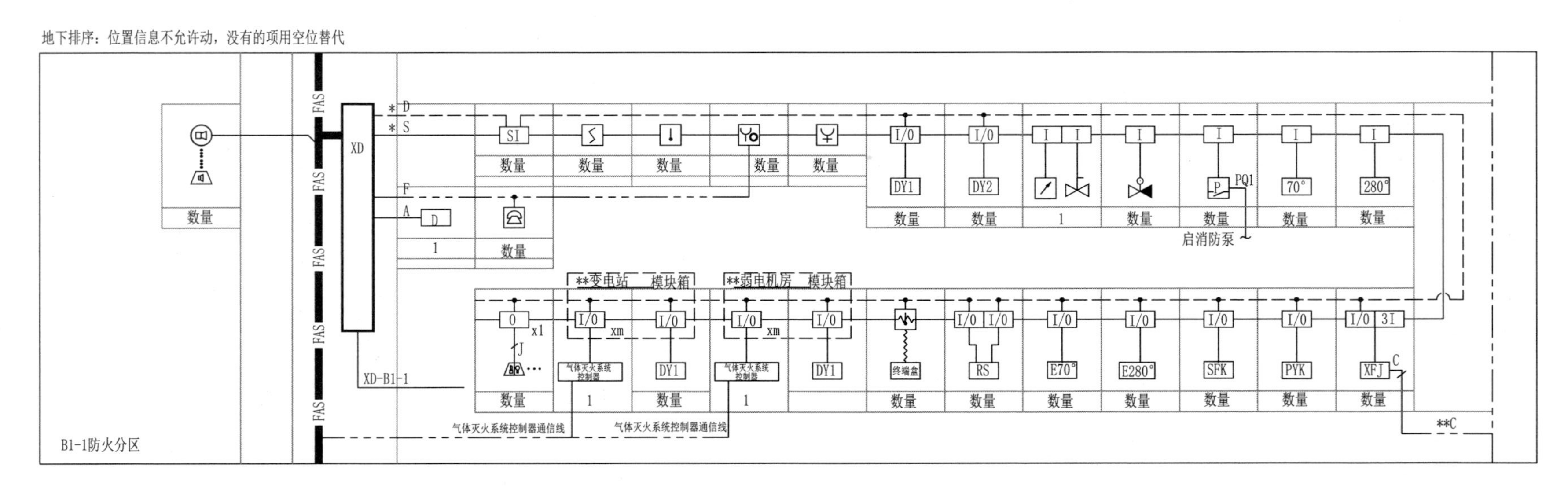

图 11.3-2 火灾自动报警及联动控制系统地上和地下两大组合模块

11.3.6　典型系统图

（1）火灾自动报警系统框架及机房布置示意见图 11.3–3。

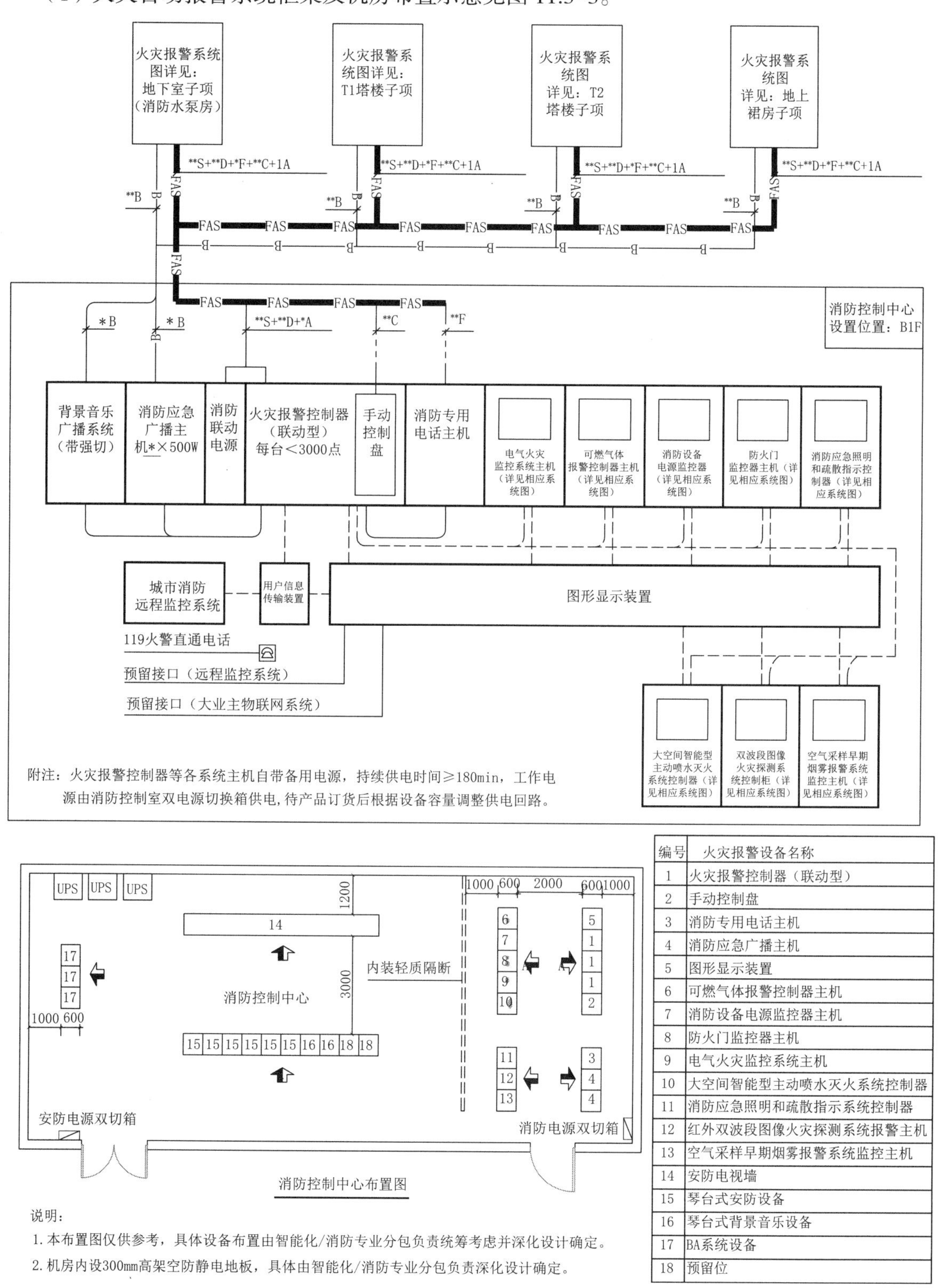

编号	火灾报警设备名称
1	火灾报警控制器（联动型）
2	手动控制盘
3	消防专用电话主机
4	消防应急广播主机
5	图形显示装置
6	可燃气体报警控制器主机
7	消防设备电源监控器主机
8	防火门监控器主机
9	电气火灾监控系统主机
10	大空间智能型主动喷水灭火系统控制器
11	消防应急照明和疏散指示系统控制器
12	红外双波段图像火灾探测系统报警主机
13	空气采样早期烟雾报警系统监控主机
14	安防电视墙
15	琴台式安防设备
16	琴台式背景音乐设备
17	BA系统设备
18	预留位

图 11.3–3　火灾自动报警系统框架及机房布置示意

（2）地下车库火灾自动报警及联动控制系统图（局部）见图 11.3-4。

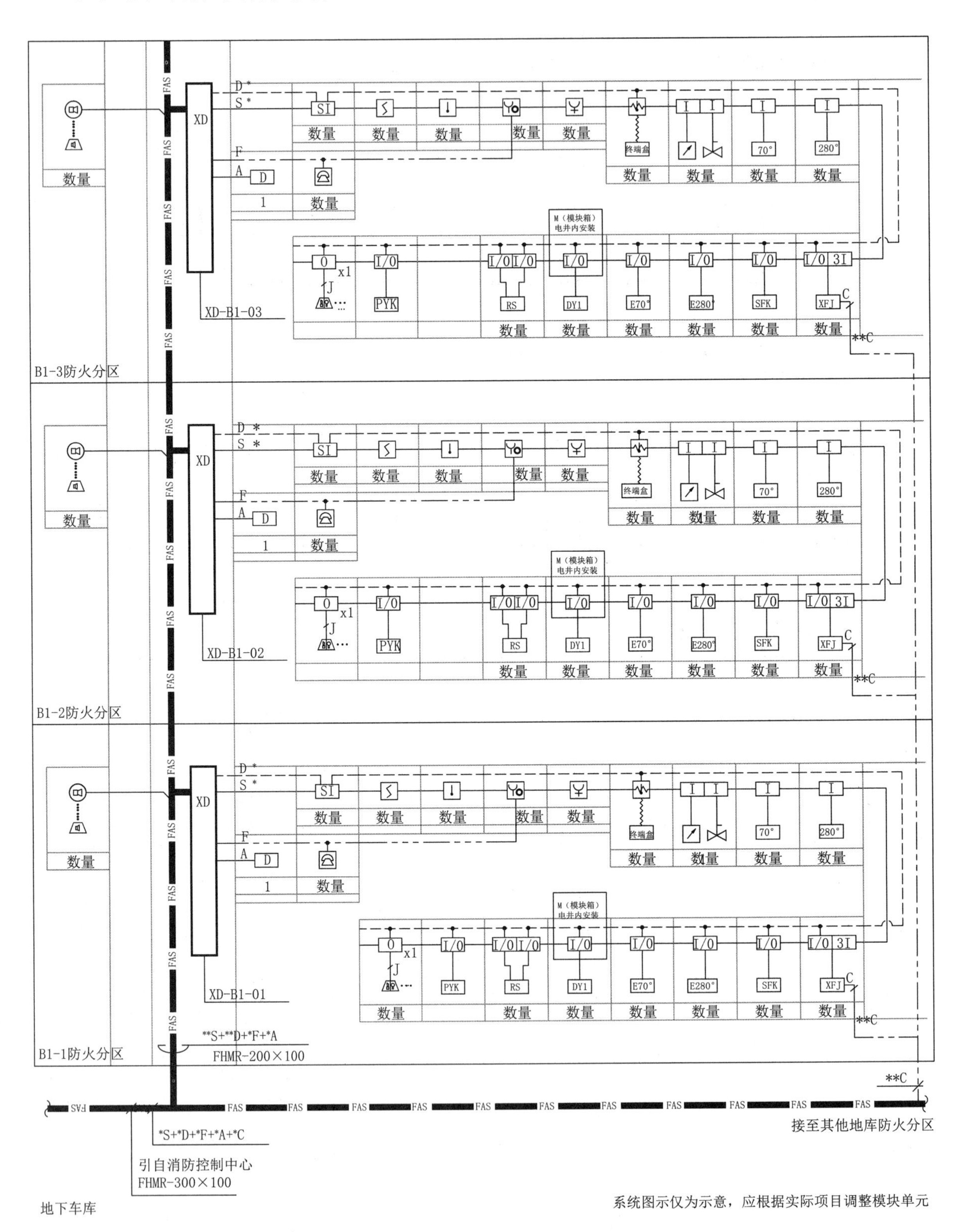

图 11.3-4 地下车库火灾自动报警及联动控制系统图（局部）

（3）裙房商业火灾自动报警及联动控制系统图（局部）见图11.3-5。

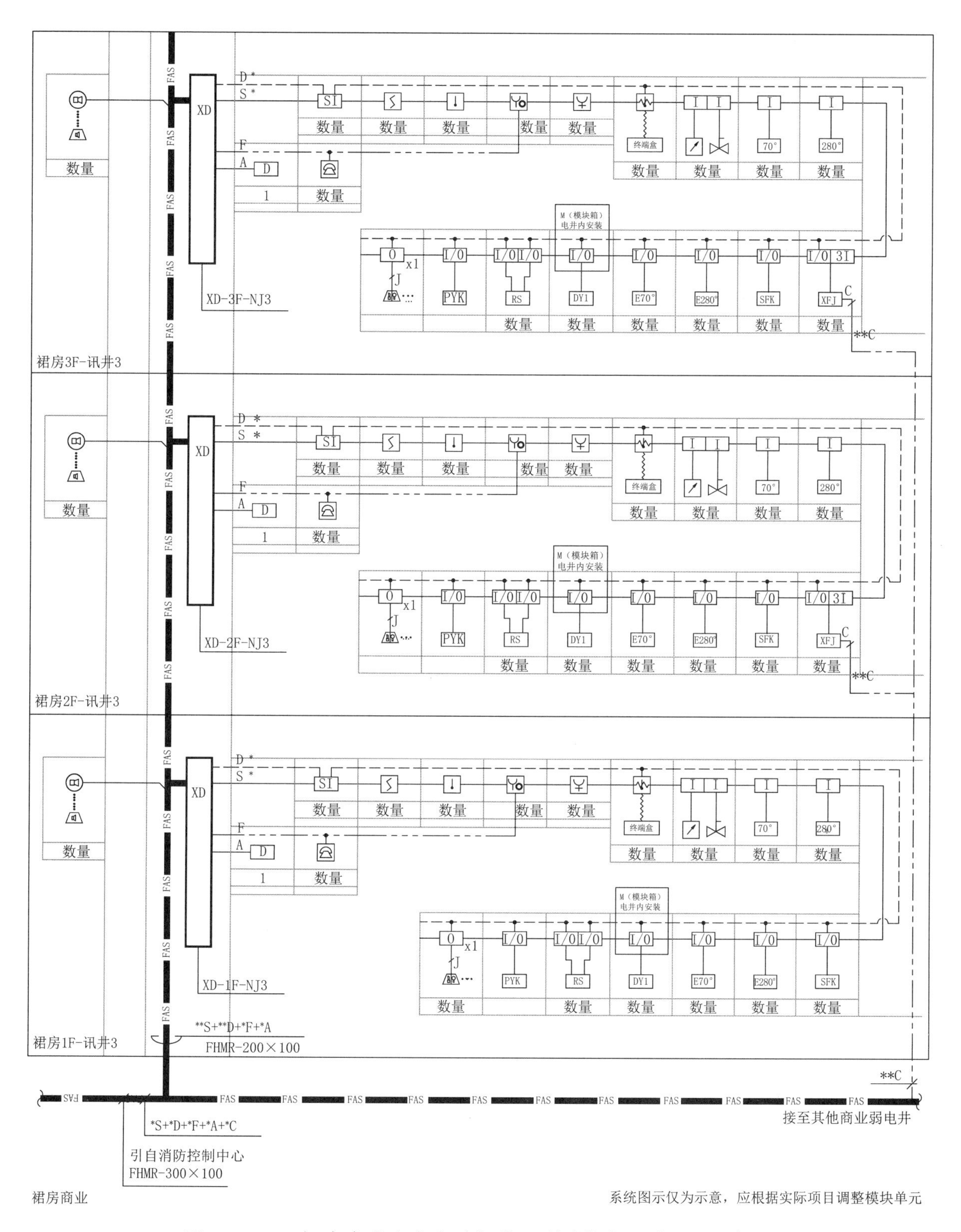

图11.3-5　裙房商业火灾自动报警及联动控制系统图（局部）

（4）塔楼办公火灾自动报警及联动控制系统图（局部）见图 11.3–6。

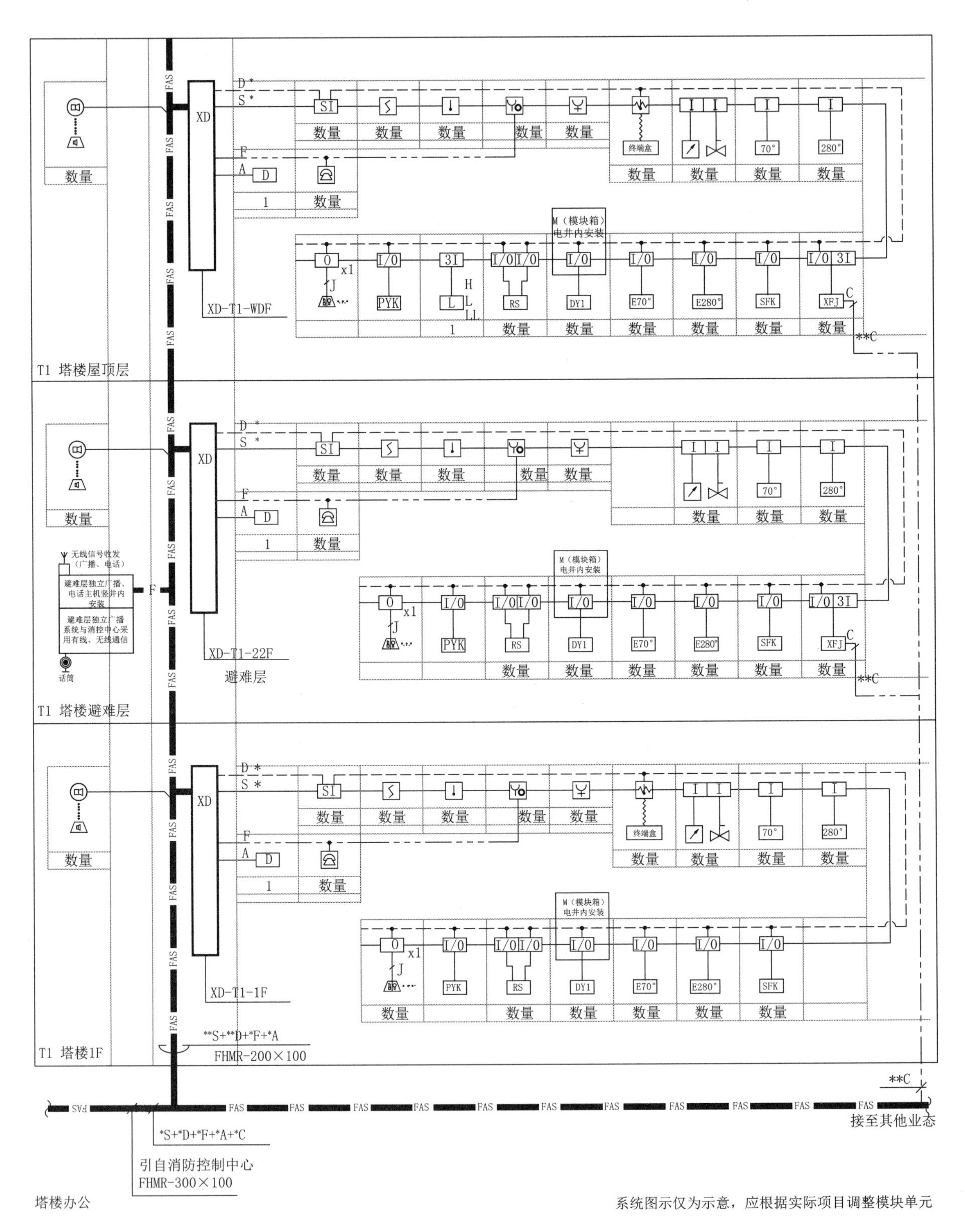

图 11.3–6　塔楼办公火灾自动报警及联动控制系统图（局部）

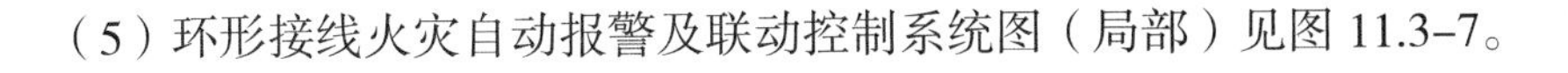

（5）环形接线火灾自动报警及联动控制系统图（局部）见图 11.3-7。

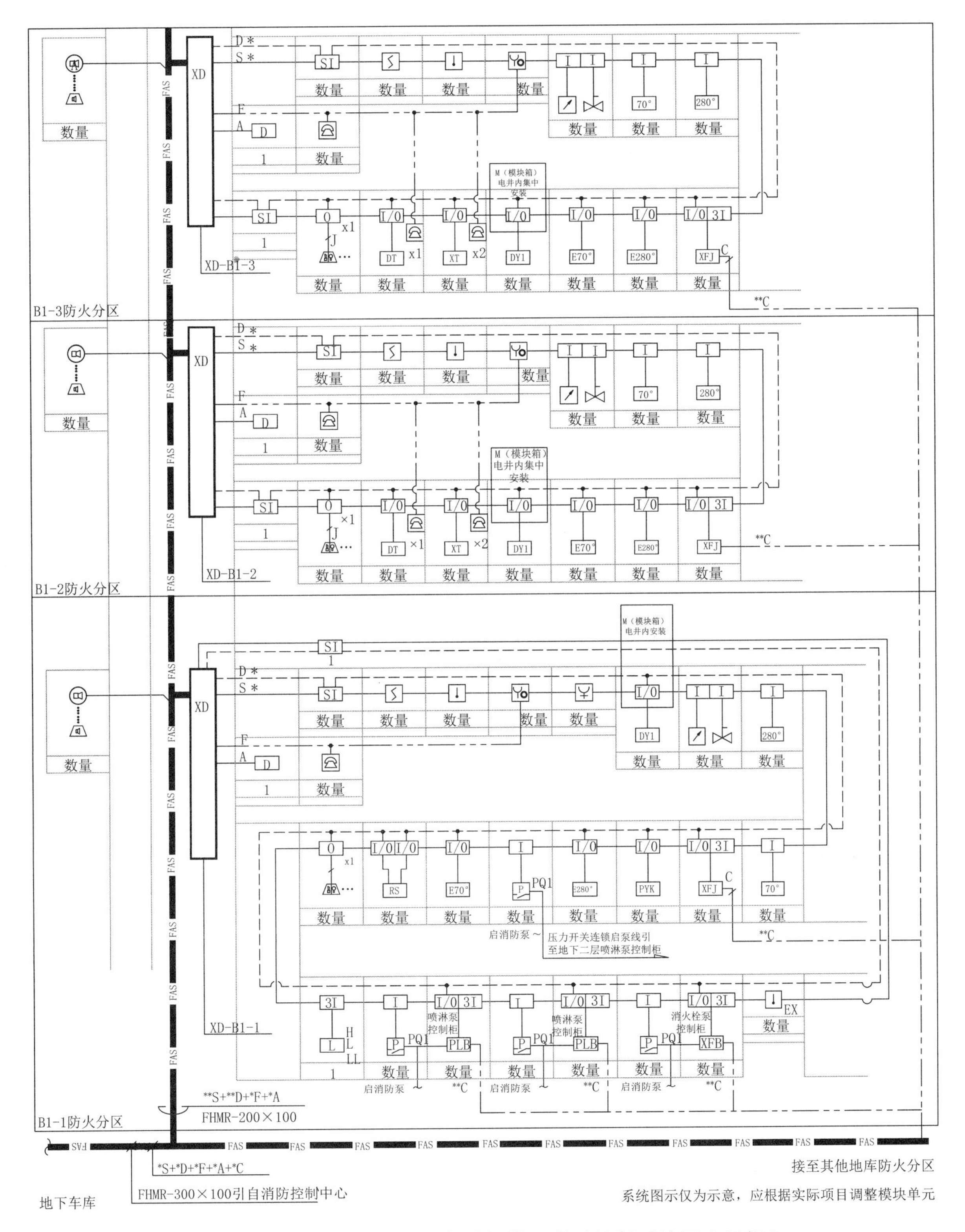

图 11.3-7　环形接线火灾自动报警及联动控制系统图（局部）

11.4 消防设备电源监控系统

消防设备电源监控系统说明及示意图见图 11.4–1。

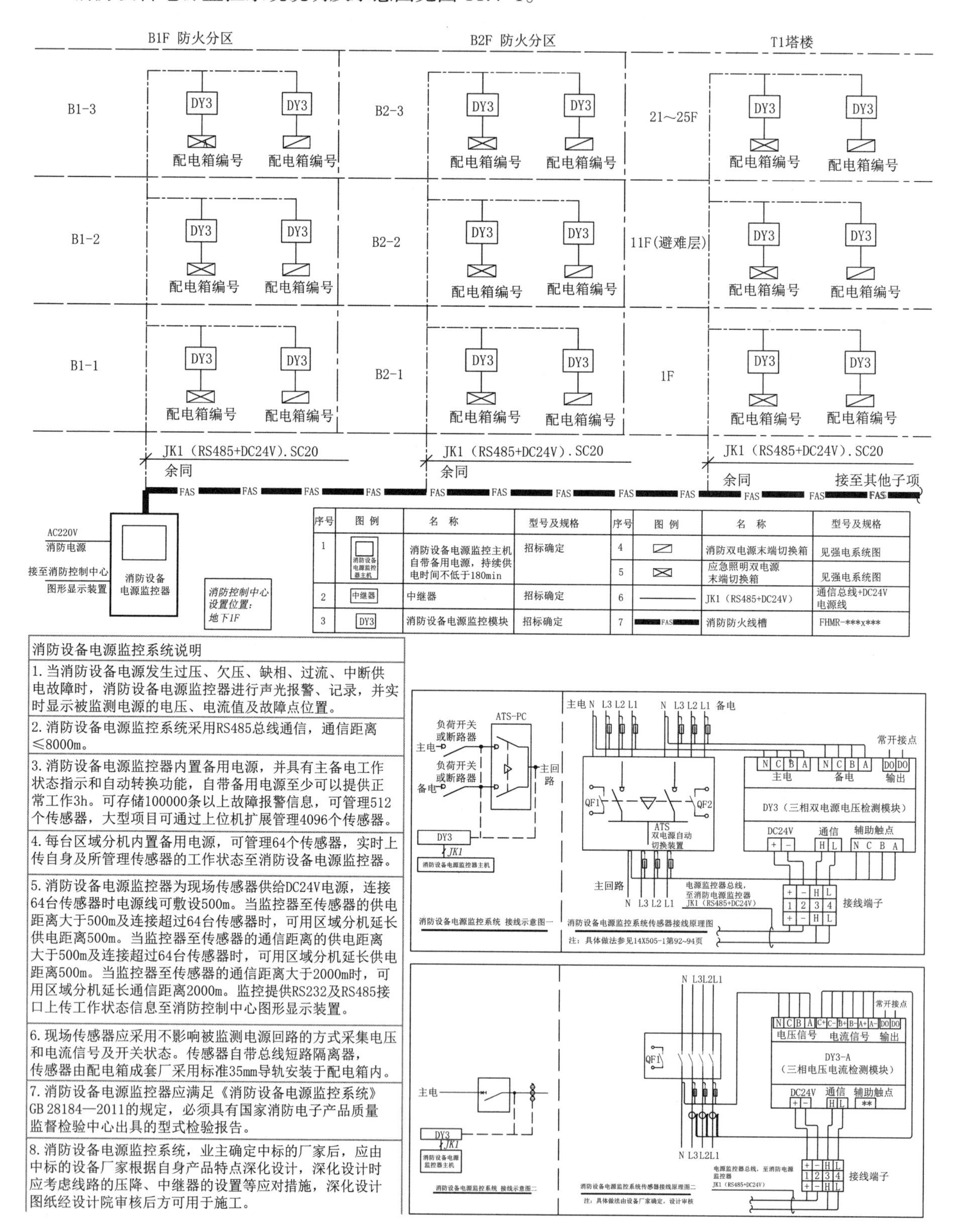

序号	图例	名称	型号及规格	序号	图例	名称	型号及规格
1	消防设备电源监控器主机	消防设备电源监控主机 自带备用电源，持续供电时间不低于180min	招标确定	4		消防双电源末端切换箱	见强电系统图
				5		应急照明双电源末端切换箱	见强电系统图
2	中继器	中继器	招标确定	6		JK1（RS485+DC24V）	通信总线+DC24V电源线
3	DY3	消防设备电源监控模块	招标确定	7	FAS	消防防火线槽	FHMR-***x***

消防设备电源监控系统说明

1. 当消防设备电源发生过压、欠压、缺相、过流、中断供电故障时，消防设备电源监控器进行声光报警、记录，并实时显示被监测电源的电压、电流值及故障点位置。
2. 消防设备电源监控系统采用RS485总线通信，通信距离≤8000m。
3. 消防设备电源监控器内置备用电源，并具有主备电工作状态指示和自动转换功能，自带备用电源至少可以提供正常工作3h。可存储100000条以上故障报警信息，可管理512个传感器，大型项目可通过上位机扩展管理4096个传感器。
4. 每台区域分机内置备用电源，可管理64个传感器，实时上传自身及所管理传感器的工作状态至消防设备电源监控器。
5. 消防设备电源监控器为现场传感器供给DC24V电源，连接64台传感器时电源线可敷设500m。当监控器至传感器的供电距离大于500m及连接超过64台传感器时，可用区域分机延长供电距离500m。当监控器至传感器的通信距离的供电距离大于500m及连接超过64台传感器时，可用区域分机延长供电距离500m。当监控器至传感器的通信距离大于2000m时，可用区域分机延长通信距离2000m。监控提供RS232及RS485接口上传工作状态信息至消防控制中心图形显示装置。
6. 现场传感器应采用不影响被监测电源回路的方式采集电压和电流信号及开关状态。传感器自带总线短路隔离器，传感器由配电箱成套厂采用标准35mm导轨安装于配电箱内。
7. 消防设备电源监控器应满足《消防设备电源监控系统》GB 28184—2011的规定，必须具有国家消防电子产品质量监督检验中心出具的型式检验报告。
8. 消防设备电源监控系统，业主确定中标的厂家后，应由中标的设备厂家根据自身产品特点深化设计，深化设计时应考虑线路的压降、中继器的设置等应对措施，深化设计图纸经设计院审核后方可用于施工。

图 11.4–1 消防设备电源监控系统说明及示意图

11.5　防火门监控系统

防火门监控系统说明及示意图见图 11.5-1。

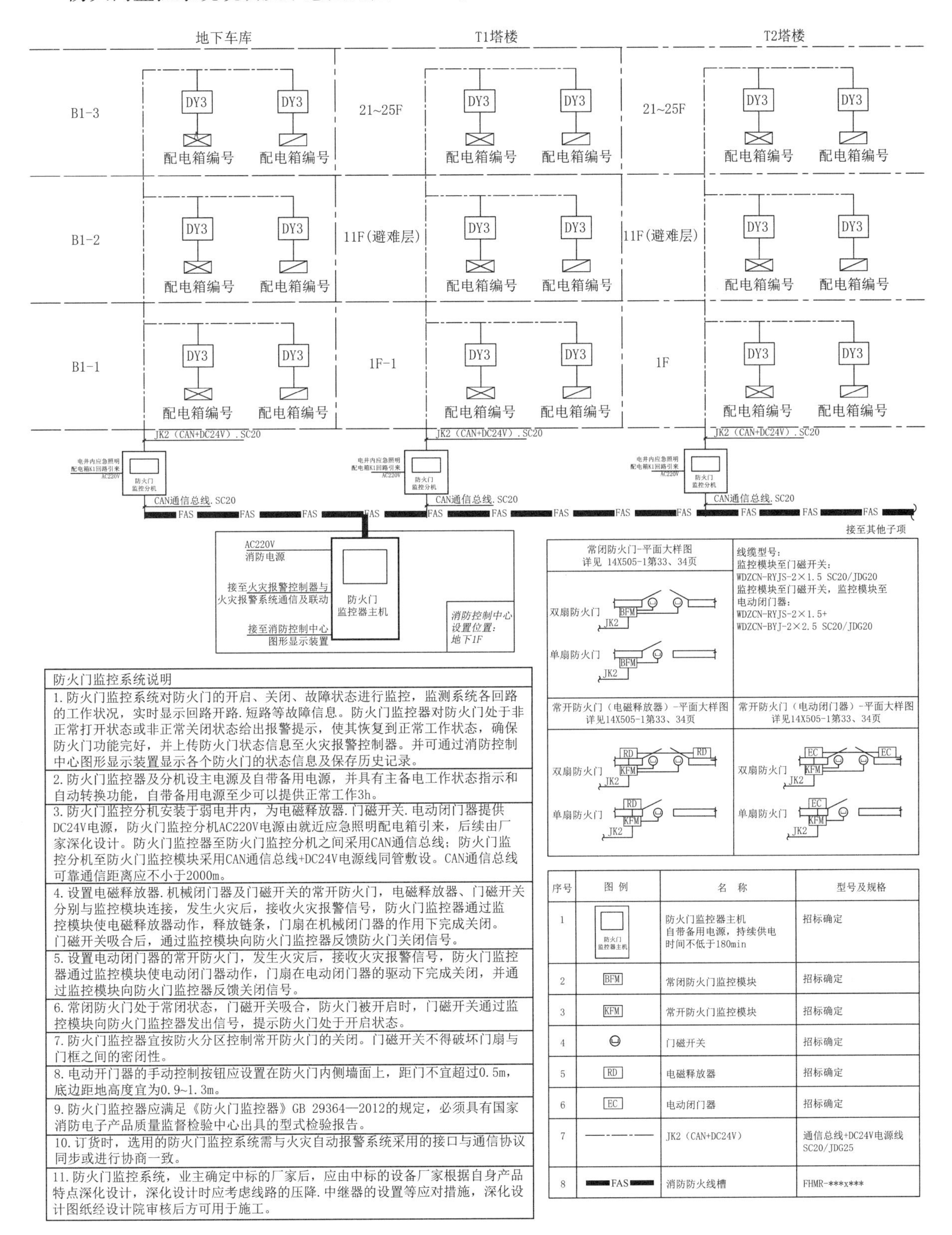

防火门监控系统说明

1. 防火门监控系统对防火门的开启、关闭、故障状态进行监控，监测系统各回路的工作状况，实时显示回路开路.短路等故障信息。防火门监控器对防火门处于非正常打开状态或非正常关闭状态给出报警提示，使其恢复到正常工作状态，确保防火门功能完好，并上传防火门状态信息至火灾报警控制器。并可通过消防控制中心图形显示装置显示各个防火门的状态信息及保存历史记录。
2. 防火门监控器及分机设主电源及自带备用电源，并具有主备电工作状态指示和自动转换功能，自带备用电源至少可以提供正常工作3h。
3. 防火门监控分机安装于弱电井内，为电磁释放器.门磁开关.电动闭门器提供DC24V电源，防火门监控分机AC220V电源由就近应急照明配电箱引来，后续由厂家深化设计。防火门监控器至防火门监控分机之间采用CAN通信总线；防火门监控分机至防火门监控模块采用CAN通信总线+DC24V电源线同管敷设。CAN通信总线可靠通信距离应不小于2000m。
4. 设置电磁释放器.机械闭门器及门磁开关的常开防火门，电磁释放器、门磁开关分别与监控模块连接，发生火灾后，接收火灾报警信号，防火门监控器通过监控模块使电磁释放器动作，释放链条，门扇在机械闭门器的作用下完成关闭。门磁开关吸合后，通过监控模块向防火门监控器反馈防火门关闭信号。
5. 设置电动闭门器的常开防火门，发生火灾后，接收火灾报警信号，防火门监控器通过监控模块使电动闭门器动作，门扇在电动闭门器的驱动下完成关闭，并通过监控模块向防火门监控器反馈关闭信号。
6. 常闭防火门处于常闭状态，门磁开关吸合，防火门被开启时，门磁开关通过监控模块向防火门监控器发出信号，提示防火门处于开启状态。
7. 防火门监控器宜按防火分区控制常开防火门的关闭。门磁开关不得破坏门扇与门框之间的密闭性。
8. 电动开门器的手动控制按钮应设置在防火门内侧墙面上，距门不宜超过0.5m，底边距地高度宜为0.9~1.3m。
9. 防火门监控器应满足《防火门监控器》GB 29364—2012的规定，必须具有国家消防电子产品质量监督检验中心出具的型式检验报告。
10. 订货时，选用的防火门监控系统需与火灾自动报警系统采用的接口与通信协议同步或进行协商一致。
11. 防火门监控系统，业主确定中标的厂家后，应由中标的设备厂家根据自身产品特点深化设计，深化设计时应考虑线路的压降.中继器的设置等应对措施，深化设计图纸经设计院审核后方可用于施工。

序号	图例	名称	型号及规格
1	防火门监控器主机	防火门监控器主机 自带备用电源，持续供电时间不低于180min	招标确定
2	BFM	常闭防火门监控模块	招标确定
3	KFM	常开防火门监控模块	招标确定
4	⊖	门磁开关	招标确定
5	RD	电磁释放器	招标确定
6	EC	电动闭门器	招标确定
7	—·—·—	JK2（CAN+DC24V）	通信总线+DC24V电源线 SC20/JDG25
8	FAS	消防防火线槽	FHMR-***x***

图 11.5-1　防火门监控系统说明及示意图

11.6 可燃气体报警系统

可燃气体报警系统说明及示意图见图 11.6-1。

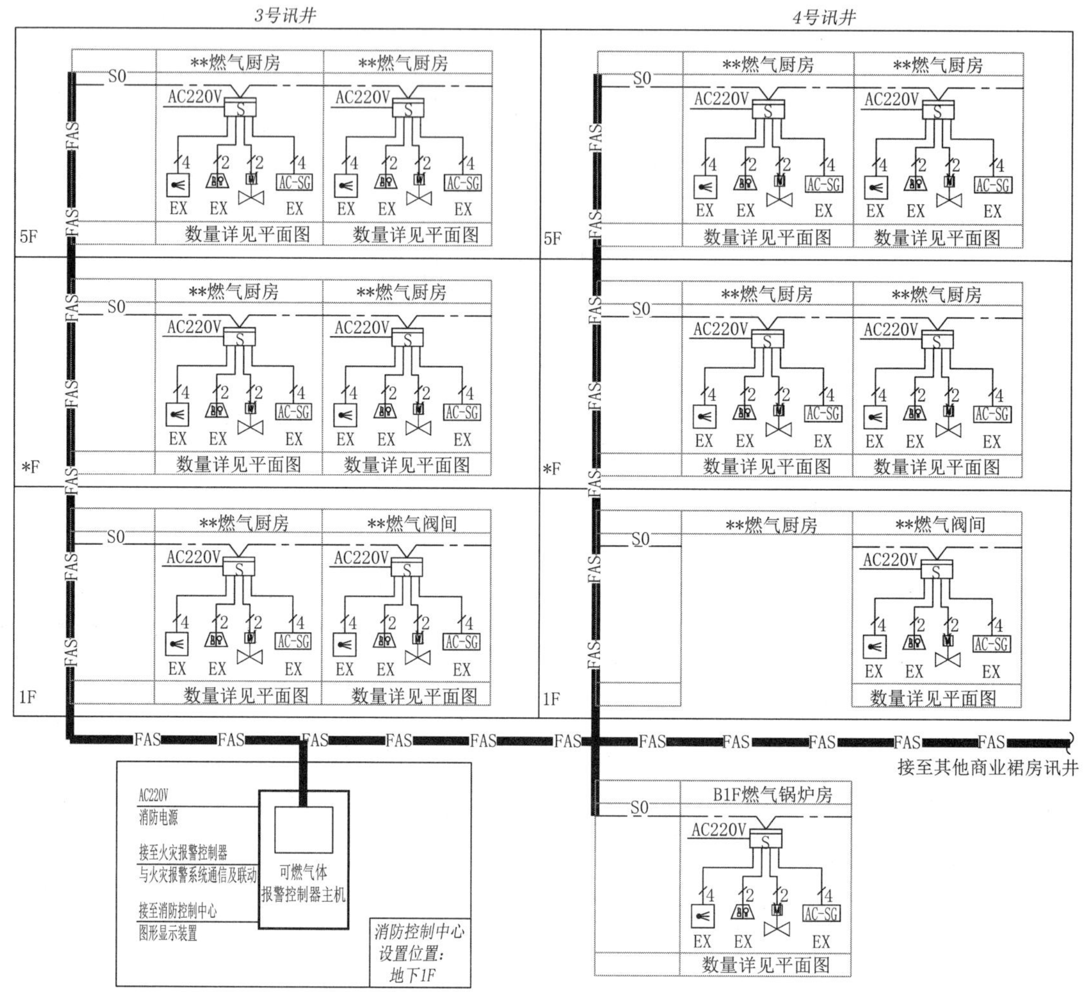

可燃气体报警系统说明
1. 可燃气体探测报警系统独立组成，不接入火灾报警探测器的报警回路。燃气锅炉房、燃气表间、燃气厨房等场所分别独立设置可燃气体报警控制器。各场所内可燃气体探测器报警后，由可燃气体报警控制器联动启动保护区域的火灾声光警报器，切断供气电磁阀，启动事故排风机，并有反馈信号（风机的启、停信号）至消防控制中心的燃气报警系统主机。可燃气体报警及联动信号由可燃气体报警控制器主机反馈至消防控制中心的火灾报警系统。
2. 可燃气体报警控制器的报警及故障信息，应在消防控制中心图形显示装置上显示，但该类信息与火灾报警信息的显示应有区别。
3. 可燃气体探测器的保护半径，应符合现行国家标准《石油化工可燃气体和有毒气体检测报警设计标准》GB/T 0493的相关规定。
4. 各餐饮区的厨房待业态提供条件后，二次装修设计时，根据本设计要求在相应区域按规范增加燃气探测器或调整位置。
5. 室内燃气管道沿线应安装可燃气体探测器，具体由燃气公司负责设计及实施。
6. 可燃气体报警控制器设主电源及自带备用电源，并具有主备电工作状态指示和自动转换功能，自带备用电源至少可以提供正常工作3h。
7. 可燃气体报警控制器及其相关产品，必须具有国家消防电子产品质量监督检验中心出具的型式检验报告。
8. 本系统供参考，具体应由中标的设备厂家根据自身产品特点深化设计，深化设计图经设计院审核后方可用于施工。

序号	图 例	名 称
1	可燃气体报警控制器主机	可燃气体报警控制器主机自带备用电源，持续供电时间不低于180min
2	S	可燃气体报警控制器
3		可燃气体探测器
4		声光报警器
5	M	燃气管道紧急切断阀
6	AC-SG	事故排风机控制箱
7	——	燃气报警系统通信总线
8	FAS FAS	消防防火线槽

图 11.6-1 可燃气体报警系统说明及示意图

11.7 空气采样早期烟雾探测系统

空气采样早期烟雾探测系统说明及示意图见图11.7-1。

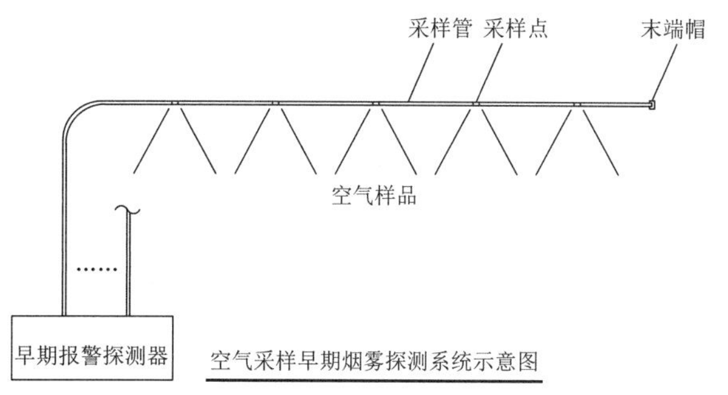

空气采样早期烟雾探测系统示意图

编号	图例	设备名称	编号	图例	设备名称
1	空气采样早期烟雾报警系统监控主机	空气采样探测监控主机自带备用电源，持续供电时间不低于180min	3	——	采样管
			4	×	采样孔
2	早期报警探测器	早期报警探测器	5	⊏	末端帽

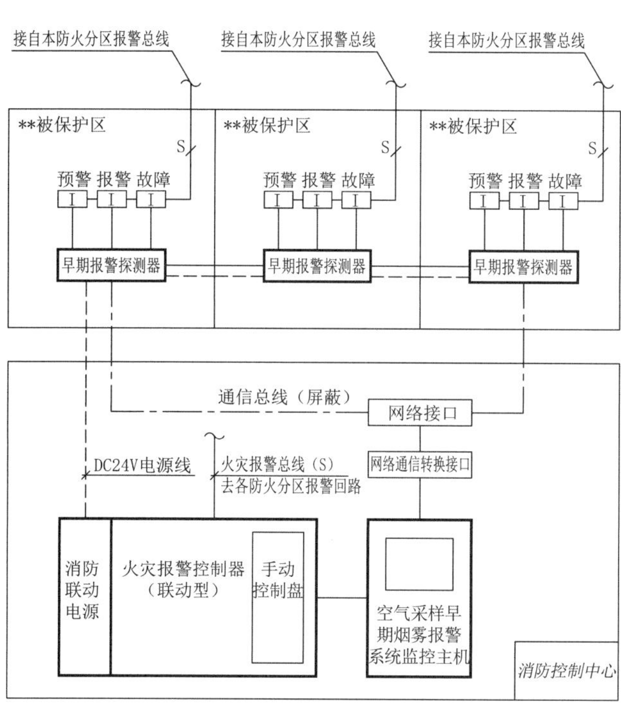

空气采样早期烟雾探测系统图

空气采样早期烟雾探测系统说明	
一、设计依据	
《建筑设计防火规范》	GB 50016-2014（2018年版）
《火灾自动报警系统设计规范》	GB 50116-2013
《空气采样烟雾探测报警系统技术规程》	DBJ/CT 516-2005
二、设计范围	
室内步行街中庭、电影乐园等高度大于26m的大空间场所。	
三、工作原理	
1. 空气采样早期烟雾探测系统也称为吸气式烟雾探测器，它是一种基于光学空气监控技术和未处理控制技术的烟雾探测装置，运用先进的数字微处理器技术，具有许多其他烟雾探测系统不具备的特性，加强了系统的可靠性。	
2. 空气采样早期烟雾探测预警系统的设计是实现火灾初期（过热阴燃或低热辐射和气溶胶生成阶段）的探测和报警，其报警时间相比传统的火灾探系统提前很多，可在火灾初期发现从而消除火灾隐患，使火灾损失降到最低。	

3. 空气采样早期烟雾探测系统包括探测器和采样管网。探测器由吸气泵、过滤器、激光探测腔、控制电路、显示模块和编程模块等。吸气泵通过PVC管或钢管组成的采样管网，从被保护器内连续采集空气样品送入探测器。空气样品经过过滤器组件滤去灰尘颗粒后进入激光腔，在激光腔内利用激光照射空气样品，其中烟雾粒子所造成的散射光被两个接收器接收。接收器将光信号转换成电信号后送到探测器的控制电路，信号经处理后转换为烟雾浓度值，该数值以数字或可视发光条的方式显示在显示模块上，指示被保护区中烟雾的浓度，并根据烟雾浓度及预设的报警阀值，产生一个合适的输出信号。
4. 空气采样早期烟雾探测系统具有四级报警输出（各级报警阀值可任意设定）。
5. 空气采样早期报警探测器具有预警、报警、故障等信号输出功能，报警信号可通过火灾报警系统输入模块接入报警总线，将报警信号上传至火灾报警控制器。
四、设计内容
1. 为确保系统和探测器通过适宜的气流，吸气泵排出的气体的气压应等于或略低于被保护区的气压。
2. 被保护区内，探测器最大监测范围为2000m²，在高危险区，监测范围不超过1000m²。
3. 接到一个探测器上的管道总长不得超过200m，每根管的长度不应超过100m。
4. 每根管的长度最好相等，以保证空气采样系统内气流的平衡。否则须在探测器的所有管道出口处使用一个标准末端帽，支管的长度不同，末端帽的尺寸也相应不同，以达到适当平衡。
5. PVC管的内径应该在20～22mm，21mm为推荐值（外径为25mm）。下列情况可采用金属管：需长时间暴露于强光、极热极冷的环境；或者遇到可溶解PVC的气体时。
6. 改变管道系统的方向时应使用圆弧形弯头。
7. 固定管道的支架间距应≤1.5m。
8. 同一个探测器的采样管网系统不能监测不同类型的环境。从不同的环境（过干、过湿于第一环境或不同的气压操作环境）中采样可能会严重降低整个系统的可靠性及有效性。
9. 主机设主电源及自带备用电源，并具有主备电工作状态指示和自动转换功能，自带备用电源至少可以提供正常工作3h。
五、其他
1. 早期报警探测器使用的采样管、采样孔等末端回路，应由中标的设备厂家根据自身产品特点及需保护的房间或场所深化设计后，方可用于施工。
2. 空气采样早期烟雾探测器及其相关产品，必须具有国家消防电子产品质量监督检验中心出具的型式检验报告。
3. 本系统供参考，具体应由中标的设备厂家根据自身产品特点深化设计，深化设计图经设计院审核后方可用于施工。
4. 验收合格后，经消防主管部门及使用单位认可，方可投入使用。
5. 本设计未及之处均请按照国家现行有关标准执行。

图11.7-1 空气采样早期烟雾探测系统说明及示意图

11.8 气溶胶灭火系统

气溶胶灭火系统说明及示意图见图 11.8-1。

气溶胶灭火系统说明
一、设计依据
《建筑设计防火规范》 GB 50016-2014（2018年版）
《火灾自动报警系统设计规范》 GB 50116-2013
《气体灭火系统设计规范》 GB 50370-2005
《气体灭火系统施工及验收规范》 GB 50263-2007
二、设置区域
各变电所
三、设计内容
1.本设计对被保护区域采用全淹没的灭火方式，即在规定的时间内，喷射灭火剂并使其均匀地充满整个保护区，此时能将在其区域里任何一个部位发生的火灾扑灭。
2.灭火系统的控制方式为自动、手动启动两种。即在有人工作或值班时，应采用手动启动控制方式；在无人情况下，应采用自动控制方式。手动、自动方式的转换，可在灭火控制器上实现。
（1）自动启动情况：由同一防护区域内两个独立的火灾探测器的报警信号、一个火灾探测器与一个手动火灾报警按钮的报警信号，作为系统的联动触发信号，自动启动触发信号，自动启动灭火系统进行灭火。在接收到满足联动逻辑关系的首个联动触发信号后，应启动设置在该防护区内的火灾声光报警器，且联动触发信号应为任一防护区域内设置的感烟火灾探测器、其他类型火灾探测器或手动火灾报警按钮的首次报警信号；在接收到第二个联动触发信号后，应发出联动控制信号，且联动触发信号应为同一防护区域内与首次报警的火灾探测器或手动火灾报警按钮相邻的感温火灾探测器、火焰探测器或手动火灾报警按钮的报警信号。
（2）手动启动情况：气体灭火控制器上设置对应于不同防护区的手动启动和停止按钮以及在防护区疏散出口的门外设置气体灭火装置的手动启动和停止按钮，手动启动按钮按下时气体灭火控制器执行相应的联动操作（见框图）；手动停止按钮按下时，气体灭火控制器应停止正在执行的联动操作。
3.喷放灭火剂之前必须停止一切影响灭火效果的设备。
4.在保护区设声光报警释放信号标志。
5.为保证人员的安全撤离，在喷放灭火剂前，应发出火灾报警，火灾报警至释放灭火剂的延时时间为0~30s。
6.为保证灭火的可靠性，在灭火系统释放灭火剂之前或同时，应保证必要的联动动作，即灭火系统发出灭火指令时，由控制系统发出联动指令，切断电源、关闭所有影响灭火效果的设备。
7.防护区应设置泄压口。喷放灭火剂前，防护区内除泄压口外的开口应能自行关闭。
8.灭火系统动作喷放灭火剂后，经确认火灾已扑灭的情况下，打开通风系统，向保护区内送入新鲜空气，当废气排尽后方可让人员进入检修。如需提前进入，需带氧气呼吸器。
9.单台气溶胶灭火装置的保护容积不大于160m³；设置多台时，相互间距离不大于10m。
四、注意事项
1.灭火系统必须由专人负责，经常进行检查和维护保养，保持良好的工作状态。
2.气体灭火系统，业主确定中标的厂家后，应由中标的设备厂家根据自身产品特点深化设计，深化设计图纸经设计院审核后方可用于施工。
3.气体灭火系统按设计图安装完工后，经检验合格可提交验收。
4.验收合格后，经消防主管部门及使用单位认可，方可投入使用。
5.本设计未及之处均请按照国家现行有关标准执行。

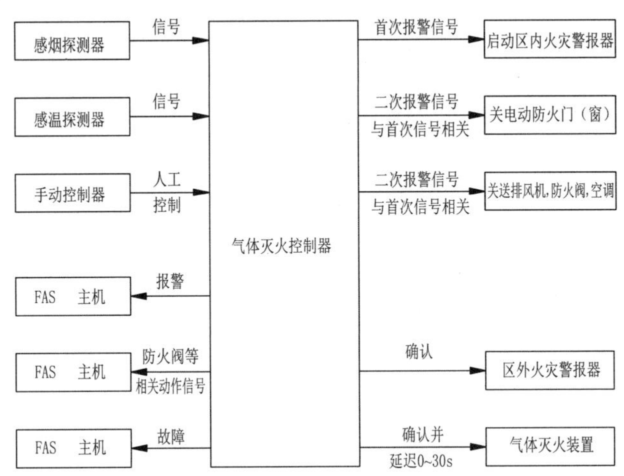

气体灭火系统联动逻辑关系图

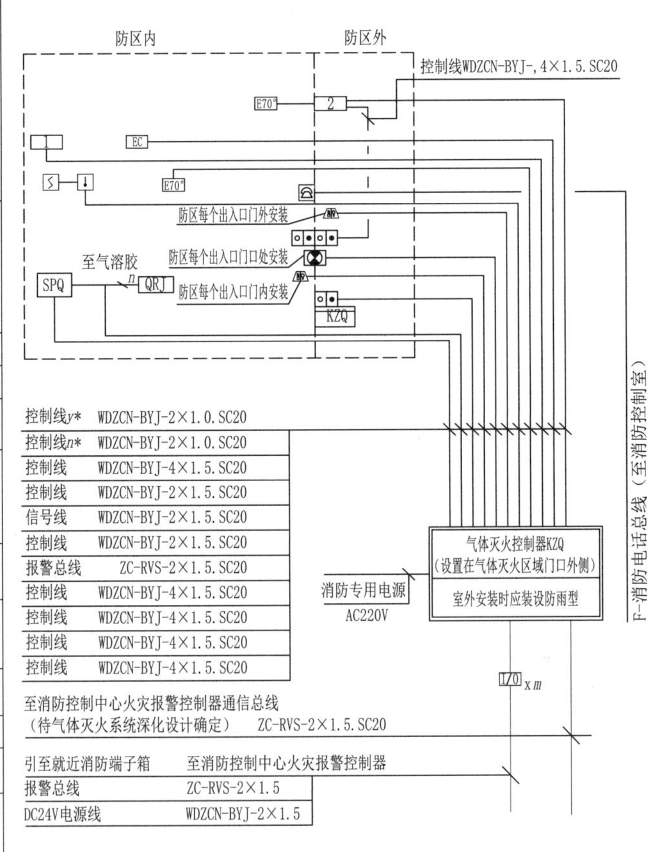

S型气溶胶灭火系统电气系统图

n 气溶胶组数， 见水专业设计图
y 适配器组数，见水专业设计图
m 模块数， 待气体灭火系统深化设计确定

图 11.8-1 气溶胶灭火系统说明及示意图

11.9　双波段图像火灾探测系统

双波段图像火灾探测系统说明及示意图见图 11.9–1。

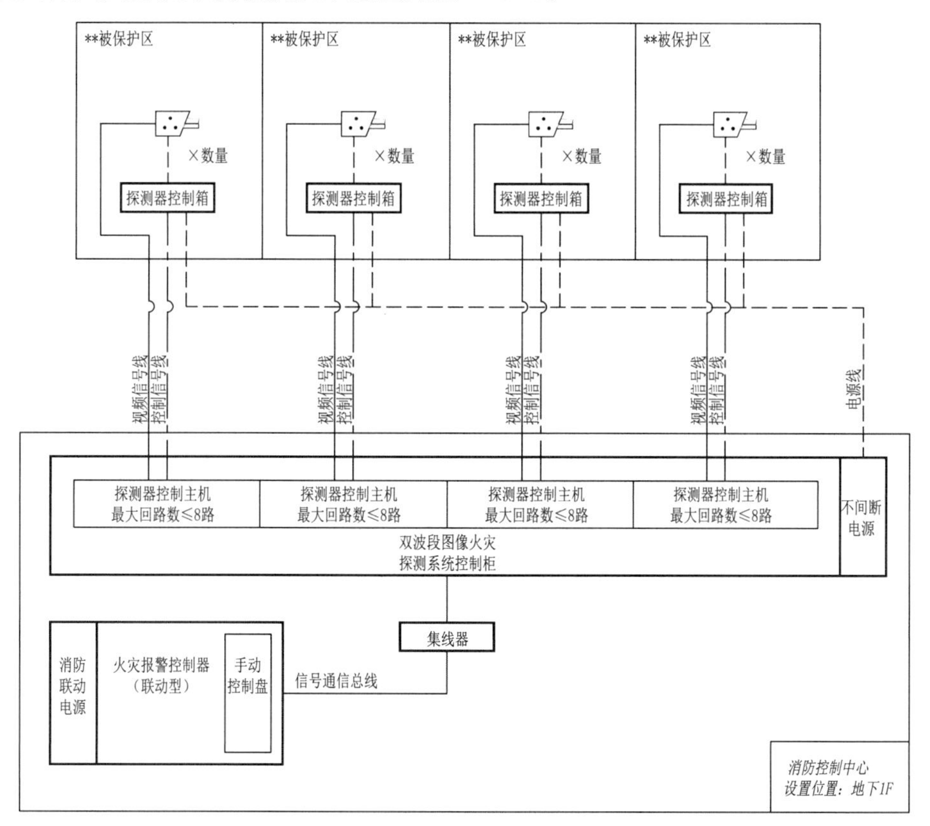

双波段图像火灾探测系统说明
一、设计范围
1.室内步行街中庭.电影乐园等高度大于26m的大空间场所。
二、注意事项
1.探测器根据产品技术参数，视角W42°×H32°，最大工作距离60m设置，探测器保护范围应无死角。
2、探测器的视野是一个锥形四面体，因此探测器安装位置正下方会存在探测盲区，故探测器一般成对安装，以便互相补偿。
3.探测器安装高度应在现场运动物体和设备之上，使得探测器可以俯视被保护空间，且方便安装和维护。
4.探测器控制箱就近安装于探测器位置，且保证箱体可见，以便清晰显示探测器工作状态。
5.探测器不应对准过亮或过暗场景，否则会造成成像质量下降，影响探测性能。
6.不能将探测器直接对准强光源，否则会造成探测器的损伤。
7.探测器固定墙体或者支柱不能有明显的震动，否则会影响探测精度。
8.在不能提供全天照明的场所需增加夜间补光设备，保证系统在夜间探测烟雾的能力。
9.主机设主电源及自带备用电源，并具有主备电工作状态指示和自动转换功能，自带备用电源至少可以提供正常工作3h。
三、其他
1.双波段图像火灾探测器及其相关产品，必须具有国家消防电子产品质量监督检验中心出具的型式检验报告。
2.本系统供参考，具体应由中标厂家根据自身产品特点深化设计，深化图经设计院审核后方可用于施工。
3.验收合格后，经消防主管部门及使用单位认可，方可投入使用。
4.本设计未及之处均请按照国家现行有关标准执行。

编号	图例	设备名称
1	双波段图像火灾探测系统报警主机	双波段图像火灾探测系统报警主机自带备用电源，持续供电时间不低于180min
2		双波段图像火灾探测器
3	探测器控制箱	双波段图像火灾探测器控制箱
4	集线器	集线器

系统布线示意			
功能	连接关系	线缆规格	最大长度
AC220V	控制柜至探测器控制箱	WDZAN-YJY-3×4	2000m
DC24V	现场电源线至探测器控制箱	WDZAN-YJY-2×2.5	20m
DC12V	探测器控制箱至探测器	WDZAN-YJY-2×2.5	20m
控制信号线	集线器至探测器控制箱	WDZCN-RYJS-2×1.5	1500m
视频信号线	探测器至主机	SYV-75-5	300m
		SYV-75-7	500m
		SYV-75-9	800m
		光端机	大于800m
信号通信总线	集线器至火灾报警控制器	2×(WDZCN-RYJS-2×1.5)	5m

图 11.9–1　双波段图像火灾探测系统说明及示意图

11.10 大空间智能灭火系统

大空间智能灭火系统说明及示意图见图 11.10–1。

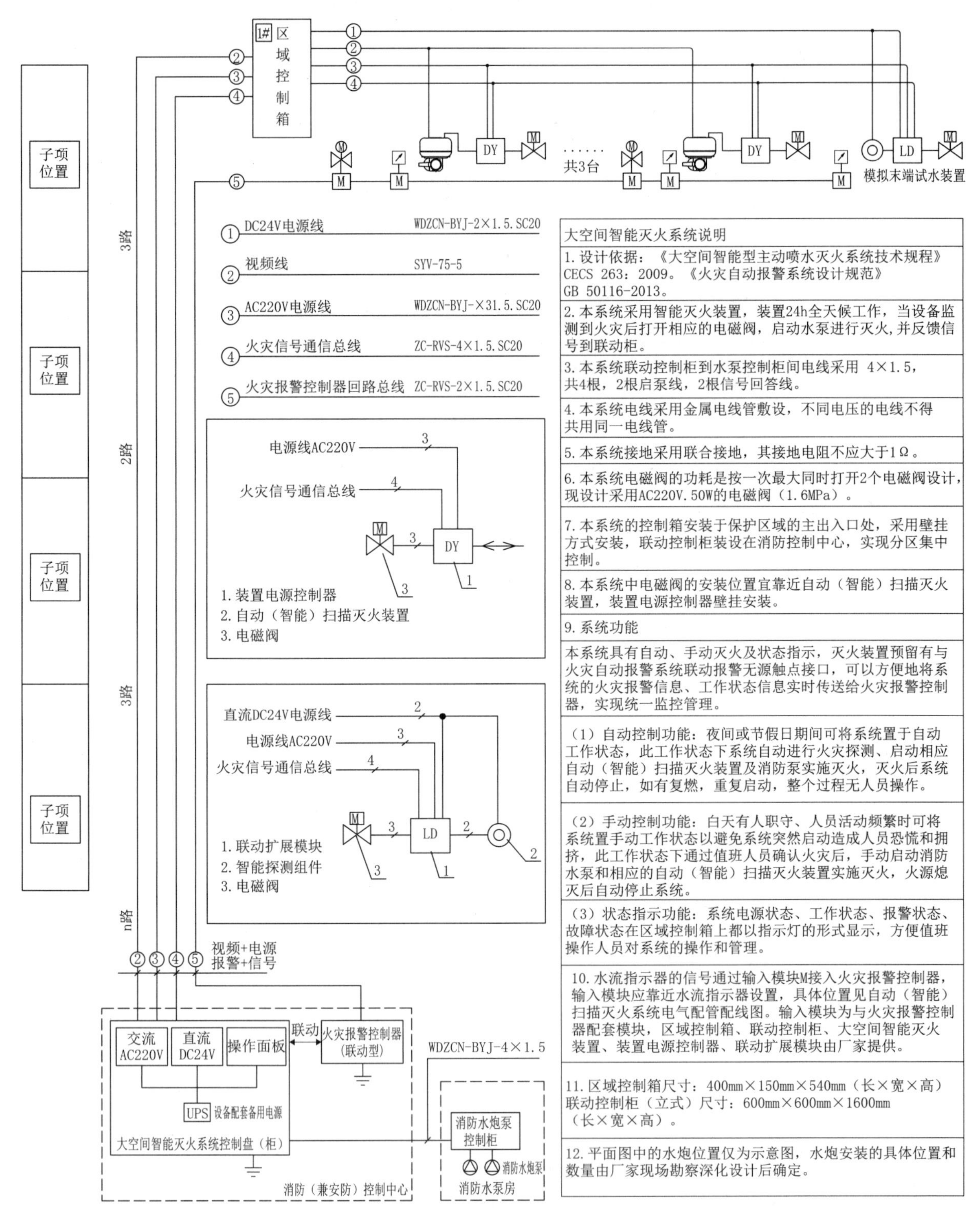

图 11.10–1 大空间智能灭火系统说明及示意图

11.11　余压监控系统

余压监控系统说明及示意图见图 11.11-1。

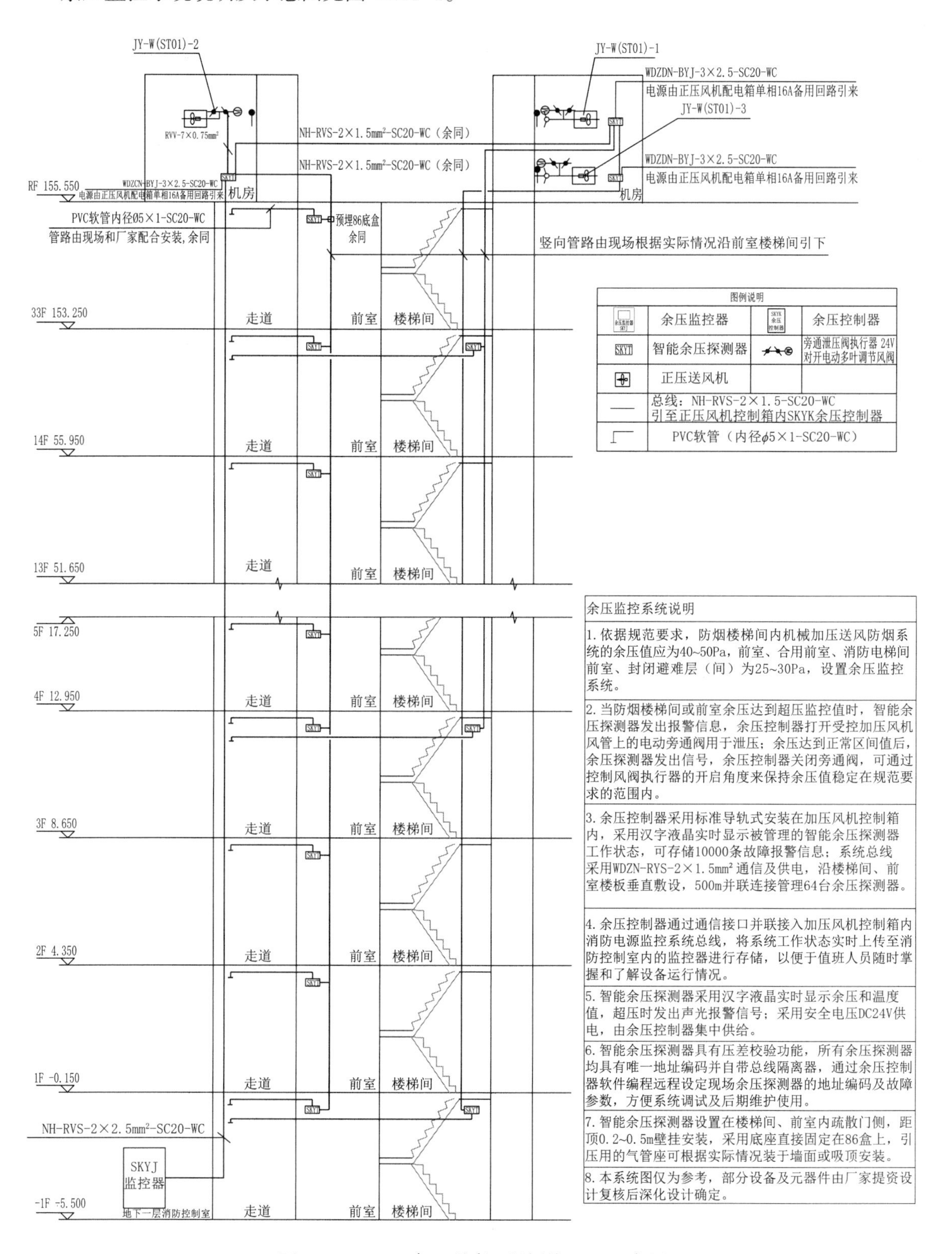

JY-W(ST01)-2
JY-W(ST01)-1
WDZDN-BYJ-3×2.5-SC20-WC
电源由正压风机配电箱单相16A备用回路引来
JY-W(ST01)-3
WDZDN-BYJ-3×2.5-SC20-WC
电源由正压风机配电箱单相16A备用回路引来
RVV-7×0.75mm²
NH-RVS-2×1.5mm²-SC20-WC（余同）
NH-RVS-2×1.5mm²-SC20-WC（余同）
RF 155.550
WDZCN-BYJ-3×2.5-SC20-WC
电源由正压风机配电箱单相16A备用回路引来
机房
机房
PVC软管内径Ø5×1-SC20-WC
管路由现场和厂家配合安装,余同
预埋86底盒
余同
竖向管路由现场根据实际情况沿前室楼梯间引下
33F 153.250
14F 55.950
13F 51.650
5F 17.250
4F 12.950
3F 8.650
2F 4.350
1F -0.150
-1F -5.500
走道
前室
楼梯间
NH-RVS-2×2.5mm²-SC20-WC
SKYJ
监控器
地下一层消防控制室
图例说明
余压监控器
余压控制器
智能余压探测器
旁通泄压阀执行器 24V
对开电动多叶调节风阀
正压送风机
总线：NH-RVS-2×1.5-SC20-WC
引至正压风机控制箱内SKYK余压控制器
PVC软管（内径ϕ5×1-SC20-WC）
余压监控系统说明
1. 依据规范要求，防烟楼梯间内机械加压送风防烟系统的余压值应为40~50Pa，前室、合用前室、消防电梯间前室、封闭避难层（间）为25~30Pa，设置余压监控系统。
2. 当防烟楼梯间或前室余压达到超压监控值时，智能余压探测器发出报警信息，余压控制器打开受控加压风机风管上的电动旁通阀用于泄压；余压达到正常区间值后，余压探测器发出信号，余压控制器关闭旁通阀，可通过控制风阀执行器的开启角度来保持余压值稳定在规范要求的范围内。
3. 余压控制器采用标准导轨式安装在加压风机控制箱内，采用汉字液晶实时显示被管理的智能余压探测器工作状态，可存储10000条故障报警信息；系统总线采用WDZN-RYS-2×1.5mm²通信及供电，沿楼梯间、前室楼板垂直敷设，500m并联连接管理64台余压探测器。
4. 余压控制器通过通信接口并联接入加压风机控制箱内消防电源监控系统总线，将系统工作状态实时上传至消防控制室内的监控器进行存储，以便于值班人员随时掌握和了解设备运行情况。
5. 智能余压探测器采用汉字液晶实时显示余压和温度值，超压时发出声光报警信号；采用安全电压DC24V供电，由余压控制器集中供给。
6. 智能余压探测器具有压差校验功能，所有余压探测器均具有唯一地址编码并自带总线隔离器，通过余压控制器软件编程远程设定现场余压探测器的地址编码及故障参数，方便系统调试及后期维护使用。
7. 智能余压探测器设置在楼梯间、前室内疏散门侧，距顶0.2~0.5m壁挂安装，采用底座直接固定在86盒上，引压用的气管座可根据实际情况装于墙面或吸顶安装。
8. 本系统图仅为参考，部分设备及元器件由厂家提资设计复核后深化设计确定。

图 11.11-1　余压监控系统说明及示意图

11.12 消防平面图

11.12.1 典型房间消防平面图

1. 消防风机房

（1）消防风机房设计时需按照结构梁图布置（梁高、板厚等），结合《火灾自动报警系统设计规范》GB 50116—2013 第 6 章节、附录 C ~ 附录 F 的有关条文解释，按规定布置点型感烟探测器、消防专用电话分机、消防风机联动模块、消防报警防火阀、消防电源监控模块、模块箱。

（2）在消防风机房内设置金属模块箱，主要考虑保障系统运行的可靠性和检修的方便性，以及安装施工成本的节约。

（3）消防专用电话分机应设置在便于操作的位置，金属模块箱放置于消防风机配电控制箱旁边，严禁将模块设置在风机配电箱内。

（4）通过模块箱中模块数量来表示需要联动风机的台数。消防风机房内有 1 台消防风机和 2 个 280° 防火阀，则表示为 1×（I/O+3I）+2×I；机房内有 2 台消防风机和 4 个 280° 防火阀，则表示为 2×（I/O+3I）+4×I；以此类推。

（5）连接报警总线时，应从机房外部感烟探测器接至机房内感烟探测器，再接至机房模块箱，模块箱连线作为回路的终端设备，不再引出接线。

（6）排烟机房消防平面图见图 11.12-1。

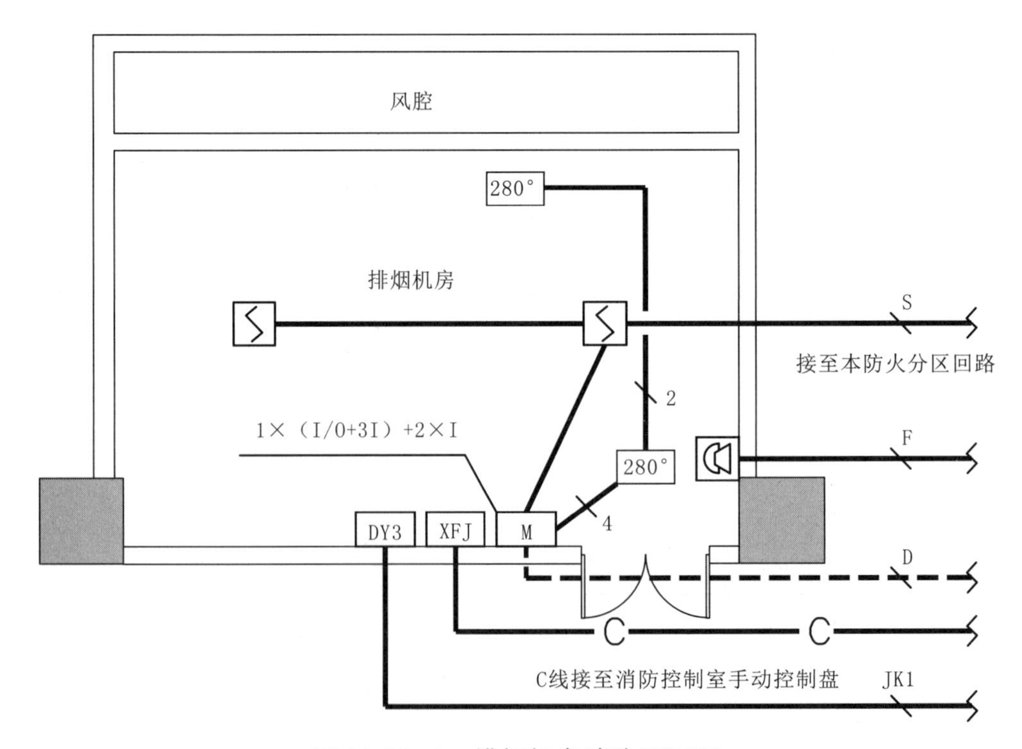

图 11.12-1 排烟机房消防平面图

2. 消防水泵房

（1）在消防水泵房中设置金属模块箱，主要考虑保障其系统运行的可靠性和检修的方便性，以及安装施工成本的节约。

（2）通过模块箱中模块数量表示需要联动消防水泵的台数。消防水泵房内有 2 台消火栓泵（一用一备）、2 台喷淋泵（一用一备），则表示为 4×（I/O+3I）+2×I，以此类推。

（3）消防水泵房中给水排水专业提资的湿式报警阀组实际为多个设备组合，一个报警阀组需要接入火灾自动报警系统的仅为 1 个压力开关和 2 个信号阀。

（4）消防水泵房消防平面图见图 11.12–2。

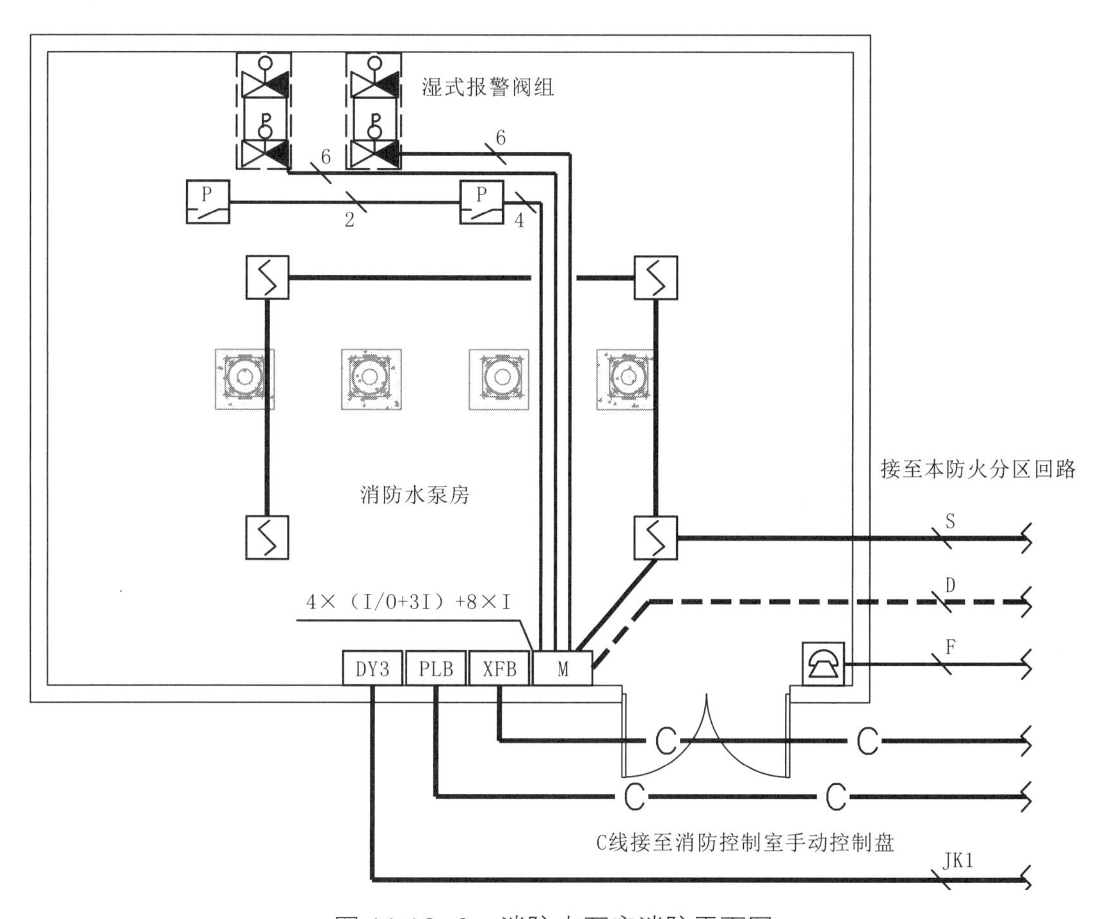

图 11.12–2 消防水泵房消防平面图

11.12.2 典型区域消防平面图

典型区域消防平面图（局部）见图 11.12–3。

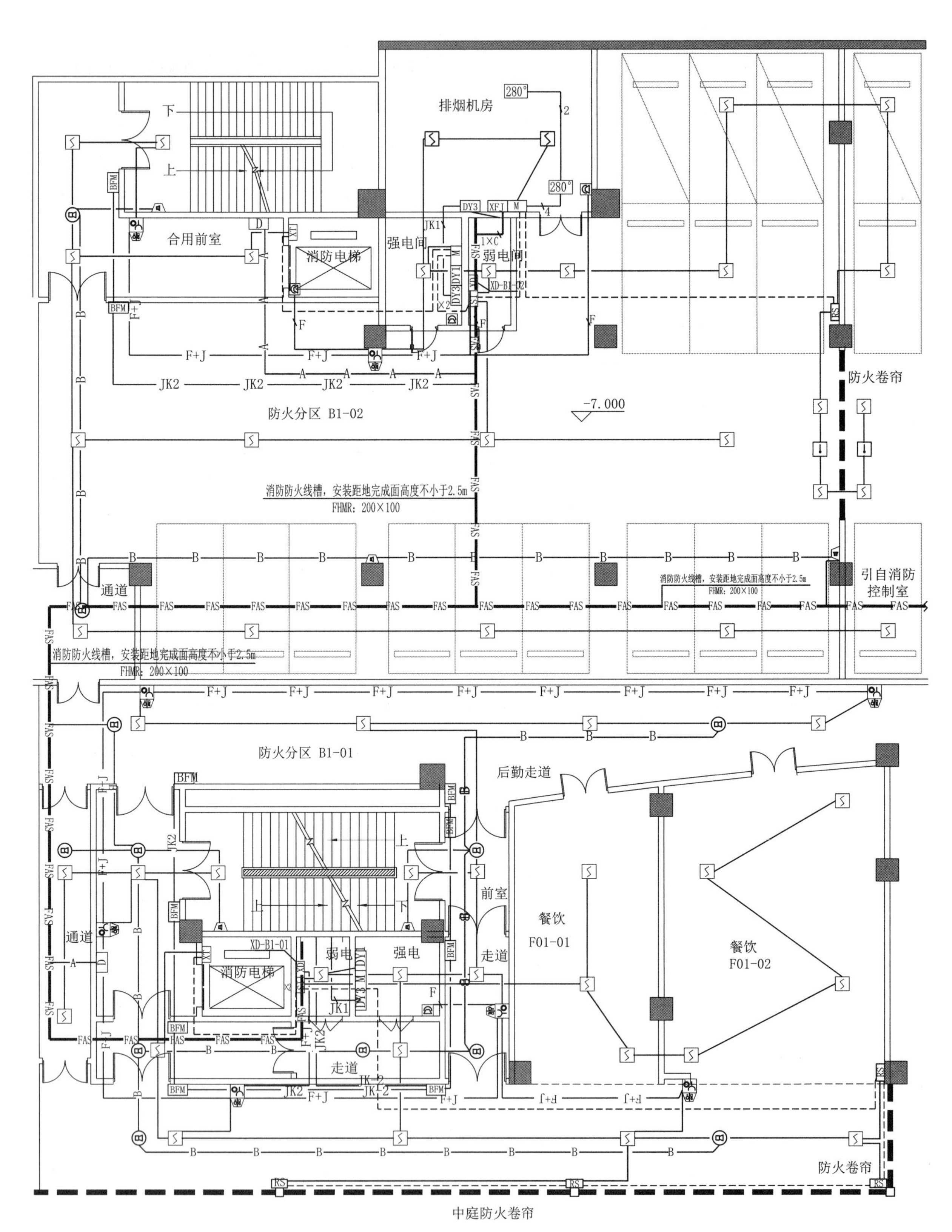

图 11.12-3　典型区域消防平面图（局部）

第12章

防雷接地

12.1 一般概述

防雷接地一般包括屋顶防雷平面、基础接地平面、系统示意、详图和随图说明，其中屋顶防雷平面中应有主要轴线号、尺寸、标高、标注接闪杆、接闪器、引下线位置，并注明材料型号规格、涉及的标准图编号和页次等；基础接地平面中应有接地线、接地极、测试点、断接卡等的平面位置、标明材料型号规格、相对尺寸等以及涉及的标准图编号和页次等；系统示意是通过建筑物防雷接地竖向示意图，直观地描述整个大楼的防雷接地系统；详图和随图说明是对防雷接地系统做必要的补充和完善。

屋顶防雷平面和基础接地平面，相对比较简单，在此不再介绍，下面展示案例的防雷接地系统示意图、详图和随图说明。

12.2 系统示意图

案例塔楼防雷接地系统示意（局部）见图 12.2–1。

案例裙房防雷接地系统示意（局部）见图 12.2–2。

案例防雷接地系统图例见图 12.2–3。

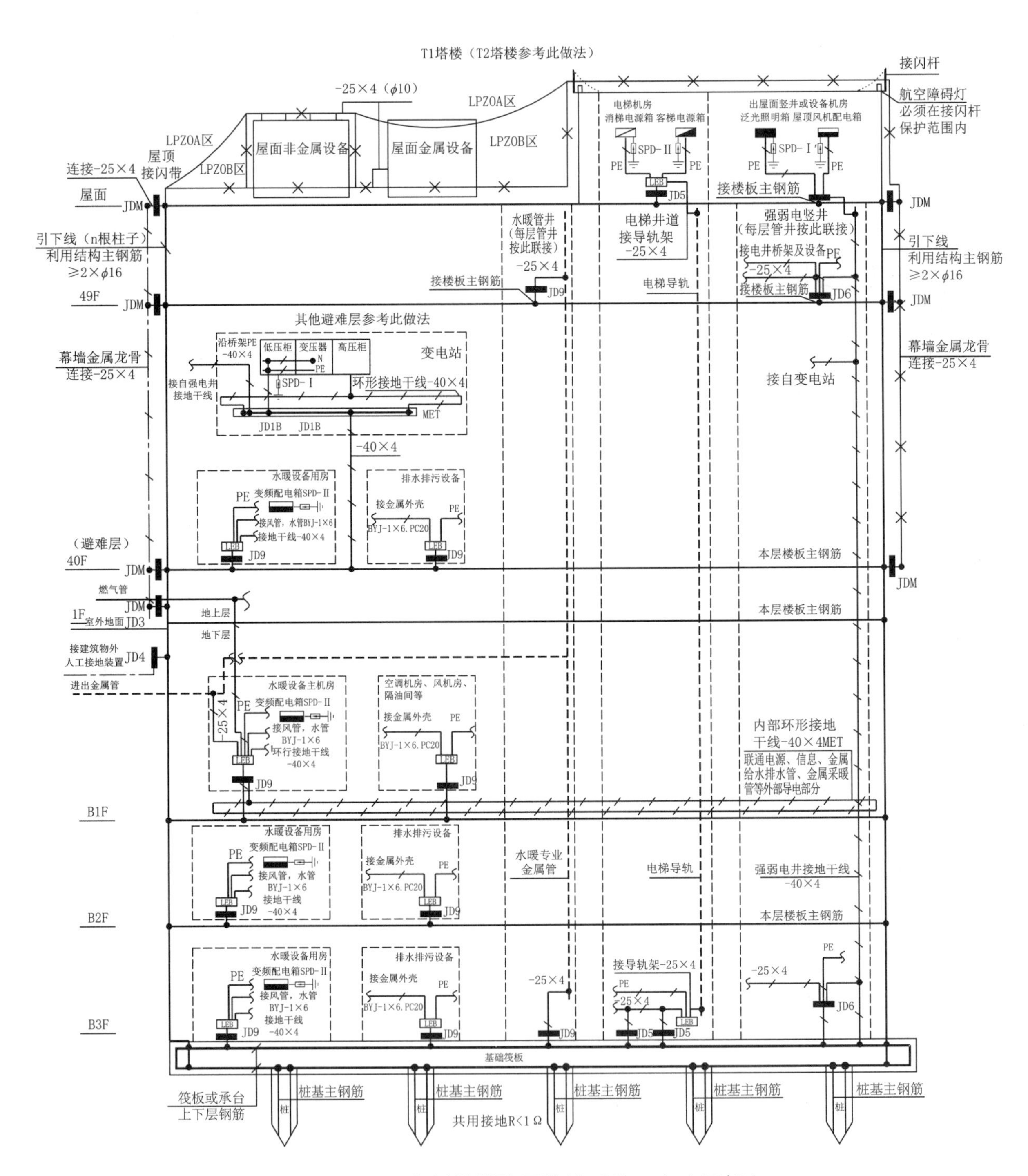

图 12.2-1　案例塔楼防雷接地系统示意（局部）

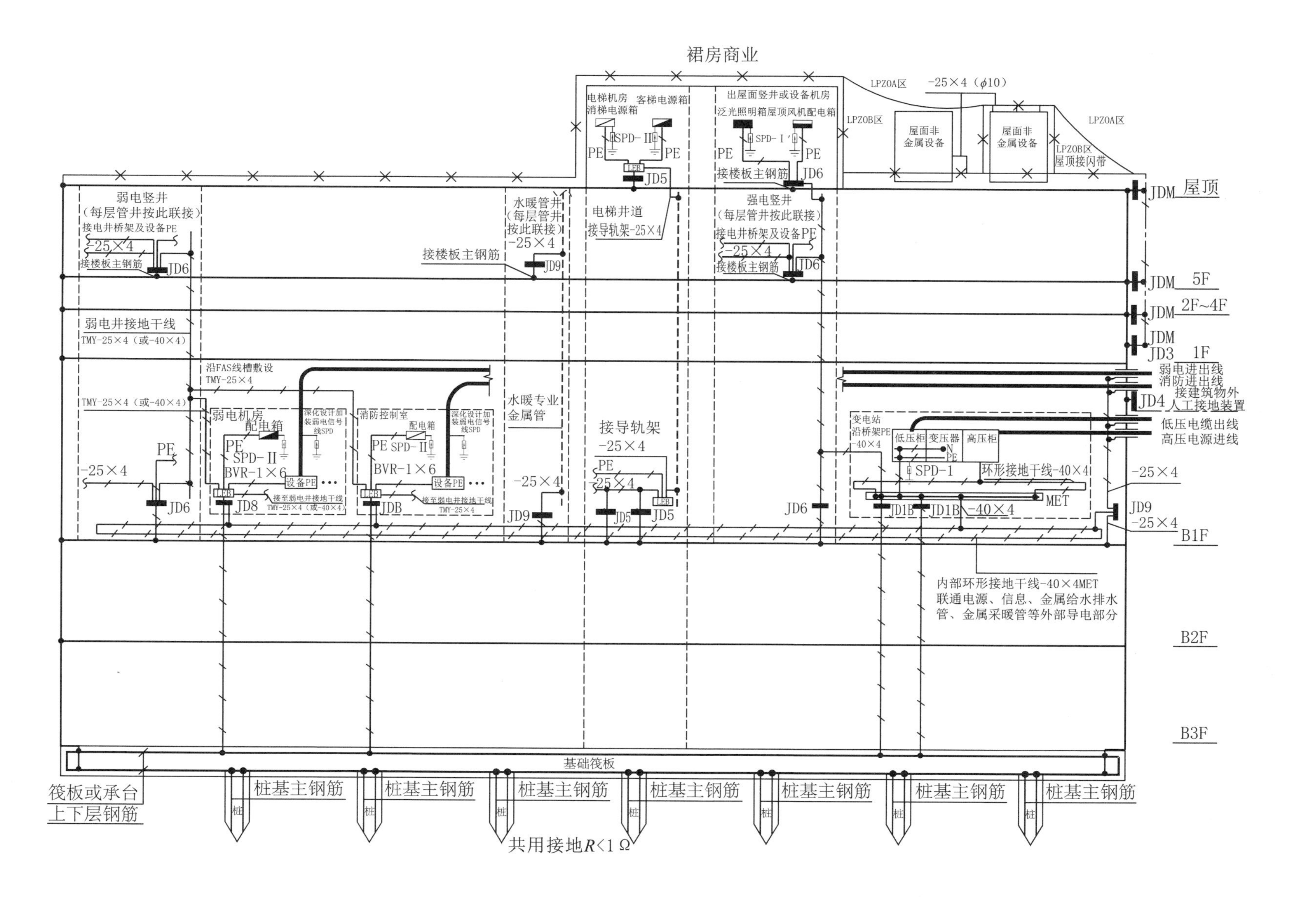

图12.2-2　案例裙房防雷接地系统示意（局部）

JD** 预埋接地板
具体施工参见标准图集15D503第29页，14D504第44页。

JD0 基础底板钢筋接地预留钢板
预埋接地钢板100×100×10，H=0.3m，采用-80×8热镀锌扁钢引下，焊接至基础底板主钢筋及桩基主钢筋（≥4×ϕ16）

JD1B 变电站预留接地钢板
预埋接地钢板100×100×10，H=0.3m，采用-80×8热镀锌扁钢引下，焊接至基础底板主钢筋及桩基主钢筋（≥4×ϕ16）

JD1 电源引入处接地钢板
预埋接地钢板100×100×10，H=0.3m，采用-80×5热镀锌扁钢引下，焊接至本层底板主钢筋（≥2×ϕ16）

JD2 临时接地端子（变电所详图内表示）
按标准图设置在室内接地干线上，H=0.3m，临时接地柱施工参见标准图集：14D504第55页

JD3 接地测试钢板
室外柱上预埋接地钢板（100×100×6）并与引下线主钢筋相连，距室外地面上0.5m。

JD4 预留接地扁钢
柱上预留热镀锌扁钢（-40×4），与引下线主钢筋相连，距室外地面下0.8m，伸出外墙长度不小于1m。

JD5 电梯等电位联接端子板
JD6 强、弱电井等电位联接端子板
JD9 预留设备等电位联接端子板
预埋热镀锌钢板100×100×6，H=0.3m，采用-40×4热镀锌扁钢引下，焊接至本层结构梁或地板或柱内主钢筋（≥2×ϕ16）

JD8 弱电机房等电位联接端子板
预埋热镀锌钢板100×100×6，H=0.3m，采用-40×4热镀锌扁钢引下，焊接至结构基础筏板或梁或承台内结构主钢筋（≥2×ϕ16）

JD7 弱电机房专用功能接地端子板
紫铜排，弱电深化设计确定，采用95mm²铜芯屏蔽线缆敷设至建筑物总结地端子板MET

JDM 幕墙接地预留钢板
每层板引下线处预埋热镀锌钢板100×100×6，采用≥2×ϕ10热镀锌圆钢焊接至结构柱内引下线用结构主钢筋（≥2×ϕ16或4×ϕ10）

FL	防雷引下线，利用结构主钢筋（≥2×ϕ16或4×ϕ10）通过箍筋绑扎或焊接上下贯通，并与基础接地钢连通
ZJ	引下线主钢筋与基础钢筋网、桩基主钢筋、基础内人工接接地体可靠连接（见15D503第38~45页
MET	总接地端子 ≥80×4mm紫铜排 H=0.5m，施工参见标准图集14D504第42页
MEB	总等电位联接端子箱 ≥100×4mm紫铜排 H=0.5m，施工参见标准图集15D502第29页、第34页
LEB	局部等电位联接端子箱 ≥30×4mm紫铜排 H=0.3m，施工参见标准图集15D502第31页、第34页
	接闪杆 顶端（1~2m，≥ϕ20热镀锌圆钢） 施工参见标准图集15D501第20~23页
	明装接闪带ϕ10 热镀锌圆钢，间距1m， 转弯处0.3~0.5m，H=0.15m。 施工参见标准图集15D501第15~19页
	屋顶暗装接闪带-25×4热镀锌扁钢， 施工参见标准图集15D501第16页
	利用结构基础筏板内两根不小于ϕ16主筋（绑扎）作为接地板；利用结构梁内两根不小于ϕ16主筋（绑扎）作为接地网；无钢筋处采用-40×4热镀锌扁钢可靠连接。 施工参见标准图集15D501第38~43页

说明：
1. 所有轴网方向基础底板上下两层主钢筋及引下线主钢筋、桩基主钢筋、各处预埋钢板必须可靠连接，各接地测试点、变电站总接地端子接地电阻均应小于1Ω。
2. 各设备机房进出线管就近与机房内等电位接地端子箱或环形接地干线相连（-25×4热镀锌扁钢）。
3. 各变电所内接地见各变电所接地详图。
4. 各弱电机房接地系统仅预留端子，待智能化专项深化设计完善。
5. 其他各层辅助等电位连接板（箱，盒）见各层接地或配电平面图。
6. 外侧墙金属门窗就近与楼层结构钢筋连接，见标准图集15D503第26页。

标准图集	《接地装置安装》14D504 《建筑物防雷设施安装》15D501 《利用建筑物金属体做防雷及接地装置安装》15D503

图 12.2-3 案例防雷接地系统图例

12.3 详图

案例防雷接地系统详图见图 12.3-1、图 12.3-2。

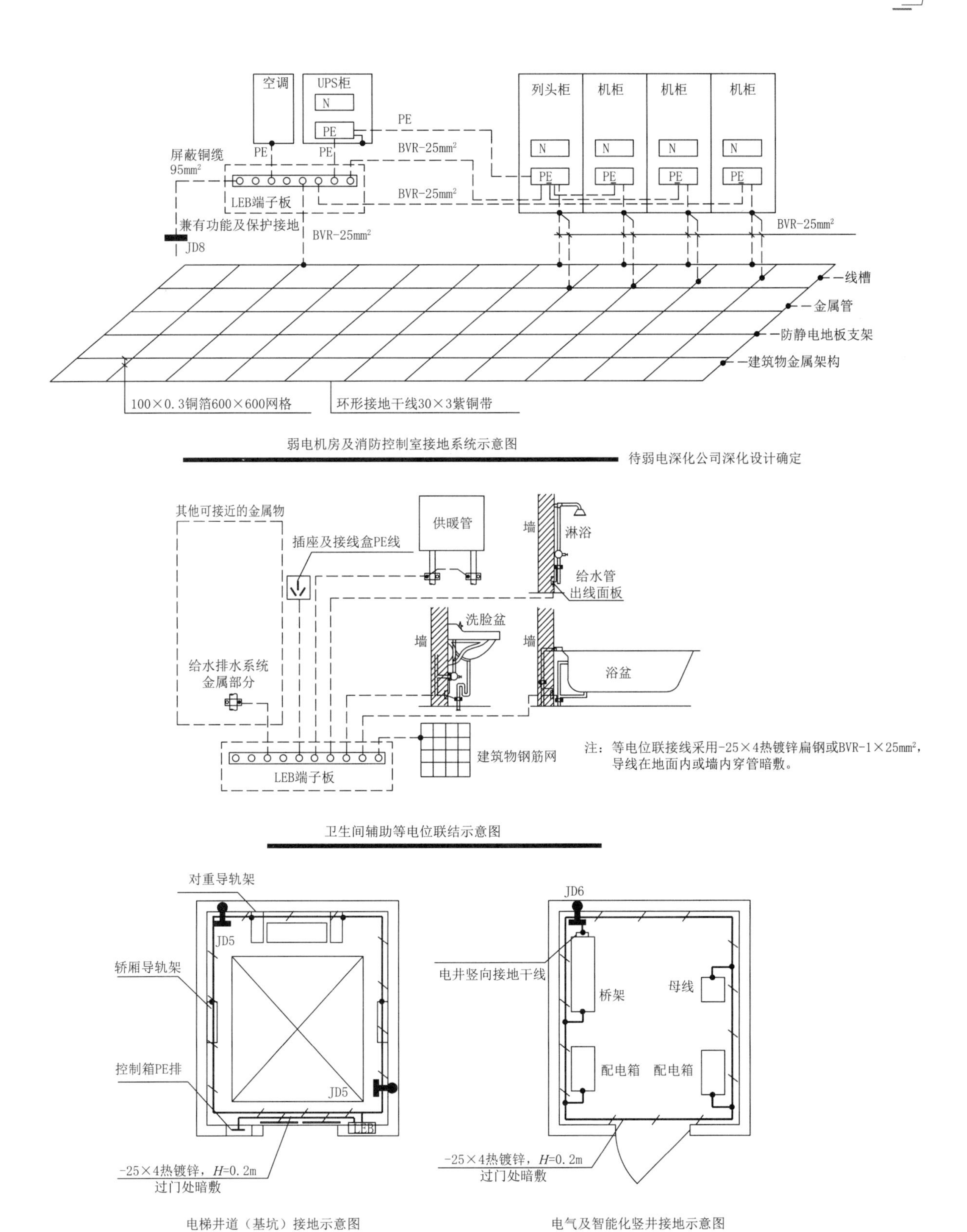

图 12.3-1　案例防雷接地系统详图 1

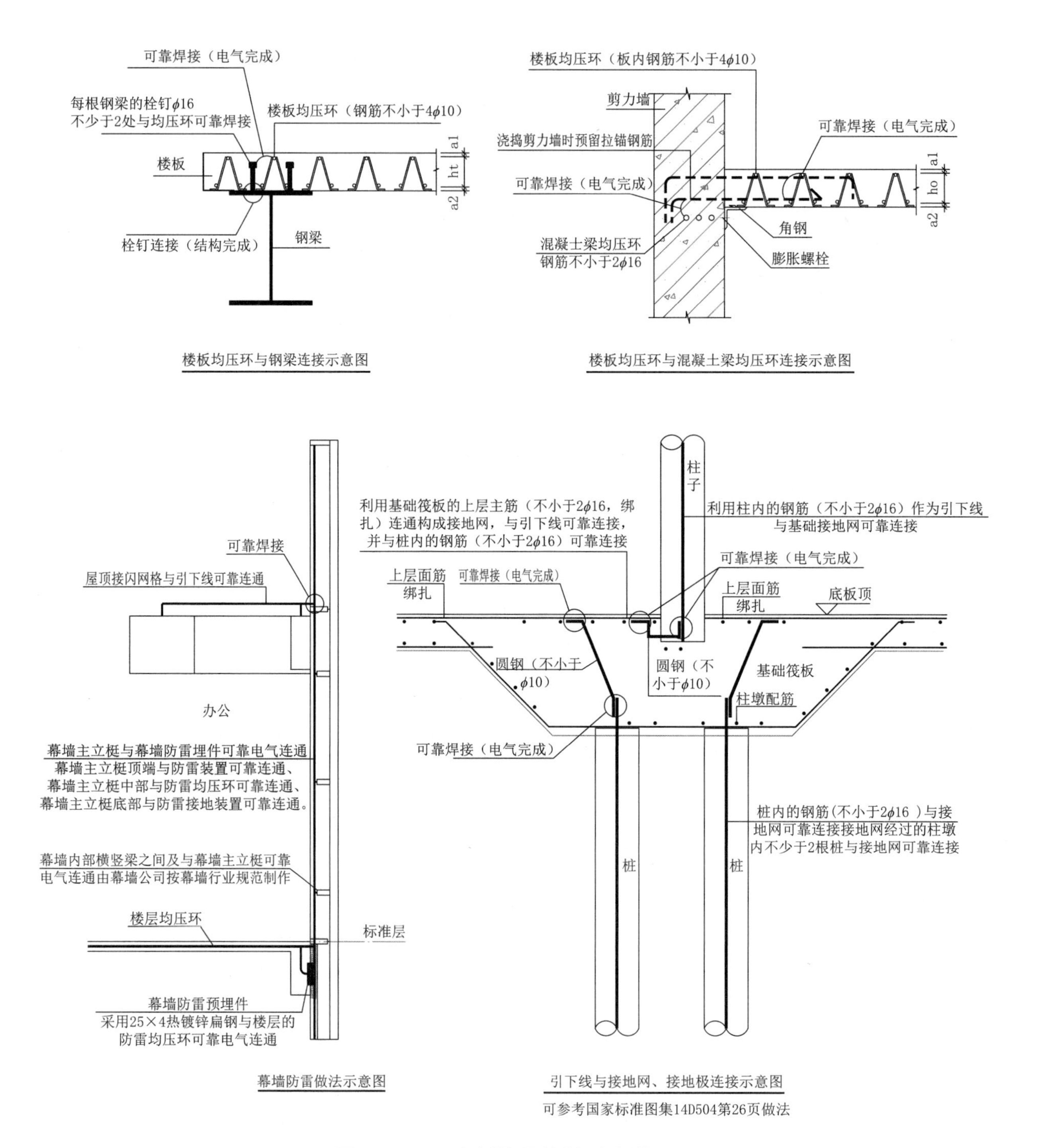

图 12.3-2　案例防雷接地系统详图 2

12.4　防雷说明

本工程各单体的年预计雷击次数均大于 0.25，故各单体均按照二类防雷建筑物设置防雷保护措施，本工程电子信息系统雷电防护等级为 B 级，建筑的防雷装置满足防直击雷、防雷电感应及雷电波的侵入，设置总等电位联结。

1. 接闪器

（1）采用 25×4 热镀锌扁钢沿屋顶女儿墙、屋面、屋角、屋脊、屋檐和檐角等易受雷击的部位明敷，形成由接闪带、接闪网格组成的接闪器，网格尺寸不大于 10m×10m 或 12m×8m，接闪带应设在外墙外表面或屋檐边垂面上，高出 0.15m，支架为定型产品热镀锌圆钢，支架间距不大于 0.5m。各接闪器之间应做良好的电气连接并与所有防雷引下线可靠连接。

（2）利用凸出屋面的钢构架（厚度不小于 0.5mm）作为接闪器，与接闪网格可靠连通，钢构架之间具有持久的贯通连接，钢构架与防雷引下线可靠连通，且表面无绝缘被覆层。

（3）利用凸出女儿墙上的铝板（厚度不小于 0.65mm）作为接闪器，与接闪网格可靠连通，彩铝板采用搭接时，其搭接长度不小于 100mm，彩铝板应与金属檩条可靠连通，金属檩条与钢桁架可靠连通，钢桁架与防雷引下线可靠连通，金属板无绝缘被覆层。

（4）利用屋面彩钢板（厚度不小于 0.5mm）作为接闪器，与接闪网格可靠连通，彩钢板采用搭接时，其搭接长度不小于 100mm，彩钢板应与金属檩条可靠连通，金属檩条与钢桁架可靠连通，钢桁架与防雷引下线可靠连通，金属板无绝缘被覆层。

（5）各接闪器之间的连通和跨接均采用 ϕ12 热镀锌圆钢。

2. 引下线

（1）利用建筑物钢筋混凝土柱子内对角两根 ϕ16 以上主筋绑扎或焊接连通作为引下线，引下线上端与接闪器焊接，中间与每层的结构梁内主筋焊接，下端与建筑物基础底梁及基础底板的上下两层钢筋内的两根主筋焊接。防雷引下线利用现浇立柱或剪力墙内的钢筋或采取其他可靠措施，避免利用预制竖向受力构件内的钢筋。

（2）引下线应沿建筑物四周和内庭院四周均匀对称布置，其间距沿周长计算不大于 18m。当建筑物的跨距较大，无法在跨距中间设引下线时，应在跨距两端设引下线，并减小引下线的间距，专设引下线的平均间距不应大于 18m。

（3）在建筑物外墙适当位置的引下线距室外地坪上 0.5m 处，预埋钢板 100mm×100mm×6mm（与柱外侧平），采用 40×4 热镀锌扁钢将钢板与引下线可靠焊接，并按当地防雷部门的要求设置接地电阻测试箱，且从该引下线中引出一根 ϕ12 热镀锌圆钢，出外墙 1m，室外埋深 0.8m，预留做人工接地极用。

（4）引下线附近保护人身安全需采取的措施有：用护栏、警告牌使接触引下线的可能性降至最低限度，以符合防接触电压的要求；用护栏、警告牌使进入距引下线 3m 范围内地面的可能性降至最低限度，以符合防跨步电压的要求。

3. 防侧击雷

（1）需将 45m（塔楼 9 层）及以上外墙上的栏杆、门窗等较大金属物直接或通过预埋件与防雷装置可靠相连，并将建筑物内的各种竖向金属管道在底层、顶层及每层与防雷装置可靠相连。

（2）大厦建筑外表面（包括幕墙部分）的尖物、墙角、边缘、设备以及显著凸出的物体，按照屋顶上的保护措施处理。利用幕墙凸出的金属框架作为接闪器，其采用的铝板厚度不小于0.65mm（并符合幕墙国家现行标准的要求）。幕墙各部件之间均应连成电气贯通，可采用铜锌合金焊、熔焊、卷边压接、缝接、螺钉或螺栓连接，其截面应符合国家现行标准的规定。

（3）凸出屋面的非金属物体应处在直击雷防护区域内，特别需保护的设备（如擦窗机、航空障碍灯等）应另外采用接闪杆进行保护。

4. 均压环

每层均利用结构梁内两根不小于 ϕ16 的主筋贯通连接（绑扎），形成本楼层的均压环。

5. 幕墙防雷

（1）幕墙预埋件（见土建图纸或幕墙专业图纸）应采用 25×4 热镀锌扁钢与大楼防雷系统可靠连通，幕墙主立梃与幕墙埋件可靠连通。

（2）幕墙主立梃顶端与防雷装置可靠连通、幕墙主立梃中部与防雷均压环可靠连通、幕墙主立梃底部与防雷接地装置可靠连通。

（3）幕墙内部横竖梁之间以及与幕墙主立梃可靠电气连通（由幕墙公司按幕墙国家现行标准制作）。

（4）幕墙所采用的玻璃、铝板等构件须进行防雷风险测试，并满足相关技术要求。

12.5 接地及安全措施

（1）本工程采用共用接地，防雷接地、变压器中性点接地、电气设备的保护接地、电梯机房、消防控制室、电话机房、计算机房等的接地统一共用接地装置，要求接地电阻不大于 1Ω，实测不满足要求时，则需增设人工接地极。

（2）接地极：利用结构基础筏板内的上层和下层主筋（不小于 2ϕ16 或 4ϕ12 或 4ϕ10）按“基础接地平面图”连通构成接地网，接地网与其所经过的桩（不少于 2 根桩）内的主筋（不小于 2ϕ16 或 4ϕ12 或 4ϕ10）可靠连通构成接地极，接地网应与引下线可靠连通。

（3）等电位联结：

①本工程采取总等电位联结措施，在变配电所设置总接地端子（MET），沿建筑物四周内墙通长敷设（明敷或暗敷）内部连接线（–40×4 热镀锌扁钢），将建筑物内保护干线、设备进线总管、燃气管道、强弱电电缆金属外皮、电缆保护管、建筑物金属构件就近进行等电位联结。总等电位联结线采用 WDZR–YJY 型电缆，穿 SC 钢管或沿桥架敷设，总等电位联结均采用各种型号的等电位卡子，不允许在金属管道上焊接。IT 机房、安防、电视机房、消防控制室等均设有分等电位连接板，电梯机房、风机房等的等电位联结，本设计在柱上预埋了连接板。

②从变电所至强电竖井内的桥架上敷设一根 –40×4 热镀锌扁钢，将变配电室接地与强电竖井内接地相连。电缆桥架、母线槽外壳及其支架全长应不少于两处与接地干线连接，非热镀锌桥架在连接处应采用跨接处理，保证接地电气连接；分别在强、弱电竖井内通长敷设一根 40×4 热镀锌扁钢，每层与本层楼板钢筋做等电位连接，且与每层强、弱电间内设置的等电位接地箱连

接。强电竖井内各配电箱的PE端子排、桥架均应用BV-1×10mm^{2}与等电位接线箱内接线铜排可靠连接。

③不间断电源（UPS或EPS）输出端的中性线（N极），应与机房接地装置直接引来的接地干线相连接，做重复接地。

④电梯轨道应可靠接地；垂直敷设的金属管道及金属的底端和顶端应与防雷装置连接。

⑤引入（出）建筑物的各类电线（缆）的保护管、铠装电缆的金属外皮、封闭母线外壳、I类灯具均应与接地线可靠连接；水泵、屋顶风机、屋顶金属装饰物、扶梯导轨、电梯导轨上下端、电气设备金属外壳均应可靠接地；建筑物结构中的金属构件，如楼梯扶手、防火门、电梯金属门套、防护密闭门、密闭门、防爆波活门的金属门框等均可靠接地；凡正常不带电，而当绝缘破坏有可能呈现电压的一切电气设备金属外壳均可靠接地。

⑥屋顶擦窗机应设置在建筑物防雷保护的范围内，其金属导轨及金属构件均应与屋面防雷装置可靠连接，且每根金属导轨及每个金属构件与防雷装置的连接点不应少于2处。屋顶擦窗机为双轨时，应每隔14～28m将两根导轨跨接电气连接一次。

⑦等电位连接应以最短路径连到最近的等电位连接带或其他已做等电位连接的金属物或等电位连接网络，各导电物之间宜附加多次互相连接。电子系统的所有外露导电物应与建筑物的等电位连接网络做功能性等电位连接。

⑧带淋浴的卫生间应做局部等电位接地，局部等电位联结箱LEB应与就近的柱子或楼板内主筋可靠连接，卫生间内插座的PE线、所有金属管道、金属构件应与局部等电位联结箱LEB联接。

⑨各种可燃气体、易燃液体的金属工艺设备、容器和管道应做防静电接地。

（4）过电压保护：变配电室低压母线处设置I级试验的电涌保护器（SPD-I）；屋顶室外设备配电箱内装Ⅱ级试验电涌保护器（SPD-I'）；电梯、楼层总箱及重要设备等配电箱设置Ⅱ级试验的电涌保护器（SPD-Ⅱ）；弱电设备配电箱、UPS配电箱设置Ⅲ级试验的电涌保护器（SPD-Ⅲ）。SPD主要参数见表5.2.5。

（5）对电子信息系统采取等电位连接与接地保护措施：本设计负责在弱电系统电源箱内安装SPD，弱电信号引入线路的专用SPD由各弱电设备厂家负责。各弱电机房预设置局部等电位联结箱，机房内弱电设备的等电位连接由业主另行委托设计或弱电设备公司负责。

12.6　其他要求

（1）本说明中描述的“可靠连接”均指“可靠的电气连接”，具体要求及做法详见相关施工及验收标准和图集。

（2）利用建筑的钢筋作为防雷装置时，应符合下列要求：构件内有箍筋连接的钢筋或呈网状的钢筋，其箍筋与钢筋、钢筋与钢筋应采用土建施工的绑扎法、套筒连接、对接焊或搭接焊连接。单根钢筋、圆钢或外引预埋连接板、线与构件内钢筋应焊接或采用螺栓紧固的卡夹器连接。

构件之间必须连接成电气通路。接闪带、接地线在过沉降缝（或温度缝）时，采用 40×4 热镀锌扁钢做弓形处理。

（3）建筑物处就近与防雷接地系统连接；固定在建筑物上的彩灯、广告灯箱、标志灯及其他用电设备的线路则采用置于接闪器保护范围内、线路外穿钢管及配电箱装设过电压保护器等措施保护。

（4）防雷接地系统为隐蔽工程，施工监理、业主、承包商应参加中间验收，在施工时土建与电工应密切配合，确保防雷接地系统的施工质量，施工监理应做好防雷接地系统的验收和记录。因本工程防雷接地系统比较复杂，施工单位应及时提供防雷接地系统特殊节点的施工安装详图供设计单位确认。图纸中的疏漏及不当处，请施工单位在监理部门的确认下现场解决并与设计人员联系。

第 13 章 新产品　新技术

13.1　一般概述

近年来，随着建筑行业的发展和进步，越来越多的电气新产品和新技术应用到实际项目中，为建筑项目的基础功能完善和扩展提供了很好的技术支持。接下来，分别从以下方面简单介绍电气新产品和新技术。

13.2　智能配电系统

13.2.1　EcoStruxure Power 运管维智能配电系统

在整体减碳目标下，全行业都承接了低碳减排的现实压力，电力系统首当其冲。作为一种可度量的能源转移与分配方式，电气化往往作为减碳的第一步，传统的电力监控系统面临新的挑战。EcoStruxure Power 运管维智能配电系统是一种全新的尝试，它是基于物联网 IoT 技术，将传统配电硬件设备和分析软件强关联，采用互联互通的产品、边缘控制、应用分析服务三层基本框架体系组成的全新的智能配电系统。EcoStruxure Power 运管维智能配电系统有力地保障了电气系统安全运行，高效地提升了能源管理效率，创新地拓展了运行运维的手段。

EcoStruxure Power 运管维智能配电系统中涉及的软件、硬件及网关类产品很多，以下是 4 种最主要的软件，简单介绍如下：

（1）Power Operation（以下简称 PO）作为专业的智能配电一体化监控与管理软件，是一款典型的 SCADA 电力监控软件，对于电力监控系统来说，高可用性和稳定性是最重要的因素。PO 软件一方面可实现服务器冗余和服务器负载均衡，保障重要数据传输；另一方面又能支持分布式、多集群部署，保障项目及系统的灵活扩展。在兼容性方面，PO 软件支持 IEC61850、IEC104、MODBUS 等数十种标准规约，也能开放 API 数据接口，方便与 MES、DCS、DCIM 等系统对接。因此，广泛应用于公共商业建筑、机场、电子厂房、数据中心、园区、冶金、重工业等行业。

（2）EcoStruxure Power Operation Energy Management 数字能效管理软件（以下简称 POEM）聚焦配电用能效率管理及优化。通过模块化、多站点、云边混合的方式，POEM 能够给大型复杂配电系统提供综合能源分析、标煤折算和碳排发布等功能（包括能源可视驾驶舱、能源事件通知、KPI 指标对标、能源平衡分析、能源成本统计、能源报表、负荷管理、设备能效分析管理），实现多视角的全局能效分析。以“能源可视、能效提升、成本降低、决策有据”的方式协助企业探索持续节能增效的“双碳”实施路径。

（3）EcoStruxur Power Operation Asset Expert 资产健康专家（以下简称 POAE）是一款聚焦电气资产管理及日常运维的软件。POAE 包含设备资产台账、综合健康信息、设备预防性维护信息、综合监控等功能。它依托于智能化的配电断路器和 PO 软件，构建数据、管理、视觉三个维度的数字化呈现，实现电气资产精细化与智能化管理，帮助企业实现少人值守、精准防患。

（4）Power Outage Insight 站控专家（以下简称 POI）是一款创新的软硬件结合的产品。POI 专注于配电室运维，代替了传统电力监控系统的前置电脑。它自带的显示屏能方便地安装于配电柜上，或是安装于机柜甚至墙面上，节省安装空间。POI 能够帮助运维人员进行全生命周期的设备分析，提供电气设备的电气和环境状态监测，确保用电安全，提供设备故障时设备的故障分析以及检修维护计划，从而保证配电室内设备全生命周期的高效运行。

13.2.2 ETAP 仿真计算软件

1. 软件概述

ETAP 是一款电力系统仿真软件，最初发行于 1986 年，经过多年的更新与完善，目前是国际上最主流的电力仿真分析软件，广泛应用于发电、输电、变电、配电和用电等各个阶段，为各行各业的客户提供安全可靠、经济高效的解决方案。ETAP 满足设计和运维全生命周期电力需求。设计阶段，通过电力系统分析，提升设计选型的可靠性；运维阶段，通过电力系统实时数字孪生系统，可以实现预测仿真、操作员培训等功能，提升运维效率，减少故障的发生。

2. 主要模块简介

ETAP 的功能模块繁多，涵盖电力系统的各个方面。针对电气设计方面的主要功能模块包括潮流分析、短路分析、保护配合分析、电机启动分析等。

（1）潮流分析模块可以计算整个电力系统的潮流分布，包括电压、电流、功率因数等基本参数。潮流分析模块示意图见图 13.2–1。

（2）短路分析模块可以计算三相短路、两相短路、两相接地短路和单相接地短路的短路电流并校验断路器的分断能力和开关的灵敏度，作为设备选型和保护设备验证的依据。短路分析模块示意图见图 13.2–2。

（3）保护配合分析模块依托 ETAP 完善的保护设备库，可以绘制出保护设备的脱扣曲线（TCC 曲线），通过直观地调整曲线位置来调整保护整定值，简化计算，并可通过插入故障，校验整个系统定值设置的合理性。保护配合分析模块示意图见图 13.2–3。

（4）电机启动分析可以绘制电机启动过程中完整的电压、电流、转差、转矩等电气参数的变化曲线，可仿真多种启动方式，如星三角启动、软起动、变频启动等，为选择合理的电机启动方式、启动顺序提供依据。电机启动分析模块示意图见图 13.2–4。

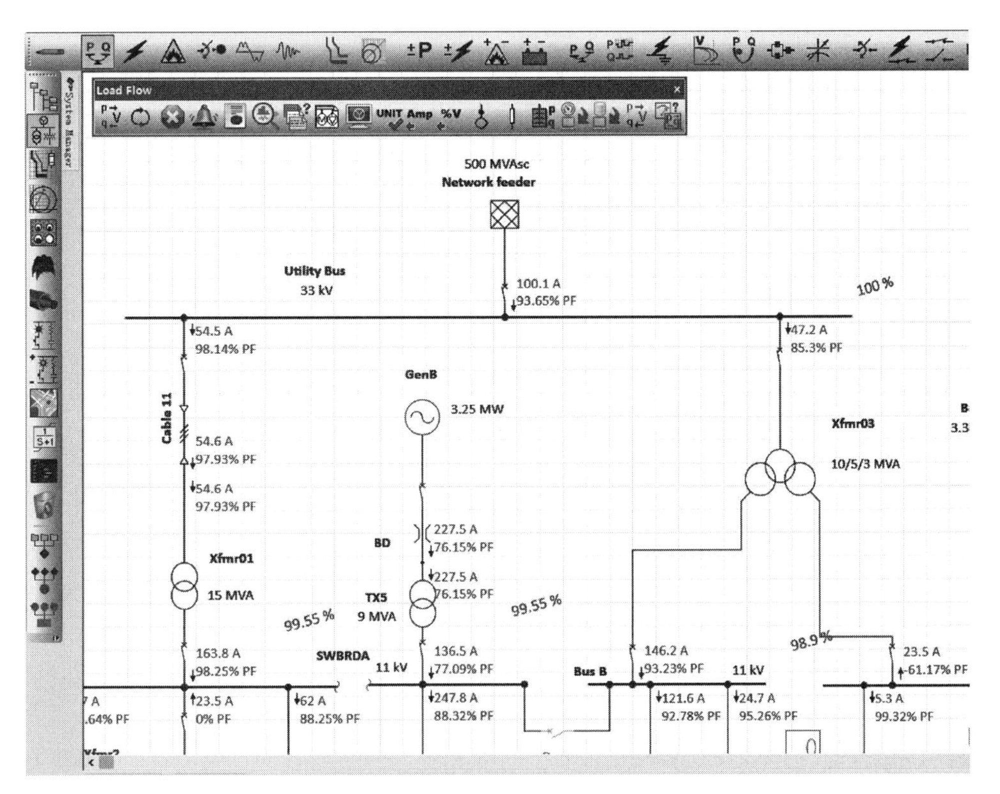

图 13.2-1　潮流分析模块示意图

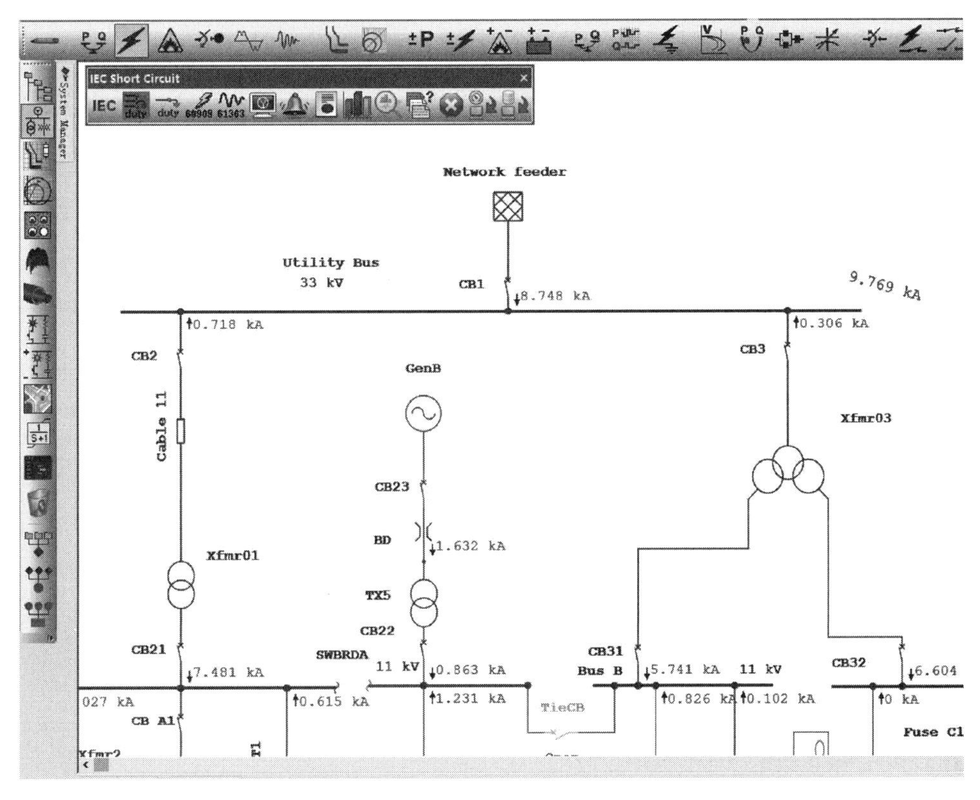

图 13.2-2　短路分析模块示意图

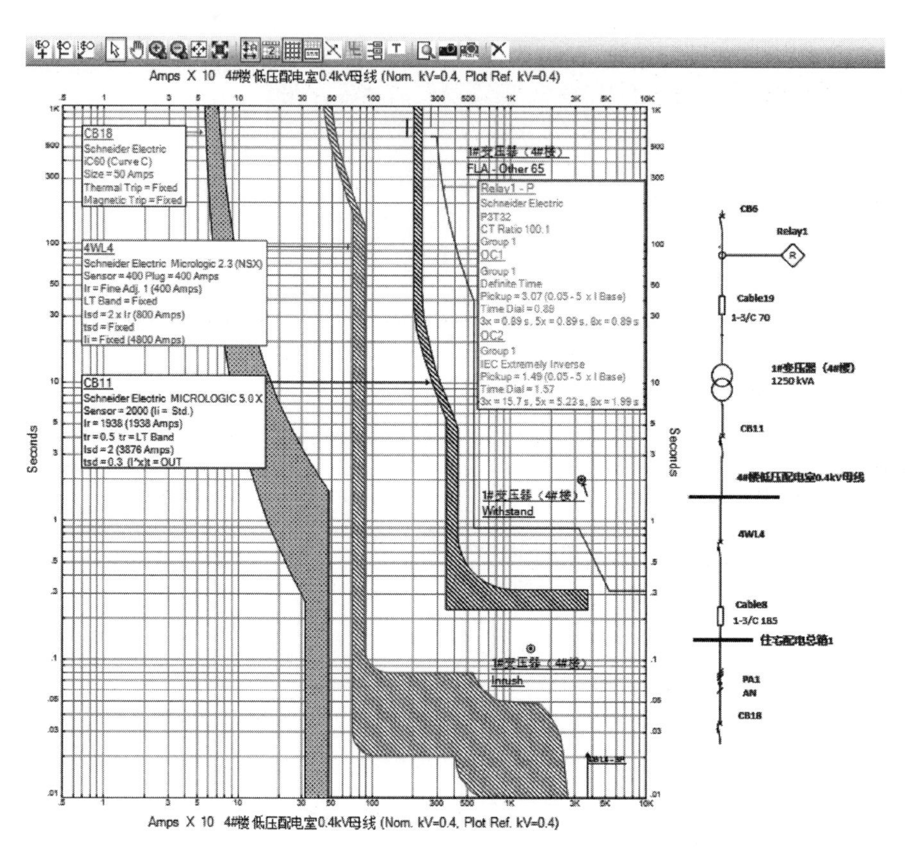

图 13.2-3　保护配合分析模块示意图

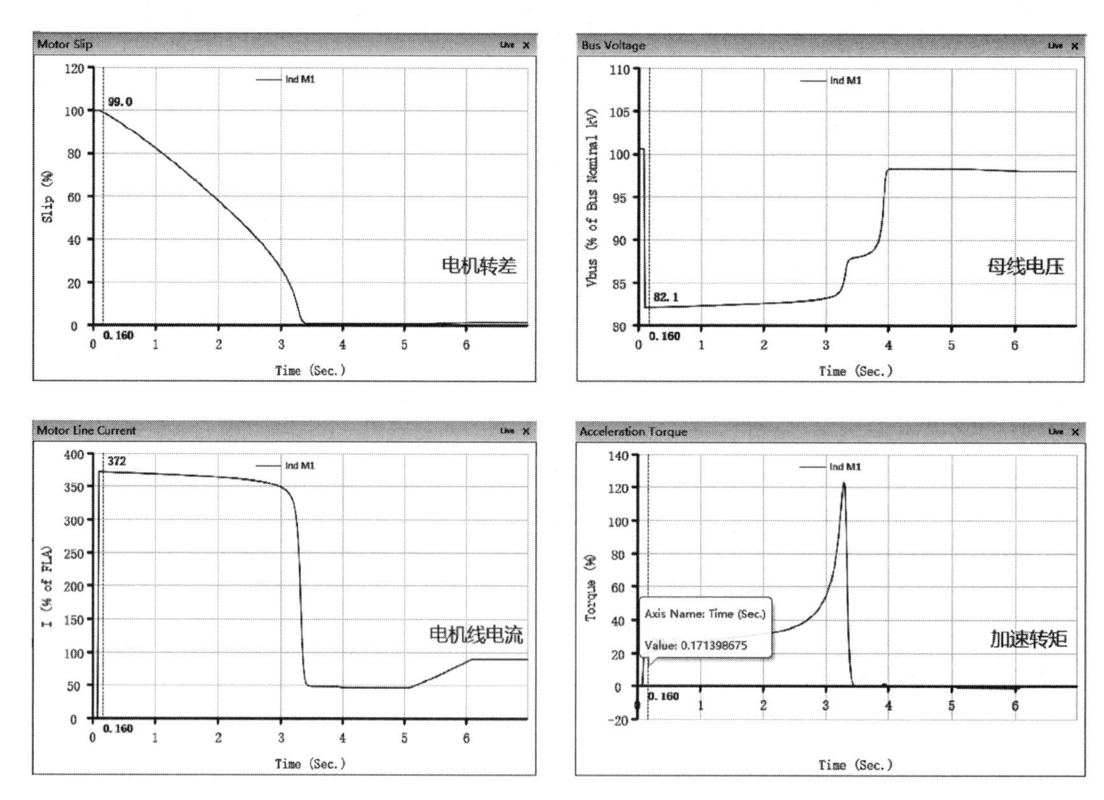

图 13.2-4　电机启动分析模块示意图

3. 应用案例

ETAP经过30多年的持续发展，拥有广泛和高度认可的品牌，已成为全球业内知名企业。ETAP全球有50000多家用户，超过100000多个授权许可证，用户遍布100多个国家和地区，中国已有1000多用户和3000多个许可证持有者。

13.2.3 绿色能源管理咨询

1. ESS能源审计及能效优化咨询

随着国家对“双碳”目标的推动，建筑行业的节能改造越来越受到关注。公开资料显示，建筑行业碳排放占全球直接和间接碳排放总量的40%。到2050年，有高达80%的存量建筑还需要进行大规模改造、翻新来实现减排，因此全面实现净零排放目标对建筑行业而言仍任重道远。建议从能效优化咨询开始，通过进行现场用能设备勘察测试、调适和优化，结合国内外先进绿色可持续等标准体系，提供不断改进能源绩效的系统方法，同时可以减少与其能源相关的温室气体排放，使相关存量建筑满足减缓气候变化以及实现绿色发展的总体目标。

ESS能源审计及能效优化咨询是一种加强企业能源科学管理和节约能源的有效手段和方法，具有很强的监督与管理作用。通过能源审计，可以准确合理地分析评价本地区和企业的能源利用状况和水平，以实现对企业能源消耗情况的监督管理，保证能源的合理配置使用，提高能源利用效率，节约能源，保护环境，可持续发展。通过能效优化咨询服务可以使企业的生产组织者、管理者、使用者及时掌握企业能源管理水平及用能状况，排查问题和薄弱环节，挖掘节能潜力，寻找节能方向，降低能源消耗和生产成本，提高经济效益。

2. MPS&PSS配电咨询服务

存量建筑需重点关注并提升供电安全，降低电力系统安全风险。通过配电系统咨询，对现场配电系统、运维管理及各用能设施进行整体检查、安全评估。通过电力系统分析咨询，对现场电力系统进行深入建模分析，检查配电设备实施使用现状。同时，针对发现的薄弱环节提出合理化建议与解决方案，改善电气安全水平、提高现场能效水平，优化现场运维管理水平，并降低运营成本。施耐德电气MPS配电咨询服务的主要目标是评估已装机设备的性能，并在整个设备的使用寿命过程中提供提高和维持该性能的建议。主要关注：已装机设备的优缺点，设备工况水平，对安全和配电系统性能有影响的隐患，生产流程中的主要风险，管理风险和优化性能的解决方案。并且对用户现场配电网络架构进行可靠性分析，可靠性分析基于“故障树”方法评估配电系统的拓扑结构，根据IEEE Std.493-1997选择设备故障模式和故障率值（IEEE：可靠工商业电力系统设计推荐规范）。设备维修时间值将根据IEEE Std.493-1997选择，并根据客户维修政策和备件及备件管理程序进行调整。

13.3 电气综合监控平台

13.3.1 电气监控管理现状

目前用户配电系统通常需要设置电力监控系统、电气火灾监控系统、能耗管理系统、消防设备电源监测系统，部分项目还会设置防雷监控系统等，用于配电系统的相关监控管理。这些监测系统从感知层、传输层和应用管理层来说一般都是相互独立、自成系统，各自完成某项单一的监控功能，示意图见图 13.3–1。

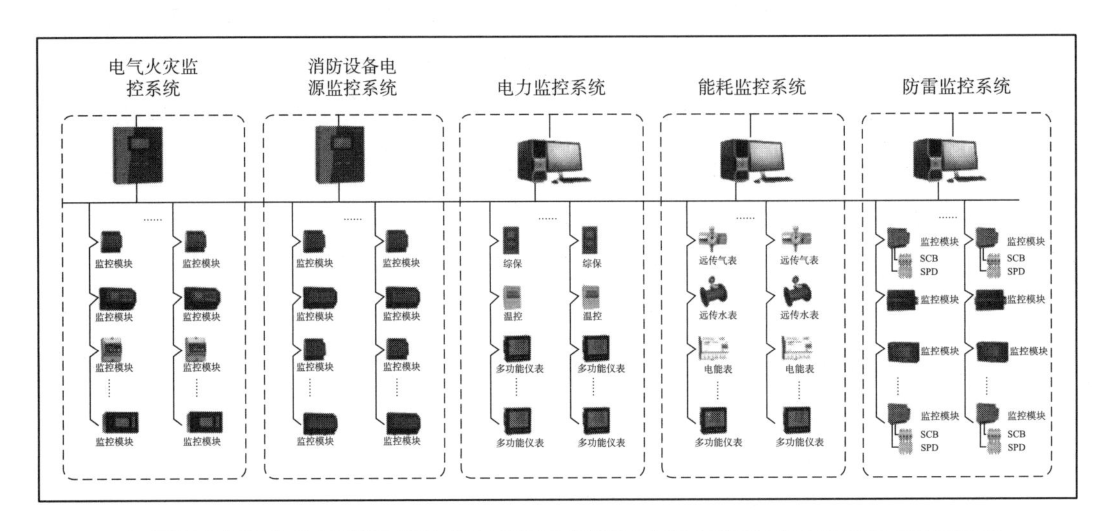

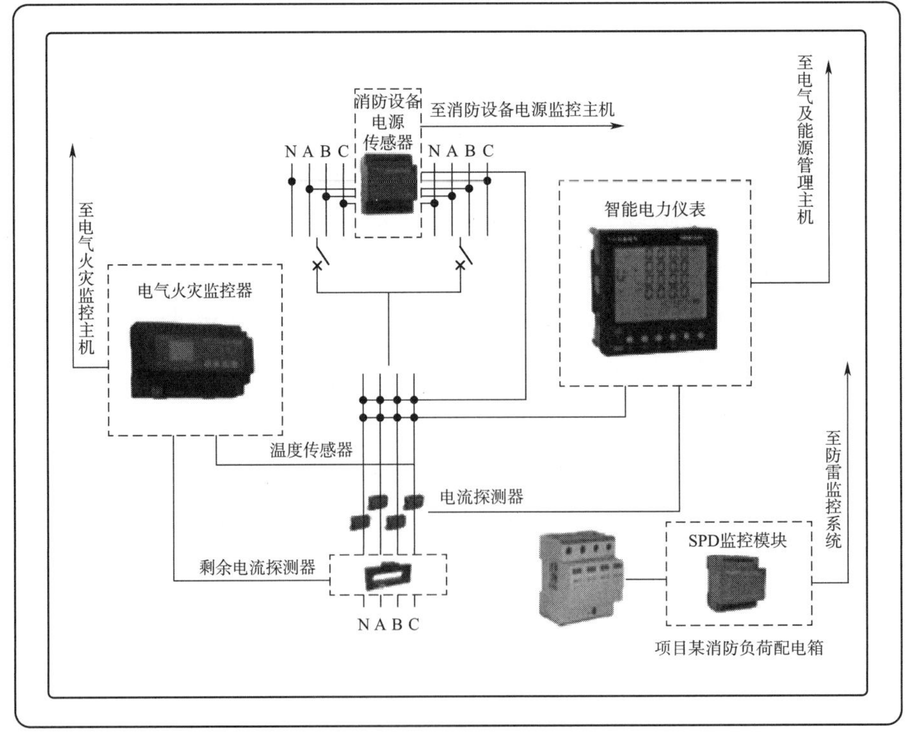

图 13.3–1 各系统独立运行示意图

随着社会经济和技术的发展，用户对建筑电气智能化水平提出了更高要求，现行的电气监控管理系统暴露出以下有待提高的问题：

（1）在应用管理层，各子系统彼此孤立，信息阻断，形成信息孤岛。用户无法实时系统性了解配电系统的运行状况，同时，也无法对数据进行综合分析、深入挖掘，从而实现事故快速诊断和早期预警，进一步提高管理水平。

（2）在传输层各子系统交叉设置，布线繁杂，存在重复布线、资源浪费和管理困难等问题。

（3）在感知层部署多种功能相对单一的采集装置，各自孤立的采集数据，存在设备功能未充分利用、信息采集有所重叠且较为浪费空间的问题。

（4）现在普遍采用的剩余电流式电气火灾监控系统未能有效解决电气火灾持续高发的问题，比如：

①不适合进行剩余电流监测的配电系统，如TN–C接地系统。

②剩余电流互感器后端存在重复接地的配电系统。

③多个回路存在共零现象的配电系统。

④存在接线错误的配电系统：剩余电流互感器穿线错误、N线和PE线混接、不同回路之间线路存在混接的现象。

⑤对固有剩余电流缺乏认识，没有对固有剩余电流进行有效合理补偿。

⑥剩余电流式电气火灾探测器无法感知到线路中的并联电弧和串联电弧等火灾隐患。常见的故障电弧探测器通常只能应用在末端单相回路，无法实现对配电系统的全覆盖。

13.3.2 电气监控管理发展需求分析

（1）感知层数据集中采集：数据集中采集有利于实现多参数的边缘计算，从而实现监控分析的更高性能。

①通过电压、电流的高频采样，分析基波及各次谐波分量变化、高频能量幅值、脉冲延时衰减时间等电弧特征，可以实现对配电系统故障电弧监测的全覆盖，并可适用于TN–C、IT等剩余电流探测不适用的配电系统。

②通过对剩余电流、电流、电压的相位角进行比对及算法，区分出阻性剩余电流和容性剩余电流，从而减少容性剩余电流引起的误报警。

③多参数判断实现故障诊断：断路、短路、过压、欠压、失压、过流电压暂升、暂降、电压中断等故障。

④数据集中采集会减少采集装置和布线的数量，符合“双碳”发展要求。

（2）更智能的综合监控管理平台

①能完成相关数据的综合分析及报警控制功能，并根据采集的信息综合评估供配电系统的安全性，为客户的运维、改进提供决策依据。

②规范通信协议，统一部署感知层至平台层通信网络，实现不同功能的感知装置共用通信网络，减少重复布线，提升数据的利用价值。

③实现灵活部署不同的应用软件及与其他平台的数据交互。包括电气综合监控管理系统、电气火灾监控系统、消防设备电源监控系统、电力系统监控系统、能耗监测系统、浪涌保护监测系统等应用软件，可以根据需要与消防物联网平台、BMS、BAS等实现数据交互。

13.3.3 电气综合监控单元

上海市较早在电气的感知层数据集中采集、综合监控管理平台等方面做出大胆尝试，在上海市地方标准《民用建筑电气防火设计规程》DGJ 08—2048—2016中提出电气综合监控系统、综合采集装置等概念，并进行有益探索，目前该地方标准正在升版过程中，相信会进一步完善相关规定，为电气管理提供更有价值的方法。

电气综合监控单元具有综合采集电压、电流、频率、剩余电流、温度、开关状态等信息的功能，能实现对电压、电流、频率、功率、电能、谐波、阻性剩余电流、温度、故障电弧、开关状态等的故障诊断，并在越限事件发生时进行声光报警的电气装置。电气综合监控单元见图13.3-2。

13.3.4 电气综合监控平台

电气综合监控平台是在建筑供配电系统的基础上，基于各类感知层装置（电气综合监控单元、其他单一功能监控模块）、通信网络、互联网技术，支持配电系统电气参数监控及故障分析、能耗监测、消防电源监测、电气火灾监测、浪涌保护监测等应用的信息管理平台。电气综合监控平台示意图见图13.3-3。

图13.3-2　电气综合监控单元

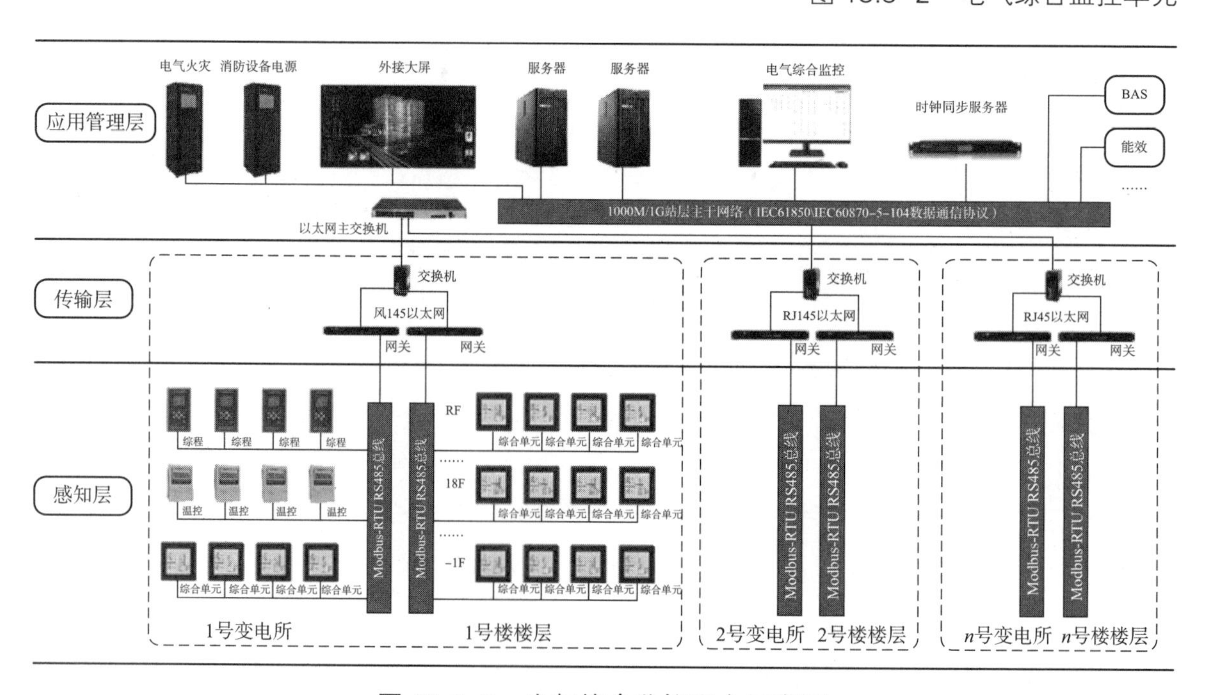

图13.3-3　电气综合监控平台示意图

13.3.5 应用场所和典型图纸

（1）电气防火等级为特级、一级的公共建筑及其他对配电管理、电气防火有较高要求的建筑设置电气综合监控平台。

（2）下列公共建筑中，变电所低压柜出线侧和需要设置两种以上信息采集装置的配电箱（柜）采用电气综合监控单元：

①电气防火等级为特级的公共建筑。

②特大型或大型的体育场、剧场、电影院、博物馆、会展建筑。

③五星级及以上的酒店。

④甲级及以上的档案馆。

⑤藏书量超过100万册的图书馆。

⑥大型商店建筑。

⑦三级甲等及以上的医疗建筑。

⑧大型、重要的交通建筑。

⑨一级及以上的金融设施建筑。

⑩A级数据中心。

（3）电气火灾监控探测功能设置建议：变电所低压柜出线侧探测三相故障电弧和温度，第一级配电箱（柜）探测三相故障电弧、温度和剩余电流。

（4）单一信息采集的配电箱（柜）可采用单一功能感知装置，但需采用标准RS485协议。

（5）电气综合监控平台的典型图纸。

①电气综合监控系统图见图13.3-4。

②设置电气综合监控单元的配电箱系统图见图13.3-5。

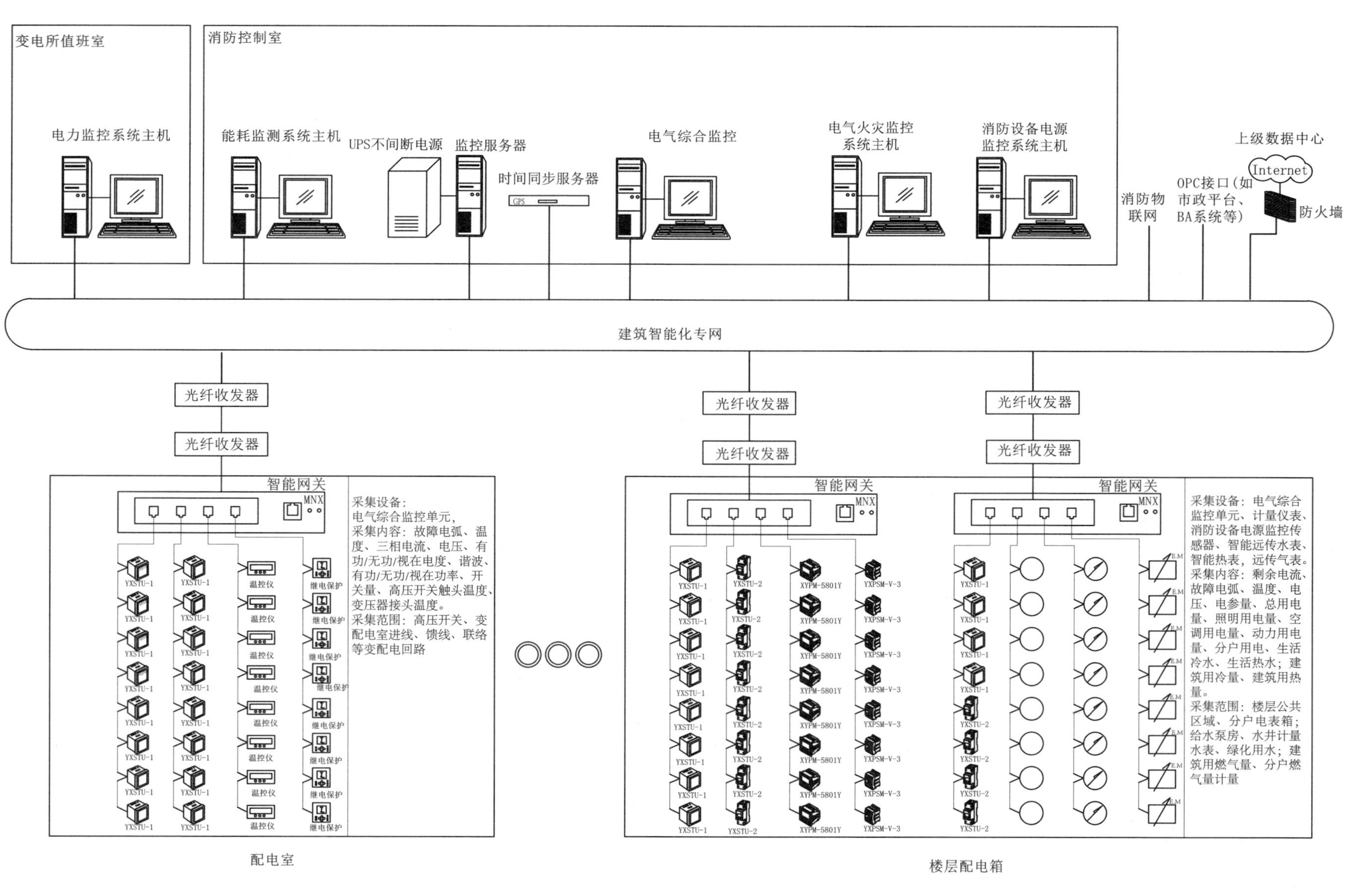

图 13.3-4　电气综合监控系统图

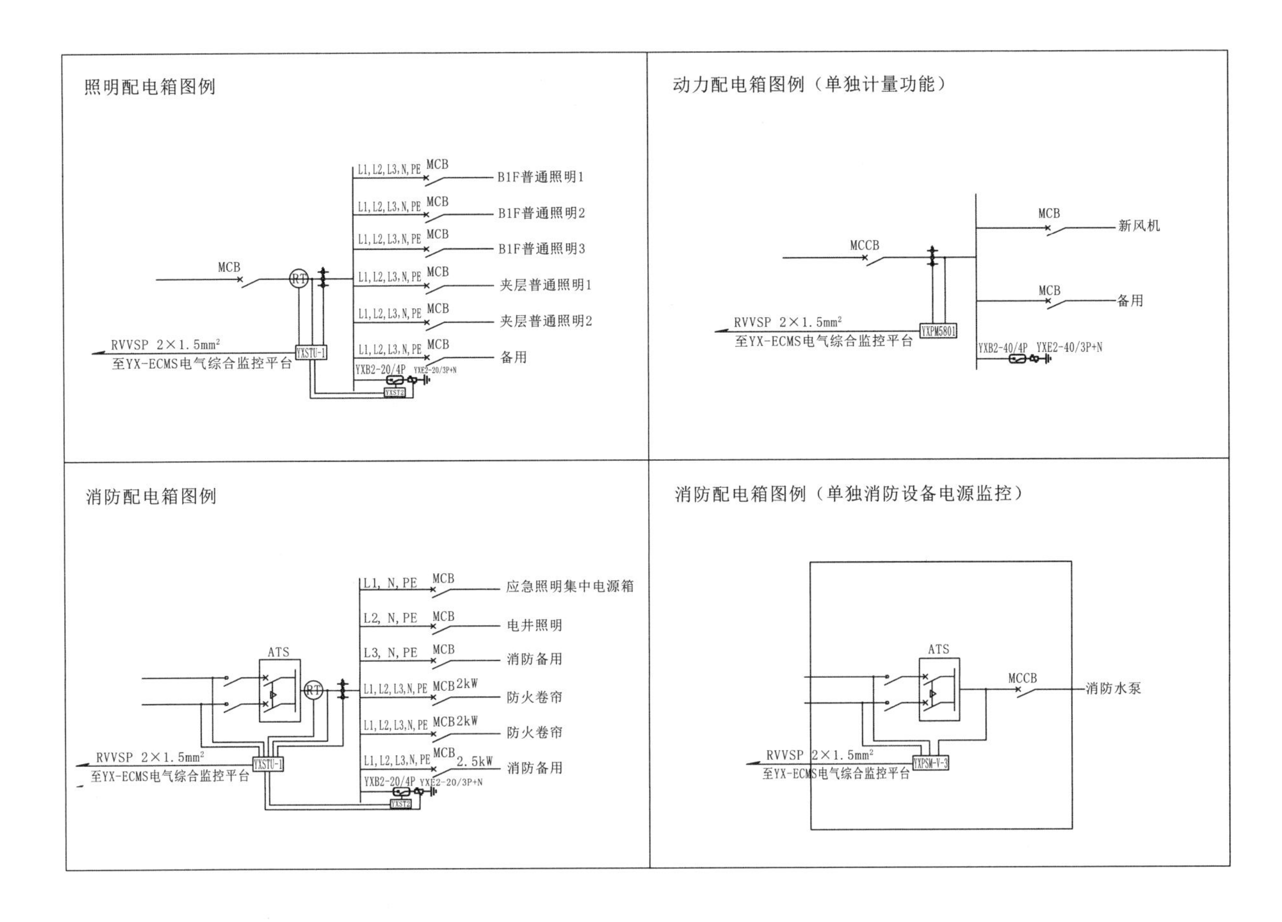

图 13.3-5 配电箱系统图（设置电气综合监控单元）

13.4 智能混合无功功率补偿及滤波

现代建筑行业更加注重智能化和现代化，与此同时，也使得谐波、电压波动、三相不平衡等电能质量问题变得尤为严重。这些负载产生较复杂的谐波电流，危及配电系统的正常运行，甚至引发严重的电气事故；同时无功功率低下，生产效率亟待提高。传统的无源技术因其先天局限性很难综合解决这些问题，同时其大量基于自动化控制，对电网兼容性提出更高要求，迫切需要一种高效的综合性解决方案。

KEDY-SVGC 智能混合滤波补偿装置融合了动态无源补偿技术和有源谐波补偿技术，具有滤波容量大、滤波范围广、滤波效率高、适时跟踪和响应的特点，可高效滤除负载谐波，抑制系统振荡，提高电网的稳定性，同时取得明显的节能降耗和供电设备增容的效果，具有较强的工程实用性和很高的产品性价比。

13.4.1 性能特点

先进：专业仿真软件计算、设计、校验，有源与无源滤波技术组合，产品性价比高。

高效：可滤除 2 ~ 60 次谐波，谐波滤除率可高达 95%（THDi）。

灵活：从感性到容性的双向动态无缝无功功率调节，实现精细化补偿。

快速：响应速度快，谐波补偿电流完全响应时间小于 10ms，投切响应时间 20ms。

稳定：可单相动态调节，改善负荷不平衡；抑制系统振荡，提高系统稳定性；无源支路采用过零投切，投切无振荡。

可靠：保护措施完善，具有系统过压、欠压保护；输出过流、过热保护；控制综合保护等功能，保证装置长期稳定运行，无设备过载之忧。

智能控制：集成控制及单元一体化；整套设备采用一个智能操控单元，既控制有源滤波模块的实时滤波补偿，又控制无源补偿模块的自动投切。

模块化技术：单柜集成有源和无源模块，有源模块无缝并联，容量自由选择，任意扩展。

完善的智能操控系统：采用最新型 7 英寸全彩触摸屏的智能操控单元，界面友好，操作简单方便；显示界面可以实时显示电压、电流、负载谐波和设备输出谐波等波形、幅值及频谱等各类参数；实时故障记录和事件记录。

13.4.2 工作原理

智能混合滤波补偿装置包含动态无源模块与有源模块两部分，共同承担无功补偿与谐波治理的任务。无源模块包括多组偏调谐支路，主要动态调节无功并抑制特征次的负载谐波电流；同时有源滤波模块动态消除谐波或补偿系统无功补偿，其基本原理图见图 13.4-1。

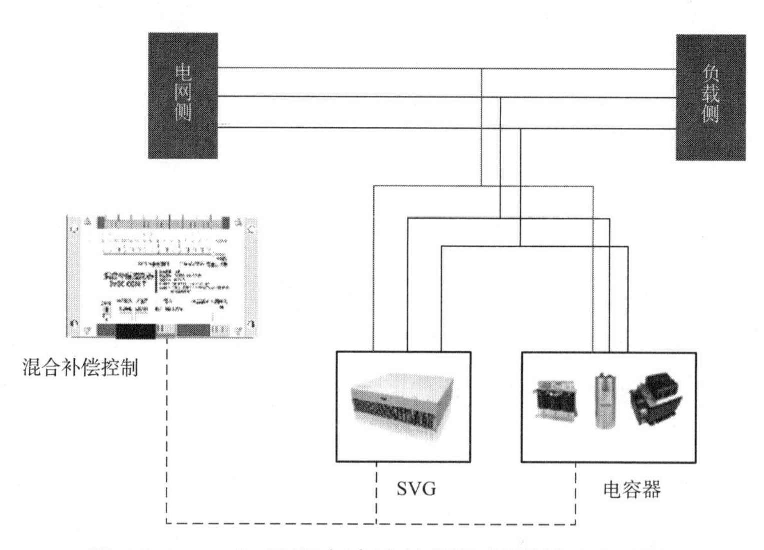

图 13.4-1 智能混合滤波补偿控制器基本原理图

13.4.3 采样接线

（1）电流采样互感器都需要放在电网侧。

（2）单台 SVG 只需要一套 CT 即可，示意图见图 13.4-2。

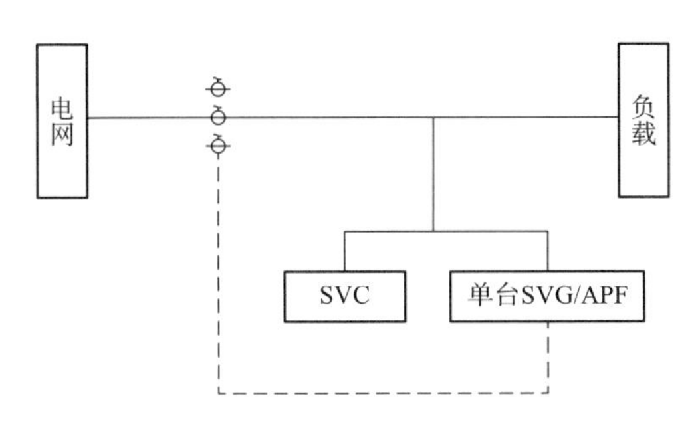

图 13.4-2 单台 SVG 采样接线示意图

（3）如果是多台 SVG 并机，SVG 接入点处需要加一套装置 CT，用电网侧 CT 与装置 CT 反并联做减法，再接入 SVG，保证互感器变比一致且规格必须是 /5，示意图见图 13.4-2。

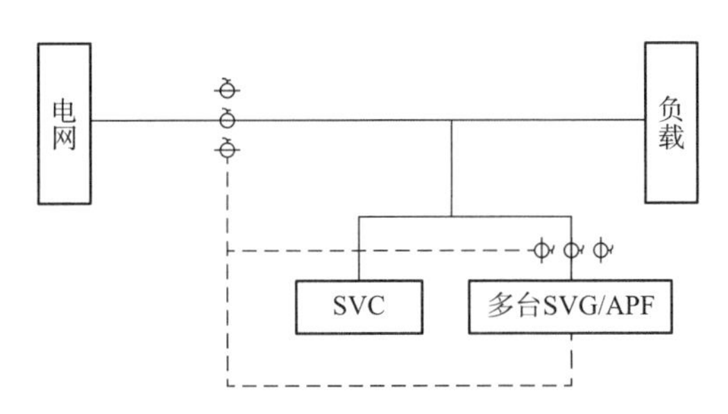

图 13.4-3 多台 SVG 采样接线示意图

13.5 终端电气综合治理保护装置

13.5.1 概述

中性线过流的危害日趋严重，根据近 10 年的统计，建筑电气中的中性线过流使得中性线绝缘老化破损要远远高于相线。分支回路中，由于中性线过流老化导致的事故及跳闸也远远高于相线。这些现象均是由高速增长的单相 AC-DC 用电设备及其无稳定性量化使用造成的。

13.5.2 规范要求

根据《民用建筑电气设计标准》GB 51348—2019 第 7.6.7-5 条的规定，在多相回路中，当相电路中的谐波含量致使在中性线导体中的电流预期超过导体载流量时，应对该中性线导体进行过负荷检测及保护，过负荷检测及保护应与通过中性线的电流特性相协调，并应分断相导体而不必分断中性线导体；并根据《电力变压器　第 1 部分：总则》GB/T 1094.1—2013 的规定，中性线电流应不超过变压器额定电流的 25%，三相电流的不平衡度小于 15%。实际上，变压器低压侧低压配电回路一般较多，低压各回路的不平衡电流很难反映到电源端，也就是说，在实际用电现场，电源端的三相不平衡率较低，而分支不平衡率要远远大于电源端。分支回路的中性线电流大于相线电流的现象愈发严重，主要有两个原因：一是各分支回路负载在实际运行中产生的三相不平衡电流是肯定的，而且越靠近末端，不平衡电流越大；二是各分支回路中单相负载产生的中性线谐波电流是相线谐波电流的√3倍，中性线的过流损害导致“断零”是非常严重的电气故障，同时，一旦中性线损毁，不但断零导致的系统故障非常严重，而且更换中性线线缆也非常麻烦，所以要重视中性线上的保护。

13.5.3 终端电气综合治理保护系统（NTPS）

（1）终端电气综合治理保护系统（NTPS）是对末端回路电流进行检测、分析，依照供电持续性、安全性原则，治理三相不平衡，对精密设备进行保护，消除N线电流，对N线过流的情况进行过流速断保护（断相线不断N线），提供定时限、反时限保护的电气产品。正常状况下，NTPS一方面消除电气回路内的谐波、治理三相不平衡，另一方面对中性线进行监测，故障状态下，允许中性线短时过流运行，若故障不消除，启动中性线保护系统，通过断开相线，从而彻底解决因中性线过流、过热导致的断零、火灾等事故发生。

（2）终端电气综合治理保护器配电原理图见图13.5-1。

（3）终端电气综合治理保护器系统示意图见图13.5-2。

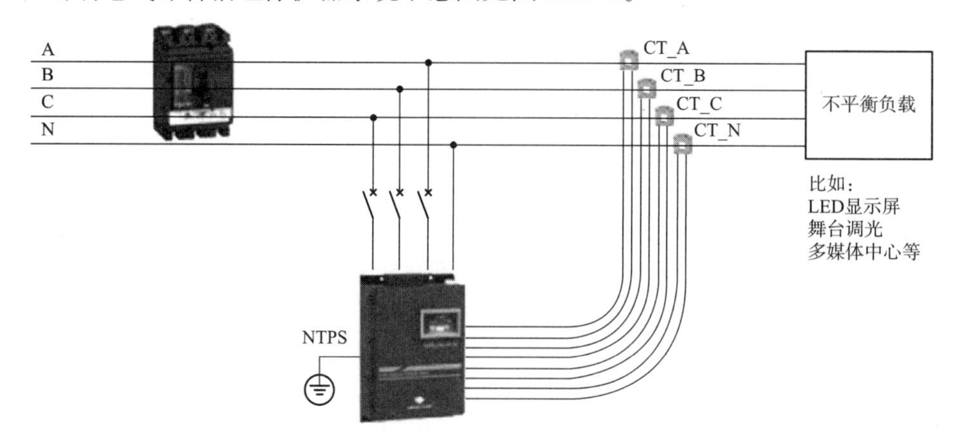

图13.5-1 终端电气综合治理保护器配电原理图

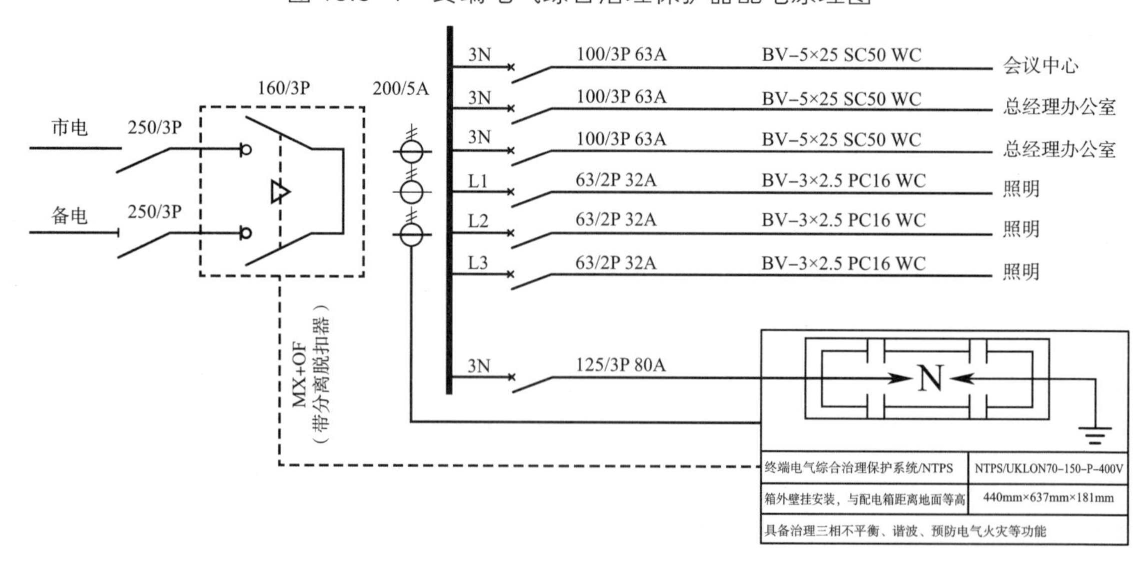

图13.5-2 终端电气综合治理保护器系统示意图

13.5.4 应用示例

某展馆项目，在试电运行前出现N线过流、电缆发热现象，经测试，N线部分由于3次谐波叠加导致N线电流过大，N线电流达到384A，各回路的电流参数见图13.5-3。

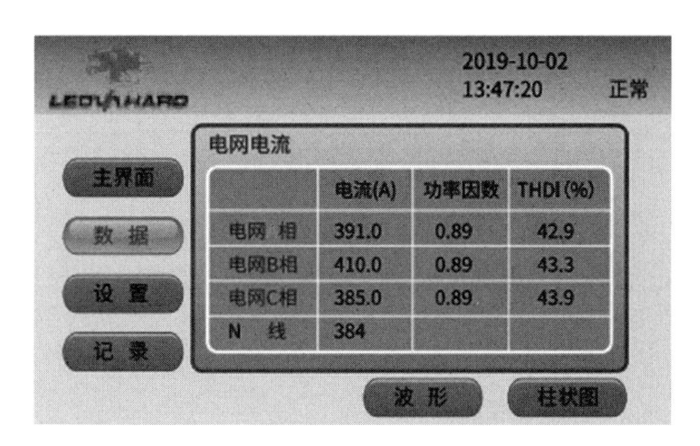

图13.5-3 各回路电流参数图（治理前）

投入终端电气综合治理保护系统（NTPS）后，三相最大电流有效值为359A，中性线上电流值从384减少到60A，效果明显，1h后，电缆温度正常。治理后各回路的电流参数见图13.5-4。

图13.5-4 各回路电流参数图（治理后）

13.5.5 总结

NTPS是集N线过流保护和消除电流过压电流于一体的产品，是解决了TN-S和TN-C系统中N线保护的领先产品，NTPS建立在对电气系统多年研究而获得的研发理念，是电气系统划时代的产品，在消除N线过流并对N线有保护的同时，为提高供电连续性、延缓电缆老化提供强有力的保证。在商业建筑体中，适用于照明类总箱、楼层照明箱、泛光、景观照明、LED显示屏、工艺类照明、消控中心、数据机房、监控中心等，将在今后工程实践中得到越来越广泛的应用。

13.6 建筑设备一体化监控系统

13.6.1 概述

随着国家经济的快速发展和智能化建筑、绿色建筑的普及，建筑设备监控系统在现代建筑中成为一个必需的智能化子系统，但是目前建筑设备监控系统实施中，设备控制的强电箱（柜）与建筑设备监控系统的弱电控制器都是分开放置，不仅在系统实施、安装调试、强弱电的接口配合上存在诸多问题，在实施中对人工、材料、设备成本也造成巨大浪费。这个问题已经引起我国大量建筑设计院、设计公司、施工单位、建设单位的普遍重视，2013 年住房和城乡建设部发布的行业验收标准《建筑设备监控系统工程技术规范》JGJ/T 334—2014 中第 5.3.8 条，控制器箱可与被监控设备的电气控制箱（柜）合并设置；同时 2019 年住房和城乡建设部与市场监督管理总局发布的国家标准《民用建筑电气设计标准》GB 51348—2019 中第 18.14 节“建筑设备一体化监控系统”中详细提出了建筑设备一体化的功能、设计要求、接口要求等。

13.6.2 传统建筑设备监控系统

（1）设备控制的强电控制箱、弱电控制箱是独立的箱体，绝大多数一个弱电控制箱控制多台设备。

（2）强电箱一定要预留弱电控制的接口，弱电控制器才可以监控设备。在现实中，有很多项目各专业之间配合不默契、设计院设计不到位、建设单位没有专业管理人员，强电箱没有预留弱电控制的接口端子，导致弱电无法控制设备或现场改强电控制箱的，造成工程费用的增加。

（3）由于设备端到弱电控制箱的距离比较远，施工放线水平低，造成系统调试时间长、通信问题多，甚至系统无法开通等问题。

（4）后期维护问题比较多，由于系统线路比较长，后期设备故障后，检查线路复杂，从而导致系统瘫痪。

（5）传统建筑设备监控系统示意图见图 13.6–1。

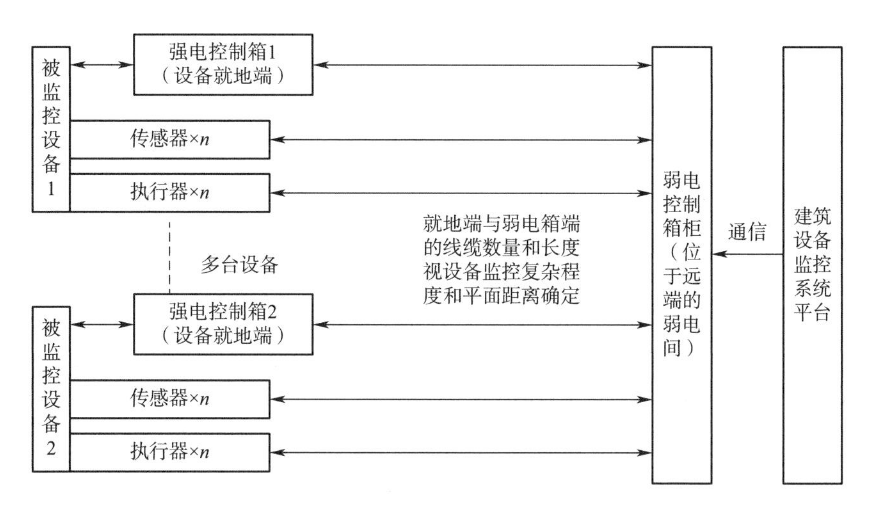

图 13.6–1 传统建筑设备监控系统示意图

13.6.3 建筑设备一体化监控系统

（1）设备监控的强电控制箱和弱电控制箱结合成一个控制箱，绝大多数一个能效控制模块控制一台设备，配置结构简单。

（2）设备监控的强电控制箱和弱电控制箱结合成一个控制箱，强电与弱电的接口直接在控制箱内连接完成，控制箱出厂时已经具有远程通信接口，既可以远程控制也可以就地控制独立控制箱。

（3）每个被控制设备就地将传感器、执行器的线路连接到强弱电一体化控制箱，节约了大量线缆、线管、线槽、人工费用，调试维护方便，调试时间短，系统开通率高。

（4）建筑设备一体化监控系统示意图见图 13.6–2。

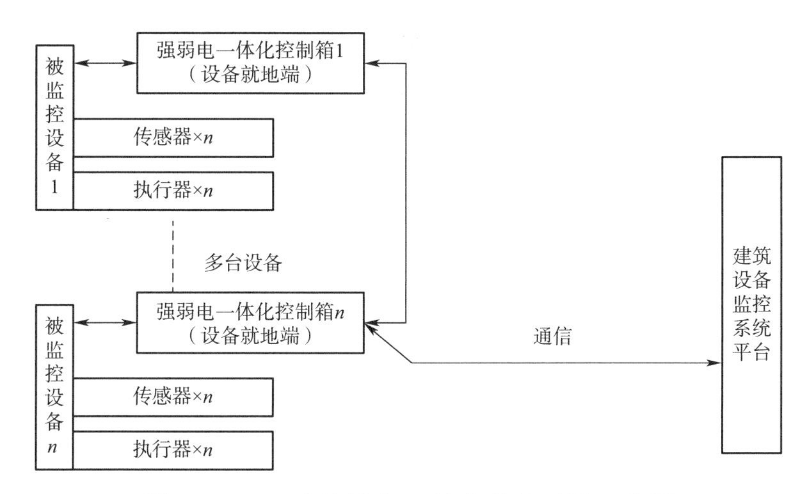

图 13.6–2 建筑设备一体化监控系统示意图

13.6.4 建筑设备一体化监控系统优势

建筑设备一体化监控系统除了设备就地监控、远程监控等基本功能外，也会从系统性角度出发合理应用配电技术、自动控制技术、计算机技术等，使之形成一个整体的、互相联系的体系，以便实现更好的管理。在综合考虑各个单元功能要求与系统整体功能及目标的基础上，通过优化设计，将所有功能进行整合，并进行统一布排，从而实现其多样化功能的综合发挥，提高建筑质量，降低能耗，实现建筑的绿色可持续发展。

（1）优化并提升建筑设备的能源管理系统。由于每台设备都处于独立控制，将每个建筑设备一体化控制箱内增加一个智能电表，将电表参数读入建筑设备控制器，通过建筑设备管理系统的通信网络，完成建筑物内主要设备能源采集，既节省了能源管理系统通信总线的布置，更加重要的是将建筑物内分部分项能源管理更加细化，为建筑物节能改造、能效管理提供详细的数据支撑。

（2）提升建筑设备的预防性维护功能及延长了设备的使用寿命。由于每台设备都装了智能电表，每台设备运行的用电量可以实时监控，如果哪一台设备用电异常，比如一台设备上个月用电 100kWH，这个月突然用电 120kWH，系统可以提醒设备维护人员进行预防性维护工作，延长了设备的使用寿命。

（3）适用未来的装配式建筑。国家现在正在发展装配式建筑，组装式建筑设备与控制箱柜必然是机电一体化的解决方案，建筑设备一体化监控系统为机电一体化铺平了道路，也为能效控制一体化提供了解决方案。

13.6.5 总结

建筑设备一体化监控系统在建筑设备管理系统中的优势和发展趋势是有目共睹的，它集合了强电、弱电、通信、计算机等技术，将设备的就地监控、远程监控、能源管理、能效管理、预防性维护集合在一起，提供了安全、稳定、可靠、维护性好的系统基础，希望能够引起工程项目相关方的关注，尤其是建设单位和设计院等推动项目设计和实施的主要单位。

13.7 地闪密度

13.7.1 基本概念

地闪密度又称雷击大地密度或雷击大地的年平均密度，为某一区域每年每平方公里面积上的平均地闪次数，单位为次每平方千米年［次/（km^2·年）］，依据《基于雷电定位系统的地闪密度应用要求》DB31/T 1329—2021 的规定，原上海市年平均雷暴日 Td=49.9 已停止使用，今后项目需要提供由气象专业机构出具的地闪密度报告。

13.7.2 一般用途

地闪密度报告中的历年闪电密度的平均值 Ng、部分网格的闪电密度最高可达的值（以 500m × 500m 为网格计算）、雷电流总体特征等可用于计算建筑物年预计雷击次数，确定建筑物的防雷分类、雷击风险评估、计算电涌保护器的通流量等。

13.7.3 技术要求

大型城市绿地、区域雷击风险评估、区域气象生态环境评估等，应采用区域地闪密度。

下列工程建设项目的地闪密度数据可参考表 13.7-1。

表 13.7-1 地闪密度数据

区域	中心城区	浦东Ⅰ区	浦东Ⅱ区	奉贤	闵行	金山	松江	青浦	嘉定	宝山	崇明
Ng［次/（km^2·年）］	7.06	5.37	3.61	4.14	5.30	4.63	5.40	4.92	5.23	5.66	3.32

注：浦东Ⅰ区包括北蔡镇、曹路镇，东明路街道、高东镇、高行镇、高桥镇，合庆镇、沪东新村街道、花木街道，金桥镇、金杨新村街道、康桥镇、陆家嘴街道、南码头路街道、浦兴路街道、三林镇、上钢新村街道、唐镇、塘桥街道、潍坊新村街道、洋泾街道、张江镇、周家渡街道；浦东Ⅱ区包括周浦镇、川沙新镇、航头镇，新场镇、宜桥镇、祝桥镇、惠南镇、大团镇、万祥镇、老港镇、书院镇、泥城镇、南汇新城镇。

（1）建筑高度≤ 54m 的住宅建筑。

（2）总建筑面积＜ 10000 ㎡、单体建筑面积＜ 5000 ㎡、建筑高度＜ 24m 的公共建筑和一般工业建筑（易燃易爆、有毒有害等建筑物除外）。

（3）占地面积≤ $1km^2$、长度＜ 2km 的城市绿地。

（4）主体结构高度＜ 24m 的桥梁。

除上述（2）的规定外，应采用项目所在地的单点地闪密度，并应符合下列规定：

（1）建（构）筑物防设、电防护装置检测时，应依据建设项目所在地的单点地闪密度计算建（构）筑物年预计雷击次数。

（2）对建筑物进行雷击风险评估时，应将该建筑物所在地的单点地闪密度作为输入参数。

（3）雷电环境分析、雷电灾害易损性评估等，应分析或评估对象所在地的单点地闪密度。

13.7.4 其他规定

（1）地闪密度应采用气象专业机构提供的相关数据。

（2）地闪密度报告应在施工图纸出具前完成。

（3）地闪密度报告需建设单位填写《雷电环境分析业务办理登记表》，加盖建设单位印章，并提供建筑总平面图，图中必须标有纵横交叉路名或经纬度。

（4）可由具有相关资质的公司代办地闪密度报告业务。

13.8　SPD 智能在线监测系统

13.8.1　功能简介

SPD 智能在线监测系统主要监测以下状态：SCB 工作状态、SPD 寿命评估、SPD 接地线状态、SPD 动作时间和次数、雷击时间和计数、SPD 失效状态、环境温度、环境湿度、AC/220V 电源状态、Modbus 通信协议与上位机远程通信状态等。

13.8.2　系统特点

（1）监测仪在线监测 SPD 动作情况，当 SPD 出现动作，秒级报警。在线监控浪涌保护器（SPD）劣化状态，浪涌保护器（SPD）发生异常时，秒级报警。

（2）采用 RS485、TCP/IP、光纤等相结合的有线通信或无线通信传输数据的方式。

（3）采用工业级设计，具有高精度、高稳定性、高可靠性，监测仪可连接到后台服务器，在网络范围内，电脑、智能手机可以远程监控任意一个浪涌保护器（SPD）的情况。

（4）采用 35mm 滑轨安装设计。

13.8.3　具体应用

SPD 智能监测模块适用于住宅楼、商办楼、体育娱乐文化等大中小型场馆，同样适用于电力行业、铁路行业、石油石化行业、新能源行业、通信行业、环保水利行业、机场码头等配电系统中，实现用户对浪涌保护器（SPD）防雷状态实时监测。

13.8.4　系统组成

（1）设备层：负责信息采集和物物之间的信息传输，本系统由监测模块采集感应线圈、温度传感器等的信息。继而通过 RS485 自组网络将数据传输到上层监控分站。

（2）通信层：通信层将采集的数据进行编码、认证，通过 Modbus 协议 485 有线传输至 PC 端或 4G DTU 无线传输将数据上传到云平台。

（3）应用层：提供基于物联网的应用，可通过本地 PC 端、IE 浏览器数据浏览，组态界面的展示、网络报警功能、数据存储等，也可通过手机小程序展示、报警及提供二次开发 API。

（4）设备配置：SPD 智能监测模块、485 集线器、串口服务器、交换机、光电转换器（选配）、485 信号放大器（选配）、智能监测分站、智能监测总站。

13.8.5　系统框架

（1）监测模块：监测功能实现的核心，可监测 SPD 状态 / 空开状态 / 漏电流大小 / 雷击时间 /

雷击次数 / 温度 / 湿度 / 接地电阻等。

（2）监测分站：监测模块数据采集中心，监测分站下各模块的数据统一采集于此，并向监测主站上传。

（3）监测主站：后台监测软件载体，用于实时显示各监测分站内的信息并可进行相应操作。

13.9　光伏发电系统

13.9.1　政策背景

随着“双碳”概念及国家出台的一系列节能与可再生能源利用的相关政策，随着国家标准《建筑节能与可再生能源利用通用规范》GB 55015—2021 的正式实施，新建建筑安装太阳能系统成为大势所趋，光伏发电系统的应用也进一步加强。

13.9.2　系统组成

光伏发电系统由光伏发电组件、安装支架、直流电缆及保护管、逆变器、交流电流及保护管、光伏并网点设备组成。如为带储能系统，则还有储能变压器和储能电池及相应控制系统。

光伏发电系统选型设计流程图见图 13.9–1。

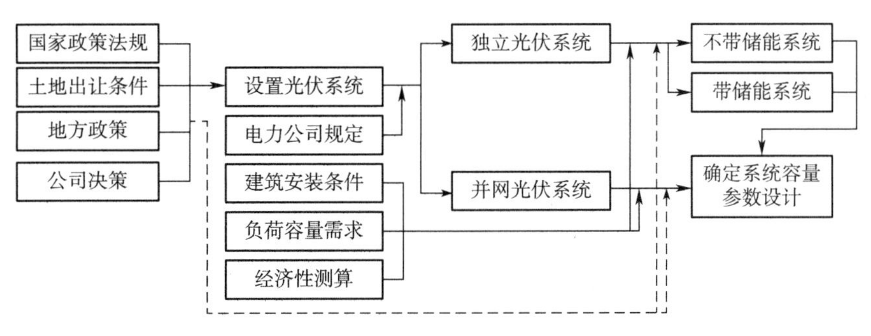

图 13.9–1　光伏发电系统选型设计流程图

13.9.3　电气设计流程

电气设计流程图见图 13.9–2。

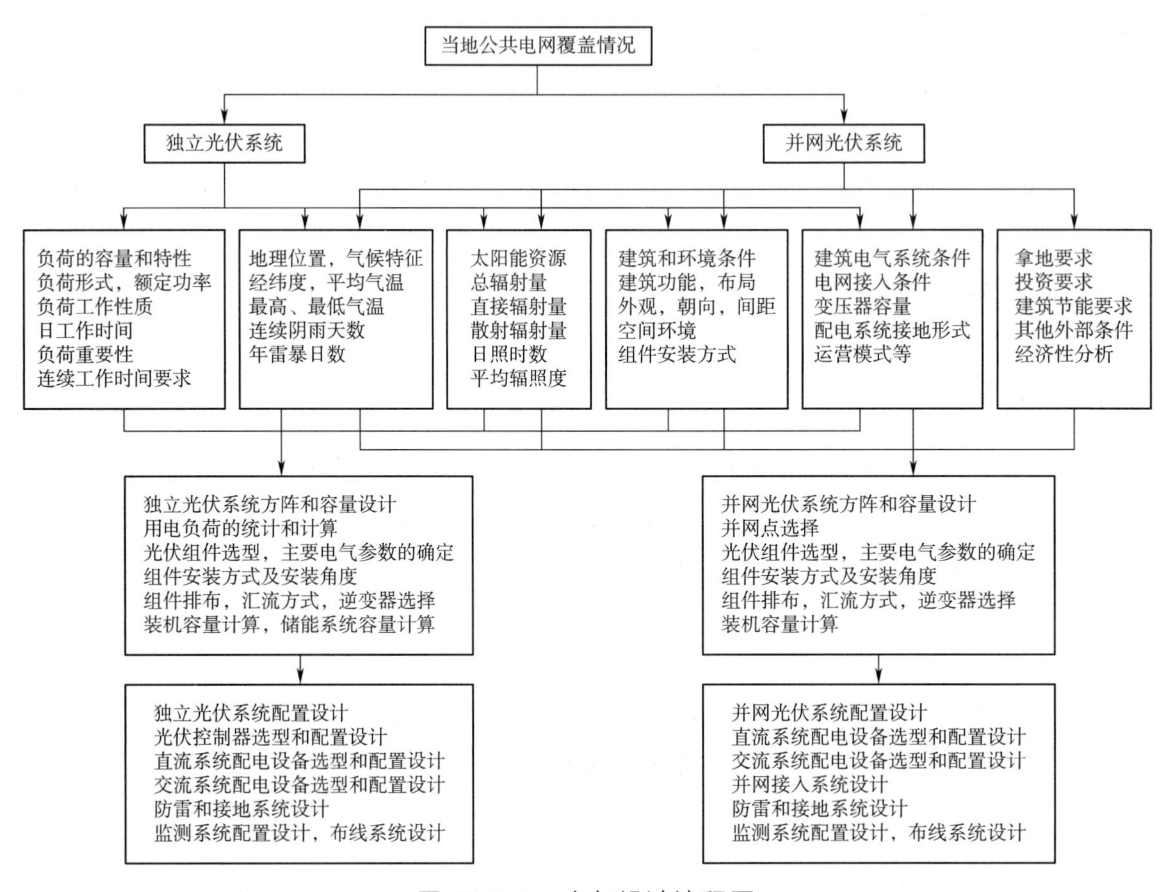

图 13.9–2　电气设计流程图

13.9.4　设计要点

1. 设置面积

现阶段各地方条文及土地出让前置条件中，对光伏设置的规模主要是设置光伏系统面积与建筑物屋顶面积的占比，常见的有 30%～50%。在前期设计中需要向各方征询，明确以下两个问题：

（1）光伏系统的设置面积是否是指光伏组件的面积。因屋面实际排布过程中，需要考虑检修及屋面安全疏散的要求，光伏系统组件的有效面积会比划定的光伏系统设置区域小。

（2）光伏系统的设置是否可统筹。因建筑群中各单体有高有低，屋顶面积也有大有小，一些小的单体如门卫、垃圾房、独立的变配电站等，此类单体屋顶面积小、层高低，易被遮挡，设置光伏发电系统会造成利用率低且易发生光污染，建议统筹集中设置在建筑群内相对高的建筑物屋面，如地方政策允许统筹且对一些小单体仍需设置光伏发电系统时，可采用局部设置若干太阳能灯具的形式。

2. 机房设置

屋顶光伏机房的设置，分布式光伏发电系统中，系统规模较小，选用的逆变器台数少且容量小，多数为几台几十千瓦的逆变器，此类均有成熟的户外型产品，可不设置光伏机房，光伏系统接入变配电站或强电间内即可。并网点机房设置，如并网点位于变配电站内，并网点的接入容量不超过单台变压器容量的80%，每台变压器预留1～2个低压柜安装空间，留待后期安装并网柜即可。

3. 设备荷载

现阶段每块光伏组件约2.5m²，光伏组件每块重28kg，无特殊抬高的光伏支架时，光伏组件预留荷载可按0.2kN/㎡提供给结构进行计算。单台100kW逆变器重量在100kg以下，如设备安装在彩钢板等屋面时，安装位置及重量需提供给结构进行核算，特别是既有建筑加装光伏系统。

4. 防雷及接地安全

（1）光伏系统的防雷设计作为主体建筑防雷设计的一部分，其防雷分类与主体建筑防雷类别保持一致。

（2）光伏系统的直击雷防护和建筑物的直击雷保护统一设计，可利用建筑物本身的防雷措施，对于后加建的光伏系统，需对原建筑物的防雷接地系统进行检修维护，验证其是否满足设计要求。

（3）光伏组件金属框架、金属支架、金属管、金属槽盒、汇流箱接地端子排、线缆金属外皮、线路屏蔽层、浪涌保护器接地端等均需要进行可靠的等电位连接，并与所在建筑物公用接地系统可靠连接。

（4）接闪装置应避免遮挡光伏组件，如设置接闪杆宜设置在光伏方阵北侧。对需要接地的光伏设备，应保持接地的连续性和可靠性。

（5）光伏设备金属外壳、金属支架结构等应就近与接闪带连接，用于直击雷防护的金属框架及支架等其材料和规格需满足现行国家标准《建筑物防雷设计规范》GB 50057的相关要求。

13.9.5 项目流程

1. 开发原则

分布式光伏开发应遵循“因地制宜、清洁高效、分散布局、就近利用”的原则。

2. 开发流程

项目开发流程图见图13.9-3。

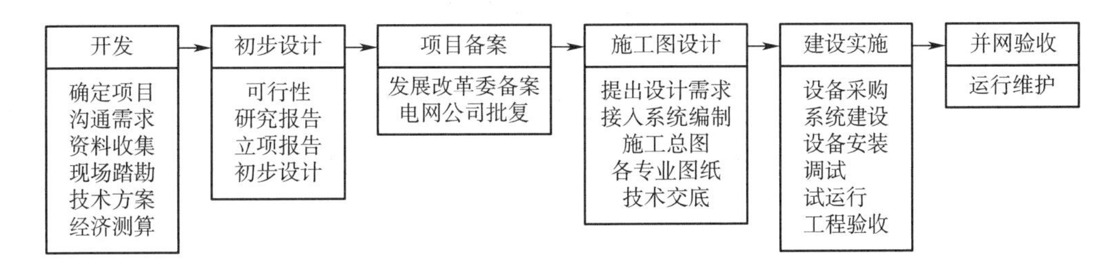

图13.9-3 项目开发流程图

3. 前置条件

收集项目所在地太阳能光伏发电建设要求、市电并网政策，通过技术方案测算，确定分布式光伏发电系统具备经济和技术可行性。

4. 方案阶段

确认用电特性（带载）、分时用电电量、用电电价、电压等级、屋面结构、屋顶周围是否有遮挡或高楼规划，建筑物周围是否有气体或固体污染物排放。确定分布式光伏发电系统形式、运维及结算模式，寻求意向配套供应商或合作出资方。

5. 初步设计阶段

根据收集的资料编制可行性研究报告、立项报告（或项目申请报告）。配套供应商提供初步设计方案，由主体设计单位审核并整合至主体设计中。

6. 项目备案

根据当地政策要求准备项目备案材料，常规备案材料有：

（1）《分布式电源项目申请表》：包含项目实施地点、投资资金来源、收益情况简单说明等。

（2）《企业投资项目备案表》：建设单位资料、企业法人营业执照等。

（3）《固定资产投资项目节能登记表》。

（4）《项目投资资料》：屋顶（建筑物）产权证明、业主授权材料（比如屋顶租赁合同）、售电协议等。

（5）《项目接入电网意见函》：由电网公司出具，部分地区已取消。

7. 电网公司接入批复

项目备案批复后，可办理电网公司接入批复，常规申请批复资料有：

（1）《分布式电源项目申请表》：包含项目实施地点、投资资金来源、收益情况简单说明等。

（2）企业资料：法人委托书、企业法人营业执照等。

（3）发电项目前期资料：房产证或土地证、屋顶租赁协议、售电协议、屋顶抗压及屋顶。

（4）面积可行性证明、资金证明等。

（5）管委会备案批复文件。

（6）用户电网相关资料及接入报告。

（7）主要电气设备一览表及主要设备技术参数和形式认证报告。

8. 施工图阶段

深化设计单位根据方案阶段及初步设计阶段既定方案完成分布式光伏发电及光储系统施工图设计提资，主体设计单位完成审核及整合。主体施工图送审通过后，与主体设计同步进行现场技术交底。

9. 建设实施

现场根据交底图纸进行备料及安装。安装完成后，项目组应对所有设备电气连接、保护、监测等进行调试及验收，并记录《并网前单位工程调试报告》《并网前单位工程验收报告》。

10. 并网验收

并网系统需由建设单位向电网公司提出并网验收和调试申请。由电网公司受理并网验收和调试申请，并与建设单位签订《购电合同》《并网调度协议》。完成并网验收及调试后，项目并网运行。